量子力学表象与变换论

狄拉克符号法进展 第2版

范洪义 著

中国科学技术大学出版社

内 容 简 介

本书对狄拉克创立的表述量子论的符号法推陈出新，系统地建立了“有序算符内的积分(IWOP)技术”的理论，在更深层次上揭示符号法的优美和简洁，使狄拉克的表达得到更多的直接应用. 在看似已臻完美的量子力学理论体系中，开辟了一个全新的研究方向，别开生面地发展了量子力学的表象与变换理论，展现出广阔的应用前景.

全书共 19 章. 第 1 章是问题的提出；第 2 章介绍预备知识；第 3 章提出有序算符内的积分技术；第 4 章到第 19 章，介绍 IWOP 技术的各种应用和推广.

本书叙述由浅入深，表达也较严谨，适合理工科大学的学生、教师和各个领域的理论物理工作者以及对量子力学感兴趣的人阅读与欣赏.

图书在版编目(CIP)数据

量子力学表象与变换论：狄拉克符号法进展/范洪义著. —2 版. —合肥：中国科学技术大学出版社，2012. 3

ISBN 978-7-312-02769-7

Ⅰ. 量… Ⅱ. 范… Ⅲ. 量子力学—研究 Ⅳ. O413. 1

中国版本图书馆 CIP 数据核字(2011)第 267140 号

出版 中国科学技术大学出版社
安徽省合肥市金寨路 96 号，邮编：230026
http://press. ustc. edu. cn
印刷 中国科学技术大学印刷厂
发行 中国科学技术大学出版社
经销 全国新华书店
开本 710 mm×960 mm 1/16
印张 29
字数 552 千
版次 1997 年 12 月第 1 版 2012 年 3 月第 2 版
印次 2012 年 3 月第 2 次印刷
定价 68. 00 元

再 版 序

随着对狄拉克符号法研究的不断深入，人们对其重要性的认识也“更上一层楼”，由作者发明的对由狄拉克的 ket-bra 组成的算符的积分法现已被广大业内人士认为是量子力学表象与变换论进展的重要标志，也是经典力学向量子力学过渡的一座“桥梁”. 如果说第一个把牛顿-莱布尼兹积分推广到复平面去的是法国人（18 世纪数学家泊松），那么首先把牛顿-莱布尼兹积分应用到狄拉克的 ket-bra 算符（20 世纪 80 年代开始做的研究工作，这也是数学与量子物理完美结合的一个例子）的就是中国物理学家. 可谓“意古直出茫昧始，气豪一吐阊阖风”.

值此《量子力学表象与变换论》再版，感谢广大读者的厚爱. 因为在以往的十几年中，这本书的原版一直是一书难求，所以现在将它再版以满足社会所需. 作者同时也非常感谢中国科学技术大学校长兼研究生院院长侯建国院士和副校长兼研究生院常务副院长张淑林教授对我的科技写作的支持.

范洪义

2012 年 2 月

序

一直以为写书是到老了搞科研精力不够时才做的事，由于这种潜意识，虽然出版社约稿好几年，但都没能下决心完成它．在国内外前辈、同行、出版社乃至研究生的关注和鼓励下，终于拿起笔静下心来花半年多的时间，夜以继日地工作，把16年来的若干研究凝聚成这本书．如果把年复一年的科研喻为不懈的耕耘，那么整理论文写成书也许就像金秋的收获；如果说昔日的探索犹如撒向科学知识之海的一张张网，那么如今的总结也许就是拉网收网的捕获．

记得在中学时，就对量子力学这一支配微观世界的学问有着浓厚的兴趣；进入大学后，有了两年的数理基础，就找了一本狄拉克的《量子力学原理》来读，前几章看了多遍，对于坐标表象的完备性$\int_{-\infty}^{\infty} \mathrm{d}q \, |q\rangle\langle q| = 1$的理解总觉得肤浅，如果对此积分稍作改动，得到形为$\int_{-\infty}^{\infty} \frac{\mathrm{d}q}{\sqrt{\mu}} \left|\frac{q}{\mu}\right\rangle\langle q|$的积分，其“值”是什么？笔者当时想，这个积分应该是有意义的，因为$|q\rangle$是坐标本征矢，q是实数．当$\mu > 0$时，$\left|\frac{q}{\mu}\right\rangle$落在坐标本征态的集合内，可就是不知道如何去做这个积分．脑海里萦回着两个问题：既然是积分，为何不直截了当地去实行它？积分代表的物理意义又是什么？由于十年“文革”中止了正常的教学活动，这些疑问直至20世纪70年代末自己的知识积累到一定程度产生了灵感才得以解决．

众所周知，物理学的重大发展在于克服成见，在概念和方法上有所创新．在20世纪初量子力学的建立则引入了全新的观念．先是普朗克引入能量量子的概念，然后是玻尔提出定态的量子化条件概念，它表明物理学的进一步发展需要有一些联系两个态的物理量，这促使海森堡将同两个态相关的量写成一个矩阵行列，引入了矩阵是同力学量一一对应的物理思想．在此基础上，狄拉克注意到物理学家必须同不可对易代数的力学量打交道，认为有必要创造一种q数理论．这种q数与具有不依赖于坐标系而独立存在的张量相似，是不依赖于任何矩阵表示而独立存在的．在结合了薛定谔的波函数的物理思想后，狄拉克引入了态矢(ket)这一概念，建立了q数与态矢的关系，提出了符号法(Symbolic method)这一新理论．1929年他出版的《量子力学原理》(The Principles of Quantum Mechanics) 就系统地总结了符号法,“用抽象的方式直接地处理有根本重要意义的一些量”. 可以说,符号法是狄拉克 q 数理论的同义语.

如果把符号法理解为只是一种数学方法,那就实际上没理解狄拉克在物理观念上对量子力学所做的革命性的贡献. 狄拉克说:“关于新物理的书如果不是纯粹描述实验工作的,就必须从根本上是数学性的. 虽然如此,数学毕竟是工具,人们应当学会在自己的思想中能不参考数学形式而把握住物理概念”. 狄拉克的“符号法更能深入事物的本质”,“物理学家曾不得不去习惯这些 q 数与态矢的新概念”.

爱因斯坦曾指出:“在物理学中,通向更深入的基本知识的道路是与最精密的数学方法相联系的.” 对此,狄拉克深信不疑. 他在《量子力学原理》第一版前言中期望符号法“在将来当它变得更为人们所了解,而且它本身的数学得到发展之时,它将更多地被人们所采用”.

笔者努力去实现狄拉克的这个期望,发展他创立的符号法,即发展 q 数的概念,找出得到 q 数的新方法. 而要发展一门学科并有所创新,自然要善于发现和提出问题,在常规知识中寻找非常识,从司空见惯中发掘新内容. 笔者对狄拉克原有的表象理论结合变换理论,提出了一系列新问题(见第 1 章),首创了有序(包括正规乘积、反正规乘积和 Weyl 编序)算符内的积分技术(the Technique of Integration Within an Ordered Product(IWOP) of Operators),并利用这一技术去解决这些问题. 因此,本书是面对原始问题而极力推陈出新,并使之系统化的一本著作.

全书内容作如下安排:

第 1 章分析狄拉克符号法“抽象”的原因何在. 物理上的深刻才能使“抽象”成为可能. 另一方面,对“抽象”作某些必要的诠释可以使读者更好地理解、应用与发展它. 正确地提出问题是解决问题的先导,所以该章围绕着如何方便地完成由经典变换向量子力学幺正算符过渡的若干例子,提出怎样实现对连续表象中不互为共轭虚量的 ket-bra 算符积分的问题.

第 2 章简要介绍一些预备知识. 它对阅读以后的章节是必需的,凡学过谐振子和 Fock 表象的读者都可从此章开始阅读本书.

第 3 章提出物理目标明确、数学描述简洁的有序算符内的积分技术(着重是正规乘积内的积分技术),按其英文简称常写为 IWOP 技术,以解决多年来悬而未决的若干问题,并为开拓新课题做准备.

第 4 章到第 19 章,给出有序算符内积分技术的各项应用与推广(包括反正规乘积及 Weyl 编序内的积分技术并发现和应用新的表象;在量子光学中的广泛应用等).理论物理学家总是设法用尽可能简单的方式来说明对象,用所创建的理论尽可能广泛和深刻地描述事物及其相互联系,这是基本的研究目标.应该说明的是,在读第 19 章前,需准备一些量子场论的基本知识,诸如标量场与旋量场的量子化及自由电子狄拉克方程的理论.

通过阅读本书,读者可体会到狄拉克符号法的魅力所在,它使物理内涵变得更丰富、更优美、更简洁,能更清晰地反映物理规律,从而更容易为人们所理解.读者又可看到 IWOP 技术如何开拓符号法的应用潜力,使之得以充分而又自然地发挥;还可看到 IWOP 技术是如何在量子光学、群表示论、固体理论、耦合振子动力学、Wigner 函数、经典力学向量子力学的过渡、统计力学、相干态与压缩态等诸多方面发挥积极作用的.

笔者希望读者能通过学习 IWOP 技术感受到量子力学数理基础内在的美.尽管本书的出发点是很基本的,凡初具量子力学知识的人都有能力读这本书,作者仍力图另辟蹊径朝深度、广度拓展.数学家希尔伯特认为,只有包含了数学的自然科学分支,它才有资格成为一门地地道道的科学.只有把一门自然科学中的数学内核完全揭示出来,才能理解它.相信读者会领略到 IWOP 技术确实起到了揭示狄拉克符号法内核的作用.

狄拉克符号法几乎是每个学习与研究量子力学的人都要了解的,故本书的内容具有基本性与普及性.此外,由于推陈出新,本书的绝大部分又是新颖的.它既适合于教学,又适合于科研需要,可供大学生、研究生作学习量子力学的补充教材.它有利于这些读者加强基本功,扩大知识面,培养发现问题和解决问题的能力,提高研究素质.对于从事理论物理、量子化学、量子光学、原子分子物理学、固体物理的研究人员,本书也能使之耳目一新.

在组织与整理本书的素材前,笔者曾先后在美国的罗切斯特(Rochester)大学、纽约(New York)大学、佛罗里达(Florida)大学、内华达(Nevada)大学、休斯敦(Houston)大学讲学,又与美国的阿肯达(Arkansas)大学和加拿大的新不伦瑞克(New Brunswick)大学合作交流过,还被邀请在 1993 年的国际相干态会议上作专题报告,介绍如何发展狄拉克符号法的思想.在国内,作者也曾在中国科学技术大学、东南大学、南开大学讲学,与诸多教师进行了有益的讨论,引起普遍的兴趣.

笔者衷心感谢多年来鼓励开展这项研究的钱临照、谷超豪、阮图南、朱清时、阎沐霖等教授.尤其是钱临照先生,他给予的高度重视是促使本书得以完成的一个动力.他特地为本书录了北宋文学家王安石的两句话:“看似寻常最奇崛,成如容易却艰辛.”这两句话对于每一个长期从事科学研究和基础教育的人来说,是形象而又真实的写照.如若本书的精华能以寻常知识为读者所接受,这正是笔者艰辛之余聊以自慰的，也能告慰已故母亲毛婉珍的在天之灵.笔者还要真诚地感谢曾一起合作研究的老师和同事(他们的姓名及合作论文已分别列出在本书末的参考文献中)，由于他们勤奋的工作及有益的讨论，加快了一些论文完成的进程.此外还要感谢上海科学技术出版社的戴雪文编审，他一丝不苟的敬业精神，使书稿能以尽可能完美的形式问世.

本书是在繁忙的科研与教学工作中挤时间写成的，祈望各方面读者不吝赐教.

最后，需要特别指出，本书虽然介绍了有序算符内的积分技术以及它的优美性、基础性和被普及的必要性，但并非将它的各种可应用的领域都涉及了，相信越来越多的应用还会被找出来.

范洪义

1995年11月

目　次

第1章 问题的提出

狄拉克是量子力学创始人之一，他的名著《量子力学原理》[1]自1930年问世以来，在半个多世纪中一直是该领域的一本基本的、权威的教科书.如英国《自然》杂志所评论的那样："《量子力学原理》是量子力学原理的标准著作，对于优秀的学生和资深的研究工作者都是必不可少的，他们总是会发现该书是获取知识和激励创造的新源泉.该书的第一版在1930年出版，它的创造性立即使它被公认是一本近代物理理论的经典著作."该书内涵广深，而叙述简洁、精炼.在该书中，就非相对论量子力学内容而言，狄拉克总结了海森堡的用矩阵表示力学量的做法和薛定谔的按照德布罗意思想而在原子理论中引入的态的概念，提出了自己独特的表述量子论的数学形式——符号法，使量子论成为严密的理论体系.正如狄拉克后来回忆道[2]："海森堡和薛定谔给了我们两种形式的量子力学，马上就被发现是等价的.他们提供了两个图像，用一种确定的数学变换联系起来.""从海森堡的最初思想出发，人们就能在这方面取得相当迅速的进展，当时我正好是一名研究生，我十分庆幸自己生逢其时，使我有可能也加入这个行列."[3]"我加入量子力学的早期工作，用非常抽象的观点，沿着依赖数学的步骤.我采取了由海森堡矩阵启迪的非对易代数作为一个新动力学的主要特征，并且检验经典动力学怎样能适应和符合于它."[2]为了阐述他的理论，狄拉克用他的"神来之笔"引入了右矢和左矢的概念，简洁而深刻地反映了量子力学中力学量和态矢之间的关系；他把非对易的量子变量称为q数，发展出比矩阵力学更为抽象的、普通的q数理论，其中包括表象理论（例如，代表坐标的力学量Q是一个q数，它的本征态是$|q\rangle$，坐标表象$|q\rangle$的正交完备性为$\langle q'|q\rangle=\delta(q'-q)$，$\int_{-\infty}^{\infty}\mathrm{d}q\,|q\rangle\langle q|=1$），和以不对易量q数为基础的方程.狄拉克认为q数是"物理学家必须熟悉的一个新概念".他说[4]："从一开始，当我第一次看到海森堡提出这些思想的原始论文时，我似乎觉得，其中最重要的思想就是：我们必须去处理服从不可对易代数的力学变量.我给这些力学变量引入了一个新名称，叫做q数."狄拉克天才地把q数的对易关系类比于经典力学中的泊松

括号，把矩阵力学纳入哈密顿公式体系，建立起非相对论量子力学中的普遍变换理论并用之证明矩阵力学和波动力学互相等价，而薛定谔方程的哈密顿量本征函数恰好是坐标表象到能量表象的变换函数；他又得出了同时给出两个互为共轭变数的精确值是不可能的结论.在建立变换理论的过程中，狄拉克充分利用了他发明的 δ 函数.

《量子力学原理》是狄拉克敏锐的物理直觉和卓越的数学才能的结晶，它的出版表明量子力学已成为严密的、自洽的、优美的理论体系，它对量子论本身及其在其他各学科方面的应用起了奠基石的作用.例如，另一种量子化方案——Feynman 路径积分量子化理论的提出，就是得益于《量子力学原理》这本书.狄拉克最大的贡献——相对论量子理论（描述电子的狄拉克方程）则是该书另一重要内容.

半个多世纪以来，量子理论在若干代科技精英的不懈钻研下不断完善，使得“现在第一流的物理学家做第二流的工作都非常困难”[3].一般认为，量子论由古典物理观念演化而成，这一过程完成于 20 世纪 20 年代中叶后的两三年间，由于新颖的创想和数学形式的建立，以及物理意义和哲学解释，整个新理论的系统皆确立无遗.那么，狄拉克的符号法（Symbolic method）本身（包括表象理论、变换理论）究竟还能发展吗？现有的表述形式至善至美了吗？让我们先看看狄拉克本人在《量子力学原理》的第一版序言中是怎样讲的吧.狄拉克写道：“符号法，用抽象的方法直接地处理有根本重要意义的一些量……”，“但是符号法看来更能深入事物的本质，它可以使我们用简洁精炼的方式来表达物理规律，很可能在将来当它变得更为被人们所了解，而且它本身的特殊数学得到发展时，它将更多地被人们所采用.”[1]

狄拉克的《量子力学原理》再版了多次，所以他的这段话也强调了多次，因此我们对其应予以足够的重视与关注.

从这段话中我们领会到狄拉克期望着：① 他的抽象而深刻的 q 数理论在将来变得更为人们所了解（即目前理解得还不够）.② 符号法本身的数学应有所发展.③ 符号法应该有更多的物理应用.

科学进步的途径之一就是对常识提出合理的疑问，善于发问反映了科学家的素质，尼尔斯·玻尔曾谦逊地说过他不过也许比别人多知道一点问题.善于从平凡中发掘出不平凡的问题，也是科学思维的重要特点.事实上，与其他创新相比，对传统的基本见解的创新显得格外意义重大，因为它对现有科学知识将产生广泛的影响.那么，我们怎样从已作为基本常识接受下来的狄拉克的符号法中找出不平凡的问题来呢？

对于连续表象的完备性，如大家熟悉的坐标表象的完备性关系，我们不应局限于知其然，还应该知其所以然.例如，对于 $\int_{-\infty}^{\infty} \mathrm{d}q \mid q\rangle\langle q \mid = 1$ 这个公式，是否真正对它实现过积分应该作深入考虑.因为比这完备性稍稍复杂一些的式子

$$\int_{-\infty}^{\infty} \frac{\mathrm{d}q}{\sqrt{\mu}} \left| \frac{q}{\mu} \right\rangle \langle q \mid, \quad \mu > 0 \tag{1.1}$$

乍一看来就不知道这个积分的结果是什么.暂时我们只晓得当 $\mu = 1$ 时，此积分值应该为 1.当 $\mu \neq 1$，它是一个算符.这个积分是个积分型的投影算符.就数学而言，如何简捷解析地实现积分呢？（注意这里的左矢已经不是右矢的共轭虚量了.）这说明狄拉克的表象理论确实需要发展，我们对狄拉克符号法的理解确实应该深入.

从物理上看，这个积分代表一种幺正变换.其中的 $\left| \frac{q}{\mu} \right\rangle$ 也是坐标 Q 的本征态，只是本征值为 q/μ. q/μ 是个实数，在经典坐标空间中表示 q 压缩至 $1/\mu$ 倍，这个变换映射到希尔伯特空间中量子算符就由式(1.1)表示，其中的系数 $1/\sqrt{\mu}$ 是为了保证其幺正性而引入的.因此，若能把式(1.1)明显地积出，结果就是生成量子压缩变换的算符的明显形式，可与量子光学中压缩态相联系.

我们再考虑如下的与双模坐标表象

$$\mid q_1 q_2 \rangle \equiv \mid q_1 \rangle \mid q_2 \rangle \equiv \left| \begin{pmatrix} q_1 \\ q_2 \end{pmatrix} \right\rangle$$

有关的积分

$$\iint_{-\infty}^{\infty} \mathrm{d}q_1 \mathrm{d}q_2 \left| \begin{pmatrix} A & B \\ C & D \end{pmatrix} \begin{pmatrix} q_1 \\ q_2 \end{pmatrix} \right\rangle \left\langle \begin{pmatrix} q_1 \\ q_2 \end{pmatrix} \right| \tag{1.2}$$

这里 A, B, C 和 D 都是实数，且满足 $AD - BC = 1$.式(1.2)也代表一个积分型的 ket-bra 算符，它可以看做是经典正则变换

$$(q_1, q_2) \longrightarrow (Aq_1 + Bq_2, Cq_1 + Dq_2)$$

到量子力学希尔伯特空间的一个映射.如能把这积分简捷地算出，既可有利于对狄拉克表象理论的了解，扩大其应用范围，又可发展变换理论.而“变换理论的应用日益增多，是理论物理学新方法的精华”.[1]《量子力学原理》中的变换理论既包括各个表象（如原始的矩阵力学取了能量表象、原始的波动力学取了坐标表象）之间的相互转换，又指出了那些仍以正则坐标和正则动量描述的量子力学系统的幺正变换是经典力学中切变换的类比.那么，如何将已知的经典正则变换快捷地过渡到量子力学的幺正变换呢？方程(1.1)与(1.2)以积分型的 ket-bra 算符的形式反映了经典变换与量子算符的映射，因此需要一个理论去实现这类积分.这等于为经典变换快捷地过渡为量子力学幺正变换搭起一座“桥梁”.

类似的物理上有意义的积分型 ket-bra 算符还可以举出很多.如宇称算符可表达为

$$\int_{-\infty}^{\infty} \mathrm{d}q \mid q\rangle\langle -q \mid \tag{1.3}$$

又如处于 $\psi_\alpha(\boldsymbol{q})$ 态的物理系统在空间转动后变为 $\psi_{\alpha'}(\boldsymbol{q})$,即

$$\psi_{\alpha'}(R\boldsymbol{q}) = \psi_\alpha(\boldsymbol{q})$$

其中 $\boldsymbol{q}$ 是三维坐标矢量,R 是三维欧几里得空间中的转动矩阵.设三维空间中转动算符为 $D(R)$,则有 $D(R)|\psi_\alpha\rangle = |\psi_{\alpha'}\rangle$.又由 $\psi_{\alpha'}(R\boldsymbol{q}) = \psi_\alpha(\boldsymbol{q})$,我们可以构造如下的积分型 ket-bra 算符

$$D(R) = \int \mathrm{d}^3\boldsymbol{q} \mid R\boldsymbol{q}\rangle\langle \boldsymbol{q} \mid \tag{1.4}$$

这个式子可以直接积分吗?

再考虑 n 个全同粒子体系的粒子交换,其对称变换群是分立的置换群 S_n,交换的对称性与自然界中的粒子分为玻色子和费米子两大类这一事实有关.譬如对于 S_3,六个置换变换可以有如下的矩阵表示

$$(2\quad 3\quad 1) = \begin{pmatrix} 0 & 1 & 0 \\ 0 & 0 & 1 \\ 1 & 0 & 0 \end{pmatrix}, \quad (3\quad 1\quad 2) = \begin{pmatrix} 0 & 0 & 1 \\ 1 & 0 & 0 \\ 0 & 1 & 0 \end{pmatrix}$$

$$(2\quad 1\quad 3) = \begin{pmatrix} 0 & 1 & 0 \\ 1 & 0 & 0 \\ 0 & 0 & 1 \end{pmatrix}, \quad (1\quad 3\quad 2) = \begin{pmatrix} 1 & 0 & 0 \\ 0 & 0 & 1 \\ 0 & 1 & 0 \end{pmatrix}$$

$$(3\quad 2\quad 1) = \begin{pmatrix} 0 & 0 & 1 \\ 0 & 1 & 0 \\ 1 & 0 & 0 \end{pmatrix}, \quad (1\quad 2\quad 3) = \begin{pmatrix} 1 & 0 & 0 \\ 0 & 1 & 0 \\ 0 & 0 & 1 \end{pmatrix}$$

试问在二次量子化表象内什么是引起三体玻色(费米)子算符置换的算符呢?一个十分自然而又简捷的方法是利用狄拉克坐标表象构造如下的积分型算符,例如

$$\begin{aligned} \mathrm{P}_{312} &= \iiint_{-\infty}^{\infty} \mathrm{d}q_1\mathrm{d}q_2\mathrm{d}q_3 \left| (3\quad 1\quad 2)\begin{pmatrix} q_1 \\ q_2 \\ q_3 \end{pmatrix}\right\rangle\left\langle \begin{pmatrix} q_1 \\ q_2 \\ q_3 \end{pmatrix}\right| \\ &= \iiint_{-\infty}^{\infty} \mathrm{d}q_1\mathrm{d}q_2\mathrm{d}q_3 \left| \begin{pmatrix} q_3 \\ q_1 \\ q_2 \end{pmatrix}\right\rangle\left\langle \begin{pmatrix} q_1 \\ q_2 \\ q_3 \end{pmatrix}\right| \end{aligned} \tag{1.5}$$

可见 P_{312} 是群元素(3　1　2)的映射.这个积分能否用简捷的方法算出呢?对于费

米统计,又怎样求二次量子化表象中引起 n 体置换的置换算符呢? 让我们再举几个必须面对积分型算符的例子.

在量子力学的现有教材中,我们常见的连续表象是坐标、动量和相干态表象.它们之所以能称为表象,其主要原因是具有完备性,因而能够为态矢或算符的动力学演化提供"坐标系".那么,在量子力学中是否还存在其他有用的表象呢? 如果有的话,怎样用最有效的办法来完成对由 ket-bra 组成的投影算符的积分以证实其完备性呢?

让我们再深入一步想,通常见到的连续基矢的完备性中 ket 与 bra 是互为共轭虚量的.那么在量子力学中是否存在一种可能,对由 ket-bra 组成的投影算符的积分之值仍是单位算符,而 ket 与 bra 并不互为厄米共轭? 下面例子更有说服力.用狄拉克的 ket 写下薛定谔方程

$$\mathrm{i}\hbar\frac{\partial}{\partial t}|q,t\rangle = H(t)|q,t\rangle \tag{1.6}$$

定义时间演化算符

$$|q,t\rangle = U(t,t_0)|q,t_0\rangle,\quad U(t_0,t_0) = 1 \tag{1.7}$$

则可知幺正算符 $U(t,t_0)$满足方程

$$\mathrm{i}\hbar\frac{\partial U(t,t_0)}{\partial t} = H(t)U(t,t_0) \tag{1.8}$$

其形式解为

$$U(t,t_0) = 1 - \frac{\mathrm{i}}{\hbar}\int_{t_0}^{t}\mathrm{d}t'H(t')U(t',t_0) \tag{1.9}$$

因此 $U(t,t_0)$可以写成积分型的投影算符

$$U(t,t_0) = \int_{-\infty}^{\infty}\mathrm{d}q\,|q,t\rangle\langle q,t_0| \tag{1.10}$$

明显把这个积分做出,就可得到时间演化算符的显式.

人们在处理量子力学中的多粒子体系时,常仿照经典力学的方法,把 n 个独立粒子坐标变成质心坐标与相对坐标(后者统称为雅可比变量).那么,是否存在生成这个变换的幺正算符呢? 又如何找到它呢? 如海森堡所说:"在量子理论中一个动力学问题的解相当于一个厄米式或张量的主轴变化",这里"特别重要的是所谓幺正变换"[5].用独立粒子坐标表示和用雅可比坐标表示的各物理量之间的关联就是通过这个幺正变换算符来实现的.例如,对于两个粒子(质量分别为 m_1 与 m_2),在经典力学中,从正则坐标 q_1、q_2(p_1, p_2)变为质心坐标 q_{cm}与相对坐标 q_{r} 的关系是

$$q_{\mathrm{cm}} = \mu_1 q_1 + \mu_2 q_2,\quad q_{\mathrm{r}} = q_2 - q_1$$

$$P_{cm} = p_1 + p_2, \quad P_r = \mu_1 p_2 - \mu_2 p_1 \tag{1.11}$$

式中

$$\mu_1 = \frac{m_1}{m_1 + m_2}, \quad \mu_2 = \frac{m_2}{m_1 + m_2} \tag{1.12}$$

而在量子力学中，我们希望找到一个幺正算符 V 使得

$$VQV^{-1} = \mu_1 Q_1 + \mu_2 Q_2, \quad VQ_2 V^{-1} = Q_2 - Q_1 \tag{1.13}$$

一个很自然地构造 V 的方法是写下如下的积分型投影算符

$$V = \iint_{-\infty}^{\infty} \mathrm{d}q_1 \mathrm{d}q_2 \left| \begin{pmatrix} 1 & -\mu_2 \\ 1 & \mu_1 \end{pmatrix} \begin{pmatrix} q_1 \\ q_2 \end{pmatrix} \right\rangle \left\langle \begin{pmatrix} q_1 \\ q_2 \end{pmatrix} \right| \tag{1.14}$$

其中的矩阵是以下矩阵变换

$$\begin{pmatrix} \mu_1 & \mu_2 \\ -1 & 1 \end{pmatrix} \begin{pmatrix} q_1 \\ q_2 \end{pmatrix} = \begin{pmatrix} q_{cm} \\ q_r \end{pmatrix} \tag{1.15}$$

的逆矩阵.那么，如何简捷地积分式(1.14)呢？

再深入一步，我们考虑与正则相干态

$$|Z\rangle = |p, q\rangle = \exp[\mathrm{i}(pQ - qP)]|0\rangle \equiv \left| \begin{pmatrix} q \\ p \end{pmatrix} \right\rangle$$

$$Z = \frac{1}{\sqrt{2}}(q + \mathrm{i}p)$$

有关的下述问题，用$|p, q\rangle$来构造如下的积分型算符

$$\frac{|S|}{2\pi S^{1/2}} \iint_{-\infty}^{\infty} \mathrm{d}p \mathrm{d}q \left| \begin{pmatrix} A & B \\ C & D \end{pmatrix} \begin{pmatrix} q \\ p \end{pmatrix} \right\rangle \left\langle \begin{pmatrix} q \\ p \end{pmatrix} \right|$$

$$S = \frac{1}{2}[(A + D) + \mathrm{i}(B - C)] \tag{1.16}$$

其中 $q \to Aq + Bp$, $p \to Cq + Dp$ 表示经典(p, q)相空间的一个正则变换，这个积分的演算能用简捷的方法解析地实现吗？

综上所述，我们把量子理论中的许多问题都归结为构造积分型的投影算符，这种做法在物理上较直观，有鲜明的经典类比，可直接地把经典变换过渡到量子变换，提供了一条直接寻找明显形式的 q 数的新途径.问题的解决就在于如何干净利落地算出这种 ket-bra 算符的积分了.注意上述许多积分式中 ket 与 bra 已不再互为共轭虚量，因此必须发展一种新的巧妙技术去实现积分.狄拉克原有理论尽管已澄清了量子变量与经典变量的对应关系，把对易子对比为经典泊松括号，但对于如何由经典正则变换直接导出量子幺正算符还有待于我们去深入研究这类积分型投影算符.

吴大猷先生指出[6],"学或教量子力学,通常是有两个不同的态度及方法,一是由目前已建立的系统的数学形式的方法入手,这个途径,以狄拉克的《量子力学原理》为代表,但大多数的初学者,会感觉到抽象的数学形式和物理概念间的关系的神秘性,不知这样一个抽象的理论系统是如何建立的……".这一方面充分说明了狄拉克的天才和超人之处,另一方面也促使我们提出如下问题:如何才能把他的抽象的符号法变得浅显易懂,变得更实用.

近年来,在量子力学中所创造和发展的有序算符内的积分技术[7~20](简写为IWOP)——一种特殊的数学物理——使得狄拉克的符号法更完美、更具体、能更多更好地表达物理规律.IWOP 技术不但具有物理上直观、内涵丰富、数学简捷的特点,因而能解决一些悬而未决的问题,开拓一些新的研究课题,而且又能强烈而深刻地体现量子论数理结构内在的美.用 IWOP 技术可使《量子力学原理》的内容更充实,减少"神秘"色彩,使得学者不但知其然,而且知其所以然,从而便于教和学.

综观整个物理学曲折发展的历史,可以说,物理学的每一重要进展,是在实验的观察与纯数学的直觉相结合的指导下得到的.因此,对于一个学物理或研究物理的人来说,物理学中的数学不仅仅是计算和分析实验数据的工具,也是创造新理论的概念和原理的重要源泉.本书所介绍的 IWOP 技术是数学能够反映物理世界行为的又一表现,它对于理解与发展量子力学的表象理论、变换理论是卓有成效的,对于量子物理学家运用数学工具建造新的理论也有参考价值.

杨振宁先生曾说:"……他(指狄拉克)把量子力学整个的结构统统记在心中,而后用了简单、清楚的逻辑推理,经过他的讨论以后,你就觉得非这样不可.""……他的每一步,跟着的下一步,都有他的逻辑,而他的逻辑与别人的逻辑不一样,但是非常富有引诱力,跟着他一走以后,你就觉得非跟着他走不可."[21]

在以后各章中,我将尽量按照狄拉克所说的"理论物理学家把追求数学美看做为研究的信念"的要求来发展狄拉克的符号法及其他一些有关的课题,如相干态和压缩态.

第 2 章　预 备 知 识

为了阐述 IWOP 技术和发展表象理论，我们先扼要地回顾一下原有的常用表象，尤其是与相干态有关的基本知识.

2.1　坐标、动量表象和粒子数表象

令 Q、P 分别为厄米的坐标和动量算符，且满足海森堡正则对易关系（令 $\hbar$ 为普朗克常数）[1]，即

$$[Q,P] = \mathrm{i}\hbar \tag{2.1}$$

让 $|q\rangle$ 和 $|p\rangle$ 分别是 Q 和 P 的本征态，则有

$$\left.\begin{aligned} &Q\mid q\rangle = q\mid q\rangle,\quad \langle q'\mid q\rangle = \delta(q'-q) \\ &\langle q\mid P = \frac{\hbar}{\mathrm{i}}\frac{\mathrm{d}}{\mathrm{d}q}\langle q\mid \\ &P\mid p\rangle = p\mid p\rangle,\quad \langle p'\mid p\rangle = \delta(p'-p) \\ &\langle p\mid Q = \mathrm{i}\hbar\frac{\mathrm{d}}{\mathrm{d}p}\langle p\mid \end{aligned}\right\} \tag{2.2}$$

相应的完备性关系分别是

$$\int_{-\infty}^{\infty}\mathrm{d}q\mid q\rangle\langle q\mid = 1 \tag{2.3}$$

$$\int_{-\infty}^{\infty}\mathrm{d}p\mid p\rangle\langle p\mid = 1 \tag{2.4}$$

用 Q 和 P 定义湮没算符 a 与产生算符 $a^\dagger$，$a^\dagger$ 是 a 的厄米共轭

$$\left.\begin{aligned} a &= \frac{1}{\sqrt{2}}\left[\sqrt{\frac{m\omega}{\hbar}}Q + \mathrm{i}\frac{P}{\sqrt{m\omega\hbar}}\right] \\ a^\dagger &= \frac{1}{\sqrt{2}}\left[\sqrt{\frac{m\omega}{\hbar}}Q - \mathrm{i}\frac{P}{\sqrt{m\omega\hbar}}\right] \end{aligned}\right\} \tag{2.5}$$

则易知

$$[a, a^\dagger] = 1 \tag{2.6}$$

定义粒子数算符 $N = a^\dagger a$，它的本征态记为 $|n\rangle$，则有

$$\langle n \mid N \mid n\rangle = |\, a \mid n\rangle|^2 \geqslant 0$$

$|n\rangle$ 中的最低一个态 $|0\rangle$ 为基态，则必然有 $a|0\rangle = 0$. 容易证明

$$|\, n\rangle = \frac{a^{\dagger n}}{\sqrt{n!}} \mid 0\rangle \tag{2.7}$$

$|n\rangle$ 张成的空间是完备的[22]

$$\sum_{n=0}^{\infty} |\, n\rangle\langle n \,| = 1 \tag{2.8}$$

而且

$$a \mid n\rangle = \sqrt{n} \mid n-1\rangle, \quad a^\dagger \mid n\rangle = \sqrt{n+1} \mid n+1\rangle \tag{2.9}$$

基态 $|0\rangle$ 的波函数 $\langle q|0\rangle$ 可由下式求出

$$\begin{aligned} 0 = \langle q \mid a \mid 0\rangle &= \langle q \mid \frac{1}{\sqrt{2}}\left[\sqrt{\frac{m\omega}{\hbar}}Q + \frac{\mathrm{i}P}{\sqrt{m\omega\hbar}}\right] \mid 0\rangle \\ &= \frac{1}{\sqrt{2}}\left(\sqrt{\frac{m\omega}{\hbar}}q + \sqrt{\frac{\hbar}{m\omega}}\frac{\mathrm{d}}{\mathrm{d}q}\right)\langle q \mid 0\rangle \end{aligned} \tag{2.10}$$

即

$$\langle q \mid 0\rangle = c\ \exp\left[-\frac{m\omega}{2\hbar}q^2\right] \tag{2.11}$$

其中 c 是为归一系数，可由下式定出

$$\begin{aligned} 1 = \langle 0 \mid 0\rangle &= \int_{-\infty}^{\infty} \mathrm{d}q \langle 0 \mid q\rangle\langle q \mid 0\rangle \\ &= |\, c\,|^2 \int_{-\infty}^{\infty} \mathrm{d}q\, \exp\left[-\frac{m\omega}{2\hbar}q^2\right] = |\, c\,|^2 \sqrt{\frac{\pi\hbar}{m\omega}} \end{aligned} \tag{2.12}$$

所以

$$\langle q \mid 0\rangle = \exp\left[-\frac{m\omega}{2\hbar}q^2\right]\left(\frac{m\omega}{\pi\hbar}\right)^{1/4} \tag{2.13}$$

以下为方便起见，取 $\hbar = \omega = m = 1$，则由式(2.7)、(2.3)和(2.13)得

$$\begin{aligned} \langle q \mid n\rangle &= \frac{1}{\sqrt{n!}}\int_{-\infty}^{\infty} \langle q \mid a^{\dagger n} \mid q'\rangle\langle q' \mid 0\rangle \mathrm{d}q' \\ &= \frac{1}{\sqrt{2^n n!}}\int_{-\infty}^{\infty} \mathrm{d}q' \left(q - \frac{\mathrm{d}}{\mathrm{d}q}\right)^n \delta(q - q')\langle q' \mid 0\rangle \end{aligned}$$

$$= \frac{1}{\sqrt{2^n n!\sqrt{\pi}}}\left(q - \frac{q}{\mathrm{d}q}\right)^n \mathrm{e}^{-q^2/2} \tag{2.14}$$

利用厄米多项式的表达式

$$\mathrm{H}_n(q) = \mathrm{e}^{q^2/2}\left(q - \frac{\mathrm{d}}{\mathrm{d}q}\right)^n \mathrm{e}^{-q^2/2} \tag{2.15}$$

或

$$\mathrm{H}_n(q) = \mathrm{e}^{q^2}\left(-\frac{\mathrm{d}}{\mathrm{d}q}\right)^n \mathrm{e}^{-q^2} = \sum_{k=0}^{[n/2]} \frac{(-)^k n!}{k!(n-2k)!}(2q)^{n-2k} \tag{2.16}$$

式(2.14)变为

$$\langle q \mid n \rangle = \frac{1}{\sqrt{2^n n!\sqrt{\pi}}}\mathrm{e}^{-q^2/2}\mathrm{H}_n(q) \tag{2.17}$$

由式(2.8)和(2.17),可写出坐标本征态$|q\rangle$的 Fock 表象

$$\begin{aligned} |q\rangle &= \sum_{n=0}^{\infty} |n\rangle\langle n \mid q\rangle = \sum_{n=0}^{\infty} |n\rangle \frac{1}{\sqrt{2^n n!\sqrt{\pi}}}\mathrm{e}^{-q^2/2}\mathrm{H}_n(q) \\ &= \pi^{-1/4}\exp\left\{\frac{-q^2}{2} + \sqrt{2}qa^\dagger - \frac{a^{\dagger 2}}{2}\right\}|0\rangle \end{aligned} \tag{2.18}$$

其中用了厄米多项式的母函数公式

$$\sum_{n=0}^{\infty} \frac{\mathrm{H}_n(q)}{n!}t^n = \exp(2qt - t^2) \tag{2.19}$$

类似地可以导出

$$\begin{aligned} \langle p \mid n\rangle &= \frac{1}{\sqrt{n!}}\int_{-\infty}^{\infty}\mathrm{d}p'\langle p \mid a^{\dagger n} \mid p'\rangle\langle p' \mid 0\rangle \\ &= \frac{(-\mathrm{i})^n}{\sqrt{2^n n!}}\left(p - \frac{\mathrm{d}}{\mathrm{d}p}\right)^n\langle p \mid 0\rangle = \frac{(-\mathrm{i})^n}{\sqrt{2^n n!\sqrt{\pi}}}\mathrm{e}^{-p^2/2}\mathrm{H}_n(p) \end{aligned} \tag{2.20}$$

于是,动量本征值$|p\rangle$的 Fock 表象为

$$\begin{aligned} |p\rangle &= \sum_{n=0}^{\infty} |n\rangle\langle n \mid p\rangle = \pi^{-1/4}\mathrm{e}^{-p^2/2}\sum_{n=0}^{\infty}\left(\frac{\mathrm{i}a^\dagger}{\sqrt{2}}\right)^n \frac{1}{n!}H_n(p)\,|0\rangle \\ &= \pi^{-1/4}\exp\left\{-\frac{p^2}{2} + \sqrt{2}\mathrm{i}pa^\dagger + \frac{a^{\dagger 2}}{2}\right\}|0\rangle \end{aligned} \tag{2.21}$$

注意当恢复 m、ω 和 $\hbar$ 后,$|q\rangle$和$\langle p|$的表达式应分别是

$$|q\rangle = \left(\frac{m\omega}{\pi\hbar}\right)^{1/4}\exp\left\{-\frac{m\omega}{2\hbar}q^2 + \sqrt{\frac{2m\omega}{\hbar}}qa^\dagger - \frac{a^{\dagger 2}}{2}\right\}|0\rangle \tag{2.22}$$

$$|p\rangle = \left(\frac{1}{\pi m\omega\hbar}\right)^{1/4}\exp\left\{-\frac{p^2}{2m\omega\hbar}+\sqrt{\frac{2}{m\omega\hbar}}\mathrm{i}pa^\dagger+\frac{a^{\dagger 2}}{2}\right\}|0\rangle \tag{2.23}$$

由此给出

$$\int_{-\infty}^{\infty}\frac{\mathrm{d}q}{\sqrt{2\pi\hbar}}|q\rangle = \left(\frac{1}{\pi m\omega\hbar}\right)^{1/4}\mathrm{e}^{a^{\dagger 2}/2}|0\rangle = |p=0\rangle \tag{2.24}$$

表示所有坐标本征态的线性叠加等于动量为零的动量本征态.类似地有

$$\int_{-\infty}^{\infty}\frac{\mathrm{d}p}{\sqrt{2\pi\hbar}}|p\rangle = |q=0\rangle$$

表示所有动量本征态的线性叠加(以相同的几率参与,表示动量值最不确定)的效果等同于坐标值为零(确定的坐标值)的坐标本征态.这是符合不确定原理的.容易验证式(2.24)的正确性,即从其左边乘$\langle q'|$得

$$\langle q'|\int_{-\infty}^{\infty}\frac{\mathrm{d}q}{\sqrt{2\pi\hbar}}|q\rangle = \int_{-\infty}^{\infty}\frac{\mathrm{d}q}{\sqrt{2\pi\hbar}}\delta(q'-q) = \frac{1}{\sqrt{2\pi\hbar}}$$

其右边乘$\langle q'|$给出

$$\langle q'|p=0\rangle = \frac{1}{\sqrt{2\pi\hbar}}\mathrm{e}^{\mathrm{i}q'p/\hbar}\Big|_{p=0} = \frac{1}{\sqrt{2\pi\hbar}}$$

另一方面,式(2.24)左、右二边各乘$\langle p|$可得

$$\langle p|\int_{-\infty}^{\infty}\frac{\mathrm{d}q}{\sqrt{2\pi\hbar}}|q\rangle = \int_{-\infty}^{\infty}\frac{\mathrm{d}q}{2\pi\hbar}\mathrm{e}^{-\mathrm{i}pq/\hbar} = \delta(p)$$

$$\langle p|p=0\rangle = \delta(p) \tag{2.24$'$}$$

所以式(2.24)是正确的.由式(2.22)及(2.23)分别看出

$$\left(\frac{m\omega}{\pi\hbar}\right)^{1/4}\int_{-\infty}^{\infty}\mathrm{d}q\exp\left[-\frac{m\omega}{2\hbar}q^2\right]|q\rangle = |0\rangle$$

$$(m\omega\pi\hbar)^{-1/4}\int_{-\infty}^{\infty}\mathrm{d}p\exp\left[-\frac{p^2}{2m\omega\hbar}\right]|p\rangle = |0\rangle$$

由此导出关系

$$(m\omega)^{1/4}\exp\left[-\frac{m\omega}{2\hbar}Q^2\right]\int_{-\infty}^{\infty}\mathrm{d}q|q\rangle = (m\omega)^{-1/4}\exp\left[-\frac{P^2}{2m\omega\hbar}\right]\int_{-\infty}^{\infty}\mathrm{d}p|p\rangle$$

利用式(2.24)及(2.24′)可见

$$(m\omega)^{1/4}\exp\left[-\frac{m\omega}{2\hbar}Q^2\right]|p=0\rangle = (m\omega)^{-1/4}\exp\left[\frac{-P^2}{2m\omega\hbar}\right]|q=0\rangle$$

作为此关系式的应用,我们计算矩阵元

$$\langle q=0|\exp\left[\frac{-P^2}{2m\omega\hbar}\right]|q=0\rangle$$

$$= \sqrt{m\omega}\langle q = 0 \mid \exp\left[-\frac{m\omega}{2\hbar}Q^2\right] \mid p = 0\rangle = \sqrt{\frac{m\omega}{2\pi\hbar}}$$

请读者在此基础上完成习题15.

2.2　相干态引入的必要性

由于受不确定原理的制约,坐标本征态$|q\rangle$和动量本征态$|p\rangle$都只是理想的态,它们都归一化为δ函数,因此其物理应用也有限.而相干态在近代物理中的应用要广泛得多.它不但是一个重要的物理概念,而且是理论物理中的一种有效方法[23].例如,它可以非常自然地解释一个微观量子系统怎样能够表现出宏观的集体模式,从而给出量子力学的经典对应.在量子光学中,相干态是激光理论的重要支柱[24].相干态可以用来发展群表示论.目前,几乎物理的各个领域都广泛地应用相干态.

相干态这一物理概念,最初由薛定谔在1926年提出.他指出:要在一个给定位势下找某个量子力学态,这个态遵从与经典粒子类似的规律.对于谐振子位势,他找到了这样的状态.但一直到60年代初才由Glauber和Klauder等人系统地建立起谐振子相干态(或称为正则相干态),证明了它是谐振子湮没算符的本征态,而且是使坐标-动量不确定关系取极小值的态.鉴于相干态有它的固有特点,例如,它是一个不正交的态,因此具有超完备性(over-completeness).又例如,它是一个量子力学态,而又最接近于经典情况,因此人们对于相干态的研究与应用的兴趣与日俱增,见文献[23]和[24].

以电磁场为例,我们来说明相干态的引进是势在必行的.在量子力学中,对于大的量子数,对应原理要求算符的期望值与经典观测值一致.对电磁势算符和电场算符在一个腔(体积为V)内作平面波展开

$$A(\boldsymbol{r},t) = \sum_{k,\sigma}\left(\frac{2\pi\hbar c}{V\omega_k}\right)^{1/2}\varepsilon_{k\sigma}[a_{k\sigma}\exp[-\mathrm{i}(\omega_k t - \boldsymbol{k}\cdot\boldsymbol{r})] + h.c.] \tag{2.25}$$

$$E(\boldsymbol{r},t) = -\frac{1}{c}\frac{\partial A}{\partial t}$$

$$= \mathrm{i}\sum_{k,\sigma}\left(\frac{2\pi\hbar\omega_k}{V}\right)^{1/2}\varepsilon_{k\sigma}[a_{k\sigma}\exp[\mathrm{i}(\boldsymbol{k}\cdot\boldsymbol{r} - \omega_k t)] - h.c.] \tag{2.26}$$

式中$\sigma=1,2,\omega_k=|\boldsymbol{k}|c,h.c.$表示取厄米共轭,$\varepsilon_{k\sigma}$是极化矢量.应该存在这样的状态(记为$|经典\rangle$),使得

$$\langle 经典 \mid E \mid 经典 \rangle \longrightarrow 经典电磁波形式$$

即|经典〉代表允许过滤到经典极限的态.如何找|经典〉态呢？显然,如有下式满足

$$a \mid 经典 \rangle = z \mid 经典 \rangle$$

则从式(2.26)导出

$$\langle 经典 \mid E \mid 经典 \rangle \sim \mathrm{i}\left(\frac{2\pi\hbar\omega}{V}\right)^{1/2} \times \varepsilon[z \exp[\mathrm{i}(\boldsymbol{k} \cdot \boldsymbol{r} - \omega t)] - z^* \exp[\mathrm{i}(\boldsymbol{k} \cdot \boldsymbol{r} - \omega t)]$$

这里无碍于把说明问题的下标与求和号都略去了.上式右边正是经典的电磁波形式.因此湮没算符 a 的本征态是满足〈经典|E|经典〉→经典电磁波形式所要求的态(至于产生算符 $a^\dagger$ 的本征态将在第8章中详细讨论),a 是本征态被称为相干态,记为$|z\rangle$.再计算 E 在相干态的均方偏差得

$$\langle z \mid E^2 \mid z \rangle - | \langle z \mid E \mid z |^2 = \frac{2\pi\hbar\omega}{V}$$

在经典极限下 $\hbar \to 0$,则上式为0.

经典电磁场的振幅与位相在任何时刻都是完全确定的.但在量子论中,由于不确定原理的制约使光场总有一定的涨落和噪声,即任何时刻都无法同时以任意精度确定电场的振幅和相位,而只能给出一定的范围.

虽然,振幅与位相是描述电磁波场的一对物理量,但在研究光场的量子涨落时,取电场的正交分量作为考察对象更为方便,所谓场的正交分量就是电场矢量在两个正交方向上的分量.例如,空间某点单模频率为 ω 的电场是

$$E(\boldsymbol{r}, t) = \chi(\boldsymbol{r})(a\mathrm{e}^{-\mathrm{i}\omega t} + a^\dagger \mathrm{e}^{\mathrm{i}\omega t}) \tag{2.27}$$

这里 χ 是依赖场的空间变量的函数.组合产生、湮没算符为

$$x_1 = \frac{1}{2}(a + a^\dagger), \quad x_2 = \frac{1}{2\mathrm{i}}(a - a^\dagger) \tag{2.28}$$

则 $E(\boldsymbol{r}, t)$改写为

$$E(\boldsymbol{r}, t) = 2\chi(\boldsymbol{r})[x_1 \cos \omega t + x_2 \sin \omega t] \tag{2.29}$$

x_1 与 x_2 的系数分别是 $\cos \omega t$ 和 $\sin \omega t$,因此代表场的两个正交分量.由$[x_1, x_2] = \mathrm{i}/2$,可见它们是一对共轭量.由量子理论可知,任何一对满足关系式$[x_1, x_2] = \mathrm{i}/2$ 的共轭量根据海森堡不确定原理,其方均涨落之积必须大于或等于某一常数,即

$$\Delta x_1 \Delta x_2 \geqslant 1/4 \tag{2.30}$$

而相干态是使上式取等号的态(见式(2.41)),而且光场的两个正交分量的方法涨落都取最小的值,此值即通常所称的真空涨落.

2.3　相干态的定义与若干性质

归一化的相干态表达式是

$$\left.\begin{aligned} |z\rangle &= D(z)|0\rangle = \exp\left[-\frac{1}{2}|z|^2 + za^\dagger\right]|0\rangle \\ D(z) &= \exp[za^\dagger - z^* a] \end{aligned}\right\} \tag{2.31}$$

其中 z 是复数.易证 $D(z)$满足关系

$$D(z)D(z') = D(z+z')\exp\left[\frac{1}{2}(zz'^* - z^* z')\right] \tag{2.32}$$

$$D(-z) = D^{-1}(z) = D^\dagger(z), \quad D^{-1}(z)aD(z) = a + z \tag{2.33}$$

$|z\rangle$是湮没算符 a 的本征态

$$a|z\rangle = z|z\rangle \tag{2.34}$$

$|z\rangle$是无穷多个粒子态的叠加

$$|z\rangle = \mathrm{e}^{-|z|^2/2}\sum_{n=0}^{\infty}\frac{z^n}{\sqrt{n!}}|n\rangle \tag{2.35}$$

与坐标本征态不同,相干态是不正交的,易证

$$\langle z'|z\rangle = \exp\left[-\frac{1}{2}(|z|^2 + |z'|^2) + z'^* z\right] \tag{2.36}$$

与此相关的另一重要性是相干态的超完备性(由式(2.36)可知一个相干态可以由别的相干态来表示),其证明如下

$$\begin{aligned} \int\frac{\mathrm{d}^2 z}{\pi}|z\rangle\langle z| &= \frac{1}{\pi}\int_0^\infty r\mathrm{d}r\int_0^{2\pi}\mathrm{d}\theta\mathrm{e}^{-r^2}\sum_{n,n'}^{\infty}\frac{r^{n+n'}\mathrm{e}^{\mathrm{i}(n-n')\theta}}{\sqrt{n!n'!}}|n\rangle\langle n'| \\ &= \sum_{n=0}^{\infty}|n\rangle\langle n| = 1 \end{aligned} \tag{2.37}$$

在第 3 章将看到,用 IWOP 技术可以简化此证明.相干态的波函数为

$$\left.\begin{aligned} \langle q|z\rangle &= \pi^{-1/4}\exp\left\{-\frac{q^2}{2} - \frac{|z|^2}{2} + \sqrt{2}qz - \frac{z^2}{2}\right\} \\ \langle p|z\rangle &= \pi^{-1/4}\exp\left\{-\frac{p^2}{2} - \frac{|z|^2}{2} - \sqrt{2}\mathrm{i}pz + \frac{z^2}{2}\right\} \end{aligned}\right\} \tag{2.38}$$

值得指出的是,在相干态中出现的 n 个粒子的几率为

$$|\langle n | z\rangle|^2 = \mathrm{e}^{-|z|^2}\frac{|z|^{2n}}{n!} \tag{2.39}$$

它是个泊松分布.又由$\langle z|N|z\rangle=|z|^2$,$\langle z|N^2|z\rangle=|z|^4+|z|^2$得

$$(\Delta N)^2 = |z|^2, \quad \frac{\Delta N}{\langle N\rangle} = \frac{1}{|z|}$$

表明当$|z|$大时(平均光子数多),粒子数(能量)量子起伏变小,接近经典场.从式(2.38)可以看出,对于激光而言,如果激发度足够高,其光子统计趋近于这种分布,因此相干态是描述激光场的量子态.此外,如果类似于经典相干度那样定义量子意义下的 n 级相干度 $g^{(n)}$,极易证明相干态在各级都相干,这就是相干态名称的由来.实验上,可以通过 Hanbury-Brown-Twiss 实验来区分单模热光态和单模激光(相干态).

现在来证明相干态是使不确定关系式(2.30)取极小值的态.这是因为

$$\left.\begin{aligned}&\langle z | x_1 | z\rangle = \frac{1}{2}(z+z^*), \quad \langle z | x_2 | z\rangle = \frac{\mathrm{i}}{2}(z^*-z)\\&\langle z | x_1^2 | z\rangle = \frac{1}{4}(z^{*2}+z^2+2z^*z+1)\\&\langle z | x_2^2 | z\rangle = \frac{1}{4}(z^{*2}+z^2-2z^*z-1)\end{aligned}\right\} \tag{2.40}$$

由此导出

$$\left.\begin{aligned}\langle(\Delta x_1)^2\rangle &= \langle x_1^2\rangle - \langle x_1\rangle^2 = \frac{1}{4}\\\langle(\Delta x_2)^2\rangle &= \langle x_2^2\rangle - \langle x_2\rangle^2 = \frac{1}{4}\\\Delta x_1\Delta x_2 &\equiv \sqrt{\langle(\Delta x_1)^2\rangle\langle(\Delta x_2)^2\rangle} = \frac{1}{4}\end{aligned}\right\} \tag{2.41}$$

若在保持该乘积不变的前提下,让 Δx_1(或 Δx_2)增大某个倍数,则相应的 Δx_2(或 Δx_1)就缩小相同的倍数,与此相应的态称为压缩态.由于它可以在某个正交分量上具有比相干态更小的量子噪声,因而在光通信和引力波检测中有潜在的应用[23,24].在第 3、9 章中我们将用 IWOP 技术详细讨论单模、双模压缩态以及单-双模组合压缩态.

在本节结束前,需指出相干态$|z\rangle$在很多场合下采取以下正则的形式.令 $z=(q+\mathrm{i}p)/\sqrt{2}$,有

$$|z\rangle = |p,q\rangle = \mathrm{e}^{\mathrm{i}(pQ-qP)}|0\rangle = \exp\left[-\frac{1}{4}(p^2+q^2)+\frac{1}{\sqrt{2}}(q+\mathrm{i}p)a^\dagger\right]|0\rangle \tag{2.42}$$

相应的非正交性与超完备性改写为

$$\left.\begin{aligned}&\langle p,q\mid p',q'\rangle=\exp\left\{-\frac{1}{4}\left[(p-p')^2+(q-q')^2\right]-\frac{\mathrm{i}}{2}(pq'-qp')\right\}\\&\frac{1}{2\pi}\iint_{-\infty}^{\infty}\mathrm{d}p\mathrm{d}q\mid p,q\rangle\langle p,q\mid=1\end{aligned}\right\}\tag{2.43}$$

容易导出

$$\langle p,q\mid Q\mid p,q\rangle=q,\quad\langle p,q\mid P\mid p,q\rangle=p\tag{2.44}$$

可见,正则相干态形式的优点是提供了一个表象,这一表象把坐标算符 Q 与动量算符 P 分别与它们的期望值 q 和 p 对应起来,这就启发我们,用正则相干态研究经典空间中的正则变换如何向量子力学的希尔伯特空间中幺正算符的过渡是方便的.

2.4 Bargmann 空间[28]

可以把相干态 $|z\rangle$ 的归一化因子 $\mathrm{e}^{-|z|^2/2}$ 吸收到超完备性积分测度里,而把函数 $z^n/\sqrt{n!}$ 作为正交完备基的空间称为 Bargmann 空间,具体做法如下,用相干态超完备性可以把任一状态 $|g\rangle$ 展开得

$$|g\rangle=\int\frac{\mathrm{d}^2z}{\pi}\mathrm{e}^{-|z|^2/2}g(z^*)\mid z\rangle\tag{2.45}$$

式中,$g(z^*)=\sum_{n=0}^{\infty}\frac{z^{*n}}{\sqrt{n!}}\langle n|g\rangle$.设有算符 $A(a^\dagger,a)$ 是如下的多项式:

$$A(a^\dagger,a)=\sum_{m,n}A_{m,n}a^{\dagger m}a^n$$

则用式(2.45)可把本征方程

$$A(a^\dagger,a)\mid f\rangle=E\mid f\rangle\tag{2.46}$$

表示为

$$\begin{aligned}\langle z\mid A(a^\dagger,a)\mid f\rangle&=\langle z\mid\sum_{m,n}a^{\dagger m}a^nA_{m,n}\int\frac{\mathrm{d}^2z'}{\pi}\exp\left(-\frac{1}{2}\mid z'\mid^2\right)f(z'^*)\mid z'\rangle\\&=\exp\left(-\frac{1}{2}\mid z\mid^2\right)\sum_{m,n}A_{m,n}z^{*m}\int\frac{\mathrm{d}^2z'}{\pi}\exp(z^*z'-\mid z'\mid^2)z'^nf(z'^*)\end{aligned}$$

$$= \exp\left(-\frac{1}{2}|z|^2\right)\sum_{m,n} A_{m,n} z^{*m}\left(\frac{\partial}{\partial z^*}\right)^n f(z^*)$$

$$= \exp\left(-\frac{1}{2}|z|^2\right) A\left(z^*,\frac{\partial}{\partial z^*}\right) f(z^*) = E\langle z|f\rangle \tag{2.47}$$

上式右边用式(2.45)可写为

$$E\langle z|f\rangle = \exp\left(-\frac{1}{2}|z|^2\right) Ef(z^*)$$

因此式(2.47)变为

$$A\left(z,\frac{\partial}{\partial z}\right) f(z) = Ef(z) \tag{2.48}$$

一般称式(2.48)是本征方程式(2.46)的 Bargmann 表示[28]. 在此表示中,有下列对应

$$a^\dagger \to z, \quad a \to \frac{\partial}{\partial z}$$

例如,谐振子的本征方程

$$\left(a^\dagger a + \frac{1}{2}\right)|n\rangle = \left(n + \frac{1}{2}\right)|n\rangle$$

在 Bargmann 表示中记为

$$\left(z\frac{\mathrm{d}}{\mathrm{d}z} + \frac{1}{2}\right) f(z) = Ef(z) \tag{2.49}$$

因而,相应于粒子态$|n\rangle$的本征函数是

$$f_n(z) = \frac{z^n}{\sqrt{n!}} \tag{2.50}$$

它在 Bargmann 空间中是正交归一的$\left(\text{把}\dfrac{\mathrm{d}z\mathrm{d}z^*}{2\pi\mathrm{i}}\text{理解为}\dfrac{\mathrm{d}^2 z}{\pi}\right)$.

$$\int \frac{\mathrm{d}z\mathrm{d}z^*}{2\pi\mathrm{i}} \mathrm{e}^{-|z|^2} f_m^*(z) f_n(z)$$

$$= \frac{1}{\pi\sqrt{m!n!}}\int_0^\infty r\mathrm{d}r \int_0^{2\pi} \mathrm{d}\varphi \mathrm{e}^{-r^2} \mathrm{e}^{\mathrm{i}(n-m)\varphi} r^{m+n} = \delta_{m,n} \tag{2.51}$$

事实上,把式(2.51)和粒子态$\langle m|$和$|n\rangle$以下面的方式结合就是相干态的过完备性,即

$$\int \frac{\mathrm{d}z\mathrm{d}z^*}{2\pi\mathrm{i}} \mathrm{e}^{-|z|^2} \sum_{m=0}^{\infty} \frac{z^m a^{\dagger m}}{m!}|0\rangle\langle 0|\frac{z^{*m} a^m}{m!} = \int \frac{\mathrm{d}^2 z}{\pi}|z\rangle\langle z| = 1 \tag{2.52}$$

在第 4 章我们将构造扩大的 Bargmann 空间.

2.5　相干态的动力学产生

本节我们讨论相干态的产生机制,即要问什么样的力学系统能将某个初态(例如,真空态)演化为相干态.最简单的系统是由一个带外源的哈密顿量来描述的(取 $\hbar=1$)

$$H = \omega a^{\dagger} a + f(t) a + f^{*}(t) a^{\dagger} \tag{2.53}$$

解动力学过程常用两种方法,第一种做法是直接利用海森堡方程[29]

$$\frac{\mathrm{d}a(t)}{\mathrm{d}t} = \frac{1}{\mathrm{i}}[a, H] = -\mathrm{i}[\omega a + f^{*}(t)] \tag{2.54}$$

利用初始条件 $a(t)|_{t=0} = a(0)$,得到它的解为

$$a(t) = a(0)\mathrm{e}^{-\mathrm{i}\omega t} - \mathrm{i}\int_0^t f^{*}(\tau)\mathrm{e}^{-\mathrm{i}\omega(t-\tau)}\mathrm{d}\tau \tag{2.55}$$

可以求得满足 $S^{\dagger}(t)a(0)S(t) = a(t)$,$S^{\dagger}(t)a^{\dagger}(0)S(t) = a^{\dagger}(t)$,且精确到任意一个相因子的范围内的幺正演化算符 $S(t)$ 为

$$\begin{aligned} S(t) &= \exp(-\mathrm{i}\omega a^{\dagger} a t)\exp[-\mathrm{i}(\eta^{*} a^{\dagger} + \eta a)] \\ &= \exp\left(-\frac{1}{2}|\eta(t)|^2\right)\exp[-\mathrm{i}\eta^{*}(t)\mathrm{e}^{-\mathrm{i}\omega t}a^{\dagger}] \\ &\quad\times \exp(-\mathrm{i}\omega a^{\dagger} a t)\exp[-\mathrm{i}\eta(t)a] \end{aligned} \tag{2.56}$$

式中,

$$a = a(0), a^{\dagger} = a^{\dagger}(0), \eta(t) = \int_0^t \mathrm{d}\tau f(\tau)\mathrm{e}^{-\mathrm{i}\omega\tau} \tag{2.57}$$

若 $t=0$ 时系统处于真空态$|0\rangle$,则 t 时刻系统状态为

$$|\psi(t)\rangle = S(t)|0\rangle = \exp\left(-\frac{1}{2}|\eta(t)|^2\right)\exp(-\mathrm{i}\eta^{*}(t)\mathrm{e}^{-\mathrm{i}\omega t}a^{\dagger})|0\rangle \tag{2.58}$$

此即相干态$|\alpha\rangle$,其中 $\alpha = -\mathrm{i}\eta^{*}(t)\mathrm{e}^{-\mathrm{i}\omega t}$.

第二种做法是利用相干态平均方法在相互作用表象中求解薛定谔方程

$$\mathrm{i}\partial_t U(t) = H(t)U(t) \tag{2.59}$$

令

$$U(t) = \exp(-\mathrm{i}\omega a^{\dagger} a t)U^{I}(t) \tag{2.60}$$

则 $U^{I}(t)$满足

$$
\begin{aligned}
\mathrm{i}\partial_t U^I(t) &= \exp(\mathrm{i}\omega a^\dagger a t)[f(t)a + f^*(t)a^\dagger]\exp(-\mathrm{i}\omega a^\dagger a t)U^I(t) \\
&= (f(t)a\mathrm{e}^{-\mathrm{i}\omega t} + f^*(t)a^\dagger \mathrm{e}^{\mathrm{i}\omega t})U^I(t)
\end{aligned}
\tag{2.61}
$$

对式(2.61)两边取相干态$|z\rangle$平均,这等价于做变换

$$
a^\dagger \to z^*, \quad a \to z + \frac{\partial}{\partial z^*}
$$

即

$$
i\partial_t U^I(z^*,z,t) = \left[f(t)\mathrm{e}^{-\mathrm{i}\omega t}\left(z + \frac{\partial}{\partial z^*}\right) + f^*(t)\mathrm{e}^{\mathrm{i}\omega t}z^*\right]U^I(z^*,z,t)
\tag{2.62}
$$

注意到初始条件 $U^I(z^*,z,0)=1$,可求得 $U^I(z^*,z,t)$

$$
U^I(z^*,z,t) = \mathrm{e}^{-B(t)} \cdot \exp\{-\mathrm{i}\eta^*(t)z^* - \mathrm{i}\eta(t)z\}
\tag{2.63}
$$

式中

$$
B(t) = \int_0^t \mathrm{d}\tau \int_0^\tau \mathrm{d}t' f(\tau)\mathrm{e}^{-\mathrm{i}\omega(\tau - t')} \cdot f^*(t')
\tag{2.64}
$$

所以有 $U^I(t)=\mathrm{e}^{-B}:\exp\{-\mathrm{i}\eta^*(t)a^\dagger - \mathrm{i}\eta(t)a\}:$,代回式(2.60)得到

$$
\begin{aligned}
U(t) &= \exp(-\mathrm{i}\omega a^\dagger a t)U^I(t) \\
&= \mathrm{e}^{-B} \cdot \exp\{-i\eta^*(t)\mathrm{e}^{-\mathrm{i}\omega t}a^\dagger\}\exp\{-\mathrm{i}\omega a^\dagger a t\}\exp\{-\mathrm{i}\eta(t)a\}
\end{aligned}
\tag{2.65}
$$

其中 $\eta(t)$由式(2.57)给出.比较式(2.56)和(2.65)可见 $S(t)$与 $U(t)$的区别在于差一个含时的相因子.为了说明这一点,利用积分恒等式

$$
\begin{aligned}
&\int_0^t \mathrm{d}\tau \int_0^\tau \mathrm{d}t' f(\tau)f^*(t')\exp[-\mathrm{i}\omega(\tau - t')] \\
&= \int_0^t \mathrm{d}t' \int_{t'}^t \mathrm{d}\tau f^*(t')f(\tau)\exp[-\mathrm{i}\omega(\tau - t')]
\end{aligned}
\tag{2.66}
$$

把$|\eta(t)|^2$ 改写成

$$
\begin{aligned}
|\eta(t)|^2 &= \left(\int_0^t \mathrm{d}t' \int_0^{t'} \mathrm{d}\tau + \int_0^t \mathrm{d}\tau \int_0^\tau \mathrm{d}t'\right) f(\tau)f^*(t')\exp[-\mathrm{i}\omega(\tau - t')] \\
&= B(t) + B^*(t)
\end{aligned}
\tag{2.67}
$$

所以,有

$$
B(t) = \frac{1}{2}|\eta(t)|^2 + \mathrm{i}\,\mathrm{Im}B(t)
$$

于是 $U(t)$与 $S(t)$的关系是

$$
U(t) = S(t)\exp[-\mathrm{i}\,\mathrm{Im}B(t)]
\tag{2.68}
$$

这表明第二种处理方法严格.

这里再介绍第三种方法,从式(2.61)可知在相互作用表象中的演化算符可写

成编时的形式

$$U^I(t,t_0) = T\exp\left\{-\mathrm{i}\int_{t_0}^{t}\mathrm{d}s[f^*(s)a^\dagger(s)+f(s)a(s)]\right\}$$

t_0 代表初始时刻.将 t_0 到 t 时间间隔分成 $n+1$ 等分,n 很大,则有

$$U^I(t,t_0) = U^I(t,t_n)U^I(t_n,t_{n-1})\cdots U^I(t_1,t_0)$$

让 $n\rightarrow\infty$,则在小的时间间隔内有

$$U^I(t_{j+1},t_j) = \exp\left\{-\mathrm{i}\int_{t_j}^{t_{j+1}}[f(s)a(s)+f^*(s)a^\dagger(s)]\mathrm{d}s\right\}$$

利用 $a^\dagger(s)=\exp(\mathrm{i}\omega a^\dagger as)a^\dagger\exp(-\mathrm{i}\omega a^\dagger as)=a^\dagger\mathrm{e}^{\mathrm{i}\omega s}$ 及 Baker-Hausdorff 公式可以算出

$$\begin{aligned}
&U^I(t_2,t_1)U^I(t_1,t_0)\\
&= \exp\left\{-\mathrm{i}\int_{t_0}^{t_2}\mathrm{d}s[f(s)a(s)+f^*(s)a^\dagger(s)]\right\}\\
&\quad\times\exp\left\{-\frac{1}{2}\int_{t_1}^{t_2}\mathrm{d}s\int_{t_0}^{t_1}\mathrm{d}s'(f^*(s)f(s')[a^\dagger(s),a(s')]\right.\\
&\quad\left.+f(s)f^*(s')[a(s),a^\dagger(s')]\right\}\\
&= \exp\left\{-\mathrm{i}\int_{t_0}^{t_2}\mathrm{d}s[f^*(s)a^\dagger(s)+f(s)a(s)]\right.\\
&\quad\left.-\frac{1}{2}\int_{t_1}^{t_2}\mathrm{d}s\int_{t_0}^{t_1}\mathrm{d}s'(f(s)f^*(s')\mathrm{e}^{\mathrm{i}\omega(s'-s)}-f^*(s)f(s')\mathrm{e}^{\mathrm{i}\omega(s-s')}\right\}
\end{aligned}$$

由此看出 $n+1$ 个这样的小时间演化算符的乘积给出

$$\begin{aligned}
U^I(t,t_0) =\exp&\left\{-\mathrm{i}\int_{t_0}^{t}\mathrm{d}s[f^*(s)a^\dagger(s)+f(s)a(s)]\right.\\
&\left.-\frac{1}{2}\sum_{j=1}^{n+1}\int_{t_j}^{t_{j+1}}\mathrm{d}s\int_{t_0}^{t_j}\mathrm{d}s'F(s-s')\right\}
\end{aligned}$$

其中已定义

$$F(s-s') = f(s)f^*(s')\mathrm{e}^{\mathrm{i}\omega(s'-s)} - f(s')f^*(s)\mathrm{e}^{\mathrm{i}\omega(s-s')}$$

它对于交换 s 与 s' 的操作是反对称的.因此有

$$\begin{aligned}
\sum_{j=1}^{n+1}\int_{t_j}^{t_{j+1}}\mathrm{d}s\int_{t_0}^{t_j}\mathrm{d}s'F(s-s') &= \sum_{j=1}^{n+1}\int_{t_j}^{t_{j+1}}\mathrm{d}s\left(\int_{t_0}^{t}\mathrm{d}s'-\int_{t_j}^{t}\mathrm{d}s'\right)F(s-s')\\
&= \frac{1}{2}\sum_{j=1}^{n+1}\int_{t_j}^{t_{j+1}}\mathrm{d}s\left(\int_{t_0}^{t_j}\mathrm{d}s'-\int_{t_j}^{t}\mathrm{d}s'\right)F(s-s')\\
&= \frac{1}{2}\int_{t_0}^{t}\mathrm{d}s\int_{t_0}^{t}\mathrm{d}s'[\theta(s-s')-\theta(s'-s)]F(s-s')
\end{aligned}$$

$$= \int_{t_0}^{t} \mathrm{d}s \int_{t_0}^{s} \mathrm{d}s' F(s - s')$$

其中 $\theta(s-s')$ 为 1(当 $s>s'$),或为零(当 $s<s'$).代入 $U^I(t,t_0)$ 得到

$$U^I(t,t_0) = \exp\left\{-\mathrm{i}\int_{t_0}^{t} \mathrm{d}s f^*(s)\mathrm{e}^{\mathrm{i}\omega s}a^\dagger\right\}\exp\left\{-\mathrm{i}\int_{t_0}^{t} \mathrm{d}s f(s)\mathrm{e}^{-\mathrm{i}\omega s}a\right\}$$

$$\times \exp\left\{-\int_{t_0}^{t} \mathrm{d}s \int_{t_0}^{s} \mathrm{d}s' f^*(s') f(s) \mathrm{e}^{\mathrm{i}\omega(s'-s)}\right\}$$

与第二种方法的结果相同.注意我们用到了关系

$$\int_{t_0}^{t} \mathrm{d}s \int_{s}^{t} \mathrm{d}s' = \int_{t_0}^{t} \mathrm{d}s \int_{t_0}^{t} \mathrm{d}s' \theta(s'-s) = \int_{t_0}^{t} \mathrm{d}s' \int_{t_0}^{s'} \mathrm{d}s$$

以上我们比较了在外源下相干态演化的动力学的三种解法.作为练习,请有兴趣的读者用第二种方法求解

$$H = \omega a^\dagger a + f(t)a^2 + f^*(t)a^{\dagger 2}$$

所支配的动力学,求出演化算符.并讨论:当初态是真空态时,t 时刻的终态是什么态.另外,请思考:能否用第三种方法解此动力学①.

2.6　极小不确定关系与相干态、压缩态

海森堡的不确定原理为一个态矢是否相干态、压缩态提供了极为有效的判据.设 A 与 B 为两个厄米算符,则这两个可观测量的均方差 $(\Delta A)^2$ 和 $(\Delta B)^2$ 满足不确定原理(见习题 16)

$$(\Delta A)^2(\Delta B)^2 \geqslant \frac{1}{4}\langle C\rangle^2 \tag{2.69}$$

其中 C 是厄米算符,且

$$[A,B] = \mathrm{i}C \tag{2.70}$$

$$(\Delta A)^2 = \int \psi^*(A - \langle A\rangle)^2 \psi \mathrm{d}\tau = \int |(A - \langle A\rangle)\psi|^2 \mathrm{d}\tau \tag{2.71}$$

关系式(2.69)在量子力学教科书中都有证明,这里不再赘述.重要的是式(2.69)中的符号当态矢 $|\psi\rangle$ 满足本征值方程

---

① 另一种较简单解此问题的方法是利用李代数的生成元的封闭关系,注意 $a^\dagger a$、a^2 与 $a^{\dagger 2}$ 的相互对易关系是封闭的.

$$[A-\langle A\rangle]\,|\,\psi\rangle=-\mathrm{i}\lambda[B-\langle B\rangle]\,|\,\psi\rangle \tag{2.72}$$

时才成立.由此可知当处于$|\psi\rangle$态时

$$\begin{aligned}(\Delta A)^2+\lambda^2(\Delta B)^2&=\mathrm{i}\lambda\int\psi^*\{(B-\langle B\rangle)(A-\langle A\rangle)\\&\quad-(A-\langle A\rangle)(B-\langle B\rangle)\}\psi\mathrm{d}\tau\\&=\mathrm{i}\lambda\int\psi^*[B,A]\psi\mathrm{d}\tau=\lambda\langle C\rangle\end{aligned} \tag{2.73}$$

另一方面

$$(\Delta A)^2-\lambda^2(\Delta B)^2=-\mathrm{i}\lambda\{\langle AB\rangle+\langle BA\rangle-2\langle A\rangle\langle B\rangle\} \tag{2.74}$$

由于$(\Delta A)^2$与$(\Delta B)^2$都是半正定的,可见要式(2.73)成立,必须要求λ与$\langle C\rangle$同号.不失一般,取$\lambda\geqslant 0$,所以$\langle C\rangle\geqslant 0$.另一方面,既然在式(2.74)中$\lambda$为实数,而其右边有i出现,所以式(2.74)仅当

$$\langle AB\rangle+\langle BA\rangle=2\langle A\rangle\langle B\rangle \tag{2.75}$$

才能成立.现在联立式(2.73)、(2.74)和(2.75),导出

$$(\Delta A)^2=\frac{\lambda}{2}\langle C\rangle,\quad(\Delta B)^2=\frac{1}{2\lambda}\langle C\rangle \tag{2.76}$$

当$\lambda=1$,A与B的不确定度相同,这是相干态的标志.当$\lambda<1$,$(\Delta A)^2<\frac{\langle C\rangle}{2}$,称$A$的方差被压缩.反之,当$\lambda>1$,$(\Delta B)^2<\frac{\langle C\rangle}{2}$,称$B$的方差被压缩.注意,无论在哪种情形下,仍有

$$(\Delta A)^2(\Delta B)^2=\frac{1}{4}\langle C\rangle^2 \tag{2.77}$$

进一步把

$$\lambda=\frac{1}{2(\Delta B)^2}\langle C\rangle$$

代入本征值方程(2.72),得到

$$[A-\langle A\rangle]\,|\,\psi\rangle=\frac{-\mathrm{i}\langle C\rangle}{2(\Delta B)^2}[B-\langle B\rangle]\,|\,\psi\rangle \tag{2.78}$$

例如,令$A=P$,$B=Q$,则上式给出

$$\left[\frac{\hbar}{\mathrm{i}}\frac{\mathrm{d}}{\mathrm{d}q}-\langle P\rangle\right]|\,\psi\rangle=\frac{\mathrm{i}\hbar}{2(\Delta Q)^2}(q-\langle Q\rangle)\,|\,\psi\rangle \tag{2.79}$$

求解此方程得

$$\psi(q)=[2\pi(\Delta Q)^2]^{-1/4}\exp\left[-\frac{(q-\langle Q\rangle^2)}{4(\Delta Q)^2}+\frac{\mathrm{i}\langle P\rangle q}{\hbar}\right] \tag{2.80}$$

可以证明上式即为相干态的坐标表象.

2.7　相干态的经典熵

让 ρ 代表物理系统的密度矩阵,其量子熵定义为 $\hat{S}(\rho)=-\mathrm{tr}(\rho\ln\rho)$,对于纯态 ρ 而言量子熵为零.所以 Wehrl 引入"经典熵".让 $\rho(p,q)$ 为 ρ 对应的相空间分布,则相应的"经典熵"(也称 Wehrl 熵)定义为[30].

$$S_{\rho}=-\int\frac{\mathrm{d}p\mathrm{d}q}{2\pi}\rho(p,q)\ln[\rho(p,q)] \tag{2.81}$$

相干态能够给出经典力学与量子力学的自然对应.在讨论量子系统的"经典熵"时,相干态也有其特殊地位.例如,取 $\rho(p,q)$ 为 ρ 的相干态期望值

$$\rho(p,q)=\langle z\mid\rho\mid z\rangle,\quad z=\frac{1}{\sqrt{2}}(q+\mathrm{i}p) \tag{2.82}$$

则当 ρ 本身是纯相干态度矩阵时,$\rho=|\alpha\rangle\langle\alpha|$,由 $|\langle\alpha|z\rangle|^2=\mathrm{e}^{-|\alpha-z|^2}$ 可得

$$S_{|\alpha\rangle\langle\alpha|}=\int\frac{\mathrm{d}^2z}{\pi}\mathrm{e}^{-|\alpha-z|^2}\mid\alpha-z\mid^2=1 \tag{2.83}$$

2.8　相干态的位相

探讨相干态在谐振子位势下的时间演化,由薛定谔方程知,t 时刻的相干态为(恢复 $\hbar$、ω、m)

$$\begin{aligned}\mid z,t\rangle&=\mathrm{e}^{-\mathrm{i}Ht/\hbar}\mid z\rangle=\exp\left[-\mathrm{i}\left(a^{\dagger}a+\frac{1}{2}\right)\omega t\right]\mid z\rangle\\&=\mathrm{e}^{-\mathrm{i}\omega t/2}\mid z\mathrm{e}^{-\mathrm{i}\omega t}\rangle\end{aligned} \tag{2.84}$$

由此给出坐标的期望值(让 $z=|z|\mathrm{e}^{\mathrm{i}\theta}$)

$$\langle z,t\mid Q\mid z,t\rangle=2\sqrt{\frac{\hbar}{2m\omega}}\mid z\mid\cos(\omega t-\theta) \tag{2.85}$$

与经典谐振子解

$$q=\left(\frac{2E}{m\omega^2}\right)^{1/2}\cos(\omega t-\theta),\quad E=\frac{p^2}{2m}+\frac{m}{2}\omega^2q^2$$

相比较可见

$$E \to \hbar\omega \mid z \mid^2 = \langle z \mid H \mid z \rangle - \langle 0 \mid H \mid 0 \rangle, \quad H = \left(a^\dagger a + \frac{1}{2}\right)\hbar\omega \tag{2.86}$$

即在 $z=|z|e^{i\theta}$ 中，$|z|$ 与经典谐振子的振幅相对应，而幅角 θ 与经典振子的初相对应．因此，模相同而相因子不同的两个相干态

$$\mid z_1 = \mid z \mid e^{i\theta_1} \rangle \quad 与 \quad \mid z_2 = \mid z \mid e^{i\theta_2} \rangle$$

对应于初相不同的两个经典谐振子．这表明有必要引入位相算符来反映各种态的相位特性．经过狄拉克与 Susskind-Glogower 的工作，位相算符定义为[31]

$$e^{i\phi} = (N+1)^{-1/2} a, \quad e^{-i\phi} = a^\dagger (N+1)^{-1/2} \tag{2.87}$$

注意尽管有 $e^{i\phi}e^{-i\phi}=1$，但是

$$e^{-i\phi}e^{i\phi} = 1 - \mid 0 \rangle\langle 0 \mid \tag{2.88}$$

由于 $e^{\pm i\phi}$ 都不是厄米的，所以引入 $\cos\phi = \dfrac{e^{i\phi}+e^{-i\phi}}{2}$，就有

$$[N, \cos\phi] = -i\sin\phi, \quad [N, \sin\phi] = i\cos\phi \tag{2.89}$$

由不确定原理可导出

$$\Delta N \Delta\cos\phi \geqslant \frac{1}{2} \mid \langle \sin\phi \rangle, \quad \Delta N \Delta\sin\phi \geqslant \frac{1}{2} \mid \langle \cos\phi \rangle \tag{2.90}$$

在粒子态表象中

$$e^{-i\phi} = \sum_{n=1}^{\infty} \mid n \rangle\langle n-1 \mid, \quad e^{i\phi} = \sum_{n=0}^{\infty} \mid n \rangle\langle n+1 \mid \tag{2.91}$$

对相干态可以导出

$$\langle z, t \mid \cos\phi \mid z, t \rangle = \mid z \mid \cos(\omega t - \theta) \sum_{n=0}^{\infty} \frac{\mid z \mid^{2n}}{n!\sqrt{n+1}} e^{-|z|^2} \tag{2.92}$$

即位相算符 $\cos\phi$ 的相干态平均值与相位 $\cos(\omega t-\theta)$ 成比例，这正是所希求的．当 $|z|^2 \gg 1$，即平均光子数很大时，利用积分变换式[32]

$$\frac{1}{\sqrt{n+1}} = \frac{1}{\Gamma\left(\frac{1}{2}\right)} \int_0^\infty t^{-1/2} e^{-(n+1)t} dt \tag{2.93}$$

可以导出

$$\sum_{n=0}^{\infty} \frac{\mid z \mid^{2n}}{n!\sqrt{n+1}} = \frac{e^{|z|^2}}{\mid z \mid}\left(1 - \frac{1}{8 \mid z \mid^2} + \cdots\right) \tag{2.94}$$

$$\langle z, t \mid \cos\phi \mid z, t \rangle = \cos(\omega t - \theta)\left(1 - \frac{1}{8 \mid z \mid^2} + \cdots\right), \mid z \mid^2 \gg 1 \tag{2.95}$$

另一方面

$$\langle z,t \mid \cos^2\phi \mid z,t\rangle$$
$$= \frac{1}{2} - \frac{1}{4}e^{-|z|^2} + |z|^2\left[\cos^2(\omega t-\theta) - \frac{1}{2}\right]e^{-|z|^2}\sum_{n=0}^{\infty}\frac{|z|^{2n}}{n!\sqrt{(n+1)(n+2)}} \tag{2.96}$$

注意到

$$\frac{1}{n}-\frac{1}{n+1}=\frac{1}{n(n+1)},\quad \frac{1}{n(n+1)}-\frac{1}{(n+1)(n+2)}=\frac{2}{n(n+1)(n+2)},\cdots \tag{2.97}$$

故有

$$\frac{1}{n}=\frac{1}{n+1}+\frac{1}{(n+1)(n+2)}+\frac{2}{(n+1)(n+2)(n+3)}+\cdots \tag{2.98}$$

$$\begin{aligned}\frac{1}{n^2} &= \frac{1}{n}\left[\frac{1}{n+1}+\frac{1}{(n+1)(n+2)}+\cdots\right]\\ &= \frac{1}{n(n+1)}+\frac{1}{n(n+1)(n+2)}+\cdots\\ &= \frac{1}{n+1}\cdot\frac{1}{n+2-2}+\cdots\\ &= \frac{1}{n+1}\left(\frac{1}{n+2}+\frac{2}{(n+2)^2}+\cdots\right)+\cdots\\ &= \frac{1}{(n+1)(n+2)}+\cdots\end{aligned} \tag{2.99}$$

综合式(2.97)到(2.99),我们导出

$$\begin{aligned}\frac{1}{\sqrt{(n+1)(n+2)}} &= \frac{1}{n}\left(1-\frac{1}{2n}+\cdots\right)\left(1-\frac{1}{n}+\cdots\right)\\ &= \frac{1}{n}-\frac{3}{2}\frac{1}{n^2}+\cdots\\ &= \frac{1}{n+1}+\frac{1}{(n+1)(n+2)}-\frac{3}{2}\frac{1}{(n+1)(n+2)}+\cdots\\ &= \frac{1}{n+1}-\frac{1}{2}\frac{1}{(n+1)(n+2)}+\cdots\end{aligned} \tag{2.100}$$

故有

$$\sum_{n=0}\frac{|z|^{2n}}{n!\sqrt{(n+1)(n+2)}}=\frac{e^{|z|^2}}{|z|^2}\left(1-\frac{1}{2|z|^2}-\cdots\right),\quad |z|^2\gg 1 \tag{2.101}$$

代入式(2.96)得

$$\langle z,t \mid \cos^2\phi \mid z,t\rangle = \cos^2(\omega t-\theta) - \frac{\cos^2(\omega t-\theta)-\frac{1}{2}}{2\mid z\mid^2} - \cdots \tag{2.102}$$

由式(2.95)和(2.102),我们知道位相的不确定度

$$\Delta\cos\phi = \frac{\sin(\omega t-\theta)}{2\mid z\mid}, \quad \mid z\mid \gg 1 \tag{2.103}$$

又因为 $\Delta N = |z|$,因此 $\Delta N\Delta\cos\phi = \frac{1}{2}\sin(\omega t-\theta)$,比较不确定关系式(2.90)可知,相干态使这不等式取极小.

2.9　相干态表象中 P 表示的应用举例

用相干态的超完备性可以把代表一个光场的密度算符表示为[33]

$$\rho = \int \frac{d^2 z}{\pi} P(z) \mid z\rangle\langle z \mid \tag{2.104}$$

称为 P 表示.光场存在 P 表示,意味着存在相应的“经典”光场.值得注意的是,有些量子光场不存在 P 表示(即当 $P(z)$是非正定或奇异函数时).对于处于热平衡的辐射场(混沌光),$P(z)$为

$$P(z) = \frac{1}{\langle n\rangle} e^{-|z|^2/\langle n\rangle} \tag{2.105}$$

式中

$$\langle n\rangle = \frac{1}{e^{\beta\omega\hbar}-1}$$

而对于相干态,$|z_0\rangle\langle z_0|$的 P 表示为

$$P(z) = \pi\delta^{(2)}(z-z_0) \tag{2.106}$$

其原因也可以从第3章式(3.108)中看出.现在用 P 表示来计算混沌光的能量起伏,能量算符是 $H=\hbar\omega a^\dagger a$,能量的均方起伏定义为

$$(\Delta H)^2 \equiv (\langle H^2\rangle - \langle H\rangle^2) g(\omega) \tag{2.107}$$

其中 $g(\omega)$为能级密度因子,根据统计物理及式(2.104)有

$$\langle H^2\rangle = \mathrm{tr}(\rho H^2) = \int \frac{d^2 z}{\pi}\frac{1}{\langle n\rangle} e^{-|z|^2/\langle n\rangle}\langle z \mid H^2 \mid z\rangle$$

$$= \frac{\hbar^2\omega^2}{\pi\langle n\rangle}\int d^2 z e^{-|z|^2/\langle n\rangle}(|z|^2+|z|^4) = (\hbar\omega)^2(\langle n\rangle + 2\langle n\rangle^2) \tag{2.108}$$

把$\langle H\rangle = \mathrm{tr}(\rho H) = \hbar\omega\langle n\rangle$及式(2.108)代入式(2.107)给出

$$(\Delta H)^2 = (\hbar\omega)^2(\langle n\rangle + \langle n\rangle^2)g(\omega) \tag{2.109}$$

另一方面由式(2.106)计算相干光场的能量起伏,记$N = a^+ a$,有

$$\langle H^2\rangle = (\hbar\omega)^2\int d^2 z\delta^{(2)}(z-z_0)\langle z|N^2|z\rangle = (\hbar\omega)^2(|z_0|^2+|z_0|^4)$$

$$\langle H\rangle = \hbar\omega\int d^2 z\delta^{(2)}(z-z_0)|z|^2 = \hbar\omega|z_0|^2 \tag{2.110}$$

因而由式(2.107)得

$$(\Delta H)^2 = (\hbar\omega)^2|z_0|^2 g(\omega) \tag{2.111}$$

比较式(2.109)和式(2.111)得到结论,当把$\langle n\rangle$视同为$|z_0|^2$时,混沌光的能量起伏大于相干光.

用P表示可判断光场的某个正交分量是否被压缩了,用

$$\begin{aligned}\langle(\Delta x_1)^2\rangle &= \langle(x_1-\langle x_1\rangle)^2\rangle \\ &= \mathrm{tr}[\rho(x_1-\langle x_1\rangle)^2] = \int\frac{d^2 z}{\pi}P(z)\langle z|(x_1-\langle x_1\rangle)^2|z\rangle \\ &= \frac{1}{4}\left\{1+\int\frac{d^2 z}{\pi}P(z)[z+z^*-(\langle a\rangle+\langle a^\dagger\rangle)]^2\right\}\end{aligned} \tag{2.112}$$

可见若要求压缩的条件$\langle\Delta x_1\rangle^2 < \frac{1}{4}$得到满足,则$P(z)$为非正定函数,反映了电磁场的非经典特性.

2.10　相干态的 Berry 相

在量子论建立后相当长的一段时期内,人们认为,当系统的哈密顿量$H(R(t))$随某个参数$R(t)$经历一个周期的绝热变化,则$H(R(0))$的本征态演化为$H(R(t))$的本征态,两者除了相差一个动力学相因子外,不再有其他重要的相因子.直到1984年,英国的M. V. Berry首先指出上述绝热的周期性$R(t)$的变化,会导致终态产生重要的几何位相[34].现在通称为Berry相.设$H(R)$的本征态为$|n(R)\rangle$,当$R(t)$从$0\to T$时间在参数空间沿闭合曲线C演化时,波函数的一般形式为

$$|\psi(t)\rangle = e^{i\gamma_n(t)}\exp\left\{-\frac{i}{\hbar}\int_0^t dt' E_n(R(t'))\right\}|n(R)\rangle \tag{2.113}$$

代入薛定谔方程得到

$$\dot{\gamma}_n(t) = i\langle n(R)|\nabla_R|n(R)\rangle\dot{R}(t) \tag{2.114}$$

绕一周后，$R(T)=R(0)$，几何相位为

$$\gamma(C) = i\int_0^T dt\langle n(R)|\frac{d}{dt}|n(R)\rangle \tag{2.115}$$

或者

$$\gamma(C) = i\int_C dR\langle n(R)|\nabla_R|n(R)\rangle \tag{2.116}$$

为求相干态$|\alpha\rangle$的几何相位，考虑一个平移振子，其哈密顿量是[35]

$$H = \omega\left[(a^\dagger - \alpha^*)(a-\alpha) + \frac{1}{2}\right] \tag{2.117}$$

其中 α 是时间的缓变函数，易见 H 的本征函数是

$$\left.\begin{aligned} &|n,\alpha\rangle = D(\alpha)|n\rangle, \quad D(\alpha) = e^{\alpha a^\dagger - \alpha^* a} \\ &|n\rangle = \frac{a^{\dagger n}}{\sqrt{n!}}|0\rangle \end{aligned}\right\} \tag{2.118}$$

记 $\alpha = x+iy$，取 x 和 y 是慢变参数，在 $0\to T$ 这段时间中画出封闭曲线 C，可以由式(2.115)计算几何相位，先算

$$\left\langle n\langle R\rangle\left|\frac{d}{dt}\right|n(R)\right\rangle = \left\langle n\left|D^\dagger(\alpha)\frac{d}{dt}D(\alpha)\right|n\right\rangle = \frac{1}{2}(\dot{\alpha}\alpha^* - \dot{\alpha}^*\alpha) \tag{2.119}$$

所以

$$\gamma(C) = i\int_C(\alpha^* d\alpha - \alpha d\alpha^*) = -2\iint_S dx dy = -2S \tag{2.120}$$

其中 S 是 C 所围面积.

2.11 光场的二项式态

已知光场处于相干态时粒子数分布遵从泊松分布，见式(2.38). 而泊松分布是二项式分布的某种极限. 由统计数学知，二项式分布

$$b(k,n,r)=\binom{n}{k}r^k s^{n-k},\quad r+s=1 \tag{2.121}$$

在 r 小而 n 大时趋向于泊松分布. 注意到这一点,在文献[36]中 Stoler 等人引入了光场的二项式态的概念

$$|\sigma,M\rangle=\sum_{n=0}^{M}\beta_n^M|n\rangle,\quad 0<\sigma<1 \tag{2.122}$$

它是介于粒子数态$|n\rangle$和相干态的一种态. 这里

$$\beta_n^M=\left[\binom{M}{n}\sigma^n(1-\sigma)^{M-n}\right]^{1/2} \tag{2.123}$$

容易看出二项式态是归一化的,即

$$\langle\sigma M|\sigma M\rangle=\sum_{n=0}^{M}\binom{M}{n}\sigma^n(1-\sigma)^{M-n}=1 \tag{2.124}$$

按照光场二阶相干度的定义(注意相干态的 $g^{(2)}$ 值是 1)

$$g^{(2)}=\frac{\langle a^\dagger a a^\dagger a\rangle-\langle a^\dagger a\rangle}{\langle a^\dagger a\rangle^2} \tag{2.125}$$

为了计算二项式态的 $g^{(2)}$,先算

$$\langle\sigma,M|N|\sigma,M\rangle=\sum_{n=0}^{M}n|\beta_n^M|^2=\sigma M \tag{2.126}$$

$$\langle\sigma,M|N^2|\sigma,M\rangle=(\sigma M)^2+\sigma(1-\sigma)M \tag{2.127}$$

因此

$$F\equiv\frac{(\Delta N)^2}{\langle N\rangle}=1-\sigma$$

$$g^{(2)}=\frac{\langle N^2\rangle}{\langle N\rangle^2}-\frac{1}{\langle N\rangle}=1-\frac{1}{M}<1 \tag{2.128}$$

这表明二项式态的二阶相干度小于相干态相应的值,称之为反聚束,这是光场的一种非经典效应. 另外,二项式态的 F 值(也称为 Fano 因子)小于相干态相应的值(对相干态,F 值为 1,光场呈泊松分布),所以二项式态呈亚泊松分布. 对于单模稳定光场,反聚束性质往往伴随着亚泊松分布. 当一个受激发分子在某些条件下经历 M 个能级间的振动弛豫时(即以几率 σ 发射这 M 个光子中的任一个)就可能生成二项式态.

2.12　光场负二项分布

负二项分布定义为

$$\binom{n+s}{n}\gamma^{s+1}(1-\gamma)^n,\quad 0<\gamma<1, s\geqslant 0 \tag{2.129}$$

在文献[34]中,引入了辐射场的负二项分布态(混合态)

$$\rho = \sum_{n=0}^{\infty}\frac{(n+s)!}{n!s!}\gamma^{s+1}(1-\gamma)^n \mid n\rangle\langle n \mid \tag{2.130}$$

用 $a|n\rangle=\sqrt{n}|n-1\rangle$ 容易证明

$$\rho = \gamma^{s+1}\frac{(1-\gamma)^{-s}}{s!}a^s\sum_{n=0}^{\infty}(1-\gamma)^n \mid n\rangle\langle n \mid a^{\dagger s} = \frac{1}{s!n_c^s}a^s\rho_c a^{\dagger s} \tag{2.131}$$

式中 $n_c=\frac{1}{\gamma}-1$,

$$\rho_c = \sum_{n=0}^{\infty}\gamma(1-\gamma)^n \mid n\rangle\langle n \mid \tag{2.132}$$

正好是光的混沌场[参见式(2.105)],$n_c=\mathrm{tr}(\rho_c N)$ 是此光场的平均光子数,$N=a^\dagger a$.

可以证明 Fock 态 $|s,0\rangle=\frac{a^{\dagger s}}{\sqrt{s!}}|0\ 0\rangle$ 经过双模压缩算符作用后是一个负二项分布态.这是因为

$$\begin{aligned}|\zeta\rangle &= \exp[\zeta(a_1^\dagger a_2^\dagger - a_1 a_2)]|s,0\rangle\\ &= (\mathrm{sech}^2\zeta)^{(1+s)/2}\sum_{n=0}^{\infty}\sqrt{\frac{(n+s)!}{n!s!}}(\tanh\zeta)^n \mid n+s,s\rangle\end{aligned} \tag{2.133}$$

故测量 $|\zeta\rangle$ 得到处于态为 $|n+s,s\rangle$ 的几率为

$$(\mathrm{sech}^2\zeta)^{s+1}\frac{(n+s)!}{n!s!}(\tanh^2\zeta)^n \tag{2.134}$$

是一个负二项分布.

负二项分布态可从热光子注中吸收 m 个光子的过程实现,相应于此过程中的相互作用哈密顿为

$$H_{有效} = \hbar(ga^m s^\dagger + g^* s^- a^{\dagger m}) \tag{2.135}$$

式中，g 是光与原子的耦合系数，$s^\dagger$ 是原子吸收 m 个光子的受激算符. 在最低级近似下，t 时刻的态矢量为

$$|\psi(t)\rangle = |\psi_R\rangle|G\rangle - \mathrm{i}(gta^m s^\dagger + s^- g^* ta^{\dagger m})|\psi_R\rangle|G\rangle \tag{2.136}$$

设 t 时刻原子处于受激态 $s^\dagger|G\rangle$，则光场就处于态

$$\rho_{场} \propto a^m|\psi_R\rangle\langle\psi_R|a^{\dagger m} \tag{2.137}$$

如果辐射场初态为热场 ρ_c，则上式变为 $\rho_{场}\propto a^m p_c a^{\dagger m}$，这就产生负二项分布的光场.

2.13　相干态和李群

注意到谐振子相干态是把 $D(z) = \exp(za^\dagger - z^* a)$ 作用于 Fock 空间基态而生成的，而$\{a, a^\dagger, a^\dagger a, 1\}$是谐振子群（也称为海森堡-魏尔群）的四个生成元，它们构成封闭李代数

$$[a, a^\dagger] = 1, \quad [a, a^\dagger a] = a, \quad [a^\dagger, a^\dagger a] = -a^\dagger \tag{2.138}$$

这四个生成元中，$a^\dagger a$ 与 1 是稳定子群的生成元，"稳定"是指 Fock 态$|n\rangle$在子群元素 $\exp\{\mathrm{i}(\lambda a^\dagger a + \sigma 1)\}$的作用下只能得到一个相因子，而 $D(z)$是陪集元素，基态$|0\rangle$称为极值态. 由此可见，相干态是由陪集元素作用于极值态而得到. 在本世纪 70 年代，人们[25,38]把谐振子群相干态的概念推广到其他李群. 例如，SU(2)代数有三个生成元 $J_\pm$ 和 J_z，它们构成封闭代数

$$[J_-, J_+] = -2J_z, \quad [J_z, J_\pm] = \pm J_\pm \tag{2.139}$$

$|j, m\rangle$荷载着 SU(2)群的表示，j 由 $\boldsymbol{J}^2 = J_z^2 + \dfrac{J_+J_- + J_-J_+}{2}$决定，$\boldsymbol{J}^2|j, m\rangle = j(j+1)|j, m\rangle$，$\boldsymbol{J}^2$ 与 $J_\pm$、J_z 都对易. 由 $J_z|j, m\rangle = m|j, m\rangle$可知$|j, -j\rangle$是一个极值态，陪集元素是 $\exp(\sigma J_+ - \sigma^* J_-)$. 于是，可以定义 SU(2)相干态

$$|\sigma\rangle = \mathrm{e}^{\sigma J_+ - \sigma^* J_-}|j, -j\rangle \tag{2.140}$$

又譬如满足

$$[K_-, K_+] = 2K_0, \quad [K_0, K_\pm] = \pm K_\pm \tag{2.141}$$

的李代数称为 SU(1,1)代数. 荷载 SU(1,1)群的分立表示的态以$|k, \mu\rangle$表示，量子数 k 由 $C \equiv K_0^2 - \dfrac{1}{2}(K_+K_- + K_-K_+)$定出. C 与 K_0、$K_\pm$ 都对易，$|k, \mu\rangle$是 C 与 K_0 的共同本征态

$$K_0 \mid k,\mu\rangle = \mu \mid k,\mu\rangle, \mu = k+m, m \geqslant 0 \text{ 的整数} \tag{2.142}$$

$$C \mid k,\mu\rangle = k(k-1) \mid k,\mu\rangle \tag{2.143}$$

当 $m=0$ 时，$|k,k\rangle$ 为极值态，陪集生成元为 K_+ 与 K_-，则 SU(1,1)相干态用下式构成

$$\left.\begin{aligned} &\mid \zeta\rangle_k = \exp(\xi K_+ - \xi^* K_-) \mid k,k\rangle \\ &\xi = -\frac{\tau}{2}e^{-i\phi}, \quad -\infty < \tau < \infty, \quad 0 \leqslant \phi \leqslant 2\pi \end{aligned}\right\} \tag{2.144}$$

读者可以用多种方法证明

$$\begin{aligned} &\exp(\xi K_+ - \xi^* K_-) = \exp(K_+\zeta)\exp(K_0 \mathrm{In}(1-|\zeta|^2)]\exp(-\zeta^* K_-), \\ &\zeta = -\tanh\left(\frac{\tau}{2}\right)e^{-i\phi} \end{aligned} \tag{2.145}$$

由于 $|k,k\rangle$ 是极值态，$K_-|k,k\rangle=0$，故而有

$$\begin{aligned} \mid \zeta\rangle_k &= (1-|\zeta|^2)^k e^{\zeta K_+} \mid k,k\rangle \\ &= (1-|\zeta|^2)^k \sum_{m=0}^{\infty}\left[\frac{\Gamma(m+2k)}{m!\,\Gamma(2k)}\right]^{1/2}\zeta^m \mid k,k+m\rangle \end{aligned} \tag{2.146}$$

其中 Γ 指伽马函数，k 常被称为 Bargmann 指标，

$$\mid k,k+m\rangle = \left[\frac{\Gamma(2k)}{m!\,\Gamma(m+2k)}\right]^{1/2} K_+^m \mid k,k\rangle \tag{2.147}$$

以下给出单模、双模 Fock 空间中 SU(1,1)相干态. 事实上，取

$$K_+ = \frac{1}{2}a^{\dagger 2}, \quad K_- = \frac{1}{2}a^2, \quad K_0 = \frac{1}{4}(aa^\dagger + a^\dagger a) \tag{2.148}$$

则可知 $K_-|0\rangle=0, K_-|1\rangle=0$，存在两个极值态. 把式(2.148)代入 C 的表达式又得

$$C = \frac{-3}{16}\hat{I} = k(k-1)\hat{I} \tag{2.149}$$

表明 $k=\frac{1}{4}$ 和 $k=\frac{3}{4}$. 把 K_0 作用于 $|n\rangle$ 又得

$$K_0 \mid n\rangle = \frac{1}{4}(2n+1) \mid n\rangle \tag{2.150}$$

比较式(2.142)可知，当 n 为偶数时，$k=\frac{1}{4}$；而当 n 是奇数时，$k=\frac{3}{4}$. 所以 $\exp\left[\frac{1}{2}(\xi a^{\dagger 2} - \xi^* a^2)\right]|0\rangle$ 是 SU(1,1)相干态，也叫单模压缩态. 又如在双模 Fock 空间中，取

$$K_+ = a_1^\dagger a_2^\dagger, \quad K_- = a_1 a_2, \quad K_0 = \frac{1}{2}(a_1^\dagger a_1 + a_2^\dagger a_2 + 1) \tag{2.151}$$

相应的 C 算符和 K_0 作用于双模粒子数 $|m,n\rangle$ 态得到

$$C\mid m,n\rangle=\left[-\frac{1}{4}+\frac{1}{4}(a_1^\dagger a_1-a_2^\dagger a_2)^2\right]\mid m,n\rangle$$

$$=\left[-\frac{1}{4}+\frac{1}{4}(m-n)^2\right]\mid m,n\rangle \tag{2.152}$$

$$K_0\mid m,n\rangle=\frac{1}{2}(m+n+1)\mid m,n\rangle \tag{2.153}$$

与式(2.142)和(2.143)相比较得

$$k=\frac{1}{2}(1+\mid l\mid),\quad l=m-n \tag{2.154}$$

所以，$|n+l,n\rangle$ 当 l 固定时荷载着 SU(1,1)的表示. 而且我们知道 $\exp\{\xi a_1^\dagger a_2^\dagger-\xi^* a_1 a_2\}|00\rangle$ 是一个 SU(1,1)相干态，也叫双模压缩态. 推而广之，建立广义相干态的步骤是把群 g 分解为稳定子群 h 与陪集 Ω，$g=\Omega h$. 让 $|\phi_0\rangle$ 是子群元素作用下不变(可以差一个相因子)的极值态矢，则

$$g\mid\phi_0\rangle=\Omega h\mid\phi_0\rangle=\Omega\mid\phi_0\rangle e^{i\Omega(h)}$$

所以 $\Omega|\phi_0\rangle$ 是陪集相干态.

2.14　SU(1,1)相干态的 Berry 相

既然 $|k,k\rangle$ 是 K_0 的本征态，故而式(2.144)中的 SU(1,1) 相干态 $|\zeta\rangle_k$ 是以下哈密顿算符的本征态，即

$$H=\exp(\xi K_+-\xi^* K_-)K_0\exp(\xi^* K_--\xi K_+)$$

$$=K_0\cosh\tau+\frac{1}{2}e^{-i\phi}K_+\sinh\tau+\frac{1}{2}e^{i\phi}K_-\sinh\tau \tag{2.155}$$

取 ζ 为随时间缓慢变化的函数，并用以下关系

$${}_k\langle\zeta\mid\zeta\rangle_k=1,\quad {}_k\langle\zeta\mid K_+\mid\zeta\rangle_k=\frac{2k\zeta^*}{1-|\zeta|^2}=-k\sinh\tau e^{i\phi} \tag{2.156}$$

可知

$${}_k\langle\zeta\mid\frac{d}{dt}\mid\zeta\rangle_k=-k\frac{\zeta^*\dfrac{d\zeta}{dt}+\zeta\dfrac{d\zeta^*}{dt}}{1-|\zeta|^2}+{}_k\langle\zeta\mid K_+\mid\zeta\rangle_k\frac{d\zeta}{dt}$$

$$=k\frac{\zeta^*\dfrac{d\zeta}{dt}-\zeta\dfrac{d\zeta^*}{dt}}{1-|\zeta|^2} \tag{2.157}$$

由于 Berry 相的公式(2.115)可知,SU(1,1)相干态的 Berry 相是[39].

$$\gamma_k(C)=\frac{k}{\mathrm{i}}\int_C\frac{\zeta^*\mathrm{d}\zeta-\zeta\mathrm{d}\zeta^*}{1-|\zeta|^2}\tag{2.158}$$

这里的系数 k 指示出 Berry 相对于 Bargmann 指标的依赖关系.对于单模 SU(1,1)相干态,若参数空间的闭合曲线 C 是以 $\tau=\tau(\phi)$的函数形式画出的,则由式(2.145)知

$$\zeta^*\mathrm{d}\zeta-\zeta\mathrm{d}\zeta^*=-2\mathrm{i}\tanh^2\left(\frac{\tau}{2}\right)\mathrm{d}\phi\tag{2.159}$$

由式(2.158)知 Berry 相为

$$\begin{aligned}\gamma_{1/4}&=-\frac{1}{2}\int_0^{2\pi}\mathrm{d}\phi\sinh^2\left[\frac{1}{2}\tau(\phi)\right]\\\gamma_{3/4}&=-\frac{3}{2}\int_0^{2\pi}\mathrm{d}\phi\sinh^2\left[\frac{1}{2}\tau(\phi)\right]\end{aligned}\tag{2.160}$$

另一方面,对于双模 SU(1,1)相干态

$$\exp(\tau a_1^\dagger a_2^\dagger-\tau^*a_1a_2)|00\rangle\equiv S_2(\tau)|00\rangle,\quad\tau=\tau(\phi)\tag{2.161}$$

从上节式(2.154)知,$k=\dfrac{1}{2}$,因此相应的 Berry 相是

$$\gamma_{1/2}=-\int_0^{2\pi}\mathrm{d}\phi\sinh^2\left[\frac{1}{2}\tau(\phi)\right]\tag{2.162}$$

此式也可直接把 $S_2(\tau)|0\,0\rangle$作为$|n,R\rangle$代入式(2.116)来验证.由于变化的参数是 $\tau=\tau(\phi)$,它随 ϕ 变,所以我们要计算

$$\langle 0\,0|S_2^\dagger(\tau)\frac{\partial}{\partial\phi}S_2(\tau)|0\,0\rangle\tag{2.163}$$

其中 $\tau=r\mathrm{e}^{\mathrm{i}\phi}$,$r$ 也是ϕ 的函数.

$$\begin{aligned}\frac{\partial}{\partial\phi}S_2(\tau)|0\,0\rangle\rangle&=\frac{\partial}{\partial\phi}(\mathrm{sech}\,r\exp(a_1^\dagger a_2^\dagger\tanh r\mathrm{e}^{\mathrm{i}\phi})|0\,0\rangle\rangle\\&=\tanh r\frac{\partial r}{\partial\phi}S_2(\tau)|0\,0\rangle+a_1^\dagger a_2^\dagger\left(\mathrm{sech}^2\,r\mathrm{e}^{\mathrm{i}\phi}\frac{\partial r}{\partial\phi}+\mathrm{i}\,\mathrm{e}^{\mathrm{i}\phi}\tanh r\right)S_2(\tau)|0\,0\rangle\end{aligned}\tag{2.164}$$

把它代入式(2.163)中,并用

$$\left.\begin{aligned}S_2^\dagger(\tau)a_1^\dagger S_2(\tau)&=a_1^\dagger\cosh r+a_2\mathrm{e}^{-\mathrm{i}\phi}\sinh r\\S_2^\dagger(\tau)a_2^\dagger S_2(\tau)&=a_2^\dagger\cosh r+a_1\mathrm{e}^{-\mathrm{i}\phi}\sinh r\end{aligned}\right\}\tag{2.165}$$

最终给出双模压缩态的 Berry 相为

$$\begin{aligned}\gamma&=\mathrm{i}\int_0^{2\pi}\mathrm{d}\phi\langle 00|S_2^\dagger(\tau)\frac{\partial}{\partial\phi}S_2(\tau)|00\rangle\\&=-\int_0^{2\pi}\mathrm{d}\phi\sinh^2\left[\frac{1}{2}\tau(\phi)\right]\end{aligned}$$

与式(2.162)一致.

习题(第 1,2 章)

1. 如果你看过狄拉克的《量子力学原理》书,你认为符号法“抽象”的原因何在?(注意物理的抽象往往是必要的).
2. 请你列举一到两个由连续基矢 ket-bra 构成的积分型投影算符,它们的物理意义是什么?
3. 有人说,坐标和动量在量子力学中满足不确定关系,则如何可以从它们定义角动量?你如何解释此问题?
4. 当湮没算符(记为 b)与产生算符(记为 $b^\dagger$)的对易关系为$[b,b^\dagger]=-1$时,称为反常玻色算符,求 b 的相干态与相应的完备性关系.
5. 在粒子数态$|n\rangle$张成的 Fock 空间中,定义

$$\sum_{n=0}^{\infty}|2n\rangle\langle 2n+1|=f,\ f^\dagger \text{ 是 } f \text{ 的厄米共轭}$$

求证:
$$ff^\dagger=\cos^2\frac{\pi N}{2},\ f^\dagger f=\sin^2\frac{\pi N}{2},\ N=a^\dagger a,$$

问 f 这个算符具有费米算符的性质吗?

6. 求 SU(2)相干态的 Berry 相的一般表达式.
7. 证明二项式分布 $b(k;n,r)$(见式(2.121))在 r 小而 n 大时趋向于泊松分布,$P(k,\lambda)=\dfrac{\lambda^k e^{-\lambda}}{k!},\lambda=nr$.
8. 对于频率随时间改变的谐振子,其哈密顿量为

$$H(t)=\frac{P^2}{2}+\frac{1}{2}\omega^2(t)Q^2$$

求证有以下两组不变量

(1) $I_1(t)=\dfrac{1}{2}[(yP-\dot{y}Q)^2+(Q/y)^2]$是不变量(参见文献[40]),其中 $y(t)$满足方程 $\ddot{y}+\omega^2(t)y=\dfrac{1}{y^3}$.

(2) $I_2(t)=\mathrm{i}/\sqrt{2}(zP-\dot{z}Q)$是不变量,其中 $z(t)$满足方程 $\ddot{z}+\omega^2(t)z=0$.

(3) 设 $z(0)=1,\dot{z}(0)=1$,求证$[I_2(t),I_2^\dagger(t)]=1$.

9. 求证积分公式

$$\int\frac{\mathrm{d}^2z}{\pi}\exp(\zeta|z|^2+\xi z+\eta z^*)z^n z^{*m}$$
$$=e^{-\xi\eta/\zeta}\sum_{l=0}^{\min(m,n)}\frac{m!\,n!\,\xi^{m-l}\eta^{n-l}}{l!(m-l)!(n-l)!(-\zeta)^{m+n-l+1}},\quad \mathrm{Re}\zeta<0$$

10. 求证：态矢量$\int_{-\infty}^{\infty}\mathrm{d}q\mid q\rangle$是平移不变的. 并讨论在坐标表象中动量算符的逆算符的表示.

11. 用相干态方法求 $\mathrm{e}^{-P^2/2\omega}|q=0\rangle$与 $\mathrm{e}^{-\omega Q^2/2}|p=0\rangle$之间的关系?

12. 求证式(2.133).

13. 证明对光子数确定的状态，其相位不确定. 进一步说明相干态正是由不同光子数态的叠加，才呈近似的相位.

14. 对单模光场定义量子力学意义下的二级相干度

$$g^{(2)}=\frac{\langle a^{\dagger}a^{\dagger}aa\rangle}{\langle a^{\dagger}a\rangle^{2}}$$

求相干态的二级相干度. 从 11、12 题的结论您对于相干态何以称为“相干”有什么认识?

15. 试证明算符 P^2、Q^2 和 $2\mathrm{i}(QP+PQ)$组成一个封闭代数. 在此基础上证明指数算符的分解公式为

$$\begin{aligned}&\exp[(P^2+\omega^2Q^2)T/2\mathrm{i}]\\&\quad=\exp\left[\frac{P^2}{2\mathrm{i}\omega}\tan\omega T\right]\exp\left[\frac{\mathrm{i}}{2}(QP+PQ)\mathrm{In}(\cos\omega T)\right]\exp\left[\frac{\omega Q^2}{2\mathrm{i}}\tan\omega T\right]\end{aligned}$$

16. 求证：$\exp\left[\mathrm{i}\left(QP-\frac{\mathrm{i}}{2}\right)\ln(\cos\omega T)\right]|q\rangle=(\cos\omega T)^{-1/2}|q/\cos\omega t\rangle$.

17. 利用 15 和 16 题的结果，求谐振子的坐标表象转换矩阵元

$$\langle q't'\mid qt\rangle=\langle q'\mid\exp\left[-\mathrm{i}T\left(\frac{P^2}{2}+\frac{\omega^2}{2}Q^2\right)\right]\mid q\rangle$$

(参见文献[45]).

18. 设 A 与 B 是两个厄米算符，$[A,B]=\mathrm{i}C$，试证

$$(\Delta A)^2(\Delta B)^2\geqslant\langle F\rangle^2+\frac{1}{4}\langle C\rangle^2$$

其中$\langle F\rangle=\frac{1}{2}\langle AB+BA\rangle-\langle A\rangle\langle B\rangle$称为关联系数(见 E. Merzbacher 的量子力学书).

为对海森堡关系作进一步说明，给出下面的例子. 我们知道谐振子的哈密顿量可改写成

$$\frac{1}{2}(P^2+\omega^2Q^2)=\omega\left(a^{\dagger}a+\frac{1}{2}\right)\hbar\geqslant\frac{\hbar\omega}{2}$$

由$(\omega Q-\mathrm{i}P)(\omega Q+\mathrm{i}P)$的恒正性可见

$$\omega^2\langle Q^2\rangle+\mathrm{i}\omega\langle(QP-PQ)\rangle+\langle P^2\rangle\geqslant0$$

把它看做 ω 的二次式，可知上式意味着

$$\langle Q^2\rangle\langle P^2\rangle\geqslant\frac{\hbar^2}{4}$$

现在来考察这个不确定关系的不等式在正则变换下是否改变. 在上式中作变换

$$Q\rightarrow Q\cos\theta-\frac{P\sin\theta}{\omega},\quad P\rightarrow P\cos\theta-\omega Q\sin\theta$$

得到(取 $\omega=1$),

$$\{\langle Q^2\rangle+\langle P^2\rangle\}^2-\{(\langle Q^2\rangle-\langle P^2\rangle)\cos 2\theta+\langle (QP+PQ)\rangle\sin 2\theta\}^2\geqslant \hbar^2$$

如选取

$$\tan 2\theta=\frac{\langle QP+PQ\rangle}{\langle Q^2\rangle-\langle P^2\rangle}$$

$$\cos^2 2\theta=\frac{(\langle Q^2\rangle-\langle P^2\rangle)^2}{(\langle Q^2\rangle-\langle P^2\rangle)^2+(\langle QP+PQ\rangle)^2}$$

我们就得到不等式

$$\begin{aligned}&\{\langle Q^2\rangle+\langle P^2\rangle\}^2-\cos^2 2\theta\{(\langle Q^2\rangle-\langle P^2\rangle)+\langle QP+PQ\rangle\tan 2\theta\}^2\\&=\{\langle Q^2\rangle+\langle P^2\rangle\}^2-(\langle Q^2\rangle-\langle P^2\rangle)^2-(\langle QP+PQ\rangle)^2\geqslant \hbar^2\end{aligned}$$

也即

$$\langle Q^2\rangle\langle P^2\rangle-\frac{1}{4}(\langle QP+PQ\rangle)^2\geqslant\frac{\hbar}{4}$$

可见在正则变换下,$\langle Q^2\rangle\langle P^2\rangle\geqslant\frac{\hbar}{4}$不是不变的.

第3章　有序算符内的积分技术与应用[7~15]

有了第2章的预备知识，可马上转到创造有序算符内积分技术及其应用的讨论. 这是物理上有吸引力、数学上简洁的理论，这一理论的提出本身（正如读者马上就会看到的）就体现了物理应用，例如，积分$\int_{-\infty}^{+\infty}\frac{\mathrm{d}q}{\sqrt{\mu}}\left|\frac{q}{\mu}\right\rangle\langle q|$的结果就是量子光学的单模压缩算符.

3.1　正规乘积的性质

玻色算符 a 与 $a^\dagger$ 的任何函数不失一般可写为

$$f(a,a^\dagger)=\sum_j\cdots\sum_m a^{\dagger j}a^k a^{\dagger l}\cdots a^m f(j,k,l,\cdots,m)$$

其中 $j,k,l,m,\cdots$是正整数或零. 利用$[a,a^\dagger]=1$总可以将所有的产生算符 $a^\dagger$ 都移到所有湮没算符 a 的左边，这时我们称 $f(a,a^\dagger)$已被排列成正规乘积形式，以 $::$ 标记[41]. 正规乘积在量子场论中常被采用. 现在我们将把它用来发展狄拉克的符号法和表象理论. 为此，先写下几条正规乘积的性质

（Ⅰ）在正规乘积内部玻色算符相互对易.

这可这样来理解：由正规乘积的含义显然有 $a^\dagger a=:a^\dagger a:$，而 $:aa^\dagger:$ 是一个正规乘积，故 $:aa^\dagger:=a^\dagger a$，于是有 $:a^\dagger a:=:aa^\dagger:$，这表明性质（Ⅰ）成立.

（Ⅱ）c 数可以自由出入正规乘积记号.

（Ⅲ）由于性质（Ⅰ），故可对正规乘积内的 c 数进行微分或积分运算，后者要求积分收敛.

（Ⅳ）正规乘积内的正规乘积记号可以取消.

（Ⅴ）正规乘积 $:W:$ 与正规乘积 $:V:$ 之和为 $:(W+V):$.

（Ⅵ）正规乘积算符 $:f(a^\dagger,a):$ 的相干态矩阵元为

$$\langle z'|:f(a^\dagger,a):|z\rangle = f(z'^*,z)\langle z'|z\rangle$$

（Ⅶ）真空投影算符 $|0\rangle\langle 0|$ 的正规乘积展开式是

$$|0\rangle\langle 0| = :\mathrm{e}^{-a^\dagger a}: \tag{3.1}$$

此式的严格证明如下，由粒子态的完备性可得

$$1 = \sum_{n=0}^{\infty} |n\rangle\langle n| = \sum_{n,n'=0}^{\infty} |n\rangle\langle n'| \frac{1}{\sqrt{n!n'!}}\left(\frac{\mathrm{d}}{\mathrm{d}z^*}\right)^n (z^*)^{n'}|_{z^*=0}$$

$$= \exp a^\dagger \frac{\partial}{\partial z^*}|0\rangle\langle 0|\mathrm{e}^{z^* a}|_{z^*=0} \tag{3.2}$$

设 $|0\rangle\langle 0|$ 的正规乘积形式是 $:W:$，W 待定，代入式(3.2)得

$$1 = \exp\left(a^\dagger \frac{\partial}{\partial z^*}\right):W:\mathrm{e}^{z^* a}|_{z^*=0} \tag{3.3}$$

观察式(3.3)见 $:W:$ 的左边恰为产生算符，右边恰为湮没算符，故可以将式(3.3)右边完全括在正规乘积记号 $::$ 内部，再用性质（Ⅲ）和（Ⅳ）完成微分运算，得到

$$1 = :\exp\left(a^\dagger \frac{\mathrm{d}}{\mathrm{d}z^*}\right)W\mathrm{e}^{z^* a}:|_{z^*=0} = :\mathrm{e}^{a^\dagger a}W: = \mathrm{e}^{a^\dagger a}:W:: \tag{3.4}$$

可见 $|0\rangle\langle 0| = :W: = :\mathrm{e}^{-a^\dagger a}:$，利用它可以得到

$$N(N-1)\cdots(N-l+1) = \sum_{n=0}^{\infty} n(n-1)\cdots(n-l+1)|n\rangle\langle n|$$

$$= \sum_{n=l}^{\infty} :\frac{a^{\dagger n}a^n}{(n-l)!}\mathrm{e}^{-a^\dagger a}: = a^{\dagger l}a^l \tag{3.5}$$

用此结果可把 $|0\rangle\langle 0|$ 进一步写成

$$|0\rangle\langle 0| = \sum_{l=0}^{\infty}\frac{(-1)^l a^{\dagger l}a^l}{l!} = 1 - N + \frac{1}{2!}N(N-1)$$

$$-\frac{1}{3!}N(N-1)(N-2) + \cdots \tag{3.6}$$

（Ⅷ）厄米共轭操作可以进入 $::$ 内部进行，即

$$:(W\cdots V):^\dagger = :(W\cdots V)^\dagger: \tag{3.7}$$

这条性质也与性质（Ⅰ）密切相关．例如 $(:a^n a^{\dagger m}:)^\dagger = a^{\dagger n}a^m$，而

$$:(a^n a^{\dagger m})^\dagger: = :a^m a^{\dagger n}: = a^{\dagger n}a^m$$

（Ⅸ）正规乘积内部以下两个等式成立，它们也来源于性质（Ⅰ）

$$\left.\begin{aligned} &:\frac{\partial}{\partial a}f(a,a^\dagger): = [:f(a,a^\dagger):,a^\dagger] \\ &:\frac{\partial}{\partial a^\dagger}f(a,a^\dagger): = [a,:f(a,a^\dagger):] \end{aligned}\right\} \tag{3.8}$$

对于多模情形,上式的推广式为

$$:\frac{\partial}{\partial a_i}\frac{\partial}{\partial a_j}f(a_i,a_j,a_i^\dagger,a_j^\dagger):=[[:f(a_i,a_j,a_i^\dagger,a_j^\dagger):,a_j^\dagger],a_i^\dagger] \tag{3.9}$$

3.2　正规乘积内的积分技术

由正规乘积的性质[尤其是Ⅰ和Ⅲ]我们想到只要把如方程(1.1)那样的被积算符函数(ket-bra 型的算符)化成正规乘积内的形式,则由于所有玻色算符在 : : 内部可对易,故可被作为积分参数那样对待,从而积分就可以顺利进行.当然,在积分过程中和积分后的结果中都有 : : 存在.如果想最后取消 : :,只需把积分得到的算符排成正规乘积后就可实现.我们称此技术为正规乘积内的积分技术,它是 IWOP 技术的一种,因为后者还可以包括按其他排列规则的编序,如以后要讲到的反正规乘积、Weyl 编序乘积算符内的积分技术.

根据上述观点,我们具体积分式(1.1),看是否能使原有的狄拉克表象理论更实用、更完美.将式(2.18)代入式(1.1)并为了书写方便起见,令 $\hbar=m=\omega=1$,得到

$$\int_{-\infty}^{\infty}\frac{\mathrm{d}q}{\sqrt{\mu}}\left|\frac{q}{\mu}\right\rangle\langle q|=\int_{-\infty}^{\infty}\frac{\mathrm{d}q}{\sqrt{\pi\mu}}\exp\left(-\frac{q^2}{2\mu^2}+\sqrt{2}\frac{q}{\mu}a^\dagger-\frac{1}{2}a^{\dagger 2}\right)|0\rangle\langle 0|$$
$$\times\exp\left(-\frac{q^2}{2}+\sqrt{2}qa-\frac{1}{2}a^2\right) \tag{3.10}$$

把 $|0\rangle\langle 0|=:\mathrm{e}^{-a^\dagger a}:$ 代入,式(3.10)变为

$$\int_{-\infty}^{\infty}\frac{\mathrm{d}q}{\sqrt{\mu}}\left|\frac{q}{\mu}\right\rangle\langle q|=\int_{-\infty}^{\infty}\frac{\mathrm{d}q}{\sqrt{\pi\mu}}\exp\left[-\frac{q^2}{2}\left(1+\frac{1}{\mu^2}\right)+\sqrt{2}\frac{q}{\mu}a^\dagger-\frac{a^{\dagger 2}}{2}\right]$$
$$\times:\exp(-a^\dagger a):\exp\left(\sqrt{2}qa-\frac{a^2}{2}\right) \tag{3.11}$$

其中的 $:\mathrm{e}^{-a^\dagger a}:$ 的左边是产生算符,右边是湮没算符,因此整个被积的算符函数是排成正规乘积的.所以可把左边的 : 移到第一个指数左边,并把右边的 : 移到第三个指数的右边.根据性质(Ⅰ),玻色算符在 : : 内可以对易,三个 exp 函数就可以在指数上相加而使式(3.11)变成

$$\int_{-\infty}^{\infty}\frac{\mathrm{d}q}{\sqrt{\mu}}\left|\frac{q}{\mu}\right\rangle\langle q|=\int_{-\infty}^{\infty}\frac{\mathrm{d}q}{\sqrt{\mu\pi}}:\exp\left[-\frac{q^2}{2}\left(1+\frac{1}{\mu^2}\right)\right.$$

$$+\sqrt{2}q\left(\frac{a^{\dagger}}{\mu}+a\right)-\frac{1}{2}(a+a^{\dagger})^2\Big]: \tag{3.12}$$

再用性质(Ⅲ)(即 IWOP 技术)对上式积分,在积分过程中可以视$(a^{\dagger},a)$为参数,立即得到

$$\int_{-\infty}^{\infty}\frac{\mathrm{d}q}{\sqrt{\mu}}\left|\frac{q}{\mu}\right\rangle\langle q|$$

$$=\operatorname{sech}^{1/2}\lambda:\exp\left[-\frac{a^{\dagger 2}}{2}\tanh\lambda+(\operatorname{sech}\lambda-1)a^{\dagger}a+\frac{a^2}{2}\tanh\lambda\right]: \tag{3.13}$$

式中

$$\mathrm{e}^{\lambda}=\mu,\quad \operatorname{sech}\lambda=\frac{2\mu}{1+\mu^2},\quad \tanh\lambda=\frac{\mu^2-1}{\mu^2+1} \tag{3.14}$$

这样我们就对式(1.1)解析地做完了积分. 可以继续把式(3.13)中的: :记号去掉. 为此我们先用正规乘积性质(Ⅰ)、(Ⅱ)和(Ⅴ)导出一个算符恒等式,即

$$\mathrm{e}^{\lambda a^{\dagger}a}=\sum_{n=0}^{\infty}\mathrm{e}^{\lambda n}|n\rangle\langle n|=\sum_{n=0}^{\infty}\mathrm{e}^{\lambda n}\frac{a^{\dagger n}}{\sqrt{n!}}|0\rangle\langle 0|\frac{a^n}{\sqrt{n!}}$$

$$=\sum_{n=0}^{\infty}:\frac{1}{n!}(\mathrm{e}^{\lambda}a^{\dagger}a)^n\mathrm{e}^{-a^{\dagger}a}:=:\exp[(\mathrm{e}^{\lambda}-1)a^{\dagger}a]: \tag{3.15}$$

利用上式可将式(3.13)改写为

$$\int_{-\infty}^{\infty}\frac{\mathrm{d}q}{\sqrt{\mu}}\left|\frac{q}{\mu}\right\rangle\langle q|=\exp\left(-\frac{a^{\dagger 2}}{2}\tanh\lambda\right)\exp\left[\left(a^{\dagger}a+\frac{1}{2}\right)\times\ln\operatorname{sech}\lambda\right]\exp\left(\frac{a^2}{2}\tanh\lambda\right)$$

$$\equiv S_1(\mu),\mu=\mathrm{e}^{\lambda} \tag{3.16}$$

所以

$$S_1^{\dagger}(\mu)|q\rangle=\sqrt{\mu}|\mu q\rangle;$$

$$S_1|0\rangle=\operatorname{sech}^{1/2}\lambda\exp\left(-\frac{1}{2}a^{\dagger 2}\tanh\lambda\right)|0\rangle \tag{3.17}$$

这是单模压缩真空态. 容易证明 S_1 是幺正算符,事实上用$\langle q|q'\rangle=\delta(q'-q)$得

$$S_1S_1^{\dagger}=\iint_{-\infty}^{\infty}\frac{\mathrm{d}q\mathrm{d}q'}{\mu}\left|\frac{q}{\mu}\right\rangle\left\langle\frac{q'}{\mu}\right|\delta(q-q')$$

$$=\int_{-\infty}^{\infty}\mathrm{d}q|q\rangle\langle q|=1=S_1^{\dagger}S_1$$

用算符恒等式

$$\mathrm{e}^{A}B\mathrm{e}^{-A}=B+[A,B]+\frac{1}{2!}[A,[A,B]]$$

$$+\frac{1}{3!}[A,[A,[A,B]]]+\cdots \tag{3.18}$$

容易导出

$$S_1 a S_1^{-1} = a\cosh\lambda + a^\dagger\sinh\lambda \tag{3.19}$$

这就是著名的博戈柳博夫变换[41]，它被广泛地应用于量子光学（也称为压缩变换）、超导理论和原子核理论中. 上述讨论表明用狄拉克的坐标本征态按式(1.1)构造算符，并用 IWOP 技术积分后就给出诱导博戈柳博夫变换的幺正算符，并且是正规乘积形式的. 从式(3.16)还可以看出这个算符具有 SU(1,1)的结构，即$\frac{a^{\dagger 2}}{2}$，$\frac{a^2}{2}$，$a^\dagger a+\frac{1}{2}$可构成 SU(1,1)李代数. 但是我们在推导式(3.16)的时候无需也没有用到李代数的方法. 这表明，从狄拉克的基本表象出发可揭示出有用的变换. 另外，从式(1.1)本身就可明显地看出在相空间中的尺度变换 $q\to q/\mu$ 映射出幺正变换 $S_1 Q S_1^{-1}=\mu Q$，$S_1 P S_1^{-1}=P/\mu$.

IWOP 技术求双模压缩算符的正规乘积形式. 式(3.16)是单模压缩算符. 用狄拉克的坐标表象和 IWOP 技术也可以方便地导出正规乘积形式的双模压缩算符. 用双模坐标本征态$|q_1,q_2\rangle\equiv|q_1\rangle|q_2\rangle$构造并计算如下积分

$$\begin{aligned}
S_2 &\equiv \iint_{-\infty}^{\infty} \mathrm{d}q_1\mathrm{d}q_2\,|q_1\cosh\lambda+q_2\sinh\lambda, q_1\sinh\lambda+q_2\cosh\lambda\rangle\langle q_1 q_2| \\
&= \frac{1}{\pi}\iint_{-\infty}^{\infty}\mathrm{d}q_1\mathrm{d}q_2 : \exp\{-\cosh^2\lambda(q_1^2+q_2^2)-q_1q_2\sinh 2\lambda \\
&\quad +\sqrt{2}(q_1\cosh\lambda+q_2\sinh\lambda)a_1^\dagger+\sqrt{2}(q_2\cosh\lambda+q_1\sinh\lambda)a_2^\dagger \\
&\quad -\frac{1}{2}(a_1+a_1^\dagger)^2-\frac{1}{2}(a_2+a_2^\dagger)^2+\sqrt{2}(q_1a_1+q_2a_2)\Big\}: \\
&= \operatorname{sech}\lambda : \exp\{(a_1^\dagger a_2^\dagger - a_1a_2)\tanh\lambda+(a_1^\dagger a_1+a_2^\dagger a_2)(\operatorname{sech}\lambda-1)\}:
\end{aligned} \tag{3.20}$$

其中用了

$$|0\,0\rangle\langle 0\,0| = :\exp(-a_1^\dagger a_1 - a_2^\dagger a_2): \tag{3.21}$$

借助于算符恒等式(3.15)，上式变成

$$\begin{aligned}
\text{式(3.20)} &= \exp(a_1^\dagger a_2^\dagger\tanh\lambda)\exp[(a_1^\dagger a_1+a_2^\dagger a_2+1)\ln\operatorname{sech}\lambda] \\
&\quad\times\exp(-a_1a_2\tanh\lambda)
\end{aligned} \tag{3.22}$$

由此极易证明，S_2 诱导出双模压缩变换

$$\left.\begin{aligned} S_2 a_1 S_2^{-1} &= a_1 \cosh\lambda - a_2^\dagger \sinh\lambda \\ S_2 a_2 S_2^{-1} &= a_2 \cosh\lambda - a_1^\dagger \sinh\lambda \end{aligned}\right\} \tag{3.23}$$

从以上推导可见在经典相空间的正则变换 $q_1 \to q_1\cosh\lambda + q_2\sinh\lambda$, $q_2 \to q_2\cosh\lambda + q_1\sinh\lambda$ 映射为量子力学中的双模压缩算符. 它作用于双模真空态得到

$$S_2 \mid 00\rangle = \operatorname{sech}\lambda \exp\{a_1^\dagger a_2^\dagger \tanh\lambda\} \mid 00\rangle \tag{3.24}$$

从式(3.22)我们可看出 $a_1^\dagger a_2^\dagger$, $a_1 a_2$ 和 $a_1^\dagger a_1 + a_2^\dagger a_2 + 1$ 所形成的 SU(1,1)李代数结构也可以从狄拉克的基本坐标表象和 IWOP 技术导出.

3.3 用 IWOP 技术改写坐标、动量表象的完备性

用 IWOP 技术可改写坐标、动量表象的态完备性. 在式中令 $\mu = 1$, 并注意 $\frac{a + a^\dagger}{\sqrt{2}} = Q$, 我们有

$$\begin{aligned} \int_{-\infty}^{\infty} \mathrm{d}q \mid q\rangle\langle q \mid &= \int_{-\infty}^{\infty} \frac{\mathrm{d}q}{\sqrt{\pi}} : \exp\left\{-q^2 + \frac{2q(a^\dagger + a)}{\sqrt{2}} - \left[\frac{(a + a^\dagger)}{\sqrt{2}}\right]^2\right\}: \\ &= : \exp\left[\frac{(a + a^\dagger)^2}{2} - \frac{(a + a^\dagger)^2}{2}\right] := 1 \end{aligned} \tag{3.25}$$

或者更简练地写为

$$\int_{-\infty}^{\infty} \mathrm{d}q \mid q\rangle\langle q \mid = : \int_{-\infty}^{\infty} \frac{\mathrm{d}q}{\sqrt{\pi}} \mathrm{e}^{-(q-Q)^2} := 1 \tag{3.26}$$

此式表示可以将坐标表象的完备性改写为纯高斯积分形式. 这样我们对狄拉克的坐标表象的完备性的理解又深了一层, 不但知其然, 而且知其所以然. 我们也体会到狄拉克的表象理论的美. 吴大猷先生在他的《量子力学》(甲部)中指出:"狄拉克的《量子力学原理》, 以严谨的写法, 建立量子力学的数学结构, 或可视为圣典, 但初读或不易……". 现在, 由于有了 IWOP 技术的帮助, 人们对于狄拉克符号法的阅读与欣赏可以有高一层的境界了. 从艺术的角度来看, 用 IWOP 技术读狄拉克的量子力学书有一种美的享受. 诚如狄拉克所说:"一个方程的美比它能弥合实验更重要, 因为对实验的偏离可能是由于一些未被注意到的次要因素造成的. 似乎可以说, 谁只要依照追求方程的美的观点去工作, 谁只要有良好的直觉, 谁就能够确定地走在前进的路上".

物理学的发展离不开数学, 尤其是近代物理学更是如此. 狄拉克在发展量子论

时非常重视发展数学工具甚至好的记号,他说:"……撰写新问题的论文的人应该十分注意这个记号问题.因为他们正在开创某种可能将要永垂不朽的东西".除了创造 ket 与 bra 外,他还引入 δ 函数、四分量旋量、二次量子化等.他认为要使理论得到较大进展,有必要发展某种漂亮的并有多方面应用的数学,然后用它来解释与发展物理才是有利的.为解决新的物理问题,物理学家常会向数学提出新的要求.IWOP 技术就是为了找到更多的 q 数,为直接地从经典正则变换过渡为量子幺正变换应运而生的.

可想而知,动量表象 $|p\rangle$ 的完备性用式(2.21)和(3.1)及 IWOP 技术也可以写成纯高斯积分,即用式(2.21)及(3.1)得

$$\int_{-\infty}^{\infty} \mathrm{d}p \mid p\rangle\langle p \mid = \int_{-\infty}^{\infty} \frac{\mathrm{d}p}{\sqrt{\pi}} : \exp\left\{-p^2 + \sqrt{2}\mathrm{i}(a^\dagger - a) + \frac{1}{2}(a - a^\dagger)^2\right\}:$$
$$= \int_{-\infty}^{\infty} \frac{\mathrm{d}p}{\sqrt{\pi}} : \mathrm{e}^{-(p-P)^2} : = 1 \tag{3.27}$$

式中,$P = \frac{\mathrm{i}}{\sqrt{2}}(a^\dagger - a)$.

3.4 用 IWOP 技术研究相干态和压缩态完备性

利用式(2.31)和(3.1)及 IWOP 技术,我们可以把相干态的超完备性改写为

$$\int \frac{\mathrm{d}^2 z}{\pi} \mid z\rangle\langle z \mid = \int \frac{\mathrm{d}^2 z}{\pi} \exp\left(-\frac{|z|^2}{2} + za^\dagger\right) | 0\rangle\langle 0 | \exp\left(-\frac{|z|^2}{2} + z^* a\right)$$
$$= \int \frac{\mathrm{d}^2 z}{\pi} : \exp(-|z|^2 + za^\dagger + z^* a - a^\dagger a) :$$
$$= : \exp(a^\dagger a - a^\dagger a) : = 1 \tag{3.28}$$

或更简练地写成

$$\int \frac{\mathrm{d}^2 z}{\pi} \mid z\rangle\langle z \mid = \int \frac{\mathrm{d}^2 z}{\pi} : \exp[-(z^* - a^\dagger)(z - a)] :$$
$$= \int \frac{\mathrm{d}^2 z}{\pi} \exp(-|z|^2) = 1 \tag{3.29}$$

单模压缩态由压缩算符 S_1 和平移算符 $D(z)$ 作用于真空态构成,由式(3.17)知

$$D(z)S_1(\lambda) \mid 0\rangle = \operatorname{sech}^{1/2} \lambda D(z) \exp\left[-\frac{a^{\dagger 2}}{2}\tanh \lambda\right] | 0\rangle$$

$$= \operatorname{sech}^{1/2}\lambda \exp\left\{-\frac{\tanh\lambda}{2}(z^{*2}+a^{\dagger 2}) + (z^*\tanh\lambda + z)a^\dagger - \frac{1}{2}|z|^2\right\}|0\rangle$$

$$\equiv |z,\lambda\rangle \tag{3.30}$$

用 IWOP 技术计算以下积分，注意到第五章的一个积分公式(5.14)我们有

$$\int\frac{d^2 z}{\pi}|z,\lambda\rangle\langle z,\lambda'|$$

$$= \operatorname{sech}^{1/2}\lambda\operatorname{sech}^{1/2}\lambda'\int\frac{d^2 z}{\pi}:\exp\left\{-|z|^2 + z(a^\dagger + a\tanh\lambda') + z^*(a + a^\dagger\tanh\lambda) - \frac{1}{2}\tanh\lambda(z^{*2}+a^{\dagger 2}) - \frac{1}{2}\tanh\lambda' \times (z^2+a^2) - a^\dagger a\right\}:$$

$$= \operatorname{sech}^{1/2}(\lambda-\lambda') \tag{3.31}$$

因此，不同压缩参数的压缩态也可以形成完备集，即

$$\cosh^{1/2}(\lambda-\lambda')\int\frac{d^2 z}{\pi}|z,\lambda\rangle\langle z,\lambda'| = 1 \tag{3.32}$$

由式(3.17)易知，压缩真空态包含光子数为偶数的态的叠加

$$S_1(\lambda)|0\rangle = \operatorname{sech}^{1/2}\lambda\sum_{n=0}^{\infty}\frac{1}{n!2^n}(2n!)^{1/2}(-\tanh\lambda)^n|2n\rangle \tag{3.33}$$

故而也被称为双光子态.场的两个正交分量定义为

$$x_1 = \frac{1}{2}(a+a^\dagger),\quad x_2 = \frac{1}{2i}(a-a^\dagger),\quad [x_1,x_2] = \frac{i}{2} \tag{3.34}$$

显然

$$\left.\begin{aligned}\langle 0|S_1^\dagger(\lambda)|x_1|S_1(\lambda)|0\rangle = 0\\ \langle 0|S_1^\dagger(\lambda)|x_2|S_1(\lambda)|0\rangle = 0\end{aligned}\right\} \tag{3.35}$$

而

$$\left.\begin{aligned}\langle 0|S_1^{-1}(\lambda)x_1^2 S_1(\lambda)|0\rangle = \frac{\mu^2}{4}\\ \langle 0|S_1^{-1}(\lambda)x_2^2 S_1(\lambda)|0\rangle = \frac{1}{4\mu^2}\end{aligned}\right\} \tag{3.36}$$

式(3.36)中 $\mu = e^\lambda$，由此给出 $\Delta x_1 = \frac{\mu}{2}$，$\Delta x_2 = \frac{1}{2\mu}$，表明压缩态的一个正交分量具有比相干态小的量子起伏，其代价是另一正交分量的量子起伏增大.

把平移算符 $D(z_1)D(z_2)$ 作用于双模压缩真空态，$S_2|00\rangle$ 变成双模压缩态

$$D(z_1)D(z_2)S_2\,|00\rangle = \operatorname{sech}\lambda \exp\{(a_1^\dagger - z_1^*)(a_2^\dagger - z_2^*)\tanh\lambda\}\,|z_1,z_2\rangle \equiv |z_1,z_2,\lambda\rangle \tag{3.37}$$

可以用 IWOP 技术证明$|z_1,z_2,\lambda\rangle$是一个完备表象

$$\begin{aligned}&\int\frac{d^2z_1d^2z_2}{\pi^2}\,|z_1,z_2,\lambda\rangle\langle z_1,z_2,\lambda|\\&=\int\frac{d^2z_1d^2z_2}{\pi^2}:\exp\{-|z_1|^2-|z_2|^2+z_1a_1^\dagger+z_2a_2^\dagger+z_1^*a_1\\&\quad+z_2^*a_2+\tanh\lambda(a_1^\dagger-z_1^*)(a_2^\dagger-z_2^*)\\&\quad+(a_1-z_1)(a_2-z_2)\tanh\lambda-a_1^\dagger a_1-a_2^\dagger a_2\}:\operatorname{sech}^2\lambda\\&=1\end{aligned}\tag{3.38}$$

以上讨论表明 IWOP 技术用于研究连续表象的完备性是十分方便的.它为我们找到更多的表象提供了捷径.

理论物理学家的目标之一就是用尽可能简单(但并不平庸)的方式来说明对象,用所创建的理论尽可能广泛和深刻地描述现象及其相互联系.以下我们给出 IWOP 技术的进一步应用.

3.5　用 IWOP 技术研究参量放大器的传播子[43]

可以证明,式(3.16)描述的压缩算符的正则相干态表示为

$$S_1 = \frac{1}{2\pi}\sqrt{\cosh\lambda}\iint_{-\infty}^{\infty}dpdq\,|\mu p,q/\mu\rangle\langle p,q|,\quad \mu=e^\lambda \tag{3.39}$$

其中$|p,q\rangle$是用式(2.42)表达的正则相干态.这种表示的好处是明显地看出在相空间中当 $q\to q/\mu$,则 $p\to\mu p$,即两者的尺度变换是互逆的.现在我们考虑在 p-q 相空间中做如下变换

$$\begin{pmatrix}q\\p\end{pmatrix}\to\begin{pmatrix}\cosh\gamma & -\sinh\gamma\\-\sinh\gamma & \cosh\gamma\end{pmatrix}\begin{pmatrix}q\\p\end{pmatrix}$$

其所对应的幺正算符为

$$S^{(1)}\equiv\frac{\sqrt{\cosh\gamma}}{2\pi}\iint_{-\infty}^{\infty}dpdq\,|p\cosh\gamma-q\sinh\gamma,q\cosh\gamma-p\sinh\gamma\rangle\langle p,q| \tag{3.40}$$

用式(2.42)和 IWOP 技术可将上式直接积分,结果是

$$S^{(1)}=\exp\left(-\frac{\mathrm{i}}{2}a^{\dagger 2}\tanh\gamma\right)\exp\left[\left(a^{\dagger}a+\frac{1}{2}\right)\ln\operatorname{sech}\gamma\right]\exp\left(-\frac{\mathrm{i}}{2}a^{2}\tanh\gamma\right)$$

上式两边对参数 γ 求微商,并利用下列算符恒等式

$$e^{ga^{\dagger 2}}a=(a-2ga^{\dagger})e^{ga^{\dagger 2}} \tag{3.41}$$

$$e^{ga^{\dagger 2}}a^{2}=(a^{2}+4g^{2}a^{\dagger 2}-4ga^{\dagger}a-2g)e^{ga^{\dagger 2}} \tag{3.42}$$

导出

$$\frac{\partial}{\partial\gamma}S^{(1)}=-\frac{\mathrm{i}}{2}(a^{2}+a^{\dagger 2})S^{(1)} \tag{3.43}$$

注意到边界条件是 $S^{(1)}(\gamma=0)=1$,因此式(3.43)的解为

$$S^{(1)}=\exp\left[-\frac{\mathrm{i}}{2}\gamma(a^{2}+a^{\dagger 2})\right] \tag{3.44}$$

从上式立即看出 $S^{(1)}$ 是幺正算符.当参数 γ 又是时间 t 的函数 $\gamma=\gamma(t)$,初值为 $\gamma(t=t_0)=0$,则 $S^{(1)}$ 可记为 $S^{(1)}(t,t_0)$,式(3.43)改写为

$$\left.\begin{aligned}&\frac{\partial}{\partial t}S^{(1)}(t,t_0)=-\frac{\mathrm{i}}{2}(a^{2}+a^{\dagger 2})S^{(1)}(t,t_0)\frac{\partial\gamma}{\partial t}\\&S^{(1)}(t_0,t_0)=1\end{aligned}\right\} \tag{3.45}$$

特别,当$\frac{\partial}{\partial t}\gamma=2f(t)$时,上式变为

$$\begin{aligned}\mathrm{i}\frac{\partial}{\partial t}S^{(1)}(t,t_0)&=f(t)(a^{2}+a^{\dagger 2})S^{(1)}(t,t_0)\\&=f(t)\exp(\mathrm{i}H_0t)[a^{\dagger 2}\exp(-2\mathrm{i}\omega t)+a^{2}\exp(2\mathrm{i}\omega t)]\\&\quad\times\exp(-\mathrm{i}H_0t)S^{(1)}(t,t_0)\\&=H_I(t)S^{(1)}(t,t_0)\end{aligned} \tag{3.46}$$

其中

$$\left.\begin{aligned}&H_I(t)\equiv\exp(\mathrm{i}H_0t)f(t)[a^{\dagger 2}\exp(-2\mathrm{i}\omega t)+a^{2}\exp(2\mathrm{i}\omega t)]\exp(-\mathrm{i}H_0t)\\&H_0=\omega a^{\dagger}a\end{aligned}\right\} \tag{3.47}$$

由式(3.46)和(3.47)我们可把 $S^{(1)}(t,t_0)$ 认同是在相互作用表象中的一个时间演化算符.根据图像变换理论,在薛定谔表象中产生压缩效应的哈密顿量是

$$H_s=\omega a^{\dagger}a+f(t)[a^{\dagger 2}e^{-2\mathrm{i}\omega t}+a^{2}e^{2\mathrm{i}\omega t}] \tag{3.48}$$

这是一个显含时间的哈密顿量,它描述光线性光学现象——两种光模场在非线性耦合的器件中的相互作用,$f(t)$包含着泵浦场(作为经典量处理)因子及光学介质的二阶磁化率有关的因子.特别,当 $f(t)=k$ 是一个常数时,式(3.48)恰是简并参量放大器的标准哈密顿量.按照相互作用表象和薛定谔表象的相互变换理论,

在薛定谔表象中的时间演化算符是

$$S_s^{(1)}(t,t_0) = e^{-iH_0 t}S^{(1)}(t,t_0)e^{iH_0 t_0} \tag{3.49}$$

所以简并参量放大器在相干态表象中的传播子是

$$\begin{aligned}&\langle z|\, S_s^{(1)}(t,t_0)\,|\, z_0\rangle \\ &= \exp\Big\{-\frac{1}{2}\mathrm{i}\tanh[2k(t-t_0)][z^{*2}\exp(-2\mathrm{i}\omega t)] \\ &\quad + z_0^2\exp(2\mathrm{i}\omega t_0) - \frac{1}{2}(|z|^2+|z_0|^2) \\ &\quad + z^* z_0\exp[-\mathrm{i}\omega(t-t_0)]\mathrm{sech}[2k(t-t_0)]\Big\}\,\mathrm{sech}\{[2k(t-t_0)]^{1/2}\}\end{aligned} \tag{3.50}$$

为了把上述讨论推广到非简并参量放大器情形，在双模正则相干态表象内，我们建立算符

$$S^{(2)} = \frac{\cosh\gamma}{(2\pi)^2}\int \mathrm{d}p_1\mathrm{d}p_2\mathrm{d}q_1\mathrm{d}q_2 \times \left|\begin{pmatrix}\cosh\gamma & 0 & 0 & -\sinh\gamma\\ 0 & \cosh\gamma & -\sinh\gamma & 0\\ 0 & -\sinh\gamma & \cosh\gamma & 0\\ -\sinh\gamma & 0 & 0 & \cosh\gamma\end{pmatrix}\begin{pmatrix}q_1\\ q_2\\ p_1\\ p_2\end{pmatrix}\right\rangle\left\langle\begin{pmatrix}q_1\\ q_2\\ p_1\\ p_2\end{pmatrix}\right| \tag{3.51}$$

用 IWOP 技术直接积分之得到

$$\begin{aligned}S^{(2)} &= \exp(-\mathrm{i}a_1^\dagger a_2^\dagger\tanh\gamma)\exp[(a_1^\dagger a_1 + a_2^\dagger a_2 + 1)\ln\mathrm{sech}\,\gamma] \\ &\quad\times\exp(-\mathrm{i}a_1 a_2\tanh\gamma)\end{aligned} \tag{3.52}$$

上式两边对 γ 微商给出

$$\frac{\partial}{\partial\gamma}S^{(2)} = -\mathrm{i}(a_1^\dagger a_2^\dagger + a_1 a_2)]S^{(2)},\quad S^{(2)}(\gamma=0)=1 \tag{3.53}$$

其解为

$$S^{(2)} = \exp[-\mathrm{i}(a_1^\dagger a_2^\dagger + a_1 a_2)\gamma] \tag{3.54}$$

进一步当 γ 是含时间 t 的，$\frac{\partial}{\partial t}\gamma = g(t)$，$S^{(2)}$ 写成 $S^{(2)}(t,t_0)$ 看成是相互作用表象中的时间演化算符，则式(3.53)改写为

$$\begin{aligned}\mathrm{i}\frac{\partial}{\partial t}S^{(2)}(t,t_0) &= g(t)(a_1a_2 + a_1^\dagger a_2^\dagger)S^{(2)}(t,t_0) \\ &= H_\mathrm{I}(t)S^{(2)}(t,t_0)\end{aligned} \tag{3.55}$$

其中

$$H_1(t) = \mathrm{e}^{\mathrm{i}H_0 t} g(t)[a_1 a_2 \mathrm{e}^{\mathrm{i}\omega_3 t} + a_1^\dagger a_2^\dagger \mathrm{e}^{-\mathrm{i}\omega_3 t}]\mathrm{e}^{-\mathrm{i}H_0 t} \tag{3.56}$$

$$H_0 = \omega_1 a_1^\dagger a_1 + \omega_2 a_2^\dagger a_2, \quad \omega_3 = \omega_1 + \omega_2$$

这反映了在薛定谔表象中参量放大器的哈密顿量是

$$H_\mathrm{s} = \omega_1 a_1^\dagger a_1 + \omega_2 a_2^\dagger a_2 + g(t)(a_1 a_2 \mathrm{e}^{\mathrm{i}\omega_3 t} + a_1^\dagger a_2^\dagger \mathrm{e}^{-\mathrm{i}\omega_3 t}) \tag{3.57}$$

类似于推导式(3.50),我们给出参量放大器的相干态传播子为[$g(t)=k$ 时]

$$\begin{aligned}
&\langle z_1', z_2' | S_\mathrm{s}^{(2)}(t,t_0) | z_1 z_2\rangle \\
&= \mathrm{sech}[k(t-t_0)]\exp\Big\{-\frac{1}{2}(|z_1|^2+|z_2|^2+|z_1'|^2+|z_2'|^2) \\
&\quad - \mathrm{i}\tanh[k(t-t_0)][z_2'^* z_1'^* \exp(-\mathrm{i}\omega_3 t) \\
&\quad + z_1 z_2 \exp(\mathrm{i}\omega_3 t_0)] - \mathrm{sech}[k(t-t_0)] \\
&\quad \times \{z_1'^* z_1 \exp[\mathrm{i}\omega_1(t_0-t) + z_2'^* z_2 \exp[\mathrm{i}\omega_2(t_0-t)]\}\Big\}
\end{aligned} \tag{3.58}$$

3.6　从一维活动墙问题谈压缩变换

在量子力学中,压缩变换可以用于讨论某些有活动(或变化的)边界的动力学系统.以一维活动墙为例,质量为 m 的粒子被束缚在如图所示的两堵无限深的墙之间运动,$x=0$ 处的墙固定,$x=w(t)$处的墙以某种方式活动.相应的薛定谔方程为

$$\mathrm{i}\frac{\partial \psi}{\partial t} = -\frac{1}{2m}\frac{\partial^2 \psi}{\partial x^2} = \frac{P^2}{2m}\psi$$

$$\hbar = 1$$

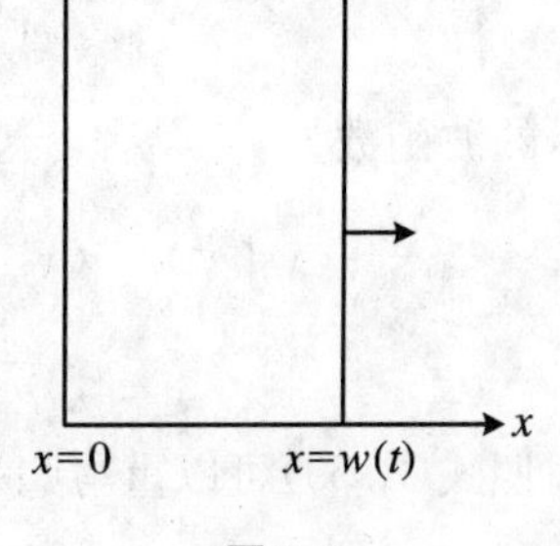

图 3.1

其中波函数满足边界条件

$$\psi(0,t) = \psi(x=w(t),t) = 0$$

由波函数的归一化条件

$$\int_{x=0}^{x=w(t)} \psi^*(x,t)\psi(x,t)\mathrm{d}x = 1$$

及其不随时间变化的特性,可得以下方程

$$\frac{\partial}{\partial t}\int_{x=0}^{x=w(t)} \psi^*(x,t)\psi(x,t)\mathrm{d}x = 0$$

事实上,此式左边等于

$$\int_0^{w(t)} \frac{\partial}{\partial t} \mid \psi(x,t) \mid^2 \mathrm{d}x + \frac{\partial w(t)}{\partial t} \mid \psi(w(t),t) \mid^2$$

利用波函数边界条件和薛定谔方程,可见上式确定为零.

引入含时压缩变换

$$\underline{x}(t) = x \frac{w(t=0)}{w(t)} \equiv x\mu(t)$$

就可把含运动边界的归一化条件改写为

$$\int_{\underline{x}=0}^{\underline{x}=w(t=0)} \left| \psi\left(\underline{x}(t) \frac{w(t)}{w(0)}, t\right) \right|^2 \mathrm{d}\underline{x} \frac{w(t)}{w(0)} = 1 \tag{3.59}$$

生成含时压缩变换的幺正算符在坐标表象中是

$$U = \sqrt{\mu(t)} \int_{-\infty}^{\infty} \mathrm{d}x \mid \mu(t)x\rangle\langle x \mid$$

即
$$U^{\dagger} x U = \mu(t) x, \quad U^{\dagger} P U = P/\mu(t).$$

把此变换作用到薛定谔方程的两边,并令 $U^{\dagger}\psi = \varphi$,得到

$$\begin{aligned}
\mathrm{i}U^{\dagger} \frac{\partial\psi}{\partial t} &= \frac{1}{2m} U^{\dagger}(P^2\psi) = \frac{1}{2m} \frac{P^2}{\mu^2(t)} U^{\dagger}\psi \\
&= \mathrm{i}\left[\frac{\partial(U^{\dagger}\psi)}{\partial t} - \frac{\partial U^{\dagger}}{\partial t}\psi\right] \\
&= \mathrm{i}\frac{\partial\varphi}{\partial t} - \mathrm{i}\frac{\partial U^{\dagger}}{\partial t} U\varphi
\end{aligned}$$

所以 φ 满足的薛定谔方程是

$$\mathrm{i}\frac{\partial\varphi}{\partial t} = \left[\frac{1}{2m} \frac{P^2}{\mu^2(t)} + \mathrm{i}\frac{\partial U^{\dagger}}{\partial t} U\right]\varphi$$

φ 的波函数为

$$\begin{aligned}
\langle x \mid \varphi\rangle = \langle x \mid U^{\dagger} \mid \psi\rangle &= \left\langle x \left| \int_{-\infty}^{\infty} \frac{\mathrm{d}x'}{\sqrt{\mu(t)}} \right| \frac{x'}{\mu(t)} \right\rangle \langle x' \mid \psi\rangle \\
&= \sqrt{\mu(t)} \langle \mu(t)x \mid \psi\rangle = \sqrt{\mu(t)}\psi(\mu(t)x)
\end{aligned}$$

对照式(3.59)可以重写归一化条件为

$$\int_{\underline{x}=0}^{\underline{x}=w(t=0)} \mid \varphi(\underline{x}) \mid^2 \mathrm{d}x = 1$$

φ 所满足的含时薛定谔方程是可以解的,留给有兴趣的读者去练习.

3.7　压缩态相位期望值的精确计算

相干态的相位与振幅特性,在第 2 章中作了介绍.本节中我们用 IWOP 技术计算压缩态的相位期望值[44].由相算符的表达式 $e^{i\phi_1}=\sum_{n=0}^{\infty}|n\rangle\langle n+1|$,有

$$e^{im\phi_1}=\sum_{n=0}^{\infty}|n\rangle\langle n+m| \tag{3.60}$$

它的正规乘积展开是

$$e^{im\phi_1}=\sum_{n=0}^{\infty}:\frac{a^{\dagger n}e^{-a^\dagger a}a^{n+m}}{n![(n+1)(n+2)\cdots(n+m)]^{1/2}}: \tag{3.61}$$

对于压缩态(压缩参数为 $\xi=re^{i\theta}$)

$$|z,\xi\rangle=\operatorname{sech}^{1/2}r\exp\left[-e^{2i\theta}\frac{1}{2}(a^\dagger-z^*)^2\tanh r\right]|z\rangle \tag{3.62}$$

其中 $|z\rangle$ 是相干态,我们用插入相干态完备性的方法计算如下相算符的期望值

$$\langle z,\xi|e^{im\phi_1}|z,\xi\rangle=\langle z,\xi|\int\frac{d^2z'}{\pi}|z'\rangle\langle z'|e^{im\phi}\int\frac{d^2z''}{\pi}|z''\rangle\langle z''|z,\xi\rangle \tag{3.63}$$

由式(3.61)可知

$$\begin{aligned}\langle z,\xi|e^{im\phi_1}|z,\xi\rangle=&A\langle 0|\int\frac{d^2z'}{\pi}:\sum_{n=0}^{\infty}\frac{z'^{*n}}{n![(n+1)\cdots(n+m)]^{1/2}}\\&\times\exp\left\{-|z'|^2+z'(a^\dagger+e^{-2i\theta}z\tanh r+z^*)-\frac{1}{2}z'^2e^{-2i\theta}\tanh r\right\}\\&\times\int\frac{d^2z''}{\pi}(z'')^{n+m}\exp\left\{-|z''|^2+z''^*(a+e^{2i\theta}z^*\tanh r+z)\right.\\&\left.-\frac{1}{2}e^{2i\theta}z''^{*2}\tanh r-a^\dagger a\right\}:|0\rangle\end{aligned}$$

其中

$$A\equiv\operatorname{sech}r\exp\left\{-\frac{1}{2}\tanh r[z^{*2}e^{2i\theta}+z^2e^{-2i\theta}]-|z|^2\right\} \tag{3.64}$$

利用 IWOP 技术和积分公式

$$\int\frac{d^2z}{\pi}e^{-|z|^2+\lambda z}z^{*n}z^k=\left(\frac{d}{d\lambda}\right)^k\lambda^n=\frac{n!}{(n-k)!}\lambda^{n-k} \tag{3.65}$$

积分式(3.64)得到

$$\begin{aligned}&\langle z,\xi \mid \mathrm{e}^{\mathrm{i}m\phi_1} \mid z,\xi\rangle\\&\quad = A\sum_{n=0}^{\infty}\sum_{l=0}\sum_{k=0}\frac{\left(-\dfrac{1}{2}\tanh r\right)^{l+k}}{[(n+1)(n+2)\cdots(n+m)]^{1/2}}\\&\quad\quad\times\frac{(n+m)!\mathrm{e}^{2\mathrm{i}(k-l)\theta}}{l!k!(n-2l)!(n+m-2k)!}(z^*+z\mathrm{e}^{-2\mathrm{i}\theta}\tanh r)^{n-2l}\\&\quad\quad\times(z+z^*\mathrm{e}^{2\mathrm{i}\theta}\tanh r)^{n+m-2k}\end{aligned}\tag{3.66}$$

对于压缩真空态,取 $z=0$ 后上式简化为

$$\begin{aligned}\langle 0,\xi \mid \mathrm{e}^{\mathrm{i}m\phi_1} \mid 0,\xi\rangle &= \operatorname{sech} r\sum_{n=0}^{\infty}\sum_{l=0}\sum_{k=0}\left(-\frac{1}{2}\tanh r\right)^{l+k}\\&\times\frac{(n+m)!\mathrm{e}^{2\mathrm{i}(k-l)\theta}}{[(n+1)(n+2)\cdots(n+m)]^{1/2}\,l!k!(n-2l)!(n+m-2k)!}\\&\times\delta_{n,2l}\delta_{n+m-2k}\end{aligned}\tag{3.67}$$

特别当 $m=1$ 时,我们看到 n 不可能同时既为奇数又为偶数,因而有

$$\langle 0,\xi \mid \mathrm{e}^{\mathrm{i}\phi_1} \mid 0,\xi\rangle = 0\tag{3.68}$$

当 $m=2$,方程(3.67)给出

$$\begin{aligned}&\langle 0,\xi \mid \mathrm{e}^{2\mathrm{i}\phi_1} \mid 0,\xi\rangle\\&\quad = -\operatorname{sech} r\sum_{n=0}^{\infty}\frac{(2n-1)!!}{(2n)!!}\left(\frac{2n+1}{2n+2}\right)^{1/2}(\tanh r)^{2n+1}\mathrm{e}^{2\mathrm{i}\theta}\end{aligned}\tag{3.69}$$

由此可进一步算出 $\cos^2\phi_1$ 与 $\sin^2\phi_1$ 的期望值,它们的表达式是

$$\cos^2\phi_1 = \frac{1}{4}(\mathrm{e}^{2\mathrm{i}\phi_1}+\mathrm{e}^{-2\mathrm{i}\phi_1}+2-|0\rangle\langle 0|)\tag{3.70}$$

$$\sin^2\phi_1 = -\frac{1}{4}(\mathrm{e}^{2\mathrm{i}\phi_1}+\mathrm{e}^{-2\mathrm{i}\phi_1}-2+|0\rangle\langle 0|)\tag{3.71}$$

所以有

$$\begin{aligned}\langle 0,\xi \mid \cos^2\phi_1 \mid 0,\xi\rangle = -\frac{1}{4}\operatorname{sech} r\Bigg[&2\cos 2\theta\sum_{n=0}^{\infty}\frac{(2n-1)!!}{(2n)!!}\left(\frac{2n+1}{2n+2}\right)^{1/2}\\&\times(\tanh r)^{2n+1}+1\Bigg]+\frac{1}{2}\end{aligned}\tag{3.72}$$

在弱压缩情况下,r 很小,鉴于

$$\begin{aligned}\tanh r &= r-\frac{1}{3}r^3+\frac{2}{15}r^5-\cdots\\\operatorname{sech} r &= 1-\frac{1}{2}r^2+\frac{5}{24}r^4-\cdots\end{aligned}\tag{3.73}$$

从而式(3.72)约化为

$$\langle 0,\xi \mid \cos^2 \phi \mid 0,\xi\rangle = \frac{1}{4}\left[1-\sqrt{2}r\cos 2\theta+\frac{r^2}{2}+O(r^3)\right] \tag{3.74}$$

类似地,可以算出在弱压缩极限下的情形

$$\langle 0,\xi \mid \sin^2 \phi_1 \mid 0,\xi\rangle = \frac{1}{4}\left[1+\sqrt{2}r\cos 2\theta+\frac{r^2}{2}+O(r^3)\right] \tag{3.75}$$

当压缩参数 r 很大时,考虑到下面近似展开式

$$\left(\frac{2n+1}{2n+2}\right)^{1/2} \approx 1-\frac{1}{2(2n+2)} \tag{3.76}$$

把式(3.76)代入(3.72),并且利用公式

$$(1-x)^{-1/2} = \sum_{n=0}^{\infty}\frac{(2n-1)!!}{(2n)!!}x^n, \quad |x|<1, \quad (-1)!!=1 \tag{3.77}$$

$$\int_{-1}^{1}(1-x^2)^{-1/2}x^{2n}\mathrm{d}x = \frac{\pi(2n-1)!!}{(2n+2)!!} \tag{3.78}$$

可以把 $\cos^2\phi_1$ 的压缩真空态期望值近似写为

$$\begin{aligned}&\langle 0,\xi \mid \cos^2 \phi_1 \mid 0,\xi\rangle \\ &\quad = -\frac{1}{2}\left\{\cos 2\theta\tanh r\left[1-\frac{1}{2\pi}\mathrm{sech}\, r\int_{-1}^{1}(1-x^2)^{1/2}\frac{\mathrm{d}x}{1-x^2\tanh^2 r}\right]\right\} \\ &\qquad -\frac{1}{4}\mathrm{sech}\, r+\frac{1}{2}\end{aligned} \tag{3.79}$$

其中的积分在令 $x=\cos\varphi$ 后变为

$$\begin{aligned}&\frac{2}{\pi}\int_0^{\frac{\pi}{2}}\frac{\sin^2\varphi}{1-\cos^2\varphi\tanh^2 r}\mathrm{d}\varphi \\ &\quad = \frac{2}{\pi}\left\{\frac{1}{\tanh^2 r}\int_0^{\frac{\pi}{2}}\mathrm{d}\varphi+\left(1-\frac{1}{\tanh^2 r}\right)\int_0^{\frac{\pi}{2}}\frac{1}{1+\tan^2\varphi-\tan^2 r}\mathrm{d}\tan\varphi\right\} \\ &\quad = \frac{2}{\pi}\left\{\frac{\varphi}{\tanh^2 r}-\frac{1}{\tanh^2 r}\sqrt{1-\tanh^2 r}\arctan\left(\frac{\tan\varphi}{\sqrt{1-\tanh^2 r}}\right)\right\}\Bigg|_0^{\frac{\pi}{2}} \\ &\quad = \frac{\cosh r-1}{\tanh r\sinh r}\end{aligned} \tag{3.80}$$

把式(3.80)代入式(3.79)就可得到

$$\langle 0,\xi \mid \cos^2 \phi_1 \mid 0,\xi\rangle = -\frac{1}{2}\cos 2\theta\tanh r\left(1-\frac{\cosh r-1}{2\sinh^2 r}\right)+\frac{1}{2}-\frac{\mathrm{sech}\, r}{4} \tag{3.81}$$

双于双模压缩真空态,有

$$|00\rangle_\lambda = \mathrm{sech}\,\lambda\exp(a_1^\dagger a_2^\dagger\tanh\lambda)\,|00\rangle \tag{3.82}$$

我们自然要引入第二个模的位相算符

$$e^{i\phi_2} = \frac{1}{\sqrt{N_2+1}}a_2, \quad N_2 = a_2^\dagger a_2$$

不失一般,我们计算双模相算符 $e^{im_1\phi_1}e^{im\phi_2}$ 的平均值

$$\begin{aligned}T &\equiv {}_\lambda\langle 00|\exp(im_1\phi_1)\exp(im_2\phi_2)|00\rangle_\lambda \\ &= \langle 00|\exp(a_1a_2\tanh\lambda)\int\frac{d^2\alpha' d^2\beta'}{\pi^2}\int\frac{d^2\alpha d^2\beta}{\pi^2} \\ &\quad\times|\alpha'\beta'\rangle\langle\alpha'\beta'|\exp(im_1\phi_1)\exp(im_2\phi_2)|\alpha,\beta\rangle \\ &\quad\times\langle\alpha,\beta|\exp(a_1^\dagger a_2^\dagger\tanh\lambda)|00\rangle\text{sech}^2\lambda\end{aligned} \tag{3.83}$$

其中已插入了双模相干态 $|\alpha\beta\rangle$ 的完备性,利用以下数学公式

$$\int\frac{d^2\alpha}{\pi}e^{-|\alpha|^2+\alpha\sigma}f(\alpha^*) = f(\sigma) \tag{3.84}$$

以及 IWOP 技术,我们最终算出 T 为

$$\begin{aligned}T &= \text{sech}^2\lambda\int\frac{d^2\alpha' d^2\beta' d^2\alpha d^2\beta}{\pi^4} \\ &\quad\times\exp\{-|\alpha|^2-|\alpha'|^2-|\beta|^2-|\beta'|^2+\alpha'\beta'\tanh\lambda+\alpha^*\beta^*\tanh\lambda\} \\ &\quad\times\sum_{n,l=0}\frac{\alpha'^{*n}\alpha^{n+m_1}\beta'^{*l}\beta^{l+m_2}}{n!l![(n+1)\cdots(n+m_1)(l+1)\cdots(l+m_2)]^{1/2}} \\ &= \text{sech}^2\lambda\sum_{n=0}^{\infty}\frac{(\tanh\lambda)^{2n+m_1}(n+m_2)!\delta_{m_1,m_2}}{n![(n+1)\cdots(n+m_1)(n+1)\cdots(n+m_2)]^{1/2}}\end{aligned} \tag{3.85}$$

特别,当 $m_1 = m_2 = 1$,从上式可导出

$${}_\lambda\langle 00|e^{i\phi_1}e^{i\phi_2}|00\rangle_\lambda = \text{sech}^2\lambda\sum_{n=0}^{\infty}(\tanh\lambda)^{2n+1} = \tanh\lambda \tag{3.86}$$

又可导出

$${}_\lambda\langle 00|e^{i\phi_1}e^{-i\phi_2}|00\rangle_\lambda = 0 \tag{3.87}$$

引入相位差算符 $\cos(\phi_1-\phi_2) = \cos\phi_1\cos\phi_2+\sin\phi_1\sin\phi_2$,则从式(3.87)可知相差算符在双模压缩真空态的期望值为0,表明两个模是同等程度地受压缩,故无位相差可以观测到.

3.8 用相干态计算谐振子的转换矩阵元

令 $z = x+iy, z' = x'+iy'$,对相干态的内积式(2.36)作如下积分

$$\iint_{-\infty}^{\infty}\mathrm{d}y\mathrm{d}y'\langle z \mid z'\rangle = (2\pi)^{3/2}\mathrm{e}^{-x^2/2}\delta(x-x')$$

$$= 2\pi^{3/2}\sqrt{\frac{\hbar}{m\omega}}\mathrm{e}^{-x^2/2}\delta(q-q'),$$

$$q = \sqrt{\frac{\hbar}{2m\omega}}x,\quad q' = \sqrt{\frac{\hbar}{m\omega}}x' \tag{3.88}$$

这启示了$\left(\frac{m\omega}{\pi\hbar}\right)^{1/4}\frac{1}{\sqrt{2\pi}}\mathrm{e}^{x^2/4}\int_{-\infty}^{\infty}\mathrm{d}y \mid z\rangle$是一个正交归一的态.事实上

$$\int_{-\infty}^{\infty}\mathrm{d}y \mid z\rangle = \sqrt{2\pi}\exp[-(a^\dagger - x)^2/2] \mid 0\rangle \tag{3.89}$$

由此导出

$$a\int_{-\infty}^{\infty}\mathrm{d}y \mid z\rangle = (x-a^\dagger)\int_{-\infty}^{\infty}\mathrm{d}y \mid z\rangle$$

$$Q\int_{-\infty}^{\infty}\mathrm{d}y \mid z\rangle = \sqrt{\frac{\hbar}{2m\omega}}(a+a^\dagger)\int_{-\infty}^{\infty}\mathrm{d}y \mid z\rangle = \sqrt{\frac{\hbar}{2m\omega}}x\int_{-\infty}^{\infty}\mathrm{d}y \mid z\rangle \tag{3.90}$$

因而$|q\rangle$与相干态$|z\rangle$有以下关系[45]

$$\mid q\rangle = \left(\frac{m\omega}{\pi\hbar}\right)^{1/4}\frac{1}{\sqrt{2\pi}}\mathrm{e}^{x^2/4}\int_{-\infty}^{\infty}\mathrm{d}y \mid z\rangle,\quad x = \sqrt{\frac{2m\omega}{\hbar}}q \tag{3.91}$$

作为应用,计算谐振子(质量为 m,频率为 ω)的转换矩阵元为

$$\langle q't' \mid qt\rangle = \langle q' \mid \exp\left[-\frac{\mathrm{i}H(t'-t)}{\hbar}\right] \mid q\rangle$$

$$H = \hbar\omega\left(a^\dagger a + \frac{1}{2}\right) \tag{3.92}$$

首先由公式(3.15)求出

$$\langle z't' \mid z,t\rangle = \langle z' \mid \exp\left[-\mathrm{i}\omega\left(a^\dagger a + \frac{1}{2}\right)(t'-t)\right] \mid z\rangle$$

$$= \langle z' \mid :\exp[(\mathrm{e}^{-\mathrm{i}\omega T}-1)a^\dagger a]: \mid z\rangle\exp\left(-\frac{\mathrm{i}}{2}\omega T\right)$$

$$= \exp\left[-\frac{1}{2}(|z|^2 + |z'|^2) + \mathrm{e}^{-\mathrm{i}\omega T}z'^* z - \frac{\mathrm{i}}{2}\omega T\right] \tag{3.93}$$

其中 $T = t'-t$,在式(3.91)中代入式(3.93),得到

$$\langle q't' \mid qt\rangle = \left(\frac{m\omega}{\hbar\pi}\right)^{1/2}\frac{1}{2\pi}\exp\left(\frac{1}{4}(x^2 + x'^2)\right)\iint_{-\infty}^{\infty}\mathrm{d}y\mathrm{d}y'\langle z't' \mid z,t\rangle \tag{3.94}$$

作高斯积分,给出

$$\langle q't' \mid q,t\rangle = \left(\frac{m\omega}{2\pi \mathrm{i}\hbar\sin\omega T}\right)^{1/2}\exp\left\{\frac{\mathrm{i}\omega m}{2\hbar\sin\omega T}\left[(q^2+q'^2)\cos\omega T - 2qq'\right]\right\} \tag{3.95}$$

类似地,可以证明动量本征态$|p\rangle$与相干态以下式相联系

$$|p\rangle = \left(\frac{1}{\hbar\pi m\omega}\right)^{1/4}\frac{1}{\sqrt{2\pi}}\mathrm{e}^{y^2/4}\int_{-\infty}^{\infty}\mathrm{d}x \mid z\rangle,\quad y = \sqrt{\frac{2}{\hbar m\omega}}p \tag{3.96}$$

3.9　由对角相干态表示求密度矩阵

在量子光学中,密度矩阵ρ往往比纯态矢量更常用.把ρ用相干态展开得到的c数函数称为Glauber－Sudarshan P-表示

$$\rho = \int\frac{\mathrm{d}^2 z}{\pi}P(z) \mid z\rangle\langle z \mid \tag{2.104}$$

由式(3.29)现可将式(2.104)写为正规乘积内的积分形式[45]

$$\rho = \int\frac{\mathrm{d}^2 z}{\pi}:P(z)\exp[-(z^* - a^\dagger)(z-a)]: \tag{3.97}$$

因此,当经典函数$P(z)$已知时,就可由式(3.97)积分求出正规乘积形式的ρ来,先以热场为例,P-表示为

$$P_{热} = (\langle n\rangle)^{-1}\exp(-|z|^2/\langle n\rangle) \tag{2.105}$$

式中,$\langle n\rangle$是平均光子数,$\langle n\rangle = (\mathrm{e}^{-1/kT}-1)^{-1}$.代式(2.105)于式(3.97)中,积分得热场的密度矩阵

$$\begin{aligned}\rho_{热} &= \frac{1}{\langle n\rangle}\int\frac{\mathrm{d}^2 z}{\pi}:\exp\left[-|z|^2\left(1+\frac{1}{\langle n\rangle}\right)+za^\dagger+z^*a-a^\dagger a\right]:\\ &= \frac{1}{\langle n\rangle}\left(1+\frac{1}{\langle n\rangle}\right)^{-1}:\exp\left[\left(\frac{1}{1+\langle n\rangle}-1\right)a^\dagger a\right]:\\ &= \frac{1}{\langle n\rangle+1}\exp\left[a^\dagger a\ln\left(1+\frac{1}{\langle n\rangle}\right)^{-1}\right]\\ &= \sum_{n=0}^{\infty}\gamma(1-\gamma)^n \mid n\rangle\langle n\mid,\quad \gamma\equiv\frac{1}{\langle n\rangle+1}\end{aligned} \tag{3.98}$$

再考虑P表示为如下广义函数的情形[47]

$$P(z) = P(r\mathrm{e}^{\mathrm{i}\theta}) = \frac{n!}{2r(2n)!}\mathrm{e}^{r^2}\left(-\frac{\partial}{\partial r}\right)^{2n}\delta(r) \tag{3.99}$$

代入式(3.97),用IWOP技术积分得

$$\rho=\frac{n!}{2\pi(2n)!}\int_0^{2\pi}\mathrm{d}\theta\int_0^{\infty}\mathrm{d}r:\left[\left(-\frac{\partial}{\partial r}\right)^{2n}\delta(r)\right]$$
$$\times\exp(re^{i\theta}a^{\dagger}+re^{-i\theta}a-a^{\dagger}a):$$
$$=\frac{n!}{2\pi(2n)!}\int_0^{2\pi}\mathrm{d}\theta:\left[\left(\frac{\partial}{\partial r}\right)^{2n}\exp(re^{i\theta}a^{\dagger}+re^{-i\theta}a)\right|_{r=0}e^{-a^{\dagger}a}:$$
$$=\frac{n!}{2\pi(2n)!}\int_0^{2\pi}\mathrm{d}\theta:(e^{i\theta}a^{\dagger}+e^{-i\theta}a)^{2n}e^{-a^{\dagger}a}:$$
$$=:\frac{1}{n!}(a^{\dagger}a)^n e^{-a^{\dagger}a}:=|n\rangle\langle n| \tag{3.100}$$

这是纯粒子态密度矩阵.

我们称式(3.97)为密度矩阵的正规乘积展开式,以后还将分别求其反正规乘积展开式和Weyl编序展开式.此外,由$|z\rangle\langle z|$的正规乘积形式可以方便地导出

$$\frac{\partial}{\partial z^*}|z\rangle\langle z|=\frac{\partial}{\partial z^*}:\exp(-|z|^2+za^{\dagger}+z^*a-a^{\dagger}a):$$
$$=:(a-z)|z\rangle\langle z|:=|z\rangle\langle z|(a-z)$$
$$\frac{\partial}{\partial z}|z\rangle\langle z|=\frac{\partial}{\partial z}:\exp(-|z|^2+za^{\dagger}+z^*a-a^{\dagger}a):$$
$$=:(a^{\dagger}-z^*)|z\rangle\langle z|: \tag{3.101}$$

故有关系

$$|z\rangle\langle z|a=\left(z+\frac{\partial}{\partial z^*}\right)|z\rangle\langle z|$$
$$a^{\dagger}|z\rangle\langle z|=\left(z^*+\frac{\partial}{\partial z}\right)|z\rangle\langle z| \tag{3.102}$$

当密度算符是时间的函数,由它所满足的海森堡方程

$$\frac{\partial\rho(t)}{\partial t}=-i[H,\rho(t)] \tag{3.103}$$

写出P-表示

$$\frac{\partial\rho}{\partial t}\Rightarrow\int\frac{d^2z}{\pi}\frac{\partial P(z,t)}{\partial t}|z\rangle\langle z|$$
$$=\int\frac{d^2z}{i\pi}P(z,t)[H,|z\rangle\langle z|] \tag{3.104}$$

例如,当$H=\lambda a^{\dagger2}+\lambda^*a^2$,则上式右边用式(3.102)给出

$$[a^{\dagger2},|z\rangle\langle z|]=\left(2z^*\frac{\partial}{\partial z}+\frac{\partial^2}{\partial z^2}\right)|z\rangle\langle z|$$

$$[a^2, |z\rangle\langle z|] = \left(-2z\frac{\partial}{\partial z^*} - \frac{\partial^2}{\partial z^{*2}}\right)|z\rangle\langle z| \tag{3.105}$$

可变为

$$\begin{aligned}&\int\frac{d^2 z}{\pi}P(z,t)\left(\lambda\frac{\partial^2}{\partial z^2} + 2\lambda z^*\frac{\partial}{\partial z} - \lambda^*\frac{\partial^2}{\partial z^{*2}} - 2\lambda^* z\frac{\partial}{\partial z^*}\right)|z\rangle\langle z| \\ &= \int\frac{d^2 z}{\pi}|z\rangle\langle z|\left(\lambda\frac{\partial^2}{\partial z^2} - 2\lambda z^*\frac{\partial}{\partial z} - \lambda^*\frac{\partial^2}{\partial z^{*2}} + 2\lambda^* z\frac{\partial}{\partial z^*}\right)P(z,t)\end{aligned} \tag{3.106}$$

与式(3.104)左边比较,导出关于 $P(z,t)$ 的方程

$$i\partial_t P(z,t) = \left(\lambda\frac{\partial^2}{\partial z^2} - 2\lambda z^*\frac{\partial}{\partial z} - \lambda^*\frac{\partial^2}{\partial z^{*2}} + 2\lambda^* z\frac{\partial}{\partial z^*}\right)P(z,t) \tag{3.107}$$

可见用算符在相干态表象中的 P-表示,可把算符方程化为经典 c 数方程去求解,这种途径常在量子光学理论计算中被采用.

3.10　纯相干态投影算符的 δ 函数算符形式及应用

本节要说明:纯相干态的密度算符 $|z\rangle\langle z|$ 的 δ 函数算符形式,对于算符排序很有用,这是 δ 函数算符的性质所决定的.众所周知,对于 δ 函数,在积分意义下有

$$\delta(x-x')f(x) = f(x')$$

那么对于算符 δ 函数,例如 $\delta(z-a)$,是否有 $\delta(z-a)a = z\delta(z-a)$ 成立?以下我们将用 $|z\rangle\langle z|$ 的 δ 函数算符形式讨论此问题.由 $|z\rangle\langle z|$ 的反正规乘积表达式

$$|z\rangle\langle z| = \pi\delta(z-a)\delta(z^*-a^\dagger) \tag{3.108}$$

(其推导也可见式(12.3))我们可推究出一些更深入的结果.若令 $z = x + iy$,有

$$\frac{\partial}{\partial z} = \frac{1}{2}\left(\frac{\partial}{\partial x} - i\frac{\partial}{\partial y}\right),\quad \frac{\partial}{\partial z^*} = \frac{1}{2}\left(\frac{\partial}{\partial x} + i\frac{\partial}{\partial y}\right) \tag{3.109}$$

所以 $dz/dz^* = 0$,即 z 与 z^* 彼此独立.根据这一点及式(3.108),有

$$\frac{d}{dz^*}|z\rangle\langle z| = \pi\delta(z-a)\delta'(z^*-a^\dagger) \tag{3.110}$$

由于

$$\delta'(z^*-a^\dagger) = -[a, \delta(z^*-a^\dagger)] \tag{3.111}$$

故而从式(3.101)得

$$\frac{\mathrm{d}}{\mathrm{d}z^*}|z\rangle\langle z| = \pi\delta(z-a)\{\delta(z^*-a^\dagger)a - a\delta(z^*-a^\dagger)\}$$
$$= |z\rangle\langle z|(a-z) \tag{3.112}$$

表明形式有 $a\delta(z-a)=z\delta(z-a)$. 同理,从

$$\frac{\mathrm{d}}{\mathrm{d}z}|z\rangle\langle z| = \pi\delta'(z-a)\delta(z^*-a^\dagger)$$
$$= -\pi[\delta(z-a),a^\dagger]\delta(z^*-a^\dagger) = (a^\dagger - z^*)|z\rangle\langle z| \tag{3.113}$$

形式有 $a^\dagger\delta(z^*-a^\dagger)=z^*\delta(z^*-a^\dagger)$. 于是就产生一个疑问,是否可以认为 $\delta(z^*-a^\dagger)|0\rangle$ 是产生算符 $a^\dagger$ 的本征矢呢? 即是否成立

$$a^\dagger\delta(z^*-a^\dagger)|0\rangle = z^*\delta(z^*-a^\dagger)|0\rangle \tag{3.114}$$

这个问题牵涉到复数 δ 函数的严格定义,所以我们留到第8章再去详细讨论它. 不过,以上这一小段的讨论至少说明产生算符的本征矢,并不是恒为零的.

另一方面,由

$$[a^\dagger,\delta(z-a)] = \delta'(z-a) \tag{3.115}$$

其中导数是对 z 而言的,还可进一步导出新关系[48]

$$a^{\dagger m}\delta(z-a) = \delta(z-a)\left(\frac{\overleftarrow{\mathrm{d}}}{\mathrm{d}z}+a^\dagger\right)^m \tag{3.116}$$

此式可由数学归纳法证明. 设上式成立,则由(3.115)得

$$a^{\dagger m+1}\delta(z-a) = a^\dagger\delta(z-a)\left(\frac{\overleftarrow{\mathrm{d}}}{\mathrm{d}z}+a^\dagger\right)^m$$
$$= [\delta(z-a)a^\dagger + \delta'(z-a)]\left(\frac{\overleftarrow{\mathrm{d}}}{\mathrm{d}z}+a^\dagger\right)^m$$
$$= \delta(z-a)\left(\frac{\overleftarrow{\mathrm{d}}}{\mathrm{d}z}+a^\dagger\right)^{m+1} \tag{3.117}$$

对 $m+1$ 也成立,证毕. 公式(3.116)是相当有用的,因为由它立即可以导出

$$a^{\dagger m}a^n = a^{\dagger m}a^n\int\frac{\mathrm{d}^2z}{\pi}|z\rangle\langle z| = a^{\dagger m}\int\frac{\mathrm{d}^2z}{\pi}|z\rangle\langle z|z^n$$
$$= a^{\dagger m}\int\mathrm{d}^2z\,\delta(z-a)\delta(z^*-a^\dagger)z^n$$
$$= \int\mathrm{d}^2z\,\delta(z-a)\delta(z^*-a^\dagger)\left(\frac{\overleftarrow{\mathrm{d}}}{\mathrm{d}z}+z^*\right)^m z^n$$
$$= \int\frac{\mathrm{d}^2z}{\pi}|z\rangle\langle z|\left(z^*-\frac{\mathrm{d}}{\mathrm{d}z}\right)^m z^n\times 1$$

这就是量子光学常用教研书(W. H. Louisell 著)的第 3 章定理 4. 所以记住公式(3.116)是有意义的. 进一步可取式(3.116)的厄米共轭,得到

$$\delta(z^* - a^\dagger) a^m = \left(\frac{\mathrm{d}}{\mathrm{d}z^*} + a\right)^m \delta(z^* - a^\dagger) \tag{3.118}$$

根据这个关系,又可给乘积算符求相干态期望值带来方便

$$\begin{aligned} \mathrm{tr}(|z\rangle\langle z| a^{\dagger l} a^m a^{\dagger k}) &= \pi \mathrm{tr}[\delta(z-a)\delta(z^* - a^\dagger) z^{*l} a^m a^{\dagger k}] \\ &= \pi \mathrm{tr}\left[\delta(z-a) z^{*l} \left(\frac{\mathrm{d}}{\mathrm{d}z^*} + a\right)^m \delta(z^* - a^\dagger) a^{\dagger k}\right] \\ &= \mathrm{tr}\left[z^{*l}\left(\frac{\mathrm{d}}{\mathrm{d}z^*} + z\right)^m z^{*k} |z\rangle\langle z|\right] = z^{*l}\left(\frac{\mathrm{d}}{\mathrm{d}z^*} + a\right)^m z^{*k} \cdot 1 \end{aligned}$$

这也就是 Louisell 书中第 3 章的定理 2[49]. 可见,充分利用 δ 函数算符的性质及公式(3.118),可使以往的繁杂计算得到一定程度的简化. 当某个算符函数已经排成正规乘积形式 $:f(a^\dagger, a):$,那么 $a^m :f(a^\dagger, a):$ 和 $:f(a^\dagger, a): a^{\dagger m}$ 就不是正规排列的. 现在用式(3.116)和(3.118)就可方便地把它们都化为正规乘积,例如

$$\begin{aligned} a^m :f(a^\dagger, a): &= \int \frac{\mathrm{d}^2 z}{\pi} z^m |z\rangle\langle z| f(z^*, a) \\ &= \int \mathrm{d}^2 z z^m \delta(z-a) f\left(z^*, \frac{\mathrm{d}}{\mathrm{d}z^*} + a\right) \delta(z^* - a^\dagger) \\ &= \int \frac{\mathrm{d}^2 z}{\pi} z^m f\left(z^*, \frac{\mathrm{d}}{\mathrm{d}z^*} + z\right) |z\rangle\langle z| \\ &= \int \frac{\mathrm{d}^2 z}{\pi} z^m f\left(z^*, \frac{\mathrm{d}}{\mathrm{d}z^*} + z\right) : \exp(-|z|^2 + z a^\dagger + z^* a - a^\dagger a): \end{aligned}$$

用 IWOP 技术积分之,就可给出其正规乘积形式来. 另一方面,由式(3.11)得到

$$\begin{aligned} :f(a^\dagger, a): a^{\dagger m} &= \int \frac{\mathrm{d}^2 z}{\pi} f(a^\dagger, z) |z\rangle\langle z| z^{*m} \\ &= \int \mathrm{d}^2 z \delta(z-a) f\left(\frac{\overleftarrow{\mathrm{d}}}{\mathrm{d}z} + a^\dagger, z\right) \delta(z^* - a^\dagger) z^{*m} \\ &= \int \mathrm{d}^2 z f\left(z^* + \frac{\mathrm{d}}{\partial z}, z\right) \delta(z-a) \delta(z^* - a^\dagger) z^{*m} \\ &= \int \frac{\mathrm{d}^2 z}{\pi} f\left(z^* + \frac{\mathrm{d}}{\partial z}, z\right) : \exp(-|z|^2 + z a^\dagger + z^* a - a^\dagger a): z^{*m} \end{aligned}$$

用 IWOP 技术对它实行积分,就可直接给出其正规乘积形式来.

至于如何将正规乘积化为反正规乘积的途径,将在第 12 章详细介绍.

我们不妨对 $a^\dagger$ 的形式上的本征方程(3.114)作一些形式上的讨论,令

$$\delta(z^* - a^\dagger) |0\rangle = |z^*\rangle_+ \tag{3.119}$$

则由式(3.108)给出

$$
{}_{+}\langle z^{*} \mid z^{*}\rangle_{+} = \langle 0 \mid \delta(z-a)\delta(z^{*}-a^{\dagger}) \mid 0\rangle
= \frac{1}{\pi}\langle 0 \mid z\rangle\langle z \mid 0\rangle = \frac{\mathrm{e}^{-|z|^{2}}}{\pi}
$$

所以$|z^{*}\rangle_{+}$的归一化有困难.把湮没算符 a 作用于$|z^{*}\rangle_{+}$得到

$$
a \mid z^{*}\rangle_{+} = a\delta(z^{*}-a^{\dagger}) \mid 0\rangle = [a,\delta(z^{*}-a^{\dagger})] \mid 0\rangle = -\delta'(z^{*}-a^{\dagger}) \mid 0\rangle
$$

这里的求导是对 z^{*} 做的.连续用 a 作用得

$$
a^{n} \mid z^{*}\rangle_{+} = (-)^{n}\delta^{(n)}(z^{*}-a^{\dagger}) \mid 0\rangle \tag{3.120}
$$

这里上标(n)表示高阶导数.由(3.120)计算与$\langle z' \| = \langle 0|\mathrm{e}^{z'^{*}a}$的内积

$$
\begin{aligned}
\langle z' \| z^{*}\rangle_{+} &= \langle 0 \mid \mathrm{e}^{z'^{*}a}\delta(z^{*}-a^{\dagger}) \mid 0\rangle \\
&= \langle 0 \mid \sum_{n=0}^{\infty}\frac{z'^{*n}}{n!}a^{n}\delta(z^{*}-a^{\dagger}) \mid 0\rangle \\
&= \langle 0 \mid \sum_{n=0}^{\infty}\frac{1}{n!}\left(-z'^{*}\frac{\mathrm{d}}{\mathrm{d}z^{*}}\right)^{n}\delta(z^{*}-a^{\dagger}) \mid 0\rangle \\
&= \exp\left(-z'^{*}\frac{\mathrm{d}}{\mathrm{d}z^{*}}\right)\delta(z^{*}) = \delta(z^{*}-z'^{*})
\end{aligned} \tag{3.121}
$$

根据式(3.119)我们再计算积分

$$
\begin{aligned}
\int \mathrm{d}z^{*} \mid z^{*}\rangle_{+}\langle z \| &= \int \mathrm{d}z^{*}\,\delta(z^{*}-a^{\dagger}) \mid 0\rangle\langle 0 \mid \mathrm{e}^{z^{*}a} \\
&= \int \mathrm{d}z^{*} : \delta(z^{*}-a^{\dagger})\exp(z^{*}a-a^{\dagger}a) : \\
&= 1
\end{aligned} \tag{3.122}
$$

值得强调,这一段所介绍的内容都是形式上的,因为$\delta(z^{*}-a^{\dagger})$的定义并未十分明确.但形式上做些推导对以后猜估一些正确的结果还是有参考价值的,请参见第8章,在那里将介绍比式(3.119)、(3.121)和(3.122)更严格、更明确的结果.

第 4 章　用 IWOP 技术构造新表象

狄拉克表象理论是公理化量子力学体系的骨架，也是变换理论的基础. “抽象量被数字代替的一种方式叫做一个表象”，“现在人们已十分广泛地采用波函数这个术语来表示态矢在任何坐标系中的坐标了”[1]，而这个坐标系就是表象. 本章介绍用 IWOP 技术可方便地寻找新的完备表象. 不同的表象常用以解决不同的动力学问题. 有的表象是正交完备的，如坐标和动量表象. 尽管坐标本征态及动量本征态都是绝对化的理想态，但它们在量子力学中有广泛的用途. 有的表象是非正交而超完备的，如相干态表象. IWOP 技术对于研究表象是否完备有十分重要的作用，使用这种技术可建立若干十分有用的新表象，解决若干新问题.

4.1　两个粒子相对坐标和总动量的共同本征态

在表象理论中，除坐标、动量、相干态和压缩态表象外，是否存在其他物理上有用的连续表象呢? 本节介绍如何应用 IWOP 技术找到两个粒子相对坐标和总动量的共同本征态，并考察它们是否具有正交完备性. 历史上，爱因斯坦(Einstein)、Podolsky 和 Rosen(EPR)在证明量子论必定或是违反定域因果性原理、或是不完备的结论时，曾给出这样的论据[50]：两个粒子的位置分别由 Q_1 和 Q_2 给出，动量分别是 P_1、P_2. 虽然，海森堡不确定原理意味同时测量 P_1 和 Q_1 的精确值是不可能的，但它允许我们精确地测量之和 P_1+P_2 以及两个粒子的间距 Q_1-Q_2. 所以，测量粒子 1 的动量 P_1，就可推出粒子 2 的动量 P_2. 类似地，再精确测量粒子 1 的位置 Q_1，就可以推出粒子 2 的位置 Q_2. 测量粒子 1 的位置应该不会(如果相信定域因果性的话)改变我们推算出远在别处的粒子 2 的动量 P_2，这样就可以精确推算出远在别处的粒子 2 的位置与动量. 但海森堡不确定原理说，精确决定一个单粒子的位置和动量是不可能的. EPR 认为，利用定域因果性的假定，可实现量子论认为不可能的事,除非存在破坏因果性的超距作用,使得测量粒子 1 时就瞬时地影响了远在别处的粒子 2.如果不愿承认存在这种超距作用,那只好认为现有的量子论是不完备的.

这里不讨论哥本哈根学派对 EPR 观点的批评,也不介绍由此争论而引起的 Bell 不等式的实验检验.我们关心的是 P_1+P_2 和 Q_1-Q_2 的共同本征态是什么?它们在 Fock 表象中是如何表示的?

在双模 Fock 空间中,我们将证明[19]

$$|\eta\rangle=\exp\left[-\frac{|\eta|^2}{2}+\eta a_1^\dagger-\eta^* a_2^\dagger+a_1^\dagger a_2^\dagger\right]|0\,0\rangle \tag{4.1}$$

是 P_1+P_2 及 Q_1-Q_2 的共同本征态.事实上,用 a_1、a_2 分别作用于 $|\eta\rangle$ 上给出

$$a_1|\eta\rangle=(\eta+a_2^\dagger)|\eta\rangle,\quad a_2|\eta\rangle=-(\eta^*-a_1^\dagger)|\eta\rangle \tag{4.2}$$

由此导出

$$\frac{1}{\sqrt{2}}[(a_1+a_1^\dagger)-(a_2+a_2^\dagger)]|\eta\rangle=\sqrt{2}\eta_1|\eta\rangle=(Q_1-Q_2)|\eta\rangle \tag{4.3}$$

$$\frac{1}{\sqrt{2}\mathrm{i}}[(a_1-a_1^\dagger)+(a_2-a_2^\dagger)]|\eta\rangle=\sqrt{2}\eta_2|\eta\rangle=(P_1+P_2)|\eta\rangle \tag{4.4}$$

可见 η 的实部和虚部分别对应 Q_1-Q_2 与 P_1+P_2 的本征值.现用 IWOP 技术简捷地证明 $|\eta\rangle$ 满足完备性条件.注意到 $|0\,0\rangle\langle 0\,0|=:\exp(-a_1^\dagger a_1-a_2^\dagger a_2):$,我们有

$$\begin{aligned}\int\frac{\mathrm{d}^2\eta}{\pi}|\eta\rangle\langle\eta|&=\int\frac{\mathrm{d}^2\eta}{\pi}:\exp(-|\eta|^2+\eta a_1^\dagger-\eta^* a_2^\dagger+a_1^\dagger a_2^\dagger\\&\quad-a_1^\dagger a_1-a_2^\dagger a_2+\eta^* a_1-\eta a_2+a_1a_2):\\&=:\exp[(a_1^\dagger-a_2)(a_1-a_2^\dagger)+a_1^\dagger a_2^\dagger+a_1a_2-a_1^\dagger a_1-a_2^\dagger a_2]:\\&=1\end{aligned} \tag{4.5}$$

再求内积 $\langle\eta|\eta'\rangle$.利用式(4.2),有

$$\langle\eta|(a_1^\dagger-a_2)=\eta^*\langle\eta|,\quad\langle\eta|(a_2^\dagger-a_1)=-\eta\langle\eta| \tag{4.6}$$

由式(4.2)及(4.6)得到

$$\langle\eta'|(a_1-a_2^\dagger)|\eta\rangle=\eta\langle\eta'|\eta\rangle=\eta'\langle\eta'|\eta\rangle \tag{4.7}$$

$$\langle\eta'|(a_2-a_1^\dagger)|\eta\rangle=-\eta'^*\langle\eta'|\eta\rangle=-\eta^*\langle\eta'|\eta\rangle \tag{4.8}$$

因此 $|\eta\rangle$ 是正交归一的,即

$$\langle\eta'|\eta\rangle=\pi\delta^{(2)}(\eta'-\eta) \tag{4.9}$$

我们强调,$|\eta\rangle$ 的完备性用 IWOP 来证明[见式(4.5)]是十分方便的,如换别的方法将很繁琐.

为求双模 Fock 态在$\langle\eta|$表象内的表示，我们用双模相干态的超完备性计算

$$\langle n,m\mid\eta\rangle=\int\frac{d^2z_1d^2z_2}{\pi^2}\langle n,m\mid z_1,z_2\rangle\langle z_1,z_2\mid\exp\left(-\frac{|\eta|^2}{2}+\eta a_1^\dagger-\eta^*a_2^\dagger+a_1^\dagger a_2^\dagger\right)\mid 0\,0\rangle$$

$$=(n!m!)^{-1/2}\int\frac{d^2z_1d^2z_2}{\pi^2}z_1^nz_2^m\times\exp\left(-|z_1|^2-|z_2|^2+\eta z_1^*-\eta^*z_2^*+z_1^*z_2^*-\frac{1}{2}|\eta|^2\right)$$

利用第5章中的积分公式(5.8)和(5.9)，上式变为

$$\langle n,m\mid\eta\rangle=(n!m!)^{-1/2}e^{-|\eta|^2/2}\int\frac{d^2z_2}{\pi}\exp(-|z_2|^2-\eta^*z_2^*)(\eta+z_2^*)^nz_2^m$$

$$=\sum_{l=0}^{n}\frac{\sqrt{n!m!}}{l!(n-l)!(m-l)!}(\eta)^{n-l}(-\eta^*)^{m-l}e^{-|\eta|^2/2}$$

特别当 $m=0$ 时，上式变为

$$\langle n,0\mid\eta\rangle=\frac{1}{\sqrt{n!}}\eta^ne^{-|\eta|^2/2}$$

对照式(2.39)可见，$\langle n,0|\eta\rangle$可以表达为

$$\langle n,0\mid\eta\rangle=\langle n\mid z=\eta\rangle$$

其中$|z=\eta\rangle$是单模相干态，上式是一个值得注意的关系.

近年来，用量子光学的实验手段来讨论 EPR 佯谬日益受到重视，相信在将来也能用量子光学的实验来表明对易子$[Q_1-Q_2,P_1+P_2]=0$这一事实.

为了对态矢量$|\eta\rangle$有更进一步的了解，用式(4.1)作以下积分

$$\int_{-\infty}^{\infty}\frac{d\eta_1}{\sqrt{2\pi}}\mid\eta\rangle=\frac{1}{\sqrt{\pi}}\exp\left[\frac{a_1^{\dagger2}+a_2^{\dagger2}}{2}+i\eta_2(a_1^\dagger+a_2^\dagger)-\frac{\eta_2^2}{2}\right]\mid 0\,0\rangle$$

对照第2章式(2.21)所代表的动量本征态的 Fock 表象，可知

$$\int_{-\infty}^{\infty}\frac{d\eta_1}{\sqrt{2\pi}}\mid\eta\rangle=\left|p_1=\frac{\eta_2}{\sqrt{2}},p_2=\frac{\eta_2}{\sqrt{2}}\right\rangle$$

是动量值相等的双模动量本征态.另一方面，做积分

$$\int_{-\infty}^{\infty}\frac{d\eta_2}{\sqrt{2\pi}}\mid\eta\rangle=\frac{1}{\sqrt{\pi}}\exp\left[-\frac{a_1^{\dagger2}+a_2^{\dagger2}}{2}+\eta_1(a_1^\dagger-a_2^\dagger)-\frac{\eta_1^2}{2}\right]\mid 0\,0\rangle$$

对照式(2.18)可知

$$\int_{-\infty}^{\infty}\frac{d\eta_2}{\sqrt{2\pi}}\mid\eta\rangle=\left|q_1=\frac{\eta_1}{\sqrt{2}},q_2=\frac{-\eta_1}{\sqrt{2}}\right\rangle$$

代表坐标值大小相同但正负不同的双模坐标本征态. 由此给出

$$\int_{-\infty}^{\infty}\frac{\mathrm{d}\eta_1\mathrm{d}\eta_2}{2\pi}\mid\eta\rangle=\exp(-a_1^{\dagger}a_2^{\dagger})\mid 0\,0\rangle$$

比较 $|\eta=0\rangle=\exp(a_1^{\dagger}a_2^{\dagger})|0\,0\rangle$, 可知若引入 $(-)^{a_1^{\dagger}a_1}=(-)^{N_1}$ 这个算符, 就有以下关系成立

$$\mid\eta=0\rangle=\int_{-\infty}^{\infty}\frac{\mathrm{d}\eta_1\mathrm{d}\eta_2}{2\pi}(-)^{N_1}\mid\eta\rangle$$

其中 $(-)^{N_1}\mid\eta\rangle=\exp\left[-\frac{|\eta|^2}{2}-\eta a_1^{\dagger}-\eta^{*}a_2^{\dagger}-a_1^{\dagger}a_2^{\dagger}\right]|0\,0\rangle$. 请读者将它与以下的式(4.17)作一比较, 可得到什么结论.

由于 Q_1-Q_2 与 P_1+P_2 对易, 我们可求出使两者都得到压缩的一个幺正算符. 具体做法是 $|\eta\rangle$ 写作

$$\begin{aligned}\mid\eta\rangle=\exp\Big[&-\frac{1}{2}(\eta_1^2+\eta_2^2)+\eta_1(a_1^{\dagger}-a_2^{\dagger})+\mathrm{i}\eta_2(a_1^{\dagger}+a_2^{\dagger})\\&+a_1^{\dagger}a_2^{\dagger}\Big]\mid 0\,0\rangle\equiv\mid\eta_1,\eta_2\rangle\end{aligned}\tag{4.10}$$

构造以下的幺正算符

$$U=\sqrt{\mu\nu}\int\frac{\mathrm{d}^2\eta}{\pi}\mid\mu\eta_1,\nu\eta_2\rangle\langle\eta_1,\eta_2\mid\tag{4.11}$$

其中 μ,ν 是两个互为独立的正数. 用 IWOP 技术之积分之, 得到

$$\begin{aligned}U=&\sqrt{\mu\nu}\int\frac{\mathrm{d}^2\eta}{\pi}:\exp\Big\{-\frac{\eta_1^2}{2}(1+\mu^2)-\frac{\eta_2^2}{2}(1+\nu^2)\\&+\eta_1[\mu(a_1^{\dagger}-a_2^{\dagger})+(a_1-a_2)]+\mathrm{i}\eta_2[\nu(a_1^{\dagger}+a_2^{\dagger})\\&-(a_1+a_2)]+a_1^{\dagger}a_2^{\dagger}+a_1a_2-a_1^{\dagger}a_1-a_2^{\dagger}a_2\Big\}:\\=&\frac{2\sqrt{\mu\nu}}{\sqrt{(1+\mu^2)(1+\nu^2)}}\\&\times\exp\left[\frac{(\mu^2-\nu^2)(a_1^{\dagger 2}+a_2^{\dagger 2})+2(1-\mu^2\nu^2)a_1^{\dagger}a_2^{\dagger}}{2L}\right]\\&\times:\exp\left[(a_1^{\dagger}\ a_2^{\dagger})\left(\frac{F}{L}-\mathbb{1}\right)\begin{pmatrix}a_1\\a_2\end{pmatrix}\right]:\\&\times\exp\left[\frac{(\nu^2-\mu^2)(a_1^2+a_2^2)+2(\mu^2\nu^2-1)a_1a_2}{2L}\right]\end{aligned}\tag{4.12}$$

其中 $\mathbb{1}$ 是 2×2 单位矩阵, 而

$$L = (1+\mu^2)(1+\nu^2),\ F = \begin{pmatrix} (\mu+\nu)(1+\mu\nu) & (\mu-\nu)(\mu\nu-1) \\ (\mu-\nu)(\mu\nu-1) & (\mu+\nu)(1+\mu\nu) \end{pmatrix} \tag{4.13}$$

注意到

$$\left.\begin{aligned} &\det\left(\frac{F}{L}\right) = 4\mu\nu \\ &\left(\frac{F}{L}\right)^{-1} = \frac{1}{4\mu\nu}\begin{pmatrix} (\mu+\nu)(\mu\nu+1) & (\mu-\nu)(1-\mu\nu) \\ (\mu-\nu)(1-\mu\nu) & (\mu+\nu)(\mu\nu+1) \end{pmatrix} \end{aligned}\right\} \tag{4.14}$$

我们可以计算出 U 对 a_1 与 a_2 的变换结果，以致最后导出

$$U(Q_1 - Q_2)U^{-1} = \frac{1}{\mu}(Q_1 - Q_2),\quad U(P_1 + P_2)U^{-1} = \frac{1}{\nu}(P_1 + P_2) \tag{4.15}$$

所以 U 把 $(Q_1 - Q_2)$ 与 $(P_1 + P_2)$ 分别压缩了 $1/\mu$ 与 $1/\nu$，它们相互独立.

4.2　Bargmann 函数空间的推广

另一方面，由于 $[Q_1 + Q_2, P_1 - P_2] = 0$，我们也可给出它们的共同本征态，以 $|\zeta\rangle$ 表示

$$(Q_1 + Q_2)|\zeta\rangle = \sqrt{2}\zeta_1|\zeta\rangle,\quad (P_1 - P_2)|\zeta\rangle = \sqrt{2}\zeta_2|\zeta\rangle,\quad \zeta = \zeta_1 + \mathrm{i}\zeta_2 \tag{4.16}$$

$$|\zeta\rangle = \exp\left(-\frac{1}{2}|\zeta|^2 + \zeta a_1^\dagger + \zeta^* a_2^\dagger - a_1^\dagger a_2^\dagger\right)|00\rangle \tag{4.17}$$

用 IWOP 技术易证 $|\zeta\rangle$ 所满足的完备性

$$\begin{aligned} \int \frac{1}{\pi}\mathrm{d}^2\zeta\,|\zeta\rangle\langle\zeta| = \int \frac{\mathrm{d}^2\zeta}{\pi} :\exp[-|\zeta|^2 + \zeta(a_1^\dagger + a_2) + \zeta^*(a_2^\dagger + a_1) \\ -(a_1^\dagger + a_2)(a_2^\dagger + a_1)]: = 1 \end{aligned} \tag{4.18}$$

类似式(4.9)的证法，可得正交性

$$\langle\zeta'|\zeta\rangle = \pi\delta^{(2)}(\zeta' - \zeta) \tag{4.19}$$

利用式(4.18)可以将式(2.51)(它表征了构造 Bargmann 空间基函数的正交归一性)作推广. 注意在：：内部玻色算符对易，故可看作为参数，展开 $|\zeta\rangle\langle\zeta|$ 得

$$
\begin{aligned}
|\zeta\rangle\langle\zeta| &= e^{-|\zeta|^2} :\exp(-a_1^\dagger a_2^\dagger + \zeta a_1^\dagger + \zeta^* a_2^\dagger - a_1 a_2 + \zeta a_2 \\
&\quad + \zeta^* a_1)\exp(-a_1^\dagger a_1 - a_2^\dagger a_2): \\
&= e^{-|\zeta|^2} \sum_{m,n=0}^{\infty} \sum_{m',n'=0}^{\infty} \frac{a_1^{\dagger m} a_2^{\dagger n}}{m!n!} \mathrm{H}_{m,n}(\zeta,\zeta^*) \\
&\quad \times :\exp(-a_1^\dagger a_1 - a_2^\dagger a_2): \frac{a_1^{m'} a_2^{n'}}{m'!n'!} \mathrm{H}_{m',n'}^*(\zeta,\zeta^*)
\end{aligned} \tag{4.20}
$$

其中,$\mathrm{H}_{m,n}(\zeta,\zeta^*)$是双下标厄米多项式.

$$
\mathrm{H}_{m,n}(\zeta,\zeta^*) = \sum_{l=0}^{\min(m,n)} \frac{m!n!}{l!(m-l)!(n-l)!}(-1)^l \zeta^{m-l} \zeta^{*\,n-l} \tag{4.21}
$$

它的生成函数是

$$
\sum_{m,n=0}^{\infty} \frac{t^m t'^n}{m!n!} \mathrm{H}_{m,n}(\zeta,\zeta^*) = \exp(-tt' + t\zeta + t'\zeta^*) \tag{4.22}
$$

式(4.20)中的展开就是按式(4.22)进行的.当然有

$$
\mathrm{H}_{m,n}(\zeta,\zeta^*) = \frac{\partial^{n+m}}{\partial t^m \partial t'^n} \exp(-tt' + t\zeta + t'\zeta^*)\Big|_{t=t'=0}
$$

由式(4.20)可将完备性关系写成

$$
\begin{aligned}
1 = \int \frac{d^2\zeta}{\pi} |\zeta\rangle\langle\zeta| &= \int \frac{d^2\zeta}{\pi} e^{-|\zeta|^2} \sum_{m,n,m,n'=0}^{\infty} |m,n\rangle\langle m',n'| \\
&\quad \times \mathrm{H}_{m,n}(\zeta,\zeta^*) \mathrm{H}_{m',n'}^*(\zeta,\zeta^*) \frac{1}{\sqrt{m!n!m'!n'!}}
\end{aligned}
$$

其中$|m,n\rangle = |m\rangle|n\rangle = \dfrac{a_1^{\dagger m} a_2^{\dagger n}}{\sqrt{m!\ n!}}|0\ 0\rangle$是双模粒子态.由上式可导出 $\mathrm{H}_{m,n}(\zeta,\zeta^*)$的正交归一性

$$
\int \frac{d^2\zeta}{\pi} e^{-|\zeta|^2} \mathrm{H}_{m,n}(\zeta,\zeta^*) \mathrm{H}_{m',n'}^*(\zeta,\zeta^*) = \sqrt{m!n!m'!n'!}\,\delta_{m',m}\delta_{n',n} \tag{4.23}
$$

我们指出,上式是 Bargmann 函数空间中正交归一关系式(2.51)的推广,注意到

$$
\mathrm{H}_{m,0}(\zeta,\zeta^*) = \zeta^m, \quad \mathrm{H}_{0,n}(\zeta,\zeta^*) = \zeta^{*n}
$$

$$
\mathrm{H}_{m,n}(\zeta,\zeta^*) = \mathrm{H}_{n,m}^*(\zeta,\zeta^*)
$$

就可知道式(2.52)是式(4.23)的一种特殊情况.第 9 章将介绍双变数厄米多项式的物理应用.

4.3　$|\eta\rangle$表象中的路径积分形式

路径积分是量子力学数理表达的另一种形式,其思想起源于狄拉克[1],而由Feynman具体完成.路径积分量子化成功地被用于规范场理论.由于$|\eta\rangle$表象也是连续的正交完备的表象,故本节介绍在$|\eta\rangle$表象内如何写出Feynman路径积分形式.

先对式(4.10)中的$|\eta\rangle$态做傅里叶变换而引入$|\chi\rangle$态矢

$$|\chi\rangle=\int\frac{d^2\eta}{\pi}|\eta\rangle\exp\left[\frac{i}{2}(\chi\eta^*+\chi^*\eta)\right]$$
$$=\exp\left\{-\frac{1}{2}|\chi|^2+i\chi a_1^\dagger-i\chi^*a_2^\dagger-a_1^\dagger a_2^\dagger\right\}|0\,0\rangle,\chi\text{ 是复数}\quad(4.24)$$

用IWOP技术易证

$$\int\frac{1}{\pi}d^2\chi\,|\chi\rangle\langle\chi|=1,\langle\chi'|\chi\rangle=\pi\delta^{(2)}(\chi'-\chi)\quad(4.25)$$

以及

$$\langle\chi|\eta\rangle=\frac{1}{2}\exp\left[-\frac{i}{2}(\chi\eta^*+\eta\chi^*)\right]\quad(4.26)$$

所以,可把在双模Fock空间的算符$H(a_1^\dagger,a_1;a_2^\dagger,a_2)$写成

$$H=\int\frac{d^2\eta'd^2\chi'}{\pi^2}\int\frac{d^2\eta''d\chi''}{\pi^2}|\eta'\rangle\langle\eta'|\chi'\rangle\langle\chi'|H|\chi''\rangle\langle\chi''|\eta''\rangle\langle\eta''|$$
$$=\frac{1}{4}\int\frac{d^2\eta'd^2\chi'}{\pi^2}\int\frac{d^2\eta''d^2\chi''}{\pi^2}|\eta'\rangle\langle\eta''|\langle\chi'|H|\chi''\rangle$$
$$\times\exp\left[\frac{i}{2}(\chi'\eta'^*+\eta'\chi'^*-\chi''^*\eta''-\eta''^*\chi'')\right]\quad(4.27)$$

做积分变数变换

$$\eta'=\eta+\frac{\sigma}{2},\quad\chi'=\chi+\frac{\lambda}{2},\quad\chi''=\chi-\frac{\lambda}{2},\quad\eta''=\eta-\frac{\sigma}{2}\quad(4.28)$$

相应地有$d^2\chi'd^2\chi''=d^2\chi d^2\lambda$,$d^2\eta'd^2\eta''=d^2\eta d^2\sigma$.由此可以把式(4.27)改写为

$$H=\frac{1}{4}\int\frac{1}{\pi^4}d^2\chi d^2\lambda d^2\eta d^2\sigma\left|\eta+\frac{\sigma}{2}\right\rangle\left\langle\eta-\frac{\sigma}{2}\right|\left\langle\chi+\frac{\lambda}{2}\right|H\left|\chi-\frac{\lambda}{2}\right\rangle$$
$$\times\exp\left\{\frac{i}{2}[\lambda\eta^*+\eta\lambda^*+\chi\sigma^*+\sigma\chi^*]\right\}\quad(4.29)$$

我们引入

$$\int \frac{d^2\sigma}{\pi}\left|\eta+\frac{\sigma}{2}\right\rangle\left\langle\eta-\frac{\sigma}{2}\right|\exp[i(\sigma\chi^*+\chi\sigma^*)/2]\equiv\Delta(\chi,\eta) \tag{4.30}$$

$$\int \frac{d^2\lambda}{\pi}\exp[i(\lambda\eta^*+\eta\lambda^*)/2]\left\langle\chi+\frac{\lambda}{2}\right|H\left|\chi-\frac{\lambda}{2}\right\rangle\equiv h(\chi,\eta) \tag{4.31}$$

于是，方程(4.29)变成

$$H=\frac{1}{4}\int\frac{d^2\chi d^2\eta}{\pi^2}h(\chi,\eta)\Delta(\chi,\eta) \tag{4.32}$$

由式(4.30)和(4.25)，可知在$|\eta\rangle$表象中 H 的矩阵元为

$$\begin{aligned}\langle\eta'|H|\eta''\rangle &= \frac{1}{4}\int\frac{d^2\chi d^2\eta}{\pi^2}h(\chi,\eta)\int\frac{d^2\sigma}{\pi}\exp[i(\sigma\chi^*+\chi\sigma^*)/2]\\&\quad\times\pi^2\delta^{(2)}\left(\eta'-\eta-\frac{\sigma}{2}\right)\delta^{(2)}\left(\eta-\frac{\sigma}{2}-\eta''\right)\\&=\frac{1}{4}\int\frac{d^2\chi}{\pi}h\left(\chi,\frac{\eta'+\eta''}{2}\right)\exp\left\{\frac{i}{2}[\chi^*(\eta'-\eta'')+(\eta'^*-\eta''^*)\chi]\right\}\\&=\int\frac{d^2\chi}{\pi}h\left(2\chi,\frac{\eta'+\eta''}{2}\right)\exp\{i[\chi^*(\eta'-\eta'')+(\eta'^*-\eta''^*)\chi]\}\end{aligned} \tag{4.33}$$

设 t_1 时刻系统处于$|\eta'\rangle$，则在 t_2 时刻处于$|\eta''\rangle$的转换矩阵元是(H 不显含 t)

$$\langle\eta'',t''|\eta',t'\rangle=\langle\eta''|\exp[-iH(t''-t')]|\eta'\rangle \tag{4.34}$$

把时间间隔 t_1 到 t_2 分割为 $n+1$ 等分，$\varepsilon(n+1)=t_2-t_1$，ε 为无穷小量，则用完备性关系式(4.25)可得

$$\begin{aligned}\langle\eta'',t''|\eta',t'\rangle&=\int\frac{d^2\eta_1\cdots d^2\eta_n}{\pi^n}\langle\eta''|e^{-i\varepsilon H}|\eta_n\rangle\langle\eta_n|\times\cdots|\eta_1\rangle\langle\eta_1|e^{-i\varepsilon H}|\eta'\rangle\\&=\int\prod_{i=1}^{n}\left[\frac{d^2\eta_i}{\pi}\right]\prod_{j=1}^{n+1}\langle\eta_j|e^{-i\varepsilon H}|\eta_{j-1}\rangle\end{aligned} \tag{4.35}$$

式中 $\eta''=\eta_{n+1}$，$\eta'=\eta_0$，其单项利用式(4.33)可写成

$$\begin{aligned}\langle\eta_j|e^{-i\varepsilon H}|\eta_{j-1}\rangle&=\pi\delta^{(2)}(\eta_j-\eta_{j-1})-i\varepsilon\langle\eta_j|H|\eta_{j-1}\rangle\\&=\int\frac{d^2\chi_j}{\pi}\exp\left\{i[\chi_j^*(\eta_j-\eta_{j-1})+\chi_j(\eta_j^*-\eta_{j-1}^*)]\right\}\\&\quad\times\left[1-i\varepsilon h\left(2\chi_j,\frac{\eta_j+\eta_{j-1}}{2}\right)\right]\\&=\int\frac{d^2\chi_j}{\pi}\exp\left\{i[\chi_j^*(\eta_j-\eta_{j-1})+\chi_j(\eta_j^*-\eta_{j-1}^*)]\right.\end{aligned}$$

$$- \mathrm{i}\varepsilon h\left(2\chi_j, \frac{\eta_j + \eta_{j-1}}{2}\right)\Bigg\}$$

把它找回式(4.35),并作替换

$$\prod_{i=1}^{n}\left[\frac{\mathrm{d}^2 \eta_i}{\pi}\right] \Rightarrow \prod_t \frac{\mathrm{d}^2 \eta(t)}{\pi};\prod_{j=1}^{n+1}\int\left[\frac{\mathrm{d}^2 \chi_j}{\pi}\right] \Rightarrow \prod_t \int \frac{\mathrm{d}^2 \chi(t)}{\pi} \tag{4.36}$$

就得到在$|\eta\rangle$表象内路径积分的形式

$$\begin{aligned}\langle \eta'', t'' \mid \eta', t' \rangle = &\int \prod_t \frac{\mathrm{d}^2 \eta(t) \mathrm{d}^2 \chi(t)}{\pi^2} \exp\left\{\mathrm{i}\int_{t'}^{t''} \mathrm{d}t [\chi^*(t)\dot{\eta}(t)\right.\\ &\left. + \chi(t)\dot{\eta}^*(t) - h[2\chi(t), \eta(t)]]\right\}\end{aligned} \tag{4.37}$$

4.4　描述电子在均匀磁场中运动的新表象[51]

本节介绍描写一个电子(不计自旋)在均匀磁场中运动的新表象,然后用IWOP技术研究其性质.电子在均匀磁场$\boldsymbol{B}$(沿z轴)的非相对论运动(首先由朗道[52]而后由Johnson和Lippmann给出[53])对研究量子霍尔效应有重要的意义.相应的哈密顿量为

$$H = \left(\pi_+ \pi_- + \frac{1}{2}\right)\Omega \tag{4.38}$$

式中$\Omega = \mathrm{e}B/m$是圆同步频率.

$$\begin{aligned}\pi_\pm &= \frac{1}{\sqrt{2m\Omega}}\left[p_x \pm \mathrm{i}p_y \pm \frac{\mathrm{i}}{2}m\Omega(x \pm \mathrm{i}y)\right]\\ &= \frac{1}{\sqrt{2m\Omega}}(\pi_x \pm \mathrm{i}\pi_y)\end{aligned} \tag{4.39}$$

而$\pi_x = p_x + eA_x, \pi_y = p_y + eA_y$,矢势$A = \left(-\frac{1}{2}By, \frac{1}{2}Bx, 0\right)$.极易证明$[\pi_-, \pi_+] = 1$.与$\pi_\pm$相互独立地还存在另一对称为轨道中心坐标的量

$$x_0 = x - \frac{\pi_y}{m\Omega}, \quad y_0 = y + \frac{\pi_x}{m\Omega}, \quad [x_0, y_0] = \frac{\mathrm{i}}{m\Omega} \tag{4.40}$$

由它们组合的

$$K_+ = \sqrt{\frac{1}{2}m\Omega}(x_0 - \mathrm{i}y_0), \quad K_- = \sqrt{\frac{1}{2}m\Omega}(x_0 + \mathrm{i}y_0) \tag{4.41}$$

满足对易关系

$$[K_-, K_+] = 1, \quad [K_\pm, \pi_\pm] = 0, \quad [K_\pm, H] = 0 \tag{4.42}$$

由 π_+、K_- 我们定义新的态矢量

$$|\lambda\rangle = \exp\left[-\frac{1}{2}|\lambda|^2 - \mathrm{i}\lambda\pi_+ + \lambda^* K_+ + \mathrm{i}\pi_+ K_+\right]|00\rangle, \lambda = \lambda_1 + \mathrm{i}\lambda_2 \tag{4.43}$$

注意这里的$|00\rangle$满足关系

$$\pi_-|00\rangle = 0, \quad K_-|00\rangle = 0 \tag{4.44}$$

由式(4.42)和(4.43)可知$|\lambda\rangle$满足以下两个方程

$$\pi_-|\lambda\rangle = (\mathrm{i}K_+ - \mathrm{i}\lambda)|\lambda\rangle, \quad K_-|\lambda\rangle = (\lambda^* + \mathrm{i}\pi_+)|\lambda\rangle \tag{4.45}$$

联合式(4.39)、(4.41)和(4.45),即得

$$\left(x_0 + \frac{\pi_y}{m\Omega}\right)|\lambda\rangle = \sqrt{\frac{2}{m\Omega}}\lambda_1|\lambda\rangle \tag{4.46}$$

$$\left(y_0 + \frac{\pi_x}{m\Omega}\right)|\lambda\rangle = -\sqrt{\frac{2}{m\Omega}}\lambda_2|\lambda\rangle \tag{4.47}$$

考虑到式(4.40),故式(4.46)和(4.47)变为

$$x|\lambda\rangle = \sqrt{\frac{2}{m\Omega}}\lambda_1|\lambda\rangle \equiv \underline{x}|\lambda\rangle \tag{4.48}$$

$$y|\lambda\rangle = -\sqrt{\frac{2}{m\Omega}}\lambda_2|\lambda\rangle \equiv -\underline{y}|\lambda\rangle \tag{4.49}$$

也就是说$|\lambda\rangle$是算符 x 和 y 的本征态,相应的本征值分别是$\sqrt{\frac{2}{m\Omega}}\lambda_1$ 和$-\sqrt{\frac{2}{m\Omega}}\lambda_2$,因此可以很方便描写电子在 $x-y$ 平面上的运动. $|\lambda\rangle$满足正交归一条件

$$\langle\lambda|\lambda'\rangle = \pi\delta(\lambda_1 - \lambda_1')\delta(\lambda_2 - \lambda_2') = \frac{2\pi}{m\Omega}\delta(\underline{x} - \underline{x}')\delta(\underline{y} - \underline{y}') \tag{4.50}$$

于是可定义

$$|\underline{x}, \underline{y}\rangle = \sqrt{\frac{m\Omega}{2\pi}}|\lambda\rangle \tag{4.51}$$

而有

$$\langle\underline{x}', \underline{y}'|\underline{x}, \underline{y}\rangle = \delta(\underline{x} - \underline{x}')\delta(\underline{y} - \underline{y}') \tag{4.52}$$

对于 $K^\pm$, $\pi^\pm$ 分别引入正规乘积,是有

$$|00\rangle\langle 00| = :\exp[-\pi_+\pi_- - K_+K_-]: \tag{4.53}$$

用 IWOP 技术极易证明$|\lambda\rangle$的完备性关系

$$\int \frac{d^2\lambda}{\pi} |\lambda\rangle\langle\lambda| = \int \frac{d^2\lambda}{\pi} :\exp[-|\lambda|^2 + \lambda^*(i\pi_- + K_+) + \lambda(K_- - i\pi_+) + i\pi_+ K_+ - i\pi_- K_- - \pi_+\pi_- - K_+K_-]: = 1 \tag{4.54}$$

作为态矢$|\lambda\rangle$的应用,我们求电子在均匀磁场中运动的 Feynman 转换矩阵元

$$\langle \underline{x}', \underline{y}'; t' | \underline{x}, \underline{y}; t\rangle = \langle \underline{x}', \underline{y}' | \exp[-iH(t'-t)] | \underline{x}, \underline{y}\rangle = \langle\lambda', t' | \lambda t\rangle$$
$$= \langle\lambda' | \exp\left[-i\Omega\left(\pi_+\pi_- + \frac{1}{2}\right)T\right] | \lambda\rangle, T = t' - t \tag{4.55}$$

代入$|\lambda\rangle$的定义式(4.43)得

$$\langle\lambda' t' | \lambda t\rangle = F\langle 00 | \exp(i\lambda'^*\pi_- + \lambda' K_- - i\pi_- K_-)\exp(-\sigma\pi_+\pi_-) \times \exp(-i\lambda\pi_+ + \lambda^* K_+ + i\pi_+ K_+) | 00\rangle \tag{4.56}$$

其中

$$\sigma \equiv i\Omega T, F \equiv \exp\left[-\frac{1}{2}(|\lambda|^2 + |\lambda'|^2) - \frac{\sigma}{2}\right].$$

用$e^{-\sigma\pi_+\pi_-}$的反正规乘积展开(参考第五章式(5.13))

$$e^{-\sigma\pi_+\pi_-} = e^{\sigma}\sum_{l=0}^{\infty}\frac{1}{l!}(1-e^{\sigma})^l \pi_-^l \pi_+^l \tag{4.57}$$

并用双模相干态(即π_-、K_-的本征态)如下的超完备性关系

$$\int \frac{d^2\alpha d^2\beta}{\pi^2} |\alpha\beta\rangle\langle\alpha\beta| = \int \frac{d^2\alpha d^2\beta}{\pi^2} :\exp[-(\alpha^* - \pi_+)(\alpha - \pi_-) - (\beta^* - K_+)(\beta - K_-)]: = 1 \tag{4.58}$$

我们可进一步将式(4.56)中的算符部分化为正规乘积

$$\exp(i\lambda'^*\pi_- + \lambda' K_- - i\pi_- K_-)e^{\sigma} \times \sum_{l=0}^{\infty}\frac{l}{l!}(1-e^{\sigma})^l \pi_-^l \int \frac{d^2\alpha d^2\beta}{\pi^2} |\alpha\beta\rangle\langle\alpha\beta| \pi_+^l \times \exp(-i\lambda\pi_+ + \lambda^* K_+ + i\pi_+ K_+)$$
$$= e^{\sigma}\int \frac{d^2\alpha d^2\beta}{\pi^2} :\exp(-e^{\sigma}|\alpha|^2 - |\beta|^2 + i\lambda'^*\alpha + \lambda'\beta - i\alpha\beta - i\lambda\alpha^* + \lambda^*\beta^* + i\alpha^*\beta^* + \alpha\pi_+ + \beta K_+ + \beta^* K_- + \alpha^*\pi_- - \pi_+\pi_- - K_+K_-): \tag{4.59}$$

用 IWOP 技术积分后,并注意到正规乘积算符的真空期望值为零,我们得到

$$\langle\lambda' | \exp\left[-\sigma\left(\pi_+\pi_- + \frac{1}{2}\right)\right] | \lambda\rangle$$
$$= \frac{e^{-\sigma/2}}{1-e^{-\sigma}}\exp\left\{\frac{1}{1-e^{-\sigma}}\left[e^{-\sigma}\lambda\lambda'^* + \lambda'\lambda^* - \frac{1+e^{-\sigma}}{2}(|\lambda|^2 + |\lambda'|^2)\right]\right\} \tag{4.60}$$

代入 $\lambda=\lambda_1+\mathrm{i}\lambda_2$ 和 $\sigma=\mathrm{i}\Omega T$,式(4.60)变成

$$\langle\lambda'\mid \mathrm{e}^{-\mathrm{i}HT}\mid\lambda\rangle=\frac{1}{2\mathrm{i}\sin\frac{\Omega T}{2}}\exp\left(\frac{\mathrm{i}}{2}\left\{\left[(\lambda_1'-\lambda_1)^2+(\lambda_2'-\lambda_2)^2\right]\cot\frac{\Omega T}{2}+2(\lambda_1\lambda_2'-\lambda_1'\lambda_2)\right]\right\}\right) \tag{4.61}$$

注意到式(4.51),我们看到

$$\langle \underline{x}'\underline{y}'\mid \mathrm{e}^{-\mathrm{i}HT}\mid \underline{x}\,\underline{y}\rangle=\frac{m\Omega}{4\pi\mathrm{i}\sin\frac{\Omega T}{2}}\exp\left(\frac{\mathrm{i}}{4}m\Omega\left\{\left[(\underline{x}'-\underline{x})^2+(\underline{y}'-\underline{y})^2\right]\cot\frac{\Omega T}{2}+2(\underline{x}\,\underline{y}'-\underline{x}'\underline{y})\right\}\right) \tag{4.62}$$

这与文献[54]中给出的结果相同. 至于$|\lambda\rangle$表象在描述量子霍尔效应中的应用见 Fan H Y, Ren Y, Ren Y. Mod. Phys. Lett B, 1996, 10(12):523.

4.5　两粒子质心坐标与质量权重相对动量的共同本征态[20]

当两个粒子有不同质量时,常常采用质心坐标 Q_{cm}

$$Q_{\mathrm{cm}}=\mu_1Q_1+\mu_2Q_2,\quad \mu_1=\frac{m_1}{m_1+m_2},\quad \mu_2=\frac{m_2}{m_1+m_2},\quad \mu_1+\mu_2=1 \tag{4.63}$$

与质量权重相对动量

$$P_{\mathrm{r}}=\mu_2P_1-\mu_1P_2 \tag{4.64}$$

来把两体问题约化. 显然 Q_{cm}与 P_{r} 相互对易,$[Q_{\mathrm{cm}},P_{\mathrm{r}}]=0$. 因此应该可以求出它们的共同本征态在 Fock 空间中的表示,当 $m_1=m_2$ 时,它应退化为 4.2 节所叙述的情况. 当 $m_1\neq m_2$ 时,我们可以证明 Q_{cm}与 P_{r} 的共同本征态是

$$|\xi\rangle=\exp\left\{-\frac{1}{2}|\xi|^2+\frac{1}{\sqrt{\lambda}}[\xi+(\mu_1-\mu_2)\xi^*]a_1^\dagger+\frac{1}{\sqrt{\lambda}}[\xi^*-(\mu_1-\mu_2)\xi]a_2^\dagger+\frac{1}{\lambda}[(\mu_2-\mu_1)(a_1^{\dagger 2}-a_2^{\dagger 2})\right.$$

$$-4\mu_1\mu_2 a_1^\dagger a_2^\dagger\Big]\Big\}\mid 00\rangle \tag{4.65}$$

其中 $\xi=\xi_1+\mathrm{i}\xi_2$ 是复数，$\lambda\equiv 2(\mu_1^2+\mu_2^2)$. 上式显然比式(4.17)复杂得多. 将 a_1 和 a_2 分别作用于 $|\xi\rangle$ 态上，得到

$$a_1\mid\xi\rangle=\left[\frac{2}{\sqrt{\lambda}}(\mu_1\xi_1+\mathrm{i}\mu_2\xi_2)-4\frac{\mu_1\mu_2}{\lambda}a_2^\dagger+\frac{2}{\lambda}(\mu_2-\mu_1)a_1^\dagger\right]\mid\xi\rangle \tag{4.66}$$

$$a_2\mid\xi\rangle=\left[\frac{2}{\sqrt{\lambda}}(\mu_2\xi_1-\mathrm{i}\mu_1\xi_2)-4\frac{\mu_1\mu_2}{\lambda}a_1^\dagger-\frac{2}{\lambda}(\mu_2-\mu_1)a_2^\dagger\right]\mid\xi\rangle \tag{4.67}$$

由此给出

$$(\mu_1a_1+\mu_2a_2)\mid\xi\rangle=[\sqrt{\lambda}\xi_1-(\mu_1a_1^\dagger+\mu_2a_2^\dagger)]\mid\xi\rangle \tag{4.68}$$

$$(\mu_1a_2-\mu_2a_1)\mid\xi\rangle=(-\mathrm{i}\sqrt{\lambda}\xi_2-\mu_2a_1^\dagger+\mu_1a_2^\dagger)]\mid\xi\rangle \tag{4.69}$$

考虑到

$$Q_{\mathrm{cm}}=\frac{1}{\sqrt{2}}[\mu_1(a_1+a_1^\dagger)+\mu_2(a_2+a_2^\dagger)] \tag{4.70}$$

$$P_{\mathrm{r}}=\frac{\mathrm{i}}{\sqrt{2}}[\mu_1(a_2-a_2^\dagger)-\mu_2(a_1-a_1^\dagger)] \tag{4.71}$$

联立以上三式，可知 $|\xi\rangle$ 确实是 Q_{cm} 与 P_{r} 的共同本征态，ξ 的实部和虚部分别对应于 Q_{cm} 与 P_{r} 的本征值，即

$$Q_{\mathrm{cm}}\mid\xi\rangle=\sqrt{\frac{\lambda}{2}}\xi_1\mid\xi\rangle=\sqrt{\mu_1^2+\mu_2^2}\xi_1\mid\xi\rangle \tag{4.72}$$

$$P_{\mathrm{r}}\mid\xi\rangle=\sqrt{\frac{\lambda}{2}}\xi_2\mid\xi\rangle=\sqrt{\mu_1^2+\mu_2^2}\xi_2\mid\xi\rangle \tag{4.73}$$

尤其当 $m_1=m_2$，它们退化为式(4.16).

$|\xi\rangle$ 态的正交性与完备性. 由式(4.65)及 IWOP 技术可以方便地证明 $|\xi\rangle$ 的完备性

$$\begin{aligned}\int\frac{\mathrm{d}^2\xi}{\pi}\mid\xi\rangle\langle\xi\mid=\int\frac{\mathrm{d}^2\xi}{\pi}:\exp\Big\{&-\mid\xi\mid^2+\frac{\xi}{\sqrt{\lambda}}[(\mu_1+\mu_2)(a_1^\dagger+a_2)\\&+(\mu_1-\mu_2)(a_1-a_2^\dagger)]+\frac{\xi^*}{\sqrt{\lambda}}[(\mu_1-\mu_2)(a_1^\dagger-a_2)\\&+(\mu_1+\mu_2)(a_2^\dagger+a_1)]\\&+\frac{1}{\lambda}(\mu_2-\mu_1)(a_1^{\dagger2}-a_2^{\dagger2}+a_1^2-a_2^2)-a_1^\dagger a_1-a_2^\dagger a_2\\&-\frac{4}{\lambda}\mu_1\mu_2(a_1^\dagger a_2^\dagger+a_1a_2)\Big\}:=1\end{aligned} \tag{4.74}$$

这里进一步显示出IWOP技术的有效性.如果没有它,$|\xi\rangle$的完备性证明是相当困难的.再证明$|\xi\rangle$具有正交性.实际上,利用式(4.72)和(4.73),得到

$$\sqrt{\frac{2}{\lambda}}\langle\xi'|(Q_{\mathrm{cm}}+\mathrm{i}P_{\mathrm{r}})|\xi\rangle=(\xi_1+\mathrm{i}\xi_2)\langle\xi'|\xi\rangle$$
$$=(\xi_1'+\mathrm{i}\xi_2')\langle\xi'|\xi\rangle \tag{4.75}$$

于是

$$(\xi-\xi')\langle\xi'|\xi\rangle=0 \tag{4.76}$$

给出

$$\langle\xi'|\xi\rangle=\pi\delta^{(2)}(\xi'-\xi) \tag{4.77}$$

以上我们在$\langle\eta|-\langle\xi|$表象内求解若干新的动力学问题[55].

4.6 $\langle\eta|\xi\rangle$的计算

对于两粒子系统,工作在$|\eta\rangle-|\xi\rangle$表象,会带来不少方便.为此,先要计算$\langle\eta|$与$|\xi\rangle$的内积,利用它们的定义式与相干态的超完备性可以求出

$$\begin{aligned}
\langle\eta|\xi\rangle=&\langle 00|\exp\left(-\frac{|\eta|^2}{2}+\eta^*a_1-\eta a_2+a_1a_2\right)\\
&\times\int\frac{\mathrm{d}^2z_1\mathrm{d}^2z_2}{\pi^2}|z_1z_2\rangle\langle z_1z_2|\exp\left\{-\frac{|\xi|^2}{2}+\frac{1}{\sqrt{\lambda}}[\xi+(\mu_1-\mu_2)\xi^*]a_1^\dagger\right.\\
&+\frac{1}{\sqrt{\lambda}}[\xi^*-(\mu_1-\mu_2)\xi]a_2^\dagger\\
&\left.+\frac{1}{\lambda}[(\mu_2-\mu_1)(a_1^{\dagger2}-a_2^{\dagger2})-4\mu_1\mu_2a_1^\dagger a_2^\dagger]\right\}|00\rangle\\
=&\int\frac{\mathrm{d}^2z_1\mathrm{d}^2z_2}{\pi^2}\exp\left[-\frac{1}{2}(|\xi|^2+|\eta|^2)\right]\\
&\times\exp\left\{-|z_1|^2-|z_2|^2+\eta^*z_1-\eta z_2-z_1z_2\right.\\
&+\frac{1}{\sqrt{\lambda}}[\xi+(\mu_1-\mu_2)\xi^*]z_1^*+\frac{1}{\sqrt{\lambda}}[\xi^*-(\mu_1-\mu_2)\xi]z_2^*\\
&\left.+\frac{1}{\lambda}[(\mu_2-\mu_1)(z_1^{*2}-z_2^{*2})-4\mu_1\mu_2z_1^*z_2^*]\right\}
\end{aligned}$$

$$= \sqrt{\frac{\lambda}{4}} \exp\{ i [(\mu_1 - \mu_2)(\eta_1 \eta_2 - \xi_1 \xi_2) + \sqrt{\lambda}(\eta_1 \xi_2 - \eta_2 \xi_1)] \} \quad (4.78)$$

当两粒子质量 $m_1 = m_2$ 时，$\mu_1 = \mu_2 = \frac{1}{2}, \lambda = 1$，则 $\langle \eta | \xi \rangle = \frac{1}{2} \exp[i (\eta_1 \xi_2 - \eta_2 \xi_1)]$.
由(4.73)导出

$$\langle \eta | P_r \rangle = \langle \eta | P_r \int \frac{d^2 \xi}{\pi} | \xi \rangle \langle \xi | = \langle \eta | \int \frac{d^2 \xi}{\pi} \sqrt{\frac{\lambda}{2}} \xi_2 | \xi \rangle \langle \xi |$$

$$= - \sqrt{\frac{1}{2}} \left[i \frac{\partial}{\partial \eta_1} + (\mu_1 - \mu_2) \eta_2 \right] \langle \eta | \quad (4.79)$$

$$\langle \eta | Q_{cm} = \langle \eta | Q_{cm} \int \frac{d^2 \xi}{\pi} | \xi \rangle \langle \xi | = \int \frac{d^2 \xi}{\pi} \sqrt{\frac{\lambda}{2}} \xi_1 \langle \eta | \xi \rangle \langle \xi |$$

$$= \sqrt{\frac{1}{2}} \left[i \frac{\partial}{\partial \eta_2} + (\mu_1 - \mu_2) \eta_1 \right] \langle \eta | \quad (4.80)$$

类同于上述步骤，在 $\langle \xi |$ 表象中，$P = P_1 + P_2$ 与 $Q_r = Q_1 - Q_2$ 的表示为

$$\langle \xi | P = \langle \xi | \int \frac{d^2 \eta}{\pi} \sqrt{2} \eta_2 | \eta \rangle \langle \eta |$$

$$= \sqrt{\frac{2}{\lambda}} \left[- i \frac{\partial}{\partial \xi_1} - (\mu_1 - \mu_2) \xi_2 \right] \langle \xi | \quad (4.81)$$

$$\langle \xi | Q_r = \langle \xi | \int \frac{d^2 \eta}{\pi} \sqrt{2} \eta_1 | \eta \rangle \langle \eta |$$

$$= \sqrt{\frac{2}{\lambda}} \left[i \frac{\partial}{\partial \xi_2} + (\mu_1 - \mu_2) \xi_1 \right] \langle \xi | \quad (4.82)$$

以下我们用这些关系求解两粒子系统较复杂的动力学.

4.7 在 $\langle \eta |$ 表象内求解两体动力学

设描述两粒子系统的哈密顿量是(以下用 $x_{1,2}$ 代替 $Q_{1,2}$)

$$H \equiv \frac{P_1^2}{2m_1} + \frac{P_2^2}{2m_2} + k P_1 P_2 + V(x_1 - x_2) \quad (4.83)$$

其中位势只与两粒子间距有关，在分子动力学中，$V(x_1 - x_2)$ 常称为内键势，而 $k P_1 P_2$ 项常称为运动耦合势.

注意到

$$x_r = x_1 - x_2, \quad P_1 + P_2 = P, \quad [x_r, P] = 0$$
$$P_1 = P_r + \mu_1 P, \quad P_2 = \mu_2 P - P_r$$
$$x_c = \mu_1 x_1 + \mu_2 x_2, \quad P_r = \mu_2 P_1 - \mu_1 P_2, \quad Q_{cm} \equiv x_c$$
$$[x_c, P_r] = 0, \quad [x_r, P_r] = i, \quad [P, x_c] = -i$$
$$x_1 = x_c + \mu_2 x_r, \quad x_2 = x_c - \mu_1 x_r \tag{4.84}$$

把 H 在$\{x_r, P_r\}$,$\{x_c, P\}$框架中写出,注意

$$\frac{P_1^2}{2m_1} + \frac{P_2^2}{2m_2} = \frac{P^2}{2M} + \frac{P_r^2}{2\mu}$$
$$H = \left(\frac{1}{2M} + k\mu_1\mu_2\right)P^2 + \left(\frac{1}{2\mu} - k\right)P_r^2 + k(\mu_2 - \mu_1)PP_r + V(x_r) \tag{4.85}$$

其中 M 为总质量,μ 是折合质量:

$$M = m_1 + m_2, \quad \mu = \frac{m_1 m_2}{M} \tag{4.86}$$

引入一个双模 Fock 空间,其产生(湮没)算符 $a_i^\dagger(a_i)$与 x_i、p_i($i=1,2$)的关系为

$$p_i = \frac{1}{\sqrt{2}i}(a_i - a_i^\dagger), \quad x_i = \frac{1}{\sqrt{2}}(a_i + a_i^\dagger) \tag{4.87}$$

这里已取 $\hbar = m = \omega = 1$. 在这个 Fock 空间中,我们可以分别按照式(4.65)定义$\{x_c, P_r\}$对的本征态$|\xi\rangle$,再按照式(4.1)定义$\{x_r, P\}$对的本征态$|\eta\rangle$.

以上说明,尽管我们所面对的动力学系统的两粒子质量不相同,我们仍能定义一个双模 Fock 空间及在该空间内的$|\eta\rangle$与$|\xi\rangle$态.

另一方面,从方程(4.85)看出,它还包含着 PP_r 的乘积项,所以不能把总动量平方项$\left(\frac{1}{2M} + k\mu_1\mu_2\right)P^2$ 从 H 中分离出去,即不能把质心运动作为一个自由粒子而孤立起来考虑.从式(4.85)来分析,一旦有了运动耦合项 kP_1P_2,就无法按通常的做法那样来分离出质心运动.所以我们求助于$\langle\eta|$表象.设 H 的能量本征态是$|E_n\rangle$,从$\langle\eta|$所满足的本征方程得到

$$\langle\eta|H|E_n\rangle = \left(\frac{1}{M} + 2k\mu_1\mu_2\right)\eta_2^2\langle\eta|E_n\rangle + \left(\frac{1}{2\mu} - k\right)\langle\eta|P_r^2|E_n\rangle + k(\mu_2 - \mu_1)\sqrt{2}\eta_2\langle\eta|P_r|E_n\rangle + V(\sqrt{2}\eta_1)\langle\eta|E_n\rangle \tag{4.88}$$

再由式(4.79)可导出

$$E_n\langle\eta|E_n\rangle = \left\{\frac{1}{2}\left(k - \frac{1}{2\mu}\right)\left[\frac{\partial}{\partial\eta_1} - i(\mu_1 - \mu_2)\eta_2\right]^2\right.$$

$$-\mathrm{i}\eta_2 k(\mu_2-\mu_1)\left[\frac{\partial}{\partial\eta_1}-\mathrm{i}(\mu_1-\mu_2)\eta_2\right]$$
$$+\left[\left(\frac{1}{M}+2k\mu_1\mu_2\right)\eta_2^2+V(\sqrt{2}\eta_1)\right]\Big\}\langle\eta\mid E_n\rangle \tag{4.89}$$

可见,联立应用$\langle\eta|$-$\langle\xi|$表象,可把较复杂的两体哈密顿系统的动力学问题化为一个微分方程.所以剩下的事就是对于不同的位势求解这个方程.假定在$\langle\eta|$表象内,能量本征态$|E_n\rangle$的波函数形式为

$$\langle\eta\mid E_n\rangle=\exp[\mathrm{i}(\mu_1-\mu_2)\eta_1\eta_2]\psi_n \tag{4.90}$$

则由

$$\exp[-\mathrm{i}(\mu_1-\mu_2)\eta_1\eta_2]\left[\frac{\partial}{\partial\eta_1}-\mathrm{i}(\mu_1-\mu_2)\eta_2\right]\exp[\mathrm{i}(\mu_1-\mu_2)\eta_1\eta_2]$$
$$=\frac{\partial}{\partial\eta_1} \tag{4.91}$$

可得关于 ψ_n 的微分方程

$$\Big\{-\frac{1}{2}\left(\frac{1}{2\mu}-k\right)\frac{\partial^2}{\partial\eta_1^2}-\mathrm{i}\eta_2 k(\mu_2-\mu_1)\frac{\partial}{\partial\eta_1}$$
$$+\left[\left(\frac{1}{M}+2k\mu_1\mu_2\right)\eta_2^2+V(\sqrt{2}\eta_1)-E_n\right]\Big\}\psi_n=0 \tag{4.92}$$

再令 ψ_n 形为

$$\psi_n=\exp[2\mathrm{i}\eta_1\eta_2 k(\mu_1-\mu_2)\mu/(1-2\mu k)]\varphi_n\equiv\mathrm{e}^{\mathrm{i}\eta_1\rho}\varphi_n$$
$$\rho\equiv 2\eta_2 k\mu(\mu_1-\mu_2)/(1-2\mu k) \tag{4.93}$$

则方程(4.92)中的前两项可写为

$$-\frac{1}{2}\left(\frac{1}{2\mu}-k\right)\frac{\partial}{\partial\eta_1}\left[\frac{\partial}{\partial\eta_1}+\frac{4\mu}{1-2\mu k}\mathrm{i}\eta_2 k(\mu_2-\mu_1)\right]\mathrm{e}^{\mathrm{i}\eta_1\rho}\varphi_n$$
$$=-\frac{1}{2}\left(\frac{1}{2\mu}-k\right)\frac{\partial}{\partial\eta_1}\left(\frac{\partial}{\partial\eta_1}-2\mathrm{i}\rho\right)\mathrm{e}^{\mathrm{i}\eta_1\rho}\varphi_n \tag{4.94}$$

再由

$$\mathrm{e}^{-\mathrm{i}\eta_1\rho}\frac{\partial}{\partial\eta_1}\mathrm{e}^{\mathrm{i}\eta_1\rho}=\frac{\partial}{\partial\eta_1}+\mathrm{i}\rho \tag{4.95}$$

可见式(4.94)变为

$$\text{式(4.94)}=-\frac{1}{2}\left(\frac{1}{2\mu}-k\right)\mathrm{e}^{\mathrm{i}\eta_1\rho}\mathrm{e}^{-\mathrm{i}\eta_1\rho}\frac{\partial}{\partial\eta_1}\mathrm{e}^{\mathrm{i}\eta_1\rho}\mathrm{e}^{-\mathrm{i}\eta_1\rho}$$
$$\times\left(\frac{\partial}{\partial\eta_1}-2\mathrm{i}\rho\right)\mathrm{e}^{\mathrm{i}\eta_1\rho}\varphi_n$$

$$= -\frac{1}{2}\left(\frac{1}{2\mu}-k\right)\mathrm{e}^{\mathrm{i}\eta_1\rho}\left(\frac{\partial}{\partial\eta_1}+\mathrm{i}\rho\right)\left(\frac{\partial}{\partial\eta_1}-\mathrm{i}\rho\right)\varphi_n$$

$$= -\frac{1}{2}\left(\frac{1}{2\mu}-k\right)\mathrm{e}^{\mathrm{i}\eta_1\rho}\left(\frac{\partial^2}{\partial\eta_1^2}+\rho^2\right)\varphi_n \tag{4.96}$$

代入方程(4.92)可得 φ_n 所满足的方程

$$\left\{-\frac{1}{2}\left(\frac{1}{2\mu}-k\right)\frac{\partial^2}{\partial\eta_1^2}+\frac{1-k^2\mu M}{M(1-2\mu k)}\eta_2^2+V(\sqrt{2}\eta_1)-E_n\right\}\varphi_n=0 \tag{4.97}$$

特别,当内键势 $V(x)=\frac{1}{2}\mu\omega^2x^2$ 时,把上式与简谐振子定态方程

$$-\frac{1}{2m}\frac{\mathrm{d}^2\varphi_n}{\mathrm{d}x^2}+\frac{1}{2}m\omega^2x^2\varphi_n=\mathscr{E}_n\varphi_n$$

的能级 $\mathscr{E}_n=\left(n+\frac{1}{2}\right)\omega$ 比较,可知属于方程(4.97)解的 φ_n 的本征值是

$$E_n=\frac{1-k^2\mu M}{1-2\mu k}\frac{\eta_2^2}{M}+\left(n+\frac{1}{2}\right)\sqrt{1-2\mu k}\,\omega \tag{4.98}$$

由本征值方程 $P|\eta\rangle=\sqrt{2}\eta_2|\eta\rangle$,可把上式的 η_2^2 换成$\frac{P^2}{2}$,P^2 是两粒子的总动量,它与哈密顿 H 对易

$$[P^2,H]=0$$

所以能级为

$$E_n=\frac{1-k^2\mu M}{1-2\mu k}\frac{P^2}{2M}+\left(n+\frac{1}{2}\right)\sqrt{1-2\mu k}\,\omega \tag{4.99}$$

于是我们就在$\langle n|$表象内方便地求出了 H 的能级.

从式(4.99)我们看到由于运动耦合 kP_1P_2,的存在,不但影响了质心动能,而且使能级的频率发生变化.

在本节结束前,我们再考虑另外两种情况,一是当式(4.83)中的位势 $V(x_1-x_2)=-V_0\delta(x_1-x_2)$,即为 δ 函数势时,相应的关于 φ_n 的方程(4.97)变成

$$\left\{-\frac{1}{2}\left(\frac{1}{2\mu}-k\right)\frac{\partial^2}{\partial n_1^2}-V_0\delta(\sqrt{2}\eta_1)-E_n+\frac{1}{M}\left(\frac{1-\mu Mk^2}{1-2\mu k}\right)\eta_2^2\right\}\varphi_n=0 \tag{4.100}$$

按照解一维 δ 函数势束缚态能级的标准做法,立刻可见

$$E_n=-\frac{\mu V_0^2}{2(1-2\mu k)}+\frac{1}{M}\frac{1-\mu Mk^2}{1-2\mu k}\eta_2^2 \tag{4.101}$$

当两粒子的运动耦合项 $k=0$,则上式退化为只存在 $\delta(x_1-x_2)$相互作用的情况,$\frac{1}{M}\eta_2^2=\frac{1}{2M}P^2$ 是质心能.

第二种情况是取库仑位势,三维势 $V(\boldsymbol{x}_1-\boldsymbol{x}_2)=\dfrac{-e^2}{|\boldsymbol{x}_1-\boldsymbol{x}_2|}$,相应地,运动耦合也变为 $k\boldsymbol{P}_1\cdot\boldsymbol{P}_2$.在这种情况下,$\langle\eta|$表象也推广为三模的,记为$\langle\boldsymbol{\eta}|$,总动量矢量 $\boldsymbol{P}$ 与相对位置矢量 $\boldsymbol{x}_\mathrm{r}$ 仍对易,

$$\boldsymbol{P}\mid\boldsymbol{\eta}\rangle=\sqrt{2}\boldsymbol{\eta}_2\mid\boldsymbol{\eta}\rangle,\boldsymbol{x}_r\mid\boldsymbol{\eta}\rangle=\sqrt{2}\boldsymbol{\eta}_1\mid\boldsymbol{\eta}\rangle \tag{4.102}$$

于是,仿照式(4.89)可写下在$\langle\boldsymbol{\eta}|$表象内的能量本征值方程

$$\begin{aligned}&\left\{\left(\frac{1}{M}+2k\mu_1\mu_2\right)\mid\boldsymbol{\eta}_2\mid^2-\frac{e^2}{|\sqrt{2}\boldsymbol{\eta}_1|}-E_n\right.\\&-\frac{1}{2}\left(\frac{1}{2\mu}-k\right)\left[\frac{\partial}{\partial\boldsymbol{\eta}_1}-\mathrm{i}(\mu_1-\mu_2)\boldsymbol{\eta}_2\right]^2\\&\left.-\mathrm{i}k(\mu_2-\mu_1)\boldsymbol{\eta}_2\cdot\left[\frac{\partial}{\partial\boldsymbol{\eta}_1}-\mathrm{i}(\mu_1-\mu_2)\boldsymbol{\eta}_2\right]\right\}\\&\times\langle\boldsymbol{\eta}\mid E_n\rangle=0\end{aligned} \tag{4.103}$$

令

$$\varphi_n=\exp\left\{\mathrm{i}(\mu_2-\mu_1)\frac{1}{1-2\mu k}\boldsymbol{\eta}_1\cdot\boldsymbol{\eta}_2\right\}\langle\boldsymbol{\eta}\mid E_n\rangle \tag{4.104}$$

则 φ_n 满足方程

$$\left\{-\frac{1}{2}\left(\frac{1}{2\mu}-k\right)\frac{\partial^2}{\partial\boldsymbol{\eta}_1^2}-\frac{e^2}{|\sqrt{2}\boldsymbol{\eta}_1|}-E_n+\frac{1}{M}\left(\frac{1-\mu Mk^2}{1-2\mu k}\right)\mid\boldsymbol{\eta}_2\mid^2\right\}\varphi_n=0 \tag{4.105}$$

与通常量子力学教科书中氢原子折合质量的薛定谔方程比较,立即可得相应于方程(4.105)的能级公式

$$E_n-\frac{|\eta_2|^2(1-\mu Mk^2)}{M(1-2\mu k)}=\frac{-\mu e^4}{2n^2(1-2\mu k)},n=1,2,3\cdots \tag{4.106}$$

与氢原子(折合质量)的能级公式

$$E_n=\frac{-\mu e^4}{2n^2} \tag{4.107}$$

比较可见,式(4.106)左边第二项是电子与质子的质心能量(也受运动耦合 $k\boldsymbol{P}_1\cdot\boldsymbol{P}_2$ 的影响),右边项与式(4.107)差一个$(1-2\mu k)^{-1}$因子.

从对以上这三个例子的分析可看出,在$\langle\eta|$表象内,解两体动力学问题的好处是:能很自然地把动力学化为单变数的微分方程,而另一个变数则以参量的面目出现在方程中.其次,在方程的能级解中,自然地把质心运动能量包括在内,对于包括运动耦合 $k\boldsymbol{P}_1\boldsymbol{P}_2$ 的动力学,在$\langle\eta|$表象内求解更为方便.

但是,也应该看到在用式(4.97)求解 φ_n 时,并不能确定 φ_n 所含 η_2 的具体函

数形式.所以,能否在$\langle\xi|$表象内解决式(4.97)中确定 φ_n 的问题将在下节讨论.

4.8　在$\langle\xi|$表象内求解两体动力学

由于总动量 P 是守恒量,我们可引入 H 与 P 的共同本征态及本征方程

$$H \mid p,E_n\rangle = E_n \mid p,E_n\rangle, P \mid p,E_n\rangle = p \mid p,E_n\rangle \tag{4.108}$$

利用式(4.72)和(4.85)可知,在$\langle\xi|$表象中下式成立

$$\begin{aligned}E_n\langle\xi \mid p,E_n\rangle = &\left[\left(\frac{1}{2M}+k\mu_1\mu_2\right)p^2+k(\mu_2-\mu_1)\sqrt{\frac{\lambda}{2}}\xi_2 p\right.\\&\left.+\frac{\lambda}{2}\xi_2^2\left(\frac{1}{2\mu}-k\right)\right]\langle\xi \mid p,E_n\rangle\\&+\langle\xi \mid V(x_r) \mid p,E_n\rangle\end{aligned} \tag{4.109}$$

$$p\langle\xi \mid p,E_n\rangle = \langle\xi \mid P \mid p,E_n\rangle \tag{4.110}$$

根据式(4.81)和(4.82),我们从以上两式可得到

$$\begin{aligned}&\left(V\left\{\mathrm{i}\sqrt{\frac{2}{\lambda}}\left[\frac{\partial}{\partial\xi_2}-\mathrm{i}(\mu_1-\mu_2)\xi_1\right]\right\}+\left(\frac{1}{2M}+k\mu_1\mu_2\right)p^2\right.\\&+k(\mu_2-\mu_1)\sqrt{\frac{\lambda}{2}}\xi_2 p\\&\left.+\left(\frac{1}{2\mu}-k\right)\frac{\lambda}{2}\xi_2^2-E_n\right)\langle\xi \mid p,E_n\rangle = 0\end{aligned} \tag{4.111}$$

以及

$$\left\{-\mathrm{i}\sqrt{\frac{2}{\lambda}}\left[\frac{\partial}{\partial\xi_1}-\mathrm{i}(\mu_1-\mu_2)\xi_2\right]-p\right\}\langle\xi \mid p,E_n\rangle = 0 \tag{4.112}$$

设波函数$\langle\xi|p,E_n\rangle$具有以下形式的解

$$\langle\xi \mid p,E_n\rangle = \Psi_n\exp[\mathrm{i}(\mu_1-\mu_2)\xi_1\xi_2] \tag{4.113}$$

把它分别代入方程(4.111)给出

$$\left\{V\left(\mathrm{i}\sqrt{\frac{2}{\lambda}}\frac{\partial}{\partial\xi_2}\right)+\left(\frac{1}{2\mu}-k\right)\frac{\lambda}{2}(\xi_2-\xi_0)^2+T-E_n\right\}\Psi_n = 0 \tag{4.114}$$

其中

$$\xi_0 = \frac{\sqrt{2}\mu k(\mu_1-\mu_2)p}{(1-2\mu k)\sqrt{\lambda}}$$

$$
\begin{aligned}
T &= \left(\frac{1}{2M} + k\mu_1\mu_2\right)p^2 - \left(\frac{1}{2\mu} - k\right)\frac{\lambda}{2}\xi_0^2 \\
&= \frac{1 - \mu Mk^2}{1 - 2\mu k}\frac{P^2}{2M}
\end{aligned} \tag{4.115}
$$

把(4.113)代入式(4.110)又给出

$$
\left(-\mathrm{i}\sqrt{\frac{2}{\lambda}}\frac{\partial}{\partial\xi_1} - p\right)\Psi_n = 0
$$

可见 Ψ_n 的解为

$$
\Psi_n = \exp\left\{\mathrm{i}\sqrt{\frac{\lambda}{2}}p\xi_1\right\}\chi_n \tag{4.116}
$$

其中 χ_n 与 ξ_1 无关.将上式代入式(4.114),并取 $V(x) = \frac{\mu}{2}\omega^2 x^2$,我们得到关于 χ_n 的微分方程

$$
\left\{-\frac{1}{\lambda}\mu\omega^2\frac{\partial^2}{\partial\xi_2^2} + \frac{\lambda}{2}\left(\frac{1}{2\mu} - k\right)(\xi_2 - \xi_0)^2 + T - E_n\right\}\chi_n = 0 \tag{4.117}
$$

与标准的厄米方程(它的解是已知的)比较,可得 χ_n 的解是

$$
\begin{aligned}
\chi_n = N_n &\exp\left\{-\frac{\lambda\sqrt{1 - 2\mu k}}{4\mu\omega}(\xi_2 - \xi_0)^2\right\} \\
&\times H_n\left[\sqrt[4]{\frac{(1 - 2\mu k)\lambda^2}{4\mu^2\omega^2}}(\xi_2 - \xi_0)\right]
\end{aligned} \tag{4.118}
$$

这里 H_n 是厄米多项式,N_n 是归一化系数.

此外,由式(4.117)也能得到能级为

$$
E_n = \left(n + \frac{1}{2}\right)\sqrt{1 - 2\mu k}\,\omega + T \tag{4.119}
$$

与式(4.98)一致.综合式(4.113)、(4.116)和(4.118),得到$\langle\xi|$表象内 H 的本征矢的波函数是

$$
\langle\xi \mid p, E_n\rangle = \exp\left[\mathrm{i}(\mu_1 - \mu_2)\xi_1\xi_2 + \mathrm{i}\sqrt{\frac{\lambda}{2}}p\xi_1\right]\chi_n \tag{4.120}
$$

以上讨论表明,新表象$\langle\xi|$和$\langle\eta|$的建立,提供了一个解两体耦合动力学的新框架.

4.9　Morse 振子在运动势中的能级

我们再讨论当 $V(x)$是 Morse 势的情况[56]

$$V(x) = V_0(1 - e^{-\alpha(x-r_0)})^2 \tag{4.121}$$

其中 V_0 代表离解能，α 代表力常数，$x - r_0$ 是双原子分子键伸展对平衡位置的偏离，当 $x = r_0$ 时，势为极小值. Morse 势在描写双原子分子间相互作用是相当成功的，$V(x)$的一级展开得谐振子位势，代表低能振动，更高级的展开项表示非简谐振动. 从式(4.83)看，我们处理的是不但有 Morse 势，而且有运动耦合势 kP_1P_2 的情况，把式(4.121)代入式(4.97)得[57].

$$\left\{\frac{1}{M}\left(\frac{1-\mu Mk^2}{1-2\mu k}\right)\eta_2^2 + V_0\left\{1-\exp[-\alpha(\sqrt{2}\eta_1 - r_0)]\right\}^2 - E_n - \frac{1}{2}\left(\frac{1}{2\mu} - k\right)\frac{\partial^2}{\partial\eta_1^2}\right\}\varphi_n = 0 \tag{4.122}$$

注意因为我们只限于求能级，所以在$\langle\eta|$表象中运算较方便. 为了解方程(4.122)，仿照参考文献[58]，令 $y = \exp[-\alpha(\sqrt{2}\eta_1 - r_0)]$，则有

$$\frac{\partial}{\partial\eta_1} = -\sqrt{2}\alpha y\frac{\partial}{\partial y},\quad \frac{\partial^2}{\partial\eta_1^2} = 2\alpha^2\left(y\frac{\partial}{\partial y} + y^2\frac{\partial^2}{\partial y^2}\right) \tag{4.123}$$

于是，式(4.122)演变为

$$\left\{-\left(\frac{1}{2\mu} - k\right)\alpha^2\left(y^2\frac{\partial^2}{\partial y^2} + y\frac{\partial}{\partial y}\right) + V_0(1-y)^2 - E'_n\right\}\varphi_n = 0 \tag{4.124}$$

其中

$$E'_n = E_n - \frac{1}{M}\left(\frac{1-\mu Mk^2}{1-2\mu k}\right)\eta_2^2 \tag{4.125}$$

考察式(4.124)的渐近行为，当 $y\to\infty$时，它是

$$\left\{-\left(\frac{1}{2\mu} - k\right)\alpha^2\frac{\partial^2}{\partial y^2} + V_0\right\}\varphi_n \to 0 \tag{4.126}$$

所以

$$\varphi_n\big|_{y\to\infty} \approx e^{-ty},\ t = \frac{1}{\alpha}\sqrt{\frac{2\mu V_0}{1-2\mu k}} \tag{4.127}$$

而当 $y\to 0$ 时，方程(4.124)取渐近形式

$$\left\{-\alpha^2\left(\frac{1}{2\mu}-k\right)\left(y^2\frac{\partial^2}{\partial y^2}+y\frac{\partial}{\partial y}\right)+V_0-E'_n\right\}\varphi_n=0 \tag{4.128}$$

表明 φ_n 与 y 的幂次成比例

$$\varphi_n\big|_{y\to 0}\to y^s,s=\left\{\frac{2\mu}{1-2\mu k}(V_0-E'_n)\right\}^{1/2}\frac{1}{\alpha} \tag{4.129}$$

则有

$$V_0-E'_n=\frac{s^2}{t^2}V_0,\alpha^2\left(\frac{1}{2\mu}-k\right)=\frac{V_0}{t^2} \tag{4.130}$$

根据式(4.127)和(4.129),设 φ_n 形为

$$\varphi_n=\mathrm{e}^{-ty}y^s\chi_n \tag{4.131}$$

则用式(4.131)有

$$\frac{\partial}{\partial y}\varphi_n=\mathrm{e}^{-ty}y^s\left(-t+\frac{s}{y}+\frac{\partial}{\partial y}\right)\chi_n$$

$$\begin{aligned}\frac{\partial^2}{\partial y^2}\varphi_n=\mathrm{e}^{-ty}y^s\Big\{&\frac{\partial^2}{\partial y^2}+2\left(-t+\frac{s}{y}\right)\frac{\partial}{\partial y}\\&+\left[t^2+\frac{s(s-1)}{y^2}-2t\frac{s}{y}\right]\Big\}\chi_n\end{aligned} \tag{4.132}$$

把式(4.131)和(4.132)代入方程(4.124),得出关于 χ_n 的方程为

$$\left\{y\frac{\partial^2}{\partial y^2}+(1+2s-2ty)\frac{\partial}{\partial y}+t(2t-2s-1)\right\}\chi_n=0 \tag{4.133}$$

其通解是

$$\chi_n=c_1\mathrm{F}\left(\frac{1}{2}+s-t,1+2s,2ty\right)+c_2\mathrm{F}\left(\frac{1}{2}-s-t,1-2s,2ty\right)(2ty)^{-2s} \tag{4.134}$$

这里

$$\mathrm{F}(a,c,z)=\sum_k\frac{\Gamma(a+k)\Gamma(c)}{\Gamma(a)\Gamma(c+k)}\frac{z^k}{k!} \tag{4.135}$$

这是合流超几何级数,z 是其自变量.考虑到 $\eta_1\to\infty$,$y\to 0$ 时,波函数的收敛性,故要求 $c_2=0$.鉴于 $z\to\infty$ 时,$\mathrm{F}(a,c,z)$ 是发散的,因而有物理意义的解必须取在 $\Gamma(a)$ 函数的奇点上,即取

$$\frac{1}{2}+s-t=-n,\quad n=0,1,2,\cdots \tag{4.136}$$

所以,由式(4.125)和(4.130)可导出能级公式

$$E'_n=V_0-\alpha^2\left(\frac{1}{2\mu}-k\right)\left[t-\left(n+\frac{1}{2}\right)\right]^2$$

$$E_n = -\left(\frac{1}{2\mu} - k\right)\alpha^2\left(n + \frac{1}{2}\right)^2 + 2\alpha\left(n + \frac{1}{2}\right)\sqrt{V_0\left(\frac{1}{2\mu} - k\right)} + \frac{\eta_2^2}{M}\frac{1 - \mu M k^2}{1 - 2\mu k} \tag{4.137}$$

以下讨论两体散射.先让我们回顾通常讨论两体散射矩阵元的做法.

设一对粒子质量分别为 m_1 与 m_2,以位势 $V(\boldsymbol{x}_1 - \boldsymbol{x}_2)$ 相互散射.从文献可知,在两粒子的动量表象中,记 $|\boldsymbol{p}_1, \boldsymbol{p}_2\rangle$ 为初态,$|\boldsymbol{p}_1', \boldsymbol{p}_2'\rangle$ 为终态.则相互作用势的矩阵元为

$$\begin{aligned}
&\langle \boldsymbol{p}_1', \boldsymbol{p}_2' | V | \boldsymbol{p}_1, \boldsymbol{p}_2\rangle \\
&= \int d^3\boldsymbol{x}_1 d^3\boldsymbol{x}_2 \langle \boldsymbol{p}_1', \boldsymbol{p}_2' | \boldsymbol{x}_1, \boldsymbol{x}_2\rangle V(\boldsymbol{x}_1 - \boldsymbol{x}_2)\langle \boldsymbol{x}_1, \boldsymbol{x}_2 | \boldsymbol{p}_1, \boldsymbol{p}_2\rangle \\
&= \frac{1}{(2\pi)^3}\int d^3\boldsymbol{x}_1 d^3\boldsymbol{x}_2 \exp\{-i(\boldsymbol{p}_1'\cdot\boldsymbol{x}_1 + \boldsymbol{p}_2'\cdot\boldsymbol{x}_2) + i(\boldsymbol{p}_1\cdot\boldsymbol{x}_1 + \boldsymbol{p}_2\cdot\boldsymbol{x}_2)\} V(\boldsymbol{x}_1 - \boldsymbol{x}_2)
\end{aligned}$$

引入两粒子质心坐标与相对坐标

$$\boldsymbol{R} = \frac{m_1\boldsymbol{x}_1 + m_2\boldsymbol{x}_2}{M}, \quad \boldsymbol{x}_1 - \boldsymbol{x}_2 = \boldsymbol{r}$$

则由 $d^3\boldsymbol{x}_1 d^3\boldsymbol{x}_2 = d^3\boldsymbol{R} d^3\boldsymbol{r}$ 可把上式改写为

$$\begin{aligned}
&\langle \boldsymbol{p}_1', \boldsymbol{p}_2' | V | \boldsymbol{p}_1, \boldsymbol{p}_2\rangle \\
&= \int d^3\boldsymbol{R}\exp[i\boldsymbol{R}\cdot(\boldsymbol{p}_1' + \boldsymbol{p}_2' - \boldsymbol{p}_1 - \boldsymbol{p}_2)]\frac{1}{(2\pi)^3}\int d^3\boldsymbol{r} V(\boldsymbol{r}) \\
&\quad \times \exp\left[i\boldsymbol{r}\cdot\left(\frac{m_2\boldsymbol{p}_1 - m_1\boldsymbol{p}_2}{M} - \frac{m_2\boldsymbol{p}_1' - m_1\boldsymbol{p}_2'}{M}\right)\right] \\
&= (2\pi)^3\delta^{(3)}(\boldsymbol{p}_1' + \boldsymbol{p}_2' - \boldsymbol{p}_1 - \boldsymbol{p}_2) V_{P_r', P_r}
\end{aligned}$$

其中 δ 函数代表总体动量守恒,而

$$\boldsymbol{P}_r = \mu_2\boldsymbol{p}_1 - \mu_1\boldsymbol{p}_2$$

是相对动量,则

$$V_{P_r', P_r} \equiv \int \frac{d^3\boldsymbol{r}\exp(-i\boldsymbol{P}_r'\cdot\boldsymbol{r}) V(\boldsymbol{r})\exp(i\boldsymbol{P}_r\cdot\boldsymbol{r})}{(2\pi)^3}$$

是势能的傅里叶变换.

于是,自然就产生一个问题:既然两体散射过程中,质心的位置是不变的,而散射势的傅氏变换又以质量权重相对动量为变换函数,那么我们在 $\langle\xi|$ 与 $\langle\eta|$ 表象内讨论两体散射是否有便利之处呢?

4.10　在$\langle\eta|-\langle\xi|$表象内讨论两体散射

作为$\langle\eta|-\langle\xi|$新表象的另一个潜在应用——讨论两体散射问题. 由于$\langle\eta|$是两粒子总动量和相对坐标的共同本征态. 所以,两粒子之间的与间距有关的位势 $V(x_1-x_2)$在$\langle\eta|$表象内写作

$$\langle\eta\mid V\mid\eta'\rangle=V(\sqrt{2}\eta_1)\pi\delta(\eta_1-\eta_1')\delta(\eta_2-\eta_2') \tag{4.138}$$

其中第二个 δ 函数表征了散射前后总动量守恒. 在另一方面,$\langle\xi|$表象是两粒子质心坐标与质量权重相对动量的共同本征态,因此应该计算散射矩阵

$$\langle\xi\mid V\mid\xi'\rangle=\int\frac{d^2\eta d^2\eta'}{\pi^2}\langle\xi\mid\eta\rangle\langle\eta\mid V\mid\eta'\rangle\langle\eta'\mid\xi'\rangle \tag{4.139}$$

用已知的$\langle\xi|\eta\rangle$的值,代入上式积分得

$$\begin{aligned}&\langle\xi|\ V\mid\xi'\rangle\\&=\frac{\lambda}{4}\int\frac{d^2\eta}{\pi}V(\sqrt{2}\eta_1)\exp\{-i[(\mu_2-\mu_1)(\xi_1\xi_2-\xi_1'\xi_2')]\\&\quad+i\sqrt{\lambda}[(\xi_2'-\xi_2)\eta_1-(\xi_1'-\xi_1)\eta_2]\}\\&=\pi\sqrt{\frac{\lambda}{2}}\delta(\xi_1-\xi_1')\overline{V}\left(\sqrt{\frac{\lambda}{2}}(\xi_2'-\xi_2)\right)\\&\quad\times\exp[i(\mu_2-\mu_1)(\xi_2'-\xi_2)\xi_1]\end{aligned} \tag{4.140}$$

其中 $\overline{V}$ 的定义是

$$\overline{V}(y)=\frac{1}{2\pi}\int_{-\infty}^{\infty}d\eta_1V(\eta_1)e^{i\eta_1y} \tag{4.141}$$

分析式(4.140)中的各项,$\delta(\xi_1-\xi_1')$代表两粒子的质心在散射前后相同;$\overline{V}$ 中的宗量$\sqrt{\frac{\lambda}{2}}\xi_2'$与$\sqrt{\frac{\lambda}{2}}\xi_2$ 分别是相对动量 P_r 在终、初态的值;而相因子与两粒子的质量差及初、终态相对动量差有关.

在$\langle\eta|$表象内,我们还可讨论散射问题中的一个基本公式,即 Lippmann - Schwinger(简写 L - S)方程,其形式为

$$|\psi_a\rangle=|\phi_a\rangle+\frac{1}{E_a-H_0}V\mid\psi_a\rangle \tag{4.142}$$

其中 ψ_a 是$H=H_0+V$ 的本征态,$|\phi_a\rangle$是 H_0 的本征态,$|\psi_a\rangle$与$|\phi_a\rangle$有相同的连

续谱，$E_a>0$（注意，$\frac{1}{E_a-H_0}$有时也写成$\frac{1}{E_a-H_0\pm \mathrm{i}\varepsilon}$，$\varepsilon\to 0$ 的形式，以保证此算符分母恒不为零）. 在散射问题中，$|\psi_a\rangle$是终态，在∞远处，它是初态（一般是平面波）$|\phi_a\rangle$和散射波的叠加态. 对于两个粒子散射，通常把 H_0 视为

$$H_0=\frac{\boldsymbol{p}_1^2}{2m_1}+\frac{\boldsymbol{p}_2^2}{2m_2}=\frac{\boldsymbol{P}^2}{2M}+\frac{\boldsymbol{P}_r^2}{2\mu} \tag{4.143}$$

初态为$|\boldsymbol{p}_1^i\boldsymbol{p}_2^i\rangle$，代入 L－S 方程，得

$$\begin{aligned}|\psi_a\rangle &= |\boldsymbol{p}_1^i,\boldsymbol{p}_2^i\rangle+\int \mathrm{d}^3\boldsymbol{p}_1\mathrm{d}^3\boldsymbol{p}_2\frac{1}{E_a-H_0}|\boldsymbol{p}_1\boldsymbol{p}_2\rangle\langle\boldsymbol{p}_1\boldsymbol{p}_2|V(\boldsymbol{r})|\psi_a\rangle\\ &= |\boldsymbol{p}_1^i,\boldsymbol{p}_2^i\rangle+\int \mathrm{d}^3\boldsymbol{p}_1\mathrm{d}^3\boldsymbol{p}_2\frac{1}{E_a-\frac{p_1^2}{2m_1}-\frac{p_2^2}{2m_2}}|\boldsymbol{p}_1,\boldsymbol{p}_2\rangle\\ &\quad\times\langle\boldsymbol{p}_1,\boldsymbol{p}_2|V(\boldsymbol{r})|\boldsymbol{p}_1^i,\boldsymbol{p}_2^i\rangle\\ &\quad+\int \mathrm{d}^3\boldsymbol{p}_1\mathrm{d}^3\boldsymbol{p}_2\mathrm{d}^3\boldsymbol{p}'_1\mathrm{d}^3\boldsymbol{p}'_2\frac{1}{E_a-H_0}|\boldsymbol{p}_1,\boldsymbol{p}_2\rangle\langle\boldsymbol{p}_1,\boldsymbol{p}_2|V(\boldsymbol{r})\\ &\quad\times\frac{1}{E_a-H_0}|\boldsymbol{p}'_1,\boldsymbol{p}'_2\rangle\langle\boldsymbol{p}'_1,\boldsymbol{p}'_2|V(\boldsymbol{r})|\boldsymbol{p}_1^i,\boldsymbol{p}_2^i\rangle+\cdots\end{aligned} \tag{4.144}$$

以 A_{mp}表示散射振幅，从量子力学教科书可知

$$A_{\mathrm{mp}}\approx\langle\phi^f|V(\boldsymbol{r})|\psi_a\rangle,\langle\varphi^f|\equiv\langle\boldsymbol{p}_1^f\boldsymbol{p}_2^f| \tag{4.145}$$

则由式(4.144)可得各级散射振幅的表达式比例于

$$A_{\mathrm{mp}}^{(1)}\approx\langle\boldsymbol{p}_i^f,\boldsymbol{p}_2^f|V(\boldsymbol{r})|\boldsymbol{p}_1^i,\boldsymbol{p}_2^i\rangle \tag{4.146}$$

$$\begin{aligned}A_{\mathrm{mp}}^{(2)}&\approx\int \mathrm{d}^3\boldsymbol{p}_1\mathrm{d}^3\boldsymbol{p}_2\frac{1}{E_a-\frac{p_1^2}{2m_1}-\frac{p_2^2}{2m_2}}\langle\boldsymbol{p}_1^f,\boldsymbol{p}_2^f|V|\boldsymbol{p}_1,\boldsymbol{p}_2\rangle\\ &\quad\times\langle\boldsymbol{p}_1,\boldsymbol{p}_2|V|\boldsymbol{p}_1^i,\boldsymbol{p}_1^i\rangle\\ A_{\mathrm{mp}}^{(3)}&\approx\int \mathrm{d}^3\boldsymbol{p}_1\mathrm{d}^3\boldsymbol{p}_2\mathrm{d}^3\boldsymbol{p}'_1\mathrm{d}^3\boldsymbol{p}'_2\\ &\quad\times\frac{1}{\left(E_a-\frac{p_1^2}{2m_1}-\frac{p_2^2}{2m_2}\right)\left(E_a-\frac{p_1'^2}{2m_1}-\frac{p_2'^2}{2m_2}\right)}\\ &\quad\times\langle\boldsymbol{p}_1^f,\boldsymbol{p}_2^f|V|\boldsymbol{p}_1,\boldsymbol{p}_2\rangle\langle\boldsymbol{p}_1,\boldsymbol{p}_1|V|\boldsymbol{p}'_1,\boldsymbol{p}'_2\rangle\\ &\quad\times\langle\boldsymbol{p}'_1,\boldsymbol{p}'_2|V|\boldsymbol{p}_1^i,\boldsymbol{p}_1^i\rangle\end{aligned} \tag{4.147}$$

可见有必要计算$\langle\boldsymbol{p}'_1,\boldsymbol{p}'_2|V|\boldsymbol{p}_1,\boldsymbol{p}_2\rangle$，由于 $\boldsymbol{r}=\boldsymbol{r}_1-\boldsymbol{r}_2$，$V(\boldsymbol{r})$有本征态是$|\boldsymbol{\eta}\rangle$，所以

$$\langle\boldsymbol{p}'_1,\boldsymbol{p}'_2|V(\boldsymbol{r})|\boldsymbol{p}_1,\boldsymbol{p}_2\rangle$$

$$= \int \frac{d^2 \boldsymbol{\eta} d^2 \boldsymbol{\eta}'}{\pi^6} \langle \boldsymbol{p}_1', \boldsymbol{p}_2' | \boldsymbol{\eta}' \rangle \langle \boldsymbol{\eta}' | V(\boldsymbol{r}) | \boldsymbol{\eta} \rangle \langle \boldsymbol{\eta} | \boldsymbol{p}_1, \boldsymbol{p}_2 \rangle$$

$$= \int \frac{d^2 \boldsymbol{\eta}}{\pi^3} \langle \boldsymbol{p}_1', \boldsymbol{p}_2' | \boldsymbol{\eta} \rangle V(\sqrt{2} \boldsymbol{\eta}_1) \langle \boldsymbol{\eta} | \boldsymbol{p}_1, \boldsymbol{p}_2 \rangle$$

$$d^2 \boldsymbol{\eta} \equiv d^3 \boldsymbol{\eta}_1 d^3 \boldsymbol{\eta}_2 \tag{4.148}$$

其中,两粒子动量本征态在$\langle \boldsymbol{\eta} |$表象中的波函数是

$$\langle \boldsymbol{\eta} | \boldsymbol{p}_1, \boldsymbol{p}_2 \rangle = \delta(\boldsymbol{p}_1 + \boldsymbol{p}_2 - \sqrt{2} \boldsymbol{\eta}_2) \exp(i\sqrt{2} \boldsymbol{\eta}_1 \cdot \boldsymbol{p}_1 - i \boldsymbol{\eta}_1 \cdot \boldsymbol{\eta}_2)$$

$$\boldsymbol{\eta} = \boldsymbol{\eta}_1 + i \boldsymbol{\eta}_2 \tag{4.149}$$

[其证明见式(4.157)前],代回式(4.148)得到

$$\langle \boldsymbol{p}_1', \boldsymbol{p}_2' | V(\boldsymbol{r}) | \boldsymbol{p}_1, \boldsymbol{p}_2 \rangle$$

$$= \int \frac{d^3 \boldsymbol{\eta}_1}{(\sqrt{2}\pi)^3} \exp[i\sqrt{2} \boldsymbol{\eta}_1 \cdot (\boldsymbol{p}_1 - \boldsymbol{p}_1')] V(\sqrt{2} \boldsymbol{\eta}_1)$$

$$\times \delta(\boldsymbol{p}_1' + \boldsymbol{p}_2' - \boldsymbol{p}_1 - \boldsymbol{p}_2) \tag{4.150}$$

利用式(4.84)中的 $\boldsymbol{p}_i (i=1,2)$,与质量权重相对动量及总动量之关系

$$\boldsymbol{p}_1 = \boldsymbol{P}_r + \mu_1 \boldsymbol{P}, \quad \boldsymbol{P} = \boldsymbol{p}_1 + \boldsymbol{p}_2 \tag{4.151}$$

可把式(4.150)改写为

$$\langle \boldsymbol{p}_1', \boldsymbol{p}_2' | V(\boldsymbol{r}) | \boldsymbol{p}_1, \boldsymbol{p}_2 \rangle$$

$$= \delta(\boldsymbol{P}' - \boldsymbol{P})$$

$$\times \int \frac{d^3 \boldsymbol{\eta}_1}{(\sqrt{2}\pi)^3} \exp[i\sqrt{2} \boldsymbol{\eta}_1 (\boldsymbol{P}_r - \boldsymbol{P}_r'] V(\sqrt{2} \boldsymbol{\eta}_1) \tag{4.152}$$

代入二级振幅的表达式中,得到

$$A_{mp}^{(2)} \approx \delta(\boldsymbol{P}^f - \boldsymbol{P}^i)$$

$$\times \iint d^3 \boldsymbol{\eta}_1 d^3 \boldsymbol{\eta}_1' V(\sqrt{2} \boldsymbol{\eta}_1) V(\sqrt{2} \boldsymbol{\eta}_1') \frac{1}{(\sqrt{2}\pi)^6} \exp[i\sqrt{2}(\boldsymbol{\eta}_1' \cdot \boldsymbol{P}_r^i - \boldsymbol{\eta}_1 \cdot \boldsymbol{P}_r^f)]$$

$$\times \int d^3 \boldsymbol{P}_r \frac{2\mu}{\boldsymbol{P}_r^{i^2} - \boldsymbol{P}_r^2} \exp[i\sqrt{2} \boldsymbol{P}_r \cdot (\boldsymbol{\eta}_1 - \boldsymbol{\eta}_1')] \tag{4.153}$$

其中用到了关系

$$\int d^3 \boldsymbol{p}_1 d^3 \boldsymbol{p}_2 = \int d^3 \boldsymbol{P} d^3 \boldsymbol{P}_r, \quad \frac{\boldsymbol{p}_1^2}{2m_1} + \frac{\boldsymbol{p}_2^2}{2m_2} = \frac{\boldsymbol{P}^2}{2M} + \frac{\boldsymbol{P}_r^2}{2\mu}$$

对式(4.153)中的 $d^3 \boldsymbol{P}_r$ 积分后得到

$$\int d^3 \boldsymbol{P}_r \frac{\exp[i\sqrt{2} \boldsymbol{P}_r \cdot (\boldsymbol{\eta}_1 - \boldsymbol{\eta}_1')]}{\boldsymbol{P}_r^{i^2} - \boldsymbol{P}_r^2}$$

$$= -2\pi^2 \frac{\exp[i\sqrt{2} | \boldsymbol{P}_r^i | | \boldsymbol{\eta}_1 - \boldsymbol{\eta}_1']}{\sqrt{2} | \boldsymbol{\eta}_1 - \boldsymbol{\eta}_1' |} \tag{4.154}$$

代入 $A_{\mathrm{mp}}^{(2)}$，并令 $\boldsymbol{r}=\sqrt{2}\boldsymbol{\eta}_1$，得到

$$A_{\mathrm{mp}}^{(2)} \approx \delta(\boldsymbol{P}^f - \boldsymbol{P}^i)\frac{(-\mu)}{(2\pi)^4}\iint \mathrm{d}^3\boldsymbol{r}\mathrm{d}^3\boldsymbol{r}' V(\boldsymbol{r})V(\boldsymbol{r}') \times \exp[\mathrm{i}(\boldsymbol{r}'\cdot\boldsymbol{P}_r^i - \boldsymbol{r}\cdot\boldsymbol{P}_r^f)]\frac{\exp(\mathrm{i}\,|\boldsymbol{P}_r^i|\,|\boldsymbol{r}-\boldsymbol{r}'|)}{|\boldsymbol{r}-\boldsymbol{r}'|} \tag{4.155}$$

以上讨论表明，利用$|\boldsymbol{\eta}\rangle$表象给两体散射的研究带来一定的方便.

在本节结束前，我们给出$|\boldsymbol{p}_1,\boldsymbol{p}_2\rangle$在$\langle\boldsymbol{\xi}|$表象中的波函数

$$\langle\boldsymbol{\xi}\mid\boldsymbol{p}_1,\boldsymbol{p}_2\rangle = \int\frac{\mathrm{d}^2\boldsymbol{\eta}}{\pi^3}\langle\boldsymbol{\xi}\mid\boldsymbol{\eta}\rangle\langle\boldsymbol{\eta}\mid\boldsymbol{p}_1,\boldsymbol{p}_2\rangle$$

利用式(4.78)和(4.149)，得到(书写方便起见，只写其一个分量)

$$\begin{aligned}\langle\xi\mid p_1,p_2\rangle &= \frac{\sqrt{\lambda}}{2}\int\frac{\mathrm{d}^2\eta}{\pi}\exp\{-\mathrm{i}[(\mu_1-\mu_2)(\eta_1\eta_2-\xi_1\xi_2) \\ &\quad + \sqrt{\lambda}(\eta_1\xi_2-\eta_2\xi_1)-\sqrt{2}\eta_1 p_1 \\ &\quad + \eta_1\eta_2]\}\,\delta(p_1+p_2-\sqrt{2}\eta_2) \\ &= \frac{\sqrt{\lambda}}{2}\exp\left\{-\mathrm{i}\left[(\mu_2-\mu_1)\xi_1\xi_2\right.\right. \\ &\quad \left.\left. -\frac{\sqrt{\lambda}}{2}\xi_1(p_1+p_2)\right]\right\} \\ &\quad \times\delta[\sqrt{\lambda}\xi_2+\sqrt{2}(\mu_1 p_2-\mu_2 p_1)]\end{aligned} \tag{4.156}$$

以上讨论表明，$\langle\eta|$与$\langle\xi|$表象的建立，无论对于两粒子系统的束缚态问题还是散射态问题的研究，都带来了方便.

4.11　转换矩阵元$\langle\eta|\exp(-\lambda P_{\mathrm{r}}^2)|\eta'\rangle$的计算

值得指出，不少两体动力学求解问题往往会与计算矩阵元

$$\langle\eta\mid\exp(-\lambda P_{\mathrm{r}}^2)\mid\eta'\rangle\equiv F$$

有关，P_{r} 是质量权重相对动量. 在$\langle\eta|$表象内，P_{r} 不是对角的，而是由式(4.79)给出. 所以我们利用动量本征态$|p_1,p_2\rangle$的完备性关系把 F 写成

$$\begin{aligned}F &= \langle\eta\mid\int_{-\infty}^{\infty}\mathrm{d}p_1\mathrm{d}p_2\mid p_1p_2\rangle\langle p_1p_2\mid\exp(-\lambda P_{\mathrm{r}}^2)\mid\eta'\rangle \\ &= \int_{-\infty}^{\infty}\mathrm{d}p_1\mathrm{d}p_2\langle\eta\mid p_1,p_2\rangle\langle p_1,p_2\mid\eta'\rangle\end{aligned}$$

$$\times \exp[-\lambda(\mu_2 p_1 - \mu_1 p_2)^2]$$

其中$\langle\eta|p_1,p_2\rangle$由式(4.149)给出. 我们现在给出它的证明,利用相干态的完备性及第2章的式(2.38),得到

$$\begin{aligned}\langle\eta \mid p_1,p_2\rangle &= \langle 00 \mid \exp\left[-\frac{|\eta|^2}{2} + \eta^* a_1 - \eta a_2 + a_1 a_2\right] \\ &\quad \int \frac{d^2 z_1 d^2 z_2}{\sqrt{\pi}\pi^2}\exp\left[-\frac{1}{2}(p_1^2 + p_2^2) - \frac{1}{2}(|z_1|^2 + |z_2|^2)\right. \\ &\quad \left. + \sqrt{2}i(p_1 z_1^* + p_2 z_2^*) + \frac{1}{2}(z_1^{*2} + z_2^{*2})\right] | z_1, z_2\rangle \\ &= \pi^{-1/2}\exp\left[-\frac{1}{2}(|\eta|^2 - \eta^{*2} + p_1^2 + p_2^2) + \sqrt{2}ip_1\eta^*\right] \\ &\quad \times \lim_{t\to 1}\frac{1}{\sqrt{1-t^2}}\exp\left\{\frac{1}{1-t^2}\left[\sqrt{2}ip_2(\eta^* - \eta\right.\right. \\ &\quad \left.\left. + \sqrt{2}ip_1) - p_2^2 + \frac{1}{2}(\eta^* - \eta + \sqrt{2}ip_1)^2\right]\right\} \\ &= \delta(p_1 + p_2 - \sqrt{2}\eta_2)\exp(i\sqrt{2}\eta_1 p_1 - i\eta_1\eta_2)\end{aligned}$$

代回 F 中得到

$$\begin{aligned}F &= \int_{-\infty}^{\infty} dp_2\,\delta(\sqrt{2}\eta_2 - \sqrt{2}\eta_2')\exp[i(\eta_1\eta_2 - \eta_1'\eta_2') \\ &\quad + \sqrt{2}i(\eta_1' - \eta_1)p_2 - \lambda(\sqrt{2}\mu_2\eta_2 - p_2)^2] \\ &= \sqrt{\frac{\pi}{\lambda}}\delta(\sqrt{2}\eta_2 - \sqrt{2}\eta_2')\exp\left\{i(\eta_1 - \eta_1')\eta_2(\mu_1 - \mu_2)\right. \\ &\quad \left. - \frac{1}{2\lambda}(\eta_1' - \eta_1)^2\right\}\end{aligned} \tag{4.157}$$

易见,上式当 $\lambda\to 0$ 时,恢复到式(4.9).

4.12 多模 Fock 空间中新的连续完备基矢

用 IWOP 技术可以方便地寻求多模空间中新的完备性关系. 例如构造以下的三模 Fock 空间中的连续矢量[59]

$$| z_1, z_2, z_3\rangle = \exp\left[-\frac{1}{2}\sum_{i=1}^{3} | z_i |^2 + \frac{1}{\sqrt{2}}(z_1 + z_3^*)a_1^\dagger\right.$$

$$+\frac{1}{\sqrt{2}}(z_2+z_1^*)a_2^\dagger+\frac{1}{\sqrt{2}}(z_3+z_2^*)a_3^\dagger$$
$$-\frac{1}{2}(a_1^\dagger a_2^\dagger+a_2^\dagger a_3^\dagger+a_3^\dagger a_1^\dagger)|000\rangle \tag{4.158}$$

它具有完备性,因为

$$\int\prod_{i=1}^{3}\left[\frac{d^2z_i}{\pi}\right]|z_1z_2z_3\rangle\langle z_1z_2z_3|$$
$$=\int\prod_{i=1}^{3}\left[\frac{d^2z_i}{\pi}\right]:\exp\left\{-\sum_{i=1}^{3}|z_i|^2+\frac{1}{\sqrt{2}}[z_1(a_1^\dagger+a_2)\right.$$
$$+z_2(a_2^\dagger+a_3)+z_3(a_3^\dagger+a_1)+z_1^*(a_2^\dagger+a_1)+z_2^*(a_3^\dagger+a_2)$$
$$+z_3^*(a_1^\dagger+a_3)-\frac{1}{2}(a_1^\dagger a_2^\dagger+a_2^\dagger a_3^\dagger+a_3^\dagger a_1^\dagger+a_1a_2$$
$$\left.+a_2a_3+a_1a_3)-a_1^\dagger a_1-a_2^\dagger a_2-a_3^\dagger a_3\right\}:$$
$$=1 \tag{4.159}$$

显然,如果不发明IWOP,则$|z_1z_2z_3\rangle$所满足的完备性就很难证明,$\langle z_1z_2z_3|$本身的构造也很难被想到.为了初步考察它的性质,分别用$a_i(i=1,2,3)$作用之,得到三个本征值方程:

$$\left.\begin{aligned}\left[a_1+\frac{1}{2}(a_2^\dagger+a_3^\dagger)\right]|z_1z_2z_3\rangle&=\frac{1}{\sqrt{2}}(z_3^*+z_1)|z_1z_2z_3\rangle\\ \left[a_2+\frac{1}{2}(a_1^\dagger+a_3^\dagger)\right]|z_1z_2z_3\rangle&=\frac{1}{\sqrt{2}}(z_1^*+z_2)|z_1z_2z_3\rangle\\ \left[a_3+\frac{1}{2}(a_1^\dagger+a_2^\dagger)\right]|z_1z_2z_3\rangle&=\frac{1}{\sqrt{2}}(z_2^*+z_3)|z_1z_2z_3\rangle\end{aligned}\right\} \tag{4.160}$$

由此导出

$$(Q_1+Q_2+Q_3)|z_1z_2z_3\rangle\equiv\mathrm{Re}(z_1+z_2+z_3)|z_1z_2z_3\rangle$$

即它是三个坐标和的本征态,可是又不同于三模坐标本征态.读者可以证明在四模Fock空间中,如下的态矢量

$$|z_1z_2z_3z_4\rangle=\exp\left\{-\frac{1}{2}\sum_{i=1}^{4}|z_i|^2+\frac{1}{\sqrt{2}}[(z_4^*+z_1)a_1^\dagger+(z_1^*+z_2)a_2^\dagger\right.$$
$$+(z_2^*+z_3)a_3^\dagger+(z_3^*+z_4)a_4^\dagger]$$
$$\left.-\frac{1}{2}(a_1^\dagger a_2^\dagger+a_2^\dagger a_3^\dagger+a_3^\dagger a_4^\dagger+a_4^\dagger a_1^\dagger)\right\}|0000\rangle \tag{4.161}$$

也张成一个完备系关系.

综上所述,用 IWOP 技术可找到若干新的表象,不同的动力学问题,往往在选用合适的表象后,容易得到解决.

4.13 单模 Fock 空间中一类特殊的完备态

除了坐标表象、动量表象(正交表象)和相干态、压缩态表象(非正交表象)外,在单模 Fock 空间中还存在着一类特殊的完备的表象.我们先写下它的结构

$$|z\rangle_f = \exp\left[-\frac{|z|^2}{2} + (fz \pm z^* g)a^\dagger \mp fga^{\dagger 2}\right]|0\rangle \tag{4.162}$$

其中 g、f 皆是复数,满足条件

$$|g|^2 = 1 - |f|^2 \tag{4.163}$$

用 IWOP 技术可以证明 $|z\rangle_f$ 的完备性

$$\begin{aligned}\int\frac{d^2 z}{\pi}|z\rangle_{ff}\langle z| &= \int\frac{d^2 z}{\pi}:\exp[-|z|^2 + z(fa^\dagger \pm g^* a)\\ &\quad + z^*(f^* a \pm ga^\dagger) \mp fga^{\dagger 2} \mp f^* g^* a^2 - a^\dagger a]:\\ &= :\exp[(|f|^2 + |g|^2 - 1)a^\dagger a]: = 1\end{aligned} \tag{4.164}$$

注意 $|z\rangle_f$ 与相干态与相干压缩态都不同,因为它在指数上包括了与 z^* 成比例的 $z^* ga^\dagger$ 项,显然当 $g=0$,$|z\rangle_f$ 变成相干态.

为进一步考察 $|z\rangle_f$ 的性质,以湮没算符 a 作用于 $|z\rangle_f$ 上得到

$$a|z\rangle_f = [(fz \pm z^* g) \mp 2fga^\dagger]|z\rangle_f$$

所以,$|z\rangle_f$ 满足以下本征值方程

$$\frac{1}{\sqrt{1-4|fg|^2}}(a \pm 2fga^\dagger)|z\rangle_f = \frac{1}{\sqrt{1-4|fg|^2}}(fz \pm z^* g)|z\rangle_f \tag{4.165}$$

如令 $a'_\pm = [1-4|fg|^2]^{-1/2}(a \pm 2fga^\dagger)$,则有

$$[a'_+, a'^\dagger_+] = 1, \quad [a'_-, a'^\dagger_-] = 1$$

这说明 $a'_\pm$ 可以是 a 的一种压缩变换,例如当 $f<1$ 时,$2fg \leqslant f^2 + g^2 = 1$,可令 $2fg = \tanh\sigma$,这时

$$a'_\pm = a_\pm \cosh\sigma \pm a^\dagger_\pm \sinh\sigma$$

把这种特殊的完备态推广到双模情形也是可能的,例如构造以下的双模态

$$|\xi\rangle_f = \exp\left[-\frac{|\xi|^2}{2} + (f\xi + g\xi^*)a_1^\dagger + (f\xi^* - g\xi)a_2^\dagger\right]$$

$$-(f^2-g^2)a_1^\dagger a_2^\dagger - fg(a_1^{\dagger 2}-a_2^{\dagger 2})\mid 00\rangle \tag{4.166}$$

其中 g 与 f 都取为实数，$f^2+g^2=1$，在这种条件下，用 IWOP 技术也可证明完备性

$$\int \frac{\mathrm{d}^2\xi}{\pi}\mid \xi\rangle_{\mathrm{ff}}\langle \xi\mid = 1$$

显然，当 $g=0$，$|\xi\rangle_{\mathrm{f}}$ 变为以前我们已讨论过的态矢式(4.17)．这里再给出式(4.17)表达的$|\zeta\rangle$态在量子光学中的两个应用．

首先，对于双模压缩态 $\exp[\lambda(a_1^\dagger a_2^\dagger - a_1a_2)]|00\rangle$，场的正交分量常取为

$$\hat{x}_1 = \frac{1}{2\sqrt{2}}(a_1+a_1^\dagger+a_2+a_2^\dagger),\quad \hat{x}_2=\frac{1}{2\sqrt{2}i}(a_1-a_1^\dagger+a_2-a_2^\dagger)$$

这里$[\hat{x}_1,\hat{x}_2]=\frac{\mathrm{i}}{2}$．由此计算式可得处于双模压缩态下场的量子起伏为

$$(\Delta\hat{x}_1)^2=\frac{1}{4}\mathrm{e}^{2\lambda},\quad (\Delta\hat{x}_2)^2=\frac{1}{4}\mathrm{e}^{-2\lambda}$$

这就启发我们在 $\hat{x}_1$ 的本征态组成的表象内考虑双模压缩会更自然，更方便．而 $\hat{x}_1$ 的本征态已经求出过，它就是$|\zeta\rangle$．所以我们可以预期，双模压缩算符在$|\zeta\rangle$表象内的表示是

$$\exp[\lambda(a_1^\dagger a_2^\dagger - a_1a_2)] = \mu\int\frac{\mathrm{d}^2\zeta}{\pi}\mid\mu\zeta\rangle\langle\zeta\mid,\quad \mu=\mathrm{e}^\lambda$$

事实上，用 IWOP 技术和式(4.17)对上式右边积分得到

$$\begin{aligned}
&\mu\int\frac{\mathrm{d}^2\zeta}{\pi}\mid\mu\zeta\rangle\langle\zeta\mid\\
&=\mu\int\frac{\mathrm{d}^2\zeta}{\pi}:\exp\Big[-\frac{|\zeta|^2}{2}(1+\mu^2)+\zeta(\mu a_1^\dagger+a_2)\\
&\quad+\zeta^*(\mu a_2^\dagger+a_1)-a_1^\dagger a_2^\dagger-a_1a_2-a_1^\dagger a_1-a_2^\dagger a_2\Big]:\\
&=\frac{2\mu}{1+\mu^2}:\exp\Big[\frac{2(\mu a_1^\dagger+a_2)(\mu a_2^\dagger+a_1)}{1+\mu^2}-(a_1^\dagger+a_2)(a_2^\dagger+a_1)\Big]:\\
&=\operatorname{sech}\lambda\exp(\tanh\lambda a_1^\dagger a_2^\dagger)\exp[(a_1^\dagger a_1+a_2^\dagger a_2)\ln\operatorname{sech}\lambda]\\
&\quad\times\exp(-a_1a_2\tanh\lambda)
\end{aligned}$$

于是，上述论断得以证明．由此又可导出

$$\exp[\lambda(a_1^\dagger a_2^\dagger - a_1a_2)]=\frac{1}{\mu}\int\frac{\mathrm{d}^2\eta}{\pi}\left|\frac{\eta}{\mu}\right\rangle\langle\eta\mid$$

其中，$|\eta\rangle$是 $\hat{x}_2$ 的本征态．

另一个应用是利用$|\zeta\rangle$可以引进一类相算符

$$\int \frac{d^2 \zeta}{2\pi} \frac{\zeta + \zeta^*}{|\zeta|} |\zeta\rangle\langle\zeta| \equiv \hat{C}$$

$$\int \frac{d^2 \zeta}{2\pi} \frac{\zeta - \zeta^*}{i|\zeta|} |\zeta\rangle\langle\zeta| \equiv \hat{S}$$

则由 $|\xi\rangle$ 的完备性可知，$[\hat{C},\hat{S}]=0$. 进一步的应用可参见文献[48].

从以上两章的讨论可知，IWOP 技术进一步揭示了量子力学的狄拉克理论内在的美与简洁性. 狄拉克曾说："我发现自己同薛定谔意见相投比同其他任何人更容易得多. 我相信其原因就在于我和薛定谔都极其欣赏数学美. 这种对数学美的欣赏曾支配着我们的全部工作. 这是我们的一种信条，相信描述自然界基本规律的方程都必定有显著的数学美."在以后的若干章中，我们将继续介绍 IWOP 技术的应用，从而去体会狄拉克符号法的优美感.

第 5 章　用 IWOP 技术导出算符恒等式

量子力学处理的力学量是算符，它们之间满足一定的对易关系，利用各种表象的完备性的正规乘积形式和 IWOP 技术，我们可极为方便地导出若干重要的算符恒等式.

5.1　Q^n 与 P^m 的正规乘积展开[15,60]

坐标表象的完备性，取正规乘积内的纯高斯积分形式，十分有用. 例如，欲求 $Q^n = 2^{-n/2}(a+a^\dagger)^n$ 的正规乘积形式，只需用式(3.26)及 $Q|q\rangle = q|q\rangle$ 直接积分下式就可导出所需结果.

$$
\begin{aligned}
Q^n &= \int_{-\infty}^{\infty} \frac{\mathrm{d}q}{\sqrt{\pi}} q^n : \mathrm{e}^{-(q-Q)^2} : \\
&= \frac{1}{\sqrt{\pi}} \sum_{r=0}^{[n/2]} \binom{n}{2r} : \left(\frac{a+a^\dagger}{\sqrt{2}}\right)^{n-2r} : \Gamma\left(r+\frac{1}{2}\right)
\end{aligned}
\tag{5.1}
$$

式中，$\Gamma\left(r+\frac{1}{2}\right)=\sqrt{\pi}2^{-r}(2r-1)!!$，是伽马函数，而[ ]表示取它内部数的最大整数，在积分时用到了以下积分公式

$$
\int_{-\infty}^{\infty} \frac{\mathrm{d}q}{\sqrt{\pi}} \mathrm{e}^{-\sigma(q-\lambda)^2} q^n = \frac{1}{\sqrt{\sigma^{n+1}}} \sum_{k=0}^{[n/2]} \frac{n!}{2^{2k}k!(n-2k)!} (\sigma^{1/2}\lambda)^{n-2k}, \quad \mathrm{Re}\,\sigma > 0
\tag{5.2}
$$

利用动量表象完备性的正规乘积式(3.27)又可导出 P^m 的正规乘积展开

$$
\begin{aligned}
P^m &= \int_{-\infty}^{\infty} P^m \mid p\rangle\langle p \mid \mathrm{d}p \\
&= \int_{-\infty}^{\infty} \frac{\mathrm{d}p}{\sqrt{\pi}} : \exp\left[-p^2 + \sqrt{2}p\mathrm{i}(a^\dagger - a) + \frac{1}{2}(a^\dagger - a)^2\right] p^m :
\end{aligned}
$$

$$= \frac{1}{\sqrt{\pi}} \sum_{r=0}^{[m/2]} \binom{m}{2r} : \left(\frac{a - a^{\dagger}}{\sqrt{2}i}\right)^{m-2r} : \Gamma\left(r + \frac{1}{2}\right) \tag{5.3}$$

用式(3.26)又可得到 $e^{\lambda(Q-\sigma)^2}$ 的正规乘积展开

$$\begin{aligned} e^{\lambda(Q-\sigma)^2} &= \int_{-\infty}^{\infty} \frac{dq}{\sqrt{\pi}} : \exp\Big[-(1-\lambda)q^2 - 2\lambda\sigma q + \sqrt{2}q(a^{\dagger} + a) \\ &\quad - \frac{1}{2}(a^{\dagger} + a)^2 + \lambda\sigma^2\Big] : \\ &= \sqrt{\frac{1}{1-\lambda}} \exp\left[\frac{\lambda a^{\dagger 2}}{2(1-\lambda)} + \frac{\sqrt{2}\lambda\sigma}{\lambda - 1} a^{\dagger}\right] \\ &\quad \times \exp[-a^{\dagger} a \ln(1-\lambda)] \\ &\quad \times \exp\left[\frac{\lambda a^2}{2(1-\lambda)} + \frac{\sqrt{2}\lambda\sigma}{\lambda - 1} a\right] e^{\lambda\sigma^2/(1-\lambda)}, \quad \mathrm{Re}\lambda < 1 \end{aligned}$$

特别当 $\sigma = 0$,得到

$$e^{\lambda Q^2} = \frac{: \exp\left[\frac{\lambda}{1-\lambda} Q^2\right] :}{\sqrt{1-\lambda}} \tag{5.4}$$

类似地可以导出:

$$\begin{aligned} e^{\lambda(P-\sigma)^2} &= \sqrt{\frac{1}{1-\lambda}} \exp\left[\frac{-\lambda a^{\dagger 2}}{2(1-\lambda)} - \frac{\sqrt{2}i\lambda\sigma}{1-\lambda} a^{\dagger}\right] \\ &\quad \times \exp[-a^{\dagger} a \ln(1-\lambda)] \\ &\quad \times \exp\left[-\frac{\lambda a^2}{2(1-\lambda)} + \frac{\sqrt{2}i\lambda\sigma}{1-\lambda} a\right] e^{\lambda\sigma^2/(1-\lambda)} \end{aligned}$$

在 $\sigma = 0$ 时

$$e^{\lambda P^2} = \frac{: \exp\left[\frac{\lambda}{1-\lambda} P^2\right] :}{\sqrt{1-\lambda}} \tag{5.5}$$

作为算符公式(5.1)及相干态的应用,我们研究微扰 $H' = \lambda Q^m$ 对谐振子能级的影响,为此计算 $\langle n' | H' | n \rangle$. 其中 $| n \rangle$ 是粒子态. 我们先由 Q_m 的正规乘积形式(5.1)直接写下其相干态是矩阵元.

$$\begin{aligned} \langle z' \mid Q^m \mid z \rangle &= \sum_{r=0}^{[m/2]} \frac{m!(2r-1)!!}{(2r)!(m-2r)!2^r} \left(\frac{z'^* + z}{\sqrt{2}}\right)^{m-2r} \\ &\quad \times \exp\left[-\frac{1}{2}(|z'|^2 + |z|^2) + z'^* z\right] \end{aligned} \tag{5.6}$$

利用相干态的超完备性,得到

$$\langle n' \mid H' \mid n\rangle = \int \frac{d^2 z d^2 z'}{\pi^2}\langle n' \mid z'\rangle\langle z' \mid H' \mid z\rangle\langle z \mid n\rangle$$
$$= \lambda\sum_{r=0}^{[m/2]}\frac{m!}{2^{m/2+r}(m-2r)!}\sum_{k=0}^{m-2r}\binom{m-2r}{k}\frac{1}{r!}\frac{1}{\sqrt{n!n'!}}$$
$$\times\int\frac{d^2 z d^2 z'}{\pi^2}\exp(-|z|^2-|z'|^2+zz'^*)z^k(z'^*)^{m-2r-k}z^{*n}z'^{n'} \tag{5.7}$$

进一步利用积分公式

$$\int\frac{d^2 z}{\pi}z^{*n}e^{\lambda|z|^2+cz} = (-1)^{n+1}\lambda^{-(n+1)}c^n,\quad \mathrm{Re}\,\lambda<0 \tag{5.8}$$

$$\int\frac{d^2 z}{\pi}z^{*n}z^k e^{\lambda|z|^2+cz} = (-1)^{n+1}\lambda^{-(n+1)}\frac{n!}{(n-k)!}c^{n-k}$$
$$\mathrm{Re}\,\lambda<0,\quad k\leqslant n \tag{5.9}$$

$$\int\frac{d^2 z}{\pi}z^{*n}z^k e^{\lambda|z|^2} = \delta_{n,k}(-1)^{k+1}\lambda^{-(k+1)}k! \tag{5.10}$$

积分式(5.7)给出

$$\langle n' \mid H' \mid n\rangle =$$
$$\lambda\sum_{r=0}^{[m/2]}\frac{m!\sqrt{n!n'!}}{2^{r+m/2}r!\left(\frac{m+n-n'}{2}-r\right)!\left(\frac{m-n+n'}{2}-r\right)!\left(\frac{n+n'-m}{2}+r\right)!} \tag{5.11}$$

取 $n'=n$，即得微扰对能级的影响①. 作为练习，读者可计算高斯微扰 $e^{\lambda Q^2}$ 对谐振子能级的影响.

5.2　用相干态超完备性与 IWOP 技术导出的算符公式

把相干态超完备性和 IWOP 技术相结合，可导出很多在量子光学中有用的公式. 在量子光学中，把算符排成正规乘积形式是十分有用的. 这是因为正规乘积算符的相干态期望值可立即知道. 例如，要求 $a^n a^{\dagger m}$ 的正规乘积形式，只要用式(3.28)和 IWOP 技术把下式积分，就可得到：

---

① 不管 λ 多么小，只要 n 足够大，则微扰的条件被破坏.

$$a^n a^{\dagger m} = \int \frac{d^2 z}{\pi} z^n z^{*m} : \exp(-|z|^2 + za^\dagger + z^* a - a^\dagger a) :$$

$$= \sum_{l=0}^{\min(n,m)} \frac{m!n!a^{\dagger m-l}a^{n-l}}{l!(m-l)!(n-l)!} \tag{5.12}$$

而且利用 IWOP 技术及式(3.28),可导出

$$e^\lambda \sum_{l=0}^{\infty} \frac{(1-e^\lambda)^l}{l!} a^l a^{\dagger l} = e^\lambda \int \frac{d^2 z}{\pi} : \exp(-e^\lambda |z|^2 + za^\dagger + z^* a - a^\dagger a) :$$

$$= : \exp[(e^{-\lambda} - 1)a^\dagger a] :$$

$$= e^{-\lambda a^\dagger a} \tag{5.13}$$

这里为了积分收敛,要求 $\mathrm{Re}\, e^\lambda > 0$.再利用以下数学公式

$$\int \frac{d^2 z}{\pi} \exp(\zeta |z|^2 + \xi z + \eta z^* + fz^2 + gz^{*2})$$

$$= \frac{1}{\sqrt{\zeta^2 - 4fg}} \exp\left[\frac{-\zeta\xi\eta + \xi^2 g + \eta^2 f}{\zeta^2 - 4fg}\right] \tag{5.14}$$

其收敛条件是

$$\mathrm{Re}(\zeta + f + g) < 0, \quad \mathrm{Re}\left(\frac{\zeta^2 - 4fg}{\zeta + f + g}\right) < 0 \tag{5.15}$$

或者

$$\mathrm{Re}(\zeta - f - g) < 0, \quad \mathrm{Re}\left(\frac{\zeta^2 - 4fg}{\zeta - f - g}\right) < 0 \tag{5.16}$$

现可验证坐标本征态的正交归一性.由式(2.18)和(3.28),得

$$\langle q' | q \rangle = \pi^{-1/2} \langle 0 | \exp\left(-\frac{q'^2}{2} + \sqrt{2} q' a - \frac{a^2}{2}\right)$$

$$\times \exp\left(-\frac{q^2}{2} + \sqrt{2} q a^\dagger - \frac{1}{2} a^{\dagger 2}\right) | 0 \rangle$$

$$= \pi^{-1/2} \exp\left[-\frac{q^2 + q'^2}{2}\right]$$

$$\times \langle 0 | \int \frac{d^2 z}{\pi} \exp\left[\sqrt{2}(qz^* + q'z) - \frac{z^2 + z^{*2}}{2}\right] | z \rangle \langle z | 0 \rangle$$

$$= \pi^{-1/2} \exp\left[-\frac{q^2 + q'^2}{2}\right]$$

$$\times \lim_{t \to 1} \int \frac{d^2 z}{\pi} \exp\left[-|z|^2 + \sqrt{2}(qz^* + q'z) - \frac{t}{2}(z^2 + z^{*2})\right]$$

$$= \pi^{-1/2}\exp\left[-\frac{q'^2+q^2}{2}\right]$$

$$\times \lim_{t\to 1}\frac{1}{\sqrt{1-t^2}}\exp\left\{\frac{2qq't-(q^2+q'^2)t^2}{1-t^2}\right\}$$

$$= \delta(q'-q)$$

我们还可求 $e^{fa^2}e^{ga^{\dagger 2}}$ 的正规排列式，用式(3.28)和(3.15)，得到[15]

$$e^{fa^2}e^{ga^{\dagger 2}} = \int\frac{d^2z}{\pi}e^{fz^2}\mid z\rangle\langle z\mid e^{gz^{*2}}$$

$$= \int\frac{d^2z}{\pi}:\exp(-\mid z\mid^2+za^\dagger+z^*a+fz^2+gz^{*2}-a^\dagger a):$$

$$= \frac{1}{\sqrt{1-4fg}}\exp\left[\frac{ga^{\dagger 2}}{1-4fg}\right]$$

$$\times\exp[-a^\dagger a\ln(1-4fg)]\exp\left[\frac{fa^2}{1-4fg}\right] \tag{5.17}$$

此式积分的收敛条件是：式(5.15)中使 $\zeta=-1$. 可见用 IWOP 技术，可使求算符正规排列的问题大大简化.

作为公式(5.17)的应用，我们对 $\exp[(\lambda a^\dagger+\mu a)^2]$ 进行分解，注意到

$$\exp[(\lambda a^\dagger+\mu a)^2] = \exp\left(\frac{\mu}{2\lambda}a^2\right)\exp(\lambda^2a^{\dagger 2})\exp\left(-\frac{\mu}{2\lambda}a^2\right) \tag{5.18}$$

上式右边前两个因子用公式(5.17)可化为

$$\exp\left(\frac{\mu}{2\lambda}a^2\right)\exp(\lambda^2a^{\dagger 2}) = \frac{1}{\sqrt{1-2\mu\lambda}}\exp\left[\frac{\lambda^2}{1-2\mu\lambda}a^{\dagger 2}\right]$$

$$\times\exp[-a^\dagger a\ln(1-2\mu\lambda)]\exp\left[\frac{\mu a^2}{2\lambda(1-2\mu\lambda)}\right]$$

代回式(5.18)右边，得到分解公式

$$\exp[(\lambda a^\dagger+\mu a)^2] = \frac{1}{\sqrt{1-2\mu\lambda}}\exp\left[\frac{\lambda^2}{1-2\mu\lambda}a^{\dagger 2}\right]$$

$$\times\exp[-a^\dagger a\ln(1-2\mu\lambda)]\exp\left[\frac{\mu^2}{1-2\mu\lambda}a^2\right] \tag{5.19}$$

现再用 IWOP 技术求指数算符 $e^{\lambda a^{\dagger 2}a}$ 的正规乘积形式[60]，由于

$$e^{\lambda a^{\dagger 2}a}a^\dagger e^{-\lambda a^{\dagger 2}a} = a^\dagger(1+\lambda a^\dagger+\lambda^2a^{\dagger 2}+\cdots+\lambda^na^{\dagger n}+\cdots) \tag{5.20}$$

$$e^{\lambda a^{\dagger 2}a}\mid 0\rangle = \mid 0\rangle$$

所以，用相干态的超完备性及 IWOP 技术，我们导出

$$
\begin{aligned}
\mathrm{e}^{\lambda a^{\dagger 2} a} &= \int \frac{\mathrm{d}^2 z}{\pi} \mathrm{e}^{\lambda a^{\dagger 2} a} \mathrm{e}^{z a^{\dagger}} \mathrm{e}^{-\lambda a^{\dagger 2} a} \mid 0\rangle\langle z \mid \mathrm{e}^{-|z|^2/2} \\
&= \int \frac{\mathrm{d}^2 z}{\pi} : \exp[-\mid z \mid^2 + z a^{\dagger}(1 + \lambda a^{\dagger} + \cdots + \lambda^n a^{\dagger n} \cdots) + z^* a - a^{\dagger} a] : \\
&= : \exp[\lambda a^{\dagger 2} a (1 + \lambda a^{\dagger} + \cdots + \lambda^n a^{\dagger n} + \cdots)] :
\end{aligned} \tag{5.21}
$$

另外，又有公式

$$
\begin{aligned}
a^n \mathrm{e}^{v a^{\dagger 2}} &= \int \frac{\mathrm{d}^2 z}{\pi} z^n \mid z\rangle\langle z \mid \mathrm{e}^{v z^{*2}} \\
&= \int \frac{\mathrm{d}^2 z}{\pi} : \exp(-\mid z \mid^2 + z a^{\dagger} + z^* a + v z^{*2} - a^{\dagger} a) z^n : \\
&= \mathrm{e}^{v a^{\dagger 2}} \sum_{k=0}^{[n/2]} \frac{n!\, v^k}{k!(n-2k)!} : (2 v a^{\dagger} + a)^{n-2k} :
\end{aligned} \tag{5.22}
$$

其证明留作习题.

再用 IWOP 技术求算符 $a^m D(\alpha) a^{\dagger n}$ 的正规乘积形式，插入

$$
a^m D(\alpha) a^{\dagger n} = \int \frac{\mathrm{d}^2 z}{\pi} a^m D(\alpha) D(z) \mid 0\rangle\langle z \mid z^{*n} \tag{5.23}
$$

式中

$$
D(\alpha) D(z) = D(\alpha + z) \exp\left[\frac{1}{2}(z^* \alpha - z \alpha^*)\right] \tag{5.24}
$$

故有

$$
\begin{aligned}
a^m D(\alpha) a^{\dagger n} &= \int \frac{\mathrm{d}^2 z}{\pi} (\alpha + z)^m \mid \alpha + z\rangle\langle z \mid z^{*n} \exp\left[\frac{1}{2}(z^* \alpha - z \alpha^*)\right] \\
&= \int \frac{\mathrm{d}^2 z}{\pi} \sum_{l=0}^{m} \binom{m}{l} z^l \alpha^{m-l} z^{*n} : \exp\left\{-\mid z \mid^2 + z(a^{\dagger} - a^*)\right. \\
&\quad \left. + z^* a + \alpha a^{\dagger} - \frac{1}{2} \mid \alpha \mid^2 - a^{\dagger} a\right\} : \\
&= \sum_{l=0}^{m} \binom{m}{l} \alpha^{m-l} : \exp\left(-\frac{1}{2} \mid \alpha \mid^2\right) \\
&\quad \times \sum_{k=0}^{\min(l,n)} \frac{l!\, n!\, (a^{\dagger} - \alpha^*)^{n-k} a^{l-k}}{k!(l-k)!(n-k)!} \exp(\alpha a^{\dagger} - \alpha^* a) :
\end{aligned} \tag{5.25}
$$

作为其应用，我们计算在粒子态表象中 $D(\alpha)$ 的矩阵元

$$
\begin{aligned}
\langle m \mid D(\alpha) \mid n\rangle &= \frac{1}{\sqrt{m!\, n!}} \langle 0 \mid a^m D(\alpha) a^{\dagger n} \mid 0\rangle \\
&= \frac{1}{\sqrt{m!\, n!}} \sum_{l=0}^{m} \binom{m}{l} \alpha^{m-l} \exp\left(-\frac{1}{2} \mid \alpha \mid^2\right) n! \frac{(-\alpha^*)^{n-l}}{(n-l)!}
\end{aligned}
$$

$$= \sqrt{\frac{n!}{m!}} \alpha^{m-n} e^{-|\alpha|^2/2} L_n^{(m-n)}(|\alpha|^2) \tag{5.26}$$

其中 $L_n^{(\rho)}$ 是伴随拉盖尔多项式，它的级数展开是

$$L_n^{(\rho)}(x) = \sum_{k=0}^{n} \binom{n+\rho}{n-k} \frac{1}{k!}(-x)^k \tag{5.27}$$

其母函数为

$$(1+\beta)^m e^{-\beta x} = \sum_{n=0}^{\infty} L_n^{(m-n)}(x)\beta^n \tag{5.28}$$

以后，我们还会用到式(5.26).

再求 $a^n e^{\lambda a^\dagger a} a^{\dagger n}$ 的正规乘积，用相干态过完备性和IWOP技术，得

$$\begin{aligned} a^n e^{\lambda a^\dagger a} a^{\dagger n} &= a^n \int \frac{d^2 z}{\pi} \exp\left(-\frac{1}{2}|z|^2\right) \exp(\lambda a^\dagger a) \exp(z a^\dagger) \\ &\quad \times \exp(-\lambda a^\dagger a)|0\rangle\langle z| a^{\dagger n} \\ &= \int \frac{d^2 z}{\pi} a^n \exp\left(-\frac{1}{2}|z|^2\right) \exp(z a^\dagger e^\lambda)|0\rangle\langle z| a^{\dagger n} \\ &= \int \frac{d^2 z}{\pi} : \exp(-|z|^2 + z a^\dagger e^\lambda + z^* a - a^\dagger a)(z e^\lambda)^n z^{*n} : \\ &= : \exp[(e^\lambda - 1)a^\dagger a] \sum_{l=0}^{n} \frac{(n!)^2 (a a^\dagger e^\lambda)^{n-l}}{l![(n-l)!]^2} e^{\lambda n} : \end{aligned} \tag{5.29}$$

作为IWOP技术的另一应用，我们求指数算符 $\exp[\lambda a^\dagger a + \sigma a^2]$ 的指数分解. 注意引用算符恒等式(3.18)，有

$$\exp[\lambda a^\dagger a + \sigma a^2] a^\dagger \exp[-\lambda a^\dagger a - \sigma a^2] = a^\dagger e^\lambda + \frac{2\sigma}{\lambda} a \sinh\lambda \tag{5.30}$$

以及

$$\exp[\lambda a^\dagger a + \sigma a^2]|0\rangle = |0\rangle$$

由相干态完备性和IWOP技术，我们得到分解式

$$\begin{aligned} e^{\lambda a^\dagger a + \sigma a^2} &= \int \frac{d^2 z}{\pi} e^{\lambda a^\dagger a + \sigma a^2} e^{z a^\dagger} e^{-(\lambda a^\dagger a + \sigma a^2)}|0\rangle\langle z| \exp\left(-\frac{1}{2}|z|^2\right) \\ &= \int \frac{d^2 z}{\pi} \exp\left\{-\frac{1}{2}|z|^2 + z\left(a^\dagger e^\lambda + \frac{2\sigma}{\lambda} a \sinh\lambda\right)\right\}|0\rangle\langle z| \\ &= \int \frac{d^2 z}{\pi} : \exp\left\{-|z|^2 + z a^\dagger e^\lambda + z^* a + \frac{\sigma e^\lambda}{\lambda} z^2 \sinh\lambda - a^\dagger a\right\} : \\ &= : \exp\left\{(e^\lambda - 1)a^\dagger a + \frac{\sigma}{\lambda} e^\lambda \sinh\lambda a^2\right\} : \end{aligned}$$

$$= \exp(\lambda a^\dagger a)\exp\left(a^2 e^\lambda \frac{\sigma}{\lambda}\sinh\lambda\right) \tag{5.31}$$

由于$[a^\dagger a, a^2] = -2a^2$,式(5.31)启发我们当$[A,B] = \tau B$时,下列恒等式

$$e^{\lambda(A+\sigma B)} = e^{\lambda A}\exp\left[\frac{\sigma(1-e^{-\lambda\tau})B}{\tau}\right] \tag{5.32}$$

成立. 注意,式(5.31)还有一种证明方法,即直接用

$$e^{\lambda a^\dagger a + \sigma a^2} = \exp\left(\frac{\sigma}{2\lambda}a^2\right)\exp(\lambda a^\dagger a)\exp\left(-\frac{\sigma}{2\lambda}a^2\right)$$
$$= \exp(\lambda a^\dagger a)\exp\left[\frac{\sigma a^2}{2\lambda}(e^{2\lambda}-1)\right]$$

5.3 $\exp[a_i\sigma_{ij}a_j]\exp[a_i^\dagger\tau_{ij}a_j^\dagger]$的正规乘积形式[61]

作为式(5.17)的一个非平庸推广,我们考虑如何将$\exp[a_i\sigma_{ij}a_j]\exp[a_i^\dagger\tau_{ij}a_j^\dagger]$化为正规乘积,这里$\sigma$与$\tau$都是$n\times n$对称矩阵,$[a_i, a_j^\dagger] = \delta_{ij}$,每一项中的重复指标表示从$1\to n$求和. 为了顺利地应用IWOP技术解决此难题,先介绍一个重要的有关复数的积分公式[62]:

$$\int\prod_{i=1}^n\left[\frac{d^2 z_i}{\pi}\right]\exp\left\{-\frac{1}{2}(z\ z^*)\begin{pmatrix}A & B\\ C & D\end{pmatrix}\begin{pmatrix}z\\ z^*\end{pmatrix} + (\mu\ \nu^*)\begin{pmatrix}z\\ z^*\end{pmatrix}\right\}$$
$$= \left[\det\begin{pmatrix}C & D\\ A & B\end{pmatrix}\right]^{-1/2}\exp\left[\frac{1}{2}(\mu\ \nu^*)\begin{pmatrix}A & B\\ C & D\end{pmatrix}^{-1}\begin{pmatrix}\mu\\ \nu^*\end{pmatrix}\right]$$
$$= \left[\det\begin{pmatrix}C & D\\ A & B\end{pmatrix}\right]^{-1/2}\exp\left[\frac{1}{2}(\mu\ \nu^*)\begin{pmatrix}C & D\\ A & B\end{pmatrix}^{-1}\begin{pmatrix}\nu^*\\ \mu\end{pmatrix}\right] \tag{5.33}$$

这里的A,B,C,D都是$n\times n$的方阵,且有$\tilde{B} = C$,

$$(z, z^*) = (z_1, z_2, \cdots, z_n, z_1^*, z_n^*, \cdots, z_n^*) \tag{5.34}$$

此公式的收敛条件可参见文献[60],这里不再赘述. 下文中我们总是假定积分的收敛条件是满足的. 利用式(3.29)和相干态的超完备性以及IWOP技术,我们就有

$$\exp[a_i\sigma_{ij}a_j]\exp[a_i^\dagger\tau_{ij}a_j^\dagger]$$
$$= \int\prod_{i=1}^n\left[\frac{d^2 z_i}{\pi}\right]\exp(a_i\sigma_{ij}a_j)\,|\,z_1\cdots z_n\rangle\langle z_1\cdots z_n\,|\,\exp(a_i^\dagger\tau_{ij}a_j^\dagger)$$
$$= \int\prod_{i=1}^n\left[\frac{d^2 z_i}{\pi}\right]:\exp[-z_i^* z_i + a_i^\dagger z_i + a_i z_i^* + z_i\sigma_{ij}z_j + z_i^*\tau_{ij}z_j^* - a_i^\dagger a_i]:$$

$$= \int \prod_{i=1}^{n} \left[\frac{\mathrm{d}^2 z_i}{\pi}\right] : \exp\left[-\frac{1}{2}(z, z^*)\begin{pmatrix} -2\sigma & \mathbb{1} \\ \mathbb{1} & -2\tau \end{pmatrix}\begin{pmatrix} z \\ z^* \end{pmatrix} + (a^\dagger a)\begin{pmatrix} z \\ z^* \end{pmatrix} - a_i^\dagger a_i\right]:$$

$$= \left[\det\begin{pmatrix} \mathbb{1} & -2\tau \\ -2\sigma & \mathbb{1} \end{pmatrix}\right]^{-1/2} : \exp\left[\frac{1}{2}(a^\dagger\ a)\begin{pmatrix} \mathbb{1} & -2\tau \\ -2\sigma & \mathbb{1} \end{pmatrix}^{-1}\begin{pmatrix} a \\ a^\dagger \end{pmatrix} - a_i^\dagger a_i\right]: \tag{5.35}$$

按照矩阵分块求逆的规则

$$\begin{pmatrix} A & B \\ C & D \end{pmatrix}^{-1} = \begin{pmatrix} (A - BD^{-1}C)^{-1} & A^{-1}B(CA^{-1}B - D)^{-1} \\ D^{-1}C(BD^{-1}C - A)^{-1} & (D - CA^{-1}B)^{-1} \end{pmatrix} \tag{5.36}$$

以及分块矩阵求行列式的规则

$$\det\begin{pmatrix} A & B \\ C & D \end{pmatrix} = \det A \det(D - CA^{-1}B) \tag{5.37}$$

我们求出

$$\begin{pmatrix} \mathbb{1} & -2\tau \\ -2\sigma & \mathbb{1} \end{pmatrix}^{-1} = \begin{pmatrix} (\mathbb{1} - 4\tau\sigma)^{-1} & -2\tau(4\sigma\tau - \mathbb{1})^{-1} \\ -2\sigma(4\tau\sigma - \mathbb{1})^{-1} & (\mathbb{1} - 4\sigma\tau)^{-1} \end{pmatrix}$$

$$= \begin{pmatrix} (\mathbb{1} - 4\tau\sigma)^{-1} & (\mathbb{1} - 4\sigma\tau)^{-1}2\tau \\ (\mathbb{1} - 4\sigma\tau)^{-1}2\sigma & (\mathbb{1} - 4\sigma\tau)^{-1} \end{pmatrix} \tag{5.38}$$

于是,式(5.35)变为

$$\exp[a_i\sigma_{ij}a_j]\exp[a_i^\dagger\tau_{ij}a_j^\dagger]$$

$$= [\det(\mathbb{1} - 4\sigma\tau)]^{-1/2}\exp\left\{a_i^\dagger[(\mathbb{1} - 4\sigma\tau)^{-1}\tau]_{ij}a_j^\dagger\right\}$$

$$\times : \exp[a_i^\dagger(\mathbb{1} - 4\sigma\tau)_{ij}^{-1}a_j - a_i^\dagger a_i] : \exp\left\{a_i[(\mathbb{1} - 4\sigma\tau)^{-1}\sigma]_{ij}a_j\right\} \tag{5.39}$$

尤其是我们得到了下列公式

$$\exp[\mu a_1 a_2]\exp[\nu a_1^\dagger a_2^\dagger]$$

$$= \frac{1}{1 - \mu\nu}\exp\left(\frac{\nu a_1^\dagger a_2^\dagger}{1 - \mu\nu}\right)\exp[-(a_1^\dagger a_1 + a_2^\dagger a_2)$$

$$\times \ln(1 - \mu\nu)]\exp\left(\frac{\mu a_1 a_2}{1 - \mu\nu}\right) \tag{5.40}$$

用坐标表象和 IWOP 技术,我们可分解 $e^{\lambda Q_1 Q_2}$ 为正规乘积

$$e^{\lambda Q_1 Q_2} = \iint_{-\infty}^{\infty} \mathrm{d}q_1 \mathrm{d}q_2 e^{\lambda q_1 q_2} \mid q_1 q_2 \rangle\langle q_1 q_2 \mid$$

$$= \iint_{-\infty}^{\infty} \frac{\mathrm{d}q_1 \mathrm{d}q_2}{\pi} : \exp\left\{-q_1^2 - q_2^2 + \sqrt{2}q_1\left(a_1^\dagger + a_1 + \frac{\lambda q_2}{\sqrt{2}}\right)\right.$$

$$\left. + \sqrt{2}q_2(a_2 + a_2^\dagger) - \frac{(a_1 + a_1^\dagger)^2}{2} - \frac{(a_2 + a_2^\dagger)^2}{2}\right\}:$$

$$= \frac{2}{\sqrt{4-\lambda^2}} \exp\left[\frac{\lambda^2(a_1^{\dagger 2}+a_2^{\dagger 2})}{2(4-\lambda^2)}\right]:$$

$$\exp\left\{\frac{1}{4-\lambda^2}[2\lambda(a_1^\dagger + a_1)(a_2^\dagger + a_2) + \lambda^2(a_1^\dagger a_1 + a_2^\dagger a_2)]\right\}:$$

$$\times \exp\left[\frac{\lambda^2(a_1^2+a_2^2)}{2(4-\lambda^2)}\right]$$

或

$$e^{\lambda Q_1 Q_2} = \frac{2}{\sqrt{4-\lambda^2}} : \exp\left[\frac{4}{4-\lambda^2}(Q_1^2+Q_2^2+\lambda Q_1 Q_2)\right]: \tag{5.41}$$

用 IWOP 技术还可以进一步求出以下算符公式

$$e^{\lambda(Q_1-Q_2)^2} = \iint_{-\infty}^{\infty} \frac{dq_1 dq_2}{\pi} : \exp[\lambda(q_1-q_2)^2 - (q_1-Q_1)^2 - (q_2-Q_2)^2]:$$

$$= \frac{1}{\sqrt{2\lambda+1}} : \exp\left[\frac{\lambda}{2\lambda+1}(Q_1-Q_2)^2\right]: \tag{5.42}$$

以及与算符 δ 函数有关的正规乘积表达式,例如

$$\delta(\hat{Q}_1 - \hat{Q}_2) = \iint_{-\infty}^{\infty} dq_1 dq_2 \delta(q_1-q_2) \mid q_1, q_2\rangle\langle q_1, q_2 \mid$$

$$= \int_{-\infty}^{\infty} dq \mid q, q\rangle\langle q, q \mid$$

$$= \frac{1}{\sqrt{2\pi}} : \exp\left[-\frac{1}{2}(Q_1-Q_2)^2\right]: \tag{5.43}$$

所以,IWOP 技术提供了一种导出算符恒等式的新途径.

5.4 压缩粒子态

作为单模压缩真空态的推广,我们讨论压缩算符作用于粒子态的结果.为此有必要将 $\exp[\lambda(a^2-a^{\dagger 2})/2]a^{\dagger n}$ 化为正规乘积,这进一步需要以下的积分公式

$$\int \frac{d^2 z}{\pi} z^n \exp(\zeta \mid z \mid^2 + \xi z + \eta z^* + g z^{*2})$$

$$= \frac{-1}{\zeta}\left(\frac{d}{d\xi}\right)^n \exp\left[\frac{g}{\zeta^2}\left(\xi - \frac{\zeta\eta}{2g}\right)^2 - \frac{\eta^2}{2g}\right]$$

$$= -\left(\frac{1}{\zeta}\right)^{2n+1}\exp\left[\frac{1}{\zeta^2}(g\xi^2 - \zeta\xi\eta)\right]$$

$$\times \sum_{k=0}^{[n/2]} \frac{n!}{k!(n-2k)!}(2\xi g - \zeta\eta)^{n-2k}(g\zeta^2)^k$$

据此,用相干态的超完备性及 IWOP 技术,可推导出

$$\exp\left[\frac{\lambda}{2}(a^2 - a^{\dagger 2})\right]a^{\dagger n} = \mathrm{sech}^{1/2}\lambda\int\frac{\mathrm{d}^2 z}{\pi}:\exp\left\{-|z|^2 + za^\dagger\mathrm{sech}\,\lambda + z^* a + \frac{z^2}{2}\tanh\lambda - \frac{a^{\dagger 2}}{2}\tanh\lambda - a^\dagger a\right\}z^{*n}:$$

$$= \mathrm{sech}^{1/2}\lambda:\exp\left[\frac{a^2}{2}\tanh\lambda + a^\dagger a\,\mathrm{sech}\,\lambda - \frac{a^{\dagger 2}}{2}\tanh\lambda - a^\dagger a\right]$$

$$\times \sum_{k=0}^{[n/2]} \frac{n!}{k!(n-2k)!}(\tanh\lambda a + a^\dagger\mathrm{sech}\,\lambda)^{n-2k}\left(\frac{1}{2}\tanh\lambda\right)^k:$$

所以,压缩粒子态的明显表达式为

$$|\lambda, n\rangle \equiv \exp\left[\frac{\lambda}{2}(a^2 - a^{\dagger 2})\right]|n\rangle$$

$$= (2^n n!)^{-1/2}(-\tanh\lambda)^{n/2}\mathrm{H}_n\left(\frac{a^\dagger}{\mathrm{i}\sqrt{\sinh 2\lambda}}\right)\mathrm{sech}^{1/2}\lambda$$

$$\times\exp\left(-\frac{a^{\dagger 2}}{2}\tanh\lambda\right)|0\rangle \tag{5.44}$$

其中用到了厄米多项式的幂级数展开式(2.16).这个结果还可以直接用单模压缩算符的坐标表象式(3.16)导出.事实上,取 $\lambda = \ln\mu$ 得

$$\exp\left[\frac{\lambda}{2}(a^2 - a^{\dagger 2})\right]|n\rangle = \int_{-\infty}^{\infty}\frac{\mathrm{d}q}{\sqrt{\mu}}|q/\mu\rangle\langle q|n\rangle$$

$$= \int_{-\infty}^{\infty}\frac{\mathrm{d}q}{\sqrt{\mu\sqrt{\pi}2^n n!}}\mathrm{e}^{-q^2/2}\mathrm{H}_n(q)|q/\mu\rangle$$

$$= (\mu\pi 2^n n!)^{-1/2}\int_{-\infty}^{\infty}\mathrm{d}q\exp\left\{-\frac{q^2}{2}\left(1 + \frac{1}{\mu^2}\right) + \sqrt{2}\frac{q}{\mu}a^\dagger - \frac{a^{\dagger 2}}{2}\right\}\mathrm{H}_n(q)|0\rangle$$

利用积分公式[60]

$$\int_{-\infty}^{\infty}\mathrm{d}x\mathrm{e}^{-(x-y)^2/2f}\mathrm{H}_n(x) = (2\pi f)^{1/2}(1-2f)^{n/2}\mathrm{H}_n\left[y(1-2f)^{-1/2}\right]$$

就可将上式积分完成而得到与式(5.44)同样的结果.由式(3.34)计算场的正交分

量在压缩粒子态的期望值给出压缩行为

$$(\Delta x_1)^2 = \frac{1}{2\mu^2}\left(n+\frac{1}{2}\right), \quad (\Delta x_2)^2 = \frac{\mu^2}{2}\left(n+\frac{1}{2}\right)$$

以及利用不确定关系

$$\Delta x_1 \Delta x_2 = \frac{1}{2}\left(n+\frac{1}{2}\right)$$

可进一步求出压缩粒子态与另一粒子态$\langle m|$的内积,利用公式(5.22),得

$$\begin{aligned}
&\langle m \mid \exp\left[\frac{\lambda}{2}(a^2 - a^{\dagger 2})\right] \mid n\rangle \\
&= \langle m \mid \exp\left[-\frac{a^{\dagger 2}}{2}\tanh\lambda\right]\exp\left[\left(a^\dagger a+\frac{1}{2}\right)\ln\operatorname{sech}\lambda\right] \\
&\quad \times \exp\left[\frac{a^2}{2}\tanh\lambda\right] \mid n\rangle \\
&= (m!n!)^{-1/2}\langle 0 \mid \sum_{l=0}^{[m/2]}\frac{m!(-\tanh\lambda)^l}{2^l l!(m-2l)!} : (-a^\dagger\tanh\lambda + a)^{m-2l} : \\
&\quad \times \exp\left[\left(a^\dagger a+\frac{1}{2}\right)\ln\operatorname{sech}\lambda\right] \\
&\quad \times \sum_{k=0}^{[n/2]}\frac{n!(\tanh\lambda)^k}{2^k k!(n-2k)!} : (a\tanh\lambda + a^\dagger)^{n-2k} : \mid 0\rangle
\end{aligned}$$

由于

$$a^n e^{\lambda a^\dagger a} = e^{\lambda a^\dagger a}(a e^\lambda)^n$$

所以,上式变为(不失一般,记 $n \geqslant m$)[60]

$$\begin{aligned}
&\langle m \mid \exp\left(\frac{\lambda}{2}(a^2 - a^{\dagger 2})\right) \mid n\rangle \\
&= (m!n!)^{1/2}\langle 0 \mid \sum_{l=0}^{[m/2]}\sum_{k=0}^{[n/2]}\frac{(-)^l(\tanh\lambda)^{l+k}(\operatorname{sech}\lambda)^{m-2l+1/2}}{2^{l+k}(m-2l)!k!(n-2k)!l!}a^{m-2l}(a^\dagger)^{n-2k} \mid 0\rangle \\
&= (\operatorname{sech}\lambda)^{m+1/2}\left(\frac{1}{2}\tan h\lambda\right)^{(n-m)/2} \\
&\quad \times \sum_{l=0}^{[m/2]}\frac{\sqrt{n!m!}(-\sinh^2\lambda)^l}{4^l l!\left(l+\frac{n-m}{2}\right)!(m-2l)!}, \quad n \geqslant m
\end{aligned}$$

5.5　IWOP 技术和算符 Fredholm 方程

本节和下一节,我们以 $\hat{x}$ 表示坐标算符,它的本征态记为$|x\rangle$.

在第 3 章,我们已将传统的狄拉克坐标表象完备性写成正规乘积内的纯高斯积分形式

$$\int_{-\infty}^{\infty}\mathrm{d}x\mid x\rangle\langle x\mid=\int_{-\infty}^{\infty}\frac{\mathrm{d}x}{\sqrt{\pi}}:\exp[-(x-\hat{x})^2]:$$

$$=1,\hat{x}=\frac{1}{\sqrt{2}}(a+a^{\dagger})$$

现在把 $\exp[-(x-\hat{x})^2]:/\sqrt{\pi}$ 看做一个第一类 Fredholm 方程的积分核,即

$$\frac{1}{\sqrt{\pi}}\int_{-\infty}^{\infty}\mathrm{d}x:\exp[-(x-\hat{x})^2]:\varphi(x)=:f(\hat{x}):\tag{5.45}$$

它是以下数学上常见的 Fredholm 方程(c 数方程,已知 $f(x)$求 $\varphi(x)$)

$$\frac{1}{\sqrt{\pi}}\int_{-\infty}^{\infty}\mathrm{d}y\mathrm{e}^{-(x-y)^2}\varphi(y)=f(x)\tag{5.46}$$

的 q 数推广,而且是正规乘积形式的.由于式(5.45)左边等于

$$\frac{1}{\sqrt{\pi}}\int_{-\infty}^{\infty}\mathrm{d}x:\exp[-(x-\hat{x})^2]:\varphi(x)$$

$$=\int_{-\infty}^{\infty}\mathrm{d}x\mid x\rangle\langle x\mid\varphi(\hat{x})=\varphi(\hat{x})\tag{5.47}$$

所以一旦从方程(5.45)中解出 $\varphi(x)$来,则就有等式

$$\varphi(\hat{x})=:f(\hat{x}):\tag{5.48}$$

成立.下面,我们先用方程(5.45)和 IWOP 技术求厄米多项式算符 $\mathrm{H}_n(\hat{x})$的正规乘积展开,然后再解出 Fredholm 方程(5.45).

$\mathrm{H}_n(\hat{x})$的正规乘积形式及其他.用数学公式(参见文献[63])

$$\int_{-\infty}^{\infty}\mathrm{e}^{-(x-y)^2}\mathrm{H}_n(x)\mathrm{d}x=\sqrt{\pi}(2y)^n\tag{5.49}$$

我们可用 IWOP 技术和式(5.49)直接写出一个重要的算符恒等式

$$\mathrm{H}_n(\hat{x})=\int_{-\infty}^{\infty}\mathrm{d}x\mid x\rangle\langle x\mid\mathrm{H}_n(x)$$

$$= \int_{-\infty}^{\infty} \frac{dx}{\sqrt{\pi}} : \exp[-(x-\hat{x})^2] H_n(x) :$$

$$= 2^n : \hat{x}^n : \tag{5.50}$$

把它与熟知的关于厄米多项式关系

$$H'_n(x) = 2n H_{n-1}(x) \tag{5.51}$$

相比较,可见

$$\frac{d}{d\hat{x}} : \hat{x}_n : = 2^{-n} \frac{d}{d\hat{x}} H_n(\hat{x}) = n 2^{1-n} H_{n-1}(\hat{x}) = n : \hat{x}^{n-1} : \tag{5.52}$$

这说明在正规乘积内以下等式成立

$$\frac{d}{d\hat{x}} : \hat{x}^n : = : \frac{d}{d\hat{x}} \hat{x}^n : \tag{5.53}$$

利用式(5.50)和(5.53)及 $\hat{x} = \frac{1}{\sqrt{2}}(a + a^{\dagger})$,我们可以使得一系列关于厄米多项式递推关系的推导得到简化,例如

$$\left.\begin{aligned} H_n(-\hat{x}) &= 2^n : (-\hat{x})^n : = (-1)^n H_n(\hat{x}) \\ \left(\frac{d}{d\hat{x}}\right)^s H_n(\hat{x}) &= 2^n \left(\frac{d}{d\hat{x}}\right)^s : \hat{x}^n : = \frac{2^s n!}{(n-s)!} H_{n-s}(\hat{x}) \end{aligned}\right\} \tag{5.54}$$

又例如由

$$: \hat{x}^n : = \frac{1}{\sqrt{2}}(a^{\dagger} : \hat{x}^{n-1} : + : \hat{x}^{n-1} : a) \tag{5.55}$$

及第 3 章公式(3.8),我们导出

$$\begin{aligned} : \hat{x}^{n-1} : a &= [: \hat{x}^{n-1} :, a] + a : \hat{x}^{n-1} : \\ &= - : \frac{\partial}{\partial a^{\dagger}} \hat{x}^{n-1} : + a : \hat{x}^{n-1} : \\ &= -\frac{1}{\sqrt{2}}(n-1) : \hat{x}^{n-2} : + a : \hat{x}^{n-1} : \end{aligned}$$

代回式(5.55),得到

$$: \hat{x}^n : = \hat{x} : \hat{x}^{n-1} : - \frac{1}{2}(n-1) : \hat{x}^{n-2} : \tag{5.56}$$

两边乘 $2^{n+1} n$ 并用式(5.50)就可推出重要的关系式

$$2n H_n(x) = 2x H'_n(x) - H''_n(x) \tag{5.57}$$

由于 $H_n(\hat{x})$与 $H_m(\hat{x})$对易,所以 $: \hat{x}^n :$ 与 $: \hat{x}^m :$ 也对易.但是 $: \hat{x}^n : \neq \hat{x}^n$,还要注意

$$\sum_{r=0}^{n}\binom{n}{r}:\hat{x}^{r}::\hat{x}^{n-r}:\neq 2^{n}:\hat{x}^{n}:$$

试比较厄米多项式的另一个公式

$$2^{n/2}\mathrm{H}_n(\sqrt{2}x)=\sum_{r=0}^{n}\binom{n}{r}\mathrm{H}_r(x)\mathrm{H}_{n-r}(x) \tag{5.58}$$

另外,由式(5.50)也可以求出 $\mathrm{H}_n(x)$的母函数公式

$$\sum_{n=0}^{\infty}\frac{\mathrm{H}_n(\hat{x})t^n}{n!}=\sum_{n=0}^{\infty}\frac{(2t)^n:\hat{x}^n:}{n!}=:\exp(2t\hat{x}):=\exp(2t\hat{x}-t^2) \tag{5.59}$$

我们还可以求出 $\mathrm{H}_{2n}(x)$的母函数公式,注意到式(5.4),有

$$\begin{aligned}\sum_{n=0}^{\infty}\frac{\mathrm{H}_{2n}(\hat{x})}{n!}t^n&=\sum_{n=0}^{\infty}\frac{:(4\hat{x}^2t)^n:}{n!}=:\exp(4t\hat{x}^2):\\&=(\sqrt{1+4t})^{-1}\exp\left[\frac{4t}{1+4t}\hat{x}^2\right]\end{aligned} \tag{5.60}$$

令 $t=-\lambda^2/[4(1+\lambda^2)]$,上式变为

$$\mathrm{e}^{-\lambda^2x^2}=\sum_{n=0}^{\infty}\frac{(-\lambda^2)^n}{2^{2n}n!(1+\lambda^2)^{n+1/2}}\mathrm{H}_{2n}(x) \tag{5.61}$$

进一步用关于厄米多项式的积分公式

$$\int_{-\infty}^{\infty}\mathrm{d}x x^{m-n}\mathrm{e}^{-(x-y)^2}\mathrm{L}_n^{m-n}(2x^2)=\frac{\sqrt{\pi}}{n!}\mathrm{i}^{n-m}2^{-m}\mathrm{H}_n(\mathrm{i}y)\mathrm{H}_m(\mathrm{i}y)$$

$$\int_{-\infty}^{\infty}\mathrm{d}x\mathrm{H}_m(x)\mathrm{H}_n(x)\mathrm{e}^{-(x-y)^2}=2^n\sqrt{\pi}m!y^{n-m}L_n^{n-m}(-2y^2),\quad m\leqslant n$$

其中 L_n^{m-n} 是拉盖尔多项式

$$\mathrm{L}_n^{\beta}(x)=\sum_{l=0}^{\infty}(-1)^l\binom{n+\beta}{n-l}\frac{x^l}{l!}$$

并利用方程(5.45)就可立即导出新算符公式

$$\begin{aligned}\mathrm{H}_m(\hat{x})\mathrm{H}_n(\hat{x})&=\int_{-\infty}^{\infty}\frac{\mathrm{d}x}{\sqrt{\pi}}:\mathrm{H}_m(x)\mathrm{H}_n(x)\exp[-(x-\hat{x})^2]:\\&=2^n m!:\hat{x}^{n-m}L_n^{n-m}(-2\hat{x}^2):\end{aligned}$$

$$\hat{x}^{m-n}\mathrm{L}_n^{m-n}(2\hat{x}^2)=\frac{1}{n!}\mathrm{i}^{n-m}2^{-m}:\mathrm{H}_n(\mathrm{i}\hat{x})\mathrm{H}_m(\mathrm{i}\hat{x}):$$

算符 Fredholm 方程的解. 为解算符 Fredholm 方程(5.45),注意到以下的展开

$$:\exp[-(x-\hat{x})^2]:=e^{-x^2}:\sum_{n=0}^{\infty}H_n(x)\frac{\hat{x}^n}{n!}: \tag{5.62}$$

另一方面,将 $\varphi(x)$展开为

$$\varphi(x)=\sum_{m=0}^{\infty}b_m H_m(x) \tag{5.63}$$

把式(5.62)和(5.63)代入式(5.45).用厄米多项式之正交性质得出

$$\pi^{-1/2}\sum_{n,m=0}^{\infty}\int_{-\infty}^{\infty}dx:e^{-x^2}H_n(x)H_m(x)\frac{\hat{x}^n}{n!}b_m:=\sum_{m=0}^{\infty}b_m 2^m:\hat{x}^m:=:f(\hat{x}): \tag{5.64}$$

上式两边取相干态平均值,就有

$$\sum_{m=0}^{\infty}2^m b_m\langle z|:\hat{x}^m:|z\rangle=\langle z|:f(\hat{x}:|z\rangle$$

即

$$\sum_{m=0}^{\infty}2^m b_m(\sqrt{2}\mathrm{Re}z)^m=f(\sqrt{2}\mathrm{Re}z) \tag{5.65}$$

对$\sqrt{2}\mathrm{Re}z$ 微商 m 次后令 $\mathrm{Re}z=0$,导出

$$f^{(m)}(0)=m!2^m b_m \tag{5.66}$$

于是,方程(5.63)的解是

$$\varphi(x)=\sum_{m=0}^{\infty}\frac{f^{(n)}(0)}{2^n n!}H_n(x) \tag{5.67}$$

对照式(5.48)、(5.67)和(5.47),可见式(5.45)的解由[由 $f(\hat{x})$求 $\varphi(\hat{x})$]是

$$\varphi(\hat{x})=:f(\hat{x}):=\sum_{n=0}^{\infty}\frac{1}{2^n n!}f^{(n)}(0)H_n(\hat{x}) \tag{5.68}$$

例如,当 $:f(\hat{x}):=:\hat{x}^n:$,则由上式得 $f^{(m)}(0)=\delta_{n,m}m!$

$$:\hat{x}^n:=\sum_{m=0}^{\infty}\frac{m!\delta_{n,m}}{2^m m!}H_m(\hat{x})=2^{-n}H_n(\hat{x})$$

与式(5.50)一致.

类似地,由动量表象完备性的正规乘积形式(3.27),我们可导出

$$H_n(\hat{P})=\int_{-\infty}^{\infty}\frac{dp}{\sqrt{\pi}}:\exp[-(p-\hat{P})^2]:H_n(p)=2^n:\hat{P}^n \tag{5.69}$$

5.6 在一直线上相干态的超叠加态[61]

有了 IWOP 技术,我们就能对相干态投影算符 $|z\rangle\langle z|$ 直接作单侧积分. 令 $z = x + \mathrm{i}y$,只对 $\mathrm{d}x$ 积分,得

$$\begin{aligned}\int_{-\infty}^{\infty}\mathrm{d}x\,|z\rangle\langle z| &= \int_{-\infty}^{\infty}\mathrm{d}x\,:\exp[-x^2-y^2+(x+\mathrm{i}y)a^\dagger \\ &\quad +(x-\mathrm{i}y)a-a^\dagger a]: \\ &= \sqrt{\pi}\exp\left(\frac{a^{\dagger 2}}{4}+\mathrm{i}ya^\dagger\right)\exp\left(a^\dagger a\ln\frac{1}{2}\right) \\ &\quad \times\exp\left(\frac{a^2}{4}-\mathrm{i}ya-y^2\right)\end{aligned}\tag{5.70}$$

对照公式(5.5)看出

$$\int_{-\infty}^{\infty}\mathrm{d}x\,|z\rangle\langle z| = \sqrt{2\pi}\exp[-(\hat{P}-\sqrt{2}y)^2\tag{5.71}$$

类似地,由式(5.4)可见

$$\int_{-\infty}^{\infty}\mathrm{d}y\,|z\rangle\langle z| = \sqrt{2\pi}\exp[-(\hat{x}-\sqrt{2}x)^2]\tag{5.72}$$

显然,由式(5.71)给出的

$$\left(\frac{3}{4\pi^2}\right)^{1/4}\int_{-\infty}^{\infty}\mathrm{d}x\,|z\rangle\langle z|\,|_{y=0}\,|0\rangle = \left(\frac{3}{4}\right)^{1/4}\exp\left(\frac{1}{4}a^{\dagger 2}\right)|0\rangle\tag{5.73}$$

是一个特别的压缩态. 这也表明,单模压缩真空态式(3.17)也可以表示为 $\exp(f\hat{x}^2)$ 作用于 $|0\rangle$ 的形式. 事实上,由式(5.4)可知.

$$\exp\left(\frac{\lambda}{2}\right)\exp\left[\frac{1}{2}(1-\mathrm{e}^{2\lambda})\hat{x}^2\right]|0\rangle = \mathrm{sech}^{1/2}\lambda\exp\left(-\frac{1}{2}a^{\dagger 2}\tanh\lambda\right)|0\rangle\tag{5.74}$$

这个关系暗示我们,对一个简谐振子加上一个势能 $\Delta V = \frac{\varepsilon}{2}m\omega^2x^2$ 会产生压缩. 这等价于由振子频率改变 $\omega\to\sqrt{1+\varepsilon\omega}$ 生成的压缩效应.

另一方面,式(5.73)又可写成

$$\left(\frac{3}{4\pi^2}\right)^{1/4}\int_{-\infty}^{\infty}\mathrm{d}x\,|z\rangle\langle z|\,|_{y=0}\,|0\rangle = \left(\frac{3}{4\pi^2}\right)^{1/4}\int_{-\infty}^{\infty}\mathrm{d}x\mathrm{e}^{-x^2/2}\,|z=x\rangle\tag{5.75}$$

表明在一直线上相干态的超叠加态可形成压缩态，$\int_{-\infty}^{\infty} \mathrm{d}x \mid z\rangle\langle z \mid|_{y=0}$ 是一个特殊的压缩算符.

把上述讨论推广到双模情形，由 $\exp(\lambda \hat{x}_1 \hat{x}_2)$ 的正规乘积展开公式可知

$$\exp(\lambda \hat{x}_1 \hat{x}_2) \mid 00\rangle = \frac{2}{\sqrt{4-\lambda^2}} \exp\left\{\frac{\lambda}{4-\lambda^2}\left[\frac{\lambda}{2}(a_1^{\dagger 2} + a_2^{\dagger 2}) + 2a_1^\dagger a_2^\dagger\right]\right\} \mid 00\rangle \tag{5.76}$$

它也反映了压缩特性. 这一点暗示我们，两个耦合谐振子，如果其耦合项比例于 $x_1 x_2$，则此系统的基态是一个压缩态. 关于这类讨论，将在第 16 章中还要继续进行.

习题(第3~5章)

1. 求 $Q^n P^m$ 的正规乘积展开，其中 Q 是坐标、P 是动量算符.
2. 接第 2 章习题 2，求反常玻色子真空投影算符的正规乘积形式.
3. 令 $Q_i = \frac{1}{\sqrt{2}}(a_i + a_i^\dagger)$，$P_i = \frac{1}{\sqrt{2}i}(a_i - a_i^\dagger)$，$i = 1,2$ 及$[Q_2 - P_1, Q_1 - P_2] = 0$，求 $Q_2 - P_1$ 与 $Q_1 - P_2$ 的共同本征态，并分析其性质.
4. 用公式(5.4)计算矩阵元$\langle n' | \mathrm{e}^{\lambda Q^2} | n\rangle$，其中$|n\rangle$是粒子态.
5. 设两粒子组成的系统由以下哈密顿量描述
$$H = \sum_{i=1}^{2} \frac{P_i^2}{2m_i} + \frac{m_i}{2}\omega^2 Q_i^2 + V_0 \mathrm{e}^{-\lambda(Q_1 - Q_2)^2}$$
把高斯相互作用项作为微扰，求其对能级的影响.
6. 求将压缩真空态湮没 n 个光子的结果.
7. 给定哈密顿量 $H = \omega_1 a_1^\dagger a_1 + \omega_2 a_2^\dagger a_2 + \gamma(a_1^\dagger a_2^\dagger + a_1 a_2)$，求系统的波函数.
8. 求处于压缩真空态的粒子数起伏. 由习题 6 把压缩真空态湮没 n 个光子以后，其粒子数起伏又如何?
9. 将单模压缩算符作用于粒子态$|n\rangle$，称为高激发的压缩态，求场的正交分量所表现出来的压缩特性.
10. 记$|z, r\rangle = D(z)S(r)|0\rangle$是单模相干压缩态，用 IWOP 技术计算密度矩阵
$$\rho = \int \frac{\mathrm{d}^2 z}{\pi} \exp(-|z|^2/f) \mid z, r\rangle\langle z, r \mid, \quad f \text{ 是一个参数.}$$

11. 接着第 2 章第 8 题，将含时谐振子 $H(t)=\frac{P^2}{2}+\frac{1}{2}\omega^2(t)Q^2$ 的不变量 $I(t)$ 的本征态记为 $|n,t\rangle$，则

$$I\ |\ n,t\rangle = \left(n+\frac{1}{2}\right)|\ n,t\rangle,\quad n=0,1,2$$

并引入相应的湮没、产生算符

$$a(t)=\frac{1}{\sqrt{2}}\left[\frac{Q}{y}+\mathrm{i}(yP-\dot{y}Q)\right],\quad a^\dagger(t)=\frac{1}{\sqrt{2}}\left[\frac{Q}{y}-\mathrm{i}(yP-\dot{y}Q)\right]$$

由 $a(t)|0,t\rangle=0$ 定义真空态 $|0,t\rangle$，求出 $|0,t\rangle$ 的波函数，并检验它是否是压缩态波函数.（参见文献[65,66]）

12. 求证

(1) $$\exp\left[-\mathrm{i}\,\frac{1}{2}(P^2+\omega^2Q^2)T\right]=\exp\left(\tan\omega T\,\frac{P^2}{2\mathrm{i}\omega}\right)$$
$$\times\exp\left[(\ln\cos\omega T)\frac{\mathrm{i}}{2}(QP+PQ)\right]\exp\left(\tan\omega T\,\frac{Q^2\omega}{2\mathrm{i}}\right)$$

(2) 由此式计算

$$\langle q'\ |\ \exp\left[-\frac{\mathrm{i}}{2}(P^2+\omega^2Q^2)T\right]|\ q\rangle$$

13. 试找出一个算符 G_p，使得 G_p 作用于坐标本征态 $|q\rangle$ 上能得到相干态 $|z\rangle$，其中 $z=\sqrt{2}(q+\mathrm{i}p)$.

14. 利用公式 $\mathrm{H}_n(\hat{x})=2^n:\hat{x}^n:$ 求级数和 $\sum_{n=0}^{\infty}\frac{t^n}{2^n n!}\mathrm{H}_n(\hat{x})\mathrm{H}_n(\hat{y})$ 的表达式，其中 H_n 是厄米多项式.

第 6 章　用 IWOP 技术研究量子力学转动

角动量和转动算符是量子力学的一个重要内容[67]，本章我们用 IWOP 技术来研究转动，讨论如何从经典转动 $\boldsymbol{r} \to R\boldsymbol{r}$ 自然诱导出角动量算符，我们还将讨论 IWOP 技术与角动量的 Schwinger 玻色子实现相结合是如何求出转动群的类算符的.

6.1　导出 SO(3)转动算符的新方法[68~70]

现在，我们有能力直接积分第 1 章的算符

$$D(R) = \int \mathrm{d}^3 \boldsymbol{r} \mid R\boldsymbol{r}\rangle\langle \boldsymbol{r} \mid, \boldsymbol{r} = (x_1, x_2, x_3) \tag{6.1}$$

其中$|\boldsymbol{r}\rangle$是三维坐标表象（与式(1.4)相比，我们已把 $\boldsymbol{q}$ 改为 $\boldsymbol{r}$，这只是为了书写的方便）. 而

$$R(\alpha,\beta,\gamma) = \begin{pmatrix} \cos\alpha\cos\beta\cos\gamma - \sin\alpha\sin\gamma & -\cos\alpha\cos\beta\sin\gamma - \sin\alpha\cos\gamma & \cos\alpha\sin\beta \\ \sin\alpha\cos\beta\cos\gamma + \cos\alpha\sin\gamma & -\sin\alpha\cos\beta\sin\gamma + \cos\alpha\cos\gamma & \sin\alpha\sin\beta \\ -\sin\beta\cos\gamma & \sin\beta\sin\gamma & \cos\beta \end{pmatrix} \tag{6.2}$$

它是欧氏空间中的一个正交矩阵.

本节中我们规定：在一项中如出现重复指标，则表示对该指标从 1 到 3 求和，将$|R\boldsymbol{r}\rangle$写成

$$\mid R\boldsymbol{r}\rangle = \left| \begin{pmatrix} R_{1i}x_i \\ R_{2i}x_i \\ R_{3i}x_i \end{pmatrix} \right\rangle \tag{6.3}$$

按照坐标本征态在 Fock 空间中的表达式，我们有

$$|Rr\rangle = \pi^{-3/4}\exp\left\{-\frac{1}{2}x_i^2 + \sqrt{2}a_i^\dagger R_{ij}x_j - \frac{1}{2}a_i^{\dagger 2}\right\}|000\rangle \tag{6.4}$$

注意我们已经用了关系$(R_{ij}x_j)^2 = x^2$,即转动保持矢径长度不变.再用

$$|000\rangle\langle 000| = :\exp(-a_i^\dagger a_i): \tag{6.5}$$

及 IWOP 技术,就可对式(6.1)实行积分(注意 $\tilde{R}R = 1$)[64]

$$\begin{aligned}D(R) &= \pi^{-3/2}\int d^3\boldsymbol{r}\exp\left\{-x_i^2 + \sqrt{2}a_i^\dagger R_{ij}x_j - \frac{1}{2}a_i^{\dagger 2}\right\}|000\rangle\langle 000| \\ &\quad\times\exp\left\{\sqrt{2}x_i a_i - \frac{1}{2}a_i^2\right\} \\ &= \int d^3\boldsymbol{r}\,\pi^{-3/2}:\exp\left\{-x_i^2 + \sqrt{2}a_i^\dagger R_{ij}x_j + \sqrt{2}x_i a_j - \frac{1}{2}(a_i^2 + a_i^{\dagger 2}) - a_i^\dagger a_i\right\}: \\ &= :\exp\left\{\frac{1}{2}(R_{ji}a_j^\dagger + a_i)^2 - \frac{1}{2}(a_i^{\dagger 2} + a_i^2) - a_i^\dagger a_i\right\}: \\ &= :\exp\{a_j^\dagger(R_{ji} - \delta_{ji})a_i\}:\end{aligned} \tag{6.5}$$

或写成

$$D(R) = :\exp\left\{(a_1^\dagger\ a_2^\dagger\ a_3^\dagger)[R(\alpha,\beta,\gamma) - \mathbb{1}]\begin{pmatrix}a_1\\a_2\\a_3\end{pmatrix}\right\}: \tag{6.6}$$

其中$\mathbb{1}$ 是 3×3 单位矩阵.

类似地,对连续两次几何转动 $R'R$,我们有

$$D(R'R) = \int d^3\boldsymbol{r}\,|R'R\boldsymbol{r}\rangle\langle\boldsymbol{r}| = :\exp\left\{(a_1^\dagger\ a_2^\dagger\ a_3^\dagger)(R'R - \mathbb{1})\begin{pmatrix}a_1\\a_2\\a_3\end{pmatrix}\right\}: \tag{6.7}$$

注意,我们的出发点只是知道 R,在此基础上用狄拉克的坐标表象构造积分式(6.1),并用 IWOP 积分之.即在上述处理中,我们并没有先验地用角动量算符.下面将阐明,从式(6.6)可以引导出角动量算符 $\boldsymbol{J}$,并证明 $D(R)$即是 $\exp(\mathrm{i}\boldsymbol{\psi}\cdot\boldsymbol{J})$类型的 SO(3)转动算符.为此,我们先给出坐标 x_i 与动量 p_i 在转动算符 $D(R)$的变换下的变化规律.根据式(6.1),有

$$D(R)x_i D^{-1}(R) = R_{ij}^{-1}x_j,\quad D(R)p_i D^{-1}(R) = R_{ij}^{-1}p_j \tag{6.8}$$

后者是因为在动量表象中 $D(R)$表示为

$$D(R) = \int d^3\boldsymbol{p}\,|R\boldsymbol{p}\rangle\langle\boldsymbol{p}| \tag{6.9}$$

根据式(2.5)可知产生算符与湮没算符的变化规律

$$D(R)a_i^\dagger D^{-1}(R) = a_j^\dagger R_{ji},\quad D(R)a_i D^{-1}(R) = a_j R_{ji} \tag{6.10}$$

另一方面,由算符恒等式(3.18),可知以下指数算符引起

$$\exp[a_i^\dagger(\ln R)_{ij}a_j]a_l^\dagger\exp[-a_i^\dagger(\ln R)_{ij}a_j]=a_j^\dagger R_{jl} \tag{6.11}$$

即产生与转动相同的效果.于是在精确到一个相因子的范围内,可以认同

$$D(R)=\exp\{a_i^\dagger(\ln R)_{ij}a_j\} \tag{6.12}$$

实际上,上式是精确地成立,关于这一点在后面还会涉及.所以,有必要计算出转动矩阵 R 的对数函数.由于 R 是一个规范矩阵可以通过对角化求出 $\ln R$ 来,计算结果是(见习题 1)

$$\ln R=\frac{\psi}{\sin\frac{\psi}{2}}\begin{pmatrix}0 & \mp\cos\frac{\beta}{2}\sin\frac{\alpha+\gamma}{2} & \pm\sin\frac{\beta}{2}\cos\frac{\alpha-\gamma}{2}\\ \mp\cos\frac{\beta}{2}\sin\frac{\alpha+\gamma}{2} & 0 & \pm\sin\frac{\beta}{2}\sin\frac{\alpha-\gamma}{2}\\ \mp\sin\frac{\beta}{2}\cos\frac{\alpha-\gamma}{2} & \mp\sin\frac{\beta}{2}\sin\frac{\alpha-\gamma}{2} & 0\end{pmatrix} \tag{6.13}$$

式中

$$\left.\begin{aligned}\cos\frac{\psi}{2}&=\cos\frac{\beta}{2}\left|\cos\frac{\alpha+\gamma}{2}\right|\\ \sin\frac{\psi}{2}&=\left[1-\cos^2\frac{\beta}{2}\cos^2\frac{\alpha+\gamma}{2}\right]^{1/2}\end{aligned}\right\} \tag{6.14}$$

其中,$0\leqslant\beta\leqslant\pi$.注意 $\ln R$ 是一个反对称矩阵.为了进一步看出它的意义,引入 SO(3) 群的三个无穷小生成元

$$L_1=\begin{pmatrix}0&0&0\\0&0&-\mathrm{i}\\0&\mathrm{i}&0\end{pmatrix},\quad L_2=\begin{pmatrix}0&0&\mathrm{i}\\0&0&0\\-\mathrm{i}&0&0\end{pmatrix}\quad L_3=\begin{pmatrix}0&-\mathrm{i}&0\\\mathrm{i}&0&0\\0&0&0\end{pmatrix} \tag{6.15}$$

并记

$$(a_1^\dagger,a_2^\dagger,a_3^\dagger)L_i\begin{pmatrix}a_1\\a_2\\a_3\end{pmatrix}=J_i \tag{6.16}$$

显然

$$\left.\begin{aligned}J_1&=\mathrm{i}(a_3^\dagger a_2-a_2^\dagger a_3)=x_2p_3-x_3p_2\\ J_2&=\mathrm{i}(a_1^\dagger a_3-a_3^\dagger a_1)=x_3p_1-x_1p_3\\ J_3&=\mathrm{i}(a_2^\dagger a_1-a_1^\dagger a_2)=x_1p_2-x_2p_1\end{aligned}\right\} \tag{6.17}$$

并且

$$D(R) = \exp\{\mathrm{i}\psi(n_1 J_1 + n_2 J_2 + n_3 J_3)\} \equiv \exp(\mathrm{i}\psi \boldsymbol{n} \cdot \boldsymbol{J}) \tag{6.18}$$

其中

$$\left.\begin{aligned} n_1 &= \pm \sin\frac{\beta}{2}\sin\frac{\alpha-\gamma}{2}\Big/\sin\frac{\psi}{2} \\ n_2 &= \mp \sin\frac{\beta}{2}\cos\frac{\alpha-\gamma}{2}\Big/\sin\frac{\psi}{2} \\ n_3 &= \mp \cos\frac{\beta}{2}\sin\frac{\alpha+\gamma}{2}\Big/\sin\frac{\psi}{2} \\ n_1^2 &+ n_2^2 + n_3^2 = 1 \end{aligned}\right\} \tag{6.19}$$

式中的“±”分别相应于 $\cos\frac{\alpha+\gamma}{2}>0$ 或 <0. 这样做就自然地看到 J_i 的出现,即角动量算符,也看到

$$\int \mathrm{d}^3 \boldsymbol{r} \mid R\boldsymbol{r}\rangle\langle \boldsymbol{r} \mid = \exp(\mathrm{i}\psi \boldsymbol{n} \cdot \boldsymbol{J}) \tag{6.20}$$

代表量子力学意义下的转动算符,ψ 是转角,$\boldsymbol{n}$ 是转动轴.

所以,我们就从狄拉克的坐标表象和三维欧氏空间中的经典转动为出发点,用 IWOP 技术自然地给出了角动量算符及相应的转动算符(包括其正规乘积形式),这进一步说明,狄拉克的表象理论一旦与 IWOP 技术相结合,就会有更多的应用. 我们也体会到,积分型的 ket-bra 算符,对于明显地表述从经典变换到量子算符的映射,十分方便. 因为 ket-bra 中的宗量是经典数,也可以包容经典数的变换. 这使我们想到为什么狄拉克对理论研究中的记号问题一向十分重视. 在《回忆激动人心的年代》一文中,他强调:“……撰写新问题的论文的人应该十分注意这个记号问题. 因为他们正在开创某种可能将要永垂不朽的东西.”“……这导致一篇打下量子力学一般变换理论基础的作品,也给出了一个适当记号的基本特征.”“……成了现在量子力学中使用的标准记号.”IWOP 技术也正是借助了狄拉克记号的优点得以充分发挥作用的.

6.2 引起转动的哈密顿量与角速度的导出

上一节,我们已看到,在坐标表象内用 IWOP 技术把 $\int \mathrm{d}^3 \boldsymbol{r} \mid R\boldsymbol{r}\rangle\langle \boldsymbol{r} \mid$ 积分,会自然地出现角动量算符及相应的指数形转动算符 $\exp(\mathrm{i}\psi \boldsymbol{n} \cdot \boldsymbol{J})$,它使本征矢 $\mid \boldsymbol{r}\rangle$ 变成

$|Rr\rangle$. 现在，我们问：是什么样的哈密顿量能使 $t=0$ 时刻的 $|\boldsymbol{r}\rangle$ 态演化为 t 时刻的 $|R\boldsymbol{r}\rangle$ 态？在演化过程中的角速度是什么？让

$$D(R(t)) = \int \mathrm{d}^3 \boldsymbol{r}\, |R(t)\boldsymbol{r}\rangle\langle \boldsymbol{r}| \tag{6.21}$$

两边对时间求导数，得到

$$\frac{\partial D}{\partial t} = \frac{\partial}{\partial t}\int \mathrm{d}^3 \boldsymbol{r}\, \pi^{-3/2} : \mathrm{e}^V := \sqrt{2}\dot{R}_{ij}a_i^\dagger F(x_j) \tag{6.22}$$

其中

$$F(x_j) = \pi^{-3/2}\int \mathrm{d}^3 \boldsymbol{r}\, x_j : \mathrm{e}^V : \tag{6.23}$$

$$: \mathrm{e}^V :\equiv: \exp\left\{-x_i^2 + \sqrt{2}a_i^\dagger R_{ij}x_j + \sqrt{2}x_i a_i - \frac{1}{2}(a_i + a_i^\dagger)^2\right\}: \tag{6.24}$$

注意到

$$F(x_j) = \frac{1}{\sqrt{2}}\int \mathrm{d}^3 \boldsymbol{r}\, \pi^{-3/2} : \left[\frac{\partial}{\partial a_j} + a_j + a_j^\dagger\right]\mathrm{e}^V : \tag{6.25}$$

所以，利用第 3 章的式(3.8)，可知

$$\begin{aligned} F(x_j) &= \frac{1}{\sqrt{2}}\{[D(R(t)), a_j^\dagger] + D(R(t))a_j + a_j^\dagger D(R(t))\} \\ &= D(R(t))\hat{x}_j = R^{-1}(t)_{jk}\hat{x}_k D(R(t)) \\ &= R(t)_{kj}\hat{x}_k D(R(t)) \end{aligned} \tag{6.26}$$

代回式(6.22)中得到

$$\frac{\partial D}{\partial t} = a_i^\dagger \dot{R}_{ij} R(t)_{kj}(a_k + a_k^\dagger)D(R(t)) \tag{6.27}$$

由于

$$\dot{R}_{ij}R_{kj} = -R_{ij}\dot{R}_{kj} \tag{6.28}$$

对指标 i 和 k 是反对称为，而 $a_i^\dagger a_k^\dagger$ 对于 i 和 k 是对称的，故有

$$\frac{\partial D}{\partial t} = a_i^\dagger a_k \dot{R}_{ij}R_{kj}D(R(t)) \tag{6.29}$$

把它与薛定谔方程 $\mathrm{i}\hbar\partial U/\partial t = H(t)U(t)$ 相比较，可知产生转动 $|\boldsymbol{r}\rangle_{t=0} \Rightarrow |R(t)\boldsymbol{r}\rangle$ 的动力学哈密顿量是

$$\begin{aligned} H(t) &= \frac{\mathrm{i}\hbar}{2}\{(\dot{R}_{1j}R_{2j} - R_{1j}\dot{R}_{2j})(a_1^\dagger a_2 - a_1 a_2^\dagger) + (3,1)\text{ 项} + (2,3)\text{ 项}\} \\ &= \frac{\mathrm{i}\hbar}{2}\varepsilon_{ijk}\varepsilon_{ipq}\dot{R}_{jm}R_{km}a_p^\dagger a_q \end{aligned} \tag{6.30}$$

其中 ε_{ijk} 是全反对称张量，$\varepsilon_{123}=1$. 利用角动量 $\boldsymbol{J}$ 的定义式 $J_i=-\mathrm{i}\hbar\varepsilon_{ipq}a_p^\dagger a_q$ 以及以三个欧拉角表征的转动矩阵 $R(t)$，最终可得 $\dot{R}_{ij}$ 的值，例如 $\frac{1}{2}(\dot{R}_{1j}R_{2j}-R_{1j}\dot{R}_{2j})=-(\dot{\alpha}+\dot{\gamma}\cos\beta)$. 于是

$$H(t)=\boldsymbol{\omega}\cdot\boldsymbol{J} \tag{6.31}$$

其中 $\boldsymbol{\omega}$ 是角速度矢量

$$\boldsymbol{\omega}=(\dot{\gamma}\cos\alpha\sin\beta-\dot{\beta}\sin\alpha,\dot{\gamma}\sin\alpha\sin\beta+\dot{\beta}\cos\alpha,\dot{\gamma}\cos\beta+\dot{\alpha}) \tag{6.32}$$

上述做法自然地给出了角速度的值，这是其优点.

6.3　Schwinger 玻色实现下转动算符的正规乘积表式

Schwinger 曾提出，用两个模式的玻色算符来忠实地表示角动量[71]，即

$$J_+=a_1^\dagger a_2,\quad J_-=a_2^\dagger a_1,\quad J_z=\frac{1}{2}(a_1^\dagger a_1-a_2^\dagger a_2) \tag{6.33}$$

相应的 J_z 与 $\boldsymbol{J}^2$ 的本征态 $|jm\rangle$ 用双模 Fock 空间的粒子态来表示

$$|jm\rangle=\frac{a_1^{\dagger j+m}a_2^{\dagger j-m}}{\sqrt{(j+m)!(j-m)!}}|00\rangle \tag{6.34}$$

现在，我们问相应的转动算符

$$\exp(\mathrm{i}\boldsymbol{\psi},\boldsymbol{J})=\exp(\mathrm{i}\psi\hat{\boldsymbol{n}}\cdot\boldsymbol{J}),\quad \hat{n}=(\sin\theta\cos\phi,\sin\theta\sin\phi,\cos\theta) \tag{6.35}$$

的正规乘积展开是什么？我们可用相干态的完备性和 IWOP 技术解决这个问题.注意到

$$\left.\begin{aligned}\mathrm{e}^{-\mathrm{i}J_y\theta}J_z\mathrm{e}^{\mathrm{i}J_y\theta}&=J_z\cos\theta+J_x\sin\theta\\ \mathrm{e}^{-\mathrm{i}J_z\phi}J_x\mathrm{e}^{\mathrm{i}J_z\phi}&=J_x\cos\phi+J_y\sin\phi\end{aligned}\right\} \tag{6.36}$$

故有

$$\exp[\mathrm{i}\boldsymbol{\psi}\cdot\boldsymbol{J}]=\mathrm{e}^{-\mathrm{i}J_z\phi}\mathrm{e}^{-\mathrm{i}J_y\theta}\mathrm{e}^{\mathrm{i}\psi J_z}\mathrm{e}^{\mathrm{i}J_y\theta}\mathrm{e}^{\mathrm{i}J_z\phi} \tag{6.37}$$

在 Schwinger 玻色子实现下，用算符恒等式(6.9)可得

$$\left.\begin{aligned}\mathrm{e}^{-\mathrm{i}J_z\phi}a_1^\dagger\mathrm{e}^{\mathrm{i}J_z\phi}&=a_1^\dagger\mathrm{e}^{-\mathrm{i}\phi/2}\\ \mathrm{e}^{-\mathrm{i}J_z\phi}a_2^\dagger\mathrm{e}^{\mathrm{i}J_z\phi}&=a_2^\dagger\mathrm{e}^{\mathrm{i}\phi/2}\\ \mathrm{e}^{-\mathrm{i}J_y\theta}a_1^\dagger\mathrm{e}^{\mathrm{i}J_y\theta}&=a_1^\dagger\cos\frac{\theta}{2}+a_2^\dagger\sin\frac{\theta}{2}\\ \mathrm{e}^{-\mathrm{i}J_y\theta}a_2^\dagger\mathrm{e}^{\mathrm{i}J_y\theta}&=a_2^\dagger\cos\frac{\theta}{2}-a_1^\dagger\sin\frac{\theta}{2}\end{aligned}\right\} \tag{6.38}$$

联立(6.37)和(6.38)诸式,给出

$$\left.\begin{aligned}\exp(\mathrm{i}\boldsymbol{\psi}\cdot\boldsymbol{J})a_1^\dagger\exp(-\mathrm{i}\boldsymbol{\psi}\cdot\boldsymbol{J}) &= \left(\cos\frac{\psi}{2}+\mathrm{i}\sin\frac{\psi}{2}\cos\theta\right)a_1^\dagger+\mathrm{i}\sin\theta\sin\frac{\psi}{2}\mathrm{e}^{\mathrm{i}\phi}a_2^\dagger\\ \exp(\mathrm{i}\boldsymbol{\psi}\cdot\boldsymbol{J})a_2^\dagger\exp(-\mathrm{i}\boldsymbol{\psi}\cdot\boldsymbol{J}) &= \mathrm{i}\sin\theta\sin\frac{\psi}{2}\mathrm{e}^{-\mathrm{i}\phi}a_1^\dagger+\left(\cos\frac{\psi}{2}-\mathrm{i}\sin\frac{\psi}{2}\cos\theta\right)a_2^\dagger\end{aligned}\right\} \tag{6.39}$$

显然

$$\exp(\mathrm{i}\boldsymbol{\psi}\cdot\boldsymbol{J})\,|\,00\rangle=|\,00\rangle \tag{6.40}$$

故用相干态过完备性及 IWOP 技术可导出[72]

$$\begin{aligned}\exp(\mathrm{i}\boldsymbol{\psi}\cdot\boldsymbol{J}) &= \int\frac{\mathrm{d}^2z_1\mathrm{d}^2z_2}{\pi^2}\exp(\mathrm{i}\boldsymbol{\psi}\cdot\boldsymbol{J})\exp(z_1a_1^\dagger+z_2a_2^\dagger)\\ &\quad\times\exp(-\mathrm{i}\boldsymbol{\psi}\cdot\boldsymbol{J})\,|\,00\rangle\langle z_1,z_2\,|\exp\left[-\frac{1}{2}(|\,z_1\,|^2+|\,z_2\,|^2)\right]\\ &= \int\frac{\mathrm{d}^2z_1\mathrm{d}^2z_2}{\pi^2}:\exp\left\{-|\,z_1\,|^2-|\,z_2\,|^2+\left[z_1\left(\cos\frac{\psi}{2}+\mathrm{i}\sin\frac{\psi}{2}\cos\theta\right)\right.\right.\\ &\quad\left.+\mathrm{i}z_2\sin\theta\sin\frac{\psi}{2}\mathrm{e}^{-\mathrm{i}\phi}\right]a_1^\dagger\\ &\quad+\left[\mathrm{i}z_1\sin\theta\sin\frac{\psi}{2}\mathrm{e}^{\mathrm{i}\phi}+z_2\left(\cos\frac{\psi}{2}-\mathrm{i}\sin\frac{\psi}{2}\cos\theta\right)\right]a_2^\dagger\\ &\quad\left.+z_1^*a_1+z_2^*a_2-a_1^\dagger a_1-a_2^\dagger a_2\right\}:\\ &=:\exp\left[\left(\cos\frac{\psi}{2}+\mathrm{i}\sin\frac{\psi}{2}\cos\theta-1\right)a_1^\dagger a_1\right.\\ &\quad+\left(\cos\frac{\psi}{2}-\mathrm{i}\sin\frac{\psi}{2}\cos\theta-1\right)a_2^\dagger a_2\\ &\quad\left.+\mathrm{i}\sin\theta\sin\frac{\psi}{2}\mathrm{e}^{\mathrm{i}\phi}a_2^\dagger a_1+\mathrm{i}\sin\theta\sin\frac{\psi}{2}\mathrm{e}^{-\mathrm{i}\phi}a_1^\dagger a_2\right]:\end{aligned} \tag{6.41}$$

这就是 Schwinger 玻色子实现下转动算符的正规乘积展开式.特别,可导出

$$\mathrm{e}^{\mathrm{i}\theta J_x}=:\exp\left[(a_1^\dagger\quad a_2^\dagger)\begin{pmatrix}\cos\frac{\theta}{2}-1 & \mathrm{i}\sin\frac{\theta}{2}\\ \mathrm{i}\sin\frac{\theta}{2} & \cos\frac{\theta}{2}-1\end{pmatrix}\begin{pmatrix}a_1\\ a_2\end{pmatrix}\right]: \tag{6.42}$$

$$e^{i\theta J_y} = :\exp\left[(a_1^\dagger \ a_2^\dagger)\begin{pmatrix}\cos\frac{\theta}{2}-1 & \sin\frac{\theta}{2} \\ -\sin\frac{\theta}{2} & \cos\frac{\theta}{2}-1\end{pmatrix}\begin{pmatrix}a_1 \\ a_2\end{pmatrix}\right]: \tag{6.43}$$

以下将介绍转动算符的正规乘积展开的应用.

6.4　转动群类算符的计算

由群论知识,所有有相同转角 ψ 的转动组成转动群的一个类.类算符定义为[73]

$$c(\psi) = \int_0^{2\pi}\mathrm{d}\phi\int_0^{\pi}\sin\theta\mathrm{d}\theta\exp[\mathrm{i}\psi(J_x\sin\theta\cos\phi + J_y\sin\theta\sin\phi + J_z\cos\theta)] \tag{6.44}$$

由于角动量算符满足的对易关系是

$$[J_i, J_j] = \mathrm{i}\varepsilon_{ijk}J_k, \quad i,j,k = (x,y,z) \tag{6.45}$$

似乎对式(6.44)实行积分是困难的.以前的文献只是做到当 ψ 角很小时,将 $\exp(\mathrm{i}\boldsymbol{\psi}\cdot\boldsymbol{J})$ 作泰勒展开到 ψ 的一次幂,再积分得到 $c(\psi)$ 的近似值

$$\begin{aligned} c(\psi) &\approx \int_0^{2\pi}\mathrm{d}\phi\int_0^{\pi}\sin\theta\,\mathrm{d}\theta[1 - \mathrm{i}(J_x\sin\theta\cos\phi \\ &\quad + J_y\sin\theta\sin\phi + J_z\cos\theta)\psi + O(\psi^2)] \\ &= 4\pi\left[1 - \frac{1}{3!}(J_x^2 + J_y^2 + J_z^2)\psi^2 + O(\psi^4)\right] \end{aligned} \tag{6.46}$$

现在,由于有了 IWOP 技术,我们可在 Schwinger 玻色子实现下对 $c(\psi)$ 精确地积分[74],先将正规乘积形式式(6.41)写为

$$\begin{aligned} \exp(\mathrm{i}\boldsymbol{\psi}\cdot\boldsymbol{J}) = :\exp\Big[&\left(\cos\frac{\psi}{2}-1\right)(a_1^\dagger a_1 + a_2^\dagger a_2) + 2\mathrm{i}\sin\frac{\psi}{2}\cos\theta J_z \\ &+ \mathrm{i}\sin\frac{\psi}{2}\sin\theta(e^{\mathrm{i}\phi}J_- + e^{-\mathrm{i}\phi}J_+)\Big]: \end{aligned} \tag{6.47}$$

这里的 $J_\pm, J_z$ 是在：：内部,因而是相互对易的.因此,在积分过程中可以作为参数来对待.令 $s = a_1^\dagger a_1 + a_2^\dagger a_2$,$c(\psi)$ 变成(取 $e^{i\phi} = z$)：

$$c(\psi) = :\exp\left[\left(\cos\frac{\psi}{2}-1\right)s\right]\int_0^{\pi}\sin\theta\,\mathrm{d}\theta\exp\left(2\mathrm{i}\sin\frac{\psi}{2}\cos\theta J_z\right)$$

$$\times\oint_{|z|=1}\frac{\mathrm{d}z}{\mathrm{i}z}\exp\left[\mathrm{i}\sin\frac{\psi}{2}\sin\theta(zJ_-+z^{-1}J_+)\right]: \tag{6.48}$$

其中围道积分路径是个单位圆,按照柯西定律有

$$\begin{aligned}c(\psi)&=:\exp\left[\left(\cos\frac{\psi}{2}-1\right)s\right]\int_0^\pi\sin\theta\,\mathrm{d}\theta\exp\left(2\mathrm{i}\sin\frac{\psi}{2}\cos\theta J_z\right)\\&\quad\times\sum_{k=0}^{\infty}\frac{2\pi}{(2k)!}\left(\mathrm{i}\sin\frac{\psi}{2}\sin\theta\right)^{2k}\binom{2k}{k}(J_-J_+)^k:\\&=2\pi:\exp\left[\left(\cos\frac{\psi}{2}-1\right)s\right]\sum_{k=0}^{\infty}\frac{(-1)^k(J_-J_+)^k}{(k!)^2}\sin^{2k}\frac{\psi}{2}\\&\quad\times\sum_{n=0}^{\infty}\frac{(-1)^n\left(2\sin\frac{\psi}{2}J_z\right)^{2n}}{(2n)!}\int_0^\pi\cos^{2n}\theta\sin^{2k+1}\theta\,\mathrm{d}\theta\\&=4\pi:\exp\left[\left(\cos\frac{\psi}{2}-1\right)s\right]\\&\quad\times\sum_{k=0}^{\infty}\sum_{n=0}^{\infty}\frac{(-2)^{k+n}\sin^{2(k+n)}\frac{\psi}{2}}{n!k!(2k+2n+1)!!}(J_-J_+)^kJ_z^{2n}:\end{aligned}\tag{6.49}$$

其中用到了

$$\int_0^\pi\cos^{2n}\theta\sin^{2k+1}\theta\,\mathrm{d}\theta=B\left(k+1,n+\frac{1}{2}\right)\equiv\frac{2^{k+1}k!(2n-1)!!}{(2k+2n+1)!!}\tag{6.50}$$

令 $m=k+n$,并重排双重求和号

$$\sum_{k=0}^{\infty}\sum_{n=0}^{\infty}A_kB_n=\sum_{m=0}^{\infty}\sum_{n=0}^{\infty}A_{m-n}B_n\tag{6.51}$$

则 $c(\psi)$变为

$$\begin{aligned}c(\psi)&=4\pi:\exp\left[\left(\cos\frac{\psi}{2}-1\right)s\right]\sum_{m=0}^{m}\sum_{n=0}^{\infty}\frac{(-2)^m\sin^{2m}\frac{\psi}{2}}{m!(2m+1)!!}\binom{m}{n}(J_-J_+)^{m-n}J_z^{2n}:\\&=4\pi:\exp\left[\left(\cos\frac{\psi}{2}-1\right)s\right]\sum_{m=0}^{\infty}\frac{(-4)^m}{(2m+1)!}\sin^{2m}\frac{\psi}{2}(J_-J_++J_z^2)^m:\\&=4\pi:\exp\left[\left(\cos\frac{\psi}{2}-1\right)s\right]\frac{\sin\left[\left(\sin\frac{\psi}{2}\right)s\right]}{\left(\sin\frac{\psi}{2}\right)s}:\end{aligned}\tag{6.52}$$

推导中用了 $:J_-J_++J_z^2:=:\left(\frac{s}{2}\right)^2:$.进一步可把式(6.52)写为

$$c(\psi)=\frac{4\pi:\{\exp[(\mathrm{e}^{\mathrm{i}\psi/2}-1)s]-\exp[(\mathrm{e}^{-\mathrm{i}\psi/2}-1)s]\}}{\left(2\mathrm{i}\sin\frac{\psi}{2}\right)}: \tag{6.53}$$

用算符恒等式

$$(1+\lambda)^s=[\mathrm{e}^{\ln(1+\lambda)}]^s=:\mathrm{e}^{\lambda s}:,\quad S=a_1^\dagger a_1+a_2^\dagger a_2 \tag{6.54}$$

得到

$$\begin{aligned}:\frac{\mathrm{e}^{\lambda s}-1}{s}:&=:\int_0^1\mathrm{d}(\lambda t)\mathrm{e}^{\lambda ts}:=\int_0^1\mathrm{d}(\lambda t)(1+\lambda t)^s\\&=\frac{1}{s+1}[(1+\lambda)^{s+1}-1]\end{aligned} \tag{6.55}$$

令 $t=s+1=a_1^\dagger a_1+a_2^\dagger a_2+1$,则有

$$t^2-1=2(a_1^\dagger a_1+a_2^\dagger a_2)\left[\frac{1}{2}(a_1^\dagger a_1+a_2^\dagger a_2)+1\right]=4J^2 \tag{6.56}$$

J^2 是角动量算符平方.依靠(6.55)可得

$$\begin{aligned}c(\psi)=&\frac{2\pi}{\mathrm{i}\sin\frac{\psi}{2}}\left\{:\frac{\exp[(\mathrm{e}^{\mathrm{i}\psi/2}-1)s]-1}{s}:\right.\\&\left.-:\frac{\exp[(\mathrm{e}^{-\mathrm{i}\psi/2}-1)s]-1}{s}:\right\}=\frac{4\pi\sin\frac{\psi t}{2}}{t\sin\frac{\psi}{2}}\end{aligned} \tag{6.57}$$

这就是类算符的明显且严格的表达式.由此可见,$c(\psi)$只与总角动量算符平方有关.这与群论所预料的类算符的性质一致因为类算符是与该群的生成元都对易的算符.值得指出,把 $c(\psi)$的积分式(6.44)化为正规乘积内的积分形式

$$\begin{aligned}c(\psi)=&\int_0^{2\pi}\mathrm{d}\phi\int_0^{\pi}\sin\theta\,\mathrm{d}\,\theta:\exp\left[\left(\cos\frac{\psi}{2}-1\right)s\right.\\&\left.+2\mathrm{i}\sin\frac{\psi}{2}(\cos\theta J_z+J_x\sin\theta\cos\varphi+J_y\sin\theta\sin\varphi)\right]:\end{aligned} \tag{6.58}$$

以后,可以借用泊松积分公式

$$\begin{aligned}&\int_0^{2\pi}\int_0^{\pi}f(m\sin\theta\cos\varphi+n\sin\theta\sin\varphi+k\cos\theta)\sin\theta\,\mathrm{d}\theta\,\mathrm{d}\varphi\\&=2\pi\int_{-1}^1f(u\sqrt{m^2+n^2+k^2})\mathrm{d}u,\quad m^2+n^2+k^2>0\end{aligned} \tag{6.59}$$

而使式(6.58)中的积分步骤大大化简.事实上,用此公式,则有

$$c(\psi)=2\pi\int_{-1}^1:\exp\left\{u\sqrt{J_x^2+J_y^2+J_z^2}\,2\mathrm{i}\sin\frac{\psi}{2}+\left(\cos\frac{\psi}{2}-1\right)s\right\}:\mathrm{d}u$$

$$= 2\pi\int_{-1}^{1} :\exp\left\{u\mathrm{i}\sin\frac{\psi}{2}s + \left(\cos\frac{\psi}{2} - 1\right)s\right\}: \mathrm{d}u$$

$$= :\frac{2\pi}{\mathrm{i}s\sin\frac{\psi}{2}}\left\{\exp[(\mathrm{e}^{\mathrm{i}\psi/2} - 1)s] - \exp[(\mathrm{e}^{-\mathrm{i}\psi/2} - 1)s]\right\}:$$

与式(6.57)一致.

用 $\csc x$ 的幂级数展开式

$$\csc x = \frac{1}{x} + \frac{1}{6}x + \frac{7}{360}x^3 + \cdots \tag{6.60}$$

可以得到 $c(\psi)$的与 J^2 的幂次成比例的前面四项是:

$$c(\psi) = 4\pi\left[\sum_{k=0}^{\infty}\frac{(-1)^k}{(2k+1)!}t^{2k}\left(\frac{\psi}{2}\right)^{2k+1}\right]\left(\frac{2}{\psi} + \frac{\psi}{12} + \frac{7}{360}\times\frac{\psi^3}{8} + \cdots\right)$$

$$= 4\pi\left[1 - \frac{1}{3!}\psi^2 J^2 + \frac{1}{5!}\psi^4 J^2\left(J^2 - \frac{1}{3}\right) - \frac{1}{7!}\psi^6 J^2\left(J^4 - J^2 + \frac{1}{3}\right) + \cdots\right] \tag{6.61}$$

由式(6.57),又可知道当 J 是半整数时,$c(\psi)$是 ψ 的周期为 4π 的函数;而当 J 是整数时,$c(\psi)$的周期为 2π.基于文献[74]的讨论,在文献[75]和[76]中对李群类算性质与推广做进一步研究.

在本节最后,我们给出一个广义的"转动"算符公式,设 Λ 是一个 $n\times n$ 矩阵,并且 $\det \mathrm{e}^{\Lambda} = 1$,由

$$\exp(a_i^\dagger \Lambda_{ij} a_j) a_l^\dagger \exp(-a_i^\dagger \Lambda_{ij} a_j) = a_i^\dagger (\mathrm{e}^{\Lambda})_{il}$$

及 IWOP 技术与相干态的超完备性,可证明

$$\exp(a_i^\dagger \Lambda_{ij} a_j) = :\exp[a_i^\dagger(\mathrm{e}^{\Lambda} - \mathbb{1})_{ij} a_j]: \tag{6.62}$$

具体的证明及与之相关的群表示说明,将在第 13 章讨论.

6.5 Wigner d - 系数的计算

作为转动算符 $\mathrm{e}^{-\mathrm{i}\beta J_y}$ 的正规乘积形式的另一应用.我们推导 Wigner d-系数[77]

$$\mathrm{d}_{m'm}^{j}(\beta) = \langle jm' | \mathrm{e}^{-\mathrm{i}\beta J_y} | jm \rangle \tag{6.63}$$

其中$|jm\rangle$是 $\boldsymbol{J}^2$ 与 J_z 的本征态,在 Schwinger 玻色子实现下由式(6.34)表示,因为它显然满足

$$\left.\begin{aligned}J_+ \mid jm\rangle &= a_1^\dagger a_2 \mid jm\rangle = \sqrt{(j+1)j - m(m+1)} \mid j, m+1\rangle \\ J_- \mid jm\rangle &= \sqrt{j(j+1) - m(m-1)} \mid j, m-1\rangle\end{aligned}\right\} \tag{6.64}$$

$$J_z \mid j, m\rangle = m \mid jm\rangle \tag{6.65}$$

由相干态的超完备性

$$d^j_{m'm}(\beta) = \int \frac{d^2 z_1 d^2 z_2 d^2 z'_1 d^2 z'_2}{\pi^4} \langle jm' \mid z'_1, z'_2\rangle\langle z'_1 z'_2 \mid e^{-i\beta J_y} \mid z_1 z_2\rangle \times \langle z_1 z_2 \mid jm\rangle \tag{6.66}$$

其中 $e^{-i\beta J_y}$ 的相干态矩阵元,可立即由其正规乘积式(6.43)得 到

$$\begin{aligned}&\langle z'_1, z'_2 \mid e^{-i\beta J_y} \mid z_1 z_2\rangle \\ &= \exp\left\{-\frac{1}{2}(\mid z_1\mid^2 + \mid z_2\mid^2 + \mid z'_1\mid^2 + \mid z'_2\mid^2)\right. \\ &\quad \left. + \cos\frac{\beta}{2}(z'^*_1 z_1 + z'^*_2 z_2) + \sin\frac{\beta}{2}(z'^*_1 z_1 - z'^*_2 z_2)\right\}\end{aligned} \tag{6.67}$$

代入式(6.66)

$$\langle z_1 z_2 \mid jm\rangle = \exp\left[-\frac{1}{2}(\mid z_1\mid^2 + \mid z_2\mid^2)\right] \frac{z_1^{*\,j+m} z_2^{*\,j-m}}{\sqrt{(j+m)!(j-m)!}} \tag{6.68}$$

积分得到

$$\begin{aligned}d^j_{m'm}(\beta) &= \int \frac{d^2 z_1 d^2 z_2 d^2 z'_1 d^2 z'_2}{\pi^4} \exp\left\{-\frac{1}{2}(\mid z_1\mid^2 + \mid z_2\mid^2 + \mid z'_1\mid^2 + \mid z'_2\mid^2)\right. \\ &\quad \left. + \cos\frac{\beta}{2}(z'^*_1 z_1 + z'^*_2 z_2) + \sin\frac{\beta}{2}(z'^*_2 z_1 - z'^*_1 z_2)\right\} \\ &\quad \times \langle jm' \mid z'_1, z'_2\rangle\langle z_1 z_2 \mid jm\rangle \\ &= [(j+m')!(j-m')!(j+m)!(j-m)!]^{1/2} \\ &\quad \times \sum_l \frac{(-1)^l \left(\cos\frac{\beta}{2}\right)^{2j+m'-m-2l} \left(\sin\frac{\beta}{2}\right)^{2l+m-m'}}{l!(j+m'-l)!(j-m-l)!(m-m'+l)!}\end{aligned} \tag{6.69}$$

其中,l 是取使分母中全部阶乘的宗量非负的一切可能的整数值(对固定的 j, m' 和 m).在积分过程中用到了下列数学公式

$$\int \frac{d^2 z}{\pi} f(z^*) e^{\zeta|z|^2 + cz} = -\frac{1}{\zeta} f\left(-\frac{c}{\zeta}\right), \quad \mathrm{Re}\zeta < 0 \tag{6.70}$$

$$\int \frac{d^2 z}{\pi} z^m z^{*n} e^{\zeta|z|^2} = \delta_{m,n} m!(-1)^{m+n} \zeta^{-(m+1)}, \quad \mathrm{Re}\zeta < 0 \tag{6.71}$$

以上演算表明,转动算符的正规乘积的相干态方法也可以导出 Wigner d- 系数.

6.6　$e^{\lambda J_+}e^{\sigma J_-}$的正规乘积形式[78]

用 IWOP 技术也可以求 $e^{\lambda J_+}e^{\sigma J_-}$的正规乘积形式.注意到

$$\left.\begin{aligned}&e^{\lambda J_+}a_2^\dagger e^{-\lambda J_+}=a_2^\dagger+\lambda a_1^\dagger,\quad e^{\sigma J_-}a_1^\dagger e^{-\sigma J_-}=a_1^\dagger+\sigma a_2^\dagger\\&e^{\lambda J_+}(a_1^\dagger+\sigma a_2^\dagger)e^{-\lambda J_+}=a_1^\dagger+\sigma(a_2^\dagger+\lambda a_1^\dagger)\end{aligned}\right\}\tag{6.72}$$

以及 $e^{\lambda J_+}|00\rangle=|00\rangle$,$e^{\sigma J_-}|00\rangle=|00\rangle$,用相干态过完备性,可得

$$\begin{aligned}e^{\lambda J_+}e^{\sigma J_-}=&\int\frac{d^2z_1d^2z_2}{\pi^2}:\exp\{-|z_1|^2-|z_2|^2+z_1[a_1^\dagger(1+\lambda\sigma)\\&+\sigma a_2^\dagger]+z_1^*a_1+z_2(a_2^\dagger+\lambda a_1^\dagger)+z_2^*a_2-a_1^\dagger a_1-a_2^\dagger a_2\}:\\=&:\exp\{\lambda\sigma a_1^\dagger a_1+\sigma J_-+\lambda J_+\}:\end{aligned}\tag{6.73}$$

同样可导出

$$e^{\sigma J_-}e^{\lambda J_+}=:\exp\{\lambda J_++\sigma J_-+\lambda\sigma a_2^\dagger a_2\}:\tag{6.74}$$

作为应用,计算用下式定义的原子相干态[79](或称为自旋相干态、角动量相干态)的内积

$$|\tau\rangle=\left(\frac{1}{1+|\tau|^2}\right)^je^{\tau J_+}|j,-j\rangle,\quad |j,-j\rangle=\frac{(a_2^\dagger)^{2j}}{\sqrt{(2j)!}}|0,0\rangle\tag{6.75}$$

则用式(6.74)及与上节类似的方法可得内积

$$\begin{aligned}\langle\tau'|\tau\rangle=&[(1+|\tau|^2)(1+|\tau'|^2)]^{-j}\langle j,-j|e^{\tau'^*J_-}e^{\tau J_+}|j,-j\rangle\\=&[(1+|\tau|^2)(1+|\tau'|^2)]^{-j}\int\frac{d^2z_1d^2z_2d^2z_1'd^2z_2'}{\pi^4}\\&\times\frac{(z_1'z_2^*)^{2j}}{(2j)!}\exp[-|z_1|^2-|z_2|^2-|z_1'|^2-|z_2'|^2\\&+\tau z_2'^*z_2+\tau'^*z_2'^*z_1+z_1'^*z_1+(1+\tau'\tau^*)z_2'^*z_2]\\=&[(1+|\tau|^2)(1+|\tau'|^2)]^{-j}(1+\tau\tau'^*)^{2j}\end{aligned}\tag{6.76}$$

可以继续将式(6.75)改写成[80]

$$\begin{aligned}|\tau\rangle=&\exp(\xi J_+-\xi^*J_-)|j,-j\rangle\\=&\exp(\xi a_1^\dagger a_2-\xi^*a_2^\dagger a_1)|j,-j\rangle\end{aligned}\tag{6.77}$$

其中 τ 与 ξ 的关系由下式联系

$$\tau \equiv \mathrm{e}^{-\mathrm{i}\phi}\tan\frac{\theta}{2}, \xi = \frac{\theta}{2}\mathrm{e}^{-\mathrm{i}\phi} \tag{6.78}$$

实际上，由(6.26)式可知，$\exp(\xi J_+ - \xi^* J_-)$的正规乘积形式是

$$\exp[\xi J_+ - \xi^* J_-] = :\exp\left[(a_1^\dagger a_1 + a_2^\dagger a_2)\left(\frac{1}{\sqrt{1+|\tau|^2}} - 1\right) + (a_1^\dagger a_2 \tau - a_2^\dagger a_1 \tau^*)\frac{1}{\sqrt{1+|\tau|^2}}\right]: \tag{6.79}$$

另一方面，用式(6.72)中诸式以及 IWOP 技术，又可证得

$$\begin{aligned}
&\exp(\tau J_+)\exp[J_z \mathrm{In}(1+|\tau|^2)]\exp(-\tau^* J_-) \\
&= \int \frac{\mathrm{d}^2 z_1 \mathrm{d}^2 z_2}{\pi^2} :\exp\left\{-|z_1|^2 - |z_2|^2 + z_1\left[a_1^\dagger \sqrt{1+|\tau|^2}\right.\right. \\
&\quad \left.- \tau^*(a_2^\dagger + \tau a_1^\dagger)\frac{1}{\sqrt{1+|\tau|^2}}\right] + z_2(a_2^\dagger + \tau a_1^\dagger)\frac{1}{\sqrt{1+|\tau|^2}} \\
&\quad \left. + z_1^* a_1 + z_2^* a_2 - a_1^\dagger a_1 - a_2^\dagger a_2\right\}: \\
&= :\exp\left[(a_1^\dagger a_1 + a_2^\dagger a_2)\left(\frac{1}{\sqrt{1+|\tau|^2}} - 1\right)\right. \\
&\quad \left. + (a_1^\dagger a_2 \tau - \tau^* a_2^\dagger a_1)\frac{1}{\sqrt{1+|\tau|^2}}\right]:
\end{aligned} \tag{6.80}$$

故有分解关系

$$\exp(\xi J_+ - \xi^* J_-) = \exp(\tau J_+)\exp[J_z \mathrm{In}(1+|\tau|^2)]\exp(-\tau^* J_-) \tag{6.81}$$

成立. 利用分解式(6.81)，可知

$$\begin{aligned}
\exp(\xi J_+ - \xi^* J_-) a_1^\dagger \exp(\xi^* J_- - \xi J_+) &= a_1^\dagger \cos\frac{\theta}{2} - a_2^\dagger \mathrm{e}^{\mathrm{i}\phi}\sin\frac{\theta}{2} \\
\exp(\xi J_+ - \xi^* J_-) a_2^\dagger \exp(\xi^* J_- - \xi J_+) &= a_2^\dagger \cos\frac{\theta}{2} + a_1^\dagger \mathrm{e}^{-\mathrm{i}\phi}\sin\frac{\theta}{2}
\end{aligned} \tag{6.82}$$

因此，角动量相干态式(6.75)的 Schwinger 实现也可写成粒子态之形式

$$\begin{aligned}
|\tau\rangle &= \frac{1}{\sqrt{(2j)!}}\left(a_2^\dagger \cos\frac{\theta}{2} + a_1^\dagger \mathrm{e}^{-\mathrm{i}\phi}\sin\frac{\theta}{2}\right)^{2j} |00\rangle \\
&= \sum_{l=0}^{2j} \binom{2j}{l}^{1/2} \left(\cos\frac{\theta}{2}\right)^l \left(\sin\frac{\theta}{2}\mathrm{e}^{-\mathrm{i}\phi}\right)^{2j-l} |2j-l, l\rangle
\end{aligned} \tag{6.83}$$

它与第 2 章介绍的光场的二项式态形式类似. 根据式(6.83)和 IWOP 技术，我们可以证明$|\tau\rangle$的完备性关系

$$(2j+1)\int \frac{d\Omega}{4\pi} \mid \tau\rangle\langle\tau \mid = \frac{(2j+1)}{(2j)!}\int_0^{\pi} d\theta \sin\theta \int_0^{2\pi} d\phi : \left(a_2^{\dagger}\cos\frac{\theta}{2} + a_1^{\dagger}e^{-i\phi}\sin\frac{\theta}{2}\right)^{2j}$$
$$\times \left(a_2\cos\frac{\theta}{2} + a_1 e^{i\phi}\sin\frac{\theta}{2}\right)^{2j} \exp(-a_1^{\dagger}a_1 - a_2^{\dagger}a_2) :$$
$$= : \frac{(a_1^{\dagger}a_1 + a_2^{\dagger}a_2)^{2j}}{(2j)!}\exp(-a_1^{\dagger}a_1 - a_2^{\dagger}a_2) : \tag{6.84}$$

由此可见,在 Schwinger 玻色子实现下,原子相干态的完备性是

$$\sum_{j=0,\frac{1}{2},1,\frac{3}{2},\cdots}^{\infty} (2j+1)\int \frac{d\Omega}{4\pi} \mid \tau\rangle\langle\tau \mid = 1 \tag{6.85}$$

原子相干态往往也可用最高权态 $|j,j\rangle$ 来作为“极值”态来定义,即

$$\| \tau\rangle \equiv (1+|\tau|^2)^{-j} e^{\tau J_-} \mid j,j\rangle \tag{6.86}$$

在 Schwinger 玻色实现下,只需引入两个玻色子置换算符(详见第 13 章)P_{12},它具有性质

$$P_{12}a_1P_{12}^{-1} = a_2, \quad P_{12}a_2P_{12}^{-1} = a_1$$

因此

$$\left.\begin{aligned} &P_{12}J_{\pm}P_{12}^{-1} = J_{\mp}, \quad P_{12}J_zP_{12}^{-1} = -J_z \\ &P_{12} \mid j,m\rangle = \mid j,-m\rangle, \quad P_{12} \mid \tau\rangle = \| \tau\rangle \end{aligned}\right\} \tag{6.87}$$

由 P_{12} 及式(6.81)易知,$\exp(\xi J_- - \xi^* J_+)$ 的 J_- 在前、J_+ 在后的分解形式是

$$\begin{aligned} \exp(\xi J_- - \xi^* J_+) &= P_{12}\exp(\xi J_+ - \xi^* J_-)P_{12}^{-1} \\ &= \exp(\tau J_-)\exp[-J_z \ln(1+|\tau|^2)]\exp(-\tau^* J_+) \end{aligned} \tag{6.88}$$

6.7 角动量系统的“相”算符[81,82]

第 2 章已介绍过光场的位相算符 $e^{\pm i\phi}$[见(2.87)式]在 Fock 空间中的行为是

$$e^{i\phi} \mid n\rangle = (1-\delta_{n,0}) \mid n-1\rangle, \quad e^{-i\phi} \mid n\rangle = \mid n+1\rangle \tag{6.89}$$

于是,自然产生这样的问题:能否找到相应的角动量系统的“相”算符,譬如说是 $e^{\pm i\varphi}$,使得存在关系

$$\left.\begin{aligned} e^{i\varphi} \mid j,m\rangle &= \mid j,m-1\rangle(1-\delta_{m,-j}) \\ e^{-i\varphi} \mid j,m\rangle &= \mid j,m+1\rangle(1-\delta_{m,j}) \end{aligned}\right\} \tag{6.90}$$

在 Schwinger 玻色子实现下,这样的“相”算符是存在的

$$\left.\begin{aligned} e^{i\psi} &= \frac{1}{\sqrt{N_1+1}} a_1 a_2^{\dagger} \frac{1}{\sqrt{N_2+1}} \\ e^{-i\psi} &= \frac{1}{\sqrt{N_2+1}} a_2 a_1^{\dagger} \frac{1}{\sqrt{N_1+1}} \end{aligned}\right\} \tag{6.91}$$

其中 $N_i = a_i^{\dagger} a_i$ 比较双模光场的相关算符,可见

$$e^{i\psi} = e^{i\phi_1} e^{-i\phi_2}, \quad e^{-i\psi} = e^{i\phi_2} e^{-i\phi_1} \tag{6.92}$$

利用式(6.34)和(6.91),易证

$$\begin{aligned} e^{i\psi} \mid j,m\rangle &= \frac{1}{\sqrt{N_1+1}} J_{-} \frac{1}{\sqrt{N_2+1}} \mid j,m\rangle \\ &= \frac{1}{\sqrt{j-m+1}} \frac{1}{\sqrt{N_1+1}} \sqrt{j(j+1)-m(m-1)} \mid j,m-1\rangle \\ &= \mid j,m-1\rangle (1-\delta_{m,-j}) \end{aligned} \tag{6.93}$$

类似地有

$$\begin{aligned} e^{-i\psi} \mid jm\rangle &= \frac{1}{\sqrt{N_2+1}} J_{+} \frac{1}{\sqrt{N_1+1}} \mid j,m\rangle \\ &= \frac{1}{\sqrt{j+m+1}} \frac{1}{\sqrt{N_2+1}} \sqrt{j(j+1)-m(m+1)} \mid j,m+1\rangle \\ &= \mid j,m+1\rangle (1-\delta_{m,j}) \end{aligned} \tag{6.94}$$

由角动量算符的基本对易关系,可导出

$$\begin{aligned} [J_z, e^{i\psi}] &= \frac{1}{\sqrt{N_1+1}} [J_z, J_{-}] \frac{1}{\sqrt{N_2+1}} = -e^{i\psi} \\ [J_z, e^{-i\psi}] &= e^{-i\psi} \end{aligned} \tag{6.95}$$

显然,$e^{i\psi}$ 与 $e^{-i\psi}$ 不是厄米算符. 鉴于物理可观测量应该对应厄米算符. 因此我们构造

$$\cos\psi = \frac{1}{2}(e^{i\psi} + e^{-i\psi}), \quad \sin\psi = \frac{1}{2i}(e^{i\psi} - e^{-i\psi}) \tag{6.96}$$

根据式(6.95)和(6.96),可推导出以下对易关系

$$[J_z, \cos\psi] = -i\sin\psi, \quad [J_z, \sin\psi] = i\cos\psi \tag{6.97}$$

根据不确定原理的一般理论(见第 2 章 2.6 节)可知,角动量第三分量与厄米"相"算符满足以下不确定关系

$$\Delta J_z \Delta\cos\psi \geqslant \frac{1}{2} \mid \langle \sin\psi \rangle \mid, \quad \Delta J_z \Delta\sin\psi \geqslant \frac{1}{2} \mid \langle \cos\psi \rangle \mid \tag{6.98}$$

利用角动量相干态的 Schwinger 玻色子实现,角动量系统的"相"算符就可研究其位相特性.

以上讨论表明,在角动量的 Schwinger 玻色表示理论中,可以找到类似光子位相算符的力学量 $\cos\psi$. 以下我们求它的本征态,它显然是可以用角动量态 $|j,m\rangle$ 的完备集来展开, $|j,m\rangle$ 所满足的完备性是

$$\sum_{j=0}^{\infty}\sum_{m=-j}^{j}|j,m\rangle\langle j,m| = 1 \tag{6.99}$$

由此式及式(6.91)可得

$$e^{i\psi} = \sum_{j=0}^{\infty}\sum_{m=-j+1}^{j}|j,m-1\rangle\langle j,m|$$

$$e^{-i\psi} = \sum_{j=0}^{\infty}\sum_{m=-j}^{j-1}|j,m+1\rangle\langle j,m|$$

记 $\cos\psi$ 的本征态为 $|\ \rangle$, 相应的本征值记为 λ

$$\cos\psi|\ \rangle = \lambda|\ \rangle \tag{6.100}$$

用完备性关系式(6.99)把 $|\ \rangle$ 展开,代入上式并记 $\langle jm|\ \rangle = C_{jm}$, 得到

$$\begin{aligned}(e^{i\psi}+e^{-i\psi})&\sum_{j=0}^{\infty}\sum_{m=-j}^{j}|j,m\rangle\langle j,m|\ \rangle \\ &= \sum_{j=0}^{\infty}\left\{\sum_{m=-j+1}^{j}C_{jm}|j,m-1\rangle + \sum_{m=-j}^{j-1}C_{jm}|j,m+1\rangle\right\} \\ &= 2\lambda\sum_{j=0}^{\infty}\sum_{m=-j}^{j}C_{jm}|j,m\rangle\end{aligned}$$

由此得到关于 C_{jm} 的递推关系

$$C_{j,m+1}+C_{j,m-1} = 2\lambda C_{jm}\quad(m\neq\pm j) \tag{6.101}$$

$$C_{j,j-1} = 2\lambda C_{j,j} \tag{6.102}$$

$$C_{j,-j+1} = 2\lambda C_{j,-j} \tag{6.103}$$

从物理需要取本征值 $\lambda=\cos\psi$, $0<\psi<\pi$, 则由三角函数的和差化积公式,立即可得方程(6.101)的解是

$$C_{j,m} = \sin(j+m+1)\psi,\quad m\neq\pm j \tag{6.104}$$

当 $m=-j$ 时,上式与式(6.103)一致.而当 $m=j$ 时,也为了让式(6.104)满足式(6.102),就必须对 ψ 加上约束条件,把(6.104)代入式(6.102)得到

$$C_{j,j-1} = \sin 2j\psi = 2\cos\psi\sin(2j+1)\psi$$

由此看出 ψ 必须是

$$\psi = \frac{n\pi}{2(j+1)},\quad(n=1,2,\cdots,2j+1) \tag{6.105}$$

由式(6.104)与(6.105)可见(在 $|\ \rangle$ 中填入 $\cos\psi$ 这个本征值)

$$|\cos\psi\rangle=\sum_{j=0}^{\infty}\sum_{m=-j}^{j}\sin(j+m+1)\psi\,|jm\rangle \tag{6.106}$$

以上讨论表明,量子光学的某些概念可深入到角动量的Schwinger玻色子表示理论中。现考察Schwinger表示下原子相干态的相位特性。

现在来分析用玻色算符实现的原子相干态(式(6.83))的相位特性.显然,双模谐振子相干态$|z_1z_2\rangle$与原子相干态$\langle\tau|\equiv\langle\theta,\varphi|$的内积是

$$\begin{aligned}\langle\tau\,|\,z_1z_2\rangle&\equiv\langle\theta,\varphi\,|\,z_1,z_2\rangle\\&=\frac{1}{\sqrt{(2j)!}}\exp\left[-\frac{1}{2}(|z_1|^2+|z_2|^2)\right]\\&\quad\times\left(z_2\cos\frac{\theta}{2}+z_1\mathrm{e}^{\mathrm{i}\varphi}\sin\frac{\theta}{2}\right)^{2j}\end{aligned} \tag{6.107}$$

用相算符式(6.91)及谐振子相干态的超完备性,可以算出

$$\begin{aligned}&\langle\theta,\varphi\,|\cos\psi\,|\,\theta,\varphi\rangle\\&=\int\frac{\mathrm{d}^2z_1'\mathrm{d}^2z_2'}{\pi^2}\int\frac{\mathrm{d}^2z_1\mathrm{d}^2z_2}{\pi^2}\langle\theta,\varphi\,|\,z_1z_2\rangle\langle z_1z_2\,|\cos\psi\,|\,z_1'z_2'\rangle\langle z_1'z_2'\,|\,\theta,\psi\rangle\\&=L\sin\theta\cos\varphi\end{aligned} \tag{6.108}$$

$$\langle\theta,\varphi\,|\sin\psi\,|\,\theta,\varphi\rangle=-L\sin\theta\sin\varphi \tag{6.109}$$

其中

$$L=\sum_{l=0}^{2j-1}\frac{j}{[(l+1)(2j-l)]^{1/2}}\binom{2j-1}{l}\left(\cos^2\frac{\theta}{2}\right)^{2j-l-1}\left(\sin^2\frac{\theta}{2}\right)^{l} \tag{6.110}$$

以及

$$\begin{aligned}&\langle\theta,\varphi\,|\cos^2\psi\,|\,\theta,\varphi\rangle\\&=\frac{1}{2}-\frac{1}{4}\left(\sin^{4j}\frac{\theta}{2}+\cos^{4j}\frac{\theta}{2}\right)+\frac{1}{4}\sin^2\theta\cos2\varphi\\&\quad\times\sum_{l=0}^{2j-2}\frac{j(2j-1)}{[(l+1)(l+2)(2j-l)(2j-l+1))]^{1/2}}\\&\quad\times\binom{2j-2}{l}\left(\sin\frac{\theta}{2}\right)^{2l}\left(\cos\frac{\theta}{2}\right)^{2j-l-2}\end{aligned} \tag{6.111}$$

另一方面,我们计算角动量第三分量的原子相干态期望值

$$\begin{aligned}\langle\theta,\varphi\,|\,J_z\,|\,\theta,\varphi\rangle&=\langle j,-j\,|\exp[-(\xi J_+-\xi^*J_-)]J_z\\&\quad\times\exp(\xi J_+-\xi^*J_-)\,|\,j,-j\rangle=-j\cos\theta\end{aligned}$$

以及

$$\langle\theta,\varphi\,|\,J_z^2\,|\,\theta,\varphi\rangle=\langle j,-j\,|\left(J_z\cos\theta+\frac{J_-}{2}\mathrm{e}^{\mathrm{i}\varphi}\sin\theta+\frac{J_+}{2}\mathrm{e}^{-\mathrm{i}\varphi}\sin\theta\right)^2|\,j,-j\rangle$$

$$= j^2\cos^2\theta + \frac{j}{2}\sin^2\theta$$

所以,均方差是

$$(\Delta J_z)^2 = \frac{j}{2}\sin^2\theta \tag{6.112}$$

而 $\Delta\cos\psi$ 的解析表达式几乎是不可能求出的.用计算机数值计算来估计在什么情况下不确定关系式(6.98)取极小值.发现当 θ 角大,j 值大时,$(\Delta J_z)^2(\Delta\cos\psi)^2$ 的值趋于$\frac{1}{4}\langle\sin\psi\rangle^2$,而这时 φ 角的大小对此结果不敏感.另一方面,在不同参量下计算模拟结果表明,当量子数 j 大时,$\langle\sin\psi\rangle$与$\langle\cos\psi\rangle$的经典极限趋近为 $\sin\varphi$ 与 $\cos\varphi$,趋近的速度随 θ 角增大而加快.

数值分析结果支持这样的观点,即在量子数大时,原子相干态是使不确定关系取极小值的态。

实质上,以上四节是发展了角动量的 Schwinger 玻色子表示理论.

6.8 哈密顿量 $H = AJ_x + BJ_y + CJ_z$ 的本征态

本节证明角动量系统

$$H = AJ_x + BJ_y + CJ_z,\quad A,B,C\ 为实数 \tag{6.113}$$

的本征态是一种广义的 SU(2)相干态[83].为此,对 $J_\pm, J_z$ 施行 U 变换

$$U = e^F,\quad F = \lambda^* J_+ - \lambda J_-,\quad \lambda = |\lambda| e^{i\phi} \tag{6.114}$$

由对易关系$[J_\pm, J_z] = \mp J_\pm$,$[J_+, J_-] = 2J_z$,我们导出

$$UJ_zU^{-1} = J_z\cos 2|\lambda| - (\lambda J_- + \lambda^* J_+)\frac{\sin 2|\lambda|}{2|\lambda|}$$

$$U(\lambda J_- + \lambda^* J_+)U^{-1} = (\lambda J_- + \lambda^* J_+)\cos 2|\lambda| + 2|\lambda| J_z\sin 2|\lambda| \tag{6.115}$$

把 H 改写为

$$H = DJ_- + D^* J_+ + CJ_z \tag{6.116}$$

其中 $D = \frac{1}{2}(A + iB) = \frac{1}{2}\sqrt{A^2 + B^2}e^{i\psi}, \psi = \arctan\frac{B}{A}$.

我们对 H 实行 U 变换,得

$$UHU^{-1}=J_z\left[C\cos 2|\lambda|+2|\lambda|\,\mathrm{Re}\frac{D}{\lambda}\sin 2|\lambda|\right]$$
$$+\frac{1}{2}(\lambda J_-+\lambda^*J_+)\left[2\cos 2|\lambda|\cdot\mathrm{Re}\frac{D}{\lambda}-\frac{C}{|\lambda|}\sin 2|\lambda|\right]$$
$$+\mathrm{i}(\lambda J_- -\lambda^*J_+)\left|\frac{D}{\lambda}\right|\sin(\psi-\phi) \tag{6.117}$$

选 λ 的相角 $\phi=\psi=\arctan\frac{B}{A}$,则上式中最后一项为零,于是 $\mathrm{Re}\frac{D}{\lambda}$变成$\left|\frac{D}{\lambda}\right|$.而且我们还有选择$|\lambda|$的余地,使式(6.117)的第二项为零,即

$$\tan 2|\lambda|=\frac{\sqrt{A^2+B^2}}{C},\quad \cos 2|\lambda|=\pm\frac{C}{W}$$
$$\sin 2|\lambda|=\pm\frac{\sqrt{A^2+B^2}}{W},\quad W=\sqrt{A^2+B^2+C^2} \tag{6.118}$$

因此,方程(6.117)现在变为

$$UHU^{-1}=WJ_z$$

由于$|jm\rangle$是 J_z 的本征态,所以 $U^{-1}|jm\rangle$是 H 的本征态.

$$U^{-1}|jm\rangle=\exp(\lambda J_- -\lambda^*J_+)|j,m\rangle\equiv|\lambda,j,m\rangle \tag{6.119}$$

特别,当 $m=-j$,则上式成为第2章所述的SU(2)相干态.

第 7 章　IWOP 技术和 Wigner 算符

7.1　Weyl 对应和 Wigner 算符

量子力学中由于坐标 Q 与动量 P 不对易，故而经典函数 $h(p,q)$ 过渡到量子力学算符的对应是不确定的．人们必须给出一个对应规则，而这规则是否正确要接受实验的检验．注意到了

$$\langle q \mid P \mid q' \rangle = -\mathrm{i}\frac{\partial}{\partial q}\delta(q-q') = \int_{-\infty}^{\infty}\frac{\mathrm{d}p}{2\pi}\mathrm{e}^{\mathrm{i}p(q-q')}p \tag{7.1}$$

$$\langle q \mid Q \mid q' \rangle = \frac{q+q'}{2}\delta(q-q') = \int_{-\infty}^{\infty}\frac{\mathrm{d}p}{2\pi}\mathrm{e}^{\mathrm{i}p(q-q')}\frac{q+q'}{2} \tag{7.2}$$

Weyl 给出一种对应规则[84]（常被用于路径积分）

$$\langle q \mid H(P,Q) \mid q' \rangle = \int_{-\infty}^{\infty}\frac{\mathrm{d}p}{2\pi}\mathrm{e}^{\mathrm{i}p(q-q')}h\left(p,\frac{q+q'}{2}\right) \tag{7.3}$$

为了找出 $H(P,Q)$ 同 $h(q,p)$ 的明显关系，用坐标表象的完备性，可得

$$\begin{aligned} H(P,Q) &= \int_{-\infty}^{\infty}\mathrm{d}q'\int_{-\infty}^{\infty}\mathrm{d}q \mid q\rangle\langle q' \mid \int_{-\infty}^{\infty}\frac{\mathrm{d}p}{2\pi}\mathrm{e}^{\mathrm{i}p(q-q')}h\left(p,\frac{q+q'}{2}\right) \\ &= \frac{1}{2\pi}\iiint_{-\infty}^{\infty}\mathrm{d}p\mathrm{d}q\mathrm{d}u h(p,q)\mathrm{e}^{\mathrm{i}pu}\left| q+\frac{u}{2}\right\rangle\left\langle q-\frac{u}{2}\right| \end{aligned} \tag{7.4}$$

记

$$\int_{-\infty}^{\infty}\frac{\mathrm{d}u}{2\pi}\mathrm{e}^{\mathrm{i}pu}\left| q+\frac{u}{2}\right\rangle\left\langle q-\frac{u}{2}\right| = \Delta(p,q) = \Delta^{\dagger}(p,q) \tag{7.5}$$

为 Wigner 算符[85]，则 Weyl 对应简写为

$$H(P,Q) = \iint_{-\infty}^{\infty}\mathrm{d}p\mathrm{d}q h(p,q)\Delta(p,q) \tag{7.6}$$

它表明 $h(p,q)$ 与 $H(P,Q)$ 对应通过一个积分核(Wigner算符)相联系. 式(7.5)是Wigner算符的坐标表象.

Weyl对应的一个重要应用是可以导出转换矩阵的Feynman路径积分形式. 为了说明这一点,考虑

$$\begin{aligned}\langle q''t'' \mid q't' \rangle &= \langle q'' \mid \mathrm{e}^{-\mathrm{i}H(t''-t')} \mid q' \rangle \\ &= \int \mathrm{d}q_1 \cdots \mathrm{d}q_n \langle q_{n+1} \mid \mathrm{e}^{-\mathrm{i}\varepsilon H} \mid q_n \rangle \langle q_n \mid \mathrm{e}^{-\mathrm{i}\varepsilon H} \mid q_{n-1} \rangle \cdots \langle q_1 \mid \mathrm{e}^{-\mathrm{i}\varepsilon H} \mid q' \rangle \\ &= \int \prod_{i=1}^{n} \mathrm{d}q_i \prod_{j=1}^{n+1} \langle q_j \mid \mathrm{e}^{-\mathrm{i}\varepsilon H} \mid q_{j-1} \rangle \end{aligned} \tag{7.7}$$

其中, $(n+1)\varepsilon = t'' - t'$, ε 是一级小量, $q_{n+1} \equiv q''$, $q_0 \equiv q'$. 式(7.7)中的单个矩阵元为

$$\langle q_j \mid \mathrm{e}^{-\mathrm{i}\varepsilon H} \mid q_{j-1} \rangle = \delta(q_j - q_{j-1}) - \mathrm{i}\varepsilon \langle q_j \mid H(P,Q) \mid q_{j-1} \rangle$$

把Weyl对应规则式(7.3)代入上式右边,我们看到

$$\langle q_j \mid \mathrm{e}^{-\mathrm{i}\varepsilon H} \mid q_{j-1} \rangle = \int \frac{\mathrm{d}p}{2\pi} \exp\left[\mathrm{i}p(q_j - q_{j-1}) - \mathrm{i}\varepsilon h)\left(p, \frac{q_j + q_{j-1}}{2}\right)\right] \tag{7.8}$$

所以

$$\begin{aligned}&\langle q''t'' \mid q't' \rangle \\ &= \int \prod_{i=1}^{n} \mathrm{d}q_i \prod_{j=1}^{n+1} \frac{\mathrm{d}p_i}{2\pi} \exp\left\{\mathrm{i}\varepsilon \sum_{k=1}^{n+1} \left[p_k \frac{q_k - q_{k-1}}{\varepsilon} - h\left(p_k, \frac{q_k + q_{k-1}}{2}\right)\right]\right\} \\ &= \int \left[\frac{\mathrm{d}p\mathrm{d}q}{2\pi}\right] \exp\left\{\mathrm{i}\int_{t'}^{t''} \mathrm{d}t[p\dot{q} - h(p,q)]\right\} \end{aligned} \tag{7.9}$$

这就是转换矩阵元的Feynman路径积分形式[86].

顺便指出,从式(7.5)可见,在压缩算符 $S_1^\dagger(\mu)$(式(3.16))的作用下,Wigner算符变换成

$$\begin{aligned}S_1^\dagger(\mu)\Delta(p,q)S_1(\mu) &= \int_{-\infty}^{\infty} \frac{\mathrm{d}v}{2\pi} \mathrm{e}^{ipv} \left| \left(q + \frac{u}{2}\right)\mu \right\rangle \left\langle \left(q - \frac{u}{2}\right)\mu \right| \mu \\ &= \Delta\left(\frac{p}{\mu}, \mu q\right) \end{aligned} \tag{7.10}$$

7.2　Wigner 算符的相干态表象和正规乘积形式[87~90]

用 IWOP 技术可以直接对式(7.5)积分

$$\Delta(p,q)=\int_{-\infty}^{\infty}\frac{\mathrm{d}u}{2\pi^{3/2}}\exp\left\{-\frac{1}{2}\left(q+\frac{u}{2}\right)^2+\sqrt{2}\left(q+\frac{u}{2}\right)a^{\dagger}-\frac{a^{\dagger 2}}{2}\right\}|0\rangle\langle 0|$$

$$\times\exp\left\{-\frac{1}{2}\left(q-\frac{u}{2}\right)^2+\sqrt{2}\left(q-\frac{u}{2}\right)a-\frac{a^2}{2}\right\}\mathrm{e}^{ipu}$$

$$=\frac{1}{2}\pi^{-3/2}\int_{-\infty}^{\infty}\mathrm{d}u:\exp\left\{-q^2-\frac{u^2}{4}+\sqrt{2}q(a+a^{\dagger})\right.$$

$$\left.+\frac{u}{\sqrt{2}}(a^{\dagger}-a)-\frac{(a+a^{\dagger})^2}{2}\right\}:\mathrm{e}^{ipu}$$

$$=\pi^{-1}:\mathrm{e}^{-(q-Q)^2-(p-P)^2}: \tag{7.11}$$

由此,我们判断 Wigner 算符的相干态表象是$\left(令\ \alpha=\dfrac{q+\mathrm{i}p}{\sqrt{2}}\right)$

$$\Delta(p,q)\to\Delta(\alpha,\alpha^*)=\int\frac{\mathrm{d}^2 z}{\pi^2}|\alpha+z\rangle\langle a-z|\mathrm{e}^{\alpha z^*-z\alpha^*} \tag{7.12}$$

$$H(P,Q)=\iint_{-\infty}^{\infty}\mathrm{d}p\mathrm{d}q\Delta(p,q)h(p,q)\to 2\int\mathrm{d}^2\alpha\Delta(\alpha,\alpha^*)h(\alpha,\alpha^*)$$

$$=H(\alpha,\alpha^{\dagger}) \tag{7.13}$$

因为直接用 IWOP 技术积分之可得与式(7.11)相同的结果

$$\Delta(\alpha,\alpha^*)=\int\frac{\mathrm{d}^2 z}{\pi^2}:\exp\{-|z|^2+(\alpha+z)\alpha^{\dagger}+(\alpha^*-z^*)\alpha$$

$$-\alpha^{\dagger}\alpha+\alpha z^*-z\alpha^*-|\alpha|^2\}:$$

$$=\frac{1}{\pi}:\exp[-2(\alpha^{\dagger}-\alpha^*)(\alpha-\alpha)]: \tag{7.14}$$

特别

$$\Delta(0,0)=\frac{1}{\pi}:\mathrm{e}^{-2\alpha^{\dagger}\alpha}:=\frac{(-)^N}{\pi} \tag{7.15}$$

这里 $N=\alpha^{\dagger}\alpha$.定义平移算符

$$D(\alpha)=\mathrm{e}^{\alpha\alpha^{\dagger}-\alpha^*\alpha} \tag{7.16}$$

则有 $\Delta(\alpha,\alpha^*)$的明显形式

$$\begin{aligned}\Delta(\alpha,\alpha^*) &= \frac{1}{\pi}D(\alpha)(-)^N D^\dagger(\alpha) \\ &= \frac{1}{\pi}e^{2\alpha a^\dagger}(-)^N e^{2\alpha^* a-2|\alpha|^2} \\ &= \frac{1}{\pi}D(2\alpha)(-)^N\end{aligned} \tag{7.17}$$

对任意态 $|\psi\rangle$,定义 $\langle\psi|\Delta(\alpha,\alpha^*)|\psi\rangle$ 为 Wigner 函数,则由式(7.6)知 $H(P,Q)$ 在 $|\psi\rangle$ 态的期望值可由它的经典 Weyl 对应函数取以下的统计平均代替

$$\langle\psi|H(P,Q)|\psi\rangle = \iint_{-\infty}^{\infty}\mathrm{d}p\mathrm{d}q h(p,q)\langle\psi|\Delta(p,q)|\psi\rangle \tag{7.18}$$

因此,求出态的 Wigner 函数是至关重要的. 例如,现在用 Wigner 算符的显式及(7.17)及第 5 章的公式(5.26)即得粒子态的 Wigner 函数

$$\begin{aligned}\langle n|\Delta(\alpha,\alpha^*)|n\rangle &= \frac{1}{\pi}\langle n|D(2\alpha)|n\rangle(-1)^n \\ &= \frac{1}{\pi}e^{-2|\alpha|^2}\mathrm{L}_n^{(0)}(4|\alpha|^2)(-1)^n\end{aligned} \tag{7.19}$$

另一方面,由式(7.10)与(7.11)可求出单模压缩真空态的 Wigner 函数

$$\langle 0|S_1^\dagger(\mu)\Delta(p,q)S_1(\mu)|0\rangle = \frac{1}{\pi}\exp\left[\frac{-p^2}{\mu^2}-q^2\mu^2\right] \tag{7.20}$$

从 Wigner 算符的显式(7.17),我们马上得出 Wigner 函数非恒正的结论. 令 $|\phi\rangle = e^{2\alpha^* a}|\psi\rangle$,则

$$\langle\psi|\Delta(\alpha,\alpha^*)|\psi\rangle = \frac{1}{\pi}e^{-2|\alpha|^2}\langle\phi|(-1)^N|\phi\rangle \tag{7.21}$$

在第 10 章将阐明算符 $(-)^N$ 是宇称算符,进一步定义

$$P_+ = \frac{1}{2}\{1+(-1)^N\},\quad P_- = \frac{1}{2}\{1-(-1)^N\} \tag{7.22}$$

显然,它们有厄米投影算符的性质,即

$$P_+ + P_- = 1,\quad P_+ - P_- = (-1)^N,\quad P_\pm^2 = P_\pm,\quad P_+P_- = 0,\quad P_\pm^\dagger = P_\pm \tag{7.23}$$

于是,态 $|\phi\rangle$ 可分解为

$$|\phi\rangle = (P_+ + P_-)|\phi\rangle \equiv |\phi_+\rangle + |\phi_-\rangle \tag{7.24}$$

$$\langle\phi|P_\pm|\phi\rangle = \langle\phi|P_\pm^\dagger P_\pm|\phi\rangle = \langle\phi_\pm|\phi_\pm\rangle = |\phi_\pm|^2 \tag{7.25}$$

式(7.21)变为

$$\langle\psi|\Delta(\alpha,\alpha^*)|\psi\rangle = \frac{1}{\pi}e^{-2|\alpha|^2}\langle\phi|(P_+ - P_-)|\phi\rangle$$

$$= \frac{1}{\pi} e^{-2|\alpha|^2} (|\phi_+|^2 - |\phi_-|^2)$$

即 Wigner 分布函数是两项之差. 所以, 它不一定是恒正的. 对于混合态

$$\rho = \sum_{\psi} P_{\psi} |\psi\rangle\langle\psi| \tag{7.26}$$

由式(7.17)得 Wigner 函数为

$$W_{\rho}(\alpha,\alpha^*) = \frac{1}{\pi}\sum_{\psi} P_{\psi}\langle\psi| D(2\alpha)(-1)^N |\psi\rangle$$
$$= \frac{1}{\pi}\sum_{\psi} P_{\psi}\langle\psi| : e^{-2(\alpha^{\dagger}-\alpha^*)(\alpha-\alpha)} : |\psi\rangle$$

或上式写成

$$W_{\rho}(\alpha,\alpha^*) = \frac{1}{\pi}\mathrm{tr}\left(\rho\int\frac{d^2 z}{\pi} e^{\alpha z^* - z\alpha^*} |\alpha + z\rangle\langle\alpha - z|\right)$$
$$= \frac{1}{\pi}\int\frac{d^2 z}{\pi} e^{\alpha z^* - z\alpha^*}\langle\alpha - z|\rho|\alpha + z\rangle \tag{7.27}$$

特别当 ρ 是以 P_- 表示(式(2.104))所表征的情况, 得

$$W_{\rho}(\alpha,\alpha^*) = \frac{1}{\pi^2}\int d^2 z P(z)\langle z| : e^{-2(\alpha^{\dagger}-\alpha^*)(\alpha-\alpha)} : |z\rangle$$
$$= \frac{1}{\pi^2}\int d^2 z e^{-2|z-\alpha|^2} P(z) \tag{7.28}$$

此即 P_- 表示与 Wigner 函数的关系. 由 Wigner 算符的明显算符表示, 又可得

$$\mathrm{tr}[\Delta(\alpha_2,\alpha_2^*)\Delta(\alpha_1,\alpha_1^*)]$$
$$= \frac{1}{\pi^2}\int\frac{d^2 z}{\pi}\langle z| \exp[2(\alpha_2 - \alpha_1)\alpha^{\dagger}]\exp[2(\alpha_1^* - \alpha_2^*)\alpha] |z\rangle$$
$$\times \exp[-2|\alpha_1|^2 - 2|\alpha_2|^2 + 4\alpha_1\alpha_2^*]$$
$$= \frac{1}{4\pi}\delta(\alpha_1 - \alpha_2)\delta(\alpha_1^* - \alpha_2^*)$$
$$= \frac{1}{2\pi}\delta(q_1 - q_2)\delta(p_1 - p_2) \tag{7.29}$$

由此给出求经典函数的方程

$$h(p,q) = 2\pi\mathrm{tr}[H(P,Q)\Delta(p,q)] \tag{7.30}$$

或

$$h(\alpha,\alpha^*) = 2\pi\mathrm{tr}[H(P,Q)\Delta(\alpha,\alpha^*)] \tag{7.31}$$

利用 $\Delta(\alpha,\alpha^*)$的正规乘积表达式(7.14)还可以看出它与平移算符互为傅里叶变换, 即

$$
\begin{aligned}
&2\int d^2\alpha e^{z\alpha^*-\alpha z^*}\Delta(\alpha,\alpha^*)\\
&=2\int\frac{d^2\alpha}{\pi}:\exp(-2|\alpha|^2+2\alpha^*\alpha+2\alpha^\dagger\alpha-2\alpha^\dagger\alpha+z\alpha^*-\alpha z^*:)\\
&=e^{z\alpha^\dagger}e^{-z^*\alpha-|z|^2/2}=D(z)
\end{aligned}\tag{7.32}
$$

以及

$$
\begin{aligned}
&\frac{1}{2\pi}\int d^2z e^{\alpha z^*-z\alpha^*}D(z)\\
&=\frac{1}{2}\int\frac{d^2z}{\pi}:\exp\left[-\frac{|z|^2}{2}+z(\alpha^\dagger-\alpha^*)-z^*(a-\alpha)\right]:\\
&=:\exp[-2(a^\dagger-\alpha^*](a-\alpha):=\pi\Delta(a,\alpha^*)
\end{aligned}\tag{7.32′}
$$

在第 12 章中,我们将进一步用 Weyl 编序来研究 Wigner 算符.

7.3 Weyl 对应规则下相干态表象中的泛函数积分

哈密顿量 H 在相干态表象下的 Feynman 转换矩阵元,可写为

$$
\begin{aligned}
\langle z't'|zt\rangle&=\langle z'|e^{-iH(t'-t)}|z\rangle\\
&=\int\prod_{i=1}^{n}\frac{d^2z_i}{\pi}\prod_{j=1}^{n+1}\langle z_j|e^{-i\varepsilon H}|z_{j-1}\rangle
\end{aligned}
$$

其中

$$
\varepsilon=\frac{1}{n+1}(t'-t)\tag{7.33}
$$

是时间分割元. 利用 H 的经典 Weyl 对应式(7.6)及

$$
\iint_{-\infty}^{\infty}dpdq\Delta(p,q)=\frac{1}{\pi}\iint_{-\infty}^{\infty}dpdq:e^{[-(q-Q)^2-(p-P)^2]}:=1
$$

可将式(7.32)中的单项写成

$$
\begin{aligned}
&\langle z_j|e^{-i\varepsilon H}|z_{j-1}\rangle\\
&=\langle z_j|(1-i\varepsilon H)|z_{j-1}\rangle\\
&=\left\langle z_j\left|\iint_{-\infty}^{\infty}dpdq\{\Delta(p,q)[1-i\varepsilon h(p,q)]\}\right|z_{j-1}\right\rangle
\end{aligned}
$$

$$= \langle z_j \mid \iint_{-\infty}^{\infty} \mathrm{e}^{-\mathrm{i}\varepsilon h(p,q)} \Delta(p,q) \mathrm{d}p\mathrm{d}q \mid z_{j-1} \rangle \tag{7.34}$$

再用 $\Delta(p,q)$的正规乘积式(7.14)式,得

$$\langle z_j \mid \mathrm{e}^{-\mathrm{i}\varepsilon H} \mid z_{j-1} \rangle = \iint_{-\infty}^{\infty} \frac{\mathrm{d}p\mathrm{d}q}{\pi} \exp\left\{ -\mathrm{i}\varepsilon h(p,q) - 2(z_j^* - \alpha^*)(z_{j-1} - \alpha) - \frac{|z_j|^2 + |z_{j-1}|^2}{2} + z_j^* z_{j-1} \right\} \tag{7.35}$$

代回式(7.33),就可得到在 Weyl 对应规则下,在相干态表象中泛函积分的一般形式,再对其中的$\prod_{i=1}^{n} \mathrm{d}^2 z_i$ 积分就可以化简它.这作为练习留给有兴趣的读者.

7.4 Weyl 对应乘积公式

设算符 A 与 B 的经典 Weyl 对应函数分别为 A_{w} 与 B_{w}.那么乘积算符 $F=AB$ 的经典对应 F_{w} 与 A_{w} 和 B_{w} 有什么关系呢?换言之,能否由已知的 A_{w}、B_{w} 求出相应于乘积 $F=AB$ 的经典 Weyl 对应函数 F_{w} 呢?用 Wigner 算符的相干态表象可由简单的途径来导出 Weyl 对应乘积公式[91].

先用式(7.13)和式(7.14)给出算符 F 的相干态矩阵元

$$\begin{aligned}\langle z'' \mid F \mid z' \rangle &= \left\langle z'' \middle| 2\int \mathrm{d}^2\alpha F_{\mathrm{w}}(\alpha,\alpha^*) \Delta(\alpha,\alpha^*) \middle| z' \right\rangle \\ &= 2\int \frac{\mathrm{d}^2\alpha}{\pi} F_{\mathrm{w}}(\alpha,\alpha^*) \exp\left[-\frac{1}{2}(|z'|^2 + |z''|^2 - 2|\alpha|^2 + 2z''^*\alpha + 2\alpha^* z' - z''^* z') \right]\end{aligned} \tag{7.36}$$

其中 F_{w} 可由式(7.31)和式(7.12)求出

$$\begin{aligned}F_{\mathrm{w}}(\alpha,\alpha^*) &= 2\pi \mathrm{tr}[F\Delta(\alpha,\alpha^*)] \\ &= 2\int \frac{\mathrm{d}^2 z}{\pi} \langle \alpha - z \mid F \mid z + \alpha \rangle \mathrm{e}^{\alpha z^* - z\alpha^*}\end{aligned} \tag{7.37}$$

由式(7.37)和(7.36),我们能够写 $F_{\mathrm{w}} = (AB)_{\mathrm{w}}$ 为

$$(AB)_{\mathrm{w}}(\alpha,\alpha^*)$$

$$
\begin{aligned}
&= 2\int \frac{d^2 z}{\pi}\langle \alpha - z \mid AB \mid \alpha + z\rangle e^{\alpha z^* - z\alpha^*} \\
&= 2\int \frac{d^2 z d^2 z'}{\pi^2}\langle \alpha - z \mid A \mid z'\rangle\langle z' \mid B \mid \alpha + z\rangle e^{\alpha z^* - z\alpha^*} \\
&= 8\int \frac{d^2 z d^2 z'}{\pi^2}\int \frac{d^2 \delta}{\pi} A_w(\delta,\delta^*)\exp\Big[-\frac{1}{2}(\mid \alpha - z\mid^2 + \mid z'\mid^2 \\
&\quad - 2\mid \delta\mid^2 + 2(\alpha^* - z^*)\delta + 2\delta^* z' - (\alpha^* - z^*)z'\Big]\int \frac{d^2\beta}{\pi} B_w(\beta,\beta^*) \\
&\quad \times \exp\Big[-\frac{1}{2}(\mid z'\mid^2 + \mid \alpha + z\mid^2) - 2\mid\beta\mid^2 + 2\beta^*(\alpha + z) \\
&\quad + 2z'^*\beta - z'^*(\alpha + z) + \alpha z^* - z\alpha^*\Big]
\end{aligned}
\tag{7.38}
$$

在此式中对 $d^2 z$ 与 $d^2 z'$ 积分之得到

$$
\begin{aligned}
(AB)_w(\alpha,\alpha^*) &= 4\int \frac{d^2\delta d^2\beta}{\pi^2} A_w(\delta,\delta^*) e^{2(\alpha^*\delta - \delta^*\alpha)} e^{2(\delta^*\beta - \beta^*\delta)} \\
&\quad \times e^{2(\beta^*\alpha - \beta\alpha^*)} B_w(\beta,\beta^*) \\
&= 4\int \frac{d^2\delta d^2\beta}{\pi^2} A_w(\delta,\delta^*) e^{2(\alpha^*\delta - \delta^*\alpha)} \\
&\quad \times \exp\left[\frac{1}{2}\left(\frac{\overleftarrow{\partial}}{\partial\alpha}\frac{\overrightarrow{\partial}}{\partial\alpha^*} - \frac{\overleftarrow{\partial}}{\partial\alpha^*}\frac{\overrightarrow{\partial}}{\partial\alpha}\right)\right] \\
&\quad \times e^{2(\beta^*\alpha - \beta\alpha^*)} B_w(\beta,\beta^*)
\end{aligned}
\tag{7.39}
$$

注意到其中的$(\alpha^*\delta - \delta^*\alpha)$和$(\beta^*\alpha - \beta\alpha^*)$是纯虚数，所以把式(7.39)可改写为

$$
\begin{aligned}
(AB)_w(\alpha,\alpha^*) &= \mathbb{A}_w(\alpha,\alpha^*) e^{A/2}\, \mathbb{B}_w(\alpha,\alpha^*) \\
&= \mathbb{B}_w(\alpha,\alpha^*) e^{-A/2}\, \mathbb{A}_w(\alpha,\alpha^*)
\end{aligned}
\tag{7.40}
$$

其中$\mathbb{A}_w$与$\mathbb{B}_w$分别是A_w与B_w的傅里叶变换，即

$$
\begin{aligned}
\mathbb{A}_w(\alpha,\alpha^*) &= 2\int \frac{d^2\delta}{\pi} A_w(\delta,\delta^*) e^{2(\alpha^*\delta - \delta^*\alpha)} \\
\mathbb{B}_w(\alpha,\alpha^*) &= 2\int \frac{d^2\beta}{\pi} B_w(\beta,\beta^*) e^{2(\beta^*\alpha - \beta\alpha^*)}
\end{aligned}
\tag{7.41}
$$

$$
A = \frac{\overleftarrow{\partial}}{\partial\alpha}\frac{\overrightarrow{\partial}}{\partial\alpha^*} - \frac{\overleftarrow{\partial}}{\partial\alpha^*}\frac{\overrightarrow{\partial}}{\partial\alpha}
$$

式(7.40)即是 Weyl 对应的乘积公式，现在相干态表象下用 Wigner 算符的正规乘积形式推导它是相当简洁的.

7.5　量子对易括号相干态平均值的经典极限与 Weyl 对应

用 Wigner 算符的正规乘积表达式(7.14)，即可求出它的相干态平均值(恢复普朗克常数 $\hbar$，仍让 $m=\omega=1$)

$$\langle\bar{z}\rangle\mid\Delta(p,q)\mid\bar{z}\rangle=\frac{1}{\pi\hbar}\exp\left\{-2\left(\bar{z}^{*}-\frac{q-\mathrm{i}p}{\sqrt{2\hbar}}\right)\left(\bar{z}-\frac{q+\mathrm{i}p}{\sqrt{2\hbar}}\right)\right\}\quad(7.42)$$

因此，任意一个算符 A 的相干态期望值，可表达为它的经典 Weyl 对应函数所参与的以下的相空间中的积分(记 $\bar{z}=(1/\sqrt{2\hbar})(\bar{q}+\mathrm{i}\bar{p})$)

$$\begin{aligned}\langle\bar{z}\mid A\mid\bar{z}\rangle&=\int\mathrm{d}p\mathrm{d}q\langle\bar{z}\mid\Delta(p,q)\mid\bar{z}\rangle\mathscr{A}(p,q)\\&=(\pi\hbar)^{-1}\int\mathrm{d}p\mathrm{d}q\exp\{-[(q-\bar{q})^{2}+(p-\bar{p})^{2}]/\hbar\}\mathscr{A}(p,q)\end{aligned}\quad(7.43)$$

上式把量子力学平均与经典统计意义下的相空间积分联系起来，这反映了 Weyl 对应的又一重要应用.

以下我们将推导 $\langle\bar{z}|A|\bar{z}\rangle$ 与 $\langle\bar{z}|[A,B]|\bar{z}\rangle$ 的经典极限，看看当 $\hbar\to0$ 时，能得到什么.

首先让 $\hbar\to0$，并利用公式

$$\lim_{\hbar\to0}\frac{\mathrm{e}^{-x^{2}/\hbar}}{\sqrt{\pi\hbar}}=\delta(x)\quad(7.44)$$

可得到式(7.43)的经典极限

$$\begin{aligned}\lim_{\hbar\to0}\langle\bar{z}\mid A\mid\bar{z}\rangle&=\int\mathrm{d}p\mathrm{d}q\delta(q-\bar{q})\delta(p-\bar{p})\mathscr{A}(p,q)\\&=\mathscr{A}(\bar{p},\bar{q})\end{aligned}\quad(7.45)$$

此式表明，任一个算符 A 的相干态平均值，当普朗克常数趋于零时，即为该算符的 Weyl 经典对应函数. 另一方面，由式(7.17)可得

$$\begin{aligned}&\Delta(p_{1},q_{1})\Delta(p_{2},q_{2})\\&=\frac{1}{\pi^{2}\hbar^{2}}\exp[2(\alpha_{1}-\alpha_{2})a^{\dagger}]\exp[-2(\alpha_{1}^{*}-\alpha_{2}^{*})a]\\&\quad\times\exp[-2(|\alpha_{1}|^{2}+|\alpha_{2}|^{2})+4\alpha_{1}^{*}\alpha_{2}]\end{aligned}\quad(7.46)$$

其相干态平均值得

$$
\begin{aligned}
&\langle \bar{z} \mid \Delta_1 \Delta_2 \mid \bar{z}\rangle \\
&= (\pi^2 \hbar^2)^{-1} \exp\Big(\sqrt{\frac{2}{\hbar}}\{[(q_1 - q_2) + \mathrm{i}(p_1 - p_2)]\bar{z}^* \\
&\quad - [(q_1 - q_2) - \mathrm{i}(p_1 - p_2)]\bar{z}\} - \frac{1}{\hbar}\{(p_1 - p_2)^2 \\
&\quad + (q_1 - q_2)^2 - 2\mathrm{i}(p_2 q_1 - p_1 q_2)\}\Big)
\end{aligned}
\tag{7.47}
$$

作变数变换

$$
\begin{aligned}
&p = p_1 - p_2, \quad \underline{p} = (p_1 + p_2)/2, \quad \bar{z} = \frac{1}{\sqrt{2\hbar}}(\bar{q} + \mathrm{i}\bar{p}) \\
&q = q_1 - q_2, \quad \underline{q} = (q_1 + q_2)/2
\end{aligned}
\tag{7.48}
$$

上式变为

$$
\begin{aligned}
\langle \bar{z} \mid \Delta_1 \Delta_2 \mid \bar{z}\rangle = \frac{1}{\pi^2 \hbar^2}\exp(\{&-[p - \mathrm{i}(\bar{q} - \underline{q})]^2 - (\bar{q} - \underline{q})^2 \\
&- [q - \mathrm{i}(\underline{p} - \bar{p})]^2 - (\underline{p} - \bar{p})^2\}/\hbar)
\end{aligned}
\tag{7.49}
$$

于是,算符积 AB 的相干态平均值可写为

$$
\begin{aligned}
\langle \bar{z} \mid AB \mid \bar{z}\rangle &= \left\langle \bar{z} \middle| \int \mathrm{d}p_1 \mathrm{d}q_1 \mathscr{A}(p_1, q_1)\Delta(p_1, q_1) \right. \\
&\qquad \left. \times \int \mathrm{d}p_2 \mathrm{d}q_2 \mathscr{B}(p_2, q_2)\Delta(p_2, q_2) \middle| \bar{z} \right\rangle \\
&= \int \frac{\mathrm{d}\underline{p}\mathrm{d}\underline{q}\mathrm{d}p\mathrm{d}q}{\pi^2 \hbar^2}\exp(-(\underline{p}^2 + \underline{q}^2 + p^2 + q^2)/\hbar) \\
&\quad \times \mathscr{A}\left(\underline{p} + \bar{p} + \frac{p - \mathrm{i}\underline{q}}{2}, q + \bar{q} + \frac{q + \mathrm{i}\underline{p}}{2}\right) \\
&\quad \times \mathscr{B}\left(\underline{p} + \bar{p} - \frac{p - \mathrm{i}\underline{q}}{2}, \underline{q} + \bar{q} - \frac{q + \mathrm{i}\underline{p}}{2}\right)
\end{aligned}
\tag{7.50}
$$

因此,量子括号$[A, B]$的相干态平均值为

$$
\begin{aligned}
\langle \bar{z} \mid [A, B] \mid \bar{z}\rangle = \int \frac{\mathrm{d}\underline{p}\mathrm{d}\underline{q}\mathrm{d}p\mathrm{d}q}{\pi^2 \hbar^2}&\exp[-(\underline{p}^2 + \underline{q}^2 + p^2 + q^2)/\hbar] \\
&\times \Big\{\mathscr{A}\Big(\underline{p} + \frac{p}{2} + \bar{p} - \frac{\mathrm{i}}{2}\underline{q}, \underline{q} + \frac{q}{2} + \bar{q} + \frac{\mathrm{i}}{2}\underline{p}\Big) \\
&\times \mathscr{B}\Big(\underline{p} - \frac{p}{2} + \bar{p} + \frac{\mathrm{i}}{2}\underline{q}, \underline{q} - \frac{q}{2} + \bar{q} - \frac{\mathrm{i}}{2}\underline{p}\Big)
\end{aligned}
$$

$$
\begin{aligned}
&-\mathscr{A}\left(\underline{p}+\frac{p}{2}+\bar{p}+\frac{\mathrm{i}}{2}\underline{q},\underline{q}+\frac{q}{2}+\bar{q}-\frac{\mathrm{i}}{2}\underline{p}\right)\\
&\times\mathscr{B}\left(\underline{p}-\frac{p}{2}+\bar{p}-\frac{\mathrm{i}}{2}\underline{q},\underline{q}-\frac{q}{2}+\bar{q}+\frac{\mathrm{i}}{2}\underline{p}\right)\Bigg\}
\end{aligned}
\tag{7.51}
$$

对 $\underline{p}$、$\underline{q}$ 作泰勒展开到一级，注意式(7.44)，上式变为

$$
\begin{aligned}
&\langle\bar{z}\mid[A,B]\mid\bar{z}\rangle\\
&\approx\int\frac{\mathrm{d}\underline{p}\mathrm{d}\underline{q}\mathrm{d}p\mathrm{d}q}{\pi^2\hbar^2}\exp[-(\underline{p}^2+\underline{q}^2+p^2+q^2)/\hbar]\\
&\quad\times\left\{\left[\mathscr{A}\left(\underline{p}+\frac{p}{2}+\bar{p},\underline{q}+\frac{q}{2}+\bar{q}\right)+\frac{\partial\mathscr{A}}{\partial p_1}\left(-\frac{\mathrm{i}}{2}\underline{q}\right)+\frac{\partial\mathscr{A}}{\partial q_1}\left(\frac{\mathrm{i}}{2}\underline{p}\right)\right]\right.\\
&\quad\times\left[\mathscr{B}\left(\underline{p}-\frac{p}{2}+\bar{p},\underline{q}-\frac{q}{2}+\bar{q}\right)+\frac{\partial\mathscr{B}}{\partial p_2}\left(\frac{\mathrm{i}}{2}\underline{q}\right)+\frac{\partial\mathscr{B}}{\partial q_2}\left(-\frac{\mathrm{i}}{2}\underline{p}\right)\right]\\
&\quad-\left[\mathscr{A}\left(\underline{p}+\frac{p}{2}+\bar{p},\underline{q}+\frac{q}{2}+\bar{q}\right)+\frac{\partial\mathscr{A}}{\partial p_1}\left(\frac{\mathrm{i}}{2}\underline{q}\right)+\frac{\partial\mathscr{A}}{\partial q_1}\left(-\frac{\mathrm{i}}{2}\underline{p}\right)\right]\\
&\quad\left.\times\left[\mathscr{B}\left(\underline{p}-\frac{p}{2}+\bar{p},\underline{q}-\frac{q}{2}+\bar{q}\right)+\frac{\partial\mathscr{B}}{\partial p_2}\left(-\frac{\mathrm{i}}{2}\underline{q}\right)+\frac{\partial\mathscr{B}}{\partial q_2}\left(\frac{\mathrm{i}}{2}\underline{p}\right)\right]\right\}\\
&\approx\mathrm{i}\int\frac{\mathrm{d}\underline{p}\mathrm{d}\underline{q}\mathrm{d}p\mathrm{d}q}{\pi^2\hbar^2}\exp[-(\underline{p}^2+\underline{q}^2+p^2+q^2)/\hbar]\\
&\quad\times\left\{\mathscr{A}\left(\underline{p}+\frac{p}{2}+\bar{p},\underline{q}+\frac{q}{2}+\bar{q}\right)\left[\frac{\partial\mathscr{B}}{\partial p_2}\underline{q}-\frac{\partial\mathscr{B}}{\partial q_2}\underline{p}\right]\right.\\
&\quad\left.-\mathscr{B}\left(\underline{p}-\frac{p}{2}+\bar{p},\underline{q}-\frac{q}{2}+\bar{q}\right)\left[\frac{\partial\mathscr{A}}{\partial p_1}\underline{q}-\frac{\partial\mathscr{A}}{\partial q_1}\underline{p}\right]\right\}\\
&=\mathrm{i}\int\frac{\mathrm{d}\underline{p}\mathrm{d}\underline{q}\mathrm{d}p\mathrm{d}q}{\pi^2\hbar^2}\exp[-(\underline{p}^2+\underline{q}^2+p^2+q^2)/\hbar]\\
&\quad\times\left\{\underline{q}\left[\mathscr{A}\left(\underline{p}+\frac{p}{2}+\bar{p},\underline{q}+\frac{q}{2}+\bar{q}\right)\frac{\partial\mathscr{B}\left(\underline{p}-\frac{p}{2}+\bar{p},\underline{q}-\frac{q}{2}+\bar{q}\right)}{\partial p_2}\right.\right.\\
&\quad\left.-\mathscr{B}\left(\underline{p}-\frac{p}{2}+\bar{p},\underline{q}-\frac{q}{2}+\bar{q}\right)\frac{\partial\mathscr{A}\left(\underline{p}+\frac{p}{2}+\bar{p},\underline{q}+\frac{q}{2}+\bar{q}\right)}{\partial p_1}\right]\\
&\quad+\underline{p}\left[\mathscr{B}\left(\underline{p}-\frac{p}{2}+\bar{p},\underline{q}-\frac{q}{2}+\bar{q}\right)\frac{\partial\mathscr{A}\left(\underline{p}+\frac{p}{2}+\bar{p},\underline{q}+\frac{q}{2}+\bar{q}\right)}{\partial q_1}\right.
\end{aligned}
$$

$$- \mathscr{A}\left(\underline{p} + \frac{p}{2} + \bar{p}, \underline{q} + \frac{q}{2} + \bar{q}\right) \frac{\partial \mathscr{B}\left(\underline{p} - \frac{p}{2} + \bar{p}, \underline{q} - \frac{q}{2} + \bar{q}\right)}{\partial q_2}\Bigg]\Bigg\} \tag{7.52}$$

其中

$$p_1 = \underline{p} + \frac{p}{2}, \quad q_1 = \underline{q} + \frac{q}{2}, \quad p_2 = \underline{p} + \frac{q}{2}, \quad q_2 = \underline{q} - \frac{q}{2}$$

利用以下关系

$$\underline{q}\mathrm{e}^{-\underline{q}^2/\hbar} = -\frac{\hbar}{2}\frac{\mathrm{d}}{\mathrm{d}\underline{q}}\mathrm{e}^{-\underline{q}^2/\hbar}, \quad \underline{p}\mathrm{e}^{-\underline{p}^2/\hbar} = -\frac{\hbar}{2}\frac{\mathrm{d}}{\mathrm{d}\underline{p}}\mathrm{e}^{-\underline{p}^2/\hbar} \tag{7.53}$$

代入上式作分部积分

$$\begin{aligned}
&\langle \bar{z} \mid [A, B] \mid \bar{z} \rangle \\
&= \frac{\mathrm{i}\hbar}{2}\int \frac{\mathrm{d}\underline{p}\mathrm{d}\underline{q}\mathrm{d}p\mathrm{d}q}{\pi^2\hbar^2}\exp[-(\underline{p}^2 + \underline{q}^2 + p^2 + q^2)/\hbar] \\
&\quad \times \Bigg\{\frac{\partial}{\partial \underline{q}}\Bigg[\mathscr{A}\left(\underline{p} + \frac{p}{2} + \bar{p}, \underline{q} + \frac{q}{2} + \bar{q}\right) \frac{\partial \mathscr{B}\left(\underline{p} - \frac{p}{2} + \bar{p}, \underline{q} - \frac{q}{2} + \bar{q}\right)}{\partial p_2} \\
&\quad - \mathscr{B}\left(\underline{p} - \frac{p}{2} + \bar{p}, \underline{q} - \frac{q}{2} + \bar{q}\right) \frac{\partial \mathscr{A}\left(\underline{p} + \frac{p}{2} + \bar{p}, \underline{q} + \frac{q}{2} + \bar{q}\right)}{\partial p_1} \\
&\quad + \frac{\partial}{\partial \underline{p}}\Bigg[\mathscr{B}\left(\underline{p} - \frac{p}{2} + \bar{p}, \underline{q} - \frac{q}{2} + \bar{q}\right) \frac{\partial \mathscr{A}\left(\underline{p} + \frac{p}{2} + \bar{p}, \underline{q} + \frac{q}{2} + \bar{q}\right)}{\partial q_1} \\
&\quad - \mathscr{A}\left(\underline{p} + \frac{p}{2} + \bar{p}, \underline{q} + \frac{q}{2} + \bar{q}\right) \frac{\partial \mathscr{B}\left(\underline{p} - \frac{p}{2} + \bar{p}, \underline{q} - \frac{q}{2} + \bar{q}\right)}{\partial q_2}\Bigg]\Bigg\}
\end{aligned} \tag{7.54}$$

注意式(7.44),并消去二阶微商项得到在 $\hbar \to 0$ 的极限

$$\left\langle \bar{z} \left| \frac{[A, B]}{\mathrm{i}\hbar} \right| \bar{z} \right\rangle \approx \frac{\partial \mathscr{A}(\bar{p}, \bar{q})}{\partial \bar{q}} \frac{\partial \mathscr{B}(\bar{p}, \bar{q})}{\partial \bar{p}} - \frac{\partial \mathscr{B}(\bar{p}, \bar{q})}{\partial \bar{q}} \frac{\partial \mathscr{A}(\bar{p}, \bar{q})}{\partial \bar{p}} \tag{7.55}$$

它表明,两个算符的量子对易括号的相干态平均值,当 $\hbar \to 0$ 时,等于这两个算符的经典 Weyl 对应函数的泊松括号.所以,相干态在讨论量子力学向经典力学过渡时扮演了一个特殊的角色,这是与相干态可使 $\Delta x \Delta p \geqslant \frac{\hbar}{2}$ 这个不确定关系取极小值的性质紧密相关.

众所周知,在普朗克常数 $\hbar \to 0$ 的情况下,可以忽略量子效应,经典力学占支

配地位.也是狄拉克首先指出,在 $\hbar\to 0$ 极限下,$\dfrac{[A,B]}{\mathrm{i}\hbar}\to\{A,B\}$(经典泊松括号).这里,值得深入一步思考的是,若已知的是 A 和 B 算符,则作为经典量的"A"和"B"是什么呢?这就必须规定一种对应,所以在 Weyl 对应规则下讨论$\dfrac{[A,B]}{\mathrm{i}\hbar}$与其 Weyl 对应函数的泊松括号的过渡是有意义的,而相干态则直接为此架起了这座"桥梁".

7.6　Weyl 对应和相干态对应

由于相干态的特殊性质,即其超完备性和非正交性,所以一个量子算符的相干态期望值就可以决定该算符本身,我们称之为相干态对应,其数学表达式可用第 3 章的式(3.2)的正规乘积内的微分法导出,即

$$A(\alpha^{\dagger},\alpha)=\exp\left[\alpha^{\dagger}\frac{\partial}{\partial z^{*}}\right]|0\rangle\langle z\|A\|z\rangle\langle 0|\exp\left[\alpha\frac{\overleftarrow{\partial}}{\partial z}\right]\Bigg|_{z=z^{*}=0}\tag{7.56}$$

其中应用了未归一化相干态 $\|z\rangle=\mathrm{e}^{z\alpha^{\dagger}}|0\rangle$ 的定义以及 z 与 z^{*} 独立的事实,$\dfrac{\partial}{\partial z^{*}}z=0,\dfrac{\partial}{\partial z}z^{*}=0$.用式(3.1)进一步改写式(7.56)为

$$\begin{aligned}A(\alpha^{\dagger},\alpha)&=:\exp\left[\alpha^{\dagger}\frac{\partial}{\partial z^{*}}+\alpha\frac{\partial}{\partial z}-\alpha^{\dagger}\alpha\right]:\mathrm{e}^{|z|^{2}}\langle z|A|z\rangle|_{z=z^{*}=0}\\&=:\exp\left[\alpha^{\dagger}\frac{\partial}{\partial z^{*}}+\alpha\frac{\partial}{\partial z}\right]:\langle z|A|z\rangle|_{z=z^{*}=0}\end{aligned}\tag{7.57}$$

因此由 A 的相干态平均值可定下 A 本身.那么,相干态对应与 Weyl 对应有什么关系呢?为此,用 Wigner 算符的正规乘积表达式和式(7.6)求出 A 的相干态平均

$$\langle z|A|z\rangle=\int\frac{\mathrm{d}p\mathrm{d}q}{\pi}\exp\left[-2\left(z^{*}-\frac{q-\mathrm{i}p}{\sqrt{2}}\right)\left(z-\frac{q+\mathrm{i}p}{\sqrt{2}}\right)\right]\mathscr{A}(p,q)$$

于是有

$$\begin{aligned}A&=\int\frac{\mathrm{d}p\mathrm{d}q}{\pi}:\exp\left[-2\left(\alpha^{\dagger}-\frac{q-\mathrm{i}p}{\sqrt{2}}\right)\left(\alpha-\frac{q+\mathrm{i}p}{\sqrt{2}}\right)\right]\mathscr{A}(p,q):\\&=:\exp\left(\alpha^{\dagger}\frac{\partial}{\partial z^{*}}+\alpha\frac{\partial}{\partial z}\right):\int\frac{\mathrm{d}p\mathrm{d}q}{\pi}\end{aligned}$$

$$\times \exp\left[-2\left(z^* - \frac{q-\mathrm{i}p}{\sqrt{2}}\right)\left(z - \frac{q+\mathrm{i}p}{\sqrt{2}}\right)\right]\mathscr{A}(p,q)\,|_{z=z^*=0}$$

$$= :\exp\left(a^\dagger \frac{\partial}{\partial z^*} + a\frac{\partial}{\partial z}\right): \langle z \mid A \mid z\rangle\,|_{z=z^*=0} \tag{7.58}$$

结论是Weyl对应也可纳入相干态对应的框架.

7.7 Wigner算符用于寻找相干态演化为相干态的条件

第2章已介绍:含外源的哈密顿量 $H = \omega a^\dagger a + f(t)a + a^\dagger f^*(t)$ 可以生成相干态,保持相干性.本节用Weyl对应的Wigner算符的显示形式来讨论这个问题.设一个体系在 $t=0$ 时刻处于相干态,若要求终态仍为相干态,则对体系的哈密顿量有什么要求呢?这个问题等价于考察以下的薛定谔方程

$$\begin{aligned}&\mathrm{i}\partial_t\langle z,0 \mid z,t\rangle = \langle z,0 \mid H(a,a^\dagger,t) \mid z,t\rangle \\ &\mid z,t\rangle = \mid z(t)\rangle \mathrm{e}^{\mathrm{i}\eta(t)}\end{aligned} \tag{7.59}$$

为讨论更普通起见,其中哈密顿量 H 无需事先假设是排成正规乘积的.

解决这问题的思路是:在Weyl对应的原则下,用Wigner算符的显示形式把相干态的时间演化方程变为受经典哈密顿量支配的微分方程,对此方程求出自洽的解,即找到了体系保持相干性必须对经典哈顿量所应加的限制,再按照Weyl对应规则,相应的保持相干性的哈密顿算符也随之求得了[92].

把 $H(a,a^\dagger,t)$ 的Weyl对应式(7.6)及Wigner算符的显式代入式(7.59)得到

$$\begin{aligned}\mathrm{i}\frac{\partial}{\partial t}\langle z,0 \mid z,t\rangle &= \left\langle z,0 \middle| 2\int \frac{\mathrm{d}^2\alpha}{\pi} h(\alpha,\alpha^*,t) : \mathrm{e}^{-2(a^\dagger-\alpha^*)(a-\alpha)} : \middle| z,t\right\rangle \\ &= 2\int \frac{\mathrm{d}^2\alpha}{\pi} h(\alpha,\alpha^*,t)\exp[-2\mid\alpha\mid^2 + 2\alpha^* z(t) \\ &\quad + 2\alpha z^*(0) - 2z^*(0)z(t)]\langle z,0 \mid z,t\rangle\end{aligned} \tag{7.60}$$

其中 $h(\alpha,\alpha^*,t)$ 是哈密顿算符的经典Weyl对应,而内积

$$\langle z,0 \mid z,t\rangle = \exp\left[-\frac{1}{2}\mid z(0)\mid^2 - \frac{1}{2}\mid z(t)\mid^2 + z^*(0)z(t) + \mathrm{i}\eta(t)\right] \tag{7.61}$$

这里相位因子 $\mathrm{e}^{\mathrm{i}\eta(t)}$ 是待定的.把式(7.61)代入方程(7.60),得

$$-\frac{\mathrm{i}}{2}\frac{\mathrm{d}\mid z(t)\mid^2}{\mathrm{d}t} - \frac{\mathrm{d}\eta(t)}{\mathrm{d}t} + \mathrm{i}z^*(0)\frac{\mathrm{d}z(t)}{\mathrm{d}t}$$

$$= 2\int \frac{d^2\alpha}{\pi} h(\alpha,\alpha^*,t)\exp\{-2|\alpha|^2 + 2\alpha^* z(t) + 2\alpha z^*(0) - 2z^*(0)z(t)\} \tag{7.62}$$

不失一般,设经典哈密顿函数可以展开为如下的多项式

$$h(\alpha,\alpha^*,t) = \sum_{n,m} B_{nm}(t)\alpha^n\alpha^{*m} \tag{7.63}$$

若要求 $H(\alpha,\alpha^\dagger,t)$厄米,则 $h(\alpha,\alpha^*,t) = h^*(\alpha,\alpha^*,t)$是我们所要求的.把式(7.63)代入方程(7.62)右边积分得

$$-\frac{i}{2}\frac{d|z(t)|^2}{dt} - \frac{d\eta(t)}{dt} + iz^*(0)\frac{dz(t)}{dt} = 2\sum_{n,m} B_{nm}(t)\sum_{l=0}^{\min[m,n]} \frac{m!n![z^*(0)]^{m-l}[z(t)]^{n-l}}{l!(m-l)!(n-l)!2^{l+1}} \tag{7.64}$$

由于 $z(0)$的值可以任意取,所以比较上式中二边 $z^*(0)$的幂次,就得以下方程组(为了书写方便,将 $z(t)$写成 z)

$$-\frac{i}{2}\frac{d|z|^2}{dt} - \frac{d\eta(t)}{dt} = \sum_{n,m} B_{nm}(t)\frac{n!z^{n-m}}{(n-m)!2^m},\quad z^*(0)\text{ 的零次幂} \tag{7.65}$$

$$i\frac{dz}{dt} = 2\sum_{n,m} B_{nm}(t)\frac{m\times n!z^{n-m+1}}{(n-m+1)!2^m},\quad z^*(0)\text{ 的一次幂} \tag{7.66}$$

$z^*(0)$二次以上高次幂在式(7.64)左边无对应项,故有

$$\sum_{n,m} B_{nm}\sum_{l=0}^{\min(m-2,n)} \frac{m!n![z^*(0)]^{m-l}z^{n-l}}{l!(m-l)!(n-l)!2^{l+1}} = 0 \tag{7.67}$$

注意上式对 l 求和上限的改变是因为要求 $m-l\geqslant 2$.作代换

$$j = m - l$$

$$\sum_{n,m} B_{n,m}\sum_{j=m-\min(m-2,n)}^{m} \frac{m!n![z^*(0)]^j z^{n-m+j}}{(m-j)!j!(n-m+j)!2^{m-j+1}} = 0 \tag{7.68}$$

要使上式成立,必须是$[z^*(0)]^j$ 的系数对不同的 j 都为零,所以有

$$\sum_{n,m} B_{nm}(t)\frac{m!n!z^{n-m+j}}{(m-j)!(n-m+j)!2^m} = 0,\quad j = 2,3,4,\cdots \tag{7.69}$$

式(7.65)、(7.66)、(7.69)就是相应于使量子体系保持相干性的经典 C 数演化方程.如果 $h(\alpha,\alpha^*,t)$的展开式系数 $B_{nm}(t)$能使式(7.65)、(7.66)与(7.69)有自洽解,则由 Weyl 对应,把 $h(\alpha,\alpha^*,t)$代入式(7.63)积分将自然得到正规乘积形式的哈密顿算符,它能使相干态随时间演化过程保持为相干态.例如取

$$h(\alpha,\alpha^*,t) = \omega(t)\alpha\alpha^* + f(t)\alpha + f^*(t)\alpha^* \tag{7.70}$$

对照式(7.63);可知上述取法对应于 $B_{11}=\omega(t)$,$B_{10}=B_{01}^{*}=f(t)$,其余为零,于是式(7.69)自动得到满足. 把 B_{11} 与 B_{10} 代入式(7.65),把 B_{11}、B_{01} 代入式(7.66),分别得到

$$-\frac{\mathrm{i}}{2}\frac{\mathrm{d}|z|^2}{\mathrm{d}t}-\frac{\mathrm{d}\eta(t)}{\mathrm{d}t}=\frac{1}{2}\omega(t)+f(t)z \tag{7.71}$$

$$\mathrm{i}\frac{\mathrm{d}z}{\mathrm{d}t}=\omega(t)z+f^{*}(t) \tag{7.72}$$

取式(7.71)两边的实部和虚部分别相等,给出

$$\frac{\mathrm{d}\eta(t)}{\mathrm{d}t}=-\frac{1}{2}\omega(t)-\mathrm{Re}(f(t)z) \tag{7.73}$$

$$\frac{\mathrm{d}|z|^2}{\mathrm{d}t}=-2\mathrm{Im}(f(t)z) \tag{7.74}$$

易见式(7.74)也可以从式(7.72)导出,这表明式(7.71)与(7.72)自洽. 显然,式(7.72) 和(7.73)对任意的初始条件存在非平凡解

$$z(t)=z(0)\exp\left[-\mathrm{i}\int_0^t\omega(\tau)\mathrm{d}\tau\right]$$

$$-\mathrm{i}\exp\left[-\mathrm{i}\int_0^t\omega(\tau)\mathrm{d}\tau\right]\int_0^t f^{*}(\tau)\exp\left[\mathrm{i}\int_0^\tau\omega(t')\mathrm{d}t'\right]\mathrm{d}\tau$$

$$\eta(t)=-\frac{1}{2}\int_0^t\omega(\tau)\mathrm{d}\tau-\int_0^t\mathrm{Re}(f(\tau)z(\tau))\mathrm{d}\tau \tag{7.75}$$

利用 Weyl 对应式(7.13)容易求出式(7.70)对应的哈密顿算符是

$$H=\omega(t)a^{\dagger}a+f^{*}(t)a^{\dagger}+f(t)a+\frac{1}{2}\omega(t) \tag{7.76}$$

它能保持相干性,这与第 2 章 2.5 节讨论的结果吻合.

7.8　用 Weyl 对应计算热平均;Wigner 算符的 Radon 变换

本节我们把量子算符及其经典 Weyl-Wigner 对应用于计算热平均,这可以使混合态的 Wigner 函数与热真空态的 Wigner 函数视为同一[93]. 1975 年,Takahashi 和 Umezawa 提出一个算符 A 在量子统计意义下的平均值[94]

$$\langle A\rangle=z^{-1}(\beta)\mathrm{tr}(Ae^{-\beta H}) \tag{7.77}$$

其中 $z(\beta)=\mathrm{tr}\,\mathrm{e}^{-\beta H}$ 是系综的配分函数,H 是哈密顿量,$\beta=(kT)^{-1}$,k 是玻尔兹曼

常数.这能否被一个纯态(记为$|0(\beta)\rangle$)的平均来替代的问题,即能否找到一个$|0(\beta)\rangle$使得

$$\langle A\rangle = \langle 0(\beta) \mid A \mid 0(\beta)\rangle \tag{7.78}$$

这里$|0(\beta)\rangle$是一个温度有关的"真空"态.欲使

$$\langle 0(\beta)\rangle \mid A \mid 0(\beta)\rangle = z^{-1}(\beta)\sum_n \langle n \mid A \mid n\rangle e^{-\beta E_n} \tag{7.79}$$

对任意算符 A 成立,如只是在原有的能量本征态$|n\rangle$张成的空间中构造$|0(\beta)\rangle$是不可能的.为说明这一点,把$|0(\beta)\rangle$用$|n\rangle$展开

$$\mid 0(\beta)\rangle = \sum_n \mid n\rangle f_n(\beta) \tag{7.80}$$

代入式(7.79),得出

$$f_n^*(\beta) f_m(\beta) = z^{-1}(\beta) e^{-\beta E_n}\delta_{n,m} \tag{7.81}$$

但是这个方程对于数 $f_n(\beta)$是不可能成立的,因为右边出现分立 δ 函数.为此,Takahashi 和 Umezawa 引入另一个虚构的希尔伯特空间,它由虚态矢$|\tilde{n}\rangle$张成

$$\langle \tilde{n} \mid \tilde{m}\rangle = \delta_{nm}$$

热真空态$|0(\beta)\rangle$就在$|n\rangle\otimes|\tilde{m}\rangle$的直积空间中构造.让

$$f_n(\beta) = |\tilde{n}\rangle e^{-\beta En/2} z^{-1/2}(\beta) \tag{7.82}$$

则式(7.81)可以成立,即

$$\begin{aligned} f_n^*(\beta) f_m(\beta) &= z^{-1}(\beta) e^{-\beta(En+Em)/2}\langle \tilde{n} \mid \tilde{m}\rangle \\ &= z^{-1}(\beta) e^{-\beta En}\delta_{nm} \end{aligned}$$

把式(7.82)代入式(7.80),得到

$$\mid 0(\beta)\rangle = z^{-1/2}(\beta)\sum_n e^{-\beta En/2} \mid n,\tilde{n}\rangle \tag{7.83}$$

它确实使式(7.79)得以满足.

例如,当 H 是代表自由玻色子的哈密顿量,$H=\omega a^\dagger a$ 时,则相应的热真空态为

$$\mid 0(\beta)\rangle_1 = (1-e^{-\beta\omega})^{1/2}\exp(e^{-\beta\omega/2} a^\dagger a^\dagger) \mid 0,\tilde{0}\rangle \tag{7.84}$$

这里 $\tilde{a}$ 是虚 Fock 空间的玻色算符,满足

$$[\tilde{a},\hat{a}^\dagger] = 1,\quad \hat{a} \mid \tilde{0}\rangle = 0 \tag{7.85}$$

另一方面,由 7.1 节我们已知算符 A 的经典 Weyl 对应函数是,$\mathscr{A}(p,q)$

$$A = \iint \mathrm{d}p\mathrm{d}q\,\mathscr{A}(p,q)\Delta(p,q)$$

因此有

$$\langle 0(\beta) \mid A \mid 0(\beta) \rangle = \iint \mathrm{d}p\mathrm{d}q \mathscr{A}(p,q) \langle 0(\beta) \mid \Delta(p,q) \mid 0 \mid \beta) \rangle \tag{7.86}$$

其中
$$\langle 0(\beta) | \Delta(p,q) | 0(\beta) \rangle \equiv W_T(p,q).$$
称为纯玻色热真空态的 Wigner 函数，式(7.86)与混合态的 Wigner 函数式不同.

让 ρ 代表混合态

$$\rho = \sum_i \Omega_i \mid \psi_i \rangle \langle \psi_i \mid \tag{7.87}$$

则其 Wigner 函数是

$$\begin{aligned} W(p,q) &= \frac{1}{\pi}\int_{-\infty}^{+\infty} \mathrm{d}y \langle q - y \mid \rho \mid q + y \rangle \mathrm{e}^{2\mathrm{i}py} \\ &= \frac{1}{\pi}\sum_i \Omega_i \int_{-\infty}^{+\infty} \mathrm{d}y \psi_i^*(q-y)\psi_i(q+y)\mathrm{e}^{2\mathrm{i}py} \\ &= \sum_i \Omega_i \langle \psi_i \mid \Delta(p,q) \mid \psi_i \rangle \end{aligned} \tag{7.88}$$

对比式(7.86)和(7.88)可知，前者纯态平均(用纯态 Wigner 函数表示)，而后者是混合态权重平均. $|0(\beta)\rangle_1$ 的作用可以使我们将两者的作用视为同一. 作为例子，计算自由玻色热真空态的 Wigner 函数 $_1\langle 0(\beta) | \Delta | 0(\beta) \rangle_1$. 利用 Δ 的相干态表象式(7.12)及虚 $|\tilde{n}\rangle$ 空间的相干态

$$| \tilde{z} \rangle = \exp\left[-\frac{1}{2} \mid \tilde{z} \mid^2 + \tilde{z}^* a^\dagger\right] | \tilde{0} \rangle, \quad \tilde{a} \mid \tilde{z} \rangle = \tilde{z}^* \mid z \rangle \tag{7.89}$$

的过完备性

$$\int \frac{\mathrm{d}^2 \tilde{z}}{\pi} \mid \tilde{z} \rangle \langle \tilde{z} \mid = 1 \tag{7.90}$$

我们得到

$$\begin{aligned} &_1\langle 0(\beta) \mid \Delta \mid 0(\beta) \rangle_1 \\ &= (1 - \mathrm{e}^{-\beta\omega}) \langle 0\tilde{0} \mid \exp(\mathrm{e}^{-\beta\omega/2} a\tilde{a}) \int \frac{\mathrm{d}^2 z}{\pi^2} \mid a + z \rangle \langle a - z \mid \\ &\quad \times \mathrm{e}^{az^* - za^*} \int \frac{\mathrm{d}^2 \tilde{z}}{\pi^2} \mid \tilde{z} \rangle \langle \tilde{z} \mid \exp(\mathrm{e}^{-\beta\omega/2} a^\dagger \tilde{a}^\dagger) \mid 0\tilde{0} \rangle \end{aligned} \tag{7.91}$$

用 IWOP 技术和

$$| 0\tilde{0} \rangle \langle 0\tilde{0} | = : \exp[-a^\dagger a - \tilde{a}^\dagger \tilde{a}] : \tag{7.92}$$

将式(7.91)积分就得到

$$_1\langle 0(\beta) \mid \Delta \mid 0(\beta) \rangle_1 = \frac{1 - \mathrm{e}^{-\beta\omega}}{\pi(1 + \mathrm{e}^{-\beta\omega})} \exp\left[\frac{-2(1 - \mathrm{e}^{-\beta\omega})}{1 + \mathrm{e}^{-\beta\omega}} \mid \alpha \mid^2\right]$$

按照上述规定，它应该等于以密度矩阵

$$\rho = (1 - e^{-\beta\omega})\sum_{n=0}^{\infty} e^{-n\beta\omega} \mid n\rangle\langle n \mid$$

所代表的混合态的 Wigner 函数,即需计算

$$W_\rho \equiv (1 - e^{-\beta\omega})\sum_{n=0}^{\infty} e^{-n\beta\omega}\langle n \mid \Delta \mid n\rangle \tag{7.93}$$

看它是否与式(7.91)的结果相同.利用粒子态的 Wigner 函数式(7.19),及拉盖尔多项式的母函数公式

$$\sum_{n=0}^{\infty} L_n^{(0)}(x) z^n = (1 - z)^{-1}\exp\left(\frac{xz}{z-1}\right) \tag{7.94}$$

可把式(7.93)变为

$$\begin{aligned} W_\rho &= \frac{e^{-2|\alpha|^2}}{\pi}(1 - e^{-\beta\omega})\sum_{n=0}^{\infty} e^{-n\beta\omega} L_n^{(0)}(|2\alpha|^2)(-)^n \\ &= \frac{1 - e^{-\beta\omega}}{\pi(1 + e^{-\beta\omega})}\exp\left[\frac{-2(1 - e^{-\beta\omega})}{1 + e^{-\beta\omega}} \mid \alpha \mid^2\right] \end{aligned} \tag{7.95}$$

可见两者确实相同.

求出了热真空的 Wigner 函数,我们就可根据(7.86)式求统计平均,由于 $a^\dagger a$ 的经典 Weyl 对应是 $a^* a - \dfrac{1}{2}$,故有

$$\begin{aligned} {}_1\langle 0(\beta) \mid a^\dagger a \mid 0(\beta)\rangle_1 &= 2\int d^2\alpha\left(\alpha^*\alpha - \frac{1}{2}\right){}_1\langle 0(\beta) \mid \Delta \mid 0(\beta)\rangle_1 \\ &= (e^{\beta\omega} - 1)^{-1} \end{aligned} \tag{7.96}$$

这正是熟知的粒子数期望值.在 11.6 中,本节内容被推广就不能费米体系.

最后给出 Wigner 算符的两个重要关系:

$$\begin{aligned} &\iint_{-\infty}^{\infty} dx dp \Delta(x, p)\exp[-i\lambda(x\cos\theta + p\sin\theta) \\ &= \exp(-i\lambda\hat{x}_\theta) = \int_{-\infty}^{\infty} dx\rangle_{\theta\theta}\langle x \mid \exp(-i\lambda x) \end{aligned} \tag{7.97}$$

其中 $\hat{x}_\theta = \dfrac{1}{\sqrt{2}}[a e^{-i\theta} + a^\dagger e^{-i\theta}]$在量子光学中称为正交相,它具有本征态 $|x\rangle_\theta$, $\hat{x}_\theta|x\rangle_\theta = x|x\rangle_\theta$.把式(7.97)视为一个特殊的傅氏变换(也称 Radon 变换).而其反变换为:

$$\begin{aligned} &\Delta(x, p) \\ &= \frac{1}{4\pi^2}\int_{-\infty}^{\infty} dx' \int_{-\infty}^{\infty} d\lambda \mid \lambda \mid \int_0^{\pi} d\theta \mid x'\rangle_{\theta\theta}\langle x' \mid \exp[-i\lambda(x' - x\cos\theta - p\sin\theta)] \end{aligned} \tag{7.98}$$

第 8 章　关于 Fock 空间的几个基本问题

Fock 表象是量子力学、量子光学和量子场论中最常用的一种表象，因为它可描述粒子的产生与湮没.本章我们讨论 Fock 空间中的另一些基本问题，诸如产生算符本征矢是否存在？产生算符的逆是否存在等等.

8.1　产生算符及湮没算符之逆

Fock 本人在建立粒子数表象后曾讨论过产生和湮没算符的逆算符，后来狄拉克也研究过[95].显然，产生算符之逆应该描写湮没过程；反之，湮没算符之逆应描写产生过程.但事实并非如此简单，因为 $a|0\rangle=0$，因此湮没算符 a 只有右逆 a^{-1}，$aa^{-1}=1$，而 $a^{-1}a\neq 1$.同理，产生算符 $a^{\dagger}$ 只有左逆 $(a^{\dagger})^{-1}a^{\dagger}=1$，而 $a^{\dagger}(a^{\dagger})^{-1}\neq 1$.现在，我们改用相干态方法来研究逆算符[96].由于 $|z\rangle$ 是 a 的本征态，$a|z\rangle=z|z\rangle$，很自然地应该有 $a^{-1}|z\neq 0\rangle=z^{-1}|z\neq 0\rangle$.但麻烦出在 $z=0$ 的情形.为了克服这个困难，我们用粒子态的围道积分表达式

$$|n\rangle=\frac{\sqrt{n!}}{2\pi\mathrm{i}}\oint_C \mathrm{d}z\,\frac{\|z\rangle}{z^{n+1}},\quad \|z\rangle=\mathrm{e}^{za^{\dagger}}|0\rangle \tag{8.1}$$

其中围道 C 包围了 $z=0$ 点.式(8.1)的证明只需要用柯西定理.在围道积分意义下，我们就有 $a^{-1}\|z\rangle=z^{-1}\|z\rangle$，因此 a^{-1}对粒子态$|n\rangle$的作用结果是

$$a^{-1}|n\rangle=\frac{\sqrt{n!}}{2\pi\mathrm{i}}\oint_C \mathrm{d}z\,\frac{1}{z^{n+2}}\mathrm{e}^{za^{\dagger}}|0\rangle=\frac{1}{\sqrt{n+1}}|n+1\rangle \tag{8.2}$$

这意味着

$$a^{-1}=\sum_{n=0}^{\infty}\frac{1}{\sqrt{n+1}}|n+1\rangle\langle n| \tag{8.3}$$

它的 l 幂次为

$$a^{-l} = \sum_{n=0}^{\infty} \sqrt{\frac{n!}{(n+l)!}} \mid n+l\rangle\langle n \mid \tag{8.4}$$

另一方面,按照$\langle z \mid (a^{\dagger})^{-1} = \langle z \mid z^{*-1}$,并要求在围道积分意义下$\langle z \mid (a^{\dagger})^{-1} = \langle z \mid (z^{*})^{-1}$成立,我们可导出

$$(a^{\dagger})^{-1} = \sum_{n=0}^{\infty} \frac{1}{\sqrt{n+1}} \mid n\rangle\langle n+1 \mid \tag{8.5}$$

比较式(8.5)和(8.3)可知,产生算符之逆等于湮没算符之逆的厄米共轭

$$(a^{\dagger})^{-1} = (a^{-1})^{\dagger} \tag{8.6}$$

上述推导 a^{-1}与$(a^{\dagger})^{-1}$的表示的方法是非常严格的.由此还可以导出一些关系式

$$\begin{aligned}[a,(a^{\dagger})^{-1}] &= \sum_{n=2}^{\infty} \frac{-1}{\sqrt{n(n-1)}} \mid n-2\rangle\langle n \mid \\ &= -(a^{\dagger})^{-2} = \frac{\partial}{\partial a^{\dagger}}(a^{\dagger})^{-1}\end{aligned} \tag{8.7}$$

由归纳法就有

$$\left.\begin{aligned}[a,f\{(a^{\dagger})^{-1}\}] &= \frac{\partial}{\partial a^{\dagger}} f\{(a^{\dagger})^{-1}\} \\ [a^{\dagger},f(a^{-1})] &= -\frac{\partial}{\partial a} f(a^{-1})\end{aligned}\right\} \tag{8.8}$$

它是算符关系$[a,f(a^{\dagger})] = \frac{\partial}{\partial a^{\dagger}} f(a^{\dagger})$的负幂次推广.

8.2　逆算符的应用

作为逆算符的一个应用,我们将$\| z\rangle$表达为

$$\| z\rangle = \sum_{n=0}^{\infty} (za^{-1})^{n} \mid 0\rangle \tag{8.9}$$

事实上由 $aa^{-1}=1$,得

$$a \| z\rangle = \sum_{n=1}^{\infty} z^{n}(a^{-1})^{n-1} \mid 0\rangle = z \| z\rangle \tag{8.10}$$

把上式与$\| z\rangle = \mathrm{e}^{za^{\dagger}} \mid 0\rangle$作比较,可见

$$a^{-n} \mid 0\rangle = \frac{1}{\sqrt{n!}} \mid n\rangle \tag{8.11}$$

于是,粒子态的完备性可以改写为

$$\sum_{n=0}^{\infty} n! a^{-n} \mid 0\rangle\langle 0 \mid (a^{\dagger})^{-n} = 1 \tag{8.12}$$

也可利用式(8.9)很容易地验证相干态的超完备性

$$\begin{aligned}\int \frac{\mathrm{d}^2 z}{\pi} \| z\rangle\langle z \| \mathrm{e}^{-|z|^2} &= \sum_{n,n'=0}^{\infty} a^{-n} \mid 0\rangle\langle 0 \mid (a^{\dagger})^{-n'} \int \frac{\mathrm{d}^2 z}{\pi} \mathrm{e}^{-|z|^2} z^n z^{*n'} \\ &= \sum_{n=0}^{\infty} n! a^{-n} \mid 0\rangle\langle 0 \mid (a^{\dagger})^{-n} = 1\end{aligned} \tag{8.13}$$

在某些情况,用逆算符表达的完备性也带来方便.例如,考察 $a^m|n\rangle = \sqrt{n!}a^{m-n}|0\rangle$,可见运算简化为指数上的相减,因此

$$\begin{aligned}a^m a^{\dagger m} &= \sum_{n=0}^{\infty} n! a^{-(n-m)} \mid 0\rangle\langle 0 \mid (a^{\dagger})^{-(n-m)} \\ &= \sum_{n=0}^{\infty} (n+m)! a^{-n} \mid 0\rangle\langle 0 \mid (a^{\dagger})^{-n} \\ &= (N+1)(N+2)\cdots(N+m)\end{aligned} \tag{8.14}$$

作为逆算符的进一步应用,考虑把 $\mathrm{e}^{\lambda a^2}\mathrm{e}^{\sigma a^{\dagger 2}}$ 纳入正规乘积

$$\begin{aligned}\mathrm{e}^{\lambda a^2}\mathrm{e}^{\sigma a^{\dagger 2}} &= \sum_{n=0}^{\infty} n! \mathrm{e}^{\lambda a^2} a^{-n} \mid 0\rangle\langle 0 \mid (a^{\dagger})^{-n} \mathrm{e}^{\sigma a^{\dagger 2}} \\ &= \sum_{n=0}^{\infty} n! \sum_{l=0,}^{[n/2]} \sum_{l'=0}^{[n/2]} \frac{\lambda^l \sigma^{l'}}{l! l'!} a^{-(n-2l)} \mid 0\rangle\langle 0 \mid (a^{\dagger})^{-(n-2l')} \\ &= \sum_{n=0}^{\infty} n! \sum_{l,l'=0}^{[n/2]} \frac{\lambda^l \sigma^{l'}}{l! l'!} : \frac{a^{\dagger n-2l} a^{n-2l'}}{(n-2l)!(n-2l')!} \mathrm{e}^{-a^{\dagger}a} :\end{aligned} \tag{8.15}$$

用厄米多项式的级数定义

$$\mathrm{H}_n(x) = n! \sum_{k=0}^{[n/2]} \frac{(-1)^k (2x)^{n-2k}}{k!(n-2k)!}$$

把式(8.15)变成

$$\begin{aligned}&\mathrm{e}^{\lambda a^2}\mathrm{e}^{\sigma a^{\dagger 2}} \\ &\quad = \sum_{n=0}^{\infty} \frac{1}{n!} (-1)^n (\lambda\sigma)^{n/2} : \mathrm{H}_n\left(\frac{\mathrm{i}}{2\sqrt{\lambda}} a^{\dagger}\right) \mathrm{H}_n\left(\frac{\mathrm{i}}{2\sqrt{\sigma}} a\right) \mathrm{e}^{-a^{\dagger}a} :\end{aligned} \tag{8.16}$$

再用厄米多项式的双线性母函数公式

$$\sum_{n=0}^{\infty} \frac{\mathrm{H}_n(x)\mathrm{H}_n(y)}{n! 2^n} t^n = (1-t^2)^{-1/2} \exp\left[y^2 - \frac{(y-tx)^2}{1-t^2}\right] \tag{8.17}$$

可把式(8.16)变成

$$\mathrm{e}^{\lambda a^2}\mathrm{e}^{\sigma a^{\dagger 2}}=(1-4\lambda\sigma)^{-1/2}\exp\left(\frac{\sigma a^{\dagger 2}}{1-4\lambda\sigma}\right)$$
$$\times\exp[-a^{\dagger}a\ln(1-4\lambda\sigma)]\exp\left(\frac{\lambda a^2}{1-4\lambda\sigma}\right)\tag{8.18}$$

与我们第5章中导出的结果相同.

再推广到双模情形,考虑算符积

$$\begin{aligned}&\exp(\mu a_1 a_2)\exp(\nu a_1^{\dagger}a_2^{\dagger})\\&=\sum_{n,n'=0}^{\infty}n!n'!\mathrm{e}^{\mu a_1 a_2}a_1^{-n}a_2^{-n'}\mid 00\rangle\langle 00\mid(a_1^{\dagger})^{-n}(a_2^{\dagger})^{-n'}\exp(\nu a_1^{\dagger}a_2^{\dagger})\\&=\sum_{n,n'=0}^{\infty}n!n'!\sum_{l,l'=0}\frac{\mu^l\nu^{l'}}{l!l'!}:\frac{a_1^{\dagger(n-l)}a_2^{\dagger(n'-l)}a_1^{n-l'}a_2^{n'-l'}}{(n-l)!(n'-l)!(n-l')!(n'-l')!}\\&\quad\times\exp(-a_1^{\dagger}a_1-a_2^{\dagger}a_2):\end{aligned}\tag{8.19}$$

利用双变量厄米多项式的定义

$$\mathrm{H}_{n,m'}(x,y)=\sum_{l=0}\frac{(-1)^l n!n'!}{l!(n-l)!(n'-l)!}x^{n-l}y^{n'-l}\tag{8.20}$$

就有如下的积分公式

$$\mathrm{e}^{-\xi\eta}(\mathrm{i})^{m+n}\int\frac{\mathrm{d}^2 z}{\pi}z^n z^{*m}\exp(-\mid z\mid^2+\xi z+\eta z^*)=\mathrm{H}_{m,n}(\mathrm{i}\xi,\mathrm{i}\eta)\tag{8.21}$$

以及由此导出的双变量双线性厄米多项式的母函数公式

$$\begin{aligned}&\sum_{m,n=0}^{\infty}\mathrm{H}_{mn}(\mathrm{i}\xi,\mathrm{i}\eta)\mathrm{H}_{m,n}(\mathrm{i}\rho,\mathrm{i}k)\frac{t^n s^m}{n!m!}\\&=\exp[-(\xi\eta+\rho k)]\int\frac{\mathrm{d}^2 z}{\pi}\int\frac{\mathrm{d}^2 z'}{\pi}\sum_{n=0}^{\infty}\frac{(-zz't)^n}{n!}\\&\quad\times\sum_{m=0}^{\infty}\frac{(-z^*z'^*s)^m}{m!}\exp[-\mid z\mid^2+\xi z+\eta z^*+\rho z'+kz'^*-\mid z'\mid^2]\\&=\mathrm{e}^{-\xi\eta}(1-ts)^{-1}\exp[(1-ts)^{-1}(\xi\eta-tk\eta-\xi s\rho+tsk\rho)]\end{aligned}\tag{8.22}$$

按照此公式,可把式(8.19)纳入

$$\begin{aligned}&\exp(\mu a_1 a_2)\exp(\nu a_1^{\dagger}a_2^{\dagger})\\&=\sum_{n,n'=0}^{\infty}(n!n'!)^{-1}(-)^{n+n'}(\mu\nu)^{(n+n')/2}\\&\quad\times:\mathrm{H}_{n,n'}\left(\mathrm{i}\frac{a_1^{\dagger}}{\sqrt{\mu}},\mathrm{i}\frac{a_2^{\dagger}}{\sqrt{\mu}}\right)\mathrm{H}_{n,n'}\left(\mathrm{i}\frac{a_1}{\sqrt{\nu}},\mathrm{i}\frac{a_2}{\sqrt{\nu}}\right)\exp(-a_1^{\dagger}a_1-a_2^{\dagger}a_2):\\&=\text{式}(5.40)\end{aligned}$$

用逆算符还可以研究态矢 $e^{fa^{\dagger 2}}|0\rangle$ 是否可以归一化. 为此计算

$$\begin{aligned}
&\langle 0 \mid e^{f^* a^2} e^{f a^{\dagger 2}} \mid 0\rangle \\
&= \sum_{n=0}^{\infty} n!\langle 0 \mid e^{f^* a^2} a^{-n} \mid 0\rangle\langle 0 \mid (a^\dagger)^{-n} e^{f a^{\dagger 2}} \mid 0\rangle \\
&= \sum_{n=0}^{\infty} n! \sum_{l,l'=0}^{[n/3]} \frac{f^{*l'} f^l}{l!\,l'!}\langle 0 \mid a^{-3(n-3l)} \mid 0\rangle\langle 0 \mid (a^\dagger)^{-3(n-3l')} \mid 0\rangle \\
&= \sum_{n=0}^{\infty} \frac{(3n)!}{(n!)^2} \mid f \mid^{2n} \qquad (8.23)
\end{aligned}$$

当 n 很大时,用近似公式

$$n! \approx \sqrt{2\pi n}\left(\frac{n}{e}\right)^n, \quad \frac{(3n)!}{(n!)^2} \approx \frac{\sqrt{3}3^{3n}}{\sqrt{2\pi n}}\left(\frac{n}{e}\right)^n \qquad (8.24)$$

因而式(8.23)不收敛.

8.3　位相算符与逆算符的关系

在第 2 章,位相算符定义为[见式(2.87)]

$$e^{i\phi} = \frac{1}{\sqrt{N+1}} a, \quad e^{-i\phi} = a^\dagger \frac{1}{\sqrt{N+1}} \qquad (2.87)$$

可见 $e^{i\phi}$ 实际上是 $e^{-i\phi}$ 的厄米共轭. 式(2.87)的逆是

$$(e^{i\phi})^{-1} = a^{-1}\sqrt{N+1}, \quad (e^{-i\phi})^{-1} = \sqrt{N+1}(a^\dagger)^{-1} \qquad (8.25)$$

直至如今,我们还不知道是否有 $(e^{i\phi})^{-1} = e^{-i\phi}$. 用 $aa^{-1} = 1$, $a^{-1}a = 1 - |0\rangle\langle 0|$ 导出

$$e^{i\phi}(e^{i\phi})^{-1} = \frac{1}{\sqrt{N+1}} a a^{-1}\sqrt{N+1} = 1 \qquad (8.26)$$

$$(e^{i\phi})^{-1} e^{i\phi} = a^{-1} a = 1 - |0\rangle\langle 0| \qquad (8.27)$$

另一方面,由式(2.87)易知

$$e^{i\phi} e^{-i\phi} = 1, \quad e^{-i\phi} e^{i\phi} = 1 - |0\rangle\langle 0| \qquad (8.28)$$

比较式(8.26)和(8.28)得到结论

$$(e^{i\phi})^{-1} = e^{-i\phi} \equiv (e^{i\phi})^\dagger \qquad (8.29)$$

如果把相算符表达为

$$\mathrm{e}^{\mathrm{i}\phi} = (a^\dagger)^{-1}\sqrt{N}, \quad \mathrm{e}^{-\mathrm{i}\phi} = \sqrt{N}a^{-1} \tag{8.30}$$

可见相算符的非幺正性与 a 与 a^{-1} 非对易这一事实密切相关.

8.4　推广的 Jaynes - Cummings 模型与逆场算符

在量子光学中,Jaynes - Cummings(简称 J - C)模型是描述单模光场与原子相互作用的严格可解模型,它的哈密顿量在旋转波近似下为:[97]

$$H = \omega a^\dagger a + \frac{1}{2}\Omega\sigma_3 + \lambda(\sigma_+ a + a^\dagger\sigma_-) \tag{8.31}$$

其中 ω 是光模的频率,λ 是光子与原子相互作用的耦合强度,两能级原子由泡利矩阵表示,Ω 是原子的跃迁频率.泡利矩阵为

$$\sigma_+ = \begin{pmatrix}0 & 1\\ 0 & 0\end{pmatrix}, \quad \sigma_- = \begin{pmatrix}0 & 0\\ 1 & 0\end{pmatrix}, \quad \sigma_3 = \begin{pmatrix}1 & 0\\ 0 & -1\end{pmatrix} \tag{8.32}$$

它们遵从关系

$$[\sigma_3, \sigma_\pm] = \pm 2\sigma_\pm, \quad [\sigma_+, \sigma_-] = \sigma_3 \tag{8.33}$$

由于场算符的逆算符是非线性的算符,在描述某些光与原子作用的非线性过程时也许用以下哈密顿量更合适[98],即

$$\mathscr{H} = \omega a^\dagger a + \frac{1}{2}\Omega\sigma_3 + \lambda[\sigma_+ (a^\dagger)^{-1} + a^{-1}\sigma_-] \tag{8.34}$$

构造这样哈密顿量是基于如下考虑,由式(8.2)和(8.5)看出,a^{-1} 代表光子产生过程,而 $(a^\dagger)^{-1}$ 代表光子湮没过程,所以它们分别与代表电子在原子能级向下跃迁及向上激发的泡利矩阵 σ_- 和 σ_+ 相耦合.随之而来的问题是哈密顿量(8.34)是否严格可解.

由于 $a^{-1}a = 1 - |0\rangle\langle 0|$,$[(a^\dagger)^{-1}, a^\dagger] = |0\rangle\langle 0|$,故有

$$\begin{aligned}[(a^\dagger)^{-1}, a^\dagger a] &= |0\rangle\langle 0| a + a^\dagger (a^\dagger)^{-2}\\ &= |0\rangle\langle 1| + (1 - |0\rangle\langle 0|)(a^\dagger)^{-1}\\ &= (a^\dagger)^{-1}\end{aligned} \tag{8.35}$$

这导致一个重要的对易子

$$[a^{-1}, N] = -a^{-1}, \quad [(a^{-1})^\dagger, N] = (a^{-1})^\dagger \tag{8.36}$$

由式(8.36)我们知道

$$[(a^\dagger)^{-n}, N] = n(a^\dagger)^{-n}, \quad [a^{-n}, N] = -na^{-n} \tag{8.37}$$

它们是$[a^{\dagger n},N]=-na^{\dagger n}$,$[a^{n},N]=na^{n}$ 的负幂次推广.

由式(8.33)及(8.36)可导出

$$[\sigma_+(a^\dagger)^{-1}+a^{-1}\sigma_-,\sigma_3]=2\{a^{-1}\sigma_- -\sigma_+(a^\dagger)^{-1}\} \tag{8.38}$$

$$[\sigma_+(a^\dagger)^{-1}+a^{-1}\sigma_-,N]=\sigma_+(a^\dagger)^{-1}-a^{-1}\sigma_- \tag{8.39}$$

因此,可以看出推广的 Jaynes-Cummings 模型具有两个运动常数 c_1 和 c_2,它们满足

$$[c_1,\mathscr{H}]=[c_2,\mathscr{H}]=[c_1,c_2]=0$$

$$\left.\begin{aligned}c_1&\equiv\omega\left(a^\dagger a+\frac{1}{2}\sigma_3\right)\\ c_2&\equiv\lambda[\sigma_+(a^\dagger)^{-1}+a^{-1}\sigma_-]-\frac{1}{2}\Delta\omega\sigma_3\end{aligned}\right\} \tag{8.40}$$

其中 $\Delta\omega=\omega-\Omega$.只要 c_1 与 c_2 共同本征态找到,$\mathscr{H}$就可对角化了.c_1 的本征态显然是$|n\rangle|j\rangle\equiv|n,j\rangle$,这里 $a^\dagger a|n\rangle=n|n\rangle$,$\sigma_3|j\rangle=\pm|j\rangle$,$j=1,-1$.但是$|n,j\rangle$不是 c_2 的本征态.把 c_2 写成 2×2 矩阵

$$c_2=\lambda\begin{pmatrix}\delta & (a^\dagger)^{-1}\\ a^{-1} & -\delta\end{pmatrix},\qquad \delta\equiv-\frac{\Delta\omega}{2\lambda} \tag{8.41}$$

则 c_2 的本征方程等价于解下列的联立方程组

$$\left.\begin{aligned}\delta\,|\rangle_{\mathrm{u}}+(a^\dagger)^{-1}\,|\rangle_{\mathrm{d}}&=\frac{r}{\lambda}\,|\rangle_{\mathrm{u}}\\ a^{-1}\,|\rangle_{\mathrm{u}}-\delta\,|\rangle_{d}&=\frac{r}{\lambda}\,|\rangle_{\mathrm{d}}\end{aligned}\right\} \tag{8.42}$$

其中 r 是本征值.从左乘$\langle n|$于这两个方程两边得

$$\delta\langle n|\rangle_{\mathrm{u}}+(n+1)^{-1/2}\langle n+1|\rangle_{d}=\frac{r}{\lambda}\langle n|\rangle_{\mathrm{u}} \tag{8.43}$$

$$(1+n)^{-1/2}\langle n|\rangle_{\mathrm{u}}-\delta\langle n+1|\rangle_{\mathrm{d}}=\frac{r}{\lambda}\langle n+1|\rangle_{\mathrm{d}},\quad n\neq0 \tag{8.44}$$

联立解之得

$$r=\pm\lambda\sqrt{\delta^2+\frac{1}{n+1}} \tag{8.45}$$

$$|\rangle_{\mathrm{d}}=\left[\delta\pm\sqrt{\delta^2+\frac{1}{n+1}}\right]^{-1}a^{-1}\,|\rangle_{\mathrm{u}} \tag{8.46}$$

如果我们取

$$|\rangle_{\mathrm{u}}\equiv f\,|\,n\rangle \tag{8.47}$$

其中 f 由 c_2 的本征态的归一化决定,即

$$1 = {}_{u}\langle|\rangle_{u} + {}_{d}\langle|\rangle_{d} \tag{8.48}$$

由式(8.46)可得

$$|\rangle_{d} = f(n+1)^{-1/2}\left[\delta \pm \sqrt{\delta^2 + \frac{1}{n+1}}\right]^{-1} |n+1\rangle \tag{8.49}$$

将方程式(8.47)和(8.49)代入(8.48)中,可知$|f|^2$ 的值

$$1 = |f|^2\left[1 + \frac{1}{n+1}\left(\delta \pm \sqrt{\delta^2 + \frac{1}{n+1}}\right)^{-2}\right] \tag{8.50}$$

令

$$\tan\theta = -(n+1)^{-1/2}\left(\delta - \sqrt{\delta^2 + \frac{1}{n+1}}\right)^{-1} \tag{8.51}$$

则 $f = \cos\theta$,相应地,c_2 的本征态是

$$\begin{pmatrix} \cos\theta\,|n\rangle \\ -\sin\theta\,|n+1\rangle \end{pmatrix} = |n,1\rangle\cos\theta - |n+1,-1\rangle\sin\theta \equiv |\rangle_1 \tag{8.52}$$

或 $f = \sin\theta$,相应地,c_2 的本征态是

$$\begin{pmatrix} \sin\theta\,|n\rangle \\ \cos\theta\,|n+1\rangle \end{pmatrix} = |n,1\rangle\sin\theta + |n+1,-1\rangle\cos\theta \equiv |\rangle_2 \tag{8.53}$$

易见$|\rangle_1$ 和$|\rangle_2$ 皆是 c_2 的本征态,故有

$$\left.\begin{aligned} \mathscr{H}|\rangle_1 &= \left[\omega\left(n+\frac{1}{2}\right) - \lambda\sqrt{\delta^2 + \frac{1}{n+1}}\right]\Big|\Big\rangle_1 \\ \mathscr{H}|\rangle_2 &= \left[\omega\left(n+\frac{1}{2}\right) + \lambda\sqrt{\delta^2 + \frac{1}{n+1}}\right]\Big|\Big\rangle_2 \end{aligned}\right\} \tag{8.54}$$

注意态$|0,-1\rangle$是另一个本征态,但它没有被包含在$|\rangle_1$ 和$|\rangle_2$ 中.

8.5　一种 Λ 组态的三能级原子的 J－C 模型[99]

值得指出的是 J－C 模型不但能描写两能级原子与辐射场的相互作用,而且能用来阐述三能级原子系统中的某些辐射过程. 例如,考虑 Λ 组态的三能级原子与单模或多模光场的相互作用,见图 8.1.图中表明只是从上能级$|3\rangle$到下能级$|2\rangle$以及从$|3\rangle$到最低能级$|1\rangle$的 m 个光子跃迁是允许的,而$|2\rangle$与$|1\rangle$这两个能级靠得很近,近乎简并.

相应的哈密顿量可以写成

$$H = H_{\mathrm{f}} + H_{\mathrm{a}} + H_{\mathrm{I}} \tag{8.55}$$

其中 H_{f} 代表辐射场

$$H_{\mathrm{a}} = \sum_{i=1}^{3} \omega_i \mid i\rangle\langle i \mid$$

$$H_{\mathrm{I}} = g[A_m \mid 3\rangle(\langle 1 \mid + \langle 2 \mid) + A_m^{\dagger}(\mid 1\rangle + \mid 2\rangle)\langle 3 \mid] \tag{8.56}$$

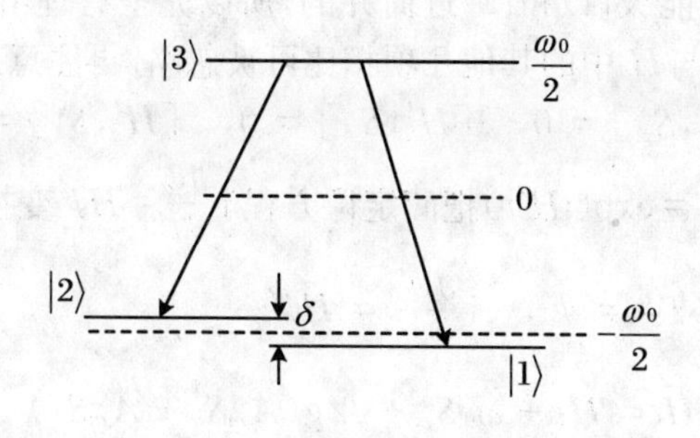

图 8.1

这里 $a_i^{\dagger}$ 是光场的产生算符，ω_i 是原子态的能量，$A_m^{\dagger}$ 是 m 光子跃迁算符，$A_m^{\dagger} = \prod_{j=1}^{m} a_j^{\dagger}$. 当 $m = 1$，该系统就是通常的 Λ- 型激光器，而当 $m = 2$，$A_2^{\dagger} = a_1^{\dagger}a_2^{\dagger}$（简并时 $A_2^{\dagger} = a_1^{\dagger 2}$）是加倍双光子关联自发辐射激光器.

可以把该系统也用 J－C 模型来描述. 为此，先要注意到以下三个 ket-bra 型算符

$$S_+ = \frac{1}{\sqrt{2}} \mid 3\rangle(\langle 1 \mid + \langle 2 \mid), \quad S_- = \frac{1}{\sqrt{2}}(\mid 1\rangle + \mid 2\rangle)\langle 3 \mid$$

$$S_z = \frac{1}{2}\left[\mid 3\rangle\langle 3 \mid - \frac{1}{2}(\mid 1\rangle + \mid 2\rangle)(\langle 1 \mid + \langle 2 \mid)\right] \tag{8.57}$$

满足角动量代数，即

$$[S_+, S_-] = 2S_z, \quad [S_z, S_\pm] = \pm S_\pm \tag{8.58}$$

根据图示，取零能位置在 $|3\rangle$ 下的 $\frac{1}{2}\omega_0$ 处，$|2\rangle$ 和 $|1\rangle$ 能级差的中介位置为 $-\frac{1}{2}\omega_0$，所以代表原子能级的哈密顿量 H_{a} 可以写为

$$H_{\mathrm{a}} = \frac{\omega_0}{2} \mid 3\rangle\langle 3 \mid + \left(-\frac{\omega_0}{2} + \frac{\delta}{2}\right) \mid 2\rangle\langle 2 \mid + \left(-\frac{\omega_0}{2} - \frac{\delta}{2}\right) \mid 1\rangle\langle 1 \mid \tag{8.59}$$

利用式(8.57)就能将 H 改写成

$$H = H_0 + H_{\mathrm{I}} + H' + H''$$

$$H_0 = H_f + \omega_0 S_z, \quad H_\mathrm{I} = \sqrt{2}g(A_m S_+ + A_m^\dagger S_-)$$

$$\left.\begin{aligned} H' &= \frac{1}{4}\omega_0(|1\rangle - |2\rangle)(\langle 2| - \langle 1|) \\ H'' &= \frac{1}{2}\delta(|2\rangle\langle 2| - |1\rangle\langle 1|) \end{aligned}\right\} \tag{8.60}$$

由于我们已经假定了能级$|1\rangle$和$|2\rangle$近简并的，所以完全有理由认为$|1\rangle$和$|2\rangle$上的布居数近似相等，H''与H中的其他几项相比可被忽略. 再注意到

$$[H', S_+] = 0, \quad [H', S_-] = 0, \quad [H', S_z] = 0 \tag{8.61}$$

就可以用幺正变换 $T = \exp(\mathrm{i}H't)$把薛定谔方程 $\mathrm{i}\frac{\partial \psi}{\partial t} = H\psi$ 变换成

$$T\psi = \psi', \quad \mathrm{i}\frac{\partial \psi'}{\partial t} = \bar{H}\psi'$$

$$\bar{H} = H_\mathrm{f} + \omega_0 S_z + \sqrt{2}g(A_m S_+ + A_m^\dagger S_-) \tag{8.62}$$

显然，$\bar{H}$ 的形式就相当于标准的 J－C 模型.

8.6　用超对称幺正变换解若干 J－C 模型

对于标准 J－C 模型的哈密顿量(8.31)，还可用超对称变换把它对角化，超对称思想近年来被有效地用于解若干位势的能级[102]. 为此，用泡利矩阵(8.32)定义以下超对称变换的生成元

$$a^\dagger \sigma_- = \begin{pmatrix} 0 & 0 \\ a^\dagger & 0 \end{pmatrix} \equiv Q, \quad \sigma_+ a = \begin{pmatrix} 0 & a \\ 0 & 0 \end{pmatrix} \equiv Q^\dagger \tag{8.63}$$

(请不要把它与坐标算符混淆)，以及定义

$$N = a^\dagger a + \frac{1}{2}\sigma_z + \frac{1}{2} = \begin{pmatrix} aa^\dagger & 0 \\ 0 & a^\dagger a \end{pmatrix} \tag{8.64}$$

则有性质

$$\left.\begin{aligned} &Q^2 = 0 = Q^{\dagger 2}, \quad [Q^\dagger, Q] = N\sigma_z, \quad \{Q, \sigma_z\} = \{Q^\dagger, \sigma_z\} = 0 \\ &N = \{Q, Q^\dagger\}, \quad [N, Q] = [N, Q^\dagger] = 0, \quad (Q^\dagger - Q)^2 = -N \end{aligned}\right\} \tag{8.65}$$

这里{　}表示反对易括号. 我们称$(N, Q, Q^\dagger)$构成超对称生成元. 注意 $N^{1/2}$ 并不是惟一的，它可以是 $\mathrm{i}(Q^\dagger - Q)$，也可以取

$$N^{1/2} = \begin{pmatrix} \sqrt{aa^\dagger} & 0 \\ 0 & \sqrt{a^\dagger a} \end{pmatrix}, \quad N^{-1/2} = \begin{pmatrix} \frac{1}{\sqrt{aa^\dagger}} & 0 \\ 0 & \frac{1}{\sqrt{a^\dagger a}} \end{pmatrix} \tag{8.66}$$

选取(8.66)的第二式，则可用 $af(a^\dagger a) = f(a^\dagger a + 1)a$，$a^\dagger f(aa^\dagger) = f(a^\dagger a)a^\dagger$ 证得

$$[N^{-1/2}, Q] = [N^{-1/2}, Q^\dagger] = 0 \tag{8.67}$$

$N^{-1/2}$的本征值除了$\langle 0\downarrow | N^{-1/2} | 0\downarrow\rangle$外都是正的，表明 $N^{-1/2}$ 与式(8.67)都是在不计及对$|0\downarrow\rangle$作用时才有意义，所以可定义一个由超对称生成元组成的幺正算符 T

$$\begin{aligned} T &= \exp\left\{-\frac{\theta}{2}N^{-1/2}(Q^\dagger - Q)\right\} \\ &= \sum_{k=0}^{\infty} \frac{1}{(2k)!}\left(\frac{\theta}{2}\right)^{2k}(-1)^k + \sum_{k=1}^{\infty} \frac{1}{(2k-1)!}\left(-\frac{\theta}{2}\right)^{2k-1}\left[\frac{1}{\sqrt{N}}(Q^\dagger - Q)\right]^{2k-1} \\ &= \cos\frac{\theta}{2} - \frac{1}{\sqrt{N}}(Q^\dagger - Q)\sin\frac{\theta}{2} \end{aligned} \tag{8.68}$$

在展开指数时用到了式(8.65)和(8.67). 由此导出

$$T^{-1}(Q + Q^\dagger)T = \cos\theta\,(Q + Q^\dagger) + \sin\theta\,\frac{1}{\sqrt{N}}[Q^\dagger, Q] \tag{8.69}$$

注意到

$$(Q^\dagger - Q)\sigma_z = -\sigma_z(Q^\dagger - Q) = -(Q^\dagger + Q) \tag{8.70}$$

所以又有

$$T^{-1}\sigma_z T = \sigma_z T^2 = \frac{1}{N}[Q^\dagger, Q]\cos\theta - \frac{1}{\sqrt{N}}(Q^\dagger + Q)\sin\theta \tag{8.71}$$

引入失谐量 $\Delta = \Omega - \omega$，则在超对称变换 T^{-1} 影响下，H 为

$$\begin{aligned} T^{-1}HT &= T^{-1}\left[\omega N + \frac{\Delta}{2}\sigma_z - \frac{\omega}{2} + \lambda(Q^\dagger + Q)\right]T \\ &= \omega N + \left(\lambda\cos\theta - \frac{\Delta}{2}\frac{1}{\sqrt{N}}\sin\theta\right)(Q^\dagger + Q) \\ &\quad + \left(\lambda\sin\theta + \frac{\Delta}{2\sqrt{N}}\cos\theta\right)\frac{1}{\sqrt{N}}[Q^\dagger, Q] - \frac{\omega}{2} \end{aligned} \tag{8.72}$$

选取角度 θ 使之满足

$$\frac{2\lambda}{\Delta} = \frac{1}{\sqrt{N}}\tan\theta \tag{8.73}$$

则

$$T^{-1}HT = \omega N + \frac{\Delta}{2\cos\theta}\sigma_z - \frac{\omega}{2} \tag{8.74}$$

事实上,式(8.73)是在 N 的本征值和本征方程的意义下理解的. N 的本征函数是

$$\left.\begin{aligned} N\psi_{1,n+1} &= (n+1)\psi_{1,n+1}, \quad \psi_{1,n+1}\begin{pmatrix} |n\rangle \\ 0 \end{pmatrix} \equiv |\uparrow, n\rangle \\ N\psi_{2,n+1} &= (n+1)\psi_{2,n+1}, \quad \psi_{2,n+1}\begin{pmatrix} 0 \\ |n+1\rangle \end{pmatrix} \equiv |\downarrow, n+1\rangle \end{aligned}\right\} \tag{8.75}$$

当$\dfrac{1}{\sqrt{n+1}}\tan\theta = \dfrac{2\lambda}{\Delta}$时

$$T^{-1}HT\psi_{1,n+1} = \left[\omega(n+1) + \frac{\Delta}{2\cos\theta} - \frac{\omega}{2}\right]\psi_{1,n+1} \tag{8.76}$$

而且有

$$T^{-1}HT\psi_{2,n+1} = \left[\omega n - \frac{\Delta}{2\cos\theta} + \frac{\omega}{2}\right]\psi_{2,n+1} \tag{8.77}$$

所以, $T\psi_{1,n+1}$与 $T\psi_{2,n+1}$分别是 H 的本征态

$$\left.\begin{aligned} T\psi_{1,n+1} &= \left[\cos\frac{\theta}{2} - \sin\frac{\theta}{2}\frac{1}{\sqrt{N}}(Q^\dagger - Q)\right]\begin{pmatrix} |n\rangle \\ 0 \end{pmatrix} \\ &= \cos\frac{\theta}{2}\begin{pmatrix} |n\rangle \\ 0 \end{pmatrix} + \sin\frac{\theta}{2}\begin{pmatrix} 0 \\ |n+1\rangle \end{pmatrix} \\ T\psi_{2,n+1} &= \left[\cos\frac{\theta}{2} - \sin\frac{\theta}{2}\frac{1}{\sqrt{N}}(Q^\dagger - Q)\right]\begin{pmatrix} 0 \\ |n+1\rangle \end{pmatrix} \\ &= \cos\frac{\theta}{2}\begin{pmatrix} 0 \\ |n+1\rangle \end{pmatrix} - \sin\frac{\theta}{2}\begin{pmatrix} |n\rangle \\ 0 \end{pmatrix} \end{aligned}\right\} \tag{8.78}$$

显然, $|\downarrow, 0\rangle = \begin{pmatrix} 0 \\ |0\rangle \end{pmatrix}$也是 H 的本征态.

以上所采用的超对称幺正算符来对角化J－C模型的哈密顿量的做法,其观点较新颖,在文献[103]中也用幺正变换来对角J－C模型,但未用超对称语言.下面进一步用超对称的观点来处理8.5节所述 的三能级 Λ 型组态的J－C模型[104].当光场是单模时,根据式(8.62)写下的哈密顿量是

$$\bar{H} = \omega a^\dagger a + \omega_0 S_z + \sqrt{2}g(\bar{Q}^\dagger + \bar{Q}) \tag{8.79}$$

其中已引入超对称生成元

$$
\left.\begin{aligned}
\bar{Q}^{\dagger} &\equiv aS_{+} = \frac{a}{\sqrt{2}}\begin{pmatrix} 0 & 1 & 1 \\ 0 & 0 & 0 \\ 0 & 0 & 0 \end{pmatrix} \\
\bar{Q} &\equiv a^{\dagger}S_{-} = \frac{1}{\sqrt{2}}\begin{pmatrix} 0 & 0 & 0 \\ 1 & 0 & 0 \\ 1 & 0 & 0 \end{pmatrix}a^{\dagger} \\
S_z &= \frac{1}{2}\begin{pmatrix} 1 & 0 & 0 \\ 0 & -\frac{1}{2} & -\frac{1}{2} \\ 0 & -\frac{1}{2} & -\frac{1}{2} \end{pmatrix}
\end{aligned}\right\} \tag{8.80}
$$

由 $\bar{Q}^{\dagger}$ 与 $\bar{Q}$ 可以生成

$$
\{\bar{Q}^{\dagger}, \bar{Q}\} = \frac{1}{2}\begin{pmatrix} 2aa^{\dagger} & 0 & 0 \\ 0 & a^{\dagger}a & a^{\dagger}a \\ 0 & a^{\dagger}a & a^{\dagger}a \end{pmatrix} \equiv \bar{N} \tag{8.81}
$$

容易看出

$$
\left.\begin{aligned}
&[\bar{N}, a^{\dagger}a] = 0, \quad [\bar{N}, \bar{Q}] = [\bar{N}, \bar{Q}^{\dagger}] = [\bar{N}, S_z] = 0 \\
&[\bar{Q}^{\dagger}, \bar{Q}] = 2\bar{N}S_z, \quad \{\bar{Q}, S_z\} = \{\bar{Q}^{\dagger}, S_z\} = 0 \\
&S_z(\bar{Q}^{\dagger} - \bar{Q}) = \frac{1}{2}(\bar{Q}^{\dagger} + \bar{Q}), \quad \bar{Q}^2 = \bar{Q}^{\dagger 2} = 0, \quad (\bar{Q}^{\dagger} - \bar{Q})^2 = -\bar{N}
\end{aligned}\right\} \tag{8.82}
$$

$\bar{N}$ 的正交归一的本征态是

$$
\left.\begin{aligned}
&\bar{N}\varphi_{1,n+1} = (n+1)\varphi_{1,n+1}, \quad \varphi_{1,n+1} = \begin{pmatrix} |n\rangle \\ 0 \\ 0 \end{pmatrix} \\
&\bar{N}\varphi_{2,n+1} = (n+1)\varphi_{2,n+1}, \quad \varphi_{2,n+1} = \frac{1}{\sqrt{2}}\begin{pmatrix} 0 \\ |n+1\rangle \\ |n+1\rangle \end{pmatrix} \\
&\bar{N}\varphi_{3,n+1} = 0, \quad \varphi_{3,n+1} = \frac{1}{\sqrt{2}}\begin{pmatrix} 0 \\ |n+1\rangle \\ -|n+1\rangle \end{pmatrix}
\end{aligned}\right\} \tag{8.83}
$$

在以下的计算中 n 选得使作用于前两个本征态的$\frac{1}{\sqrt{\bar{N}}}$是有意义的,在这种理解下我们也可以引入超对称算符

$$\bar{T} = \cos\frac{\theta}{2} - \sin\frac{\theta}{2}\frac{1}{\sqrt{\bar{N}}}(\bar{Q}^{\dagger} - \bar{Q}) \tag{8.84}$$

则 $\bar{T}\varphi_{1,n+1}$和 $\bar{T}\varphi_{2,n+1}$分别为

$$\left.\begin{aligned}
\bar{T}\varphi_{1,n+1} &= \cos\frac{\theta}{2}\begin{pmatrix}|n\rangle\\0\\0\end{pmatrix} + \frac{1}{\sqrt{2}}\sin\frac{\theta}{2}\frac{1}{\sqrt{\bar{N}}}\begin{pmatrix}0\\|n+1\rangle\sqrt{n+1}\\|n+1\rangle\sqrt{n+1}\end{pmatrix}\\
&= \cos\frac{\theta}{2}\varphi_{1,n+1} + \sin\frac{\theta}{2}\varphi_{2,n+1}\\
\bar{T}\varphi_{2,n+1} &= \cos\frac{\theta}{2}\varphi_{2,n+1} - \frac{1}{2}\sin\frac{\theta}{2}\frac{1}{\sqrt{\bar{N}}}\begin{pmatrix}2\sqrt{n+1}\,|n\rangle\\0\\0\end{pmatrix}\\
&= \cos\frac{\theta}{2}\varphi_{2,n+1} - \sin\frac{\theta}{2}\varphi_{1,n+1}
\end{aligned}\right\} \tag{8.85}$$

而且可以由式(8.82)和(8.84)计算出

$$\left.\begin{aligned}
\bar{T}^{-1}S_z\bar{T} &= \cos\theta S_z - \frac{1}{2}(\bar{Q}^{\dagger} + \bar{Q})\frac{1}{\sqrt{\bar{N}}}\sin\theta\\
\bar{T}^{-1}(\bar{Q}^{\dagger} + \bar{Q})\bar{T} &= \cos\theta(\bar{Q}^{\dagger} + \bar{Q}) + 2\sin\theta\sqrt{\bar{N}}S_z\\
\bar{T}^{-1}a^{\dagger}a\bar{T} &= a^{\dagger}a + 2S_z\sin^2\frac{\theta}{2} + \frac{1}{2}\sin\theta\frac{1}{\sqrt{\bar{N}}}(\bar{Q}^{\dagger} + \bar{Q})
\end{aligned}\right\} \tag{8.86}$$

这就导致[在 $\bar{T}^{-1}\bar{H}\bar{T}\varphi_{i,n+1}(i=1,2)$的意义下理解]

$$\begin{aligned}
\bar{T}^{-1}\bar{H}\bar{T} = &\,\omega\left(a^{\dagger}a + 2S_z\sin^2\frac{\theta}{2}\right)\\
&+ (\omega_0\cos\theta + 2\sqrt{2}g\sin\sqrt{\bar{N}})S_z\\
&+ \left[\left(\frac{\omega}{2} - \frac{\omega_0}{2}\right)\sin\theta\frac{1}{\sqrt{\bar{N}}} + \sqrt{2}g\cos\theta\right](\bar{Q}^{\dagger} + \bar{Q})
\end{aligned} \tag{8.87}$$

适当选择 θ 使其中$(\bar{Q}^{\dagger} + \bar{Q})$项的系数为零,则

$$\frac{2\sqrt{2}g}{\omega_0-\omega}=\frac{1}{\sqrt{\bar{N}}}\tan\theta \tag{8.88}$$

就可以使 $\bar{H}$ 对角化

$$\begin{aligned}\bar{T}^{-1}\bar{H}\bar{T}&=\omega\left(a^{\dagger}a+2S_z\sin^2\frac{\theta}{2}\right)+(\omega_0\cos\theta+2\sqrt{2}g\sin\theta\sqrt{\bar{N}})S_z\\&=\omega(a^{\dagger}a+S_z)+\frac{\omega_0-\omega}{\cos\theta}S_z\end{aligned} \tag{8.89}$$

易见 $\varphi_{i,n}(i=1,2)$是它的本征态，而 $\varphi_{3,n}$ 本来就是 $\bar{H}$ 的本征态了，因为

$$S_z\varphi_{3,n}=0,\quad(\bar{Q}^{\dagger}+\bar{Q})\varphi_{3,n}=0$$

以上讨论表明，对于描述三能级系统的 J－C 模型也隐含着超对称，也可以用超对称幺正算符对角化.

另一方面，对于描述强度有关的辐射场与二能级原子的相互作用的 J－C 哈密顿量

$$H=\omega a^{\dagger}a+\frac{\Omega}{2}\sigma_z+\lambda(\sqrt{a^{\dagger}a}a^{\dagger}\sigma_-+\sigma_+a\sqrt{a^{\dagger}a})$$

这也可以定义超对称生成元

$$Q'\equiv\sqrt{a^{\dagger}a}a^{\dagger}\sigma_-=\begin{pmatrix}0&0\\\sqrt{a^{\dagger}a}a^{\dagger}&0\end{pmatrix}$$

$$Q'^{\dagger}=\sigma_+a\sqrt{a^{\dagger}a}=\begin{pmatrix}0&a\sqrt{a^{\dagger}a}\\0&0\end{pmatrix}$$

$$N'=\{Q'^{\dagger},Q'\}=\begin{pmatrix}(aa^{\dagger})^2&0\\0&(a^{\dagger}a)^2\end{pmatrix}$$

并且引入相应的超对称幺正算符来使 H 对角化. 这里就不再写出过程了.

8.7　产生算符 $a^{\dagger}$ 的本征矢恒等于零吗?

相干态是湮没算符的本征矢，那么产生算符的本征矢是什么呢? 在以前的量子力学书(例如文献[105]中)，认为 $a^{\dagger}$ 的本征态恒为零，其证明如下：若有 $a^{\dagger}|z\rangle_*=z^*|z\rangle_*$，下标 $*$ 表示它是 $a^{\dagger}$ 的本征右矢，以区别于相干态$|z\rangle$. 为了求$|z\rangle_*$，用粒子数表象展开它

$$|z\rangle_* = \sum_{n=0}^{\infty} |n\rangle\langle n|z\rangle_*,\quad n = 0,1,2,\cdots \tag{8.90}$$

由公式 $a^\dagger|n\rangle = \sqrt{n+1}|n+1\rangle$ 得到

$$\sum_{n=0}^{\infty} \sqrt{n+1}\,|n+1\rangle\langle n|z\rangle_* = z^*\,|z\rangle_* \tag{8.91}$$

即有递推关系

$$\begin{aligned} &0 = z^*\langle 0|z\rangle_*,\quad \langle 0|z\rangle_* = z^*\langle 1|z\rangle_* \\ &\sqrt{2}\langle 1|z\rangle_* = z^*\langle 2|z\rangle^*,\cdots \end{aligned} \tag{8.92}$$

如果 $z^*\neq 0$,则由$\langle 0|z\rangle_*=0$ 得$\langle n|z\rangle_*=0,(n=1,2,\cdots)$. 当 $z^*=0$,则$\langle n|z\rangle_*=0$ 对所有 n 值都成立. 因此$|z\rangle_*\equiv 0$. 这个论述仔细地分析起来是不严格的. 因为它忽略了 $0=z^*\langle 0|z\rangle_*$ 这个方程可以有广义函数解,这可用 $x\delta(x)=0$ 来说明. 方程 $xf(x)=0$ 可以有解 $f(x)=\delta(x)$. 因此必须十分小心地处理式(8.92)的解[106]. 注意到 z^* 是个复数,故需引入复宗量的广义函数. Heitler[107] 曾经用围道积分定义过 δ 函数,将柯西积分公式

$$f(0) = \frac{1}{2\pi i}\oint_{C^*} \frac{f(z^*)}{z^*}dz^* \tag{8.93}$$

与 δ 函数的标准定义

$$f(0) = \int_{-\infty}^{\infty} f(x)\delta(x)dx \tag{8.94}$$

相比较,可见 δ 函数的围道积分表达式是

$$\delta(z^*) = \frac{1}{2\pi i z^*}\bigg|_{C^*} \tag{8.95}$$

其中 C^* 是逆时针围道,包围着 $z^*=0$ 的点,但不含有 $f(z^*)$的奇点. 记号$|_{C^*}$ 意指在对 dz^* 积分时必须沿着围道 C^* 进行. 在方程(8.93)中,令 $f(z^*)=z^*$,则有

$$z^*\,|_{z^*=0} = \frac{1}{2\pi i}\oint_{C^*} dz^*$$

这意味着

$$z^*\delta(z^*) = \frac{1}{2\pi i}\bigg|_{C^*} = 0 \tag{8.96}$$

比较(8.92)中第一式我们可以看出$\langle 0|z\rangle_*$式的解应该是

$$\langle 0|z\rangle_* = \delta(z^*) \tag{8.97}$$

由于柯西公式的 n 阶导数是

$$f^{(n)}(0) = \frac{n!}{2\pi i}\oint_{C^*} \frac{f(z^*)}{z^{*\,n+1}}dz^* \tag{8.98}$$

与式(8.94)的 n 阶导数

$$f^{(n)}(0) = (-)^n \int_{-\infty}^{\infty} f(x)\delta^{(n)}(x)\mathrm{d}x$$

比较,得到 $\delta(z^*)$的高阶导数的公式

$$\delta^{(n)}(z^*) = \left.\frac{(-)^n n!}{2\pi \mathrm{i} z^{*\,n+1}}\right|_{C^*} = (-)^n n! \frac{\delta(z^*)}{z^{*\,n}} \tag{8.99}$$

或者写为

$$z^*\delta'(z^*) = -\delta(z^*),\quad z^*\delta''(z^*) = -2\delta'(z^*),\cdots$$
$$z^*\delta^{n+1}(z^*) = -(n+1)\delta^{(n)}(z^*) \tag{8.100}$$

比较这组关系和式(8.92),可见它们的递推结构是完全相同的,因此得出 $\langle n|z\rangle_*$ 是

$$\langle 0\mid z\rangle_* = \delta(z^*),\quad \langle 1\mid z\rangle_* = -\delta'(z^*),$$
$$\langle 2\mid z\rangle_* = \frac{\delta''(z^*)}{\sqrt{2}},\cdots,\quad \langle n\mid z\rangle_* = \frac{(-)^n\delta^{(n)}(z^*)}{\sqrt{n!}} \tag{8.101}$$

代入式(8.90),得到 $a^\dagger$ 的本征矢不是恒为 0,而是

$$\mid z\rangle_* = \sum_{n=0}^{\infty}\frac{(-)^n\delta^{(n)}(z^*)}{\sqrt{n!}}\mid n\rangle = \left.\frac{1}{2\pi\mathrm{i}}\sum_{n=0}^{\infty}\frac{\sqrt{n!}\mid n\rangle}{z^{*\,n+1}}\right|_{C^*} \tag{8.102}$$

可以用 $a^\dagger|n\rangle = \sqrt{n+1}|n+1\rangle$验证$|z\rangle_*$确实是 $a^\dagger$ 的本征矢

$$\begin{aligned} a^\dagger\mid z\rangle_* &= \sum_{n=0}^{\infty}\frac{(-)^n\delta^{(n)}(z^*)}{\sqrt{n!}}\sqrt{n+1}\mid n+1\rangle \\ &= z^*\sum_{n=0}^{\infty}\frac{(-)^{n+1}\delta^{(n+1)}(z^*)}{\sqrt{(n+1)!}}\mid n+1\rangle \\ &= z^*\mid z\rangle_* - z^*\delta(z^*)\mid 0\rangle = z^*\mid z\rangle_* \end{aligned}$$

8.8　$a^\dagger$ 本征矢的性质

为了进一步研究$|z\rangle_*$的性质,将柯西积分公式展开为

$$\begin{aligned} f(z^*) &= \frac{1}{2\pi\mathrm{i}}\oint_{C^*}\frac{f(z'^*)}{z'^* - z^*}\mathrm{d}z'^* \\ &= \frac{1}{2\pi\mathrm{i}}\oint_{C^*}\frac{f(z'^*)}{z'^* - \xi^*}\mathrm{d}z'^* + \frac{z^* - \xi^*}{2\pi\mathrm{i}}\oint_{C^*}\frac{f(z'^*)}{(z'^* - \xi^*)^2}\mathrm{d}z'^* \end{aligned}$$

$$+\frac{(z^*-\xi^*)^2}{2\pi\mathrm{i}}\oint_{C^*}\frac{f(z'^*)}{(z'^*-\xi^*)^3}\mathrm{d}z'^*+\cdots$$
$$+\frac{(z^*-\xi^*)^n}{2\pi\mathrm{i}}\oint_{C^*}\frac{f(z'^*)}{(z'^*-\xi^*)^{n+1}}\mathrm{d}z'^*+\cdots \tag{8.103}$$

这里$\left|\frac{z^*-\xi^*}{z'^*-\xi^*}\right|<1$.由此抽象出来$\delta$函数的幂级数展开式为

$$\delta(z'^*-z^*)=\delta(z'^*-\xi^*)-(z^*-\xi^*)\delta'(z'^*-\xi^*)+\cdots+\frac{(-)^n(z^*-\xi^*)^n}{n!}\delta^{(n)}(z'^*-\xi^*)+\cdots$$

特别,取$\xi^*=0$,则$|z'^*|>|z^*|$,上式给出

$$\delta(z'^*-z^*)=\sum_{n=0}^{\infty}\frac{(-z^*)^n\delta^{(n)}(z'^*)}{n!} \tag{8.104}$$

现在考虑未归一化相干态$\langle z\|=\langle 0|\mathrm{e}^{z^*a}$与$|z\rangle_*$之内积,由式(8.102)得

$$\langle z\|z'\rangle_*=\sum_{n=0}^{\infty}\frac{(-)^nz^{*n}}{n!}\delta^{(n)}(z'^*)=\delta(z'^*-z^*),\quad |z'^*|>|z^*| \tag{8.105}$$

其复共轭给出

$${}_*\langle z'\|z\rangle=\delta(z'-z),\quad |z'|>|z|$$

对此式两边左乘$\oint_C\mathrm{d}z'\|z'\rangle$积分,给出

$$\oint_C\mathrm{d}z'\|z'\rangle_*\langle z'\|z'\rangle=\oint_C\mathrm{d}z'\|z'\rangle\delta(z'-z)=\|z\rangle \tag{8.106}$$

这里的围道C包围z点.显然,式(8.106)对于围道C内的任意z点成立并且围道C的半径可以任意扩展,故有以下的围道积分形式的完备性成立

$$\oint_C\|z\rangle_*\langle z|\mathrm{d}z=1,\quad\oint_{C^*}|z\rangle_*\langle z\|\mathrm{d}z^*=1 \tag{8.107}$$

作为应用,将坐标本征态$\langle q|$与$|z\rangle$的内积代入

$$\langle q|=\oint_C\langle q\|z\rangle_*\langle z|\mathrm{d}z$$
$$=\pi^{-1/4}\mathrm{e}^{-q^2/2}\sum_{n=0}^{\infty}\langle n|\frac{\sqrt{n!}}{2\pi\mathrm{i}}\oint_C\frac{\mathrm{d}z}{z^{n+1}}\exp\left(\sqrt{2}qz-\frac{z^2}{2}\right) \tag{8.108}$$

另一方面,$\langle q|$又可展开为厄米多项式

$$\langle q|=\sum_{n=0}^{\infty}\langle q|n\rangle\langle n|=\pi^{-1/4}\mathrm{e}^{-q^2/2}\sum_{n=0}^{\infty}\langle n|\frac{\mathrm{H}_n(q)}{\sqrt{2^nn!}} \tag{8.109}$$

比较式(8.108)和(8.109),得到厄米多项式的围道积分表达式

$$\mathrm{H}_n(q) = \frac{n!}{2\pi \mathrm{i}} \oint_C \mathrm{d}z \, \frac{\mathrm{e}^{2qz - z^2}}{z^{n+1}}$$

式(8.107)的另一应用是由

$$\oint_{C'} \| z' \rangle_* \langle z' \mid \mathrm{d}z \oint_{C'^*} \mid z' \rangle_* \langle z' \| \mathrm{d}z'^* = 1 \tag{8.110}$$

及式(8.102)得出

$$-\frac{1}{4\pi^2} \oint_{C'} \oint_{C^*} \frac{\| z' \rangle \langle z \|}{\langle z \| z' \rangle} \sum_{n=0}^{\infty} \frac{n! \mathrm{e}^{z^* z'}}{(z' z^*)^{n+1}} \mathrm{d}z' \mathrm{d}z^* = 1 \tag{8.111}$$

此式可以用来作为密度矩阵展开的广义 P－表示,其中的

$$\mathrm{tr} \frac{\| z' \rangle \langle z \|}{\langle z \| z' \rangle} = 1, \quad \left(\frac{\| z' \rangle \langle z \|}{\langle z \| z' \rangle} \right)^2 = \frac{\| z' \rangle \langle z \|}{\langle z \| z' \rangle}$$

具有投影算符的性质,所以式(8.111)中左边的其他因子可以看作是恒等算符 1 的广义 P－表示.由于 $1 = \sum_n | n \rangle \langle n |$,所以粒子态密度矩阵的广义 P－表示就是 $-\frac{n!}{4\pi^2} \frac{\mathrm{e}^{z^* z'}}{(z^* z')^{n+1}}$.采取广义 P－表示,往往是为了避免用奇异 P－表示.

把式(8.102)进一步改写为

$$\begin{aligned} | z \rangle_* &= \sum_{n=0}^{\infty} \frac{1}{n!} \left(-a^\dagger \frac{\mathrm{d}}{\mathrm{d}z^*} \right)^n \delta(z^*) \mid 0 \rangle \\ &= \exp\left(-a^\dagger \frac{\mathrm{d}}{\mathrm{d}z^*} \right) \delta(z^*) \mid 0 \rangle = \delta(z^* - a^\dagger) \mid 0 \rangle \end{aligned} \tag{8.112}$$

是容易记忆的.读者可把它与第 3 章式(3.119)比较,后者是形式地推导出来的,而这里的 $\delta(z^*)$的定义是十分明了的.根据式(8.112),完备性式(8.107)可以改写为

$$\oint_{C^*} \delta(z^* - a^\dagger) \mid 0 \rangle \langle 0 \mid \mathrm{e}^{z^* a} \mathrm{d}z^* = 1 \tag{8.113}$$

此外,由 $a\delta(z^* - a^\dagger)|0\rangle = -\delta'(z^* - a^\dagger)|0\rangle$,又可见$\langle z' | a = \frac{\mathrm{d}}{\mathrm{d}z'^*} \langle z' |$与$\langle z' | a | z \rangle_* = -\delta'(z^* - z'^*)$是自洽的.

下面我们将指出,用 δ 函数的围道积分来推导 $a^\dagger$ 本征态与狄拉克在 1943 年提出的谐振子的 ξ－表示是等价的.

8.9　狄拉克的 ξ－表示[108]

在 1943 年狄拉克按照 Fock 的做法,定义了

$$\xi = \frac{1}{\sqrt{2}}(p + \mathrm{i}q), \quad \frac{\mathrm{d}}{\mathrm{d}\xi} = \frac{1}{\sqrt{2}}(p - \mathrm{i}q) \tag{8.114}$$

本节采用了狄拉克原文的记号,q 与 p 代表算符. 于是有$\left[\frac{\mathrm{d}}{\mathrm{d}\xi},\xi\right]=1$ 和$\frac{1}{2}(p^2+q^2-1)=\xi\frac{\mathrm{d}}{\mathrm{d}\xi}$,$\xi\frac{\mathrm{d}}{\mathrm{d}\xi}$的本征函数是 ξ^n,$n=0,1,2,\cdots$. 所以任何态矢$|\beta\rangle$可展开为幂级数

$$\langle \xi \mid \beta\rangle = \beta_0 + \beta_1\xi + \cdots + \beta_n\xi^n + \cdots \tag{8.115}$$

狄拉克又给出了能表示出$\langle\,|$的形式的方程

$$\langle \mid \xi\frac{\mathrm{d}}{\mathrm{d}\xi} \mid \xi'\rangle = -\frac{\mathrm{d}}{\mathrm{d}\xi'}\{\xi'\langle \mid \xi'\rangle\} = n\langle \mid \xi'\rangle \tag{8.116}$$

可见$\langle\,|\xi\rangle$的形式是 ξ^{-n-1},于是任何$\langle\gamma|$可以展开为

$$\langle \gamma \mid \xi\rangle = \gamma_0\xi^{-1} + \gamma_1\xi^{-2} + \cdots \tag{8.117}$$

(注意这里定义的$\langle\xi|$和$|\xi\rangle$并非一定是互为共轭虚量的.)由于展开式(8.115)和(8.117)的各项相应于各种不同的能级,而 β_n 与 γ_n 是指同一能级的展开系数,因此一旦当$|\beta\rangle$与$\langle\gamma|$取为互为轭虚量时,可以概括出

$$\begin{aligned}\langle \gamma \mid \beta\rangle &= \gamma_0\beta_0 + \gamma_1\beta_1 + \cdots \\ &= \frac{1}{2\pi\mathrm{i}}\oint(\gamma_0\xi^{-1} + \gamma_1\xi^{-2} + \cdots)\mathrm{d}\xi(\beta_0 + \beta_1\xi + \beta_2\xi^2 + \cdots) \\ &= \frac{1}{2\pi\mathrm{i}}\oint\langle \gamma \mid \xi\rangle\mathrm{d}\xi\langle \xi \mid \beta\rangle \end{aligned} \tag{8.118}$$

这里的围道积分包围原点. 由此给出

$$1 = \frac{1}{2\pi\mathrm{i}}\oint \mid \xi\rangle\mathrm{d}\xi\langle \xi \mid \tag{8.119}$$

令人注目的是式(8.107)和(8.119)等价,这意味着我们可把$|z\rangle_*$看做是狄拉克的$|\xi\rangle$,尽管他没有给出$|\xi\rangle$的明显表达式,也没有用 Heitler 的围道积分的 δ 函数形式. 式(8.107)和(8.109)的等价性使人们相信 Heitler 的围道积分形式的 δ 函数的引入是合理的. 我们对 $a^\dagger$ 本征矢的处理方法可以与狄拉克的讨论殊途而同归.

8.10　SU(1,1)相干态的对偶矢量

在上节中,我们已经看到相干态(湮没算符的本征矢)存在着与之对偶的产生算符的本征矢(在广义函数或分布意义下的),本节我们把它推广到 SU(1,1)相干

态情形.不失一般,我们讨论 SU(1,1)相干态在单模 Fock 空间中的实现

$$|\xi\rangle_0 = \exp\left(\frac{1}{2}a^{\dagger 2}\xi\right)|0\rangle,\quad \xi = |\xi|\mathrm{e}^{\mathrm{i}\theta} \tag{8.120}$$

这里已将归一化因子略去了.展开指数得双光子态的叠加

$$|\xi\rangle_0 = \sum_{m=0}^{\infty}\left[\frac{\Gamma\left(m+\frac{1}{2}\right)}{m!\Gamma\left(\frac{1}{2}\right)}\right]^{1/2}\xi^m|2m\rangle,\quad |2m\rangle = \frac{(a^\dagger)^{2m}}{\sqrt{(2m)!}}|0\rangle \tag{8.121}$$

其中态矢$|2m\rangle$又可写为

$$|2m\rangle = \left[\frac{\Gamma\left(\frac{1}{2}\right)}{\Gamma\left(m+\frac{1}{2}\right)m!}\right]^{1/2}\left(\frac{a^{\dagger 2}}{2}\right)^m|0\rangle \tag{8.122}$$

其中

$$\left.\begin{aligned}&\Gamma\left(m+\frac{1}{2}\right) = \frac{(2m-1)!!}{2^m}\sqrt{\pi},\quad \Gamma\left(\frac{1}{2}\right) = \sqrt{\pi}\\&(2m-1)!! = \frac{(2m-1)!}{2^{m-1}(m-1)!}\end{aligned}\right\} \tag{8.123}$$

现在我们定义$|\xi\rangle_0$的对偶矢量

$$|\xi\rangle_{0_*} = \frac{1}{2\pi\mathrm{i}}\sum_{n=0}^{\infty}\left[\frac{m!\Gamma\left(\frac{1}{2}\right)}{\Gamma\left(m+\frac{1}{2}\right)}\right]^{1/2}\left.\frac{1}{\xi^{*\,m+1}}\right|_{C_*}|2m\rangle \tag{8.124}$$

其中$\left.\frac{1}{\xi^*}\right|_{C^*}$的定义同式(8.95),则可得围道积分

$$\begin{aligned}&\oint_{C^*}|\xi\rangle_{0_*\,0}\langle\xi|\,\mathrm{d}\xi^*\\&= \sum_{m=0}^{\infty}\left[\frac{\Gamma\left(\frac{1}{2}\right)}{m!\Gamma\left(m+\frac{1}{2}\right)}\right]^{1/2}|2m\rangle\langle 0|\left(\frac{\mathrm{d}}{\mathrm{d}\xi^*}\right)^m\exp\left(\xi^*\frac{a^2}{2}\right)\bigg|_{\xi^*=0}\\&= \sum_{m=0}^{\infty}|2m\rangle\langle 2m|\end{aligned} \tag{8.125}$$

是所有偶数粒子态的叠加.为补充奇数粒子态的贡献,考虑态矢

$$|\xi\rangle_1 = \exp\left(\frac{1}{2}a^{\dagger 2}\xi\right)|1\rangle, \quad |1\rangle = a^\dagger|0\rangle \tag{8.126}$$

它可以展开为奇数粒子态的叠加

$$|\xi\rangle_1 = \sum_{m=0}^{\infty}\left[\frac{\Gamma\left(m+\frac{3}{2}\right)}{m!\,\Gamma\left(\frac{3}{2}\right)}\right]^{1/2}\xi^m\,|2m+1\rangle \tag{8.127}$$

其中

$$|2m+1\rangle = \left[\frac{\Gamma\left(\frac{3}{2}\right)}{\Gamma\left(m+\frac{3}{2}\right)m!}\right]^{1/2}\left(\frac{a^{\dagger 2}}{2}\right)^m|1\rangle \tag{8.128}$$

易见如引入$|\xi\rangle_1$的对偶矢量为

$$|\xi\rangle_{1_*} = \frac{1}{2\pi\mathrm{i}}\sum_{m=0}^{\infty}\left[\frac{m!\,\Gamma\left(\frac{3}{2}\right)}{\Gamma\left(m+\frac{3}{2}\right)}\right]^{1/2}\frac{1}{\xi^{*\,m+1}}\bigg|_{C_*}|2m+1\rangle \tag{8.129}$$

则有

$$\oint_{C^*}|\xi\rangle_{1*1}\langle\xi|\,\mathrm{d}\xi^*$$

$$= \sum_{m=0}^{\infty}\left[\frac{\Gamma\left(\frac{3}{2}\right)}{m!\,\Gamma\left(m+\frac{3}{2}\right)}\right]^{1/2}|2m+1\rangle\langle 1|\left(\frac{\mathrm{d}}{\mathrm{d}\xi^*}\right)^m\exp\left(\xi^*\frac{a^2}{2}\right)\bigg|_{\xi^*=0}$$

$$= \sum_{m=0}^{\infty}|2m+1\rangle\langle 2m+1| \tag{8.130}$$

结合式(8.125)和(8.130)得到完备性

$$\oint_{C^*}\mathrm{d}\xi^*\left[|\xi\rangle_{0_*0}\langle\xi| + |\xi\rangle_{1_*1}\langle\xi|\right] = 1 \tag{8.131}$$

值得指出$|\xi\rangle_0$和$|\xi\rangle_1$分别满足

$$\left[a^2 - 2\xi\left(a^\dagger a + \frac{1}{2}\right) + \xi^2 a^{\dagger 2}\right]|\xi\rangle_0 = 0$$

$$\left[a^2 - 2\xi\left(a^\dagger a + \frac{1}{2}\right) + \xi^2 a^{\dagger 2}\right]|\xi\rangle_1 = 0 \tag{8.132}$$

从式(8.125)看$|\xi\rangle_0$与$|\xi\rangle_{0_*}$也是对偶的,对于$|\xi\rangle_1$与$|\xi\rangle_{1_*}$式(8.130)式也表示了它们的对偶关系.

8.11　SU(2)相干态的对偶矢量

对于未归一化的 SU(2)相干态$|\tau\rangle=\mathrm{e}^{\tau J_+}|j,-j\rangle,\tau=|\tau|\mathrm{e}^{\mathrm{i}\phi}$(见第 6 章式(6.75)),我们也可引入相应的对偶态矢,对确定的角动量态$|j,m\rangle$,引入

$$|\tau\rangle_*=\sum_{m=-j}^{j}\left[\frac{(j-m)!}{(j+m)!(2j)!}\right]^{1/2}(-1)^{j+m}\delta^{(j+m)}(\tau^*)|j,m\rangle \tag{8.133}$$

$\delta(\tau^*)$的定义与式(8.95)类同,则计算以下的围道积分

$$\begin{aligned}&\oint_{C^*}|\tau\rangle_*\langle\tau|\mathrm{d}\tau\\&=\frac{1}{2\pi\mathrm{i}}\sum_{m=-j}^{j}\left[\frac{(j+m)!(j-m)!}{(2j)!}\right]^{1/2}\oint_{C^*}\frac{1}{\tau^{*\,j+m+1}}|j,m\rangle\langle j,-j|\mathrm{e}^{\tau^*J_-}\\&=\sum_{m=-j}^{j}|j,m\rangle\langle j,-j|\left[\frac{(j-m)!}{(j+m)!(2j)!}\right]^{1/2}\left(\frac{\mathrm{d}}{\mathrm{d}\tau^*}\right)^{j+m}\mathrm{e}^{\tau^*J_-}\Big|_{\tau^*=0}\\&=\sum_{m=-j}^{j}|jm\rangle\langle jm|=1\end{aligned} \tag{8.134}$$

其中用到了

$$\begin{aligned}|j,m\rangle&=\left[\frac{(j-m)!(j+m)!}{(2j)!}\right]^{1/2}\oint_{C^*}\frac{1}{2\pi\mathrm{i}}\frac{\mathrm{e}^{\tau J_+}}{\tau^{j+m+1}}|j,-j\rangle\mathrm{d}\tau\\&=\left[\frac{(j-m)!}{(j+m)!(2j)!}\right]^{1/2}J_+^{j+m}|j,-j\rangle\end{aligned} \tag{8.135}$$

表明$|\tau\rangle_*$及$\langle\tau|$可以构成完备性关系.对照式(8.133)和(8.102),可见当做群元的收缩:$J_+\to\sqrt{2j}a^\dagger,J_-\to\sqrt{2j}a$,则在$j\to\infty$的极限下,$|\tau\rangle_*$趋于谐振子的产生算符$a^\dagger$的本征矢,以上我们已经看到对于阶梯上升算符,例如谐振子产生算符与角动量算符J_+,存在着相应于阶梯下降算符有关的本征态的对偶矢量(注意角动量相干态$|\tau\rangle$不是J_-的本征态).这个观点也许可推广到径向的阶梯算符理论中去,或可以用于研究超对称的阶梯算符.下节,我们将研究双模阶梯上升算符的一种“荷”守恒的本征态.

8.12 “荷”守恒相干态的对偶态矢

相干态被人们用来描写光子与电子散射的终态,这是因为该终态上可以包含无穷多低能光子.有人也试图用相干态来描写高能强子-强子碰撞中产生大量数目的 π 介子现象.而 Bhaumik 等人[109]则认为,带电的 π 介子最好是用有确定电荷的相干态来研究.为此,他们引入两类量子,分别带荷为 $+1$ 与 -1,其对应的玻色算符分别为 a_1 与 a_2,鉴于 a_1a_2 与“电荷”算符 $Q\equiv a_1^\dagger a_1 - a_2^\dagger a_2$ 是对易的,因此它们有共同的本征态 $|n,q\rangle$

$$a_1a_2|\eta,q\rangle = \eta|\eta,q\rangle \tag{8.136}$$

$$Q|\eta,q\rangle = q|\eta,q\rangle \tag{8.137}$$

容易证明,未归一化的 $|\eta,q\rangle$ 是这样由双模粒子态构成的

$$|\eta,q\rangle = \sum_{n=0}^{\infty}\frac{\eta^n}{\sqrt{n!(n+q)!}}|n+q,n\rangle \tag{8.138}$$

在第 2 章 2.13 节我们知道,$|n+q,n\rangle$ 在 q 固定时,荷载着 SU(1,1)群的一个表示,所以荷守恒的相干态与 SU(1,1)相干态密切相关.这里我们要指出,存在着一个与 $|\eta,q\rangle$ 对偶的态矢,如同湮没算符的本征态(相干态)与产生算符的本征态互为对偶一样.注意到双模产生算符 $a_1^\dagger a_2^\dagger$ 也与 Q 对易,所以我们寻求这二者的共同本征矢,记为 $|\eta,q\rangle_*$[110]

$$Q|\eta,q\rangle_* = q|\eta,q\rangle_* \tag{8.139}$$

$$a_1^\dagger a_2^\dagger|\eta,q\rangle_* = \eta^*|\eta,q\rangle_* \tag{8.140}$$

为了求 $|\eta,q\rangle_*$ 的明显解,在由 $|m,n\rangle$ 张成的双模 Fock 空间中展开 $|\eta,q\rangle_*$

$$|\eta,q\rangle_* = \sum_{m,n=0}^{\infty}\langle m,n|\eta,q\rangle_*|m,n\rangle = \sum_{m,n=0}^{\infty}c_{m,n}|m,n\rangle \tag{8.141}$$

代入方程(8.139),可导出

$$[q-(m-n)]\langle m,n|\eta,q\rangle_* = 0 \tag{8.142}$$

因此

$$\left.\begin{aligned} c_{m,n} &= \delta_{m,n+q}c_{n+q,n} \\ |\eta,q\rangle_* &= \sum_{n=0}^{\infty}c_{n+q,n}|n+q,n\rangle \end{aligned}\right\} \tag{8.143}$$

将它代入方程(8.140),得到

$$
\begin{aligned}
& a_1^\dagger a_2^\dagger \mid \eta, q\rangle_* \\
& = \sum_{n=0}^{\infty} \langle n+q, n \mid \eta, q\rangle_* \sqrt{(n+q+1)(n+1)} \mid n+q+1, n+1\rangle \\
& = \eta^* \sum_{n=0}^{\infty} \langle n+q, n \mid \eta, q\rangle_* \mid n+q, n\rangle
\end{aligned}
$$

比较此方程两边同一态矢的系数,得到递推关系

$$
\begin{aligned}
& \eta^* \langle q, 0 \mid \eta, q\rangle_* = 0 \\
& \eta^* \langle 1+q, 1 \mid \eta, q\rangle_* = \langle q, 0 \mid \eta, q\rangle_* \sqrt{q+1} \\
& \cdots\cdots \\
& \eta^* \langle n+q, n \mid \eta, q\rangle_* = \langle n+q, n \mid \eta, q\rangle_* \sqrt{(q+n)n}
\end{aligned} \tag{8.144}
$$

用围道积分形式的 δ 函数及其高阶导数,我们从方程组(8.144)式可以解得

$$
\begin{aligned}
& \langle q, 0 \mid \eta, q\rangle_* = \delta(\eta^*) \\
& \langle 1+q, 1 \mid \eta, q\rangle_* = -\delta'(\eta^*) \sqrt{q+1} \\
& \langle 2+q, 2 \mid \eta, q\rangle_* = \frac{1}{\sqrt{2}} \delta''(\eta^*) \sqrt{(q+1)(q+2)} \\
& \cdots\cdots \\
& \langle n+q, n \mid \eta, q\rangle_* = \frac{(-1)^n \delta^{(n)}(n^*)}{\sqrt{n!}} \sqrt{\frac{(n+q)!}{q!}}
\end{aligned} \tag{8.145}
$$

于是$|\eta, q\rangle_*$为

$$
\begin{aligned}
\mid \eta, q\rangle_* & = \frac{1}{\sqrt{q!}} \sum_{n=0}^{\infty} \frac{(-1)^n \delta^{(n)}(\eta^*)}{\sqrt{n!}} \sqrt{(n+q)!} \mid n+q, n\rangle \\
& = \frac{1}{\sqrt{q!}} \sum_{n=0}^{\infty} \left. \frac{\sqrt{(n+q)!n!}}{2\pi \mathrm{i} \eta^{*\,n+1}} \right|_{C^*} \mid n+q, n\rangle \\
& = \exp\left(-a_1^\dagger a_2^\dagger \frac{\mathrm{d}}{\mathrm{d}\eta^*}\right) \delta(\eta^*) \mid q, 0\rangle \\
& = \delta(\eta^* - a_1^\dagger a_2^\dagger) \mid q, 0\rangle
\end{aligned} \tag{8.146}
$$

对于给定的 q 值, $\frac{1}{\sqrt{q!}}$ 是一个常数,下面我们略去它. 在 $Q = q$ 的子空间中, $|\eta, q\rangle_*$及其对偶$\langle \eta, q|$构成围道积分形式的完备性

$$
\oint_{C^*} \mathrm{d}\eta^* \mid \eta, q\rangle_* \langle \eta, q \mid = \frac{1}{2\pi \mathrm{i}} \oint_{C^*} \mathrm{d}\eta^* \sum_{n=0}^{\infty} \frac{\sqrt{n!(n+q)!}}{\eta^{*\,n+1}} \mid n+q, n\rangle
$$

$$\times \sum_{n'=0}^{\infty} \langle n'+q, n' | \frac{\eta^{*n'}}{\sqrt{n'!(n'+q)!}}$$

$$= \sum_{n=0}^{\infty} | n+q, n\rangle\langle n+q, n | = 1_q \tag{8.147}$$

对所有的荷值求和就有

$$\sum_q \int d\eta^* | \eta, q\rangle_* \langle \eta, q | = 1$$

8.13 SU(3)电荷、超荷相干态——玻色情形[111]

双模湮没算符 $a_1 a_2$ 与电荷算符 $Q = a_1^\dagger a_1 - a_2^\dagger a_2$ 的共同本征态是在双模 Fock 空间中定义的. 把此想法推广到三模 Fock 空间,并注意到三维谐振子具有 SU_3 对称性,三模湮没算符与电荷算符 Q、超荷算符 Y 对易,其中

$$Q = \frac{1}{3}(2a_1^\dagger a_1 - a_2^\dagger a_2 - a_3^\dagger a_3) \tag{8.148}$$

$$Y = \frac{1}{3}(a_1^\dagger a_1 + a_2^\dagger a_2 - 2a_3^\dagger a_3) \tag{8.149}$$

"电荷"、"超荷"这两个名词取自粒子物理中的 SU_3 夸克模型. 显然

$$[Q, a_1 a_2 a_3] = 0, \quad [Y, a_1 a_2 a_3] = 0, \quad [Q, Y] = 0 \tag{8.150}$$

因此 Q、Y 和 $a_1 a_2 a_3$ 有共同的本征态,记为 $|z, y, q\rangle$,所以有

$$Q | z, y, q\rangle = q | z, y, q\rangle, \quad Y | z, y, q\rangle = y | z, y, q\rangle \tag{8.151}$$

$$a_1 a_2 a_3 | z, y, q\rangle = z | z, y, q\rangle \tag{8.152}$$

为了求 $|z, y, q\rangle$,将它按三维谐振子完备基 $|m\rangle \otimes |n\rangle \otimes |l\rangle$ 展开,得

$$| z, y, q\rangle = \sum_{mnl} C_{mnl} | m, n, l\rangle \tag{8.153}$$

将 $a_1 a_2 a_3$ 作用于式(8.153),得

$$a_1 a_2 a_3 | z, y, q\rangle = \sum_{mnl} C_{m+1, n+1, l+1} \sqrt{(m+1)(l+1)(n+1)} | m, n, l\rangle$$

与式(8.152)比较,得到 $C_{m,n,l}$ 的递推关系

$$C_{m,n,l} = \frac{z}{\sqrt{mnl}} C_{m-1, n-1, l-1}$$

$$= \frac{z^l C_{m-l, n-l, 0}}{\sqrt{l! m\cdots(m-l+1) n\cdots(n-l+1)}} \tag{8.154}$$

另外由式(8.151)得

$$n = l + 2y - q, \quad m = l + y + q \tag{8.155}$$

因此,相干态的粒子表象为

$$| z,y,q\rangle = N_{qy}\sum_{l=0}^{\infty}\frac{z^l}{[l!(l+y+q)!(l+2y-q)!]^{1/2}} \times | l+y+q, l+2y-q, l\rangle \tag{8.156}$$

其中 N_{qy} 为归一化因子

$$N_{qy} = \left[\sum_{l=0}^{\infty}\frac{(| z |^2)^l}{l!(l+y+q)!(l+2y-q)!}\right]^{-1/2} \tag{8.157}$$

显然,它属于 ${}_0F_2$ 型的超几何级数.同位旋第三分量 T_3 的谐振子表示可由 Gellmann - Nishijima 规则得到

$$T_3 = Q - \frac{Y}{2}$$

它在相干态$|z,y,q\rangle$的本征值为 $t_3 = q - \frac{y}{2}$.

另一种导出 SU(3)电荷,超荷相干态的方法是用相因子积分法.注意通常的三模相干态

$$| \alpha,\beta,\gamma\rangle = \exp(\alpha a_1^\dagger + \beta a_2^\dagger + \gamma a_3^\dagger) | 000\rangle$$

并没有确定的电荷与超荷,令

$$\alpha = \lambda_1\exp[i(\theta + 2\varphi + \psi)]$$
$$\beta = \lambda_2\exp[i(\theta - \varphi + \psi)]$$
$$\gamma = \lambda_3\exp[i(\theta - \varphi - 2\psi)]$$

然后,在相干态$|\alpha,\beta,\gamma\rangle$上乘以电荷、超荷相因子积分

$$\begin{aligned}&| \lambda_1,\lambda_2,\lambda_3,\theta,y,q\rangle \\ &= \frac{1}{4\pi^2}\int_0^{2\pi}d\varphi\int_0^{2\pi}d\psi e^{-i3q\varphi}e^{-i3y\psi} | \alpha,\beta,\gamma\rangle \\ &= \sum_l e^{3i\theta(l+y)}\frac{\lambda_1^{l+y+q}\lambda_2^{l+2y-q}\lambda_3^l}{[l!(l+y+q)!(l+2y-q)!]^{1/2}} \\ &\quad \times | l+y+q, l+2y-q, l\rangle\end{aligned} \tag{8.158}$$

令 $z = \lambda_1\lambda_2\lambda_3 e^{-3i\theta}$,则上式变成式(8.156)形式的相干态

$$\begin{aligned}&| \lambda_1,\lambda_2,\lambda_3,\theta,y,q\rangle \\ &= e^{3iy\theta}\lambda_1^{y+q}\lambda_2^{2y-q}\sum_l\frac{z^l}{[l!(l+y+q)!(l+2y-q)!]^{1/2}}\end{aligned}$$

$$\times | l+y+q, l+2y-q, l\rangle$$

注意在式(8.158)的推导中我们要求 $3q$ 与 $3y$ 是整数.

由式(8.156)和(8.152)可见,SU(3)电荷、超荷相干态是在叠加态中各移去一个量子后使得总电荷、总超荷不变的态.

8.14　SU(3)电荷、超荷相干态——费米情形

以上讨论的 SU_3 群的表示是玻色性的,由于夸克是费米子,可以讨论 SU_3 群的费米表示.引进相应的电荷、超荷算符

$$Q = \frac{1}{3}(2f_1^\dagger f_1 - 2f_2^\dagger f_2 - 2f_3^\dagger f_3) \tag{8.159A}$$

$$Y = \frac{1}{3}(2f_1^\dagger f_1 + f_2^\dagger f_2 - 2f_3^\dagger f_3) \tag{8.159B}$$

尽管费米算符满足反对易关系 $\{f_i, f_j^\dagger\} = \delta_{ij}$,我们仍能证明

$$[Q, f_1f_2f_3] = 0, \quad [Y, f_1f_2f_3] = 0] \tag{8.160}$$

因此,这三个算符有共同的本征态,记为 $|q,y,\xi\rangle$,即

$$Q|q,y,\xi\rangle = q|q,y,\xi\rangle, \quad Y|q,y,\xi\rangle = |q,y,\xi\rangle \tag{8.161}$$

$$f_1f_2f_3|q,y,\xi\rangle = \xi|q,y,\xi\rangle \tag{8.162}$$

由于 $f_i^2=0$,故有

$$(f_1f_2f_3)^2|q,y,\xi\rangle = -\xi^2|q,y,\xi\rangle = 0$$

表明 $\xi^2=0$,因此 ξ 是 Grassmann 数(详见第 11 章),在三维费米子 Fock 表象中将 $|q,y,\xi\rangle$ 展开

$$\begin{aligned}|q,y,\xi\rangle = & c_0|000\rangle + c_1|100\rangle + c_2|010\rangle + c_3|001\rangle \\ & + c_4|110\rangle + c_5|101\rangle + c_6|011\rangle + c_7|111\rangle\end{aligned} \tag{8.163}$$

将式(8.163)代入本征方程(8.162),得到

$$\begin{aligned}\xi c_0 &= c_7 \\ \xi c_1 &= \xi c_2 = \xi c_3 = \xi c_4 = \xi c_5 = \xi c_6 = \xi c_7 = 0\end{aligned} \tag{8.164}$$

因此 $c_1, \cdots, c_6$ 等于零或 ξ,而当 $c_0=1$ 时,$c_7=\xi$;$c_0=\xi$ 时,$c_7=0$,将(8.163)代入本征方程(8.159A),得

$$\left.\begin{aligned} &qc_0 = qc_7 = 0 \\ &qc_1 = \frac{2}{3}c_1,\quad qc_2 = -\frac{1}{3}c_2,\quad qc_3 = -\frac{1}{3}c_3 \\ &qc_4 = \frac{1}{3}c_4,\quad qc_5 = \frac{1}{3}c_5,\quad qc_6 = -\frac{2}{3}c_6 \end{aligned}\right\} \tag{8.165}$$

对超荷方程(8.159B)进行类似操作,可得

$$\left.\begin{aligned} &yc_0 = yc_7 = 0 \\ &yc_1 = \frac{1}{3}c_1,\quad yc_2 = \frac{1}{3}c_2,\quad yc_3 = -\frac{2}{3}c_3 \\ &yc_4 = \frac{2}{3}c_4,\quad yc_5 = -\frac{1}{3}c_5,\quad yc_6 = -\frac{1}{3}c_6 \end{aligned}\right\} \tag{8.166}$$

联立式(8.164)、(8.165)和(8.166),可得八个 SU_3 电荷、超荷费米相干态,其中电荷、超荷为分数的相干态有六个,即

$$\left.\begin{aligned} &\left|\frac{2}{3},\frac{1}{3},\xi\right\rangle = \xi\,|100\rangle, && \left|\frac{1}{3},\frac{2}{3},\xi\right\rangle = \xi\,|110\rangle \\ &\left|-\frac{1}{3},\frac{1}{3},\xi\right\rangle = \xi\,|010\rangle, && \left|\frac{1}{3},-\frac{1}{3},\xi\right\rangle = \xi\,|101\rangle \\ &\left|-\frac{1}{3},-\frac{2}{3},\xi\right\rangle = \xi\,|001\rangle, && \left|-\frac{2}{3},-\frac{1}{3},\xi\right\rangle = \xi\,|011\rangle \end{aligned}\right\} \tag{8.167}$$

电荷、超荷为零的相干态有两个,即

$$\left.\begin{aligned} &|00\xi\rangle = |000\rangle + \xi\,|111\rangle \\ &|00\xi\rangle = \xi\,|000\rangle \end{aligned}\right\} \tag{8.168}$$

8.15　颜色自由度的引入

上节给出的 SU(3)电荷超荷相干态式(8.167)中只出现分数电荷和超荷,这表明要构造整数电荷与超荷的相干态,必须引入颜色自由度,即需要把上节的讨论推广到 $SU(6)\otimes SU_c(3)$的情况,这里下标表示色群,在这种情况下夸克算符由 f_A^α 代表,其中 $A=1,2,\cdots,6$ 是自旋和味指标,$\alpha=1,2,3$ 是色指标,它们满足反对易关系

$$\{f_A^\alpha, f_B^{\dagger\beta}\} = \delta_{AB}\delta^{\alpha\beta} \tag{8.169}$$

电荷和超荷算符分别是

$$\left.\begin{aligned} Q &= \frac{1}{3}\sum_{\alpha=1}^{3}\sum_{r=\pm1} 2f_{1r}^{\alpha\dagger}f_{1r}^{\alpha} - f_{2r}^{\alpha\dagger}f_{2r}^{\alpha} - f_{3r}^{\alpha\dagger}f_{3r}^{\alpha} \\ Y &= \frac{1}{3}\sum_{\alpha=1}^{3}\sum_{r=\pm1} f_{1r}^{\alpha\dagger}f_{1r}^{\alpha} + f_{2r}^{\alpha\dagger}f_{2r}^{\alpha} - 2f_{3r}^{\alpha\dagger}f_{3r}^{\alpha} \end{aligned}\right\} \tag{8.170}$$

其中,$r=\pm1$ 是自旋指标.记色群 $\mathrm{SU}_c(3)$的生成元为

$$G_c^i = \sum_{A=1}^{G}\sum_{\alpha,\beta=1}^{3} f_A^{\alpha\dagger}\lambda_{\alpha\beta}^{i}f_A^{\beta}, \qquad i=1,2,\cdots,8 \tag{8.171}$$

λ^i 的定义见式(8.191).容易验证

$$[Q,G_c^i]=0, \quad [Y,G_c^i]=0 \tag{8.172}$$

例如(用重复指标表示求和的写法)

$$Y=\frac{1}{\sqrt{3}}f_{jr}^{\alpha\dagger}\lambda_{jk}^{8}f_{kr}^{\alpha}, \quad G_c^i = f_{jr}^{\alpha\dagger}\lambda_{\alpha\beta}^{i}f_{jr}^{\beta} \tag{8.173}$$

$$\begin{aligned} [G_c^i,Y] &= \frac{1}{\sqrt{3}}[G_c^i, f_{j'r'}^{\alpha'\dagger}\lambda_{j'k'}^{8}f_{k'r'}^{\alpha'}] \\ &= \frac{1}{\sqrt{3}}([G_c^i,f_{j'r'}^{\alpha'\dagger}]\lambda_{j'k'}^{8}f_{k'r'}^{\alpha'} + f_{k'r'}^{\alpha'\dagger}\lambda_{j'k'}^{8}[G_c^i,f_{k'r'}^{\alpha'}]) \\ &= ① + ② \end{aligned} \tag{8.174}$$

其中第一项①用算符等式$[BC,A]=B\{A,C\}-\{A,B\}C$,得

$$\begin{aligned} ① &= \frac{1}{\sqrt{3}}(f_{jr}^{\alpha\dagger}\lambda_{\alpha\beta}^{i}\{f_{jr}^{\beta},f_{j'r'}^{\alpha'\dagger}\} - \{f_{j'r'}^{\alpha'\dagger},f_{jr}^{\alpha\dagger}\}\lambda_{\alpha\beta}^{i}f_{jr}^{\beta})\lambda_{jk'}^{8}f_{k'r'}^{\alpha'} \\ &= \frac{1}{\sqrt{3}}f_{jr}^{\alpha\dagger}\lambda_{\alpha\beta}^{i}\lambda_{jk'}^{8}f_{k'r}^{\beta} \end{aligned} \tag{8.175}$$

第二项②为

$$\begin{aligned} ② &= \frac{1}{\sqrt{3}}f_{j'r'}^{\alpha'\dagger}\lambda_{jk'}^{8}(f_{jr}^{\alpha\dagger}\{\lambda_{\alpha\beta}^{i}f_{jr}^{\beta},f_{k'r'}^{\alpha'}\} - \{f_{k'r'}^{\alpha'},f_{jr}^{\alpha\dagger}\}\lambda_{\alpha\beta}^{i}f_{jr}^{\beta}) \\ &= -\frac{1}{\sqrt{3}}f_{j'r}^{\alpha\dagger}\lambda_{j'j}^{8}\lambda_{\alpha\beta}^{i}f_{jr}^{\beta} \end{aligned} \tag{8.176}$$

故有

$$[G_c^i,Y] = ① + ② = 0 \tag{8.177}$$

引入 18 个湮没算符的乘积

$$\Xi = f_1^1\cdots f_6^1 f_1^2\cdots f_6^2 f_1^3\cdots f_6^3 = \prod_{\alpha=1}^{3}\prod_{j=1}^{3}\prod_{r=1}^{2} f_{jr}^{\alpha} \tag{8.178}$$

可以证明$[G_c^i,\Xi]=0$,事实上

$$[G_c^i,\Xi] = [f_{jr}^{\alpha\dagger}\lambda_{\alpha\beta}^{i}f_{jr}^{\beta},f_1^1]f_2^1\cdots f_6^1 f_1^2\cdots f_6^3 + \cdots(\text{共 18 项}) \tag{8.179}$$

由于$[G_c^i, f_{j'r'}^{\alpha'}] = -\{f_{j'r'}^{\alpha'}, f_{jr}^{\alpha\dagger}\}\lambda_{\alpha\beta}^i f_{jr}^{\beta} = -\delta_{A'A}^{\alpha'\alpha}\lambda_{\alpha\beta}^i f_A^{\beta} = -\lambda_{\alpha'\beta}^i f_{j',r'}^{\beta}$,代入式(8.179)中,并用费米算符平方为零,在式(8.179)中每一项中$-\lambda_{\alpha'\beta'}^i f_{j'r'}^{\beta}$的 β 只能取 α'才能保证这 18 个费米算符都不相同,而 $\lambda_{\alpha'\alpha'}^i = \mathrm{tr}\lambda^i$ 对 8 个 Gellman 矩阵都为零,所以有

$$[G_c^i, \Xi] = -\Xi\lambda_{\alpha'\alpha'}^i = -\Xi\mathrm{tr}\lambda^i = 0 \tag{8.180}$$

同理可证

$$[Y, \Xi] = 0,\quad [Q, \Xi] = 0$$

例如,

$$[Y, \Xi] = -\frac{6}{\sqrt{3}}\lambda_{jj}^8\Xi = 0,\quad \mathrm{tr}\lambda^8 = 0$$

因此算符 Q, Y, Ξ 有共同的本征态,记为

$$\left.\begin{aligned} Q \mid q, y, \xi\rangle &= q \mid q, y, \xi\rangle \\ Y \mid q, y, \xi\rangle &= y \mid q, y, \xi\rangle \\ \Xi \mid q, y, \xi\rangle &= \xi \mid q, y, \xi\rangle \end{aligned}\right\} \tag{8.181}$$

考虑到物理态波函数都是色单态,所以所求的相干态必须还满足方程

$$G_c^i \mid q, y, \xi\rangle = 0 \tag{8.182}$$

由于 $\Xi^2 = 0$,把它作用到相干态上,并利用本征方程(8.181)得 $\xi^2 \mid q, y, \xi\rangle = 0$,所以 ξ 应该取成是 Grassmann 数.引进费米子粒子数表象基矢

$$\begin{aligned} &\mid \{n_A^\alpha\}\rangle \\ &= (f_1^{1\dagger})^{n_1^1}\cdots(f_6^{1\dagger})^{n_6^1}(f_1^{2\dagger})^{n_1^2}\cdots(f_6^{2\dagger})^{n_6^2}(f_1^{3\dagger})^{n_1^3}\cdots(f_6^{3\dagger})^{n_6^3} \mid 0\rangle \\ &(n_A^\alpha = 0,1; \alpha = 1,2,3; A = 1,2,\cdots,6) \end{aligned} \tag{8.183}$$

共有 2^{18} 个态,它们满足下列正交归一、完备条件

$$\left.\begin{aligned} \langle\{n_{A'}^{\alpha'}\} \mid \{n_A^\alpha\}\rangle &= \int\prod_{A,\alpha}\delta_{n_A^\alpha, n_{A'}^{\alpha'}} \\ \sum_{\langle n_A^\alpha\rangle} \mid \{n_A^\alpha\}\rangle\langle\{n_A^\alpha\} \mid &= 1 \end{aligned}\right\} \tag{8.184}$$

因此相干态可以在此完备基下展开

$$\mid q, y, \xi\rangle = \sum_{\langle n_A^\alpha\rangle} c_{\{n_A^\alpha\}} \mid \{n_A^\alpha\}\rangle \tag{8.185}$$

由于它必须满足方程(8.182),它的平凡解是真空,它的简单解由下列三粒子算符作用于真空得到(记 $\varepsilon_{\alpha\beta\gamma}$ 为 Levi-Civita 张量)

$$\begin{aligned} \varepsilon_{\alpha\beta\gamma}f_A^{\alpha\dagger}f_B^{\beta\dagger}f_C^{\gamma\dagger} \mid 0\rangle &= f_A^{1\dagger}f_B^{2\dagger}f_C^{3\dagger} \mid 0\rangle - f_A^{1\dagger}f_B^{3\dagger}f_C^{2\dagger} \mid 0\rangle + \cdots \\ &= 6P_s(f_A^{1\dagger}f_B^{2\dagger}f_C^{3\dagger}) \mid 0\rangle \end{aligned} \tag{8.186}$$

式中 P_s 是自旋-味置换群的全对称排列

$$P_s = \frac{1}{6}[1 + (BC) + (AB) + (AC) + (ABC) + (ACB)] \tag{8.187}$$

例如,(ABC)表示$A\to B, B\to C, C\to A$的置换.所以式(8.186)表明:三粒子单色态给出了SU(6)全对称波函数$P_s(f_A^{1\dagger}f_B^{2\dagger}f_C^{3\dagger})$对于$A,B,C$的三阶置换是不变的,现在来观察方程式

$$
\begin{aligned}
G_c^i P_s(f_A^{1\dagger}f_B^{2\dagger}f_C^{3\dagger})\mid 0\rangle &= f_A^{\alpha\dagger}\lambda_{\alpha\beta}^i f_{A'}^{\beta}\varepsilon_{\alpha'\beta'\gamma'}f_{A'}^{\alpha'\dagger}f_B^{\beta'\dagger}f_C^{\gamma'\dagger}\mid 0\rangle \\
&= \varepsilon_{\alpha'\beta'\gamma'}\lambda_{\alpha\beta}^i f_A^{\alpha\dagger}[f_{A'}^{\beta}, f_{A'}^{\alpha'\dagger}f_B^{\beta'\dagger}f_C^{\gamma'\dagger}]\mid 0\rangle
\end{aligned} \tag{8.188}
$$

其中$|0\rangle$的存在使下式成立

$$
\begin{aligned}
&[f_{A'}^{\beta}, f_{A'}^{\alpha'\dagger}f_B^{\beta'\dagger}f_C^{\gamma'\dagger}]\mid 0\rangle \\
&= (\{f_{A'}^{\beta}f_{A'}^{\alpha'\dagger}\}f_B^{\beta'\dagger}f_C^{\gamma'\dagger} - f_A^{\alpha'\dagger}\{f_{A'}^{\beta}, f_B^{\beta'\dagger}f_C^{\gamma'\dagger}\})\mid 0\rangle \\
&= [\delta_{A'A}^{\beta\alpha'}f_B^{\beta'\dagger}f_C^{\gamma'\dagger} - f_A^{\alpha'\dagger}(\{f_{A'}^{\beta}, f_B^{\beta'\dagger}\}f_C^{\gamma'\dagger} - f_B^{\beta'\dagger}\{f_{A'}^{\beta}, f_C^{\gamma'\dagger}\})]\mid 0\rangle \\
&= (f_B^{\beta'\dagger}f_C^{\gamma'\dagger}\delta_{A'A}^{\beta\alpha'} - f_A^{\alpha'\dagger}\delta_{A'B}^{\beta\beta'}f_C^{\gamma'\dagger} + f_A^{\alpha'\dagger}f_B^{\beta'\dagger}\delta_{A'C}^{\beta\gamma'})\mid 0\rangle
\end{aligned} \tag{8.189}
$$

代入式(8.188),得

$$
\begin{aligned}
&G_c^i P_s(f_A^{1\dagger}f_B^{2\dagger}f_C^{3\dagger})\mid 0\rangle \\
&\quad = (\varepsilon_{\beta\beta'\gamma'}\lambda_{\alpha\beta}^i + \varepsilon_{\alpha\beta\gamma'}\lambda_{\beta'\beta}^i + \varepsilon_{\alpha\beta'\beta}\lambda_{\gamma'\beta}^i)f_A^{\alpha\dagger}f_B^{\beta'\dagger}f_C^{\gamma'\dagger}\mid 0\rangle
\end{aligned} \tag{8.190}
$$

由式Gellmann矩阵的明显表达式知

$$
\begin{aligned}
&\lambda^1 = \begin{pmatrix} 0 & 1 & 0 \\ 1 & 0 & 0 \\ 0 & 0 & 0 \end{pmatrix}, \quad \lambda^2 = \begin{pmatrix} 0 & -i & 0 \\ i & 0 & 0 \\ 0 & 0 & 0 \end{pmatrix}, \quad \lambda^3 = \begin{pmatrix} 1 & 0 & 0 \\ 0 & -1 & 0 \\ 0 & 0 & 0 \end{pmatrix} \\
&\lambda^4 = \begin{pmatrix} 0 & 0 & 1 \\ 0 & 0 & 0 \\ 1 & 0 & 0 \end{pmatrix}, \quad \lambda^5 = \begin{pmatrix} 0 & 0 & -i \\ 0 & 0 & 0 \\ i & 0 & 0 \end{pmatrix}, \quad \lambda^6 = \begin{pmatrix} 0 & 0 & 0 \\ 0 & 0 & 1 \\ 0 & 1 & 0 \end{pmatrix} \\
&\lambda^7 = \begin{pmatrix} 0 & 0 & 0 \\ 0 & 0 & -i \\ 0 & i & 0 \end{pmatrix}, \quad \lambda^8 = \sqrt{\frac{1}{3}}\begin{pmatrix} 1 & 0 & 0 \\ 0 & 1 & 0 \\ 0 & 0 & -2 \end{pmatrix}
\end{aligned} \tag{8.191}
$$

在式(8.190)中取$i=1$,则λ^1只有$\lambda_{12}^1 = \lambda_{21}^1 \neq 0$,这时式(8.190)右边为

$$
\begin{aligned}
&G_c^1 P_s(f_A^{1\dagger}f_B^{2\dagger}f_C^{3\dagger})\mid 0\rangle \\
&\quad = \{\varepsilon_{2\beta'\gamma'}f_A^{1\dagger}f_B^{\beta'\dagger}f_C^{\gamma'\dagger}\lambda_{21}^1 + \varepsilon_{1\beta'\gamma'}f_A^{2\dagger}f_B^{\beta'\dagger}f_C^{\gamma'\dagger}\lambda_{12}^1 \\
&\qquad + \varepsilon_{\alpha 2\gamma'}f_A^{\alpha\dagger}f_B^{1\dagger}f_C^{\gamma'\dagger}\lambda_{21}^1 + \varepsilon_{\alpha 1\gamma'}f_A^{\alpha\dagger}f_B^{2\dagger}f_C^{\gamma'\dagger}\lambda_{12}^1 \\
&\qquad + \varepsilon_{\alpha\beta' 2}f_A^{\alpha\dagger}f_B^{\beta'\dagger}f_C^{1\dagger}\lambda_{21}^1 + \varepsilon_{\alpha\beta' 1}f_A^{\alpha\dagger}f_B^{\beta'\dagger}f_C^{2\dagger}\lambda_{12}^1\}\mid 0\rangle \\
&\quad = \{(f_A^{1\dagger}f_B^{3\dagger}f_C^{1\dagger} - f_A^{1\dagger}f_B^{1\dagger}f_C^{3\dagger}) + (f_A^{2\dagger}f_B^{2\dagger}f_C^{3\dagger} - f_A^{2\dagger}f_B^{3\dagger}f_C^{2\dagger}) \\
&\qquad + (f_A^{1\dagger}f_B^{1\dagger}f_C^{3\dagger} - f_A^{3\dagger}f_B^{1\dagger}f_C^{1\dagger}) + (f_A^{3\dagger}f_B^{2\dagger}f_C^{2\dagger} - f_A^{2\dagger}f_B^{2\dagger}f_C^{3\dagger}) \\
&\qquad + (f_A^{3\dagger}f_B^{1\dagger}f_C^{1\dagger} - f_A^{1\dagger}f_B^{3\dagger}f_C^{1\dagger}) \\
&\qquad + (f_A^{2\dagger}f_B^{3\dagger}f_C^{2\dagger} - f_A^{3\dagger}f_B^{2\dagger}f_C^{2\dagger})\}\mid 0\rangle
\end{aligned} \tag{8.192}
$$

其中对应着 λ_{12}^{1} 与 λ_{21}^{1} 的项分别互相抵消.类似地可以证明

$$G_c^j P_s(f_A^{1\dagger} f_B^{2\dagger} f_C^{3\dagger}) \mid 0\rangle = 0, \quad j = 2,4,5,6,7 \tag{8.193}$$

当 $i=3$,由式(8.191),得 $\lambda_{11}^{3}=1, \lambda_{22}^{3}=-1$,故有

$$\begin{aligned} & G_c^3 P_s(f_A^{1\dagger} f_B^{2\dagger} f_C^{3\dagger}) \mid 0\rangle \\ & = \{\varepsilon_{1\beta'\gamma'} f_A^{1\dagger} f_B^{\beta'\dagger} f_C^{\gamma'\dagger} - \varepsilon_{2\beta'\gamma'} f_A^{2\dagger} f_B^{\beta'\dagger} f_C^{\gamma'\dagger} \\ & \quad + \varepsilon_{\alpha 1\gamma'} f_A^{\alpha\dagger} f_B^{1\dagger} f_C^{\gamma'\dagger} - \varepsilon_{\alpha 2\gamma'} f_A^{\alpha\dagger} f_B^{2\dagger} f_C^{\gamma'\dagger} \\ & \quad + \varepsilon_{\alpha\beta' 1} f_A^{\alpha\dagger} f_B^{\beta'\dagger} f_C^{1\dagger} - \varepsilon_{\alpha\beta' 2} f_A^{\alpha\dagger} f_B^{\beta'\dagger} f_C^{2\dagger}\} \mid 0\rangle \\ & = 0 \end{aligned} \tag{8.194}$$

当 $i=8, \lambda_{11}^{8}=\lambda_{22}^{8}=-\dfrac{1}{2}\lambda_{33}^{8}=\dfrac{1}{\sqrt{3}}$

$$\begin{aligned} & \sqrt{3} G_c^8 P_s(f_A^{1\dagger} f_B^{2\dagger} f_C^{3\dagger}) \mid 0\rangle \\ & = \{\varepsilon_{1\beta'\gamma'} f_A^{1\dagger} f_B^{\beta'\dagger} f_C^{\gamma'\dagger} + \varepsilon_{2\beta'\gamma'} f_A^{2\dagger} f_B^{\beta'\dagger} f_C^{\gamma'\dagger} \\ & \quad - 2\varepsilon_{3\beta'\gamma'} f_A^{3\dagger} f_B^{\beta'\dagger} f_C^{\gamma'\dagger} + \varepsilon_{\alpha 1\gamma'} f_A^{\alpha\dagger} f_B^{1\dagger} f_C^{\gamma'\dagger} + \varepsilon_{\alpha 2\gamma'} f_A^{\alpha\dagger} f_B^{2\dagger} f_C^{\gamma'\dagger} \\ & \quad - 2\varepsilon_{\alpha 3\gamma'} f_A^{\alpha\dagger} f_B^{3\dagger} f_C^{\gamma'\dagger} + \varepsilon_{\alpha\beta' 1} f_A^{\alpha\dagger} f_B^{\beta'\dagger} f_C^{1\dagger} \\ & \quad + \varepsilon_{\alpha\beta' 2} f_A^{\alpha\dagger} f_B^{\beta'\dagger} f_C^{2\dagger} - 2\varepsilon_{\alpha\beta' 3} f_A^{\alpha\dagger} f_B^{\beta'\dagger} f_C^{3\dagger}\} \mid 0\rangle \\ & = 0 \end{aligned} \tag{8.195}$$

所以有

$$G_c^i P_s(f_A^{1\dagger} f_B^{2\dagger} f_C^{3\dagger}) \mid 0\rangle = 0, \quad i = 1,2,\cdots,8 \tag{8.196}$$

因此,满足式(8.182)所述的色单态的要求.由此可知,单色电荷、超荷相干态只能表述为0,3,6,9,12,15和18个粒子的展开

$$\begin{aligned} \mid q, y, \xi\rangle = & c_0 \mid 0\rangle + \xi c_0 \Xi^\dagger \mid 0\rangle \\ & + \xi \sum_{A,B,C} c_{A,B,C}^{(3)} P_s(f_A^{1\dagger} f_B^{2\dagger} f_C^{3\dagger}) \mid 0\rangle \\ & + \xi \sum_{n=2}^{5} \sum_{\substack{A,B,C \\ A',B',C'}} c_{ABC\cdots A'B'C'}^{(3n)} \\ & \times P_s(f_A^{1\dagger} f_B^{2\dagger} f_C^{3\dagger}) \cdots P_s(f_{A'}^{1\dagger} f_{B'}^{2\dagger} f_{C'}^{3\dagger}) \mid 0\rangle \end{aligned} \tag{8.197}$$

将它代入本征态方程组(8.181)中各式,类似于8.14节的推导,就可得到单色的SU(6)电荷、超荷相干态,这里不再赘述.

8.16 超对称守恒荷相干态

考虑一个由玻色谐振子与一个费米谐振子组成的超对称系统,其哈密顿量为

$$\mathscr{H} = a^{\dagger}a + f^{\dagger}f \tag{8.198}$$

它与 $a^{\dagger}f, f^{\dagger}a$ 组成一个超李代数,它同时包含对易关系与反对易关系

$$\{a^{\dagger}f, f^{\dagger}a\} = \mathscr{H}, \quad (a^{\dagger}f)^2 = 0 \tag{8.199}$$

$$[a^{\dagger}f, \mathscr{H}] = [f^{\dagger}a, \mathscr{H}] = 0 \tag{8.200}$$

这表明 $\mathscr{H}$ 在超对称变换下不变.以下将提出另一组满足超李代数结构的算符,并由此建立超对称守恒荷的相干态,或称为超对称对相干态(Supersymmetric Pair Coherent State).

我们提出的三个算符是

$$af, a^{\dagger}f^{\dagger}, a^{\dagger}a - f^{\dagger}f \equiv \hat{q} \tag{8.201}$$

不难证明

$$\{af, a^{\dagger}f^{\dagger}\} = \hat{q} + 1, \quad (af)^2 = 0 \tag{8.202}$$

$$[af, \hat{q}] = [a^{\dagger}f^{\dagger}, \hat{q}] = 0 \tag{8.203}$$

这表明 af 与超对称"荷" $\hat{q}$ 具有共同的本征矢.为求出它的显示形式,建立方程组

$$af \mid \zeta, q\rangle = \mid \zeta, q\rangle \zeta \tag{8.204}$$

$$\hat{q} \mid \zeta, q\rangle = q \mid \zeta, q\rangle \tag{8.205}$$

并用粒子数表象完备基

$$1 = \sum_{n_a, n_f} \mid n_a, n_f\rangle\langle n_a, n_f \mid, \quad n_f = 0,1; \qquad n_a = 0,1,2,\cdots$$

展开 $|\zeta, q\rangle$

$$\mid \zeta, q\rangle = \sum_{n_a, n_f} \mid n_a, n_f\rangle C_{n_a, n_f}, \quad C_{n_a, n_f} = \langle n_a, n_f \mid \zeta, q\rangle \tag{8.206}$$

把上式代入式(8.205)式,得到

$$\sum_{n_a, n_f} (n_a - n_f - q) \mid n_a, n_f\rangle C_{n_a, n_f} = 0$$

由此知道

$$q = n_a - n_f \tag{8.207}$$

即 q 只能取值为

$$q = -1, 0, 1, 2, \cdots \tag{8.208}$$

所以,对于事先给定的 q 值,我们有

$$\begin{aligned} |\zeta, q\rangle &= \sum_{n_a, n_f} \delta_{q, n_a - n_f} |n_a, n_f\rangle C_{n_a, n_f} \\ &= \sum_{n_f} |q + n_f, n_f\rangle C_{q+n_f, n_f} \\ &= |q, 0\rangle C_{q,0} + |q+1, 1\rangle C_{q+1,1} \end{aligned} \tag{8.209}$$

当 $q=-1$ 时,$C_{q=-1,0}=0$,即

$$|\zeta, q = -1\rangle = |0, 1\rangle \zeta \tag{8.210}$$

把(8.209)代入式(8.204),得

$$\begin{aligned} af|\zeta, q\rangle &= \sqrt{q+1}\, |q, 0\rangle C_{q+1,1} \\ &= (|q, 0\rangle C_{q,0} + |q+1, 1\rangle C_{q+1,1})\zeta \end{aligned} \tag{8.211}$$

比较方程两边看出

$$\sqrt{q+1}\, C_{q+1,1} = C_{q,0}\zeta, \quad C_{q+1,1}\zeta = 0, \quad q \geqslant 0 \tag{8.212}$$

另一方面,由

$$(af)^2 |\zeta, q\rangle = |\zeta, q\rangle \zeta^2 = 0$$

可知 ζ 须是 Grassmann 数.所以从式(8.212)给出

$$\begin{aligned} |\zeta, q\rangle &= \left(|q, 0\rangle + |q+1, 1\rangle \frac{\zeta}{\sqrt{q+1}}\right) C_{q,0} \\ &= \left(1 + \frac{a^\dagger f^\dagger \zeta}{q+1}\right) |q, 0\rangle C_{q,0} \end{aligned}$$

由 $|\zeta, q\rangle$ 的归一化要求

$$|C_{q,0}|^2 = \exp[-\bar{\zeta}\zeta/(q+1)]$$

所以,超对称守恒荷相干态为

$$|\zeta, q\rangle = \exp\left\{\frac{1}{q+1}\left(-\frac{\bar{\zeta}\zeta}{2} + a^\dagger f^\dagger \zeta\right)\right\} |q, 0\rangle \tag{8.213}$$

由其表达形式,我们也可称之为超对称对相干态.用费米系统的 IWOP 技术(详见第 11 章),可证明完备性关系

$$\begin{aligned} &\int \mathrm{d}\bar{\zeta}\mathrm{d}\zeta \left(|\zeta, -1\rangle\langle\zeta, -1| + \sum_{q=0}^{\infty}(q+1)|\zeta, q\rangle\langle\zeta, q|\right) \\ &= \sum_{n_a, n_f} |n_a, n_f\rangle\langle n_a, n_f| = 1 \end{aligned} \tag{8.214}$$

当然,由 $[a^\dagger f^\dagger, \hat{q}] = 0$ 也可以求这两者的共同本征矢,鉴于篇幅有限,在此不再介

绍.作为练习,读者可求使 $\hat{q}$ 不变的幺正超对称变换.

8.17　用产生算符本征矢构造密度矩阵的复 P 表示

利用产生算符和湮没算符两者的本征矢所构成的围道积分形式的完备性,可把密度矩阵 ρ 展开为[112]

$$\rho=\oint_C\oint_{C'}\mathrm{d}z\mathrm{d}z'^*\ \| z\rangle_*\langle z\mid\rho\mid z'\rangle_*\langle z'\|$$
$$=\oint_C\oint_{C'}\mathrm{d}z\mathrm{d}z'^*\ \frac{\| z\rangle\langle z'\|}{\mathrm{e}^{z'^*z}}P(z,z'^*)\tag{8.215}$$

其中 $\mathrm{tr}(\| z\rangle\langle z'\|/\mathrm{e}^{z'^*z})=1$,并且

$$P(z,z'^*)=\mathrm{e}^{z'^*z}{}_*\langle z\mid\rho\mid z'\rangle_*\tag{8.216}$$

称为 ρ 的复 P 表示.提出复 P 表示的原因是对于有些系统用 Glauber-Sudarshan P 表示写出的密度矩阵的运动方程没有稳态解,所以有必要引入其他的表示.在这里,以产生算符本征态出发来讨论复 P 表示,表明这类 P 表示是基于围道积分形式的完备性,利用式(8.216)使 $P(z,z')$ 极易求出.例如,对纯相干态的密度矩阵 $\rho=|\gamma\rangle\langle\gamma|$,求相应的复 P 表示.为求它在 $|z\rangle_*$ 中的矩阵元,即

$$P_{|\gamma\rangle\langle\gamma|}=\mathrm{e}^{z'^*z}{}_*\langle z\mid\gamma\rangle\langle\gamma\mid z'\rangle_*=\delta(z-\gamma)\delta(z'^*-\gamma^*)$$
$$=-\frac{1}{4\pi^2}\frac{1}{(z-\gamma)(z'^*-\gamma^*)}\bigg|_C\bigg|_{C'}\tag{8.217}$$

当密度矩阵 $\rho=1$ 时,从式(8.215)可见

$$1=\sum_n\oint_C\oint_{C'}\frac{\| z\rangle\langle z'\|}{\mathrm{e}^{z'^*z}}\left(-\frac{1}{4\pi^2}\frac{n!\mathrm{e}^{z'^*z}}{(zz'^*)^{n+1}}\right)\mathrm{d}z\mathrm{d}z'^*\tag{8.218}$$

比较 $1=\sum_{n=0}^{\infty}\mid n\rangle\langle n\mid$,其中 $\mid n\rangle$ 是粒子态,我们立即可见纯粒子态密度的复 P 表示为(以下略去围道记号不写)

$$P_{|n\rangle\langle n|}=-\frac{1}{4\pi^2}\frac{n!\mathrm{e}^{z'^*z}}{(zz'^*)^{n+1}}\tag{8.219}$$

在 C. W. Gardiner 写的 Quantum Noise 一书(Springer-Verlag,1991,此书也介绍了正 P 表示,见下节我们的推导)中,也给出了与式(8.217)及(8.219)吻合的结果,但我们这里的陈述是直接用 $a^\dagger$ 的本征矢作为讨论的基点,所以讨论就更为深入与基本.又如欲求平移 Fock 态的复 P 表示,相应的 ρ' 是

$$\rho' \equiv D(\gamma) \mid n\rangle\langle n \mid D^{\dagger}(\gamma) \tag{8.220}$$

由于

$$\left.\begin{aligned} D(\gamma) \mid n\rangle &= \frac{(a^{\dagger} - \gamma^{*})^{n}}{\sqrt{n!}} \mid \gamma\rangle \\ (a^{\dagger} - \gamma^{*})^{n} \mid \gamma\rangle\langle\gamma \mid &= \left(\frac{\partial}{\partial\gamma}\right)^{n} \mid \gamma\rangle\langle\gamma \mid \end{aligned}\right\} \tag{8.221}$$

所以，ρ'的复P表示为

$$\begin{aligned} P' = \mathrm{e}^{z'^{*}z}{}_{*}\langle z \mid \rho' \mid z'\rangle_{*} &= \frac{1}{n!}\left(\frac{\partial}{\partial\gamma}\right)^{n}\left(\frac{\partial}{\partial\gamma^{*}}\right)^{n}\delta(z-\gamma)\delta(z'^{*}-\gamma^{*}) \\ &= -\frac{n!}{4\pi^{2}}\frac{1}{[(z-\gamma)(z'^{*}-\gamma^{*})]^{n+1}} \end{aligned} \tag{8.222}$$

基于$a^{\dagger}$本征矢的性质$a|z\rangle_{*} = -\dfrac{\mathrm{d}}{\mathrm{d}z^{*}}|z\rangle_{*}$，我们可以立即从式(8.216)看出以下的对应规则

$$\begin{aligned} a\rho &\to \mathrm{e}^{z'^{*}z}{}_{*}\langle z \mid a\rho \mid z'\rangle_{*} = z^{*}P(z,z'^{*}) \\ \rho a &\to \mathrm{e}^{z'^{*}z}{}_{*}\langle z \mid \rho a \mid z'\rangle_{*} = \left(z - \frac{\partial}{\partial z'^{*}}\right)P(z,z'^{*}) \\ \rho a^{\dagger} &\to z'^{*}P(z,z'^{*}) \\ a^{\dagger}\rho &\to \left(z'^{*} - \frac{\partial}{\partial z}\right)P(z,z'^{*}) \end{aligned}$$

8.18　由IWOP技术导出正P表示

除了复P表示外，我们还可以用IWOP技术引入正P表示. 顾名思义，这种P表示要求总是正的. 由于广义的P表示总应该基于完备性上. 所以，我们来推广相干态的超完备性，具体做法是要求存在如下的单位分解

$$\begin{aligned} 1 = \int \frac{\mathrm{d}^{2}z_{1}\mathrm{d}^{2}z_{2}}{\pi^{2}} &: \exp[-\lambda_{1} \mid z_{1} \mid^{2} - \lambda_{2} \mid z_{2} \mid^{2} + fz_{1}z_{2} \\ &+ gz_{1}^{*}z_{2}^{*} + z_{1}a^{\dagger} + z_{2}a - a^{\dagger}a] : (\lambda_{1}\lambda_{2} - fg) \\ &= :\exp\left[\frac{ga^{\dagger}a}{\lambda_{1}\lambda_{2} - fg} - a^{\dagger}a\right]: \end{aligned} \tag{8.223}$$

上式成立的条件是$g = \lambda_{1}\lambda_{2} - fg$. 特别当

$$f=\frac{1-n}{n},\quad g=\frac{1}{n}=\lambda_1=\lambda_2$$

我们得到

$$\begin{aligned}1&=\int\frac{d^2z_1d^2z_2}{n\pi^2}:\exp\left[-\frac{1}{n}(|z_1|^2+|z_2|^2)-\frac{n-1}{n}z_1z_2\right.\\&\left.\quad+\frac{1}{n}z_1^*z_2^*+z_1a^\dagger+z_2a-a^\dagger a\right]:\\&=\int\frac{d^2z_1d^2z_2}{n\pi^2}\frac{|z_1\rangle\langle z_2^*|}{\langle z_2^*|z_1\rangle}\exp(-|z_1-z_2^*|^2/n)\end{aligned}\tag{8.224}$$

以下我们指出正 P 表示就是基于这种相干态的广义超完备性,其特点是积分取在两个独立的复平面上.注意利用 IWOP 技术可将纯相干态密度矩阵写成

$$\begin{aligned}|z\rangle\langle z|&=:\exp[-(z^*-a^\dagger)(z-a)]:\\&=\int d^2\tau:\exp\{-(\tau^*-z^*)(\tau-z)-(\tau^*-a^\dagger)(\tau-a)\}\\&\quad\times\delta(\tau^*-a^\dagger)\delta(\tau-a):\end{aligned}\tag{8.225}$$

$$\begin{aligned}&:\delta(\tau^*-a^\dagger)\delta(\tau-a):\\&\quad=\int\frac{d^2\eta}{\pi^2}:\exp[\eta^*(\tau-a)-\eta(\tau^*-a^\dagger)]:\end{aligned}\tag{8.226}$$

让式(8.225)中 $\tau=\frac{z_1+z_2^*}{2}$,$\eta=\frac{z_1-z_2^*}{2}$,作积分变数变换

$$d^2\tau d^2\eta=\frac{1}{4}d^2z_1d^2z_2\tag{8.227}$$

就有

$$\begin{aligned}|z\rangle\langle z|&=\int\frac{d^2z_1d^2z_2}{4\pi^2}:\exp\left\{-\left(z^*-\frac{z_1^*+z_2}{2}\right)\left(z-\frac{z_1+z_2^*}{2}\right)\right.\\&\left.\quad-\frac{1}{4}(z_1-z_2^*)(z_1^*-z_2)-(z_2-a^\dagger)(z_1-a)\right\}:\\&=\int\frac{d^2z_1d^2z_2}{4\pi^2}\left\langle\frac{z_1+z_2^*}{2}\middle|z\right\rangle\left\langle z\middle|\frac{z_1+z_2^*}{2}\right\rangle\exp\left(-\frac{1}{4}|z_1-z_2^*|^2\right)\frac{|z_1\rangle\langle z_2^*|}{\langle z_2^*|z_1\rangle}\end{aligned}\tag{8.228}$$

此方程两边乘上 $P(z)$ 对 d^2z 积分得

$$\rho=\int d^2z_1d^2z_2P_+\frac{|z_1\rangle\langle z_2^*|}{\langle z_2^*|z_1\rangle}\tag{8.229}$$

其中

$$P_{+} \equiv \frac{1}{4\pi^2}\exp\left[-\frac{1}{4}\mid z_1 - z_2^* \mid^2\right]\left\langle \frac{1}{2}(z_1 + z_2^*)\right|\rho\left|\frac{1}{2}(z_1 + z_2^*)\right\rangle \tag{8.230}$$

称为正 P 表示.所以,用 IWOP 技术可以直接导出这种表示,这是本节的特点.当 $\rho = 1$ 时,式(8.229)相当于式(8.224)中取 $n = 4$ 的情况.

我们在以后将进一步讨论密度矩阵的反正规乘积和 Weyl 编序的两种展开.

习题(第 6~8 章)

1. R 是 SO(3)转动矩阵,以欧拉角表征,见式(6.2).试推导 $\ln R$ 的表达式(6.13).
2. 证明式(6.59).
3. 求双模压缩算符的经典 Weyl 对应函数.
4. 求 $q^m p^n$ 的量子 Weyl 对应算符.
5. 由 Wigner 算符的正规乘积形式把 Weyl 对应纳入算符 Fredholm 方程(参见第 5 章),即

$$H(P,Q) = \frac{1}{\pi}\iint_{-\infty}^{\infty} \mathrm{d}p\mathrm{d}q h(p,q) : \exp[-(p-P)^2 - (q-Q)^2] :$$

求解此方程.

6. 证明以下三个算符具有超对称结构

$$H = a^\dagger a + \frac{1}{2}(1+\sigma_z), \quad Q = \frac{1}{2}a\sigma_+, \quad Q^\dagger = \frac{1}{2}\sigma_- a^\dagger$$

再定义广义"荷"算符 $W = a^\dagger a - \frac{1}{2}\sigma_z$,求证:$[a\sigma_-, W] = 0$.进一步求 $a\sigma_-$ 与 W 的共同本征态.

7. 设超对称哈密顿量是 $H = a^\dagger a + f^\dagger f$,其中 $f(f^\dagger)$ 是费米子湮没(产生)算符,把 H 写成 $\{Q, Q^\dagger\}$,求相当的 Q 与 $Q^\dagger$.再引入算符 $W = a^\dagger a - f^\dagger f$,求 W 与 af 的共同本征态.
8. 考虑两个两能级原子与双模辐射场的相互作用,推广的 Jaynes - Gummings 模型当两个原子间距小于光波长时可取为

$$H = \omega(a_1^\dagger a_1 + a_2^\dagger a_2) + \frac{\Omega}{2}(\sigma_{1z} + \sigma_{2z}) + \lambda(a_1^\dagger a_2^\dagger \sigma_{1-}\sigma_{2-} + a_1 a_2 \sigma_{1+}\sigma_{2+})$$

求 H 的本征态与能量.(参见文献[101])

9. 求对易括号$[a, a^{-n}]$.
10. 把式(7.35)代入式(7.33),并完成对 $\prod_{i=1}^{n}\mathrm{d}^2 z_j$ 的积分.
11. 求经典函数 $\exp[\lambda(p^2+q^2)]$和 $p^n \mathrm{e}^{\lambda q^2}$ 的 Weyl 对应量子算符.

12. 求单模压缩算符 $\exp[\lambda(a^2-a^{\dagger 2})]$的经典 Weyl 对应函数.

13. 求证逆算符 $a^{-1}=a^\dagger\frac{1}{N+1}=a^\dagger:(a^\dagger a)^{-1}:$.

14. 由 Λ 组态的三能级原子的 J－C 模型式(8.62)式出发,求时间演化算符.

15. 用围道积分形式的完备性关系式(8.107),求伴随拉盖尔多项式的围道积分形式.(提示:考虑 $D(z)|m\rangle$.其中 $D(z)=\exp(za^\dagger-z^*a)$,$|m\rangle$是粒子态.)

16. 求三维空间中欧几里得群的正规乘积实现.

第 9 章　辐射场的若干态矢量

量子光学主要研究辐射场的量子行为(非经典性质)及辐射场与原子的相互作用.辐射场以多种方式存在:有热场、相干态场、压缩态场等.本章介绍建立单-双模组合压缩态,压缩态的单一双模激发态,双模厄米多项式态和拉盖尔多项式态,并讨论它们的若干性质,而用 IWOP 技术去研究它们是最合适的途径.

9.1　单-双模组合压缩态[13]

在第 3 章,我们用狄拉克的坐标表象和 IWOP 技术分别导出了正规乘积形式的单模和双模压缩算符,由此构造了压缩态.本节,我们指出同样的方法可以导出单-双模组合压缩态.相应的压缩变换为:

$$\begin{aligned} a_1 \to a_1' &= a_1 \cosh\lambda + \sinh\lambda(a_2 \sinh\gamma - a_2^\dagger \cosh\gamma) \\ a_2 \to a_2' &= a_2 \cosh\lambda + \sinh\lambda(-a_1 \sinh\gamma - a_1^\dagger \cosh\gamma) \end{aligned} \tag{9.1}$$

与式(3.19)(单模压缩变换)和式(3.22)(双模压缩变换)相比,可见式(9.1)既包含单模、又包含双模压缩变换,但却又不是两者平庸的凑合,也不是先对 a_2 作一个单模变换,然后再对 a_1 与 a_2 作一个双模压缩变换.有趣而重要的是确实有:

$$[a_1', a_2'] = 0, \quad [a_1', a_2'^\dagger] = 0, \quad [a_1', a_1'^\dagger] = [a_2', a_2'^\dagger] = 1 \tag{9.2}$$

即$(a_1, a_2) \to (a_1', a_2')$的变换是个幺正变换.那么,什么是相应的幺正算符呢?注意到压缩变换式(9.1)等价于以下双模坐标的变换

$$\left.\begin{aligned} Q_1 \to Q_1' &= U Q_1 U^{-1} = Q_1 \cosh\lambda - Q_2 \mathrm{e}^{-\gamma} \sinh\lambda \\ Q_2 \to Q_2' &= U Q_2 U^{-1} = Q_2 \cosh\lambda - Q_1 \mathrm{e}^{\gamma} \sinh\lambda \end{aligned}\right\} \tag{9.3}$$

因此,为保证在 U 变换下本征值不变,双模坐标基矢必须按下式改变

$$\begin{aligned} U \mid q_1, q_2\rangle &= \mid q_1 \cosh\lambda + q_2 \mathrm{e}^{-\gamma} \sinh\lambda, q_2 \cosh\lambda + q_1 \mathrm{e}^{\gamma} \sinh\lambda\rangle \\ &\equiv \mid q_1, q_2\rangle' \end{aligned} \tag{9.4}$$

事实上,确实有

$$\left.\begin{array}{l}(Q_1\cosh\lambda - Q_2 e^{-\gamma}\sinh\lambda)\mid q_1,q_2\rangle' = q_1\mid q_1,q_2\rangle' \\ (Q_2\cosh\lambda - Q_1 e^{\gamma}\sinh\lambda)\mid q_1,q_2\rangle' = q_2\mid q_1,q_2\rangle'\end{array}\right\} \tag{9.5}$$

所以,我们有理由认同 U 有以下的坐标表象表示

$$U = \iint_{-\infty}^{\infty} dq_1 dq_2 \left|\Lambda\begin{pmatrix}q_1\\q_2\end{pmatrix}\right\rangle\left\langle\begin{pmatrix}q_1\\q_2\end{pmatrix}\right| \tag{9.6}$$

其中

$$\Lambda = \begin{pmatrix}\cosh\lambda & e^{-\gamma}\sinh\lambda \\ e^{\gamma}\sinh\lambda & \cosh\lambda\end{pmatrix} \tag{9.7}$$

这样构造的 $U(\Lambda)$是幺正的,因为由 $\det\Lambda = 1$ 易证 $UU^\dagger = U^\dagger U = 1$,而且 $U^\dagger(\Lambda) = U(\Lambda^{-1})$.现在用 IWOP 技术对式(9.6)积分

$$\begin{aligned}U(\Lambda) = &\frac{2}{\sqrt{L}}\exp\left\{\frac{1}{L}\left[(a_2^{\dagger 2} - a_1^{\dagger 2})\sinh^2\lambda\sinh 2\gamma\right.\right.\\ &\left.\left.+ 2a_1^\dagger a_2^\dagger\sinh 2\lambda\cosh\gamma\right]\right\}\\ &\times :\exp\left\{\frac{4}{L}\left[(a_1^\dagger a_1 + a_2^\dagger a_2)\cosh\lambda\right.\right.\\ &\left.\left.+ (a_2^\dagger a_1 - a_1^\dagger a_2)\sinh\lambda\sinh\gamma\right] - a_1^\dagger a_1 - a_2^\dagger a_2\right\}:\\ &\times\exp\left\{\frac{1}{L}\left[(a_2^2 - a_1^2)\sinh^2\lambda\sinh 2\gamma\right.\right.\\ &\left.\left.- 2a_1 a_2\sinh 2\lambda\cosh\gamma\right]\right\}\end{aligned} \tag{9.8}$$

其中

$$L \equiv 4\cosh^2\lambda(1 + \sinh^2\gamma\tanh^2\lambda).$$

显然,当 $e^\gamma = 1$,$\sinh\gamma = 0$,方程(9.8)简化为一般的双模压缩算符式(3.22).读者可以验证以正规乘积形式出现的 U,即式(9.8)确实产生压缩变换 $Ua_1U^{-1} = a_1'$,$Ua_2U^{-1} = a_2'$.将 U 作用于双模真空态给出单-双模组合压缩态

$$\begin{aligned}U\mid 00\rangle = &\frac{2}{\sqrt{L}}\exp\left\{\frac{1}{L}\left[(a_2^{\dagger 2} - a_1^{\dagger 2})\sinh^2\lambda\sinh 2\gamma\right.\right.\\ &\left.\left.+ 2\sinh 2\lambda\cosh\gamma a_1^\dagger a_2^\dagger\right]\right\}\mid 00\rangle \equiv \mid 00\rangle_R\end{aligned} \tag{9.9}$$

为了进一步了解此态的性质,引入双模情形下的两个“正交”算符

$$\left.\begin{aligned}\hat{x}_1 &= \frac{Q_1+Q_2}{2} = \frac{1}{2\sqrt{2}}(a_1+a_1^\dagger+a_2+a_2^\dagger)\\ \hat{x}_2 &= \frac{P_1+P_2}{2} = \frac{1}{2\sqrt{2}\mathrm{i}}(a_1-a_1^\dagger+a_2-a_2^\dagger)\end{aligned}\right\}\tag{9.10}$$

显然，$[x_1, x_2]=\frac{\mathrm{i}}{2}$以及

$$\left.\begin{aligned}Q'_1 &\equiv U^{-1}Q_1U = Q_1\cosh\lambda + Q_2\mathrm{e}^{-\gamma}\sinh\lambda\\ Q'_2 &\equiv U^{-1}Q_2U = Q_2\cosh\lambda + Q_1\mathrm{e}^{\gamma}\sinh\lambda\\ P'_1 &\equiv U^{-1}P_1U = P_1\cosh\lambda - P_2\mathrm{e}^{\gamma}\sinh\lambda\\ P'_2 &\equiv U^{-1}P_2U = P_2\cosh\lambda - P_1\mathrm{e}^{-\gamma}\sinh\lambda\end{aligned}\right\}\tag{9.11}$$

再结合式(9.10)和(9.11)的结果，有

$$\begin{aligned}U^{-1}\hat{x}_1U &= \frac{1}{2}[(\cosh\lambda+\sinh\lambda\cosh\gamma)(Q_1+Q_2)\\ &\quad + \sinh\lambda\sinh\gamma(Q_1-Q_2)]\\ U^{-1}\hat{x}_2U &= \frac{1}{2}[(\cosh\lambda-\sinh\lambda\cosh\gamma)(P_1+P_2)\\ &\quad + \sinh\lambda\sinh\gamma(P_1-P_2)]\end{aligned}$$

由此导出　　　$_R\langle 00|\hat{x}_1|00\rangle_R=0$，　$_R\langle 00|\hat{x}_2|00\rangle_R=0$.

所以正交分量的不确定关系是

$$\begin{aligned}\langle(\Delta x_1)^2\rangle &= {}_R\langle 00\mid x_1^2\mid 00\rangle_R\\ &= \frac{1}{4}(\cosh^2\lambda+\sinh^2\lambda\cosh 2\gamma+\sinh 2\lambda\cosh\gamma)\end{aligned}\tag{9.12}$$

$$\begin{aligned}\langle(\Delta x_2)^2\rangle &= {}_R\langle 00\mid x_2^2\mid 00\rangle_R\\ &= \frac{1}{4}(\cosh^2\lambda+\sinh^2\lambda\cosh 2\gamma-\sinh 2\lambda\cosh\gamma)\end{aligned}\tag{9.13}$$

$$\Delta x_1\Delta x_2 = \frac{1}{4}(1+\sinh^4\lambda\sinh^2 2\gamma)^{1/2}\tag{9.14}$$

显然，当 $\gamma=0$，式(9.12)和(9.13)分别还原为双模压缩态的不确定关系 $\langle(\Delta x_1)^2\rangle|_{\gamma=0}=\frac{1}{4}\mathrm{e}^{2\lambda}$，$\langle(\Delta x_2)^2\rangle|_{\gamma=0}=\frac{1}{4}\mathrm{e}^{-2\lambda}$.适当地调整参数 γ 和 λ 的关系，可以做到

$$\langle(\Delta x_1)^2\rangle = \frac{1}{4}(\cosh 2\lambda+2\sinh^2\lambda\sinh^2\gamma+\sinh 2\lambda\cosh\gamma) > \frac{1}{4}\mathrm{e}^{2\lambda}\tag{9.15}$$

而同时有

$$\langle(\Delta x_2)^2\rangle = \frac{1}{4}(\cosh 2\lambda + 2\sinh^2\lambda \sinh^2\gamma - \sinh 2\lambda \cosh\gamma) < \frac{1}{4}e^{-2\lambda} \tag{9.16}$$

即单-双模组合压缩态可以在一个正交相分量上有比通常的双模压缩态更小的量子起伏,而其代价是在另一正交分量上则情况相反.同时满足式(9.15)和(9.16)的解是

$$0 < \tanh\lambda < \frac{1}{1+\cosh\gamma}, \qquad \lambda > 0 \tag{9.17}$$

从上例可以看出,从理论上探讨各种广义的压缩可能性,是有必要的.

以下我们证明上述的单-双模压缩算符的紧致指数形式是

$$V = \exp[-i(\lambda_1 Q_1 P_2 + \lambda_2 Q_2 P_1)] \tag{9.18}$$

其中 $\lambda_1 = \lambda e^{\gamma}$,$\lambda_2 = \lambda e^{-\gamma}$.显然,当 $\gamma = 0$,$\lambda_1 = \lambda_2$,上式还原为通常的双模压缩算符.事实上,V 可以产生与 U 相同的变换效果,即得式(9.11)的结果

$$VQ_iV^{-1} = Q'_i, \quad VP_iV^{-1} = P'_i$$

既然是这样,让我们暂时认同

$$\begin{aligned}
&\exp[-i\lambda(e^{\gamma}Q_1P_2 + e^{-\gamma}Q_2P_1)] \\
&= \iint_{-\infty}^{\infty} dq_1 dq_2 \,|\, q_1\cosh\lambda + q_2 e^{-\gamma}\sinh\lambda, q_2\cosh\lambda \\
&\quad + q_1 e^{\gamma}\sinh\lambda\rangle\langle q_1 q_2 \,|
\end{aligned} \tag{9.19}$$

然后证明上式两边并不相差一个相因子.为此,我们考察当 $\lambda = \varepsilon$ 是一个无穷小量的情况,式(9.19)的左边为

$$\begin{aligned}
&[1 - i\varepsilon(e^{\gamma}Q_1P_2 + e^{-\gamma}Q_2P_1)]\iint_{-\infty}^{\infty} dq_1 dq_2 \,|\, q_1 q_2\rangle\langle q_1 q_2 \,| \\
&= \iint_{-\infty}^{\infty} dq_1 dq_2 \left\{1 + \varepsilon\left[e^{\gamma}q_1\frac{d}{dq_2} + e^{-\gamma}q_2\frac{d}{dq_1}\right]\right\}|\, q_1 q_2\rangle\langle q_1 q_2 \,| \\
&\approx \iint_{-\infty}^{\infty} dq_1 dq_2 \,|\, q_1 + q_2 e^{-\gamma}\varepsilon, q_2 + q_1 e^{\gamma}\varepsilon\rangle\langle q_1 q_2 \,|
\end{aligned}$$

这恰是式(9.19)右边当 $\lambda = \varepsilon$ 是无穷小的情况.在推导中,我们用了

$$P_i \,|\, q_i\rangle = i\frac{d}{dq_i}\,|\, q_i\rangle, \quad |\, q_i + \varepsilon\rangle \approx |\, q_i\rangle + \varepsilon\frac{d}{dq_i}\,|\, q_i\rangle$$

所以式(9.19)严格成立,即 $V = U$.

值得指出的是 Q_1P_2、Q_2P_1 与 $Q_1P_1-Q_2P_2$ 组成一个封闭的 SU(1,1)代数.

9.2　单-双模组合压缩态的高阶压缩

Hong 和 Mandel 曾将通常单模二阶压缩的概念推广到 $2N$ 阶,提出光场的高阶压缩的概念[113],他们考虑了场量的高阶方差.光场的两个态分量之间有对易关系(参见式(2.28))

$$[E_1,E_2]=2\mathrm{i}c \tag{9.20}$$

c 是个数,则易见

$$\begin{aligned}\langle(\Delta E_i)^{2N}\rangle &= \langle:(\Delta E_i)^{2N}:\rangle+\frac{(2N)^{(2)}}{1!}\left(\frac{1}{2}c\right)\langle:(\Delta E_i)^{2(N-1)}:\rangle\\&\quad+\cdots+(2N-1)!!c^N,\\(2N)^{(2)}&\equiv 2N(2N-1)\end{aligned} \tag{9.21}$$

对于相干态,起伏的正规乘积部分的贡献为零,所以

$$\langle z\mid(\Delta E_i)^{2N}\mid z\rangle<(2N-1)!!c^N \tag{9.22}$$

若对某个态,有 $\langle(\Delta E_i)^{2N}\rangle<(2N-1)!!\ c^N$ 对 $i=1$ 或 2 成立,则称之为 $2N$ 阶压缩的态.对于双模光场,已引入场的两个正交分量由式(9.10)给出,则由算符恒等式(比较式(5.1))

$$(\Delta F)^{2N}=\sum_{k=0}^{\infty}\frac{(2N)!}{k!(2N-2k)!}\left(\frac{\xi_1\xi_2+\eta_1\eta_2}{2}\right)^k:(\Delta F)^{2(N-k)}: \tag{9.23}$$

其中

$$F=\xi_1a_1+\xi_2a_1^\dagger+a_2\eta_1+a_2^\dagger\eta_2,\quad \Delta F=F-\langle F\rangle. \tag{9.24}$$

对于双模相干态(以下标 c 记之),可导出

$$\begin{aligned}{}_c\langle(\Delta\hat{x}_1)^{2N}\rangle_c &= \langle z_1z_2\mid\left[\Delta\left(\frac{a_1+a_1^\dagger+a_2+a_2^\dagger}{2\sqrt{2}}\right)\right]^{2N}\mid z_1z_2\rangle\\&=\left(\frac{1}{8}\right)^N\sum_{k=0}^{N}\frac{(2N)!}{k!(2N-2k)!}\langle z_1z_2\mid:[\Delta(a_1+a_1^\dagger+a_2+a_2^\dagger)]^{2(N-k)}:\mid z_1z_2\rangle\\&=\left(\frac{1}{4}\right)^N(2N-1)!!\end{aligned} \tag{9.25}$$

在最后一步用了关系

$$\langle z_1 z_2 | : f(a_1, a_1^\dagger, a_2, a_2^\dagger) : | z_1 z_2 \rangle = f(z_1, z_1^*, z_2, z_2^*)$$

与单模情况的高阶压缩定义类似，我们说一个双模态是被压缩到 $2N$ 阶的条件是下式成立

$$\langle (\Delta \hat{x}_1)^{2N} \rangle < \left(\frac{1}{4}\right)^N (2N-1)!! \tag{9.26}$$

以这个判据来审查通常双模压缩态的情况. 双模压缩态为 $S_2 \mid z_1 z_2 \rangle$，$S_2 = \exp[\xi^* a_1 a_2 - \xi a_1^\dagger a_2^\dagger]$，$\xi = \lambda e^{i\theta}$，则对于此态(以下标 S 记之)有

$$\begin{aligned} {}_S\langle (\Delta \hat{x}_1)^{2N} \rangle_S &= \langle z_1 z_2 \mid S_2^\dagger (\Delta \hat{x}_1)^{2N} S_2 \mid z_1 z_2 \rangle \\ &= \left(\frac{1}{8}\right)^N \langle z_1 z_2 \mid \{\Delta[(a_1 + a_2) f_0 + (a_1^\dagger + a_2^\dagger) f_0^*]\}^{2N} \mid z_1 z_2 \rangle \end{aligned} \tag{9.27}$$

其中

$$f_0 = \cosh\lambda - e^{-i\theta}\sinh\lambda.$$

再利用式(9.23)把它化为

$$\begin{aligned} &{}_S\langle (\Delta \hat{x}_1)^{2N} \rangle_S \\ &= \left(\frac{1}{8}\right)^N \sum_{k=0}^{\infty} \frac{(2N)! \mid f_0 \mid^{2k}}{k!(2N-2k)!} \langle z_1 z_2 \mid : \{\Delta[(a_1 + a_2) f_0 + (a_1^\dagger + a_2^\dagger) f_0^*]\}^{2N-2k} : \mid z_1 z_2 \rangle \\ &= \left(\frac{1}{4}\right)^N (2N-1)!! \mid f_0 \mid^{2N} \end{aligned} \tag{9.28}$$

特别地，当 $N=1$，得二阶压缩

$${}_S\langle (\Delta \hat{x}_1)^2 \rangle_S = \frac{1}{4}\left[e^{-2\lambda} \cos^2 \frac{\theta}{2} + e^{2\lambda} \sin^2 \frac{\theta}{2} \right]$$

而当 $\theta = 0$，式(9.28)简化为

$${}_S\langle (\Delta \hat{x}_1)^{2N} \rangle_{S|\theta=0} = \left(\frac{1}{4}\right)^N (2N-1)!! e^{-2\lambda N}$$

即态 $S_2 | z_1 z_2 \rangle$ 在 $\lambda > 0$ 时压缩到所有的偶数阶.

对于单-双模组合压缩态，由变换性质式(9.11)知道

$$U^{-1} \hat{x}_1 U = \sqrt{\frac{1}{8}} [(a_1 + a_1^\dagger) f_1 + (a_2 + a_2^\dagger) g_1] \tag{9.29}$$

其中

$$f_1 = \cosh\lambda + \sinh\lambda e^{\gamma}, \quad g_1 = \cosh\lambda + \sinh\lambda e^{-\gamma}.$$

对于单-双模组合压缩态(以下标 U 记之)计算 $\hat{x}_1$ 分量的 $2N$ 阶矩，用公式(9.23)给出

$${}_U\langle (\Delta x_1)^{2N} \rangle_U = \left(\frac{1}{8}\right)^N \langle z_1 z_2 \mid \{\Delta[(a_1 + a_1^\dagger) f_1 + (a_2 + a_2^\dagger) g_1]\}^{2N} \mid z_1 z_2 \rangle$$

$$
\begin{aligned}
&= \left(\frac{1}{8}\right)^N \\
&\quad \times \sum_{k=0}^{\infty} \frac{(2N)!}{k!(2N-k)!}\left(\frac{f_1^2+g_1^2}{2}\right)^k \langle z_1 z_2 \mid : \{\Delta[(a_1+a_1^\dagger)f_1+(a_2+a_2^\dagger)g_1]\}^{2N-2k} : \mid z_1 z_2\rangle \\
&= \left(\frac{1}{4}\right)^N (2N-1)!![\cosh^2\lambda+\sinh^2\lambda\cosh 2\gamma+\sinh 2\lambda\cosh\gamma]^N
\end{aligned} \tag{9.30}
$$

再考虑场的另一个正交分量

$$
\hat{x}_2 = \frac{1}{2\mathrm{i}\sqrt{2}}(a_1 - a_1^\dagger + a_2 - a_2^\dagger)
$$

在单-双模压缩变换下

$$
U^{-1}\hat{x}_2 U = \frac{1}{\mathrm{i}\sqrt{8}}[(a_1 - a_1^\dagger)f_2 + (a_2 - a_2^\dagger)g_2] \tag{9.31}
$$

这里　　　$f_2 = \cosh\lambda - \sinh\lambda\,\mathrm{e}^{-\gamma}$,　$g_2 = \cosh\lambda - \sinh\lambda\,\mathrm{e}^{\gamma}$.

类似于推导式(9.30)那样，我们可以计算出 $\hat{x}_2$ 的 $2N$ 阶矩

$$
\begin{aligned}
{}_U\langle(\Delta x_2)^{2N}\rangle_U &= \left(\frac{1}{8}\right)^N \frac{(2N)!}{N!}\left(\frac{f_2^2+g_2^2}{2}\right)^N \\
&= \left(\frac{1}{4}\right)^N (2N-1)!![\cosh^2\lambda+\sinh^2\lambda\cosh 2\gamma \\
&\quad - \sinh 2\lambda\cosh\gamma]^N
\end{aligned} \tag{9.32}
$$

适当地调整参数 γ 和 λ 的关系，可以使得

$$
{}_U\langle(\Delta\hat{x}_1)^{2N}\rangle_U > (2N-1)!!\left(\frac{1}{4}\right)^N \mathrm{e}^{2\lambda N} \tag{9.33}
$$

而同时有

$$
{}_U\langle(\Delta\hat{x}_2)^{2N}\rangle_U < (2N-1)!!\left(\frac{1}{4}\right)^N \mathrm{e}^{-2\lambda N} \tag{9.34}
$$

即单-双模组合压缩态的 $2N$ 阶矩在一个正交分量上的值大于通常压缩态的 $2N$ 阶矩，其代价是关于另一个正交分量的相应结论相反. 方程组(9.33)和(9.34)的联立解是

$$
\tanh\lambda < \frac{1}{1+\cosh\gamma},\quad \lambda > 0 \tag{9.35}
$$

这恰与式(9.17)相同. 于是，我们得出结论，当条件式(9.35)满足时，单-双模组合压缩态可显示出比通常双模压缩态的更强的高阶压缩[114].

9.3 由 $\exp[-\mathrm{i}(\lambda_1 Q_1 Q_2 - \lambda_2 P_1 P_2)]$ 诱导的单-双模组合压缩态

在双模 Fock 空间中，还存在着另一类单-双模组合压缩变换，它是

$$\begin{aligned} a_1 &\to a_1 \cosh\lambda + \mathrm{i}\sinh\lambda(a_2^\dagger\cosh\lambda + a_2\sinh\gamma) = a_1'' \\ a_2 &\to a_2 \cosh\lambda + \mathrm{i}\sinh\lambda(a_1^\dagger\cosh\lambda + a_1\sinh\gamma) = a_2'' \end{aligned} \tag{9.36}$$

显然，这类变换是幺正的，即

$$[a_i'', a_2''^\dagger] = \delta_{ij}, \quad i,j = 1,2$$

那么，什么是诱导变换(9.36)的幺正算符呢？注意到这类组合压缩变换等价于以下双模坐标-动量混合变换

$$\left.\begin{aligned} Q_1 &\to Q_1\cosh\lambda + P_2\mathrm{e}^{-\gamma}\sinh\lambda \\ P_1 &\to P_1\cosh\lambda + Q_2\mathrm{e}^{\gamma}\sinh\lambda \\ P_2 &\to P_2\cosh\lambda + Q_1\mathrm{e}^{\gamma}\sinh\lambda \\ Q_2 &\to Q_2\cosh\lambda + P_1\mathrm{e}^{-\gamma}\sinh\lambda \end{aligned}\right\} \tag{9.37}$$

于是，我们试着在双模坐标-动量混合表象内写下这样的积分型投影算符

$$W = \iint_{-\infty}^{\infty} \mathrm{d}q_1\mathrm{d}p_2 \left| T\begin{pmatrix} q_1 \\ p_2 \end{pmatrix}\right\rangle\left\langle\begin{pmatrix} q_1 \\ p_2 \end{pmatrix}\right| \tag{9.38}$$

其中，

$$T = \begin{pmatrix} \cosh\lambda & -\mathrm{e}^{-\gamma}\sinh\lambda \\ -\mathrm{e}^{\gamma}\sinh\lambda & \cosh\lambda \end{pmatrix}.$$

$|q_1, p_2\rangle \equiv |q_1\rangle|p_2\rangle$，$|p_2\rangle$ 是动量 P_2 的本征态

$$|p_2\rangle = \pi^{-1/4}\exp\left\{-\frac{p_2^2}{2} + \sqrt{2}\mathrm{i}p_2 a_2^\dagger + \frac{a_2^{\dagger 2}}{2}\right\}|0\rangle_2$$

用 IWOP 技术积分式(9.38)得 W 的正规乘积展开

$$\begin{aligned} W = {} & \frac{2}{\sqrt{L}}\exp\left\{\frac{-1}{L}[(a_1^{\dagger 2} + a_2^{\dagger 2})\sinh^2\lambda\sinh 2\gamma + 2\mathrm{i}a_1^\dagger a_2^\dagger\sinh 2\lambda\cosh\gamma]\right\} \\ & \times :\exp\left\{\frac{4}{L}[(a_1^\dagger a_1 + a_2^\dagger a_2)\cosh\lambda - \mathrm{i}(a_2^\dagger a_1 + a_1^\dagger a_2)\sinh\lambda\sinh\gamma]\right. \\ & \left. - a_1^\dagger a_1 - a_2^\dagger a_2\right\} : \exp\left\{-\frac{1}{L}[(a_1^{\dagger 2} + a_2^{\dagger 2})\sinh^2\lambda\sinh 2\gamma\right. \end{aligned}$$

$$+ 2\mathrm{i}a_1 a_2 \sinh 2\lambda \cos h\gamma]\Big\} \tag{9.39}$$

不难证明算符 $W' \equiv \exp\{-\mathrm{i}(\lambda_1 Q_1 Q_2 - \lambda_2 P_1 P_2)\}$，当 $\lambda_1 = \lambda \mathrm{e}^{\gamma}, \lambda_2 = \lambda \mathrm{e}^{-\gamma}$ 时可诱导出与式(9.36)同样的幺正变换. 所以在精确到一个相因子的范围内它可以与下式认同

$$\exp[\mathrm{i}\lambda(\mathrm{e}^{-\gamma}P_1 P_2 - \mathrm{e}^{\gamma}Q_1 Q_2)] = \iint_{-\infty}^{\infty} \mathrm{d}q_1 \mathrm{d}p_2 \left| T\begin{pmatrix} q_1 \\ p_2 \end{pmatrix} \right\rangle \left\langle \begin{pmatrix} q_1 \\ p_2 \end{pmatrix} \right| \tag{9.40}$$

事实上，读者可以进一步证明上式两边并不差相因子. $W|00\rangle$ 态的压缩特性也作为习题供读者练习分析之.

9.4　平移 Fock 态及推广

由于算符 $D(z) = \exp(za^\dagger - z^* a)$ 常被称为平移算符，因此称 $D(z)|n\rangle \equiv |z,n\rangle$ 为平移 Fock 态，当 $|n\rangle$ 取 $|0\rangle$ 时，它即为普通谐振子相干态. 用 IWOP 技术可以十分方便地证明平移 Fock 态的超完备性. 由 $D(z)|n\rangle = \frac{1}{\sqrt{n!}}(a^\dagger - z^*)^n |z\rangle$ 可得[115]

$$\int \frac{\mathrm{d}^2 z}{\pi} |z,m\rangle\langle z,n| = \int \frac{\mathrm{d}^2 z}{\pi} : \frac{1}{\sqrt{m!n!}}(a^\dagger - z^*)^m (a - z)^n \mathrm{e}^{-(z^* - a^\dagger)(z - a)} :$$

由于 $a^\dagger$ 与 a 在正规乘积内部对易，故而可被看做是参数，允许作积分变数移动 $(z^* - a^\dagger \to z^*, z - a \to z)$ 后可将上式改为

$$\int \frac{\mathrm{d}^2 z}{\pi} |z,m\rangle\langle z,n| = \frac{1}{\sqrt{m!n!}} \int \frac{\mathrm{d}^2 z}{\pi} z^{*m} z^n \mathrm{e}^{-|z|^2} (-1)^{m+n} = \delta_{m,n} I \tag{9.41}$$

显然，平移 Fock 态是以下类型的哈密顿量的本征态，即

$$H = \omega a^\dagger a - f a^\dagger - f^* a$$

的本征态，因为上式可写为

$$\begin{aligned} H &= \omega\left(a^\dagger - \frac{f^*}{\omega}\right)\left(a - \frac{f}{\omega}\right) - \frac{1}{\omega}|f|^2 \\ &= D\left(\frac{f}{\omega}\right)\omega a^\dagger a D^{-1}\left(\frac{f}{\omega}\right) - \frac{1}{\omega}|f|^2 \end{aligned} \tag{9.42}$$

所以

$$HD\left(\frac{f}{\omega}\right)|n\rangle = \left(\omega n - \frac{1}{\omega}|f|^2\right)D\left(\frac{f}{\omega}\right)|n\rangle \tag{9.43}$$

平移 Fock 态的另一性质是：$D(z)|n\rangle$是 Wigner 算符 $\Delta(z,z^*)$的本征态，相应的本征值是 $\pi^{-1}(-1)^n$，事实上由式(7.14)得

$$\begin{aligned}\Delta(z,z^*) &= D(z):\exp(-2a^\dagger a):D^{-1}(z)\pi^{-1}\\ &= \pi^{-1}D(z)(-1)^N D^{-1}(z)\end{aligned}$$

$$\Delta(z,z^*)|z,n\rangle = \pi^{-1}(-1)^n|z,n\rangle \tag{9.44}$$

利用平移技术和 IWOP 技术，我们可导出一些较为复杂的算符恒等式，例如

$$\begin{aligned}&(\alpha-\beta)^m(\alpha^\dagger-\gamma^*)^n\\ &= \int\frac{d^2z}{\pi}(z-\beta)^m|z\rangle\langle z|(z^*-\gamma^*)^n\\ &= \int\frac{d^2z}{\pi}(z-\beta)^m(z^*-\gamma^*)^n:\exp[-(z^*-a^\dagger)(z-a)]:\\ &= \int\frac{d^2z}{\pi}z^m z^{*n}:\exp[-(z^*+\gamma^*-a^\dagger)(z+\beta-a)]:\\ &= \sum_{l=0}\frac{m!n!}{l!(m-l)!(n-l)!}(a^\dagger-\gamma^*)^{n-l}(\alpha-\beta)^{m-l}\end{aligned} \tag{9.45}$$

其中在第三步中我们已经用了 z 与 z^* 在积分号下可分别平移，即 $z\to z+\beta, z^*\to z^*+\gamma$ 而积分值不变的性质. 又如，用分别平移性质及 IWOP 又可得

$$\begin{aligned}&\exp[\lambda(\alpha-\beta)^2]\exp[\sigma(a^\dagger-\gamma^*)^2]\\ &= \int\frac{d^2z}{\pi}:\exp\{-[z^*-(a^\dagger-\gamma^*)][z-(\alpha-\beta)]+\lambda z^2+\sigma z^{*2}\}:\\ &= (1-4\lambda\sigma)^{1/2}\exp\left[\frac{\sigma}{1-4\lambda\sigma}(a^\dagger-\gamma^*)^2\right]:\exp\left[\frac{4\lambda\sigma}{1-4\lambda\sigma}(a^\dagger-\gamma^*)(\alpha-\beta)\right]:\\ &\quad\times\exp\left[\frac{\lambda}{1-4\lambda\sigma}(\alpha-\beta)^2\right]\end{aligned} \tag{9.46}$$

顺便指出，在积分$\int d^2z$ 的被积函数中，z 与 z^* 也可以分别做不同的标度变换，例如：$z'\to\lambda z, z'^*\to\sigma^*z^*, d^2z' = d^2z\lambda\sigma^*$，于是有

$$\begin{aligned}&\int\frac{d^2z}{\pi}:\exp[-|z|^2+a^\dagger z+az^*-a^\dagger a]:\\ &\quad= \int\frac{d^2z}{\pi}\lambda\sigma^*:\exp[-\lambda\sigma^*|z|^2+\lambda za^\dagger+\sigma^*z^*a-a^\dagger a]:\end{aligned} \tag{9.47}$$

右边用式(5.14)可知也等于 1.

可以对平移 Fock 态做如下的推广. 设在 Fock 空间中存在着正交归一的态矢

$$|\phi\rangle = \phi(a^\dagger)|0\rangle \tag{9.48}$$

满足$\langle\phi|\phi\rangle = 1$,在相干态表象中

$$\langle z|\phi\rangle = \langle z|\phi(z^*)|0\rangle = \mathrm{e}^{-|z|^2/2}\phi(z^*) \tag{9.49}$$

$$\int\frac{\mathrm{d}^2 z}{\pi}\langle\phi|z\rangle\langle z|\phi\rangle = \int\frac{\mathrm{d}^2 z}{\pi}\mathrm{e}^{-|z|^2}|\phi(z^*)|^2 = 1 \tag{9.50}$$

如果$|\phi\rangle$"平移"一下

$$D(z)|\phi\rangle = \phi(a^\dagger - z^*)|z\rangle \tag{9.51}$$

则用 IWOP 技术可以证明 $D(z)|\phi\rangle$满足完备性关系,事实上

$$\begin{aligned}&\int\frac{\mathrm{d}^2 z}{\pi}D(z)|\phi\rangle\langle\phi|D^\dagger(z)\\&=\int\frac{\mathrm{d}^2 z}{\pi}:\phi(a^\dagger - z^*)\phi^*(a-z)\mathrm{e}^{-(a^\dagger-z^*)(a-z)}:\\&=\int\frac{\mathrm{d}^2 z}{\pi}\mathrm{e}^{-|z|^2}|\phi(z^*)|^2 = 1\end{aligned} \tag{9.52}$$

最后,我们给出了 Wigner 算符的平移 Fock 态表象

$$\Delta(\alpha,\alpha^*) = (-)^n\int\frac{\mathrm{d}^2\beta}{\pi^2}|\alpha-\beta;n\rangle\langle\alpha+\beta;n|\mathrm{e}^{\alpha^*\beta-\beta^*\alpha}$$

有兴趣的读者可以根据第 7 章的知识给予证明.

9.5　单模压缩真空态上的激发[116]

当受激原子通过初态处于压缩真空态的腔场时,非线性相互作用可以产生在单模压缩真空上的激发,记$|r\rangle = S(r)|0\rangle$为压缩真空,则定义

$$\left.\begin{aligned}&|r\rangle_m \equiv a^{\dagger m}S(r)|0\rangle = a^{\dagger m}|r\rangle,\\&|r\rangle = \operatorname{sech}^{1/2} r\exp\left(\frac{1}{2}a^{\dagger 2}\tanh r\right)|0\rangle\end{aligned}\right\} \tag{9.53}$$

为这类激发态,其中$|r\rangle_m$ 尚未归一化. 为了求出$|r\rangle_m$ 的归一化系数,我们将证明:

$${}_m\langle r|r\rangle_m = m!(\cosh r)^m \mathrm{P}_m(\cosh r) \tag{9.54}$$

用数学归纳法及 $a|r\rangle = a^\dagger\tanh r|r\rangle$可知

$${}_1\langle r|r\rangle_1 = \operatorname{sech} r\tanh^2 r\langle 0|\exp\left(\frac{a^2}{2}\tanh r\right)aa^\dagger\exp\left(\frac{a^{\dagger 2}}{2}\tanh r\right)|0\rangle + 1$$

$$= \cosh r \mathrm{P}_1(\cosh r)$$

其中 $\mathrm{P}_1(x)$是一阶勒让德多项式，$\mathrm{P}_1(x)=x$，而且

$$\begin{aligned} {}_2\langle r \mid r\rangle_2 &= \langle r \mid (N+1)(N-1) \mid r\rangle + {}_1\langle r \mid r\rangle_1 \\ &= 2\cosh^2 r \mathrm{P}_2(\cosh r) \end{aligned}$$

其中 $\mathrm{P}_2(x)=\dfrac{1}{2}(3x^2-1)$，设对于 $n \leqslant m$，有

$$_{n-1}\langle r \mid r\rangle_{n-1} = (n-1)!(\cosh r)^{n-1}\mathrm{P}_{n-1}(\cosh r) \tag{9.55}$$

成立，则我们要证明上式对$|r\rangle_m$ 也成立，事实上

$$\begin{aligned} {}_m\langle r \mid r\rangle_m &= \langle r \mid a^{m-1}(a^\dagger a+1)a^{\dagger m-1} \mid r\rangle \\ &= \langle r \mid [a^\dagger a^{m-1} + (m-1)a^{m-2}][a^{\dagger m-1}a + (m-1)a^{\dagger m-2}] \mid r\rangle \\ &\quad + {}_{m-1}\langle r \mid r\rangle_{m-1} \\ &= \langle r \mid \{a \tanh r\, a^{m-1} a^{\dagger m-1} a^\dagger \tanh r \\ &\quad + (m-1)a^{m-2}aa^{\dagger m-1} + (m-1)a^{m-1}a^\dagger a^{\dagger m-2} \\ &\quad - (m-1)^2 a^{m-2}a^{\dagger m-2}\} \mid r\rangle + {}_{m-1}\langle r \mid r\rangle_{m-1} \\ &= \tanh^2 r\, {}_m\langle r \mid r\rangle_m + (2m-1)\, {}_{m-1}\langle r \mid r\rangle_{m-1} \\ &\quad - (m-1)^2\, {}_{m-2}\langle r \mid r\rangle_{m-2} \end{aligned}$$

即

$$\begin{aligned} {}_m\langle r \mid r\rangle_m = \cosh^2 r\{&-(m-1)^2\, {}_{m-2}\langle r \mid r\rangle_{m-2} \\ &+ (2m-1)\, {}_{m-1}\langle r \mid r\rangle_{m-1}\} \end{aligned} \tag{9.56}$$

把式(9.55)代入得

$$\begin{aligned} {}_m\langle r \mid r\rangle_m = \cosh^m r\{&-(m-1)\mathrm{P}_{m-2} \\ &+ (2m-1)\cosh r \mathrm{P}_{m-1}\}(m-1)! \end{aligned} \tag{9.57}$$

与勒让德多项式 $\mathrm{P}_m(x)$的递推关系

$$(m+1)\mathrm{P}_{m+1}(x) - (2m+1)x\mathrm{P}_m(x) + m\mathrm{P}_{m-1}(x) = 0 \tag{9.58}$$

相比较，即可用归纳法总结出

$$_m\langle r \mid r\rangle_m = m!(\cosh r)^m \mathrm{P}_m(\cosh r) \tag{9.59}$$

因此归一化后的态是 $\| r\rangle_m$

$$\| r\rangle_m = [m!(\cosh r)^m \mathrm{P}_m(\cosh r)]^{-1/2} a^{\dagger m} S(r) \mid 0\rangle \tag{9.60}$$

所以，我们看到光场中存在着归一化与勒让德多项式有关的态.

勒让德多项式的另一表达式[117]. 我们还可以直接用 IWOP 技术来计算 $_m\langle r|r\rangle_m$，由式(9.53)得

$$_m\langle r \mid r\rangle_m = \operatorname{sech} r \langle 0 \mid \exp\left(\frac{1}{2}a^2 \tanh r\right)$$

$$\times a^m a^{\dagger m}\exp\left(\frac{1}{2}a^{\dagger 2}\tanh r\right)|0\rangle \tag{9.61}$$

用相干态的超完备性可将上式写成积分

$$\begin{aligned}
{}_m\langle r \mid r\rangle_m &= \operatorname{sech} r\int\frac{d^2 z}{\pi}\mid z\mid^{2m}\exp\left[-\mid z\mid^2+\frac{1}{2}\tanh r(z^2+z^{*2})\right]\\
&= \operatorname{sech} r(\coth r)^{m+1}\left(-\frac{d}{d\coth r}\right)^m\int\frac{d^2 z}{\pi}\exp\left[-\mid z\mid^2\coth r+\frac{1}{2}(z^2+z^{*2})\right]\\
&= x^m\sqrt{x^2-1}\left(\frac{-d}{dx}\right)^m\frac{1}{\sqrt{x^2-1}}
\end{aligned} \tag{9.62}$$

其中，$x=\coth r$. 比较式(9.59)和(9.62)，我们得到勒让德多项式的另一个表达式

$$P_m(\coth r)=P_m\left(\frac{x}{\sqrt{x^2-1}}\right)=\frac{(-1)^m}{m!}(x^2-1)^{(m+1)/2}\left(\frac{d}{dx}\right)^m\frac{1}{\sqrt{x^2-1}} \tag{9.63}$$

为了证实它，用数学归纳法，首先，当 $m=0$ 时，由上式得

$$P_0\left(\frac{x}{\sqrt{x^2-1}}\right)=1$$

设式(9.63)在 m 时为真，则在 $m+1$ 时

$$\begin{aligned}
&\left(\frac{d}{dx}\right)^{m+1}\frac{1}{(x^2-1)^{1/2}}\\
&= \frac{d}{dx}\left[(-1)^m m!(x^2-1)^{-(m+1)/2}P_m\left(\frac{x}{\sqrt{x^2-1}}\right)\right]\\
&= (-1)^{m+1}(m+1)!(x^2-1)^{-(m+2)/2}\left\{\frac{x}{\sqrt{x^2-1}}P_m\left(\frac{x}{\sqrt{x^2-1}}\right)\right.\\
&\quad\left.-\frac{1}{m+1}\left[1-\left(\frac{x}{\sqrt{x^2-1}}\right)^2\right]P'_m\left(\frac{x}{\sqrt{x^2-1}}\right)\right\}
\end{aligned} \tag{9.64}$$

其中“′”是指对$\dfrac{x}{\sqrt{x^2-1}}$微商，注意勒让德多项式有以下性质

$$(y^2-1)P'_m(y)=-(m+1)yP_m(y)+(m+1)P_{m+1}(y) \tag{9.65}$$

我们得出结论

$$\left(\frac{d}{dx}\right)^{m+1}\left(\frac{x}{\sqrt{x^2-1}}\right)=(-1)^{m+1}(m+1)!(x^2-1)^{-(m+2)/2}P_{m+1}\left(\frac{x}{\sqrt{x^2-1}}\right) \tag{9.66}$$

由此式(9.63)得证，它是勒让德多项式的新表达式，是熟知的罗巨格公式

$$\mathrm{P}_m(x) = \frac{1}{2^m m!}\frac{\mathrm{d}^m}{\mathrm{d}x^m}(x^2-1)^m$$

的推广.

在此基础上引入平移算符 $D(z)$ 构造态矢量

$$|z,r\rangle_m \equiv D(z)|r\rangle_m = [m!(\cosh r)^m \mathrm{P}_m(\cosh r)]^{-1/2} \times (a^\dagger - z^*)^m \exp\left[\frac{1}{2}(a^\dagger - z^*)^2 \tanh r\right]|z\rangle \tag{9.67}$$

其中 $|z\rangle$ 是相干态,则用 IWOP 技术可证

$$\begin{aligned}\int\frac{\mathrm{d}^2 z}{\pi}|z,r\rangle_{mm}\langle z,r| &= [m!(\cosh r)^m \mathrm{P}_m(\cosh r)]^{-1}\int\frac{\mathrm{d}^2 z}{\pi}(a^\dagger - z^*)^m \\ &\quad\times \exp\left[\frac{1}{2}\tanh r(a^\dagger - z^*)^2\right]|z\rangle \\ &\quad\times\langle z|\exp\left[\frac{1}{2}\tanh r(a-z)^2\right](a-z)^m \\ &= \int\frac{\mathrm{d}^2 z}{\pi}\exp\left[-|z|^2 + \frac{1}{2}\tanh r(z^2 + z^{*2})\right] \\ &\quad\times|z|^{2m}[m!(\cosh r)^m \mathrm{P}_m(\cosh r)]^{-1} = 1\end{aligned} \tag{9.68}$$

在最后一步计算中我们用了式(9.62)和(9.59).

9.6　双模压缩真空态上的激发[118]

当受激原子通过初态处于双模压缩真空态的腔场时,非线性相互作用会产生在双模压缩真空态上的激发,记 $S_2(\lambda)|00\rangle$ 为双模压缩真空态,则定义

$$|\lambda,n,m\rangle = a_1^{\dagger n} a_2^{\dagger m} S_2(\lambda)|00\rangle \tag{9.69}$$

为其上的激发态.我们用 IWOP 技术证明它是一个与 n,m 有关的雅可比多项式.事实上,由

$$S_2(\lambda)|00\rangle = \operatorname{sech}\lambda\exp(a_1^\dagger a_2^\dagger \tanh\lambda)|00\rangle$$

我们计算

$$\begin{aligned}&\langle\lambda,n,m|\lambda,n,m\rangle \\ &= \operatorname{sech}^2\lambda\langle 00|\exp(a_1 a_2\tanh\lambda)a_2^m a_1^n a_1^{\dagger n} a_2^{\dagger m}\exp(a_1^\dagger a_2^\dagger\tanh\lambda)|00\rangle \\ &= \operatorname{sech}^2\lambda\langle 00|\int\frac{\mathrm{d}^2 z_1\mathrm{d}^2 z_2}{\pi^2}:\exp\{-(z_1^* - a_1^\dagger)(z - a_1)\end{aligned}$$

$$
\begin{aligned}
&-(z_2^*-a_2^\dagger)(z_2-a_2)+(z_1z_2+z_1^*z_2^*)\tanh\lambda\}\mid z_1\mid^{2n}\mid z_2\mid^{2m}:\mid 00\rangle\\
&=\operatorname{sech}^2\lambda(\coth\sigma)^{m+1}(\coth\lambda)^{n+1}\\
&\quad\times\left(-\frac{\partial}{\partial(\coth\sigma)}\right)^m\left(-\frac{\partial}{\partial(\coth\lambda)}\right)^n\int\frac{\mathrm{d}^2z_1\mathrm{d}^2z_2}{\pi}\\
&\quad\times\exp\{-\mid z_1\mid^2\coth\lambda-\mid z_2\mid^2\coth\sigma+z_1z_2+z_1^*z_2^*\}\mid_{\sigma\to\lambda}\\
&=\operatorname{sech}^2\lambda(\coth\sigma)^{m+1}(\coth\lambda)^{n+1}\\
&\quad\times\left(-\frac{\partial}{\partial(\coth\sigma)}\right)^m\left(-\frac{\partial}{\partial(\coth\lambda)}\right)^n\frac{1}{\coth\sigma\coth\lambda-1}\bigg|_{\sigma\to\lambda}\\
&=\operatorname{sech}^2\lambda(\coth\sigma)^{m+1}(\coth\lambda)^{n+1}\\
&\quad\times\left(-\frac{\partial}{\partial(\coth\sigma)}\right)^m\frac{(\coth\sigma)^n n!}{(\coth\sigma\coth\lambda-1)^{n+1}}\bigg|_{\sigma\to\lambda}
\end{aligned}
\tag{9.70}
$$

令 $y=\coth\lambda\coth\sigma$，上式改写为

$$
\langle\lambda,n,m\mid\lambda,n,m\rangle=\operatorname{sech}^2\lambda y^{m+1}\left(-\frac{\mathrm{d}}{\mathrm{d}y}\right)^m\frac{y^n n!}{(y-1)^{n+1}}\bigg|_{y\to\coth^2\lambda}
\tag{9.71}
$$

另一方面，我们也可以从以下途径计算 $|\lambda,n,m\rangle$ 态的内积. 利用双模压缩算符 S_2 的性质

$$
S_2^\dagger a_1S_2=a_1\cosh\lambda+a_2^\dagger\sinh\lambda
$$
$$
S_2^\dagger a_2S_2=a_2\cosh\lambda+a_1^\dagger\sinh\lambda
$$

可得

$$
\begin{aligned}
\mid\lambda,n,m\rangle&=S_2S_2^\dagger a_1^{\dagger n}a_2^{\dagger m}S_2\mid 00\rangle\\
&=S_2\sum_{s=0}^{\infty}n!\frac{(a_1^\dagger\cosh\lambda)^{n-s}(a_2\sinh\lambda)^s}{s!(n-s)!}(a_2^\dagger\cosh\lambda)^m\mid 00\rangle
\end{aligned}
\tag{9.72}
$$

由此给出

$$
\langle\lambda,n,m\mid\lambda,n,m\rangle=(m!n!)^2(\cosh^2\lambda)^{n+m}\sum_{s=0}^{n}\frac{(\tanh\lambda)^{2s}}{(m-s)!(n-s)!(s!)^2}
\tag{9.73}
$$

利用雅可比多项式的标准定义式

$$
\mathrm{P}_n^{(\alpha,\beta)}(x)=\left(\frac{x-1}{2}\right)^n\sum_{s=0}^{n}\binom{n+\alpha}{s}\binom{n+\beta}{n-s}\left(\frac{x+1}{x-1}\right)^s
\tag{9.74}
$$

我们有

$$
\mathrm{P}_n^{(m-n,0)}(-\cosh2\lambda)=(-\cosh^2\lambda)^n\sum_{s}\frac{m!n!}{(s!)^2(m-s)!(n-s)!}(\tanh\lambda)^{2s}
\tag{9.75}
$$

比较式(9.73)和(9.75),得到

$$\langle \lambda, n, m \mid \lambda, n, m \rangle = n!m!(\cosh^2\lambda)^m \mathrm{P}_n^{(0,m-n)}(\cosh 2\lambda)$$
$$= n!m!(\cosh^2\lambda)^n \mathrm{P}_m^{(0,n-m)}(\cosh 2\lambda) \tag{9.76}$$

其中用了性质

$$\mathrm{P}_n^{(\alpha,\beta)}(-x) = (-1)^n \mathrm{P}_n^{(\beta,\alpha)}(x) \tag{9.77}$$

再比较式(9.71)和(9.76)得到关于一类雅可比多项式的新关系

$$\mathrm{P}_m^{(0,n-m)}(\cosh 2\lambda) = \frac{1}{m!} y^m \frac{(y-1)^{n+1}}{y^n}\left(-\frac{\mathrm{d}}{\mathrm{d}y}\right)^m \frac{y^n}{(y-1)^{n+1}}\bigg|_{y\to\coth^2\lambda} \tag{9.78}$$

可以进一步验证上式的正确性,用超几何级数定义

$$\mathrm{F}(\alpha,\beta,\gamma;z) = \sum_k \frac{(\alpha)_k(\beta)_k}{(\gamma)_k}\frac{z^k}{k!} \tag{9.79}$$

其中

$$(\alpha)_k \equiv \alpha(\alpha+1)\cdots(\alpha+k-1) = \frac{\Gamma(\alpha+k)}{\Gamma(\alpha)} \tag{9.80}$$

直接微商得

$$\left(\frac{\mathrm{d}}{\mathrm{d}y}\right)^m \frac{y^n}{(y-1)^{n+1}} = \sum_k \binom{m}{k}\left[\left(\frac{\mathrm{d}}{\mathrm{d}y}\right)^k y^n\right]\left(\frac{\mathrm{d}}{\mathrm{d}y}\right)^{m-k}(y-1)^{-(n+1)}$$
$$= \frac{(m+n)!}{n!}(-1)^m y^n (y-1)^{-(n+m+1)}$$
$$\times \sum_k \frac{(-m)_k(-n)_k}{(-m-n)_k k!}\left(\frac{y-1}{y}\right)^k$$
$$= (-1)^m \frac{(m+n)!}{n!} y^n (y-1)^{-(n+m+1)}$$
$$\times \mathrm{F}\left(-m,-n;-(m+n);\frac{y-1}{y}\right) \tag{9.81}$$

用文献[119]中关于雅可比多项式的公式

$$\mathrm{P}_m^{(0,n-m)}(z) = \frac{(n+m)!}{m!n!}\left(\frac{z+1}{2}\right)^m \mathrm{F}\left(-m,-n;-(m+n);-\frac{2}{1+z}\right) \tag{9.82}$$

我们可把下式视为同一

$$\left(\frac{\mathrm{d}}{\mathrm{d}y}\right)^m \frac{y^n}{(y-1)^{n+1}} = (-1)^m m! y^{n-m}\frac{1}{(y-1)^{n+1}}\mathrm{P}_m^{(0,n-m)}\left(\frac{y+1}{y-1}\right) \tag{9.83}$$

于是验证了式(9.78)的正确性.

9.7 双模厄米多项式态

通常讨论压缩性质是针对光场的两个模振幅，这两个振幅是线性的正交分量，即 $\hat{x}_1=\frac{1}{2}(a+a^\dagger)$，$\hat{x}_2=\frac{i}{2}(a^\dagger-a)$. 这种压缩称为正常压缩. 也有人把压缩的概念推广到振幅平方压缩的情况，相应的光场的两个正交分量取为

$$\hat{y}_1=\frac{1}{2}(a^2+a^{\dagger 2}),\quad \hat{y}_2=\frac{i}{2}(a^{\dagger 2}-a^2) \tag{9.84}$$

其中易子为 $[\hat{y}_1,\hat{y}_2]=i(2N+1)$，$N=\alpha^\dagger\alpha$，这导致不确定关系：$\Delta\hat{y}_1\Delta\hat{y}_2\geqslant\left\langle N+\frac{1}{2}\right\rangle$，文献[120]讨论了使这不确定关系取极小值的态. 一个态被称为是在 y_1 方向上是振幅平方压缩态，只要 $(\Delta\hat{y}_1)^2<\left\langle N+\frac{1}{2}\right\rangle$. 在实验探测方面，涨落量 $(\Delta\hat{y}_1)^2$ 等的测量可借助于某种非线性光学过程（如二次谐波产生）把它们转化为线性振幅压缩量来进行. 本节我们提出和频压缩的概念，这种压缩把下式

$$\hat{z}_1=\frac{1}{2}(a_1^\dagger a_2^\dagger+a_1a_2),\quad \hat{z}_2=\frac{i}{2}(a_1^\dagger a_2^\dagger-a_1a_2) \tag{9.85}$$

看做正交分量，由

$$[\hat{z}_1,\hat{z}_2]=\frac{i}{2}(a_1^\dagger a_1+a_2^\dagger a_2+1) \tag{9.86}$$

可知，相应的不确定关系是

$$\Delta\hat{z}_1\Delta\hat{z}_2\geqslant\frac{1}{4}\langle(N_1+N_2+1)\rangle \tag{9.87}$$

当 $(\Delta\hat{z}_1)^2<\frac{1}{4}\langle(N_1+N_2+1)\rangle$ 对某个态成立，则称此态为和频压缩态. 和频这个名词来源于非线性光学和频（Sun-Frequency）产生过程. 例如，在一个二阶非线性磁化率介质中注入频率为 ω_1 与 ω_2 的两个光场，则出射光场可以有 $\omega_1+\omega_2$ 的和频产生.

现在寻找使和频压缩的不确定关系取极小的态[121]. 根据量子力学求极小不确定态的方程，需要求解：

$$(\hat{z}_1+i\lambda\hat{z}_2)\mid\psi\rangle_\lambda=\beta\mid\psi\rangle_\lambda \tag{9.88}$$

这里 β 复数，λ 是正数. 引入态

$$|\psi'\rangle = S^{-1}(\xi)|\psi\rangle_\lambda \tag{9.89}$$

其中 $S(\xi)=\exp(\xi a_1^\dagger a_2^\dagger-\xi^* a_1a_2)$；$\xi=re^{i\theta}$，是双模压缩算符，代入式(9.88)可得 $|\psi'\rangle$所满足的方程

$$\begin{aligned}&\left\{\frac{1}{2}\sinh 2r\left[\frac{1}{2}(1-\lambda)e^{-i\theta}+\frac{1}{2}(1+\lambda)e^{i\theta}\right](a_1^\dagger a_1+a_2^\dagger a_2+1)\right.\\&+\left[\frac{1}{2}(1-\lambda)\cosh^2 r+\frac{1}{2}(1+\lambda)e^{2i\theta}\sinh^2 r\right]a_1^\dagger a_2^\dagger\\&\left.+\left[\frac{1}{2}(1+\lambda)\cosh^2 r+\frac{1}{2}(1-\lambda)e^{-2i\theta}\sinh^2 r\right]a_1a_2\right\}|\psi'\rangle\\&=\beta|\psi'\rangle\end{aligned}$$

让 $\tanh^2 r=e^{-2i\theta}(\lambda-1)/(\lambda+1)$，以使上式左边 $a_1^\dagger a_2^\dagger$ 项的系数为零；并当 $\lambda\geqslant 1$ 时，取 $\theta=0$；当 $0<\lambda<1$ 时，取 $\theta=\frac{\pi}{2}$，从而固定参数 r. 我们得到

$$\cosh r=\left(\frac{1+\lambda}{2\lambda}\right)^{1/2},\quad \sinh r=\left(\frac{1-\lambda}{2\lambda}\right)^{1/2},\quad 0<\lambda<1 \tag{9.91}$$

$$\cosh r=\left(\frac{1+\lambda}{2}\right)^{1/2},\quad \sinh r=\left(\frac{\lambda-1}{2}\right)^{1/2},\quad \lambda\geqslant 1 \tag{9.92}$$

则方程(9.90)分别导致

$$\left[\frac{i}{2}(1-\lambda^2)^{1/2}(a_1^\dagger a_1+a_2^\dagger a_2+1)+a_1a_2\right]|\psi'\rangle=\beta|\psi'\rangle,0<\lambda<1 \tag{9.93}$$

$$\left[\lambda a_1a_2+\frac{1}{2}(\lambda^2-1)^{1/2}(a_1^\dagger a_1+a_2^\dagger a_2+1)\right]|\psi'\rangle=\beta|\psi'\rangle,\lambda\geqslant 1 \tag{9.94}$$

把 $|\psi'\rangle$ 用双模 Fock 空间中的基矢 $|n,m\rangle$ 展开

$$|\psi'\rangle=\sum_{n,m=0}^{\infty}C_{n,m}|n,m\rangle \tag{9.95}$$

然后代入方程(9.93)和(9.94)，分别得到递推关系

$$C_{n+1,m+1}=\frac{2\beta-i\sqrt{1-\lambda^2}(n+m+1)}{2[(n+1)(m+1)]^{1/2}}C_{n,m},\quad 0<\lambda<1 \tag{9.96}$$

$$C_{n+1,m+1}=\frac{2\beta-\sqrt{\lambda^2-1}(n+m+1)}{2\lambda[(n+1)(m+1)]^{1/2}}C_{n,m},\quad \lambda\geqslant 1 \tag{9.97}$$

现在，我们局限取某些特殊值的 β 以使级数 $C_{n,m}$ 中断，在 $0<\lambda<1$ 时，令 $\beta=\frac{i}{2}\sqrt{1-\lambda^2}(M+1)$，这里 M 是个非负整数，由式(9.96)看出，$|\psi'\rangle$ 有从 $C_{0,k}|0,k\rangle$

态出发的多项式解

$$\begin{aligned}|\psi_1'(k,M,\lambda)\rangle &= \sum_{l=0}^{h} C_{l,l+k}\,|\,l,l+k\rangle \\ &= C_{0,k}\sqrt{k!}\sum_{l=0}^{h}\frac{t^l h!\,a_1^{\dagger l}a_2^{\dagger l+k}}{l!(l+k)!(h-l)!}\,|\,0,0\rangle \end{aligned} \tag{9.98}$$

其中

$$h = \frac{1}{2}(M-k), \quad t = \mathrm{i}\sqrt{1-\lambda^2} \tag{9.99}$$

(注意,从 $C_{k,0}\,|\,k,0\rangle$ 出发的多项式解是 $|\,\psi_2'(k,M,\lambda)\rangle = \sum_{l=0}^{h} C_{l+k,l}\,|\,l+k,l\rangle$).

引入一对新的参数 p 和 q,使满足

$$p+q = M, \quad \max(p,q)-\min(p,q) = k \tag{9.100}$$

则就能将 $|\,\psi_1'\rangle$ 和 $|\,\psi_2'\rangle$ 统一写成

$$\begin{aligned}&|\,\psi'(p,q,\lambda)\rangle \\ &= C'\frac{\sqrt{|\,p-q\,|!}}{\{\max(p,q)\}!}\sum_{\nu=0}^{\min(p,q)}\frac{t^{\min(p,q)-\nu}q!p!}{\nu!(p-\nu)!(q-\nu)!}a_1^{\dagger p-\nu}a_2^{\dagger q-\nu}\,|\,00\rangle\end{aligned} \tag{9.101}$$

其中 $C' = C_{k,0}\,(p>q)$ 或 $C' = C_{0,k}\,(p\leqslant q)$.

对照双模厄米多项式的定义式

$$\mathrm{H}_{p,q}(x,y) = \sum_{k=0}^{\min(p,q)}(-1)^k\frac{p!q!}{k!(p-k)!(q-k)!}x^{p-k}y^{q-k} \tag{9.102}$$

我们得到

$$|\,\psi'(p,q,\lambda)\rangle = C_{p,q}(\lambda)\mathrm{H}_{p,q}(\mu a_1^\dagger,\mu a_2^\dagger)\,|\,00\rangle \tag{9.103}$$

其中

$$\left.\begin{aligned}C_{p,q}(\lambda) &= C'\frac{\sqrt{|\,p-q\,|!}}{[\max(p,q)]!}(-1)^{\min(p,q)}\mu^{|p-q|} \\ \mu^2 &= -t = -\mathrm{i}\sqrt{1-\lambda^2}\end{aligned}\right. \tag{9.104}$$

在 $\lambda>1$ 的情况,我们选 $\beta = \frac{1}{2}\sqrt{\lambda^2-1}(M+1)$,采用与推导式(9.103)类似的步骤,可导出

$$\left.\begin{aligned}|\,\psi'(p,q,\lambda)\rangle &= C_{p,q}(\lambda)\mathrm{H}_{p,q}(\mu a_1^\dagger,\mu a_2^\dagger)\,|\,00\rangle \\ \mu^2 &= -\sqrt{\lambda^2-1}/\lambda\end{aligned}\right\} \tag{9.105}$$

把式(9.103)和(9.105)结合在一起,并注意式(9.89),我们可将 $0<\lambda<1$ 和 $\lambda\geqslant 1$ 两种情形的 $|\,\psi\rangle_\lambda$ 统一写成

$$
\begin{aligned}
|\psi\rangle_\lambda &= |\psi(p,q,\lambda)\rangle \\
&= C_{p,q}(\lambda)S(\xi)\mathrm{H}_{p,q}(\mu a_1^\dagger,\mu a_2^\dagger)\,|\,0,0\rangle
\end{aligned} \tag{9.106}
$$

其中归一化因子 $C_{p,q}(\lambda)$可借助双变数厄米多项式的生成函数来计算,即利用

$$
\exp[-tt'+t\lambda+t'\lambda^*]=\sum_{m,n=0}^{\infty}\frac{t^m t'^n}{m!n!}\mathrm{H}_{mn}(\lambda,\lambda^*) \tag{9.107}
$$

或
$$
\mathrm{H}_{mn}(\lambda,\lambda^*)=\frac{\partial^{n+m}}{\partial t^m\partial t'^n}\exp[-tt'+t\lambda+t'\lambda^*]\big|_{t'=t=0}
$$

可以求出:

$$
C_{p,q}(\lambda)=\left[\sum_{l=0}^{\min(p,q)}\binom{p}{l}\binom{q}{l}p!q!\,|\,\mu\,|^{2(p+q-2l)}\right]^{-1/2} \tag{9.108}
$$

我们还可以直接用双变数厄米多项式的以下性质来验证极小不确定态方程(9.88)的解是式(9.106),由

$$
\frac{\partial}{\partial\lambda}\mathrm{H}_{m,n}(\lambda,\lambda^*)=m\mathrm{H}_{m-1,n}(\lambda,\lambda^*)
$$

$$
\frac{\partial}{\partial\lambda^*}\mathrm{H}_{m,n}(\lambda,\lambda^*)=n\mathrm{H}_{m,n-1}(\lambda,\lambda^*)
$$

$$
\left.\begin{aligned}
&\frac{\partial^2}{\partial\lambda\partial\lambda^*}\mathrm{H}_{m,n}(\lambda,\lambda^*)-\lambda^*\frac{\partial}{\partial\lambda^*}\mathrm{H}_{m,n}(\lambda,\lambda^*)+n\mathrm{H}_{m,n}(\lambda,\lambda^*)=0\\
&\frac{\partial^2}{\partial\lambda\partial\lambda^*}\mathrm{H}_{m,n}(\lambda,\lambda^*)-\lambda\frac{\partial}{\partial\lambda}\mathrm{H}_{m,n}(\lambda,\lambda^*)+m\mathrm{H}_{m,n}(\lambda,\lambda^*)=0
\end{aligned}\right\} \tag{9.109}
$$

可以证明 $\mathrm{H}_{m,n}(\mu a_1^\dagger,\mu a_2^\dagger)|00\rangle$满足以下递推关系

$$
\begin{aligned}
a_1\mathrm{H}_{m,n}(\mu_1 a_1^\dagger,\mu a_2^\dagger)\,|\,00\rangle &= [a_1,\mathrm{H}_{mn}(\mu a_1^\dagger,\mu a_2^\dagger)]\,|\,00\rangle\\
&=\frac{\partial}{\partial a_1^\dagger}\mathrm{H}_{mn}(\mu a_1^\dagger,\mu a_2^\dagger)\,|\,00\rangle\\
&=\mu m\mathrm{H}_{m-1,n}(\mu a_1^\dagger,\mu a_2^\dagger)\,|\,00\rangle
\end{aligned} \tag{9.110}
$$

类似地有

$$
a_2\mathrm{H}_{mn}(\mu a_1^\dagger,\mu a_2^\dagger)\,|\,00\rangle=\frac{\partial}{\partial a_2^\dagger}\mathrm{H}_{m,n}(\mu a_1^\dagger,\mu a_2^\dagger)\,|\,00\rangle \tag{9.111}
$$

随之有

$$
a_1a_2\mathrm{H}_{mn}(\mu a_1^\dagger,\mu a_2^\dagger)\,|\,00\rangle=\frac{\partial^2}{\partial a_1^\dagger\partial a_2^\dagger}\mathrm{H}_{m,n}(\mu a_1^\dagger,\mu a_2^\dagger)\,|\,00\rangle \tag{9.112}
$$

由方程(9.110)～(9.112),我们可导出

$$
\left(a_1^\dagger\frac{\partial}{\partial a_1^\dagger}+a_2^\dagger\frac{\partial}{\partial a_2^\dagger}\right)\mathrm{H}_{m,n}(\mu a_1^\dagger,\mu a_2^\dagger)\,|\,00\rangle
$$

$$= \left[2\frac{\partial^2}{\partial(\mu a_1^\dagger)\partial(\mu a_2^\dagger)} + m + n\right]\mathrm{H}_{mn}(\mu a_1^\dagger,\mu a_2^\dagger)\mid 00\rangle$$

$$= \left[\frac{2a_1 a_2}{\mu^2} + m + n\right]\mathrm{H}_{m,n}(\mu a_1^\dagger,\mu a_2^\dagger)\mid 00\rangle \tag{9.113}$$

或等价地有

$$\left[\frac{\mu^2(a_1^\dagger a_1 + a_2^\dagger a_2 + 1)}{2} - a_1 a_2\right]\mathrm{H}_{m,n}(\mu a_1^\dagger,\mu a_2^\dagger)\mid 00\rangle$$

$$= \frac{1}{2}\mu^2(m+n+1)\mathrm{H}_{m,n}(\mu a_1^\dagger,\mu a_2^\dagger)\mid 00\rangle \tag{9.114}$$

此方程两边作用双模压缩算符 $S(r)=\exp[r(a_1^\dagger a_2^\dagger - a_1 a_2)]$ 得到

$$\left[\frac{1}{2}(a_1^\dagger a_1 + a_2^\dagger a_2)(\mu^2\cosh 2r + \sinh 2r) + a_1 a_2\left(-\frac{\mu^2}{2}\sinh 2r - \cosh^2 r\right)\right.$$

$$\left. + a_1^\dagger a_2^\dagger\left(-\frac{\mu^2}{2}\sinh 2r - \sinh^2 r\right) + \frac{1}{2}(\mu^2\cosh 2r + \sinh 2r)\right]$$

$$\times S(r)\mathrm{H}_{m,n}(\mu a_1^\dagger,\mu a_2^\dagger)\mid 00\rangle$$

$$= \frac{\mu^2}{2}(m+n+1)S(r)\mathrm{H}_{m,n}(\mu a_1^\dagger,\mu a_2^\dagger)\mid 00\rangle \tag{9.115}$$

选择 $\mu^2 = -\tanh 2r$，并让 $\tanh r = \left(\frac{f-1}{f+1}\right)^{1/2}$，$f>1$，我们可以简化上式为

$$\left(\frac{f-1}{2f}a_1^\dagger a_2^\dagger - \frac{f+1}{2f}a_1 a_2\right)S(r)\mathrm{H}_{m,n}(\mu a_1^\dagger,\mu a_2^\dagger)\mid 00\rangle$$

$$= -\frac{\sqrt{f^2-1}}{2f}(m+n+1)S(r)\mathrm{H}_{m,n}(\mu a_1^\dagger,\mu a_2^\dagger)\mid 00\rangle \tag{9.116}$$

用式(9.85)就可把上式改写为

$$(\hat{z}_1 + \mathrm{i}f\hat{z}_2)S(r)\mathrm{H}_{m,n}(\mu a_1^\dagger,\mu a_2^\dagger)\mid 00\rangle$$

$$= \frac{\sqrt{f^2-1}}{2}(m+n+1)S(r)\mathrm{H}_{m,n}(\mu a_1^\dagger,\mu a_2^\dagger)\mid 00\rangle \tag{9.117}$$

与方程(9.88)比较可见，$S(r)\mathrm{H}_{m,n}(\mu a_1^\dagger,\mu a_2^\dagger)\mid 00\rangle$ 确实是使 $\Delta\hat{z}_1\Delta\hat{z}_2 = \left\langle\frac{1}{4}(a_1^\dagger a_1 + a_2^\dagger a_2 + 1)\right\rangle$ 成立的极小不确定态.

本节结束前，我们讨论一下和频压缩和振幅平方压缩的关系.以上述使和频压缩的不确定关系取极小的态为例，我们把式(9.103)所描述的双模厄米多项式以下面的方式线性叠加

$$\mid \psi''\rangle \equiv \sum_{p+q=M}\frac{M!}{p!q!}\frac{1}{C_{p,q}(\lambda)}\mid \psi'(p,q,\lambda)\rangle$$

用公式

$$\sum_{p+q=M}\frac{M!}{p!q!}\mathrm{H}_{p,q}(x,x)=\mathrm{H}_M(x)$$

可得$|\psi''\rangle$的简并极限

$$|\psi''\rangle=\sum_{p+q=M}\frac{M!}{p!q!}\mathrm{H}_{p,q}(\mu a_1^\dagger,\mu a_2^\dagger)|00\rangle \underset{a_1^\dagger\to a^\dagger,a_2^\dagger\to a^\dagger}{\Rightarrow} \mathrm{H}_M(\mu a^\dagger)|0\rangle$$

它就是使振幅平方压缩取极小值的单模厄米多项式态[120].在这一意义上,可以说振幅平方压缩是和频压缩的简并极限.

9.8　单模 Fock 空间中的拉盖尔多项式态[122]

本节要提出与场的强度有关的压缩的概念.注意到 $R=\sqrt{N+1}\,a$、$R^\dagger=a^\dagger\sqrt{N+1}$和 $N+\frac{1}{2}$,($N=a^\dagger a$),也遵守封闭的SU(1,1)代数[123],即

$$\left.\begin{aligned}&[R^\dagger,R]=-2\left(N+\frac{1}{2}\right)\\&\left[R,N+\frac{1}{2}\right]=R\\&\left[R^\dagger,N+\frac{1}{2}\right]=-R^\dagger\end{aligned}\right\}\tag{9.118}$$

它们是SU(1,1)的一种非线性玻色子实现.鉴于此,我们可以引入新的算符作为场的正交分量,即

$$\hat{W}_1=\frac{1}{2}(R+R^\dagger),\quad \hat{W}_2=\frac{\mathrm{i}}{2}(R^\dagger-R)\tag{9.119}$$

$\hat{W}_1$ 与 $\hat{W}_2$ 的对易子为

$$[\hat{W}_1,\hat{W}_2]=\mathrm{i}\hat{W}_3,\quad \hat{W}_3=N+\frac{1}{2}\tag{9.120}$$

由不确定原理得到不等式

$$\Delta\hat{W}_1\Delta\hat{W}_2\geqslant\frac{1}{2}\langle W_3\rangle\tag{9.121}$$

由于$\sqrt{N+1}\,a$ 是场强有关的量,所以我们如果有不等式$(\Delta\hat{W}_1)^2<\frac{1}{2}\langle\Delta\hat{W}_3\rangle$成立,

则说相应的态在 W_1 方向上是场强有关的压缩态.

以下我们要寻找使不确定关系式(9.121)取极小值的态.根据量子力学关于不确定态的性质,它应该满足方程

$$(\hat{W}_1 + \mathrm{i}\hat{W}_2\lambda) \mid \psi\rangle_\lambda = \beta \mid \psi\rangle_\lambda \tag{9.122}$$

其中 $\lambda>0$,β 为复数.引入

$$\mid \psi'\rangle = S^{-1}(\xi) \mid \psi\rangle_\lambda \tag{9.123}$$

其中

$$S(\xi) = \exp(\xi R^\dagger - \xi^* R).$$

我们可以导出$|\psi'\rangle$所应满足的方程

$$\begin{aligned}&\Big\{\frac{1}{2}\sinh 2r[(1-\lambda)\mathrm{e}^{-\mathrm{i}\theta} + (1+\lambda)\mathrm{e}^{\mathrm{i}\theta}](2N+1)\\&\quad + [(1-\lambda)\cosh^2 r + (1+\lambda)\mathrm{e}^{2\mathrm{i}\theta}\sinh^2 r]\\&\quad \times a^\dagger\sqrt{N+1} + [(1+\lambda)\cosh^2 r\\&\quad + (1-\lambda)\mathrm{e}^{-2\mathrm{i}\theta}\sinh^2 r]\sqrt{N+1}a\Big\} \mid \psi'\rangle\\&= 2\beta \mid \psi'\rangle\end{aligned} \tag{9.124}$$

推导上式时我们用了

$$\left.\begin{aligned}S^{-1}(\xi)RS(\xi) &= R\cosh^2 r + R^\dagger\sinh^2 r\mathrm{e}^{2\mathrm{i}\theta}\\&\quad + (2N+1)\frac{1}{2}\mathrm{e}^{\mathrm{i}\theta}\sinh 2r\\S^{-1}(\xi)(2N+1)S(\xi) &= (2N+1)\cosh 2r\\&\quad + (\mathrm{e}^{\mathrm{i}\theta}R^\dagger + \mathrm{e}^{-\mathrm{i}\theta}R)\sinh 2r\end{aligned}\right\} \tag{9.125}$$

令 $\tanh^2 r = \dfrac{\lambda-1}{\lambda+1}\mathrm{e}^{-2\mathrm{i}\theta}$,则就可消除式(9.124)中比例于 $R^\dagger$ 的项,再对 $\lambda\geqslant1$ 时选 $\theta=0$,而对 $0<\lambda<1$ 时选 $\theta=\pi/2$ 以固定参数 r,我们得到

$$\cosh r = \left(\frac{1+\lambda}{2\lambda}\right)^{1/2},\quad \sinh r = \left(\frac{1-\lambda}{2\lambda}\right)^{1/2},\quad 0<\lambda<1 \tag{9.126}$$

$$\cosh r = \left(\frac{1+\lambda}{2}\right)^{1/2},\quad \sinh r = \left(\frac{\lambda-1}{2}\right)^{1/2},\quad \lambda\geqslant1 \tag{9.127}$$

于是,式(9.124)约简为

$$\begin{aligned}&\left[\frac{1}{2}\sqrt{\lambda^2-1}(2N+1) + \lambda R\right] \mid \psi'\rangle\\&= (\sqrt{\lambda^2-1}W_3 + \lambda R) \mid \psi'\rangle = \beta \mid \psi'\rangle,\qquad \lambda\geqslant1\end{aligned} \tag{9.128}$$

$$\left[\frac{\mathrm{i}}{2}\sqrt{1-\lambda^2}(2N+1) + R\right] \mid \psi'\rangle = \beta \mid \psi'\rangle,\qquad 0<\lambda<1 \tag{9.129}$$

将$|\psi'\rangle$用粒子数态$|n\rangle=\frac{a^{\dagger n}}{\sqrt{n!}}|0\rangle$展开,$|\psi'\rangle=\sum_{n=0}^{\infty}C_n|n\rangle$分别代入式(9.128)和(9.129),得到有关C_n的递推关系

$$C_{n+1}=\frac{2\beta-\sqrt{\lambda^2-1}(2n+1)}{2\lambda(n+1)}C_n,\quad \lambda\geqslant 1 \tag{9.130}$$

$$C_{n+1}=\frac{2\beta-\mathrm{i}\sqrt{1-\lambda^2}(2n+1)}{2(n+1)}C_n,\quad 0<\lambda<1 \tag{9.131}$$

由于

$$\lim_{n\to\infty}\left|\frac{C_{n+1}}{C_n}\right|^2=1-\lambda^{-2}<1,\quad \lambda>1$$

$$\lim_{n\to\infty}\left|\frac{C_{n+1}}{C_n}\right|^2=1-\lambda^2<1,\quad 0<\lambda<1$$

故知$\langle\psi'|\psi'\rangle=\sum_{n=0}^{\infty}|C_n|^2$收敛,$|\psi'\rangle$可归一化.

现在我们重点选这样的β值可使得式(9.130)和(9.131)的级数在某处中断.在$0<\lambda<1$的情形,取$\beta=\frac{\mathrm{i}}{2}\sqrt{1-\lambda^2}(2M+1)$,其中$M$是非负整数,则式(9.131)给出

$$C_n=y^n\binom{M}{n}C_0,\quad y=\mathrm{i}\sqrt{1-\lambda^2},\quad C_0\text{ 是归一化常数}$$

$$|\psi'\rangle_M=C_0\sum_{n=0}^{M}y^n\binom{M}{n}|n\rangle \tag{9.132}$$

若把$|n\rangle$重新表示为

$$|n\rangle=\frac{(a^{\dagger}\sqrt{N+1})^n}{n!}|0\rangle=\frac{R^{\dagger n}}{n!}|0\rangle \tag{9.133}$$

则用拉盖尔多项式的定义式

$$\mathrm{L}_M(x)=\sum_{n=0}^{M}(-1)^n\binom{M}{M-n}\frac{x^n}{n!} \tag{9.134}$$

可将式(9.132)表达为

$$|\psi'\rangle_M=C_0\mathrm{L}_M(-yR^{\dagger})|0\rangle \tag{9.135}$$

所以,我们称之为拉盖尔多项式态.另一方面,对$\lambda>1$的情形,取$y=\sqrt{\lambda^2-1}/\lambda$,$\beta=\frac{1}{2}\sqrt{\lambda^2-1}(2M+1)$,则也可将$|\psi'\rangle_M$写为式(9.135)的形式(作为练习).

利用拉盖尔多项式的性质

$$x\frac{\mathrm{d}}{\mathrm{d}x}\mathrm{L}_M(x) = M[\mathrm{L}_M(x) - \mathrm{L}_{M-1}(x)] \tag{9.136}$$

我们可以验证 $C_0\mathrm{L}_M(-yR^\dagger)|0\rangle$的确是方程(9.128)的解.事实上,由式(9.118)知

$$[W_3,(R^\dagger)^k] = k(R^\dagger)^k \tag{9.137}$$

$$\begin{aligned}[W_3,\mathrm{L}_M(-yR^\dagger)] &= z\frac{\mathrm{d}}{\mathrm{d}z}\mathrm{L}_M(z)\,|_{z=-yR^\dagger} \\ &= [\mathrm{L}_M(-yR^\dagger) - \mathrm{L}_{M-1}(-yR^\dagger)]M\end{aligned} \tag{9.138}$$

此外有

$$[R,(R^\dagger)^k] = (R^\dagger)^{k-1}[2W_3 + k - 1]k \tag{9.139}$$

$$\begin{aligned}R\mathrm{L}_M(-yR^\dagger)\mid 0\rangle &= [R,\mathrm{L}_M(-yR^\dagger)]\mid 0\rangle \\ &= \sum_{l=0}^{M}\frac{M!}{(l!)^2(M-l)!}[R,(yR^\dagger)^l]\mid 0\rangle \\ &= yM\mathrm{L}_{M-1}(-yR^\dagger)\mid 0\rangle\end{aligned} \tag{9.140}$$

所以,由式(9.135)、(9.138)和(9.140)可导出$|\psi'\rangle_M$满足方程

$$(R + W_3 y)\mid\psi'\rangle_M = y\left(M + \frac{1}{2}\right)\mid\psi'\rangle_M \tag{9.141}$$

于是

$$\begin{aligned}\mid\psi\rangle_{\lambda,M} &= S(\xi)\mid\psi'\rangle_M \\ &= C_0\mathrm{L}_M\Big\{-y\Big[R\sinh^2 r\mathrm{e}^{-2\mathrm{i}\theta} + R^\dagger\cosh^2 r \\ &\quad - (2N+1)\mathrm{e}^{-\mathrm{i}\theta}\frac{1}{2}\sinh 2r\Big]\Big\}S(\xi)\mid 0\rangle\end{aligned} \tag{9.142}$$

验证完毕.

现在,我们分析怎样测量与场强有关的压缩效应.设法将对它的测量转化为通常的线性压缩行为的测量.引入代表非线性光学参量过程的哈密顿量

$$\left.\begin{aligned}H &= \omega W_3 + \omega b^\dagger b + g(R^\dagger b + b^\dagger R) \equiv H_0 + H' \\ H' &= g(R^\dagger b + b^\dagger R)\end{aligned}\right\} \tag{9.143}$$

其中 g 是两个模之间的耦合常数.算符 b 的时间演化在小时间范围内为(注意$[H_0,H']=0$)

$$\left.\begin{aligned}b^\dagger(t) &= \mathrm{e}^{\mathrm{i}\omega t}(\mathrm{e}^{\mathrm{i}H't}b^\dagger\mathrm{e}^{-\mathrm{i}H't}) \approx \mathrm{e}^{\mathrm{i}\omega t}(b^\dagger + \mathrm{i}\tau R^\dagger - \tau^2 W_3 b^\dagger) \\ b^\dagger &= b(0),\quad \tau = gt\end{aligned}\right\} \tag{9.144}$$

引入慢变算符 $B^\dagger(t) = \mathrm{e}^{-\mathrm{i}\omega t}b^\dagger(t)$及

$$\hat{x}_1'(t) = \frac{1}{2}[B^\dagger(t) + B(t)],\quad \hat{x}_2'(t) = \frac{\mathrm{i}}{2}[B^\dagger(t) - B(t)]$$

并设 b 模场起初处于相干态$|z\rangle$,则可计算$\langle\sim,z|\hat{x}_1'(t)|\sim,z\rangle$. 其中$|\sim\rangle$表示与 a 模场有关的态. 用式(9.144)得到

$$\langle\sim,z\mid\hat{x}_1'(t)\mid\sim,z\rangle=\frac{1}{2}\{z+z^*+\langle 2\tau\hat{W}_2\rangle-\tau^2(z+z^*)\langle\hat{W}_3\rangle\}$$

这里$\langle\hat{W}_2\rangle$、$\langle\hat{W}_3\rangle$是指对 a 模场的平均. 类似地计算

$$\langle\sim,z\mid\hat{x}_1'^2(t)\mid\sim,z\rangle$$

后,可导出在短时间间隔内

$$(\Delta\hat{x}_1'(t))^2\approx\frac{1}{4}+\tau^2\left[(\Delta\hat{W}_2(0)^2-\frac{1}{2}\langle\hat{W}_3(0)\rangle)\right]$$

$$\hat{W}_i(0)=\hat{W}_i,\quad i=1,2,3$$

同样可算出

$$(\Delta\hat{x}_1'(t))^2\approx\frac{1}{4}+\tau^2\left[(\Delta\hat{W}_1(0)^2-\frac{1}{2}\langle\hat{W}_3(0)\rangle)\right]$$

这就表明如果 a 模起初是在 W_2 方向上为场强有关压缩的,那么 b 模在经历 t 时刻后将变成x_1'方向上通常压缩的,于是两种不同性质的压缩可以相互转换.

以上几节引入的光场态有一个共同的特别,即它们与常见的特殊函数(勒让德多项式、厄米多项式、雅可比多项式、拉盖尔多项式)有密切关系,所经我们可以充分利用特殊函数的性质去研究这些态的各种特性.

第 10 章　用 IWOP 技术发展量子力学的变换理论

狄拉克在他的《量子力学原理》一书的第一版序言中指出:"变换理论的采用日益广泛,是理论物理学新方法的精华."在该书中他又指出:"对于有经典类比的量子的力学系统,在量子力学中的幺正变换是经典力学中的切变换的类比."本章旨在阐明用 IWOP 技术可以搭起一座由经典正则变换找出希尔伯特空间中量子幺正变换算符的"桥梁".这种新途径具有物理上要求明确、数学上简洁优美的特征.

10.1　坐标↔动量幺正变换的宇称变换

用 IWOP 技术可以直接给出 $P\leftrightarrow Q$ 之间的幺正变换.只需用坐标本征态式(2.18)和动量本征态式(2.21)构造以下的积分并用 IWOP 技术

$$\int_{-\infty}^{\infty}\mathrm{d}q\mid q\rangle\langle p\mid|_{p=q}=\frac{1}{\sqrt{\pi}}\int_{-\infty}^{\infty}\mathrm{d}q:\exp\left\{-q^2+\sqrt{2}(a^\dagger-\mathrm{i}a)q+\frac{a^2-a^{\dagger 2}}{2}-a^\dagger a\right\}:$$

$$=:\mathrm{e}^{-(\mathrm{i}+1)a^\dagger a}:=\exp\left(-\mathrm{i}\frac{\pi}{2}N\right)\tag{10.1}$$

其中,$N=a^\dagger a$,即 $\exp(\mathrm{i}\pi N/2)$ 的作用是把 $|q\rangle$ 变成数值相同的动量本征态(注意在这里我们取了量纲 $\hbar=m=\omega=1$,读者可思考:当明确写出 $\hbar,m$ 和 ω 时的情况)

$$\exp(\mathrm{i}\pi N/2)\mid q\rangle=\mid p\rangle\mid_{p=q},\quad \exp(\mathrm{i}\pi N/2)\mid p\rangle=\mid -q\rangle_{q=p}\tag{10.2}$$

$$\left.\begin{aligned}&\exp(\mathrm{i}\pi N/2)Q\exp(-\mathrm{i}\pi N/2)=P\\&\exp(\mathrm{i}\pi N/2)P\exp(-\mathrm{i}\pi N/2)=-Q\end{aligned}\right\}\tag{10.3}$$

再考虑如下的积分并用 IWOP 技术

$$\int_{-\infty}^{+\infty} \mathrm{d}q \mid q\rangle\langle -q \mid = \int_{-\infty}^{+\infty} \frac{\mathrm{d}q}{\sqrt{\pi}} : \exp\left[-q^2 + \sqrt{2}q(a^\dagger - a) - \frac{(a+a^\dagger)^2}{2}\right]:$$

$$= : \mathrm{e}^{-2a^\dagger a} : = \mathrm{e}^{\mathrm{i}\pi N} = (-)^N \tag{10.4}$$

此即宇称算符在希尔伯特空间中的表示.在该算符作用下

$$(-)^N \mid q\rangle = \mid -q\rangle, \quad (-)^N \mid p\rangle = \mid -p\rangle \tag{10.5}$$

$$(-)^N a(-)^N = -a, \quad (-)^N Q(-)^N = -Q$$

$$(-)^N P(-)^N = -P \tag{10.6}$$

类似地用动量表象或相干态表象可证

$$\int_{-\infty}^{+\infty} \mathrm{d}p \mid p\rangle\langle -p \mid = (-)^N, \quad \int \frac{\mathrm{d}^2 z}{\pi} \mid z\rangle\langle -z \mid = (-)^N \tag{10.7}$$

显然,宇称算符的本征态为$|n\rangle$,相应的本征值是$(-)^n$.

10.2　双模坐标正则变换所对应的量子幺正算符[128]

以第1章的式(1.2)为例,我们先求对应于经典正则变换

$$(q_1, q_2) \to (Aq_1 + Bq_2, Cq_1 + Dq_2)$$

的量子幺正算符,其中 $AD - BC = 1$, A, B, C 和 D 皆为实数.用式(2.18)和(3.1)可把式(1.2)写成

$$U \equiv \iint_{-\infty}^{\infty} \mathrm{d}q_1 \mathrm{d}q_2 \left| \begin{matrix} A & B \\ C & D \end{matrix} \begin{pmatrix} q_1 \\ q_2 \end{pmatrix} \right\rangle \left\langle \begin{pmatrix} q_1 \\ q_2 \end{pmatrix} \right|$$

$$= \pi^{-1} \iint_{-\infty}^{\infty} \mathrm{d}q_1 \mathrm{d}q_2 : \mathrm{e}^W : \tag{10.8}$$

其中

$$\begin{aligned} : \mathrm{e}^W : = : \exp\Big\{ & -\frac{1}{2}[(Aq_1 + Bq_2)^2 + (Cq_1 + Dq_2)^2] \\ & + \sqrt{2}(Aq_1 + Bq_2)a_1^\dagger + \sqrt{2}(Cq_1 + Dq_2)a_2^\dagger \\ & - \frac{1}{2}(q_1^2 + q_2^2) + \sqrt{2}(q_1 a_1 + q_2 a_2) \\ & - \frac{1}{2}(a_1 + a_1^\dagger)^2 - \frac{1}{2}(a_2 + a_2^\dagger)^2 \Big\}: \end{aligned} \tag{10.9}$$

把它代入式(10.8)并用 IWOP 技术,积分得

$$U=\frac{2}{\sqrt{L}}\exp\left\{\frac{1}{2L}\left[(A^2+B^2-C^2-D^2)(a_1^{\dagger 2}-a_2^{\dagger 2})+4(AC+BD)a_1^\dagger a_2^\dagger\right]\right\}$$
$$\times:\exp\left\{(a_1^\dagger,a_2^\dagger)(g-\mathbb{1})\begin{pmatrix}a_1\\a_2\end{pmatrix}\right\}:\exp\left\{\frac{1}{2L}\left[(B^2+D^2-A^2-C^2)\right.\right.$$
$$\left.\left.\times(a_1^2-a_2^2)-4(AB+CD)a_1a_2\right]\right\} \tag{10.10}$$

其中

$$\left.\begin{aligned}&L=A^2+B^2+C^2+D^2+2\\&g=\frac{2}{L}\begin{pmatrix}A+D&B-C\\C-B&A+D\end{pmatrix}\\&g^{-1}=\frac{1}{2}\begin{pmatrix}A+D&C-B\\B-C&A+D\end{pmatrix}\\&\det g=\frac{4}{L},\quad\mathbb{1}=\begin{pmatrix}1&0\\0&1\end{pmatrix}\end{aligned}\right\} \tag{10.11}$$

用算符恒等式式(6.62),极易证明在 U 变换下,a_1 与 a_2 按下式变换

$$\left.\begin{aligned}Ua_1U^{-1}&=\frac{1}{2}\left[(A+D)a_1+(C-B)a_2-(A-D)a_1^\dagger-(B+C)a_2^\dagger\right]\\Ua_2U^{-1}&=\frac{1}{2}\left[(B-C)a_1+(A+D)a_2-(B+C)a_1^\dagger+(A-D)a_2^\dagger\right]\end{aligned}\right\} \tag{10.12}$$

以及

$$\left.\begin{aligned}UQ_1U^{-1}&=DQ_1-BQ_2,\quad UQ_2U^{-1}=-CQ_1+AQ_2\\UP_1U^{-1}&=AP_1+CP_2,\quad UP_2U^{-1}=BP_1+DP_2\end{aligned}\right\} \tag{10.13}$$

显然从式(10.8)可见

$$U^{-1}=\iint_{-\infty}^{\infty}\mathrm{d}q_1\mathrm{d}q_2\left|\begin{pmatrix}D&-B\\-C&A\end{pmatrix}\begin{pmatrix}q_1\\q_2\end{pmatrix}\right\rangle\left\langle\begin{pmatrix}q_1\\q_2\end{pmatrix}\right| \tag{10.14}$$

仿照式(10.12),我们立即得到

$$\left.\begin{aligned}U^{-1}Q_1U&=AQ_1+BQ_2,\quad U^{-1}Q_2U=CQ_1+DQ_2\\U^{-1}P_1U&=DP_1-CP_2,\quad U^{-1}P_2U=-BP_1+AP_2\end{aligned}\right\} \tag{10.15}$$

以上讨论表明,用IWOP技术就可找到一条由经典正则变换向正规则乘积形式的量子幺正变换的捷径.把 U 的正规乘积形式作用于真空态 $|00\rangle$,得到

$$U\mid 00\rangle=\frac{2}{\sqrt{L}}\exp\left\{\frac{1}{2L}\left[(A^2+B^2-C^2-D^2)(a_1^{\dagger 2}-a_2^{\dagger 2})\right.\right.$$

$$+4(AC+BD)a_1^\dagger a_2^\dagger]\Big\}\,|00\rangle \tag{10.16}$$

为描述这个态的不确定性质,引入双模空间中的两个正交分量算符

$$x_1=\frac{1}{2}(Q_1+Q_2),\quad x_2=\frac{1}{2}(P_1+P_2),\quad [x_1,x_2]=\frac{\mathrm{i}}{2} \tag{10.17}$$

由式(10.15)不难算出均方差

$$(\Delta x_1)^2=\frac{1}{8}[(D+B)^2+(A+C)^2]$$

$$(\Delta x_2)^2=\frac{1}{8}[(D-B)^2+(A-C)^2]$$

$$\Delta x_1\Delta x_2=\frac{1}{8}[(A^2+B^2-C^2-D^2)^2+4]^{1/2} \tag{10.18}$$

10.3 生成 $|q_1,q_2\rangle\to|A(t)q_1+B(t)q_2|$, $C(t)q_1+D(t)q_2$ 的动力学哈密顿量

我们现在寻找能造成

$$\left|\begin{pmatrix}q_1\\q_2\end{pmatrix}\right\rangle\Bigg|_{t=0}\to\left|\begin{pmatrix}A(t)&B(t)\\C(t)&D(t)\end{pmatrix}\begin{pmatrix}q_1\\q_2\end{pmatrix}\right\rangle \tag{10.19}$$

时间演化的动力学哈密顿量.这里 A,B,C 和 D 都是时间 t 的函数,但仍保持 $AD-BC=1$ 不变,相应的式(10.8)中的 U 现在应该写为 $U(t,0)$.为找出它所满足的微分方程,计算 $\partial_t U(t,0)$.稍作分析,就可知道用明显的 U 的正规乘积式(10.10)对 t 作微商是困难的,因为此式中包含着复杂的时间函数,如 L 和 g.因此我们转而用式(10.8),对 t 微商给出

$$\begin{aligned}\partial_t U(t,0)&=\pi^{-1}\partial_t\iint_{-\infty}^{\infty}\mathrm{d}q_1\mathrm{d}q_2\,:\mathrm{e}^W:\\&=-(A\dot{A}+C\dot{C})S(q_1^2)-(B\dot{B}+D\dot{D})S(q_2^2)\\&\quad-(\dot{A}B+A\dot{B}+\dot{C}D+C\dot{D})S(q_1q_2)\\&\quad+\sqrt{2}[(\dot{A}a_1^\dagger+\dot{C}a_2^\dagger)S(q_1)+(\dot{B}a_1^\dagger+\dot{D}a_2^\dagger)S(q_2)]\end{aligned} \tag{10.20}$$

其中 $S(M)$, $M=(q_1,q_2,q_1^2;q_2^2,q_1q_2)$,代表如下的正规乘积内的积分

$$S(M)=\pi^{-1}\iint_{-\infty}^{\infty}\mathrm{d}q_1\mathrm{d}q_2 M:\mathrm{e}^{w}: \tag{10.21}$$

注意到在：：内部 a_i 与 $a_i^\dagger$ 可对易．所以，上述积分可改写为积分-微分式，例如：

$$\begin{aligned}S(q_i)&=\pi^{-1}\iint_{-\infty}^{\infty}\mathrm{d}q_1\mathrm{d}q_2 q_i:\mathrm{e}^{W}:\\&=\pi^{-1}\iint_{-\infty}^{\infty}\mathrm{d}q_1\mathrm{d}q_2:\frac{1}{\sqrt{2}}\left(\frac{\partial}{\partial a_i}+a_i^\dagger+a_i\right)\mathrm{e}^{w}:\end{aligned} \tag{10.22}$$

用正规乘积的性质[第 3 章式(3.8)]，我们有

$$\begin{aligned}S(q_i)&=\frac{1}{\sqrt{2}}\left\{\left[\iint_{-\infty}^{\infty}\frac{\mathrm{d}q_1\mathrm{d}q_2}{\pi}:\mathrm{e}^{W}:,a_i^\dagger\right]+a_i^\dagger U+Ua_i\right\}\\&=\frac{1}{\sqrt{2}}\{[U,a_i^\dagger]+a_i^\dagger U+Ua_i\}=UQ_i\end{aligned} \tag{10.23}$$

这与用 $U(t)$ 的投影算符形式[如式(10.8)]计算的结果吻合．再用式(3.9)求出

$$\begin{aligned}S(q_i^2)&=\pi^{-1}\iint_{-\infty}^{\infty}\mathrm{d}q_1\mathrm{d}q_2\frac{1}{2}:\left(\frac{\partial}{\partial a_i}+a_i^\dagger+a_i\right)^2\mathrm{e}^{W}:\\&=\frac{1}{2\pi}\left\{\iint_{-\infty}^{\infty}\mathrm{d}q_1\mathrm{d}q_2:\left(\frac{\partial}{\partial a_i}\right)^2\mathrm{e}^{W}:+:2\left[\frac{\partial}{\partial a_i}\mathrm{e}^{W}\right]a_i:\right\}\\&\quad+\frac{1}{2}\{Ua_i^2+a_i^{\dagger 2}U+U+2a_i^\dagger Ua_i+2a_i^\dagger[U,a_i^\dagger]\}\\&=\frac{1}{2}\{[[U,a_i^\dagger],a_i^\dagger]+2[U,a_i^\dagger]a_i+Ua_i^2\\&\quad+a_i^{\dagger 2}U+U+2a_i^\dagger Ua_i+2a_i^\dagger[U,a_i^\dagger]\}=UQ_i^2\end{aligned} \tag{10.24}$$

$$S(q_1q_2)=\pi^{-1}\iint_{-\infty}^{\infty}\mathrm{d}q_1\mathrm{d}q_2\frac{1}{2}:\prod_{i=1}^{2}\left(\frac{\partial}{\partial a_i}+a_i^\dagger+a_i\right)\mathrm{e}^{W}:=UQ_1Q_2 \tag{10.25}$$

把式(10.23)～(10.25)代入式(10.20)，并用

$$AD-BC=1,\quad -A\dot{D}+B\dot{C}=\dot{A}D-\dot{B}C$$

得到

$$\begin{aligned}\mathrm{i}\partial_t U(t,0)=\mathrm{i}\{&Q_1^2(\dot{B}C-\dot{A}D)+Q_2^2(B\dot{C}-A\dot{D})\\&+Q_1Q_2(\dot{A}B-A\dot{B}+C\dot{D}-\dot{C}D)\\&+\sqrt{2}Q_1[(\dot{A}D-\dot{B}C)a_1^\dagger+(\dot{C}D-C\dot{D})a_2^\dagger]\end{aligned}$$

$$+\sqrt{2}Q_2[(A\dot{B}-\dot{A}B)a_1^\dagger+(A\dot{D}-B\dot{C})a_2^\dagger]\}U(t,0)$$
$$=\frac{\mathrm{i}}{2}\{(\dot{A}D-\dot{B}C)(a_1^{\dagger 2}-a_1^2-a_2^{\dagger 2}+a_2^2)$$
$$+(\dot{A}B-A\dot{B}+C\dot{D}-\dot{C}D)(a_1a_2-a_1^\dagger a_2^\dagger)$$
$$+(\dot{A}B-A\dot{B}-C\dot{D}+\dot{C}D)(a_1a_2^\dagger-a_1^\dagger a_2)\}U(t,0) \tag{10.26}$$

令

$$\left.\begin{aligned}&A\dot{D}-B\dot{C}=2f\\&\dot{A}B-A\dot{B}+C\dot{D}-\dot{C}D=2k\\&\dot{A}B-A\dot{B}-C\dot{D}+\dot{C}D=2h\end{aligned}\right\} \tag{10.27}$$

则方程(10.26)可以纳入以下的形式

$$\mathrm{i}\partial_t U(t,0)=H_\mathrm{I}(t)U(t,0) \tag{10.28}$$

其中

$$H_\mathrm{I}(t)=-\mathrm{i}\mathrm{e}^{\mathrm{i}H_0t}\{(a_1^{\dagger 2}\mathrm{e}^{-2\mathrm{i}\omega_1t}-a_1^2\mathrm{e}^{2\mathrm{i}\omega_1t}-a_2^{\dagger 2}\mathrm{e}^{-2\mathrm{i}\omega_2t}+a_2^2\mathrm{e}^{2\mathrm{i}\omega_2t})f(t)$$
$$+(a_1^\dagger a_2^\dagger\mathrm{e}^{-\mathrm{i}\omega_3t}-a_1a_2\mathrm{e}^{\mathrm{i}\omega_3t})k(t)+(a_1^\dagger a_2\mathrm{e}^{-\mathrm{i}\omega_4t}-a_1a_2^\dagger\mathrm{e}^{\mathrm{i}\omega_4t})h(t)\}\mathrm{e}^{-\mathrm{i}H_0t} \tag{10.29}$$

这里

$$H_0=\omega_1a_1^\dagger a_1+\omega_2a_2^\dagger a_2,\quad \omega_3=\omega_1+\omega_2,\quad \omega_4=\omega_1-\omega_2 \tag{10.30}$$

由此可见,我们可以把 $U(t,0)$看做是相互作用表象中的时间演化算符.所以在薛定谔表象中相应的哈密顿量是

$$H_\mathrm{s}(t)=H_0-\mathrm{i}\{(a_1^{\dagger 2}\mathrm{e}^{-2\mathrm{i}\omega_1t}-a_1^2\mathrm{e}^{2\mathrm{i}\omega t}-a_2^{\dagger 2}\mathrm{e}^{-2\mathrm{i}\omega_2t}+a_2^2\mathrm{e}^{2\mathrm{i}\omega_2t})f(t)$$
$$+(a_1^\dagger a_2^\dagger\mathrm{e}^{-\mathrm{i}\omega_3t}-a_1a_2\mathrm{e}^{\mathrm{i}\omega_3t})k(t)+(a_1^\dagger a_2\mathrm{e}^{-\mathrm{i}\omega_4t}-a_1a_2^\dagger\mathrm{e}^{\mathrm{i}\omega_4t})h(t) \tag{10.31}$$

例如,对于演化

$$|q_1,q_2\rangle\rightarrow|q_1\mathrm{ch}\lambda(t)+q_2\mathrm{sh}\lambda(t),q_1\mathrm{sh}\lambda(t)+q_2\mathrm{ch}\lambda(t)\rangle$$

我们可以从式(10.27)求出 $f(t)=h(t)=0,k(t)=-\dot{\lambda}(t)$.因此,引起这种演化的含时哈密顿量为

$$H_\mathrm{s}(t)=\omega_1a_1^\dagger a_1+\omega_2a_2^\dagger a_2+\mathrm{i}\dot{\lambda}[\mathrm{e}^{-\mathrm{i}\omega_3t}a_1^\dagger a_2^\dagger-\mathrm{e}^{\mathrm{i}\omega_3t}a_1a_2] \tag{10.32}$$

它可以描写一个参量放大器.又例如,当时间演化为

$$\begin{pmatrix}q_1\\q_2\end{pmatrix}\rightarrow\begin{pmatrix}\cosh\lambda(t) & \mathrm{e}^{-r(t)}\sinh\lambda(t)\\ \mathrm{e}^{r(t)}\sinh\lambda(t) & \cosh\lambda(t)\end{pmatrix}\begin{pmatrix}q_1\\q_2\end{pmatrix}$$

由方程(10.27)我们计算出

$$f(t) = -\frac{1}{2}\dot{r}\sinh^2\lambda$$

$$k(t) = -\dot{\lambda}\cosh r - \frac{\dot{r}}{2}\sinh r\sinh 2\lambda$$

$$h(t) = \dot{\lambda}\sinh r + \frac{\dot{r}}{2}\cosh r\sinh 2\lambda$$

注意其中只有两个函数是独立的,因为存在以下约束

$$2f(t) = -\tanh\lambda\cosh r[k(t)\tanh r + h(t)] \tag{10.33}$$

于是,把式(10.32)和(10.33)代入方程(10.29)中,可得到造成这种演化的哈密顿量.对照第9章的单-双模组合压缩态可知,当初态是真空态,则在此哈密顿动力学支配下,时间演化使得终态成为一个单-双模组合压缩态.

10.4 n 模坐标空间中线性变换的量子映射[129]

现在把双模空间中的线性正则变换式(10.8)推广到 n 模坐标空间中去,建立算符

$$U(\Lambda) = \int_{-\infty}^{\infty} \mathrm{d}^n \boldsymbol{q}(\det\Lambda)^{1/2} \mid \Lambda\boldsymbol{q}\rangle\langle\boldsymbol{q}\mid \tag{10.34}$$

其中 Λ 是一个 $n\times n$ 实矩阵,而

$$\begin{aligned}\mid\boldsymbol{q}\rangle &= \left|\begin{pmatrix} q_1 \\ q_2 \\ \vdots \\ q_n \end{pmatrix}\right\rangle \equiv \mid q_1, q_2, \cdots, q_n\rangle \\ &= \pi^{-n/4}\exp\left\{-\frac{1}{2}\tilde{\boldsymbol{q}}\boldsymbol{q} + \sqrt{2}\tilde{\boldsymbol{q}}\boldsymbol{a}^\dagger - \frac{1}{2}\tilde{\boldsymbol{a}}^\dagger\boldsymbol{a}^\dagger\right\}\mid\boldsymbol{0}\rangle\end{aligned} \tag{10.35}$$

其中,
$$\tilde{\boldsymbol{a}}^\dagger = (a_1^\dagger, a_2^\dagger, \cdots, a_n^\dagger)$$

容易证明 $U(\Lambda)$确实是幺正的,而且有

$$\begin{aligned}U^\dagger(\Lambda)Q_iU(\Lambda) &= \det\Lambda\int_{-\infty}^{\infty}\mathrm{d}^n\boldsymbol{q}\mid\boldsymbol{q}\rangle\langle\Lambda\boldsymbol{q}\mid Q_i\int_{-\infty}^{\infty}\mathrm{d}^n\boldsymbol{q}'\mid\Lambda\boldsymbol{q}'\rangle\langle\boldsymbol{q}'\mid \\ &= \Lambda_{ij}Q_j\end{aligned} \tag{10.36}$$

因此

$$U^\dagger(\Lambda)P_iU(\Lambda) = (\tilde{\Lambda})^{-1}_{ij}P_j \tag{10.37}$$

$U(\Lambda)$代表经典变换 $\boldsymbol{q}\rightarrow\Lambda\boldsymbol{q}$ 所对应的量子幺正算符，用 IWOP 技术积分之，得到

$$U(\Lambda)=\int_{-\infty}^{\infty}\mathrm{d}^n\boldsymbol{q}(\det\Lambda)^{1/2}\pi^{-n/2}:\exp\Big[-\frac{1}{2}\tilde{\boldsymbol{q}}(\mathbb{1}+\tilde{\Lambda}\Lambda)\boldsymbol{q}+\sqrt{2}\tilde{\boldsymbol{q}}(\tilde{\Lambda}\boldsymbol{a}^\dagger+\boldsymbol{a})-\frac{1}{2}(\tilde{\boldsymbol{a}}\boldsymbol{a}+\tilde{\boldsymbol{a}}^\dagger\boldsymbol{a}^\dagger)-\tilde{\boldsymbol{a}}^\dagger\boldsymbol{a}\Big]: \tag{10.38}$$

注意到 $\boldsymbol{q}$ 的二次项是对称的，故可用以下数学公式

$$\int_{-\infty}^{\infty}\mathrm{d}^n\boldsymbol{x}\exp[-\tilde{\boldsymbol{x}}N\boldsymbol{x}+\tilde{\boldsymbol{x}}\boldsymbol{v}]=\pi^{n/2}(\det N)^{-1/2}\exp\Big[\frac{1}{4}\tilde{\boldsymbol{v}}N^{-1}\boldsymbol{v}\Big]$$

其中 N 是实对称且正定的$n\times n$ 方阵，把式(10.38)积分，给出

$$\begin{aligned}U(\Lambda)&=\left[\frac{\det\Lambda}{\det\left(\frac{\mathbb{1}+\tilde{\Lambda}\Lambda}{2}\right)}\right]^{1/2}:\exp\Big\{\widetilde{(\tilde{\Lambda}\boldsymbol{a}^\dagger+\boldsymbol{a})}(\mathbb{1}+\tilde{\Lambda}\Lambda)^{-1}(\tilde{\Lambda}\boldsymbol{a}^\dagger+\boldsymbol{a})\\&\quad-\frac{1}{2}(\tilde{\boldsymbol{a}}^\dagger\boldsymbol{a}^\dagger+\tilde{\boldsymbol{a}}\boldsymbol{a})-\tilde{\boldsymbol{a}}^\dagger\boldsymbol{a}\Big\}:\\&=\left[\frac{\det\Lambda}{\det\left(\frac{\mathbb{1}+\tilde{\Lambda}\Lambda}{2}\right)}\right]^{1/2}:\exp\Big\{(\tilde{\boldsymbol{a}},\tilde{\boldsymbol{a}}^\dagger)\\&\quad\times\left[\begin{pmatrix}(\mathbb{1}+\tilde{\Lambda}\Lambda)^{-1}&(\mathbb{1}+\tilde{\Lambda}\Lambda)^{-1}\tilde{\Lambda}\\\Lambda(\mathbb{1}+\tilde{\Lambda}\Lambda)^{-1}&\Lambda(\mathbb{1}+\tilde{\Lambda}\Lambda)^{-1}\tilde{\Lambda}\end{pmatrix}\right.\\&\quad\left.-\frac{1}{2}\begin{pmatrix}\mathbb{1}&\mathbb{1}\\\mathbb{1}&\mathbb{1}\end{pmatrix}\right]\begin{pmatrix}\boldsymbol{a}\\\boldsymbol{a}^\dagger\end{pmatrix}\Big\}:\end{aligned} \tag{10.39}$$

把 $U(\Lambda)$作用于 n 模真空态给出广义 n 模压缩态

$$\begin{aligned}U(\Lambda)\,|\,\boldsymbol{0}\rangle&=\left[\frac{\det\Lambda}{\det\left(\frac{\mathbb{1}+\tilde{\Lambda}\Lambda}{2}\right)}\right]^{1/2}\exp\{\tilde{\boldsymbol{a}}^\dagger[\Lambda(\mathbb{1}+\tilde{\Lambda}\Lambda)^{-1}\tilde{\Lambda}^{-1/2}]\boldsymbol{a}^\dagger\}\,|\,\boldsymbol{0}\rangle\\&\equiv\|\boldsymbol{0}\rangle\end{aligned} \tag{10.40}$$

引入 n 模空间中两个正交分量算符

$$x_1=\frac{1}{\sqrt{2n}}\sum_{i=1}^{n}Q_i,\quad x_2=\frac{1}{\sqrt{2n}}\sum_{i=1}^{n}P_i,\quad [x_1,x_2]=\frac{\mathrm{i}}{2} \tag{10.41}$$

则由方程(10.36)以及式(10.37)给出

$$\langle\boldsymbol{0}\|x_1\|\boldsymbol{0}\rangle=0,\quad\langle\boldsymbol{0}\|x_2\|\boldsymbol{0}\rangle=0$$

于是，正交分量在压缩真空态的均方差是

$$(\Delta x_1)^2=\langle\boldsymbol{0}\|x_1^2\|\boldsymbol{0}\rangle=\frac{1}{4n}\sum_{ji}(\Lambda\tilde{\Lambda})_{ij} \tag{10.42}$$

$$(\Delta x_2)^2 = \langle \mathbf{0} \| x_2^2 \| \mathbf{0} \rangle = \frac{1}{4n} \sum_{ji} (\Lambda \tilde{\Lambda})_{ij}^{-1} \tag{10.43}$$

特别地,当 $\Lambda = \mathrm{e}^{\sigma}$ 是对称矩阵时,式(10.39)变为

$$\begin{aligned} U(\Lambda) = {} & 2^{n/2}\left[\frac{\det \mathrm{e}^{\sigma}}{\det(\mathrm{e}^{2\sigma} + \mathbb{1})}\right]^{1/2} \\ & \times \colon \exp\{\tilde{\boldsymbol{a}}^{\dagger} \mathrm{e}^{\sigma} (\mathrm{e}^{2\sigma} + \mathbb{1})^{-1} \mathrm{e}^{\sigma} \boldsymbol{a}^{\dagger} + \tilde{\boldsymbol{a}} (\mathrm{e}^{2\sigma} + \mathbb{1})^{-1} \boldsymbol{a} \\ & - \frac{1}{2}(\tilde{\boldsymbol{a}}^{\dagger} \boldsymbol{a}^{\dagger} + \tilde{\boldsymbol{a}} \boldsymbol{a}) + 2\tilde{\boldsymbol{a}}^{\dagger} \mathrm{e}^{\sigma} (\mathrm{e}^{2\sigma} + \mathbb{1})^{-1} \boldsymbol{a} - \tilde{\boldsymbol{a}}^{\dagger} \boldsymbol{a}\bigg\} \colon \end{aligned} \tag{10.44}$$

引入矩阵函数

$$\tanh \sigma = \frac{\mathrm{e}^{\sigma} - \mathrm{e}^{-\sigma}}{\mathrm{e}^{\sigma} + \mathrm{e}^{-\sigma}}, \quad \operatorname{sech} \sigma = \frac{2\mathrm{e}^{\sigma}}{\mathrm{e}^{2\sigma} + \mathbb{1}}$$

又可以进一步把式(10.44)写成

$$\begin{aligned} & (\det \mathrm{e}^{\sigma})^{1/2} \int \mathrm{d}^n \boldsymbol{q} \mid \mathrm{e}^{\sigma} \boldsymbol{q} \rangle \langle \boldsymbol{q} \mid \\ & = (\det \operatorname{sech} \sigma)^{1/2} \exp\left[\frac{1}{2} \tilde{\boldsymbol{a}}^{\dagger} \tanh \sigma \boldsymbol{a}^{\dagger}\right] \\ & \quad \times \exp[\tilde{\boldsymbol{a}}^{\dagger} \ln \operatorname{sech} \sigma \boldsymbol{a}] \exp\left[-\frac{1}{2} \tilde{\boldsymbol{a}} \tanh \sigma \boldsymbol{a}\right] \end{aligned} \tag{10.45}$$

显然,它是以前所述的单模和双模压缩算符的矩阵推广.

值得指出的是,单模压缩算符中出现的$\left(\frac{a^2}{2}, \frac{a^{\dagger 2}}{2}, a^{\dagger} a + \frac{1}{2}\right)$以及双模压缩算符中出现的$(a_1 a_2, a_1^{\dagger} a_2^{\dagger}, a_1^{\dagger} a_1 + a_2^{\dagger} a_2 + 1)$构成 SU(1,1)李代数.而在式(10.45)中出现的 $\tilde{\boldsymbol{a}}^{\dagger} \tanh \sigma \boldsymbol{a}^{\dagger}$, $\tilde{\boldsymbol{a}} \tanh \sigma \boldsymbol{a}$, $\tilde{\boldsymbol{a}}^{\dagger} \ln \operatorname{sech} \sigma \boldsymbol{a}$ 并不一定构成 SU(1,1)代数的生成元,我们将在第 13 章再详细讨论它.

如果令矩阵 $\Lambda = \mathrm{e}^{-\tilde{\sigma}}$,由 $\det \mathrm{e}^{-\tilde{\sigma}} = \mathrm{e}^{-\mathrm{tr}\sigma}$ 可知 $U(\Lambda)$可以改写为

$$U(\mathrm{e}^{-\tilde{\sigma}}) = \exp\left(\mathrm{i} Q_i \sigma_{ij} P_j + \frac{1}{2} \mathrm{tr}\, \sigma\right), \quad i, j = 1,2,3 \tag{10.46}$$

让我们考虑以下特例,取 σ 形为

$$\begin{gathered} \sigma = \gamma \begin{pmatrix} 0 & 1 & 0 \\ 0 & 0 & 1 \\ 1 & 0 & 0 \end{pmatrix} \\ U = \exp[\mathrm{i}\gamma(Q_1 P_2 + Q_2 P_3 + Q_3 P_1)] \end{gathered} \tag{10.47}$$

其中 γ 是个压缩参数.按照式(10.42)和(10.43),我们计算场算符 x_1 与 x_2 在压缩态 $U(\mathrm{e}^{-\tilde{\sigma}})|\mathbf{0}\rangle$的均方差.为此,先求 $\mathrm{e}^{-\tilde{\sigma}}\mathrm{e}^{-\sigma}$的各个矩阵元之和,由于 σ 与 $\tilde{\sigma}$ 是对易的,故有

$$e^{-\tilde{\sigma}}e^{-\sigma} = e^{-\tilde{\sigma}+\sigma} = \exp\left[-\gamma\begin{pmatrix}0 & 1 & 1\\ 1 & 0 & 1\\ 1 & 1 & 0\end{pmatrix}\right] \tag{10.48}$$

矩阵 $-\gamma\begin{pmatrix}0 & 1 & 1\\ 1 & 0 & 1\\ 1 & 1 & 0\end{pmatrix}$ 的本征值是 γ(二重简并)与 -2γ,用矩阵理论中的 Hamilton-Cayley 定理,可以列出方程组

$$e^{-2\gamma} = 4f_1\gamma^2 - 2f_2\gamma + f_3,\quad e^{\gamma} = f_1\gamma^2 + f_2\gamma + f_3,\quad e^{\gamma} = 2f_1\gamma + f_2$$

由此解出

$$\Lambda = \exp\left[-\gamma\begin{pmatrix}0 & 1 & 1\\ 1 & 0 & 1\\ 1 & 1 & 0\end{pmatrix}\right]$$

$$= \begin{pmatrix}2f_1\gamma^2 + f_3 & f_1\gamma^2 - f_2\gamma & f_1\gamma^2 - f_2\gamma\\ f_1\gamma^2 - f_2\gamma & 2f_1\gamma^2 + f_3 & f_1\gamma^2 - f_2\gamma\\ f_1\gamma^2 - f_2\gamma & f_1\gamma^2 - f_2\gamma & 2f_1\gamma^2 + f_3\end{pmatrix} \tag{10.49}$$

其中

$$f_1 = \frac{1}{9\gamma^2}(e^{-2\gamma} - e^{\gamma} + 3\gamma e^{\gamma})$$

$$f_2 = \frac{2}{9\gamma}\left(-e^{-2\gamma} + e^{\gamma} + \frac{3}{2}\gamma e^{\gamma}\right)$$

$$f_3 = \frac{1}{9}(e^{-2\gamma} + 8e^{\gamma} - 6\gamma e^{\gamma})$$

把式(10.48)代入式(10.42),得到涨落值

$$\langle(\Delta x_1)^2\rangle = \frac{1}{12}(12f_1\gamma^2 - 6f_2\gamma + 3f_3) = \frac{1}{4}e^{-2\gamma} \tag{10.50}$$

类似地

$$\langle(\Delta x_2)^2\rangle = \frac{1}{4}e^{2\gamma} \tag{10.51}$$

这明显地表征了式(10.47)确实是三模 Fock 空间中的一种压缩算符.作为一个练习,有兴趣者可以试试当

$$\Lambda = \frac{1}{3}\begin{pmatrix}1+2\lambda & 1-\lambda & 1-\lambda\\ 1-\lambda & 1+2\lambda & 1-\lambda\\ 1-\lambda & 1-\lambda & 1+2\lambda\end{pmatrix}$$

时,从式(10.45)可以得出什么结论.

10.5　更广义的博戈柳博夫变换——玻色情形

在第3章中,我们已看到用IWOP技术将$\int_{-\infty}^{\infty}\frac{\mathrm{d}q}{\sqrt{\mu}}\left|\frac{q}{\sqrt{\mu}}\right\rangle\langle q|$直接积分就得到正规乘积形式的生成博戈柳博夫变换的幺正算符,而且

$$\int\frac{\mathrm{d}q}{\sqrt{\mu}}\left|\frac{q}{\sqrt{\mu}}\right\rangle\langle q| = \exp\left[\frac{\lambda}{2}(a^2 - a^{\dagger 2})\right],\quad \mu = \mathrm{e}^{\lambda}$$

本节将考虑下列更一般的指数算符[130]

$$U(G) = \exp\left\{\frac{1}{2}(a_iG_{ij}a_j - a_i^{\dagger}G_{ij}^{\dagger}a_j^{\dagger})\right\},\quad i,j = 1,2,\cdots,n \tag{10.52}$$

其中每一项中的重复指标表示对该指标求和(从 1 到 n),我们旨在求出 $U(G)$的正规乘积展开,注意 G 是一个复对称矩阵.先分析 $U(G)$引起的变换,用算符恒等式(3.18)及$[a_i,a_j^{\dagger}]=\delta_{ij}$可得

$$\begin{aligned}Ua_i^{\dagger}U^{-1} &= a_j^{\dagger}[\cosh(G^{\dagger}G)^{1/2}]_{ji} + a_j[G(G^{\dagger}G)^{-1/2}\sinh(G^{\dagger}G)^{1/2}]_{ji}\\ &= a_j^{\dagger}[\cosh(G^{\dagger}G)^{1/2}]_{ji} + a_j[\sinh(GG^{\dagger})^{1/2}(GG^{\dagger})^{-1/2}G]_{ji}\end{aligned} \tag{10.53}$$

不失一般,可令

$$G = H\mathrm{e}^{\mathrm{i}F} \tag{10.54}$$

其中 $H=H^{\dagger}$,$F=F^{\dagger}$,即任意的一个非奇异矩阵总可以分解为一个幺正矩阵与一个厄米矩阵的乘积,这与复数的极分解类似.由于 $\widetilde{G}=G$,故有

$$\left.\begin{aligned}&G = \mathrm{e}^{\mathrm{i}\widetilde{F}}\widetilde{H},\ \widetilde{G^{\dagger}G} = GG^{\dagger},\qquad \widetilde{GG^{\dagger}G} = GG^{\dagger}G\\ &GG^{\dagger} = H^2,\quad G^{\dagger}G = \widetilde{H}^2,\quad \widetilde{H}^2\mathrm{e}^{-\mathrm{i}F} = \mathrm{e}^{\mathrm{i}F}H^2\end{aligned}\right\} \tag{10.55}$$

由此可以改写式(10.53)为

$$\begin{aligned}Ua_i^{\dagger}U^{-1} &= a_j^{\dagger}(\cosh\widetilde{H})_{ji} + a_j(\mathrm{e}^{\mathrm{i}\widetilde{F}}\sinh\widetilde{H})_{ji}\\ &= a_j^{\dagger}(\cosh\widetilde{H})_{ji} + a_j[(\sinh H)\mathrm{e}^{\mathrm{i}\widetilde{F}}]_{ji}\end{aligned} \tag{10.56}$$

类似地有

$$Ua_iU^{-1} = a_j(\cosh H)_{ji} + a_j^{\dagger}(\mathrm{e}^{-\mathrm{i}F}\sinh H)_{ji} \tag{10.57}$$

现在进一步考虑多模真空态$|\mathbf{0}\rangle$在 $U(G)$下的变换,$U|\mathbf{0}\rangle\equiv\|\mathbf{0}\rangle$.分析方程

$$a_i\|\mathbf{0}\rangle = UU^{-1}a_iU|\mathbf{0}\rangle \tag{10.58}$$

用 $U^{\dagger}(G)=U(-G)$ 及方程(10.57)和(10.56),得

$$a_i \| \mathbf{0}\rangle = U[a_j(\cosh H)_{ji} - a_j^{\dagger}(\mathrm{e}^{-\mathrm{i}F}\sinh H)_{ji}] \mid \mathbf{0}\rangle$$
$$= -Ua_j^{\dagger}(\mathrm{e}^{-\mathrm{i}F}\sinh H)_{ji}U^{-1}U \mid \mathbf{0}\rangle$$
$$= -[a_l^{\dagger}(\cosh \tilde{H}\mathrm{e}^{-\mathrm{i}F}\sinh H)_{li} + a_l(\sinh^2 H)_{li}] \| \mathbf{0}\rangle \tag{10.59}$$

利用式(10.55)将上式化简,给出

$$a_i \| \mathbf{0}\rangle = -a_j^{\dagger}\mathrm{e}^{-\mathrm{i}F}\tanh H)_{ji} \| \mathbf{0}\rangle \tag{10.60}$$

这就是新真空态 $\| \mathbf{0}\rangle$ 要满足的方程. 注意到

$$\left[a_i, \exp\left[-\frac{1}{2}a_i^{\dagger}(\mathrm{e}^{-\mathrm{i}F}(\tanh H)_{ij}a_j^{\dagger}\right]\right]$$
$$= -a_j^{\dagger}(\mathrm{e}^{-\mathrm{i}F}\tanh H)_{ji}\exp\left[-\frac{1}{2}a_l^{\dagger}(\mathrm{e}^{-\mathrm{i}F}\tanh H)_{lj}a_j^{\dagger}\right] \tag{10.61}$$

我们得到方程(10.60)的解是

$$\| \mathbf{0}\rangle = c\exp\left[-\frac{1}{2}a_i^{\dagger}(\mathrm{e}^{-\mathrm{i}F}\tanh H)_{ij}a_j^{\dagger}\right] | \mathbf{0}\rangle \tag{10.62}$$

其中 c 是归一化常数,由下式定出

$$1 = \langle \mathbf{0} \| \mathbf{0}\rangle = |c|^2\langle \mathbf{0} | \exp\left[-\frac{a_i}{2}(\tanh H\mathrm{e}^{\mathrm{i}F})_{ij}a_j\right]$$
$$\times \exp\left[-\frac{1}{2}a_i^{\dagger}(\mathrm{e}^{-\mathrm{i}F}\tanh H)_{ij}a_j^{\dagger}\right] | \mathbf{0}\rangle$$

利用第5章式(5.35)以及正规乘积算符的真空期望值为零的性质,可导出

$$c = [\det(\operatorname{sech} H)]^{1/2} \tag{10.63}$$

由式(10.62)可以进一步求出 U 变换下 $|z\rangle \equiv |z_1, z_2, \cdots, z_n\rangle$ 的行为

$$U \mid z\rangle = U\exp(z_i a_i^{\dagger})U^{-1}U \mid \mathbf{0}\rangle\exp\left(-\frac{1}{2}\mid z_i\mid^2\right)$$
$$= [\det(\operatorname{sech} H)]^{1/2}\exp\{z_i[a_j^{\dagger}(\cosh \tilde{H})_{ji} + a_j(\sinh H\mathrm{e}^{\mathrm{i}F})_{ji}]\}$$
$$\times \exp\left\{-\frac{1}{2}a_i^{\dagger}(\mathrm{e}^{-\mathrm{i}F}\tanh H)_{ij}a_j^{\dagger} - \frac{1}{2}\mid z_i\mid^2\right\} | \mathbf{0}\rangle \tag{10.64}$$

其中的第一个指数按 Baker-Hausdorff 公式可分解为

$$\exp\{\cdots\} = \exp[z_i(\cosh H)_{ij}a_j^{\dagger}]\exp[a_j(\sinh H\mathrm{e}^{\mathrm{i}F})_{ji}z_i]$$
$$\times \exp\left(\frac{1}{4}z_i(\sinh 2H)\mathrm{e}^{\mathrm{i}F})_{ji}z_j\right) \tag{10.65}$$

于是

$$U \mid z\rangle = [\det(\operatorname{sech} H)]^{1/2}\exp\left[-\frac{1}{2}\mid z_i\mid^2 + z_i(\operatorname{sech} H)_{ij}a_j^{\dagger}\right.$$

$$+\frac{1}{2}z_i(\tanh H\mathrm{e}^{\mathrm{i}F})_{ij}z_j-\frac{1}{2}a_i^\dagger(\mathrm{e}^{-\mathrm{i}F}\tanh H)_{ij}a_j^\dagger\Big]|\mathbf{0}\rangle \tag{10.66}$$

用(10.66)及 IWOP 技术就可导出 U 的正规乘积展开

$$\begin{aligned}U&=\int\frac{\mathrm{d}^2z}{\pi}U\mid z\rangle\langle z\mid=[\det(\mathrm{sech}\,H)]^{1/2}\int\prod_i\left[\frac{\mathrm{d}^2z_i}{\pi}\right]\\&\quad\times:\exp\Big\{-\mid z_i\mid^2+z_i(\mathrm{sech}\,H)_{ij}a_j^\dagger+z_i^*a_i\\&\quad+\frac{1}{2}z_i(\tanh H\mathrm{e}^{\mathrm{i}F})_{ij}z_j-\frac{1}{2}a_i^\dagger(\mathrm{e}^{-\mathrm{i}F}\tanh H)_{ij}a_j^\dagger-a_i^\dagger a_i\Big\}:\\&=[\det(\mathrm{sech}\,H)]^{1/2}\int\prod_i\left[\frac{\mathrm{d}^2z_i}{\pi}\right]\\&\quad\times:\exp\Big\{-\frac{1}{2}(z,z^*)\begin{pmatrix}-(\tanh H)\mathrm{e}^{\mathrm{i}F}&\mathbb{1}\\\mathbb{1}&0\end{pmatrix}\begin{pmatrix}z\\z^*\end{pmatrix}\\&\quad+(\boldsymbol{a}^\dagger\mathrm{sech}\,\tilde{H},\boldsymbol{a})\begin{pmatrix}z\\z^*\end{pmatrix}-a_i^\dagger a_i-\frac{1}{2}a_i^\dagger(\mathrm{e}^{-\mathrm{i}F}\tanh H)_{ij}a_j^\dagger\Big\}:\\&=[\det(\mathrm{sech}\,H)]^{1/2}\exp\left[-\frac{1}{2}a_i^\dagger(\mathrm{e}^{-\mathrm{i}F}\tanh H)_{ij}a_j^\dagger\right]\\&\quad\times:\exp[a_i^\dagger(\mathrm{sech}\,\tilde{H}-\mathbb{1})_{ij}a_j]:\exp\left[\frac{1}{2}a_i(\tanh H\mathrm{e}^{\mathrm{i}F})_{ij}a_j\right]\end{aligned}\tag{10.67}$$

进一步利用下列算符公式

$$:\exp[a_i^\dagger(\mathrm{e}^{\Lambda}-\mathbb{1})_{ij}a_j]:a_l:\exp[a_i^\dagger(\mathrm{e}^{-\Lambda}-\mathbb{1})_{ij}a_j]:=(\mathrm{e}^{-\Lambda})_{li}a_i \tag{10.68}$$

和关系 $\tilde{H}^2\mathrm{e}^{-\mathrm{i}F}=\mathrm{e}^{-\mathrm{i}F}H^2$，可用检验式(10.67)表示的 U 确实诱导出变换式(10.56)和(10.57).

作为应用，我们讨论以下哈密顿量的能级

$$\mathscr{H}=a_i^\dagger L_{ij}a_j+\frac{1}{2}(a_i^\dagger M_{ij}a_j^\dagger+a_iM_{ij}^\dagger a_j) \tag{10.69}$$

这里 $L=L^\dagger$，$M=\tilde{M}$. 设有变换(10.56)和(10.57)可使 $\mathscr{H}$ 写成对角的形式：$\mathscr{H}=E^{(0)}+E^{(i)}a_i'^\dagger a_j'$，我们从以下方程

$$[a_i',\mathscr{H}]=[a_i',E^{(j)}a_i'^\dagger a_j']=E^{(i)}a_i'$$

导出

$$\begin{aligned}&\left[a_j(\cosh H)_{ji}+a_j^\dagger(\sinh\tilde{H}\mathrm{e}^{-\mathrm{i}\tilde{F}})_{ij},a_l^\dagger L_{lk}a_k+\frac{1}{2}(a_l^\dagger M_{lk}a_k^\dagger+\mathrm{c.c.})\right]\\&\quad=E^{(i)}\{a_j(\cosh H)_{ji}+a_j^\dagger(\sinh\tilde{H}\mathrm{e}^{-\mathrm{i}\tilde{F}})_{ji}\}\end{aligned}\tag{10.70}$$

比较两边 a_i 与 $a_i^\dagger$ 的系数得到方程

$$(E^{(i)}\delta_{lj}-L_{lj}^*)(\cosh\widetilde{H})_{lj}=-(\sinh\widetilde{H}\mathrm{e}^{-\mathrm{i}\widetilde{F}})_{lj}M_{jl}^* \tag{10.71}$$

$$(E^{(i)}\delta_{lj}+L_{lj})(\sinh\widetilde{H}\mathrm{e}^{-\mathrm{i}\widetilde{F}})_{ij}=(\cosh\widetilde{H})_{ij}M_{jl} \tag{10.72}$$

另一方面又有

$$\begin{aligned}\mathscr{H}=&\ E^{(i)}a_i^{\dagger\prime}a'_i+E^{(0)}\\=&\ E^{(i)}\{a_j^\dagger(\cosh\widetilde{H})_{ji}+a_j(\sinh H\mathrm{e}^{\mathrm{i}F})_{ji}\}\\&\times\{a_k(\cosh H)_{ki}+a_k^\dagger(\sinh\widetilde{H}\mathrm{e}^{-\mathrm{i}\widetilde{F}})_{ki}\}+E^{(0)}\end{aligned} \tag{10.73}$$

与式(10.69)相比较,并注意到 $\sinh H\mathrm{e}^{\mathrm{i}F}$ 与 $\sinh\widetilde{H}\mathrm{e}^{-\mathrm{i}\widetilde{F}}$ 均为对称矩阵,可见常数项(零点能)来自于上式中的反正规乘积项

$$\begin{aligned}&a_j(\sinh H\mathrm{e}^{\mathrm{i}F})_{ji}(\mathrm{e}^{-\mathrm{i}F}\sinh H)_{ik}a_k^\dagger\\&=a_k^\dagger(\mathrm{e}^{-\mathrm{i}F}\sinh H)_{ik}(\sinh H\mathrm{e}^{\mathrm{i}F})_{ji}a_j+(\sinh^2H)_{ii}\end{aligned} \tag{10.74}$$

所以基态能量是

$$E^{(0)}=-E^{(i)}(\sinh^2H)_{ii} \tag{10.75}$$

以下讨论广义博戈柳博夫变换的相干态表示.我们指出 $U(G=H\mathrm{e}^{\mathrm{i}F})$(见式(10.52))的相干态表示是

$$\begin{aligned}U(G=H\mathrm{e}^{\mathrm{i}F})&=\exp\left\{\frac{1}{2}(a_jG_{ij}a_j-a_i^\dagger G_{ij}^\dagger a_j^\dagger)\right\}\\&=[\det(\cosh H)]^{1/2}\\&\quad\times\int\prod_i\left[\frac{\mathrm{d}^2z_i}{\pi}\right]|z_j(\cosh H)_{ji}-z_j^*(\mathrm{e}^{-\mathrm{i}F}\sinh H)_{ji}\rangle\langle z_i|\end{aligned} \tag{10.76}$$

我们只写其中右矢的具体形式

$$\begin{aligned}&|z_j(\cosh H)_{ji}-z_j^*(\mathrm{e}^{-\mathrm{i}F}\sinh H)_{ji}\rangle\\&=\exp\left\{-\frac{1}{2}|z_j(\cosh H)_{ji}-z_j^*(\mathrm{e}^{-\mathrm{i}F}\sinh H)_{ji}|^2\right.\\&\quad\left.+[z_j(\cosh H)_{ji}-z_j^*(\mathrm{e}^{-\mathrm{i}F}\sinh H)_{ji}]a_i^\dagger\right\}|\mathbf{0}\rangle\\&=\exp\left(-\frac{1}{2}z_i^*(\cosh^2\widetilde{H}+\sinh^2\widetilde{H})_{ij}z_j+\frac{1}{4}z_i(\sinh 2H\mathrm{e}^{\mathrm{i}F})_{ij}z_j\right.\\&\quad\left.+\frac{1}{4}z_i^*(\mathrm{e}^{-\mathrm{i}F}\sinh 2H)_{ij}z_j^*+[z_j(\cosh H)_{ji}-z_j^*(\mathrm{e}^{-\mathrm{i}F}\sinh H)_{ji}]a_i^\dagger\right\}|\mathbf{0}\rangle\end{aligned} \tag{10.77}$$

读者可将上式代入式(10.76)后用 IWOP 技术积分,看积分结果是否正好为式(10.67).下一节,我们将讨论更为广义的压缩态.

10.6　经典辛变换的量子力学对应[16]

在 3.5 节中，我们曾在正则相干态表象中研究参量放大器理论中的压缩算符. 其好处是正则相干态提供了一种方便的途径，即从 $q-p$ 相空间中的经典辛变换到量子幺正算符映射. 以单模为例，建立积分型的投影算符[10~12]

$$U_1 = \frac{1}{2\pi} s^{*-1/2} \mid s \mid \iint_{-\infty}^{\infty} \mathrm{d}q\mathrm{d}p \left| \begin{pmatrix} A & B \\ C & D \end{pmatrix} \begin{pmatrix} q \\ p \end{pmatrix} \right\rangle \left\langle \begin{pmatrix} q \\ p \end{pmatrix} \right|$$
$$AD - BC = 1 \tag{10.78}$$

其中 $s=[(A+D)-\mathrm{i}(B-C)]/2$，因子 $s^{*-1/2}|s|$ 是为保证 U_1 的幺正性而引入的. 为推广的方便，我们采用这样的技巧，即把相干态的宗量 q 与 p 折换为复数 z 与 z^*，例如

$$\left| \begin{pmatrix} A & B \\ C & D \end{pmatrix} \begin{pmatrix} q \\ p \end{pmatrix} \right\rangle = \left| \begin{pmatrix} q' \\ p' \end{pmatrix} \right\rangle \equiv \left| \begin{pmatrix} z' \\ z'^* \end{pmatrix} \right\rangle \equiv | z' \rangle \tag{10.79}$$

可见

$$\begin{aligned} z' \equiv \frac{q' + \mathrm{i}p'}{\sqrt{2}} &= \frac{1}{2}[(A+D) + \mathrm{i}(C-B)] \frac{q+\mathrm{i}p}{\sqrt{2}} \\ &\quad + \frac{1}{2}[(A-D) + \mathrm{i}(B+C)] \frac{(q-\mathrm{i}p)}{\sqrt{2}} \\ &= sz - rz^* \end{aligned} \tag{10.80}$$

其中 $r=\frac{1}{2}[(D-A)-\mathrm{i}(B+C)]$，而条件 $AD-BC=1$ 则变为 $|s|^2-|r|^2=1$. 式 (10.79)也可写为

$$\begin{aligned} \left| \begin{pmatrix} A & B \\ C & D \end{pmatrix} \begin{pmatrix} q \\ p \end{pmatrix} \right\rangle &= \left| \begin{pmatrix} s & -r \\ -r^* & s^* \end{pmatrix} \begin{pmatrix} z \\ z^* \end{pmatrix} \right\rangle \equiv | sz - rz^* \rangle \\ &= \exp\left[-\frac{|sz - rz^*|^2}{2} + (sz - rz^*) a^\dagger \right] | 0 \rangle \end{aligned} \tag{10.81}$$

所以 U_1 的形式变为

$$U_1 = s^{*-1/2} \mid s \mid \int \frac{\mathrm{d}^2 z}{\pi} \mid sz - rz^* \rangle \langle z \mid \tag{10.82}$$

用 IWOP 技术积分之

$$U_1 = s^{*-1/2} \mid s \mid \int_{-\infty}^{\infty} \frac{d^2 z}{\pi} : \exp\left[-\mid s \mid^2 \mid z \mid^2 + sza^\dagger + z^*(a - ra^\dagger) + \frac{r^* s}{2} z^2 + \frac{rs^* z^{*2}}{2} - a^\dagger a \right]:$$

$$= s^{*-1/2} \exp\left[-\frac{r}{2s^*} a^{\dagger 2} \right] \times : \exp\left[\left(\frac{1}{s^*} - 1 \right) a^\dagger a \right] : \exp\left[\frac{r^*}{2s^*} a^2 \right] \tag{10.83}$$

它诱导的幺正变换是

$$U_1^\dagger a U_1 = sa - ra^\dagger, \quad U_1^\dagger a^\dagger U_1 = s^* a^\dagger - r^* a$$

相应地,坐标与动量变换为

$$U_1^\dagger Q U = AQ + BP, \quad U_1^\dagger P U_1 = CQ + DP$$

现在我们把上述技巧推广到研究 $2n$ 维相空间中的经典辛变换及其量子映射. 辛变换也称为接触变换,是保证泊松括号不变的. 让 $(q_1, q_2, \cdots, q_n; p_1, p_2, \cdots, p_n) \equiv (\boldsymbol{q}, \boldsymbol{p})$ 为辛坐标系统. 在该系统中,一个变换是辛变换的充分必要条件是它的表示矩阵 G 满足关系

$$G \begin{pmatrix} 0 & \mathbb{1}_n \\ -\mathbb{1}_n & 0 \end{pmatrix} \widetilde{G} = \begin{pmatrix} 0 & \mathbb{1}_n \\ -\mathbb{1}_n & 0 \end{pmatrix} \tag{10.84}$$

其中 $\mathbb{1}_n$ 是 $n \times n$ 单位矩阵,上标～意思是转置,G 是 $2n \times 2n$ 矩阵. 式(10.84)代表的意义可以解释如下,设 G 将 $(\boldsymbol{q}, \boldsymbol{p})$ 变换为 $(\boldsymbol{q}', \boldsymbol{p}')$. 由经典力学我们知道接触变换的条件是每一对新共轭变量对于 $(\boldsymbol{p}, \boldsymbol{q})$ 的雅可比行列式之和(也称为拉格朗日括号)满足以下方程

$$\left. \begin{aligned} & [q'_r, p'_s]_{(q,p)} \equiv \sum_{i=1}^{n} \begin{vmatrix} \dfrac{\partial q_i}{\partial q'_r} & \dfrac{\partial q_i}{\partial p'_s} \\ \dfrac{\partial p_i}{\partial q'_r} & \dfrac{\partial p_i}{\partial p'_s} \end{vmatrix} = \delta_{rs}, \quad r, s = 1, 2, \cdots, n \\ & [q'_r, p'_s]_{(q,p)} = 0, \quad [p'_r, p'_s]_{(q,p)} = 0 \end{aligned} \right\} \tag{10.85}$$

这些方程可以表达成矩阵形式. 为此考虑把雅可比矩阵分块

$$G^{-1} = \frac{\partial(q_1, \cdots, q_n, p_1, \cdots, p_n)}{\partial(q'_1, \cdots, q'_n, p'_1, \cdots, p'_n)}$$

$$
= \begin{pmatrix}
\frac{\partial q_1}{\partial q_1'} & \cdots & \frac{\partial q_1}{\partial q_n'} & \frac{\partial p_1}{\partial p_1'} & \cdots & \frac{\partial q_1}{\partial p_n'} \\
\vdots & & \vdots & \vdots & & \vdots \\
\frac{\partial q_n}{\partial q_1'} & \cdots & \frac{\partial q_n}{\partial q_n'} & \frac{\partial q_n}{\partial p_1'} & \cdots & \frac{\partial q_n}{\partial p_n'} \\
\frac{\partial p_1}{\partial q_1'} & \cdots & \frac{\partial p_1}{\partial q_n'} & \frac{\partial p_1}{\partial p_1'} & \cdots & \frac{\partial p_1}{\partial p_n'} \\
\vdots & & \vdots & \vdots & & \vdots \\
\frac{\partial p_n}{\partial q_1'} & \cdots & \frac{\partial p_n}{\partial q_n'} & \frac{\partial p_n}{\partial p_1'} & \cdots & \frac{\partial p_n}{\partial p_n'}
\end{pmatrix}
$$

$$
= \begin{pmatrix}
\left[\frac{\partial \boldsymbol{q}}{\partial \boldsymbol{q}'}\right] & \left[\frac{\partial \boldsymbol{q}}{\partial \boldsymbol{p}'}\right] \\
\left[\frac{\partial \boldsymbol{p}}{\partial \boldsymbol{q}'}\right] & \left[\frac{\partial \boldsymbol{p}}{\partial \boldsymbol{p}'}\right]
\end{pmatrix} \tag{10.86}
$$

由此直接计算

$$
\widetilde{G}^{-1}\begin{pmatrix} 0 & \mathbb{1}_n \\ -\mathbb{1}_n & 0 \end{pmatrix} G^{-1} = \begin{pmatrix}
\widetilde{\left[\frac{\partial \boldsymbol{q}}{\partial \boldsymbol{q}'}\right]} & \widetilde{\left[\frac{\partial \boldsymbol{p}}{\partial \boldsymbol{q}'}\right]} \\
\widetilde{\left[\frac{\partial \boldsymbol{q}}{\partial \boldsymbol{p}'}\right]} & \widetilde{\left[\frac{\partial \boldsymbol{p}}{\partial \boldsymbol{p}'}\right]}
\end{pmatrix}
\begin{pmatrix} 0 & \mathbb{1}_n \\ -\mathbb{1}_n & 0 \end{pmatrix}
\begin{pmatrix}
\left[\frac{\partial \boldsymbol{q}}{\partial \boldsymbol{q}'}\right] & \left[\frac{\partial \boldsymbol{q}}{\partial \boldsymbol{p}'}\right] \\
\left[\frac{\partial \boldsymbol{p}}{\partial \boldsymbol{q}'}\right] & \left[\frac{\partial \boldsymbol{p}}{\partial \boldsymbol{p}'}\right]
\end{pmatrix}
$$

$$
= \begin{pmatrix} [q_r', q_s']_{(q,p)} & [q_r', p_s']_{(q,p)} \\ -[q_r', p_s']_{(q,p)} & [p_r', p_s']_{(q,p)} \end{pmatrix}
$$

$$
= \begin{pmatrix} 0 & \mathbb{1}_n \\ -\mathbb{1}_n & 0 \end{pmatrix} \equiv X
$$

显然 $G^{-1}X\widetilde{G}^{-1} = X$. 用式(10.86)可以把它明确表示成泊松括号形式

$$
G^{-1}X\widetilde{G}^{-1} = \begin{pmatrix}
\left[\frac{\partial \boldsymbol{q}}{\partial \boldsymbol{q}'}\right] & \left[\frac{\partial \boldsymbol{q}}{\partial \boldsymbol{p}'}\right] \\
\left[\frac{\partial \boldsymbol{p}}{\partial \boldsymbol{q}'}\right] & \left[\frac{\partial \boldsymbol{p}}{\partial \boldsymbol{p}'}\right]
\end{pmatrix}
\begin{pmatrix} 0 & \mathbb{1}_n \\ -\mathbb{1}_n & 0 \end{pmatrix}
\begin{pmatrix}
\widetilde{\left[\frac{\partial \boldsymbol{q}}{\partial \boldsymbol{q}'}\right]} & \widetilde{\left[\frac{\partial \boldsymbol{p}}{\partial \boldsymbol{q}'}\right]} \\
\widetilde{\left[\frac{\partial \boldsymbol{q}}{\partial \boldsymbol{p}'}\right]} & \widetilde{\left[\frac{\partial \boldsymbol{p}}{\partial \boldsymbol{p}'}\right]}
\end{pmatrix}
$$

$$
= \begin{pmatrix} \left[\frac{\partial \boldsymbol{q}}{\partial \boldsymbol{q}'}\right]\left[\widetilde{\frac{\partial \boldsymbol{q}}{\partial \boldsymbol{p}'}}\right] - \left[\frac{\partial \boldsymbol{q}}{\partial \boldsymbol{p}'}\right]\left[\widetilde{\frac{\partial \boldsymbol{q}}{\partial \boldsymbol{q}'}}\right] & \left[\frac{\partial \boldsymbol{q}}{\partial \boldsymbol{q}'}\right]\left[\widetilde{\frac{\partial \boldsymbol{p}}{\partial \boldsymbol{p}'}}\right] - \left[\frac{\partial \boldsymbol{q}}{\partial \boldsymbol{p}'}\right]\left[\widetilde{\frac{\partial \boldsymbol{p}}{\partial \boldsymbol{q}'}}\right] \\ \left[\frac{\partial \boldsymbol{p}}{\partial \boldsymbol{q}'}\right]\left[\widetilde{\frac{\partial \boldsymbol{q}}{\partial \boldsymbol{p}'}}\right] - \left[\frac{\partial \boldsymbol{p}}{\partial \boldsymbol{p}'}\right]\left[\widetilde{\frac{\partial \boldsymbol{q}}{\partial \boldsymbol{q}'}}\right] & \left[\frac{\partial \boldsymbol{p}}{\partial \boldsymbol{q}'}\right]\left[\widetilde{\frac{\partial \boldsymbol{p}}{\partial \boldsymbol{p}'}}\right] - \left[\frac{\partial \boldsymbol{p}}{\partial \boldsymbol{p}'}\right]\left[\widetilde{\frac{\partial \boldsymbol{p}}{\partial \boldsymbol{q}'}}\right] \end{pmatrix}
$$

$$
= \begin{pmatrix} 0 & \mathbb{1}_n \\ -\mathbb{1}_n & 0 \end{pmatrix} \tag{10.87}
$$

这就说明了式(10.84).

以下为了行文方便起见,记

$$
G = \begin{pmatrix} \mathbb{A} & \mathbb{B} \\ \mathbb{C} & \mathbb{D} \end{pmatrix}
$$

于是,式(10.87)就写成

$$
\begin{pmatrix} \widetilde{\mathbb{A}} & \widetilde{\mathbb{C}} \\ \widetilde{\mathbb{B}} & \widetilde{\mathbb{D}} \end{pmatrix} \begin{pmatrix} 0 & \mathbb{1}_n \\ -\mathbb{1}_n & 0 \end{pmatrix} \begin{pmatrix} \mathbb{A} & \mathbb{B} \\ \mathbb{C} & \mathbb{D} \end{pmatrix} = \begin{pmatrix} 0 & \mathbb{1}_n \\ -\mathbb{1}_n & 0 \end{pmatrix} \tag{10.88}
$$

由方程(10.84)和(10.88)分别导出辛条件

$$
\mathbb{A}\widetilde{\mathbb{B}} = \mathbb{B}\widetilde{\mathbb{A}}, \quad \mathbb{C}\widetilde{\mathbb{D}} = \mathbb{D}\widetilde{\mathbb{C}}, \quad \mathbb{A}\widetilde{\mathbb{D}} - \mathbb{B}\widetilde{\mathbb{C}} = \mathbb{1}_n \tag{10.89A}
$$

$$
\widetilde{\mathbb{A}}\,\mathbb{C} = \widetilde{\mathbb{C}}\,\mathbb{A}, \quad \widetilde{\mathbb{B}}\,\mathbb{D} = \widetilde{\mathbb{D}}\,\mathbb{B}, \quad \widetilde{\mathbb{A}}\,\mathbb{D} - \widetilde{\mathbb{C}}\,\mathbb{B} = \mathbb{1}_n \tag{10.89B}
$$

注意式(10.89)中两组条件不是完全相互独立的.为以下在正则相干态表象中讨论的方便,我们将辛变换

$$
\begin{pmatrix} \boldsymbol{q}' \\ \boldsymbol{p}' \end{pmatrix} = G \begin{pmatrix} \boldsymbol{q} \\ \boldsymbol{p} \end{pmatrix} \tag{10.90}
$$

与辛条件纳入复的形式.

让 $\boldsymbol{z} = (\boldsymbol{q} + \mathrm{i}\boldsymbol{p})/\sqrt{2}$,从方程(10.90)我们知道

$$
\boldsymbol{z}' = \frac{1}{\sqrt{2}}(\boldsymbol{q}' + \mathrm{i}\boldsymbol{p}') = \mathbb{S}\boldsymbol{z} - \mathbb{R}\boldsymbol{z}^* \tag{10.91}
$$

这里

$$
\left.\begin{aligned} \mathbb{S} &= \frac{1}{2}[(\mathbb{A} + \mathbb{D}) + \mathrm{i}(\mathbb{C} - \mathbb{B})] \\ \mathbb{R} &= \frac{1}{2}[(\mathbb{D} - \mathbb{A}) - \mathrm{i}(\mathbb{B} + \mathbb{C})] \end{aligned}\right\} \tag{10.92}
$$

解之得

$$\left.\begin{aligned} \mathbb{D} &= \frac{\mathbb{S}^* + \mathbb{S} + \mathbb{R}^* + \mathbb{R}}{2}, \quad \mathbb{B} = \frac{\mathbb{R}^* - \mathbb{R} + \mathbb{S}^* - \mathbb{S}}{2\mathrm{i}} \\ \mathbb{A} &= \frac{\mathbb{S}^* + \mathbb{S} - \mathbb{R}^* - \mathbb{R}}{2}, \quad \mathbb{C} = \frac{\mathbb{R}^* - \mathbb{R} - \mathbb{S}^* + \mathbb{S}}{2\mathrm{i}} \end{aligned}\right\} \tag{10.93}$$

把式(10.93)代入辛条件(10.89A),经过一些代数运算给出

$$\mathbb{S}^* \mathbb{R}^\dagger + \mathbb{R}\widetilde{\mathbb{S}} - \mathbb{S}\widetilde{\mathbb{R}} - \mathbb{R}^* \mathbb{S}^\dagger = 0 \tag{10.94A}$$

$$-\mathbb{S}^* \widetilde{\mathbb{S}} - \mathbb{R}\mathbb{R}^\dagger + \mathbb{S}\mathbb{S}^\dagger + \mathbb{R}^* \widetilde{\mathbb{R}} = 0 \tag{10.94B}$$

$$\mathbb{S}^* \mathbb{R}^\dagger - \mathbb{R}\mathbb{R}^\dagger + \mathbb{S}\mathbb{S}^\dagger - \mathbb{R}^* \mathbb{S}^\dagger = \mathbb{1}_n \tag{10.94C}$$

从方程(10.94B)导出($\mathbb{S}\mathbb{S}^\dagger - \mathbb{R}\mathbb{R}^\dagger$)是对称矩阵,所以取式(10.94C)的转置得

$$\mathbb{S}\mathbb{S}^\dagger - \mathbb{R}\mathbb{R}^\dagger + \mathbb{R}^* \mathbb{S}^\dagger - \mathbb{S}^* \mathbb{R}^\dagger = \mathbb{1}_n \tag{10.95}$$

结合式(10.94C)和(10.95)我们导出辛条件(10.89A)的复形式

$$\mathbb{S}\mathbb{S}^\dagger - \mathbb{R}\mathbb{R}^\dagger = \mathbb{1}_n, \quad \mathbb{R}\widetilde{\mathbb{S}} = \mathbb{S}\widetilde{\mathbb{R}} \tag{10.96}$$

类似的,把(10.93)代入式(10.89B),我们可得到其相应的复形式

$$\mathbb{S}^\dagger \mathbb{S} - \widetilde{\mathbb{R}}\,\mathbb{R}^* = \mathbb{1}_n, \quad \mathbb{R}^\dagger \mathbb{S} = \widetilde{\mathbb{S}}\,\mathbb{R}^* \tag{10.97}$$

把(10.97)和(10.96)纳入 $2n\times 2n$ 矩阵形式,有

$$\begin{pmatrix} \mathbb{S} & \mathbb{R} \\ \mathbb{R}^* & \mathbb{S}^* \end{pmatrix}\begin{pmatrix} \mathbb{1}_n & 0 \\ 0 & -\mathbb{1}_n \end{pmatrix}\begin{pmatrix} \mathbb{S} & \mathbb{R} \\ \mathbb{R}^* & \mathbb{S}^* \end{pmatrix}^\dagger = \begin{pmatrix} \mathbb{1}_n & 0 \\ 0 & -\mathbb{1}_n \end{pmatrix} \tag{10.98}$$

$$\begin{pmatrix} \mathbb{S} & \mathbb{R} \\ \mathbb{R}^* & \mathbb{S}^* \end{pmatrix}^\dagger\begin{pmatrix} \mathbb{1}_n & 0 \\ 0 & -\mathbb{1}_n \end{pmatrix}\begin{pmatrix} \mathbb{S} & \mathbb{R} \\ \mathbb{R}^* & \mathbb{S}^* \end{pmatrix} = \begin{pmatrix} \mathbb{1}_n & 0 \\ 0 & -\mathbb{1}_n \end{pmatrix} \tag{10.99}$$

值得指出式(10.98)和(10.99)不是完全独立的.例如,对$\mathbb{S}^\dagger\mathbb{S} - \widetilde{\mathbb{R}}\,\mathbb{R}^* = \mathbb{1}_n$的两边左乘$\mathbb{S}$右乘$\mathbb{S}^{-1}$,再注意到$\mathbb{R}\widetilde{\mathbb{S}} = \mathbb{S}\widetilde{\mathbb{R}}$和$\mathbb{R}^\dagger\mathbb{S} = \widetilde{\mathbb{S}}\,\mathbb{R}^*$,就可以得到$\mathbb{S}\mathbb{S}^\dagger - \mathbb{R}\mathbb{R}^\dagger = \mathbb{1}_n$.

把 $2n$ 维$(\boldsymbol{q},\boldsymbol{p})$空间中的经典变换 $G\begin{pmatrix}\boldsymbol{q}\\ \boldsymbol{p}\end{pmatrix}$对应的幺正算符

$$U(G) = [\det(\widetilde{\mathbb{S}}\,\mathbb{S}^*)]^{1/4}\int_{-\infty}^{\infty}\prod_{i=1}^{n}\left(\frac{\mathrm{d}q_i\mathrm{d}p_i}{2\pi}\right)\left|G\begin{pmatrix}\boldsymbol{q}\\ \boldsymbol{p}\end{pmatrix}\right\rangle\left\langle\begin{pmatrix}\boldsymbol{q}\\ \boldsymbol{p}\end{pmatrix}\right| \tag{10.100}$$

改为如下的复形式

$$U(G) = [\det(\widetilde{\mathbb{S}}\,\mathbb{S}^*)]^{1/4}\int\prod_{i=1}^{n}\left(\frac{\mathrm{d}^2 z_i}{\pi}\right)|\,\mathbb{S}_{ij}z_j - \mathbb{R}_{ij}z_j^*\rangle\langle z_i\,| \tag{10.101}$$

这里积分号前的系数是为了保证 $U(G)$幺正性的需要,在每一项中出现的重复指标意味着要对此指标从 $1\to n$ 求和.利用辛条件可得式(10.101)中的右矢的明显形式是

$$\prod_{i=1}^{n}|\mathbb{S}_{ij}z_j - \mathbb{R}_{ij}z_j^*\rangle = \exp\left[|-\frac{1}{2}\mathbb{S}_{ij}z_j - \mathbb{R}_{ij}z_j^*|^2 + \mathbb{S}_{ij}z_j - \mathbb{R}_{ij}z_j^*)a_i^\dagger\right]|\mathbf{0}\rangle$$

$$= \exp\left\{-\frac{1}{2}(z, z^*)\begin{pmatrix} -\tilde{\mathbb{S}}\mathbb{R}^* & \tilde{\mathbb{S}}\mathbb{S}^* \\ \mathbb{S}^\dagger\mathbb{S} & -\tilde{\mathbb{R}}\mathbb{S}^* \end{pmatrix}\begin{pmatrix} \tilde{z} \\ \tilde{z}^* \end{pmatrix} + a_i^\dagger(\mathbb{S}_{ij}z_j - \mathbb{R}_{ij}z_j^*) + \frac{1}{2}|z_i|^2\right\}|\mathbf{0}\rangle \qquad (10.102)$$

把它代入式(10.101)中,采用

$$|\mathbf{0}\rangle\langle\mathbf{0}| = :\exp(-a_i^\dagger a_i): \equiv :\exp(-\boldsymbol{a}^\dagger\tilde{\boldsymbol{a}}):$$

我们得到

$$U(G) = [\det(\mathbb{S}\mathbb{S}^*)]^{1/4}$$

$$\times\int\prod_{i=1}^{n}\left(\frac{\mathrm{d}^2 z_i}{\pi}\right):\exp\left\{-\frac{1}{2}(z, z^*)\begin{pmatrix} -\tilde{\mathbb{S}}\mathbb{R}^* & \tilde{\mathbb{S}}\mathbb{S}^* \\ \mathbb{S}^\dagger\mathbb{S} & -\tilde{\mathbb{R}}\mathbb{S}^* \end{pmatrix}\begin{pmatrix} \tilde{z} \\ \tilde{z}^* \end{pmatrix}\right.$$

$$\left.+(\boldsymbol{a}^\dagger\mathbb{S} \quad \boldsymbol{a} - \boldsymbol{a}^\dagger\mathbb{R})\begin{pmatrix} \tilde{z} \\ \tilde{z}^* \end{pmatrix} - \boldsymbol{a}^\dagger\tilde{\boldsymbol{a}}\right\}: \qquad (10.103)$$

其中,　　$\boldsymbol{a} = (a_1, a_2, \cdots, a_n)$,　$\boldsymbol{a}^\dagger = (a_1^\dagger, a_2^\dagger, \cdots, a_n^\dagger)$.

注意到式(10.103)中$\tilde{\mathbb{S}}\mathbb{R}^*$和$\tilde{\mathbb{R}}\mathbb{S}^*$都是对称矩阵,而且$\widetilde{(\tilde{\mathbb{S}}\mathbb{S}^*)} = \mathbb{S}^\dagger\mathbb{S}$,所以指数中的 $2n\times 2n$ 矩阵是一个对称阵,于是可以用第 5 章的积分公式(5.33)积分,得到

$$U(G) = [\det(\mathbb{S}\mathbb{S}^*)]^{1/4}\left[\det\begin{pmatrix} \mathbb{S}^\dagger\mathbb{S} & -\tilde{\mathbb{R}}\mathbb{S}^* \\ -\mathbb{S}\mathbb{R}^* & \tilde{\mathbb{S}}\mathbb{S}^* \end{pmatrix}\right]^{-1/2}$$

$$\times:\exp\left[\frac{1}{2}(\boldsymbol{a}^\dagger\mathbb{S}, \boldsymbol{a} - \boldsymbol{a}^\dagger\mathbb{R})\begin{pmatrix} \mathbb{S}^\dagger\mathbb{S} & -\tilde{\mathbb{R}}\mathbb{S}^* \\ -\mathbb{S}\mathbb{R}^* & \tilde{\mathbb{S}}\mathbb{S}^* \end{pmatrix}^{-1}\right.$$

$$\left.\times\begin{pmatrix} \tilde{\boldsymbol{a}} - \tilde{\mathbb{R}}\tilde{\boldsymbol{a}}^\dagger \\ \mathbb{S}\tilde{\boldsymbol{a}}^\dagger \end{pmatrix} - \boldsymbol{a}^\dagger\tilde{\boldsymbol{a}}\right]: \qquad (10.104)$$

利用对分块矩阵求逆和求行列式的公式(5.36)和(5.37),我们有

$$\det\begin{pmatrix} \mathbb{S}^\dagger\mathbb{S} & -\tilde{\mathbb{R}}\mathbb{S}^* \\ -\tilde{\mathbb{S}}\mathbb{R}^* & \tilde{\mathbb{S}}\mathbb{S}^* \end{pmatrix}$$

$$= \det(\mathbb{S}^{\dagger}\mathbb{S})\det[\widetilde{\mathbb{S}}\ \mathbb{S}^{*} - \widetilde{\mathbb{S}}\ \mathbb{R}^{*}(\mathbb{S}^{\dagger}\mathbb{S})^{-1}\widetilde{\mathbb{R}}\ \mathbb{S}^{*}]$$
$$= \det(\mathbb{S}^{\dagger}\mathbb{S}) \tag{10.105}$$

用辛条件$\mathbb{R}^{\dagger}\mathbb{S} = \widetilde{\mathbb{S}}\mathbb{R}^{*}$的变相形式$(\mathbb{S}^{\dagger})^{-1}\widetilde{\mathbb{R}} = \mathbb{R}(\mathbb{S}^{*})^{-1}$，经过一番矩阵与代数运算，我们导出 $U(G)$的明显正规乘积形式

$$\begin{aligned} U(G) &= [\det(\widetilde{\mathbb{S}}\ \mathbb{S}^{*})]^{-1/4} :\exp\left\{\boldsymbol{a}^{\dagger}[(\mathbb{S}^{\dagger})^{-1} - \mathbb{1}_n]\widetilde{\boldsymbol{a}}\right. \\ &\quad \left. + \frac{1}{2}\boldsymbol{a}\mathbb{R}^{\dagger}(\mathbb{S}^{\dagger})^{-1}\widetilde{\boldsymbol{a}} - \frac{1}{2}\boldsymbol{a}^{\dagger}(\mathbb{S}^{\dagger})^{-1}\widetilde{\mathbb{R}}\ \widetilde{\boldsymbol{a}}^{\dagger}\right\}: \\ &= [\det(\widetilde{\mathbb{S}}\ \mathbb{S}^{*})]^{-1/4}\exp\left[-\frac{1}{2}\boldsymbol{a}^{\dagger}(\mathbb{S}^{\dagger})^{-1}\widetilde{\mathbb{R}}\ \widetilde{\boldsymbol{a}}^{\dagger}\right] \\ &\quad \times\exp[\boldsymbol{a}^{\dagger}\ln(\mathbb{S}^{\dagger})^{-1}\widetilde{\boldsymbol{a}}]\exp\left[\frac{1}{2}\boldsymbol{a}\mathbb{R}^{\dagger}(\mathbb{S}^{\dagger})^{-1}\widetilde{\boldsymbol{a}}\right] \end{aligned} \tag{10.106}$$

可以用 IWOP 技术进一步证明它是幺正的. 在 $U^{\dagger}(G)$变换下

$$\left.\begin{aligned} a_l' &\equiv U^{\dagger}(G)a_lU(G) = \mathbb{S}_{lj}a_j - \mathbb{R}_{lj}a_j^{\dagger} \\ a_l'^{\dagger} &= \mathbb{S}_{lj}^{*}a_j^{\dagger} - \mathbb{R}_{lj}^{*}a_j \end{aligned}\right\} \tag{10.107}$$

由辛条件可以保证准粒子算符 a_l'与$a_l'^{\dagger}$ 保持对易关系不变

$$[a_l', a_k'^{\dagger}] = (\mathbb{S}\mathbb{S}^{\dagger} - \mathbb{R}\mathbb{R}^{\dagger})_{lk} = \delta_{lk}$$

把 $U^{\dagger}(G)$作用于真空态，得到

$$U^{\dagger}(G)\,|\,\boldsymbol{0}\rangle = [\det(\widetilde{\mathbb{S}}\ \mathbb{S}^{*})]^{-1/4}\exp\left(\frac{1}{2}\boldsymbol{a}^{\dagger}\mathbb{S}^{-1}\mathbb{R}\widetilde{\boldsymbol{a}}^{\dagger}\right)|\,\boldsymbol{0}\rangle$$

它是一个广义压缩态. 值得指出，尽管 $U(G)$是在正则相干态表象定义的，但由于相干态不正交，$U(G)$并不把一个相干态变为另一个相干态. 把 $U(G)$的正规乘积形式作用于真空态，得到

$$U(G)\,|\,\boldsymbol{0}\rangle = [\det(\widetilde{\mathbb{S}}\ \mathbb{S}^{*})]^{-1/4}\exp\left\{\frac{1}{2}\boldsymbol{a}^{\dagger}[(\mathbb{S}^{\dagger})^{-1}\widetilde{\mathbb{R}}\ \widetilde{\boldsymbol{a}}^{\dagger}]\right\}|\,\boldsymbol{0}\rangle$$

它是一个广义的压缩态. 但是，尽管 $U(G)$并不把一个相干态变成另一个相干态，用式(10.106)计算坐标 Q 和动量P 在$U(G)|z\rangle$的期望值得到

$$\begin{aligned} \langle \boldsymbol{z}\,|\,U^{\dagger}(G)Q_iU(G)\,|\,\boldsymbol{z}\rangle &= \frac{1}{\sqrt{2}}[(\mathbb{S}_{ij} - \mathbb{R}_{ij}^{*})z_j + (\mathbb{S}_{ij}^{*} - \mathbb{R}_{ij})z_j^{*}] \\ &= \mathbb{A}_{ij}q_j + \mathbb{B}_{ij}p_j \end{aligned} \tag{10.108}$$

$$\begin{aligned} \langle \boldsymbol{z}\,|\,U^{\dagger}(G)P_iU(G)\,|\,\boldsymbol{z}\rangle &= \frac{1}{\sqrt{2}i}[(\mathbb{S}_{ij} + \mathbb{R}_{ij}^{*})z_j - (\mathbb{R}_{ij} + \mathbb{S}_{ij}^{*})z_j^{*}] \\ &= \mathbb{C}_{ij}q_j + \mathbb{D}_{ij}p_j \end{aligned} \tag{10.109}$$

在平均值的意义下表明经过 $U(G)$的作用，相点(q_i, p_i)移动到$(\mathbb{A}_{ij}q_j + \mathbb{B}_{ij}p_j$,

$\mathbb{C}_{ij}q_j + \mathbb{D}_{ij}p_j)$.

特别,当在式(10.106)中取

$$\mathbb{S} = \cosh \widetilde{H}, \quad \mathbb{R} = \sinh \widetilde{H} e^{-i\widetilde{F}}, \quad H^\dagger = H, \quad F^\dagger = F \tag{10.110}$$

(显然,这个取法满足辛条件),它就约化到上节的式(10.67).

把平移算符 $D(z) = \exp[z\widetilde{a}^\dagger - z^* \widetilde{a}]$作用于 $U(G)|\mathbf{0}\rangle$,可以证明

$$\int \prod_{i=1}^{n} \left(\frac{d^2 z_i}{\pi}\right) D(z) U(G) \mid \mathbf{0}\rangle\langle \mathbf{0} \mid U^\dagger(G) D^\dagger(z) = 1 \tag{10.111}$$

即这样的广义压缩相干态仍是超完备的.

10.7 产生 n 模广义压缩变换的哈密顿量[131]

当上节中所叙的辛变换矩阵 G 是时间的显函数时

$$G(t) = \begin{pmatrix} \mathbb{A}(t) & \mathbb{B}(t) \\ \mathbb{C}(t) & \mathbb{D}(t) \end{pmatrix} \tag{10.112}$$

方程(10.100)代表着一个时间演化算符,记为 $U(t,0)$,它对应着经典相空间中一个相点$(\boldsymbol{q},\boldsymbol{p})$从 $t=0$ 时刻"流动"到 t 时刻的$G(t)\begin{pmatrix} \boldsymbol{q} \\ \boldsymbol{p} \end{pmatrix}$相点这么一个演变过程.

由薛定谔方程 $i\hbar \dfrac{\partial}{\partial t} = H(t)U$,我们欲求出这支配量子力学演化的哈密顿量 $H(t)$.注意到式(10.106)中 $\boldsymbol{a}^\dagger(\mathbb{S}^\dagger)^{-1}\widetilde{\mathbb{R}}\,\widetilde{\boldsymbol{a}}^\dagger$ 里的矩阵$(\mathbb{S}^\dagger)^{-1}\widetilde{\mathbb{R}}$ 实际上是以矩阵元和的形式出现在指数中,所以我们记

$$\frac{\partial}{\partial t}(\mathbb{S}^\dagger)^{-1}_{ij} = [(\dot{\mathbb{S}}^\dagger)^{-1}_{ij}] \tag{10.113}$$

在作了这样的约定后,对式(10.106)作时间微商,得到

$$\begin{aligned} i\partial_t U(t,0) = i\Big(&-\frac{1}{4}\left\{\frac{[\dot{\det}\,\mathbb{S}]}{\det \mathbb{S}} + \frac{[\dot{\det}\,\mathbb{S}^*]}{\det \mathbb{S}^*}\right\} \\ &- \frac{1}{2}\boldsymbol{a}^\dagger([(\dot{\mathbb{S}}^\dagger)^{-1}]\widetilde{\mathbb{R}} + (\mathbb{S}^\dagger)^{-1}[\dot{\widetilde{\mathbb{R}}}])\widetilde{\boldsymbol{a}}^\dagger \\ &+ \boldsymbol{a}^\dagger[(\dot{\mathbb{S}}^\dagger)^{-1}](\widetilde{\mathbb{R}}\,\widetilde{\boldsymbol{a}}^\dagger + \mathbb{S}^\dagger\widetilde{\boldsymbol{a}}) + \frac{1}{2}(\boldsymbol{a}^\dagger\mathbb{R} + \boldsymbol{a}\mathbb{S}^*) \end{aligned}$$

$$\times\{[\dot{\mathbb{R}}^{\dagger}](\mathbb{S}^{\dagger})^{-1}+\mathbb{R}^{\dagger}[(\dot{\mathbb{S}}^{\dagger})^{-1}]\}(\tilde{\mathbb{R}}\,\boldsymbol{a}^{\dagger}+\mathbb{S}^{\dagger}\tilde{\boldsymbol{a}})\Big)U(t,0) \tag{10.114}$$

这里为方便起见,已经把所有矩阵元的下标略去不写了.利用辛条件 $\mathbb{S}\mathbb{S}^{\dagger}-1_n=\mathbb{R}\mathbb{R}^{\dagger}$,可把其中 $a^{\dagger}$ 的二次项的系数整理为

$$\frac{1}{2}\{-(\mathbb{S}^{\dagger})^{-1}[\dot{\tilde{\mathbb{R}}}]+\mathbb{R}[\dot{\mathbb{R}}^{\dagger}]-\mathbb{S}[\dot{\mathbb{S}}^{\dagger}])(\mathbb{S}^{\dagger})^{-1}\tilde{\mathbb{R}}\}$$

$$=\frac{1}{2}\left\{-(\mathbb{S}^{\dagger})^{-1}[\dot{\tilde{\mathbb{R}}}]-([\dot{\mathbb{R}}]\mathbb{R}^{\dagger}-[\dot{\mathbb{S}}]\mathbb{S}^{\dagger})(\mathbb{S}^{\dagger})^{-1}\tilde{\mathbb{R}}\right\} \tag{10.115}$$

再用

$$(\mathbb{S}^{\dagger})^{-1}\tilde{\mathbb{R}}=\mathbb{R}(\mathbb{S}^{*})^{-1},\quad \mathbb{R}^{\dagger}\mathbb{R}=\tilde{\mathbb{S}}\,\mathbb{S}^{*}-1_n \tag{10.116}$$

把 $\boldsymbol{a}^{\dagger}$ 二次项进一步写成

$$\boldsymbol{a}^{\dagger}\left\{-\frac{1}{2}(\mathbb{S}^{\dagger})^{-1}[\dot{\tilde{\mathbb{R}}}]+\frac{1}{2}[\dot{\mathbb{S}}]\tilde{\mathbb{R}}-\frac{1}{2}[\dot{\mathbb{R}}]\tilde{\mathbb{S}}+\frac{1}{2}[\dot{\mathbb{R}}(\mathbb{S}^{*})^{-1}]\right\}\tilde{\boldsymbol{a}}^{\dagger} \tag{10.117}$$

其中

$$\boldsymbol{a}^{\dagger}\{[\dot{\mathbb{R}}](\mathbb{S}^{*})^{-1}-(\mathbb{S}^{\dagger})^{-1}[\dot{\tilde{\mathbb{R}}}]\}\tilde{\boldsymbol{a}}^{\dagger}=0 \tag{10.118}$$

另一方面,式(10.114)中介于 $\boldsymbol{a}^{\dagger}$ 与 $\tilde{\boldsymbol{a}}$ 的矩阵用辛条件(10.96)改写为

$$[(\dot{\mathbb{S}})^{-1}]\mathbb{S}^{\dagger}+\frac{1}{2}\mathbb{R}\{[\dot{\mathbb{R}}^{\dagger}](\mathbb{S}^{\dagger})^{-1}+\mathbb{R}^{\dagger}[(\dot{\mathbb{S}}^{\dagger})^{-1}]\}\mathbb{S}^{\dagger}$$

$$=-\frac{1}{2}(\mathbb{S}^{\dagger})^{-1}[\dot{\mathbb{S}}^{\dagger}]+\frac{1}{2}(\mathbb{R}[\dot{\mathbb{R}}^{\dagger}]-\mathbb{S}[\dot{\mathbb{S}}^{\dagger}]) \tag{10.119}$$

而介于 $\boldsymbol{a}$ 与 $\tilde{\boldsymbol{a}}^{\dagger}$ 的矩阵则为

$$\frac{1}{2}\boldsymbol{a}\mathbb{S}^{*}\{[\dot{\mathbb{R}}^{\dagger}](\mathbb{S}^{\dagger})^{-1}+\mathbb{R}^{\dagger}[(\dot{\mathbb{S}}^{\dagger})^{-1}]\}\tilde{\mathbb{R}}\,\tilde{\boldsymbol{a}}^{\dagger}$$

$$=\frac{1}{2}\boldsymbol{a}^{\dagger}\mathbb{R}\{[\mathbb{R}^{\dagger}](\mathbb{S}^{\dagger})^{-1}+\mathbb{R}^{\dagger}[(\dot{\mathbb{S}}^{\dagger})^{-1}]\}\tilde{\mathbb{S}}^{\dagger}\tilde{\boldsymbol{a}}^{\dagger}$$

$$+\frac{1}{2}\mathrm{tr}\{[\dot{\mathbb{R}}^{\dagger}]\mathbb{R}+\mathbb{R}^{*}\mathbb{S}^{\dagger}[(\dot{\mathbb{S}}^{\dagger})^{-1}]\tilde{\mathbb{R}}\} \tag{10.120}$$

其中第一项的矩阵可以用辛条件

$$(\mathbb{S}^{*})^{-1}\mathbb{R}^{*}=\mathbb{R}^{\dagger}(\mathbb{S}^{\dagger})^{-1},\qquad \mathbb{R}\mathbb{R}^{\dagger}=\mathbb{S}\mathbb{S}^{\dagger}-1_n \tag{10.121}$$

简化为

$$\frac{1}{2}\mathbb{R}\left\{\frac{\mathrm{d}}{\mathrm{d}t}((\mathbb{S}^{*})^{-1}\mathbb{R}^{*})\right\}\mathbb{S}^{\dagger}=\frac{1}{2}\mathbb{R}\left\{\frac{\mathrm{d}}{\mathrm{d}t}(\mathbb{R}^{\dagger}(\mathbb{S}^{\dagger})^{-1})\right\}\mathbb{S}^{\dagger}$$

$$= \frac{1}{2}\mathbb{R}\left\{[\dot{\mathbb{R}}^{\dagger}](\mathbb{S}^{\dagger})^{-1} + \mathbb{R}^{\dagger}[(\dot{\mathbb{S}}^{\dagger})^{-1}]\right\}\mathbb{S}^{\dagger}$$
$$= \frac{1}{2}\left\{\mathbb{R}[\dot{\mathbb{R}}^{\dagger}] - (\mathbb{S}\mathbb{S}^{\dagger} - \mathbb{1}_n)(\mathbb{S}^{\dagger})^{-1}[\dot{\mathbb{S}}^{\dagger}]\right\}$$
$$= \frac{1}{2}\left\{\mathbb{R}[\dot{\mathbb{R}}^{\dagger}] - \mathbb{S}[\dot{\mathbb{S}}^{\dagger}] + (\mathbb{S}^{\dagger})^{-1}[\dot{\mathbb{S}}^{\dagger}]\right\} \tag{10.122}$$

式(10.120)中的求迹项则简化为

$$\frac{1}{2}\mathrm{tr}\{[\dot{\mathbb{R}}^{\dagger}]\mathbb{R} + \mathbb{S}^{\dagger}[(\dot{\mathbb{S}}^{\dagger})^{-1}]\widetilde{\mathbb{R}}\ \mathbb{R}^{*}\}$$
$$= \frac{1}{2}\mathrm{tr}\{[\dot{\mathbb{R}}^{\dagger}]\mathbb{R} - [\dot{\mathbb{S}}^{\dagger}]^{-1}(\mathbb{S}^{\dagger})^{-1}(\mathbb{S}^{\dagger}\mathbb{S} - \mathbb{1}_n)\}$$
$$= \frac{1}{2}\mathrm{tr}\{[\dot{\mathbb{R}}^{\dagger}]\mathbb{R} - [\dot{\mathbb{S}}^{\dagger}]\mathbb{S} + [\dot{\mathbb{S}}^{*}](\mathbb{S}^{*})^{-1}\} \tag{10.123}$$

可以进一步把 $\mathrm{tr}\{[\dot{\mathbb{S}}^{*}](\mathbb{S}^{*})^{-1}\}$化为行列式

$$\mathrm{tr}\{[\dot{\mathbb{S}}^{*}](\mathbb{S}^{*})^{-1}\} = \frac{\mathrm{d}}{\mathrm{d}t}\ln\det\mathbb{S}^{*} \tag{10.124}$$

此式来源如下：由某方阵 A 的行列式的展开定理

$$\det A = \sum_n A_{kn}C_{nk}(A)$$

其中 $C_{nk}(A)$是 A_{kn} 的代数余子式，它不含 A_{kn}，所以

$$\frac{\delta}{\delta A_{kn}}\det A = C_{nk}(A) = (A^{-1})_{nk}\det A$$

即

$$\frac{\delta}{\delta A_{kn}}\ln\det A = (A^{-1})_{nk}$$

由此导出

$$\delta\ln\det A = \sum_{kn}\delta A_{kn}\frac{\delta\ln\det A}{\delta A_{kn}} = \sum_{kn}\delta A_{kn}(A^{-1})_{nk}$$
$$= \mathrm{tr}(\delta A\, A^{-1})$$

把式(10.117)、(10.120)、(10.119)、(10.122)和(10.124)都代入式(10.114)中，经整理得

$$\mathrm{i}\partial_t U(t,0) = HU(t,0) \tag{10.125}$$

其中

$$H = \frac{\mathrm{i}}{2}\Big(\boldsymbol{a}^{\dagger}\{[\dot{\mathbb{S}}]\widetilde{\mathbb{R}} - [\dot{\mathbb{R}}]\widetilde{\mathbb{S}}\}\widetilde{\boldsymbol{a}}^{\dagger} + \boldsymbol{a}\{\mathbb{S}^{*}[\dot{\mathbb{R}}^{\dagger}] - \mathbb{R}^{*}[\dot{\mathbb{S}}^{\dagger}]\}\widetilde{\boldsymbol{a}}$$
$$+ \mathrm{tr}\{[\dot{\mathbb{R}}^{\dagger}]\mathbb{R} - \mathbb{S}[\dot{\mathbb{S}}^{\dagger}]\} + 2\boldsymbol{a}^{\dagger}\{\mathbb{R}[\dot{\mathbb{R}}^{\dagger}] - \mathbb{S}[\dot{\mathbb{S}}^{\dagger}]\}\widetilde{\boldsymbol{a}}\Big)$$

$$+\frac{\mathrm{i}}{4}\mathrm{tr}\left\{[\dot{\mathbb{S}}^*](\mathbb{S}^*)^{-1}-[\dot{\mathbb{S}}]\mathbb{S}^{-1}\right\} \tag{10.126}$$

它是在相互作用表象中支配动力学演化

$$(\boldsymbol{a},\boldsymbol{a}^\dagger)\Rightarrow U(t,0)(\boldsymbol{a},\boldsymbol{a}^\dagger)U^{-1}(t,0)$$
$$=(\boldsymbol{a},\boldsymbol{a}^\dagger)\begin{pmatrix}\mathbb{S}^* & \mathbb{R}^*\\ \mathbb{R} & \mathbb{S}\end{pmatrix}$$

的哈密顿量. 让我们来确定 H 的厄米性,根据辛条件$\mathbb{R}\tilde{\mathbb{S}}=\mathbb{S}\tilde{\mathbb{R}}$有

$$[\dot{\mathbb{R}}]\tilde{\mathbb{S}}+\mathbb{R}[\dot{\tilde{\mathbb{S}}}]=[\dot{\mathbb{S}}]\tilde{\mathbb{R}}+\mathbb{S}[\dot{\tilde{\mathbb{R}}}]$$

所以$[\dot{\mathbb{S}}]\tilde{\mathbb{R}}-[\dot{\mathbb{R}}]\tilde{\mathbb{S}}$是对称矩阵. 另外,由辛条件$\mathbb{S}\mathbb{S}^\dagger-\mathbb{R}\mathbb{R}^\dagger=1_n$得到

$$\mathbb{R}[\dot{\mathbb{R}}^\dagger]-\mathbb{S}[\dot{\mathbb{S}}^\dagger]=-\{[\dot{\mathbb{R}}]\mathbb{R}^\dagger-[\dot{\mathbb{S}}^\dagger]\mathbb{S}^\dagger\}$$

$$\mathrm{tr}(\{[\dot{\mathbb{S}}^*](\mathbb{S}^*)^{-1}\}^\dagger)=\mathrm{tr}(\{[\dot{\mathbb{S}}^*](\mathbb{S}^*)^{-1}\}^*)=\mathrm{tr}\{[\dot{\mathbb{S}}]\mathbb{S}^{-1}\}$$

综上所述,H 的厄米性可以得到证实.

特别,当二维相空间点(q,p)作如下"流动"

$$\begin{pmatrix}q\\p\end{pmatrix}\rightarrow\begin{bmatrix}\cosh r(t) & -\mathrm{e}^{\mu(t)}\sinh r(t)\\ -\mathrm{e}^{-\mu(t)}\sinh r(t) & \cosh r(t)\end{bmatrix}\begin{pmatrix}q\\p\end{pmatrix} \tag{10.127}$$

则对应此变换的量子幺正算符是

$$U=\left(\frac{\operatorname{sech} r}{g}\right)^{1/2}\exp\left[\frac{-\mathrm{i}}{2g}\cosh\mu\tanh r a^{\dagger 2}\right]$$
$$\times :\exp\left[\left(\frac{1}{g}\operatorname{sech} r-1\right)a^\dagger a\right]:$$
$$\times\exp\left[\frac{-\mathrm{i}}{2g}\cosh\mu\tanh r a^2\right] \tag{10.128}$$

其中 $g=1-\mathrm{i}\tanh r\sinh\mu$. 相应的支配动力学的哈密顿量为

$$H(t)=f(t)a^{\dagger 2}+f^*(t)a^2+k(t)a^\dagger a+h(t)$$

其中

$$f(t)=\frac{1}{2}\dot{r}\cosh\mu+\frac{1}{2}\dot{\mu}\left(\frac{1}{2}\sinh 2r\sinh\mu-\mathrm{i}\sinh^2 r\right)$$

$$k(t)=-\dot{r}\sinh\mu-\frac{\dot{\mu}}{2}\sinh 2r\cosh\mu$$

$$h(t)=\frac{1}{2}k(t)-\frac{\dot{r}\sinh\mu+\dfrac{\dot{\mu}}{2}\sinh 2r\cosh\mu}{2(\cosh^2 r+\sinh^2\mu\sinh^2 r)}$$

10.8　从独立粒子坐标到雅可比坐标的变换的幺正算符[132]

在解经典多体动力学问题时,常把独立粒子坐标和动量转变为质心坐标、相对坐标及相应的共轭动量,在分离出质心运动后,针对相对坐标解动力学方程.在不少场合,量子力学多体系统的哈密顿量直接取自于经典哈密顿的形式,只是把坐标与动量理解为算符.因此,有必要研究什么样的幺正算符对从独立粒子坐标向雅可比坐标(质心坐标,相对坐标等)的变换负责.先以两个粒子为例,把它们的坐标(动量)变换为质心坐标与相对动量.

$$\left.\begin{aligned} x_{\mathrm{cm}} &= \mu_1 x_1 + \mu_2 x_2, \quad x_{\mathrm{r}} = x_2 - x_1 \\ P_{\mathrm{cm}} &= p_1 + p_2, \quad P_{\mathrm{r}} = \mu_1 p_2 - \mu_2 p_1 \end{aligned}\right\} \tag{10.129}$$

它们的幺正算符是什么呢? 这里我们给出一个简易而直捷的方法,即用狄拉克坐标表象和 IWOP 技术把经典的坐标变换映射到量子力学希尔伯特空间去,构造如下的积分型投影算符

$$V(g_2) = \iint_{-\infty}^{\infty} \mathrm{d}x_1 \mathrm{d}x_2 \left| g_2 \begin{pmatrix} x_1 \\ x_2 \end{pmatrix} \right\rangle \left\langle \begin{pmatrix} x_1 \\ x_2 \end{pmatrix} \right|, \quad g_2 = \begin{pmatrix} 1 & -\mu^2 \\ 1 & \mu_1 \end{pmatrix} \tag{10.130}$$

注意 $g_2^{-1} = \begin{pmatrix} \mu_1 & \mu_2 \\ -1 & 1 \end{pmatrix}$ 是使经典坐标(x_1, x_2)变为经典质心坐标和相对坐标的变换.

令人感兴趣的是在 $V(g_2)$中包含着压缩变换.为了清楚地说明这一点,用坐标表象的正交性$\langle x_i' | x_i \rangle = \delta(x_i' - x_i)$把 V 分解为

$$\begin{aligned} V(g_2) = & \iint_{-\infty}^{\infty} (\mu_1 \mu_2)^{-1/4} \mathrm{d}x_1'' \mathrm{d}x_2'' \left| \begin{pmatrix} \mu_1^{-1/2} & 0 \\ 0 & \mu_2^{-1/2} \end{pmatrix} \begin{pmatrix} x_1'' \\ x_2'' \end{pmatrix} \right\rangle \left\langle \begin{pmatrix} x_1'' \\ x_2'' \end{pmatrix} \right| \\ & \times \iint_{-\infty}^{\infty} \mathrm{d}x_1' \mathrm{d}x_2' \left| \begin{pmatrix} \mu_1^{1/2} & -\mu_2^{1/2} \\ \mu_2^{1/2} & \mu_1^{1/2} \end{pmatrix} \begin{pmatrix} x_1' \\ x_2' \end{pmatrix} \right\rangle \left\langle \begin{pmatrix} x_1' \\ x_2' \end{pmatrix} \right| \\ & \times \iint_{-\infty}^{\infty} (\mu_1 \mu_2)^{1/4} \mathrm{d}x_1 \mathrm{d}x_2 \left| \begin{pmatrix} 1 & 0 \\ 0 & (\mu_1 \mu_2)^{1/2} \end{pmatrix} \begin{pmatrix} x_1 \\ x_2 \end{pmatrix} \right\rangle \left\langle \begin{pmatrix} x_1 \\ x_2 \end{pmatrix} \right| \end{aligned} \tag{10.131}$$

可见上式右边第一个积分型投影算符是

$$\exp\left[\frac{1}{2}(r_1+r_2)\right]\exp[\mathrm{i}(r_1\hat{x}_1\hat{p}_1+r_2\hat{x}_2\hat{p}_2)]\equiv S_2,\quad \mathrm{e}^{r_i}=\mu_i^{1/2} \tag{10.132}$$

第二个积分型投影算符是转动算符，记之为 R_1. 所以有

$$V(g_2)=S_2R_1\exp[-\mathrm{i}(r_1+r_2)\hat{x}_2\hat{p}_2] \tag{10.133}$$

它代表两个单模压缩变换、转动变换、一个单模压缩变换的合成效果. 用坐标本征态 $|x_i\rangle$ 的粒子数表象

$$|x_i\rangle=\pi^{-1/4}\sqrt{l_i}\exp\left[-\frac{1}{2}l_i^2x_i^2+\sqrt{2}l_ix_ia_i^\dagger-\frac{1}{2}a_i^{\dagger 2}\right]|0\rangle_i$$

$$l_i\equiv\sqrt{\frac{m_i\omega_i}{\hbar}}$$

和 IWOP 技术对式(10.130)实行积分(注意 l_i 在积分中的影响)，得

$$\begin{aligned}
V(g_2)=&\frac{l_1l_2}{\pi}\iint_{-\infty}^{\infty}\mathrm{d}x_1\mathrm{d}x_2\exp\left\{-\frac{1}{2}[l_1^2(x_1-\mu_2x_2)^2+l_2^2(x_1+\mu_1x_2)^2]\right.\\
&\left.+\sqrt{2}l_1(x_1-\mu_2x_2)a_1^\dagger+\sqrt{2}l_2(x_1+\mu_1x_2)a_2^\dagger-\frac{1}{2}(a_1^{\dagger 2}+a_2^{\dagger 2})\right\}\\
&\times:\exp(-a_1^\dagger a_1-a_2^\dagger a_2):\exp\left[-\frac{1}{2}(l_1^2x_1^2+l_2^2x_2^2)\right.\\
&\left.+\sqrt{2}(l_1x_1a_1+l_2x_2a_2)-\frac{1}{2}(a_1^2+a_2^2)\right]\\
=&\frac{2}{\sqrt{\mathscr{L}}}\exp\left[\frac{1}{2\mathscr{L}}\{(1-\mu_1^2+\lambda^2\mu_2^2-\lambda^{-2})[(a_1^{\dagger 2}-a_2^{\dagger 2})+4(\lambda^{-1}\right.\\
&\left.-\lambda\mu_1\mu_2)a_1^\dagger a_2^\dagger]\}\right]:\exp\left\{\frac{2}{\mathscr{L}}[(\lambda^{-1}+\lambda\mu_2)(a_2^\dagger a_1-a_1^\dagger a_2)\right.\\
&\left.+(\mu_1+1)(a_1^\dagger a_1+a_2^\dagger a_2)]-(a_1^\dagger a_1+a_2^\dagger a_2)\right\}:\exp\left\{\frac{1}{2\mathscr{L}}\right.\\
&\left.\times[(\mu_1^2+\lambda^2\mu_2^2-1-\lambda^{-2})(a_1^2-a_2^2)+4(\lambda\mu_1-\lambda^{-1}\mu_2)a_1a_2]\right\}
\end{aligned} \tag{10.134}$$

其中

$$\mathscr{L}=3+\mu_1^2+\lambda^2\mu_2^2+\lambda^{-2},\quad \lambda\equiv l_1/l_2.$$

由 $V(g_2)$ 的正规乘积形式，我们可以验证

$$\begin{aligned}
&V(g_2)\frac{1}{\sqrt{2}l_1}(a_1+a_1^\dagger)V^{-1}(g_2)=\mu_1\hat{x}_1+\mu_2\hat{x}_2\\
&V(g_2)\frac{1}{\sqrt{2}l_2}(a_1+a_2^\dagger)V^{-1}(g_2)=\hat{x}_2-\hat{x}_1
\end{aligned} \tag{10.135}$$

将以上的讨论推广到 N 个粒子质量分别为 m_i 的情况.它们的雅可比坐标和动量定义为

$$
\begin{aligned}
& x_2 - x_1, \quad \frac{m_1 p_2 - m_2 p_1}{m_1 + m_2} \\
& x_3 - \frac{m_1 x_1 + m_2 x_2}{m_1 + m_2}, \quad \frac{(m_1 + m_2) p_3 - m_3 (p_1 + p_2)}{m_1 + m_2 + m_3} \\
& \cdots \\
& x_N - \frac{\sum_{i=1}^{N-1} m_i x_i}{\sum_{i=1}^{N-1} m_i}, \quad \frac{\left(\sum_{i=1}^{N-1} m_i\right) p_N - m_N \sum_{i=1}^{N-1} p_i}{\sum_{i=1}^{N} m_i}
\end{aligned}
\tag{10.136}
$$

以三个粒子系统为例,记粒子 1 与粒子 2 组成的子系统的质心坐标

$$
x_{12} = \mu_1 x_1 + \mu_2 x_2 \equiv \xi_2 \tag{10.137}
$$

三粒子系统的质心坐标和第三个粒子与 x_{12} 的相对坐标分别是

$$
\xi_1 \equiv x_{CM} = \mu_{12} x_{12} + \mu_3 x_3, \quad \xi_3 = x_3 - x_{12} \tag{10.138}
$$

其中

$$
\mu_{12} = \frac{m_1 + m_2}{m_1 + m_2 + m_3}, \quad \mu_3 = \frac{m_3}{m_1 + m_2 + m_3} \tag{10.139}
$$

以上关系可以纳入矩阵形式

$$
\begin{pmatrix} \xi_1 \\ \xi_2 \\ \xi_3 \end{pmatrix} = \begin{pmatrix} \mu_{12}\mu_1 & \mu_{12}\mu_2 & \mu_3 \\ -1 & 1 & 0 \\ -\mu_1 & -\mu_2 & 1 \end{pmatrix} \begin{pmatrix} x_1 \\ x_2 \\ x_3 \end{pmatrix} \tag{10.140}
$$

易见

$$
g_3 = \begin{pmatrix} 1 & -\mu_2 & -\mu_3 \\ 1 & \mu_1 & -\mu_3 \\ 1 & 0 & \mu_{12} \end{pmatrix}, \quad \det g_3 = 1 \tag{10.141}
$$

若用坐标表象构造如下的幺正算符

$$
W(g_s) = \iiint \mathrm{d}^3 \boldsymbol{x} \left| g_3 \begin{pmatrix} x_1 \\ x_3 \\ x_2 \end{pmatrix} \right\rangle \left\langle \begin{pmatrix} x_1 \\ x_2 \\ x_3 \end{pmatrix} \right| \tag{10.142}
$$

则可证明 $W(g_3)$就是生成从独立粒子坐标到雅可比坐标变换的幺正算符,它包含着压缩变换.为进一步分析 $W(g_3)$所包含的几个变换步骤,将 $W(g_3)$作如下分解

$$W(g_3) = \int d^3 \boldsymbol{x} \left| \begin{pmatrix} 1 & -\mu_2 & 0 \\ 1 & \mu_1 & 0 \\ 0 & 0 & 1 \end{pmatrix} \begin{pmatrix} x_1 \\ x_2 \\ x_3 \end{pmatrix} \right\rangle \left\langle \begin{pmatrix} x_1 \\ x_2 \\ x_3 \end{pmatrix} \right|$$

$$\times \int d^3 \boldsymbol{x}' (\mu_{12}\mu_3)^{-1/4}$$

$$\times \left| \begin{pmatrix} \mu_{12}^{-1/2} & 0 & 0 \\ 0 & 1 & 0 \\ 0 & 0 & \mu_3^{-1/2} \end{pmatrix} \begin{pmatrix} x'_1 \\ x'_2 \\ x'_3 \end{pmatrix} \right\rangle \left\langle \begin{pmatrix} x'_1 \\ x'_2 \\ x'_3 \end{pmatrix} \right|$$

$$\times \int d^3 \boldsymbol{x}'' \left| \begin{pmatrix} \mu_{12}^{1/2} & 0 & -\mu_3^{-1/2} \\ 0 & 1 & 0 \\ \mu_3^{1/2} & 0 & \mu_{12}^{1/2} \end{pmatrix} \begin{pmatrix} x''_1 \\ x''_2 \\ x''_3 \end{pmatrix} \right\rangle \left\langle \begin{pmatrix} x''_1 \\ x''_2 \\ x''_3 \end{pmatrix} \right|$$

$$\times \int d^3 \boldsymbol{x}''' (\mu_{12}\mu_3)^{1/4}$$

$$\times \left| \begin{pmatrix} 1 & 0 & 0 \\ 0 & 1 & 0 \\ 0 & 0 & (\mu_{12}\mu_3)^{1/2} \end{pmatrix} \begin{pmatrix} x'''_1 \\ x'''_2 \\ x'''_3 \end{pmatrix} \right\rangle \left\langle \begin{pmatrix} x'''_1 \\ x'''_2 \\ x'''_3 \end{pmatrix} \right|$$

$$= V(g_2) \exp\left[\frac{1}{2}(r_{12} + r_3)\right] \exp[\mathrm{i}(r_{12}\hat{x}_1\hat{p}_1 + r_3\hat{x}_3\hat{p}_3)]$$

$$\times \exp[-\mathrm{i}\beta(\hat{x}_1\hat{p}_3 - \hat{x}_3\hat{p}_1)] \exp\left[-\frac{1}{2}(r_{12} + r_3)\right]$$

$$\times \exp[-\mathrm{i}(r_{12} + r_3)\hat{x}_3\hat{p}_3] \tag{10.143}$$

其中

$$e^{r_{12}} = \mu_{12}^{1/2}, \quad e^{r_3} = \mu_3^{1/2}, \quad \tan\beta = \left(\frac{\mu_3}{\mu_{12}}\right)^{1/2} \tag{10.144}$$

将式(10.143)右边的后三个指数算符与式(10.131)右边的三个算符作比较,可见两者类同,前者是一个把质量为 μ_{12} 的“粒子”1 与质量为 μ_3 的“粒子”3 变换到其雅可比坐标的变换.为了给 $W(g_3)$ 一个更为直观的解释,注意到

$$\exp[-\mathrm{i}\beta(\hat{x}_{12}\hat{p}_3 - \hat{x}_3\hat{p}_{12})]$$

$$= V(g_2)\exp[-\mathrm{i}\beta(\hat{x}_1\hat{p}_3 - \hat{x}_3\hat{p}_1)]V^{-1}(g_2) \equiv R'_1 \tag{10.145}$$

$$\exp[\mathrm{i}(r_{12}\hat{x}_{12}\hat{p}_{12} + r_3\hat{x}_3\hat{p}_3)]$$

$$= V(g_2)\exp[\mathrm{i}(r_{12}\hat{x}_1\hat{p}_1 + r_3\hat{x}_3\hat{p}_3)]V^{-1}(g_2) \equiv S'_2 \tag{10.146}$$

因此,原来由式(10.143)表达的 $W(g_3)$ 可以写成

$$
\begin{aligned}
W(g_3) &= \exp[\mathrm{i}(r_{12}\hat{x}_{12}\hat{p}_{12} + r_3\hat{x}_3\hat{p}_3)]\exp[-\mathrm{i}\beta(\hat{x}_{12}\hat{p}_3 - \hat{x}_3\hat{p}_{12})] \\
&\quad \times \exp[-\mathrm{i}(r_{12} + r_3)\hat{x}_3\hat{p}_3]V(g_2) \\
&= S_2'R_1'\exp[-\mathrm{i}(r_{12} + r_3)\hat{x}_3\hat{p}_3]V(g_2)
\end{aligned} \tag{10.147}
$$

它代表着这样的变换步骤,即首先把粒子 1 与 2 的子系统变换为雅可比坐标,这由 $V(g_2)$来完成.然后做另一次"两粒子"的独立粒子到其雅可比坐标的变换,这"两粒子"是指质量为 μ_{12} 的 1～2 粒子的质心和第 3 个粒子组成的系统,这第二次变换是由式(10.147)右边的 $S_2'R_1'\exp[-\mathrm{i}(r_{12}+r_3)\hat{x}_3\hat{p}_3]$来实现的.

由此可见,重复以上的步骤,我们就可以找到把 N 个粒子的独立坐标变换为其雅可比坐标的幺正算符,而 IWOP 技术则帮助我们找到它们的正规乘积展开式.

习题(第 9,10 章)

1. 不少文献引入并讨论奇、偶相干态,如文献[115].偶相干态与奇相干态分别定义为

$$|z\rangle_{\mathrm{e}} = C_{\mathrm{e}}(|z\rangle + |-z\rangle),\quad C_{\mathrm{e}} = \frac{1}{2}\exp\left(\frac{1}{2}|z|^2\right)\cosh^{-1/2}(|z|^2)$$

$$|z\rangle_{\mathrm{O}} = C_{\mathrm{O}}(|z\rangle - |-z\rangle),\quad C_{\mathrm{O}} = \frac{1}{2}\exp\left(\frac{1}{2}|z|^2\right)\sinh^{-1/2}(|z|^2)$$

试求奇、偶相干态高阶压缩特性(参考文献[116]).

2. 求单模、双模累次压缩算符的正规乘积表达式

$$U = S^{(2)}(\lambda)S^{(1)}(r)S^{(1)}(t)$$

其中

$$S^2(\lambda) = \exp[\lambda(a_1^\dagger a_2^\dagger - a_1a_2)]$$

$$S^{(1)}(r) = \exp\left[\frac{r}{2}(a_1^2 - a_1^{\dagger 2})\right],\quad S^{(1)}(t) = \exp\left[\frac{t}{2}(a_2^2 - a_2^{\dagger 2})\right]$$

求 U 的正规乘积展开.并分析累次压缩态的性质(参见文献[117]).

3. 由于单模压缩真空态也是偶数光子态,所以如引入

$$\|z,r\rangle_{\mathrm{e}} = D_{\mathrm{e}}(z)S(r)|0\rangle,\quad D_{\mathrm{e}}(z) = D(z) + D(-z)$$

$$\|z,r\rangle_{\mathrm{O}} = D_{\mathrm{O}}(z)S(r)|0\rangle,\quad D_{\mathrm{O}}(z) = D(z) - D(-z)$$

则它们分别是偶光子数态与奇光子数态.试分析这两种态的非经典特性(参见文献[118]).

4. 参考式(9.84),求使振幅平方压缩不确定关系 $\Delta\hat{Y}_1\Delta\hat{Y}_2 \geqslant \left\langle N + \frac{1}{2}\right\rangle$取极小值的多项式态.

5. 求能生成单-双模组合压缩态的动力学哈密顿量.

第 11 章　费米系统的 IWOP 技术与应用

11.1　费米相干态与费米体系的 IWOP 技术

以上各章中用到的 IWOP 技术是针对玻色算符的. 那么,对于费米系统是否有相应的 IWOP 技术呢? 为此,我们先写下单模费米子反对易关系.

$$\{f,f^{\dagger}\} = 1, \quad f^2 = 0, \quad f^{\dagger 2} = 0 \tag{11.1}$$

让费米子真空态为$|0\rangle$,则 $f^{\dagger}|0\rangle = |1\rangle$,$f|0\rangle = 0$,$f^{\dagger}|1\rangle = 0$. 利用$|0\rangle$和$|1\rangle$的矩阵表示

$$|0\rangle = \begin{pmatrix}1\\0\end{pmatrix}, \quad |1\rangle = \begin{pmatrix}0\\1\end{pmatrix}$$

可知

$$f = |0\rangle\langle 1| = \begin{pmatrix}0 & 1\\0 & 0\end{pmatrix}, \quad f^{\dagger} = |1\rangle\langle 0| = \begin{pmatrix}0 & 0\\1 & 0\end{pmatrix} \tag{11.2}$$

记湮没算符 f 的本征矢是$\begin{bmatrix}e_1\\e_2\end{bmatrix}$,则本征方程为

$$f\begin{bmatrix}e_1\\e_2\end{bmatrix} = \begin{pmatrix}0 & 1\\0 & 0\end{pmatrix}\begin{bmatrix}e_1\\e_2\end{bmatrix} = \begin{bmatrix}e_1\\e_2\end{bmatrix}\alpha \tag{11.3}$$

由此给出

$$e_2 = e_1\alpha, \quad 0 = e_2\alpha \tag{11.4}$$

其中第二个方程或是取 δ 函数形式的解,或是取 $e_2 = \alpha$,$\alpha^2 = 0$,α 称为 Grassmann 数. 这种特殊的数与费米子的反对易关系相适应,所以也称为反对易 c 数. 因此,当 $e_2 = \alpha$ 时,$e_1 = 1$,本征矢就是

$$\begin{bmatrix} e_1 \\ e_2 \end{bmatrix} = \begin{pmatrix} 1 \\ \alpha \end{pmatrix} = \begin{pmatrix} 1 \\ 0 \end{pmatrix} + \begin{pmatrix} 0 \\ 1 \end{pmatrix}\alpha = |0\rangle + |1\rangle\alpha = e^{f^\dagger\alpha}|0\rangle \tag{11.5}$$

对于多个模式的 Grassmann 数 α_i 有性质

$$\alpha_i^2 = 0,\quad \{\alpha_i,\alpha_j\} = 0 \tag{11.6}$$

并且满足积分公式[59]

$$\int d\alpha_i = 0,\quad \int d\alpha_i\alpha_i = 1,\quad \int d\bar{\alpha}_i = 0,\quad \int d\bar{\alpha}_i\bar{\alpha}_i = 1 \tag{11.7}$$

$$\begin{aligned} &\int\prod_{i=1} d\bar{\alpha}_i d\alpha_i \exp\left[-\sum_{ij}\bar{\alpha}_i A_{ij}\alpha_j + \sum_i(\bar{\alpha}_i\eta_i + \bar{\eta}_i\alpha_i)\right] \\ &= \det A\exp\left[\sum_{ij}\bar{\eta}_i(A^{-1})_{ij}\eta_j\right] \end{aligned} \tag{11.8}$$

这里 $\eta_i,\bar{\eta}_i$ 也是 Grassmann 数,而 A 是一个复值矩阵.

归一化的费米相干态[133]是

$$\begin{aligned} |a_i\rangle &= \exp\left(-\frac{1}{2}\bar{\alpha}_i\alpha_i + f_i^\dagger\alpha_i\right)|0\rangle_i = \exp[f_i^\dagger\alpha_i - \bar{\alpha}_i f_i]|0\rangle_i \\ &\equiv D(\alpha_i)|0\rangle_i \end{aligned} \tag{11.9}$$

满足本征值方程

$$f_i|\alpha_i\rangle = |\alpha_i\rangle\alpha_i \tag{11.10}$$

自洽性要求 α_i 与 f_i(或 $f_i^\dagger$)反对易,故有

$$\langle\alpha_i| = {}_i\langle 0|\exp\left(-\frac{1}{2}\bar{\alpha}_i\alpha_i + \bar{\alpha}_i f_i\right) \tag{11.11}$$

现在我们对费米系统引入 IWOP 技术,仍以 :: 标记正规乘积,则它有以下性质[134]

(Ⅰ) 任何两个费米算符在正规乘积记号 :: 内反对易,即它们具有 Grassmann 数的性质.

(Ⅱ) 一个"Grassmann 数-费米算符对"(GFOP)与另一个 GFOP 在 :: 内对易,例如,

$$:\bar{\alpha}_i f_i f_i^\dagger\alpha_i: = :f_i^\dagger\alpha_i\bar{\alpha}_i f_i: \tag{11.12}$$

(Ⅲ) 可以对 :: 内的非算符变量积分,如果对 Grassmann 数积分,其积分规则应满足式(11.7)和(11.8).

(Ⅳ) 费米子真空投影算符的正规乘积形式是

$$|0\rangle\langle 0| = :e^{-f^\dagger f}: \tag{11.13}$$

事实上,由泡利原理 $|0\rangle\langle 0| + |1\rangle\langle 1| = 1$ 和 $f = |0\rangle\langle 1|$,$f^\dagger = |1\rangle\langle 0|$,易见

$$|0\rangle\langle 0| = 1 - |1\rangle\langle 1| = 1 - f^\dagger f = :e^{-f^\dagger f}: \tag{11.14}$$

作为费米系统的IWOP技术的一个明显的应用,考虑下面积分

$$\int d\bar{\alpha}_i d\alpha_i \mid \alpha_i\rangle\langle\alpha_i\mid = \int d\bar{\alpha}_i d\alpha_i : \exp[\bar{\alpha}_i f_i + f_i^\dagger\alpha_i - \bar{\alpha}_i\alpha_i - f_i^\dagger f_i]:$$
$$= : \exp(f_i^\dagger f_i - f_i^\dagger f_i) : = 1 \tag{11.15}$$

或简写为

$$\int d\bar{\alpha}_i d\alpha_i \mid \alpha_i\rangle\langle\alpha_i\mid = \int d\bar{\alpha}_i d\alpha_i : \exp\{-(\bar{\alpha}_i - f_i^\dagger)(\alpha_i - f_i)\}:$$
$$= \int d\bar{\alpha}_i d\alpha_i \exp(-\bar{\alpha}_i\alpha_i) = 1$$

由 $D(\alpha_i)f_i^\dagger D^{-1}(\alpha_i) = f_i^\dagger - \bar{\alpha}_i$,还可证明态矢 $D(\alpha_i)|1\rangle \equiv |\alpha_i,1\rangle$也满足

$$\int d\bar{\alpha}_i d\alpha_i \mid \alpha_i,1\rangle\langle\alpha_i,1\mid = \int d\bar{\alpha}_i d\alpha_i : (f_i^\dagger - \bar{\alpha}_i)(f_i - \alpha_i)$$
$$\times \exp[-(\bar{\alpha}_i - f_i^\dagger)(\alpha_i - f_i)] : = 1 \tag{11.16}$$

把式(11.15)和(11.16)代表费米相干态的完备性.

11.2　Grassmann数空间中经典变换的量子映射——双模情形

在费米相干态表象中,我们来检验反对易 c 数空间中的经典变换的量子映射是什么.鉴于在式(11.9)同时出现 α_i 与 $\bar{\alpha}_i$,我们将$|\alpha_i\rangle$重新表达为

$$|\alpha_i\rangle = \left|\begin{pmatrix}\alpha_i\\ \bar{\alpha}_i\end{pmatrix}\right\rangle \tag{11.17}$$

于是双模费米相干态$|\alpha_1\alpha_2\rangle$可以表达为

$$|\alpha_1,\alpha_2\rangle = \left|\begin{pmatrix}\alpha_1\\ \bar{\alpha}_1\\ \alpha_2\\ \bar{\alpha}_2\end{pmatrix}\right\rangle = \exp\left[-\frac{1}{2}(\bar{\alpha}_1\alpha_1 + \bar{\alpha}_2\alpha_2) + f_1^\dagger\alpha_1 + f_2^\dagger\alpha_2\right]|00\rangle \tag{11.18}$$

现在构造如下的积分型算符

$$U=-\frac{1}{s}\int \mathrm{d}\bar{\alpha}_2\mathrm{d}\alpha_2\int \mathrm{d}\bar{\alpha}_1\mathrm{d}\alpha_1\left|\begin{pmatrix}-s & 0 & 0 & -r\\ 0 & -s^* & -r^* & 0\\ 0 & r & -s & 0\\ r^* & 0 & 0 & -s^*\end{pmatrix}\times\begin{pmatrix}\alpha_1\\ \bar{\alpha}_1\\ \alpha_2\\ \bar{\alpha}_2\end{pmatrix}\right\rangle\left\langle\begin{pmatrix}\alpha_1\\ \bar{\alpha}_1\\ \alpha_2\\ \bar{\alpha}_2\end{pmatrix}\right|$$

$$=-\frac{1}{s}\int \mathrm{d}\bar{\alpha}_2\mathrm{d}\alpha_2\int \mathrm{d}\bar{\alpha}_1\mathrm{d}\alpha_1\ |-s\alpha_1-r\bar{\alpha}_2, r\bar{\alpha}_1-s\alpha_2\rangle\langle\alpha_1\alpha_2| \tag{11.19}$$

其中参数 s 与 r 满足 $|s|^2+|r|^2=1$.用 IWOP 技术对上式积分得

$$\begin{aligned}U=&-\frac{1}{s}\int \mathrm{d}\bar{\alpha}_2\mathrm{d}\alpha_2\int \mathrm{d}\bar{\alpha}_1\mathrm{d}\alpha_1\exp\Big[-\frac{1}{2}(s^*\bar{\alpha}_1+r^*\alpha_2)(s\alpha_1+r\bar{\alpha}_2)\\&-\frac{1}{2}(r^*\alpha_1-s^*\bar{\alpha}_2)(r\bar{\alpha}_1-s\alpha_2)-f_1^\dagger(s\alpha_1+r\bar{\alpha}_2)\\&+f_2^\dagger(r\bar{\alpha}_1-s\alpha_2)\Big]|00\rangle\langle 00|\\&\times\exp\Big[-\frac{1}{2}(\bar{\alpha}_1\alpha_1+\bar{\alpha}_2\alpha_2)+\bar{\alpha}_1f_1+\bar{\alpha}_2f_2\Big]\\=&-\frac{1}{s}\int \mathrm{d}\bar{\alpha}_2\mathrm{d}\alpha_2\int \mathrm{d}\bar{\alpha}_1\mathrm{d}\alpha_1:\exp\{-|s|^2(\bar{\alpha}_1\alpha_1+\bar{\alpha}_2\alpha_2)\\&-r^*s\alpha_2\alpha_1-s^*r\bar{\alpha}_1\bar{\alpha}_2-f_1^\dagger(s\alpha_1+r\bar{\alpha}_2)+f_2^\dagger(r\bar{\alpha}_1-s\alpha_2)\\&+\bar{\alpha}_1f_1+\bar{\alpha}_2f_2-f_1^\dagger f_1-f_2^\dagger f_2\}:\\=&-s^*:\exp\Big[\frac{r}{s^*}f_1^\dagger f_2^\dagger+\Big(\frac{-1}{s^*}-1\Big)(f_1^\dagger f_1+f_2^\dagger f_2)+\frac{r^*}{s^*}f_1f_2\Big]:\end{aligned} \tag{11.20}$$

为了移去 $::$,注意到以下的费米算符恒等式

$$\mathrm{e}^{\lambda f^\dagger f}=1+(\mathrm{e}^\lambda-1)f^\dagger f=:\exp[(\mathrm{e}^\lambda-1)f^\dagger f]: \tag{11.21}$$

因而式(11.20)可拆成

$$U=\exp\Big(\frac{r}{s^*}f_1^\dagger f_2^\dagger\Big)\exp\Big[(f_1^\dagger f_1+f_2^\dagger f_2-1)\ln\Big(\frac{-1}{s^*}\Big)\Big]\exp\Big(\frac{r^*}{s^*}f_1f_2\Big) \tag{11.22}$$

用 U 的正规乘积形式(11.22),立即导出幺正变换

$$Uf_1U^{-1}=-s^*f_1+rf_2^\dagger,\quad Uf_2U^{-1}=-s^*f_2-rf_1^\dagger$$

下面的变换式(11.23)最早被称为费米子博戈柳博夫变换,它常被用于处理超流理论、核物理中费米子的对关联.以上的推导表明引起博戈柳博夫的变换的幺正算符可由反对易 c 数的经典变换及 IWOP 技术导出.

11.3　广义费米子博戈柳博夫变换[18]

作为式(11.22)的推广，考虑如何将

$$U(\Lambda) = \exp\left[\frac{1}{2}(f_i\Lambda_{ij}f_j - f_i^\dagger\Lambda_{ij}^\dagger f_j^\dagger)\right] \tag{11.23}$$

分解为正规乘积形式，其中 Λ 是 $n\times n$ 反对称矩阵. 若进一步要求 Λ 有逆，则由线性代数理论知道 n 必须是偶数. 利用公式(3.18)及下列算行恒等式

$$[FG,H] = F\{G,H\} - \{F,H\}G \tag{11.24}$$

可导出费米算符在 $U(\Lambda)$ 变换下的变换特性

$$\begin{aligned} Uf_i^\dagger U^{-1} &= f_j^\dagger[\cosh(\Lambda^\dagger\Lambda)^{1/2}]_{ji} + f_j[\Lambda(\Lambda^\dagger\Lambda)^{-1/2}\sin(\Lambda^\dagger\Lambda)^{1/2}]_{ji} \\ &= f_j^\dagger[\cosh(\Lambda^\dagger\Lambda)^{1/2}]_{ji} + f_j[\sin(\Lambda\Lambda^\dagger)^{1/2}(\Lambda\Lambda^\dagger)^{-1/2}\Lambda]_{ji} \end{aligned} \tag{11.25}$$

称之为广义博氏变换.

像任何一个复数 z 可作极分解 $z=|z|e^{i\varphi}$ 一样，通常一个矩阵也可以分解为一个厄米阵与一个幺正阵的乘积. 将 Λ 分解为

$$\Lambda = Ne^{ik},\quad N^\dagger = N,\quad k^\dagger = k \tag{11.26}$$

则由 $\Lambda = -\tilde{\Lambda}$ 可得

$$\begin{aligned} \Lambda &= -e^{ik}\tilde{N},\quad \Lambda^\dagger\Lambda = \tilde{N}^2 = e^{-ik}N^2e^{ik} \\ \tilde{N}^2e^{-ik} &= e^{-ik}N^2,\quad e^{ik}\tilde{N}^2 = N^2e^{ik} \end{aligned} \tag{11.27}$$

由此可将式(11.25)简化为

$$\begin{aligned} Uf_i^\dagger U^{-1} &= f_j^\dagger(\cos\tilde{N})_{ji} - f_j(e^{ik}\sin\tilde{N})_{ji} \\ &= f_j^\dagger(\cos\tilde{N})_{ji} + f_j(\sin Ne^{ik})_{ji} \end{aligned} \tag{11.28}$$

以及

$$Uf_iU^{-1} = f_j(\cos N)_{ji} - f_j^\dagger(e^{-ik}\sin N)_{ji} \tag{11.29}$$

进一步求准粒子真空态 $U|\mathbf{0}\rangle \equiv \|\mathbf{0}\rangle$，类似于 10.4 节的做法建立方程

$$f_l\|\mathbf{0}\rangle = UU^{-1}f_lU\,|\,\mathbf{0}\rangle \tag{11.30}$$

则由式(11.28)和(11.29)得到

$$\begin{aligned} f_l\|\mathbf{0}\rangle &= U[f_j(\cos N)_{jl} + f_j^\dagger(e^{-ik}\sin N)_{jl}]\,|\,\mathbf{0}\rangle \\ &= Uf_j^\dagger(e^{-ik}\sin N)_{jl}U^{-1}U\,|\,\mathbf{0}\rangle \end{aligned}$$

$$= \left[f_j^\dagger(\cos\tilde{N}\mathrm{e}^{-\mathrm{i}k}\sin N)_{jl} + f_j(\sin^2 N)_{jl}\right]\|\mathbf{0}\rangle \tag{11.31}$$

由 $\tilde{N}\mathrm{e}^{-\mathrm{i}k}=\mathrm{e}^{-\mathrm{i}k}N^2$ 将上式整理得

$$f_l\|\mathbf{0}\rangle = f_j^\dagger(\mathrm{e}^{-\mathrm{i}k}\tan N)_{jl}\|\mathbf{0}\rangle \tag{11.32}$$

它的解是准粒子真空态

$$\|\mathbf{0}\rangle = c\exp\left[-\frac{1}{2}f_i^\dagger(\mathrm{e}^{-\mathrm{i}k}\tan N)_{ij}f_j^\dagger\right]|\mathbf{0}\rangle \tag{11.33}$$

式中 c 是归一化常数，由下式决定

$$\begin{aligned}1 &= \langle\mathbf{0}\|\mathbf{0}\rangle \\ &= |c|^2\langle\mathbf{0}|\exp\left[-\frac{1}{2}f_i(\tan N\mathrm{e}^{\mathrm{i}k})_{ij}f_j\right]\exp\left[-\frac{1}{2}f_i^\dagger(\mathrm{e}^{-\mathrm{i}k}\tan N)_{ij}f_j^\dagger\right]|\mathbf{0}\rangle\end{aligned} \tag{11.34}$$

$$\begin{aligned}&= |c|^2\langle\mathbf{0}|\int\prod_i \mathrm{d}\bar{\alpha}_i\mathrm{d}\alpha_i : \exp\left\{\frac{1}{2}(\boldsymbol{\alpha},\bar{\boldsymbol{\alpha}})\right. \\ &\quad\times\begin{pmatrix}-\tan N\mathrm{e}^{\mathrm{i}k} & \mathbb{1} \\ -\mathbb{1} & -\mathrm{e}^{-\mathrm{i}k}\tan N\end{pmatrix}\begin{pmatrix}\boldsymbol{\alpha}\\ \bar{\boldsymbol{\alpha}}\end{pmatrix} \\ &\quad\left.+(f^\dagger\quad -f)\begin{pmatrix}\boldsymbol{\alpha}\\ \bar{\boldsymbol{\alpha}}\end{pmatrix}-f_i^\dagger f_i\right\}:|\mathbf{0}\rangle\end{aligned} \tag{11.35}$$

上式第二行中插入了费米子相干态的完备性并且用了 IWOP 技术，注意

$$(\boldsymbol{\alpha},\bar{\boldsymbol{\alpha}}) = (\alpha_1,\alpha_2,\cdots,\alpha_n,\bar{\alpha}_1,\bar{\alpha}_2,\cdots,\bar{\alpha}_n) \tag{11.36}$$

利用 Grassmann 数的另一积分公式[59]

$$\begin{aligned}&\int\prod_i \mathrm{d}\bar{\alpha}_i\mathrm{d}\alpha_i\exp\left\{\frac{1}{2}(\boldsymbol{\alpha},\bar{\boldsymbol{\alpha}})\begin{pmatrix}A_{11} & A_{12}\\ A_{21} & A_{22}\end{pmatrix}\begin{pmatrix}\boldsymbol{\alpha}\\ \bar{\boldsymbol{\alpha}}\end{pmatrix}+(\bar{\eta},\eta)\begin{pmatrix}\boldsymbol{\alpha}\\ \bar{\boldsymbol{\alpha}}\end{pmatrix}\right\} \\ &\qquad = \left[\det\begin{pmatrix}A_{11} & A_{12}\\ A_{21} & A_{22}\end{pmatrix}\right]^{1/2}\exp\left[\frac{1}{2}(\bar{\eta},\eta)\begin{pmatrix}A_{21} & A_{22}\\ A_{11} & A_{12}\end{pmatrix}^{-1}\begin{pmatrix}\eta\\ \bar{\eta}\end{pmatrix}\right]\end{aligned} \tag{11.37}$$

其中 $\eta,\bar{\eta}$ 也是 Grassmann 数，我们对式(11.35)积分得

$$1 = |c|^2\sqrt{\det(\sec^2 N)}$$

所以，在精确到差一个相因子时，$c=\sqrt{\det(\cos N)}$，知道了准粒子真空态后，就可求出费米相干态在 U 变换后的形式

$$\begin{aligned}U|\boldsymbol{\alpha}\rangle &= U\exp(f_i^\dagger\alpha_i)U^{-1}U|\mathbf{0}\rangle\exp\left(-\frac{1}{2}\bar{\alpha}_i\alpha_i\right) \\ &= \exp\{f_j^\dagger(\cos\tilde{N})_{ji}\alpha_i + f_i(\sin N\mathrm{e}^{\mathrm{i}k})_{ji}\alpha_i\}\sqrt{\det(\cos N)} \\ &\quad\times\exp\left[-\frac{1}{2}f_i^\dagger(\mathrm{e}^{-\mathrm{i}k}\tan N)_{ij}f_j^\dagger\right]|\mathbf{0}\rangle\exp\left(-\frac{1}{2}\bar{\alpha}_i\alpha_i\right)\end{aligned} \tag{11.38}$$

用 Baker-Hausdorff 公式将上式中第一个指数算符分解

$$\exp\{\cdots\}$$
$$= \exp[-\alpha_i(\cos N)_{ij}f_j^\dagger]\exp[f_j(\sin N\mathrm{e}^{\mathrm{i}k})_{ji}\alpha_i]\exp\left[\frac{1}{4}\alpha_i(\sin 2N\mathrm{e}^{\mathrm{i}k})_{ij}\alpha_j\right] \tag{11.39}$$

于是式(11.38)变为

$$U\mid\boldsymbol{\alpha}\rangle = \sqrt{\det(\cos N)}\exp\left[-\frac{1}{2}\bar{\alpha}_i\alpha_i - \alpha_i(\sec N)_{ij}f_j^\dagger + \frac{1}{2}\alpha_i(\tan N\mathrm{e}^{\mathrm{i}k})_{ij}\alpha_j - \frac{1}{2}f_i^\dagger(\mathrm{e}^{-\mathrm{i}k}\tan N)_{ij}f_j^\dagger\right]\mid\mathbf{0}\rangle \tag{11.40}$$

用费米子相干态完备性及式(11.40)可将 U 表达为

$$\begin{aligned}
U &= \int\prod_i \mathrm{d}\bar{\alpha}_i\mathrm{d}\alpha_i U\mid\boldsymbol{\alpha}\rangle\langle\boldsymbol{\alpha}\mid \\
&= \sqrt{\det(\cos N)}\int\prod_i \mathrm{d}\bar{\alpha}_i\mathrm{d}\alpha_i :\exp\{-\bar{\alpha}_i\alpha_i - \alpha_i(\sec N)_{ij}f_j^\dagger \\
&\quad + \bar{\alpha}_i f_i + \frac{1}{2}\alpha_i(\tan N\mathrm{e}^{\mathrm{i}k})_{ij}\alpha_j - \frac{1}{2}f_i^\dagger(\mathrm{e}^{-\mathrm{i}k}\tan N)_{ij}f_j^\dagger - f_i^\dagger f_i\}: \\
&= \sqrt{\det(\cos N)}\int\prod_i \mathrm{d}\bar{\alpha}_i\mathrm{d}\alpha_i :\exp\left\{\frac{1}{2}(\boldsymbol{\alpha},\bar{\boldsymbol{\alpha}})\begin{pmatrix}\tan N\mathrm{e}^{\mathrm{i}k} & \mathbb{1}\\ -\mathbb{1} & 0\end{pmatrix}\begin{pmatrix}\boldsymbol{\alpha}\\ \bar{\boldsymbol{\alpha}}\end{pmatrix}\right. \\
&\quad \left. + (f^\dagger\sec\widetilde{N}, -f)\begin{pmatrix}\boldsymbol{\alpha}\\ \bar{\boldsymbol{\alpha}}\end{pmatrix} - f_i^\dagger f_i - \frac{1}{2}f_i^\dagger(\mathrm{e}^{-\mathrm{i}k}\tan N)_{ij}f_j^\dagger\right\}:
\end{aligned} \tag{11.41}$$

利用公式(11.37),最终得到积分结果是

$$\begin{aligned}
U &= \sqrt{\det(\cos N)}\exp\left\{-\frac{1}{2}f_i^\dagger(\mathrm{e}^{-\mathrm{i}k}\tan N)_{ij}f_j^\dagger\right\} \\
&\quad \times :\exp\{f_i^\dagger(\sec\widetilde{N} - \mathbb{1})_{ij}f_j\}:\exp\left\{\frac{1}{2}f_i(\tan N\mathrm{e}^{\mathrm{i}k})_{ij}f_j\right\}
\end{aligned} \tag{11.42}$$

可以证明 $U(\Lambda = N\mathrm{e}^{\mathrm{i}k})$的费米子相干态表示为

$$\begin{aligned}
U(\Lambda = N\mathrm{e}^{\mathrm{i}k}) &= \exp\left\{\frac{1}{2}(f_i\Lambda_{ij}f_j - f_i^\dagger\Lambda_{ij}^\dagger f_j^\dagger)\right\} \\
&= \det(\sec N)^{1/2}\int\prod_i \mathrm{d}\bar{\alpha}_i\mathrm{d}\alpha_i \mid \alpha_j(\cos N)_{ji} \\
&\quad + \bar{\alpha}_j(\mathrm{e}^{-\mathrm{i}k}\sin N)_{ji}\rangle\langle\alpha_i\mid
\end{aligned} \tag{11.43}$$

这一证明留给有兴趣的读者作为练习题.

11.4 Grassmann 数空间中经典变换的量子映射——n 模情形[135]

有必要把 11.2 节所述的内容推广到 $2n$ 模情形. 这也是第 10 章中所述的变换理论从玻色系统向费米系统的推广. 但要注意的是经典的辛变换对应玻色算符的量子幺正变换，而费米算符的幺正变换则对应于 Grassmann 数空间中的 SO($2n$) 变换，我们马上就会看到这一点.

考虑从 Grassmann 数为列阵的 $\begin{pmatrix}\boldsymbol{\alpha}\\ \bar{\boldsymbol{\alpha}}\end{pmatrix}$ 作经典变换

$$\begin{pmatrix}\boldsymbol{\alpha}\\ \bar{\boldsymbol{\alpha}}\end{pmatrix}\to\begin{pmatrix}\mathbb{L}^{\dagger} & -\widetilde{\mathbb{K}}\\ -\mathbb{K}^{\dagger} & \widetilde{\mathbb{L}}\end{pmatrix}\begin{pmatrix}\boldsymbol{\alpha}\\ \bar{\boldsymbol{\alpha}}\end{pmatrix} \tag{11.44}$$

其中的矩阵是 $2n\times 2n$ 维的，$\mathbb{L}^{\dagger}$ 是 $n\times n$ 阶矩阵，$\mathbb{L}$ 与 $\mathbb{K}$ 满足以下条件

$$\mathbb{L}\mathbb{L}^{\dagger}+\mathbb{K}\mathbb{K}^{\dagger}=\mathbb{1}_n,\quad \mathbb{L}\widetilde{\mathbb{K}}+\mathbb{K}\widetilde{\mathbb{L}}=0 \tag{11.45}$$

这表明 $\mathbb{L}\widetilde{\mathbb{K}}$ 是反对称的，所以

$$\begin{pmatrix}\mathbb{1}_n & 0\\ 0 & \mathbb{1}_n\end{pmatrix}=\begin{pmatrix}\mathbb{L}\mathbb{L}^{\dagger}+\mathbb{K}\mathbb{K}^{\dagger} & -\mathbb{L}\widetilde{\mathbb{K}}-\mathbb{K}\widetilde{\mathbb{L}}\\ -\mathbb{K}^{*}\mathbb{L}^{\dagger}-\mathbb{L}^{*}\mathbb{K}^{\dagger} & \mathbb{L}^{*}\widetilde{\mathbb{L}}+\mathbb{K}^{*}\widetilde{\mathbb{K}}\end{pmatrix}$$

$$=\begin{pmatrix}\mathbb{L} & -\mathbb{K}\\ -\mathbb{K}^{*} & \mathbb{L}^{*}\end{pmatrix}\begin{pmatrix}\mathbb{L}^{\dagger} & -\widetilde{\mathbb{K}}\\ -\mathbb{K}^{\dagger} & \widetilde{\mathbb{L}}\end{pmatrix} \tag{11.46}$$

还应有

$$\begin{pmatrix}\mathbb{L}^{\dagger} & -\widetilde{\mathbb{K}}\\ -\mathbb{K}^{\dagger} & \widetilde{\mathbb{L}}\end{pmatrix}\begin{pmatrix}\mathbb{L} & -\mathbb{K}\\ -\mathbb{K}^{*} & \mathbb{L}^{*}\end{pmatrix}=\begin{pmatrix}\mathbb{1}_n & 0\\ 0 & \mathbb{1}_n\end{pmatrix} \tag{11.47}$$

由式(11.47)导出

$$\mathbb{L}^{\dagger}\mathbb{L}+\widetilde{\mathbb{K}}\,\mathbb{K}^{*}=\mathbb{1}_n,\quad \mathbb{L}^{\dagger}\mathbb{K}+\widetilde{\mathbb{K}}\,\mathbb{L}^{*}=0 \tag{11.48}$$

在 n 模费米子相干态表象中我们构造算符

$$U=\left[\det(\mathbb{L}\mathbb{L}^{\dagger})\right]^{1/4}\int\prod_{i=1}^{N}\mathrm{d}\bar{\alpha}_i\,\mathrm{d}\alpha_i$$

$$\times\left|\begin{pmatrix}\mathbb{L}^{\dagger} & -\widetilde{\mathbb{K}}\\ -\mathbb{K}^{\dagger} & \widetilde{\mathbb{L}}\end{pmatrix}\begin{pmatrix}\boldsymbol{\alpha}\\ \bar{\boldsymbol{\alpha}}\end{pmatrix}\right\rangle\left\langle\begin{pmatrix}\boldsymbol{\alpha}\\ \bar{\boldsymbol{\alpha}}\end{pmatrix}\right| \tag{11.49}$$

其中右矢根据相干态定义式(11.9)为

$$\prod_i \mid \mathbb{L}^{\dagger}_{ij}\alpha_j - \widetilde{\mathbb{K}}_{ij}\bar{\alpha}_j\rangle = \exp\left\{-\frac{1}{2}(\mathbb{L}_{ji}\bar{\alpha}_j - \mathbb{K}^{*}_{ji}\alpha_j)(\mathbb{L}^{*}_{ki}\alpha_k - \mathbb{K}_{ki}\bar{\alpha}_k) + f_i^{\dagger}(\mathbb{L}^{*}_{ji}\alpha_j - \mathbb{K}_{ji}\bar{\alpha}_j)\right\}\mid \mathbf{0}\rangle \tag{11.50}$$

利用条件(11.45)把它展开

$$\prod_i \mid \mathbb{L}^{\dagger}_{ij}\alpha_j - \widetilde{\mathbb{K}}_{ij}\bar{\alpha}_j\rangle = \exp\left\{-(\mathbb{L}\mathbb{L}^{\dagger})_{jk}\bar{\alpha}_j\alpha_k + \frac{1}{2}[\bar{\alpha}_j\alpha_j + (\mathbb{L}\widetilde{\mathbb{K}})_{jk}\bar{\alpha}_j\bar{\alpha}_k + (\mathbb{K}^{*}\mathbb{L}^{\dagger})_{jk}\alpha_j\alpha_k] + f_i^{\dagger}(\mathbb{L}^{*}_{ji}\alpha_j - \mathbb{K}_{ji}\bar{\alpha}_j)\right\}\mid \mathbf{0}\rangle \tag{11.51}$$

代回式(11.49)中并且用 Grassmann 数的积分公式(11.37)和费米系统的 IWOP 技术作积分，得到(注意 Grassmann 数之间的反对易性)

$$\begin{aligned}U &= [\det(\mathbb{L}\mathbb{L}^{\dagger})]^{-1/4}\int\prod_{i=1}^{N}\mathrm{d}\bar{\alpha}_i\mathrm{d}\alpha_i : \exp\left\{\frac{1}{2}(\boldsymbol{\alpha},\bar{\boldsymbol{\alpha}})\right.\\ &\quad\left.\times\begin{pmatrix}\mathbb{K}^{*}\mathbb{L}^{\dagger} & \mathbb{L}^{*}\widetilde{\mathbb{L}}\\ -\mathbb{L}\mathbb{L}^{\dagger} & \mathbb{L}\widetilde{\mathbb{K}}\end{pmatrix}\begin{pmatrix}\boldsymbol{\alpha}\\ \bar{\boldsymbol{\alpha}}\end{pmatrix} + (f^{\dagger}\mathbb{L}^{\dagger}, -f^{\dagger}\widetilde{\mathbb{K}} - f)\begin{pmatrix}\boldsymbol{\alpha}\\ \bar{\boldsymbol{\alpha}}\end{pmatrix} - f_i^{\dagger}f_i\right\}:\\ &= [\det(\mathbb{L}\mathbb{L}^{\dagger})]^{-1/4}\left[\det\begin{pmatrix}\mathbb{K}^{*}\mathbb{L}^{\dagger} & \mathbb{L}^{*}\widetilde{\mathbb{L}}\\ -\mathbb{L}\mathbb{L}^{\dagger} & \mathbb{L}\widetilde{\mathbb{K}}\end{pmatrix}\right]^{1/2}\\ &\quad\times : \exp\left\{\frac{1}{2}(f^{\dagger}\mathbb{L}^{\dagger}, -f^{\dagger}\widetilde{\mathbb{K}} - f)\right.\\ &\quad\left.\times\begin{pmatrix}\mathbb{K}^{*}\mathbb{L}^{\dagger} & \mathbb{L}^{*}\widetilde{\mathbb{L}}\\ -\mathbb{L}\mathbb{L}^{\dagger} & \mathbb{L}\widetilde{\mathbb{K}}\end{pmatrix}^{-1}\begin{pmatrix}\mathbb{L}^{*}f^{\dagger}\\ -\mathbb{K}f^{\dagger} - f\end{pmatrix} - f_i^{\dagger}f_i\right\}:\end{aligned} \tag{11.52}$$

由分块矩阵求逆和求行列式的公式(5.36)和(5.37)以及条件(11.45)可求出

$$\begin{pmatrix}\mathbb{K}^{*}\mathbb{L}^{\dagger} & \mathbb{L}^{*}\widetilde{\mathbb{L}}\\ -\mathbb{L}\mathbb{L}^{\dagger} & \mathbb{L}\widetilde{\mathbb{K}}\end{pmatrix}^{-1} = \begin{pmatrix}(\mathbb{L}^{\dagger})^{-1}\widetilde{\mathbb{K}} & -\mathbb{1}_n\\ \mathbb{1}_n & \mathbb{K}^{*}\mathbb{L}^{-1}\end{pmatrix}$$

$$\det\begin{pmatrix}\mathbb{K}^{*}\mathbb{L}^{\dagger} & \mathbb{L}^{*}\widetilde{\mathbb{L}}\\ -\mathbb{L}\mathbb{L}^{\dagger} & \mathbb{L}\widetilde{\mathbb{K}}\end{pmatrix} = \det(\mathbb{L}^{*}\widetilde{\mathbb{L}}) \tag{11.53}$$

代回式(11.52)导致结果为

$$U=[\det(\mathbb{L}^*\tilde{\mathbb{L}})]^{1/4}:\exp\left[\frac{1}{2}f_k^\dagger(\mathbb{L}^{-1}\mathbb{K})_{kl}f_l^\dagger+\frac{1}{2}f_k(\mathbb{K}^*\mathbb{L}^{-1})_{kl}f_l\right.$$
$$\left.+\frac{1}{2}f_k^\dagger(\mathbb{L}^\dagger+\tilde{\mathbb{K}}\mathbb{K}^*\mathbb{L}^{-1})f_l+\frac{1}{2}f_k(\mathbb{K}^*\mathbb{L}^{-1}\mathbb{K}-\mathbb{L}^*)_{kl}f_l^\dagger-f_l^\dagger f_l\right]: \tag{11.54}$$

利用

$$\mathbb{K}^*\mathbb{L}^{-1}\mathbb{K}-\mathbb{L}^*=\tilde{\mathbb{L}}^{-1}(\tilde{\mathbb{L}}\mathbb{K}^*\mathbb{L}^{-1}\mathbb{K}-\tilde{\mathbb{L}}\mathbb{L}^*)$$
$$=\tilde{\mathbb{L}}^{-1}(-\mathbb{K}^\dagger\mathbb{L}\mathbb{L}^{-1}\mathbb{K}-\tilde{\mathbb{L}}\mathbb{L}^*)=-\tilde{\mathbb{L}}^{-1}$$
$$\mathbb{L}^\dagger+\tilde{\mathbb{K}}\mathbb{K}^*\mathbb{L}^{-1}=\mathbb{L}^\dagger+(\mathbb{1}_n-\mathbb{L}^\dagger\mathbb{L})\mathbb{L}^{-1}=\mathbb{L}^{-1} \tag{11.55}$$

并记住在正规乘积内部费米算符是反对易的,最终我们可以把式(11.54)改造为

$$U=[\det(\mathbb{L}^*\tilde{\mathbb{L}})]^{1/4}\exp\left[\frac{1}{2}f_k^\dagger(\mathbb{L}^{-1}\mathbb{K})_{kl}f_l^\dagger\right]:\exp[f_k^\dagger(\mathbb{L}^{-1}-\mathbb{1})_{kl}f_l]$$
$$\times:\exp\left[\frac{1}{2}f_k(\mathbb{K}^*\mathbb{L}^{-1})_{kl}f_l\right] \tag{11.56}$$

其中第二个指数用费米系统的 IWOP 技术可证明是

$$:\exp[f_k^\dagger(\mathbb{L}^{-1}-\mathbb{1})_{kl}f_l]:=\exp[f_k^\dagger(\ln\mathbb{L}^{-1})_{kl}f_l] \tag{11.57}$$

利用式(11.57)我们有

$$\exp[f_k^\dagger(\mathrm{In}\,\mathbb{L}^{-1})_{kl}f_l]f_i\exp[-f_k^\dagger(\mathrm{In}\,\mathbb{L}^{-1})_{kl}f_l]=\mathbb{L}_{il}f_l \tag{11.58}$$

因此 f_i 在 U 变换下变成

$$Uf_iU^{-1}=\exp\left[\frac{1}{2}f_k^\dagger(\mathbb{L}^{-1}\mathbb{K})_{kl}f_l^\dagger\right]\mathbb{L}_{ij}f_j\exp\left[-\frac{1}{2}f_k^\dagger(\mathbb{L}^{-1}\mathbb{K})_{kl}f_l^\dagger\right]$$
$$=\mathbb{L}_{ij}f_j-\mathbb{K}_{ij}f_j^\dagger \tag{11.59}$$
$$Uf_i^\dagger U^{-1}=\mathbb{L}_{ij}^*f_j^\dagger-\mathbb{K}_{ij}^*f_i \tag{11.60}$$

把 U 作用于费米子真空态$|\mathbf{0}\rangle$上给出新真空态(准粒子真空)

$$U|\mathbf{0}\rangle=[\det(\mathbb{L}^*\tilde{\mathbb{L}})]^{1/4}\exp\left[\frac{1}{2}f_k^\dagger(\mathbb{L}^{-1}\mathbb{K})_{kl}f_l^\dagger\right]|\mathbf{0}\rangle \tag{11.61}$$

为进一步检验这个态是否已经归一化了,我们先用费米系统的 IWOP 技术推导一个算符公式.利用多模费米相干态完备性,有

$$\exp(f_i\sigma_{ij}f_j)\exp(f_l^\dagger\lambda_{lk}f_k^\dagger)$$
$$=\int\prod_i\mathrm{d}\bar{\alpha}_i\mathrm{d}\alpha_i:\exp\{-\bar{\alpha}_i\alpha_i+f_i^\dagger\alpha_i+\bar{\alpha}_if_i+\alpha_i\sigma_{ij}\alpha_i+\bar{\alpha}_l\lambda_{lk}\bar{\alpha}_k-f_i^\dagger f_i\}:$$
$$=\int\prod_i\mathrm{d}\bar{\alpha}_i\mathrm{d}\alpha_i:\exp\left\{\frac{1}{2}(\alpha,\bar{\alpha})\begin{pmatrix}2\sigma & \mathbb{1}\\ -\mathbb{1} & 2\lambda\end{pmatrix}\begin{pmatrix}\alpha\\ \bar{\alpha}\end{pmatrix}+(f_i^\dagger,-f_i)\begin{pmatrix}\alpha\\ \bar{\alpha}\end{pmatrix}-f_i^\dagger f_i\right\}:$$

$$= \left[\det\begin{pmatrix} 2\sigma & \mathbb{1} \\ -\mathbb{1} & 2\lambda \end{pmatrix}\right]^{1/2} : \exp\left\{\frac{1}{2}(f_i^\dagger, -f_i)\begin{pmatrix} -\mathbb{1} & 2\lambda \\ 2\sigma & \mathbb{1} \end{pmatrix}_{ij}^{-1}\begin{bmatrix} -f_j \\ f_j^\dagger \end{bmatrix} - f_i^\dagger f_i\right\}: \tag{11.62}$$

其中 σ 和 λ 都是偶数阶反对称矩阵，而且

$$\begin{pmatrix} -\mathbb{1} & 2\lambda \\ 2\sigma & \mathbb{1} \end{pmatrix}^{-1} = \begin{bmatrix} -(\mathbb{1}+4\lambda\sigma)^{-1} & 2\lambda(\mathbb{1}+4\sigma\lambda)^{-1} \\ 2\sigma(\mathbb{1}+4\lambda\sigma)^{-1} & (\mathbb{1}+4\sigma\lambda)^{-1} \end{bmatrix}$$

$$\det\begin{pmatrix} 2\sigma & \mathbb{1} \\ -\mathbb{1} & 2\lambda \end{pmatrix} = \det(\mathbb{1}+4\sigma\lambda) \tag{11.63}$$

代回式(11.62)得正规乘积分解

$$\begin{aligned} &\exp(f_i\sigma_{ij}f_j)\exp(f_l^\dagger\lambda_{lk}f_k^\dagger) \\ &\quad = [\det(\mathbb{1}+4\sigma\lambda)]^{1/2}\exp\{f_i^\dagger[\lambda(\mathbb{1}+4\sigma\lambda)^{-1}]_{ij}f_j^\dagger\} \\ &\qquad \times : \exp\{f_i^\dagger(\mathbb{1}+4\sigma\lambda)_{ij}^{-1}f_j - f_i^\dagger f_i\}\exp\{f_i[\sigma(\mathbb{1}+4\sigma\lambda)^{-1}]_{ij}f_j\} \end{aligned} \tag{11.64}$$

用此公式我们计算内积

$$\begin{aligned} &\langle \mathbf{0} \mid \exp\left\{\frac{1}{2}f_i[\mathbb{K}^\dagger(\mathbb{L}^{-1})^\dagger_{ij}]f_j\right\}\exp\left[\frac{1}{2}f_k^\dagger(\mathbb{L}^{-1}\mathbb{K})_{kl}f_l^\dagger\right] \mid \mathbf{0}\rangle \\ &\quad = [\det(\mathbb{1}+\mathbb{K}^\dagger(\mathbb{L}^{-1})^\dagger\mathbb{L}^{-1}\mathbb{K})]^{1/2} \end{aligned} \tag{11.65}$$

用下列求行列公式

$$\det(AB) = \det(BA), \quad \det(\mathbb{1}+AB) = \det(\mathbb{1}+BA) \tag{11.66}$$

把式(11.45)可把式(11.65)右边变成

$$\begin{aligned} &\{\det[\mathbb{1}+\mathbb{K}^\dagger(\mathbb{L}^{-1})^\dagger\mathbb{L}^{-1}\mathbb{K}]\}^{1/2} \\ &\quad = \{\det[\mathbb{1}+\mathbb{K}\mathbb{K}^\dagger(\mathbb{L}^{-1})^\dagger\mathbb{L}^{-1}]\}^{1/2} \\ &\quad = \{\det[(\mathbb{L}^{-1})^\dagger\mathbb{L}^{-1}]\}^{1/2} = \{\det(\mathbb{L}\mathbb{L}^\dagger)\}^{-1/2} \\ &\quad = \{\det(\mathbb{L}^*\widetilde{\mathbb{L}})\}^{-1/2} \end{aligned} \tag{11.67}$$

由此可见，式(11.61)表示的新真空态是归一化的，其归一化系数的选择是正确的. 这也说明在构造算符式(11.49)时所附加的因子$[\det(\mathbb{L}\mathbb{L}^\dagger)]^{1/4}$是为了使 U 是幺正的需要.

现在我们来解释与费米子幺正算符式(11.49)相对应的“经典变换”是实 Grassmann 数空间中的 $SO(2n)$ 变换，即对应正交群变换. 为了说明这一点，引入实 Grassmann 数

$$\boldsymbol{\alpha}_1 = \frac{1}{2}(\boldsymbol{\alpha}+\bar{\boldsymbol{\alpha}}), \quad \boldsymbol{\alpha}_2 = \frac{1}{2\mathrm{i}}(\boldsymbol{\alpha}-\bar{\boldsymbol{\alpha}}) \tag{11.68}$$

则在(11.44)式表现出来的复 Grassmann 数的经典变换，改为用实 Grassmann 数来载荷，可写作

$$\begin{pmatrix}\boldsymbol{\alpha}_1\\ \boldsymbol{\alpha}_2\end{pmatrix}\to \mathbb{M}\begin{pmatrix}\boldsymbol{\alpha}_1\\ \boldsymbol{\alpha}_2\end{pmatrix} \tag{11.69}$$

其中$\mathbb{M}$是$2n\times 2n$矩阵

$$\mathbb{M}=\frac{1}{2}\begin{pmatrix}\mathbb{L}^{\dagger}-\mathbb{K}^{\dagger}+\widetilde{\mathbb{L}}-\widetilde{\mathbb{K}} & \mathrm{i}(\mathbb{L}^{\dagger}-\mathbb{K}^{\dagger}-\widetilde{\mathbb{L}}+\widetilde{\mathbb{K}}\\ -\mathrm{i}(\mathbb{L}^{\dagger}+\mathbb{K}^{\dagger}-\widetilde{\mathbb{L}}-\widetilde{\mathbb{K}}) & \mathbb{L}^{\dagger}+\mathbb{K}^{\dagger}+\widetilde{\mathbb{L}}+\widetilde{\mathbb{K}}\end{pmatrix} \tag{11.70}$$

用条件(11.48)容易验证

$$\mathbb{M}\widetilde{\mathbb{M}}=\begin{pmatrix}\mathbb{1}_n & 0\\ 0 & \mathbb{1}_n\end{pmatrix}=\boldsymbol{I}_{2n} \tag{11.71}$$

而且由式(11.71)分析可知,$\mathbb{M}$是个实矩阵.所以$\mathbb{M}$代表SO($2n$)变换.这样,我们就用费米系统的IWOP技术找到了“经典变换”向量子力学幺正变换过渡的“桥梁”.

在结束本节以前,我们要强调两点:一点是U算符式(11.49)并不把一个费米子相干态变换为另一个费米子相干态.原因是费米子相干态并不正交.第二点是在11.3节中讨论的广义费米子博戈柳博夫变换是本节内容的一个特例,或从群表示论的观点看,11.3节的式(11.33)代表SO($2n$)费米子相干态,即$U(\Lambda)|\mathbf{0}\rangle$,$U(\Lambda)$是SO($2n$)/$U(n)$陪集元素的表示(注意分母中的$U(n)$代表$n$阶幺正群).更明确地说,若在式(11.56)中取

$$\mathbb{L}^{-1}=\sec\widetilde{N},\quad \mathbb{K}^{*}=2\sin N\mathrm{e}^{\mathrm{i}k} \tag{11.72}$$

这种取法满足条件(11.45)和(11.48),原因是N与K满足式(11.26)和(11.27),则式(11.56)就约化为式(11.42).

11.5　SO($2n$)的多模费米子实现及广义博戈柳博夫变换

对于双模费米子幺正算符$U=\exp[\lambda(f_1^{\dagger}f_2^{\dagger}-f_2f_1)]$,它所引起的变换为

$$f_1\to f_1'=f_1\cos\lambda-f_2^{\dagger}\sin\lambda,\quad f_2\to f_2'=f_2\cos\lambda+f_1^{\dagger}\sin\lambda \tag{11.73}$$

从李代数的观点看是SO(4)变换,这是因为以下对易关系

$$\left.\begin{aligned}&[f_1^\dagger f_2^\dagger, f_2 f_1] = f_1^\dagger f_1 + f_2^\dagger f_2 - 1\\&\left[f_2 f_1, \frac{1}{2}(f_1^\dagger f_1 + f_2^\dagger f_2 - 1)\right] = f_2 f_1\\&\left[f_1^\dagger f_2^\dagger, \frac{1}{2}(f_1^\dagger f_1 + f_2^\dagger f_2 - 1)\right] = -f_1^\dagger f_2^\dagger\end{aligned}\right\} \tag{11.74}$$

与角动量算符的对易关系$[J_+, J_-] = 2J_0$，$[J_\mp, J_0] = \pm J_\mp$相似.对于多模费米子系统存在 $n(2n-1)$个算符$\left\{f_i^\dagger f_j - \frac{1}{2}\delta_{ij}, (1\leqslant i, j\leqslant n); f_i f_j, f_i^\dagger f_j^\dagger (1\leqslant i\neq j\leqslant n)\right\}$张成了 SO($2n$)李代数，其中 $f_i^\dagger f_j$ 有 n^2 个，$f_i f_j\ (i\neq j)$有$\frac{1}{2}n(n-1)$个.这些算符的对易关系为

$$\begin{aligned}&[f_i^\dagger f_j, f_k^\dagger f_l^\dagger] = \delta_{jk} f_i^\dagger f_l^\dagger - \delta_{jl} f_i^\dagger f_k^\dagger\\&[f_i f_j, f_k^\dagger f_l^\dagger] = \delta_{ik}\left(f_l^\dagger f_j - \frac{1}{2}\delta_{lj}\right) + \delta_{lj}\left(f_k^\dagger f_i - \frac{1}{2}\delta_{ki}\right)\\&\qquad - \delta_{li}\left(f_k^\dagger f_j - \frac{1}{2}\delta_{kj}\right) - \delta_{kj}\left(f_l^\dagger f_i - \frac{1}{2}\delta_{li}\right)\end{aligned} \tag{11.75}$$

以下我们将 SO($2n$)的代数生成元作推广以找 SO($2n$)的多模费米算符的新实现[127].令 $\Sigma^\dagger$ 与 M 为两个反对称矩阵，用算符恒等式(11.24)计算

$$[f_i^\dagger \Sigma_{ij}^\dagger f_j^\dagger, f_l M_{lk} f_k] = 4 f_i^\dagger (\Sigma^\dagger M)_{ij} f_j - 2\mathrm{Tr}(\Sigma^\dagger M) \tag{11.76}$$

接着再算

$$[f_i^\dagger \Sigma_{ij}^\dagger f_j^\dagger, f_l^\dagger (\Sigma^\dagger M)_{lk} f_k] = -2 f_i^\dagger (\Sigma^\dagger M \Sigma^\dagger)_{ij} f_j^\dagger \tag{11.77}$$

由此可见，如要求以下算符

$$S \equiv \frac{1}{2} f_i \Sigma_{ij} f_j,\quad S^\dagger \equiv \frac{1}{2} f_i^\dagger \Sigma_{ij}^\dagger f_j^\dagger,\quad L \equiv 2 f_i^\dagger Y_{ij} f_j - \mathrm{tr}\, Y \tag{11.78}$$

满足一个 SO($2n$)代数，则

$$[S, S^\dagger] = -2L,\quad [S, L] = S,\quad [S^\dagger, L] = -S^\dagger \tag{11.79}$$

就必须有

$$\Sigma^\dagger \Sigma \Sigma^\dagger = \Sigma^\dagger,\quad Y = \frac{1}{4}\Sigma^\dagger \Sigma \tag{11.80}$$

注意当 Σ 为实矩阵时，形为 $\Sigma^2 = \mathrm{i}\Sigma$ 的解不存在，式(11.80)的解当 Σ 非奇异时为

$$\Sigma\Sigma^* = \Sigma^* \Sigma = -I,\quad Y_{ij} = \frac{1}{4}\delta_{ij} \tag{11.81}$$

这里 I 是单位矩阵，所以满足上式的 Σ 矩阵及$S, S^\dagger$ 与 $L = \frac{1}{2} f_i^\dagger f_j - \frac{n}{4}$是 SO($2n$)代数的新实现.

11.3 节中我们曾导出了费米子博戈柳博夫变换算符的一般分解公式(11.42),现在让式(11.23)中的 Λ 取 $K=\xi\Sigma$

$$K=\xi\Sigma,\quad \xi=|\xi|\mathrm{e}^{\mathrm{i}\phi},\quad \Sigma=H'\mathrm{e}^{\mathrm{i}F'} \tag{11.82}$$

其中 Σ 的极分解 $H'=H'^{\dagger}, F'=F'^{\dagger}$,由 $\Sigma=-\widetilde{\Sigma}$ 可知

$$\widetilde{H}'^2\exp(-\mathrm{i}\widetilde{F}')=\exp(-\mathrm{i}\widetilde{F}')H'^2 \tag{11.83}$$

代入式(11.81)看出

$$-I=\Sigma\Sigma^*=-\widetilde{\Sigma}\Sigma^*=-\exp(\mathrm{i}\widetilde{F}')\widetilde{H}'^2\exp(-\mathrm{i}\widetilde{F}')=-H'^2 \tag{11.84}$$

由此导出

$$\left.\begin{aligned}\tan(|\xi|H')&=H'\tan|\xi|\\ \cos(|\xi|H')&=I\cos|\xi|\\ \sec(\widetilde{H}'|\xi|)&=I\sec|\xi|\end{aligned}\right\} \tag{11.85}$$

联合式(11.82)~(11.85)的关系,代入式(11.42),得

$$\begin{aligned}U(\xi\Sigma)&\equiv\exp\left[\frac{1}{2}(\xi f_i\Sigma_{ij}f_j-f_i^{\dagger}\Sigma_{ij}^{\dagger}f_j^{\dagger}\xi^*)\right]\\ &=\exp[\xi S-S^{\dagger}\xi^*]\\ &=(\cos|\xi|)^{n/2}\exp[-S^{\dagger}\mathrm{e}^{-\mathrm{i}\phi}\tan|\xi|]\\ &\quad\times\exp[f_i^{\dagger}f_i\ln\sec|\xi|]\exp[S\mathrm{e}^{\mathrm{i}\phi}\tan|\xi|]\end{aligned} \tag{11.86}$$

令 $\tau=\mathrm{e}^{-\mathrm{i}\phi}\tan|\xi|$,注意到 $\mathrm{tr}\,Y=\dfrac{n}{4}$ 可将上式改写为

$$\exp[\xi S-S^{\dagger}\xi^*]=\mathrm{e}^{-S^{\dagger}\tau}\exp[L\mathrm{In}(1+|\tau|^2)]\mathrm{e}^{S\tau^*} \tag{11.87}$$

这恰与 SO(3)群陪集元素分解公式相同,但在 11.3 节中我们是用 IWOP 技术来导出式(11.42)的,一点也未用李代数方法,这再次证实了本节所找的 SO($2n$)的广义多模费米子实现是正确的.

作为例子,我们找 4×4 的 Σ 反对称矩阵,形如

$$\Sigma=\begin{pmatrix}0&x&y&z\\-x&0&u&v\\-y&-u&0&w\\-z&-v&-w&0\end{pmatrix} \tag{11.88}$$

由 $\Sigma\Sigma^*=-1$ 可以导出 Σ 的矩阵元应满足的方程组

$$\left.\begin{aligned}&|v|=|y|,\quad |x|=|w|,\quad |u|=|z|\\ &xu^*=zu^*,\quad yu^*=-zv^*\\ &|x|^2+|y|^2+|z|^2=1\end{aligned}\right\} \tag{11.89}$$

最简单的 4×4 的 Σ 阵是

$$\Sigma = \frac{1}{\sqrt{3}}\begin{pmatrix} 0 & 1 & -1 & 1 \\ -1 & 0 & 1 & 1 \\ 1 & -1 & 0 & 1 \\ -1 & -1 & -1 & 0 \end{pmatrix} \tag{11.90}$$

相应的 S 与 L 为(作为练习,读者不妨用下式检验式(11.79))

$$\left.\begin{aligned} S &= \frac{1}{\sqrt{3}}[f_1(f_2 - f_3 + f_4) + f_2(f_3 + f_4) + f_3 f_4] \\ L &= \frac{1}{2} f_i^{\dagger} f_i - 1 \end{aligned}\right\} \tag{11.91}$$

另一方面,由式(11.87)可得广义 SO(2n)费米子相干态是

$$\exp(\xi S - S^{\dagger}\xi^{*})\mid \mathbf{0}\rangle = \mathrm{e}^{-S^{\dagger}\tau}(1 + \mid \tau \mid^{2})^{-n/4}\mid \mathbf{0}\rangle \tag{11.92}$$

其中$|\mathbf{0}\rangle$是多模费米子真空态.

最后,我们给出 SO(3)代数的一个非线性实现,即令

$$R = \sqrt{N_f + 1}f, \quad R^{\dagger} = f^{\dagger}\sqrt{N_f + 1}, \quad N_f \equiv f^{\dagger}f \tag{11.93}$$

就有

$$\left.\begin{aligned} &[R, R^{\dagger}] = 1 - N_f \equiv -2R_0, \quad R_0 = N_f - \frac{1}{2} \\ &[R^{\dagger}, R_0] = -R^{\dagger}, \quad [R, R_0] = R \end{aligned}\right\} \tag{11.94}$$

从以上 5 节的讨论可知,IWOP 技术可以把 Grassmann 数的“经典变换”过渡到费米算符的量子幺正变换,从而使 Grassmann 数和费米子相干态用途更广.在讲授二次量子化时,把 Grassmann 数的知识适当介绍给学生也许是可取的.

11.6　费米体系的 Wigner 算符及其在计算热平均的应用

第 7 章介绍了 Weyl - Wigner 对应应用于计算热平均的理论,本节把它推广到费米体系.为此,先引入费米子 Wigner 算符,用费米子相干态表象定义为[93]

$$\Delta_{\mathrm{f}} = \frac{1}{2}\int \mathrm{d}\bar{\eta}\mathrm{d}\eta \mid \xi + \eta\rangle\langle \xi - \eta \mid \exp(\eta\bar{\xi} - \xi\bar{\eta}) \tag{11.95}$$

这里 ξ,η 都是 Grassmann 数,$|\xi + \eta\rangle$是费米子相干态.显然此式是从玻色系统的

Wigner 算符的相干态表象式(7.12)类比而得到的.用费米子 IWOP 技术即可对式(11.95)积分得到 Δ_f 的明显算符形式[137]

$$\begin{aligned}\Delta_f(\xi,\bar{\xi}) &= \frac{1}{2}\int d\bar{\eta}d\eta : \exp[-\bar{\eta}\eta + f^{\dagger}(\xi+\eta) + (\bar{\xi}-\bar{\eta})f \\ &\quad + \eta\bar{\xi} - \xi\bar{\eta} - \bar{\xi}\xi - f^{\dagger}f]: \\ &= \frac{1}{2} : \exp[-2(f^{\dagger}-\bar{\xi})(f-\xi)]:\end{aligned} \tag{11.96}$$

或

$$\Delta_f(\xi,\bar{\xi}) = -(f^{\dagger}-\bar{\xi})(f-\xi) + \frac{1}{2} \tag{11.97}$$

它在费米子 Fock 空间中的矩阵元为

$$\begin{aligned}&\langle 0 \mid \Delta_f \mid 0\rangle = \frac{1}{2} - \bar{\xi}\xi, \quad \langle 0 \mid \Delta_f \mid 1\rangle = \bar{\xi} \\ &\langle 1 \mid \Delta_f \mid 0\rangle = \xi, \quad \langle 1 \mid \Delta \mid 1\rangle = -\frac{1}{2} - \bar{\xi}\xi\end{aligned} \tag{11.98}$$

注意在计算最后一式时,要用到 f 与 ξ 是反对易这一性质.把这些矩阵元合并为一个矩阵,得到

$$\Delta_f \begin{pmatrix} \frac{1}{2} - \bar{\xi}\xi & \bar{\xi} \\ \xi & -\frac{1}{2} - \bar{\xi}\xi \end{pmatrix} \tag{11.99}$$

仔细分析可见,它的对角元呈玻色性(两个 Grassmann 数之积看成一个整体表现出玻色性);而它的非对角元只出现一个 Grassmann 数,呈费米性.这样的矩阵称为超矩阵.人们由运算的自洽性要求超矩阵的求迹对 2×2 矩阵而言是两个对角元相减,因此 $\mathrm{str}\Delta_f = 1$,这里 str 表示对超矩阵求迹,两个 Δ_f 之乘积的求迹用式(11.99)是容易的,结果是

$$\mathrm{str}[\Delta_f(\xi,\bar{\xi})\Delta_f(\eta,\bar{\eta})] = -(\bar{\eta}-\bar{\xi})(\eta-\xi) \tag{11.100}$$

费米子算符与 Grassmann 数函数的 Weyl 类对应定义为

$$F(f,f^{\dagger}) = \int d\bar{\xi}d\xi\mathscr{F}(\xi,\bar{\xi})\Delta_f(\xi,\bar{\xi}) \tag{11.101}$$

由式(11.101)知道

$$\begin{aligned}&\mathrm{str}[\Delta_f(\xi,\bar{\xi})F(f,f^{\dagger})] \\ &\quad = \int d\bar{\eta}d\eta\mathscr{F}(\eta,\bar{\eta})\mathrm{str}[\Delta_f(\xi,\bar{\xi})\Delta_f(\eta,\bar{\eta})]\end{aligned}$$

$$= \int \mathrm{d}\bar{\eta}\mathrm{d}\eta \mathscr{F}(\eta,\bar{\eta})(\eta-\xi)(\bar{\eta}-\bar{\xi}) = \mathscr{F}(\xi,\bar{\xi}) \tag{11.102}$$

此式给出了如何由已知的费米算符求其经典对应函数,它与式(7.31)的形式类似.

回顾在玻色子情形下求混合态的 Wigner 函数与求热真空纯态的 Wigner 函数等价.所以,我们考虑在费米子情形下是否有类似的结论.

取费米系统的热真空态是$|0(\beta)\rangle$,由式(11.101)可以认定热平均的计算可由下式给出

$$\langle 0(\beta) \mid \boldsymbol{F},(f,f^{\dagger}) \mid 0(\beta)\rangle = \int \mathrm{d}\bar{\xi}\mathrm{d}\xi \mathscr{F}(\xi,\bar{\xi})\langle 0(\beta) \mid \Delta_{\mathrm{f}}(\xi,\bar{\xi}) \mid 0(\beta)\rangle \tag{11.103}$$

现举一个例子,已知频率为 ω 的自由费米系统其哈密顿量为$H=\omega f^{\dagger}f$,在文献[87]中已给出了相应的热真空态是

$$\mid 0(\beta)\rangle_2 = (1+\mathrm{e}^{-\beta\omega})^{-1/2}\exp[\mathrm{e}^{-\beta\omega/2}f^{\dagger}\tilde{f}^{\dagger}] \mid 0\tilde{0}\rangle_{\mathrm{f}} \tag{11.104}$$

其中 $\tilde{f}^{\dagger}$ 是虚费米空间的产生算符,满足

$$\tilde{f}^{\dagger} \mid \tilde{0}\rangle_{\mathrm{f}} = 0, \quad \{f,\tilde{f}\} = 0, \quad \{\tilde{f},\tilde{f}^{\dagger}\} = 1$$

$\tilde{f}$ 的本征态为$|\tilde{\eta}\rangle=\exp\left[-\frac{1}{2}\bar{\tilde{\eta}}\tilde{\eta}+f^{\dagger}\tilde{\eta}\right]|\tilde{0}\rangle_f$,则在 Grassmann 数空间中费米热真空态的 Wigner 函数为

$$\begin{aligned}
&{}_2\langle 0(\beta) \mid \Delta_f \mid 0(\beta)\rangle_2 \\
&= \frac{1}{2}(1+\mathrm{e}^{-\beta\omega})^{-1}{}_f\langle 0\tilde{0} \mid \exp[\mathrm{e}^{-\beta\omega/2}\tilde{f}f]\int \mathrm{d}\bar{\eta}\mathrm{d}\eta \mid \xi+\eta\rangle\langle \xi-\eta \mid \\
&\quad \times \exp(\eta\bar{\xi}-\xi\bar{\eta})\int \mathrm{d}\tilde{\eta}\mathrm{d}\bar{\tilde{\eta}} \mid \tilde{\eta}\rangle\langle\tilde{\eta} \mid \exp[\mathrm{e}^{-\beta\omega/2}f^{\dagger}\tilde{f}^{\dagger}] \mid 0\tilde{0}\rangle_{\mathrm{f}} \\
&= \frac{1}{2}(1+\mathrm{e}^{-\beta\omega})^{-1}\mathrm{d}\bar{\eta}\mathrm{d}\eta\exp\{-\bar{\eta}\eta(1-\mathrm{e}^{-\beta\omega}) \\
&\quad + \bar{\eta}\xi(1+\mathrm{e}^{-\beta\omega}) - \bar{\xi}(1+\mathrm{e}^{-\beta\omega})\eta + (1+\mathrm{e}^{-\beta\omega})\xi\bar{\xi}\} \\
&= \frac{1-\mathrm{e}^{-\beta\omega}}{2(1+\mathrm{e}^{-\beta\omega})}\exp\left[-\frac{2(1+\mathrm{e}^{-\beta\omega})}{1-\mathrm{e}^{-\beta\omega}}\bar{\xi}\xi\right]
\end{aligned} \tag{11.105}$$

例如,算符 $f^{\dagger}f$ 的赝经典 Weyl 对应是 $\bar{\xi}\xi+\frac{1}{2}$,则用式(11.105)和式(11.103)可得费米数算符的统计平均

$$\begin{aligned}
{}_2\langle 0(\beta) \mid f^{\dagger}f \mid 0(\beta)\rangle_2 &= \int \mathrm{d}\bar{\xi}\mathrm{d}\xi\left(\bar{\xi}\xi+\frac{1}{2}\right){}_2\langle 0(\beta) \mid \Delta_f \mid 0(\beta)\rangle_2 \\
&= (1+\mathrm{e}^{\beta\omega})^{-1}
\end{aligned} \tag{11.106}$$

以上讨论表明,把 Weyl-Wigner 方法和 Takahashi-Umezawa 的热动力学理论相结合,可以使混合态的 Wigner 函数也可被作为相应的热真空态(纯态)的 Wigner 函数来对待.

11.7　两个反对易算符的共同本征矢[138]

由量子力学一般常识可知:如果两个算符 O_1 和 O_2 对易,则如果$|\psi\rangle$是其中一个算符 O_1 的本征态,那么态矢 $O_2|\psi\rangle$也是 O_1 的具有相同本征值的本征态矢.一个有兴趣的问题是:如果两个算符反对易,它们可以具有一组共同的本征矢集吗?

这里我们给出一个例子,引入态矢

$$|\alpha\rangle = \exp\left(-\frac{1}{2}\bar{\alpha}\alpha + f_1^\dagger\alpha + \bar{\alpha}f_2^\dagger + f_2^\dagger f_1^\dagger\right)|00\rangle \tag{11.107}$$

其中 α 是 Grassmann 数,$f_i^\dagger(i=1,2)$是费米子产生算符.我们要证明它是 $f_1+f_2^\dagger$ 和 $f_1^\dagger-f_2$ 的共同本征态矢,而这两者又是反对易的,即

$$\{f_1^\dagger - f_2, f_1 + f_2^\dagger\} = 0 \tag{11.108}$$

事实上,将 f_1 和 $f_2^\dagger$ 分别作用在$|\alpha\rangle$上得到

$$f_1|\alpha\rangle = \left(\alpha - f_2^\dagger - \frac{1}{2}\bar{\alpha}\alpha f_2^\dagger\right)|00\rangle$$

$$f_2^\dagger|\alpha\rangle = f_2^\dagger\left(1 - \frac{1}{2}\bar{\alpha}\alpha + f_1^\dagger\alpha\right)|00\rangle \tag{11.109}$$

另一方面,由 Grassmann 数的性质可知

$$\alpha|\alpha\rangle = \alpha(1 + \bar{\alpha}f_2^\dagger + f_2^\dagger f_1^\dagger)|00\rangle \tag{11.110}$$

联立上面三个方程得

$$(f_1 + f_2^\dagger)|\alpha\rangle = \alpha|\alpha\rangle \tag{11.111}$$

再拿 f_2 和 $f_1^\dagger$ 分别用于$|\alpha\rangle$,又得到

$$f_2|\alpha\rangle = \left(f_1^\dagger - \bar{\alpha} + \frac{1}{2}\bar{\alpha}\alpha f_1^\dagger\right)|00\rangle$$

$$f_1^\dagger|\alpha\rangle = f_1^\dagger\left(1 - \frac{1}{2}\bar{\alpha}\alpha + \bar{\alpha}f_2^\dagger\right)|00\rangle \tag{11.112}$$

与下面的方程

$$\bar{\alpha}|\alpha\rangle = \bar{\alpha}(1 + f_1^\dagger\alpha + f_2^\dagger f_1^\dagger)|00\rangle \tag{11.113}$$

相比较得

$$(f_1^\dagger - f_2) | \alpha\rangle = \bar{\alpha} | \alpha\rangle \tag{11.114}$$

可见本节式(11.107)的$|\alpha\rangle$确实是 $f_1^\dagger - f_2, f_1 + f_2^\dagger$ 的共同本征态,但伴随不同的本征值.另一方面,定义态矢

$$\ll \alpha | = \langle 00 | \exp\left[-\frac{1}{2}\bar{\alpha}\alpha + \bar{\alpha}f_1 - f_2\alpha - f_1 f_2\right] \tag{11.115}$$

则用费米系统的 IWOP 技术可证有以下的完备性

$$\begin{aligned}\int d\bar{\alpha}d\alpha\, | \alpha\rangle \ll \alpha | &= \int d\bar{\alpha}d\alpha : \exp\{-[\bar{\alpha} - (f_1^\dagger - f_2)] \\ &\quad \times [\alpha - (f_1 + f_2^\dagger)]\} := 1\end{aligned} \tag{11.116}$$

注意$\ll\alpha$ 不是$|\alpha\rangle$的厄米共轭,容易证明

$$\ll \alpha | (f_1^\dagger - f_2) = \bar{\alpha} \ll \alpha, \quad \ll \alpha | (f_1 + f_2^\dagger) = \alpha \ll \alpha | \tag{11.117}$$

结合式(11.114)、(11.117)和(11.111),得

$$\left.\begin{aligned}\ll \alpha' | (f_1 + f_2^\dagger) | \alpha\rangle = \alpha \ll \alpha' | \alpha\rangle = \alpha' \ll \alpha' | \alpha\rangle \\ \ll \alpha' | (f_1^\dagger - f_2) | \alpha\rangle = \bar{\alpha} \ll \alpha' | \alpha\rangle = \bar{\alpha}' \ll \alpha' | \alpha\rangle\end{aligned}\right\} \tag{11.118}$$

由于 Grassmann 数的 δ 函数可以定义为

$$\delta(\alpha - \alpha') = \alpha - \alpha', \quad \delta(\bar{\alpha} - \bar{\alpha}') = \bar{\alpha} - \bar{\alpha}'$$

故有关于$|\alpha\rangle$与$\ll\alpha'|$的正交性关系为

$$\ll \alpha' | \alpha\rangle = \delta(\alpha - \alpha')\delta(\bar{\alpha} - \bar{\alpha}') = \langle \alpha | \alpha' \gg \tag{11.119}$$

以上讨论表明,两个反对易算符也有可能存在共同的本征矢.

第 12 章　反正规乘积内和 Weyl 编序内的积分技术

前面讲述了正规乘积内的积分技术及其应用.于是,自然产生了这样一个问题:有无一个方便的途径能将正规乘积的算符化为反正规乘积?换言之,是否可引入反正规乘积内的积分技术.算符的反正规排列在量子统计力学的密度矩阵理论及量子光学中相当有用.在第 2 章已指出,一个密度矩阵 ρ 在相干态中的 c 数展开称为 Glauber - Sudarshan P 表示.记为:$\rho = \int \frac{\mathrm{d}^2 z}{\pi} P(z) \mid z\rangle\langle z \mid$.由于 $a \mid z\rangle = z \mid z$,$\langle z \mid a^\dagger = \langle z \mid z^*$.因此,一旦知道 ρ 的反正规排列就是相当于知道了其 P 表示,而密度矩阵满足的海森堡方程(算符方程)就可转化为相应的 c 数方程,这给某些问题的求解带来一定的方便.所以,在本章中我们求 ρ 的反正规乘积展开.另一方面,在把经典函数量子化为算符时常用 Weyl 编序.把 ρ 展开为 Weyl 编序也是有意义的.本章的讨论将表明,IWOP 技术也可应用于量子统计.

12.1　密度矩阵的反正规乘积展开——玻色情形[139,140]

在第 3 章中,我们已知密度矩阵 ρ 的对角相干态表示可以纳入正规乘积形式,即

$$\rho = \int \frac{\mathrm{d}^2 z}{\pi} P(z) \mid z\rangle\langle z \mid = \int \frac{\mathrm{d}^2 z}{\pi} P(z) : \exp[-(z^* - a^\dagger)(z - a)] : \tag{12.1}$$

自然产生的问题是,ρ 的反正规乘积展开式是什么? 为此,我们引入了反正规乘积(记为 $\vdots\ \vdots$)的若干性质(注意到反正规乘积的定义与正规乘积的定义如同人们定义左、右手那样是地位等同的.因此,在 $\vdots\ \vdots$ 内部玻色算符的性质与在 :: 内相似,即

（Ⅰ）在反正规乘积⋮⋮内的玻色算符可以对易.

（Ⅱ）在⋮⋮内的 : : 可以取消.

（Ⅲ）可以对⋮⋮内部的 c 数积分，只要该积分收敛.

（Ⅳ）真空投影算符的反正规乘积形式是

$$|0\rangle\langle 0| = \pi\delta(a)\delta(a^\dagger) = \int \frac{d^2\xi}{\pi} e^{i\xi a} e^{i\xi^* a^\dagger} \tag{12.2}$$

事实上，用正规乘积内的积分技术，我们有

$$\begin{aligned}
\pi\delta(z-a)\delta(z^*-a^\dagger) &= \int \frac{d^2\xi}{\pi} e^{-i\xi(z-a)} e^{-i\xi^*(z^*-a^\dagger)} \\
&= \int \frac{d^2\xi}{\pi} :\exp[-|\xi|^2 - i\xi^*(z^*-a^\dagger) - i\xi(z-a)]: \\
&= :\exp[-|z|^2 + za^\dagger + z^* a - a^\dagger a]: \\
&= |z\rangle\langle z|
\end{aligned} \tag{12.3}$$

当取 $z=0$ 时，上式就是式(12.2)，现在利用 Mehta[141] 曾给出的一个由 ρ 求其 P 表示 $P(z)$ 的公式

$$P(z) = e^{|z|^2} \int \frac{d^2\beta}{\pi} \langle -\beta|\rho|\beta\rangle \exp(|\beta|^2 + \beta^* z - \beta z^*) \tag{12.4}$$

注意这里 $(\beta^* z - \beta z^*)$ 是个纯虚数，故此式可视为傅氏变换. 其中 $|\beta\rangle$ 是相干态，我们可以把式(12.1)改写为

$$\begin{aligned}
\rho = \int \frac{d^2\beta}{\pi} \langle -\beta|\rho|\beta\rangle e^{|\beta|^2} \vdots \int \frac{d^2\xi}{\pi} &\exp(ia\xi + ia^\dagger\xi^*) \\
\times \int \frac{d^2 z}{\pi} &\exp[-|z|^2 + z(a^\dagger - i\xi + \beta^*)] \\
\times &\exp[z^*(a - i\xi^* - \beta)] \vdots
\end{aligned} \tag{12.5}$$

然后用反正规乘积内的积分技术对上式中的 $d^2 z$ 与 $d^2\xi$ 积分，得到

$$\rho = \int \frac{d^2\beta}{\pi} \vdots \langle -\beta|\rho|\beta\rangle \exp[|\beta|^2 + \beta^* a - \beta a^\dagger + a^\dagger a] \vdots \tag{12.6}$$

这就是密度矩阵 ρ 的新的反正规乘积展开式. 它告诉我们，一旦 ρ 的相干态矩阵元 $\langle -\beta|\rho|\beta\rangle$ 已知，就可在⋮⋮内积分直接给出 ρ 的反正规乘积形式. 特别，当 $\rho=1$，式(12.6)变为

$$1 = \int \frac{d^2\beta}{\pi} \vdots \exp[-|\beta|^2 + \beta^* a - \beta a^\dagger + a^\dagger a] \vdots \tag{12.7}$$

【例 1】 在第 3 章中已知 $e^{\lambda a^\dagger a}$ 的正规乘积展开是式(3.15)，则

$$\langle -\beta| e^{\lambda a^\dagger a} |\beta\rangle = \exp[-(e^\lambda + 1)|\beta|^2] \tag{12.8}$$

代入式(12.6)积分得与(5.13)相同的结果，即

$$e^{\lambda a^\dagger a}=\int\frac{d^2\beta}{\pi}:\exp[-e^{\lambda}|\beta|^2+\beta^* a-\beta a^\dagger+a^\dagger a]:$$
$$=-e^{-\lambda}:\exp[(1-e^{-\lambda})aa^\dagger]: \tag{12.9}$$

【例 2】

$$e^{\lambda a^{\dagger 2}}e^{\sigma a^2}=\int\frac{d^2\beta}{\pi}:\exp[-|\beta|^2+\beta^* a-\beta a^\dagger+\sigma\beta^2+\lambda\beta^{*2}+a^\dagger a]:$$
$$=\frac{1}{\sqrt{1-4\sigma\lambda}}:\exp\left(\frac{-a^\dagger a+\sigma a^2+\lambda a^{\dagger 2}}{1-4\sigma\lambda}+a^\dagger a\right): \tag{12.10}$$

进一步用公式(12.9)可将式(12.10)写为

$$e^{\lambda a^{\dagger 2}}e^{\sigma a^2}=\sqrt{1-4\sigma\lambda}\exp\left(\frac{\sigma a^2}{1-4\sigma\lambda}\right)\exp[a^\dagger a\ln(1-4\sigma\lambda)]\exp\left(\frac{\lambda a^{\dagger 2}}{1-4\sigma\lambda}\right) \tag{12.11}$$

作为式(12.11)的多模推广,我们将 $\exp(a_i^\dagger\tau_{ij}a_j^\dagger)\exp(a_i\sigma_{ij}a_j)\equiv G$ 化为反正规乘积,其中 τ 与 σ 皆为对称矩阵.由于

$$\langle-\boldsymbol{\beta}|\exp(a_i^\dagger\tau_{ij}a_j^\dagger)\exp(a_i\sigma_{ij}a_j)|\boldsymbol{\beta}\rangle$$
$$=\exp[-2|\beta_i|^2+\beta_i^*\tau_{ij}\beta_j^*+\beta_i\sigma_{ij}\beta_j] \tag{12.12}$$

这里多模相干态 $|\boldsymbol{\beta}\rangle$ 定义为

$$|\boldsymbol{\beta}\rangle=|\beta_1\rangle|\beta_2\rangle\cdots|\beta_n\rangle,\quad a_i|\boldsymbol{\beta}\rangle=\beta_i|\boldsymbol{\beta}\rangle$$

按照公式(12.6)和(5.33),我们可以写出

$$G=\int\prod_i\left[\frac{d^2\beta_i}{\pi}\right]:\exp[-|\beta_i|^2+\beta_i^* a_i-\beta_i a_i^\dagger+\beta_i\sigma_{ij}\beta_j$$
$$+\beta_i^*\tau_{ij}\beta_j^*+a_i^\dagger a_i]:$$
$$=\int\prod_i\left[\frac{d^2\beta_i}{\pi}\right]:\exp\left\{-\frac{1}{2}(\beta,\beta^*)\begin{pmatrix}-2\sigma & 1\\ 1 & -2\tau\end{pmatrix}\begin{pmatrix}\beta\\ \beta^*\end{pmatrix}\right.$$
$$\left.+(-a^\dagger,a)\begin{pmatrix}\beta\\ \beta^*\end{pmatrix}+a_i^\dagger a_i\right\}:$$
$$=\left[\det\begin{pmatrix}1 & -2\tau\\ -2\sigma & 1\end{pmatrix}\right]^{-1/2}:\exp\left\{\frac{1}{2}(-a^\dagger a)\right.$$
$$\left.\times\begin{pmatrix}1 & -2\tau\\ -2\sigma & 1\end{pmatrix}^{-1}\begin{pmatrix}a\\ -a^\dagger\end{pmatrix}+a_i^\dagger a_i\right]:$$
$$=[\det(1-4\sigma\tau)]^{-1/2}\exp\{a_i[(1-4\sigma\tau)^{-1}\sigma]_{ij}a_j\}$$
$$\times:\exp\{-a_i^\dagger(1-4\sigma\tau)_{ij}^{-1}a_j+a_i^\dagger a_i\}:$$
$$\times\exp\{a_i^\dagger[(1-4\sigma\tau)^{-1}\tau]_{ij}a_j^\dagger\} \tag{12.13}$$

这是一个新的算符恒等式. 作为练习我们留给读者证明双模压缩算符的反正规乘积展开式是

$$\begin{aligned}&\exp[\lambda(a_1^\dagger a_2^\dagger - a_1 a_2)] \\ &= \operatorname{sech}\lambda \exp(-a_1 a_2 \tanh\lambda) \vdots \exp[1 - \operatorname{sech}\lambda) \\ &\quad \times (a_1^\dagger a_1 + a_2^\dagger a_2) \vdots \exp(a_1^\dagger a_2^\dagger \tanh\lambda)\end{aligned} \tag{12.14}$$

转动算符式(6.43)的反正规乘积展开用式(12.6)可导出,它是

$$\mathrm{e}^{\mathrm{i}\theta J_y} = \vdots \exp\left\{(a_1^\dagger \quad a_2^\dagger)\left[\mathbb{1} - \begin{pmatrix}\cos\dfrac{\theta}{2} & -\sin\dfrac{\theta}{2} \\ \sin\dfrac{\theta}{2} & \cos\dfrac{\theta}{2}\end{pmatrix}\right]\begin{pmatrix}a_1 \\ a_2\end{pmatrix}\right\} \vdots \tag{12.15}$$

如果我们把位相算符用相干态 $|z\rangle$ 定义为[139]

$$\hat{\mathrm{e}}^{\mathrm{i}\theta} = \int \frac{\mathrm{d}^2 z}{\pi} \mathrm{e}^{\mathrm{i}\theta} |z\rangle\langle z|, \quad z = |z| \mathrm{e}^{\mathrm{i}\theta} \tag{12.16}$$

即直接把相因子 $\mathrm{e}^{\mathrm{i}\theta}$ 作为 P - 表示,则用式(12.6)可得

$$\begin{aligned}\hat{\mathrm{e}}^{\mathrm{i}\theta} &= \int \frac{\mathrm{d}^2\beta}{\pi} \vdots \langle -\beta | \int \frac{\mathrm{d}^2 z}{\pi} \mathrm{e}^{\mathrm{i}\theta} |z\rangle\langle z|\beta\rangle \exp[|\beta|^2 + \beta^* a - \beta a^\dagger + a^\dagger a] \vdots \\ &= \int \frac{\mathrm{d}^2 z}{\pi} \mathrm{e}^{\mathrm{i}\theta - |z|^2} \int \frac{\mathrm{d}^2\beta}{\pi} \vdots \exp[\beta(z^* - a^\dagger) - \beta^*(z - a) + a^\dagger a] \vdots \\ &= \int \frac{\mathrm{d}^2 z}{\pi} \mathrm{e}^{\mathrm{i}\theta - |z|^2} \vdots \delta(z^* - a^\dagger)\delta(z - a) \mathrm{e}^{a^\dagger a} \vdots = a \vdots \frac{1}{\sqrt{a^\dagger a}} \vdots \\ &= a \vdots \frac{1}{\sqrt{N}} \vdots\end{aligned} \tag{12.17}$$

注意这个形式是非奇异的,因为若要把 $\vdots \dfrac{1}{\sqrt{a^\dagger a}} \vdots$ 的 $\vdots\ \vdots$ 记号去掉,必须先在 $\vdots\ \vdots$ 内部排成 a 在左面、$a^\dagger$ 在右面的形式,故尽管在 $\vdots \dfrac{1}{\sqrt{N}} \vdots$ 的分母上,它作用于 $\langle 0|$ 或 $|0\rangle$ 上不出现奇异性. 把式(12.17)与第 2 章所介绍的 Susskind - Glogower 位相算符相对照,可以定性看出为何 $1/\sqrt{N+1}$ 出现在式(2.87)中.

12.2　密度矩阵的反正规乘积展开——费米情形[142]

上节所述可以推广到密度矩阵由费米算符构成的情况. 用费米相干态式

(11.9)定义费米算符 ρ_f 的 P 表示

$$\rho_f = \int d\bar{\eta} d\eta P(\eta) |\eta\rangle\langle\eta| \tag{12.18}$$

其中$|\eta\rangle$是费米子相干态. 由费米子相干态的内积关系

$$\langle\eta'|\eta\rangle = \exp\left[-\frac{1}{2}\bar{\eta}'\eta' - \frac{1}{2}\bar{\eta}\eta + \bar{\eta}'\eta\right] \tag{12.19}$$

可得

$$\begin{aligned}\langle -\eta'|\rho_f|\eta'\rangle &= \int d\bar{\eta} d\eta P(\eta) \exp\{-\bar{\eta}'\eta' - \bar{\eta}\eta + \bar{\eta}\eta' - \bar{\eta}'\eta\} \\ &= \exp(-\bar{\eta}'\eta') \int d\bar{\eta} d\eta P(\eta) \exp(-\bar{\eta}\eta) \\ &\quad \times \exp(\bar{\eta}\eta' - \bar{\eta}'\eta)\end{aligned} \tag{12.20}$$

把上式看做傅里叶变换,则其逆变换是

$$P(\eta) = \exp(\bar{\eta}\eta) \int d\bar{\eta}' d\eta' \langle -\eta'|\rho_f|\eta'\rangle \exp(\bar{\eta}'\eta' + \bar{\eta}'\eta - \bar{\eta}\eta') \tag{12.21}$$

对费米系统也可引入反正规乘积内的积分技术,即注意在反正规乘积 $\vdots\ \vdots$ 内部费米算符反对易,但是 Gressmann 数-费米算符对 GFOP 之间相互对易;可以对 $\vdots\ \vdots$ 内部的 c 数或 G 数积分;费米子投影算符$|0\rangle\langle 0|$的反正规乘积形式是

$$|0\rangle\langle 0| = ff^\dagger = \int d\bar{\xi} d\xi \exp(\xi f) \exp(f^\dagger \bar{\xi}) \tag{12.22}$$

而$|\eta\rangle\langle\eta|$的反正规乘积表达式是

$$|\eta\rangle\langle\eta| = \int d\bar{\xi} d\xi \vdots \exp[-2\bar{\eta}\eta + (\xi + \bar{\eta}) f + f^\dagger(\bar{\xi} + \eta) + \eta\xi + \bar{\xi}\bar{\eta}] \vdots \tag{12.23}$$

将式(12.23)和(12.21)代入式(12.18)得

$$\begin{aligned}\rho_f &= \int d\bar{\eta}' d\eta' \langle -\eta'|\rho_f|\eta'\rangle \exp(\bar{\eta}'\eta') \int d\bar{\xi} d\xi \vdots \exp(\xi f + f^\dagger \bar{\xi}) \\ &\quad \times \int d\bar{\eta} d\eta \exp\{-\bar{\eta}\eta + \bar{\eta}(f - \eta' - \bar{\xi}) + (f^\dagger + \bar{\eta}' - \xi)\eta\} \vdots \\ &= \int d\bar{\eta} d\eta \vdots \langle -\eta|\rho_f|\eta\rangle \exp\{\bar{\eta}\eta + \bar{\eta} f - f^\dagger \eta + f^\dagger f\} \vdots\end{aligned} \tag{12.24}$$

这是将正规乘积算符转为反正规乘积的公式. 作为其应用,读者可以将算符 $\exp(f_i^\dagger U_{ij} f_j^\dagger)\exp(f_i V_{ij} f_j)$化为反正规编序,其中 $\tilde{U} = -U$, $\tilde{V} = -V$,结果是

$$\begin{aligned}&\exp(f_i^\dagger U_{ij} f_j^\dagger)\exp(f_i V_{ij} f_j) \\ &= [\det(1 + 4UV)]^{1/2} \exp\{f_i[V(1 + 4UV)^{-1}]_{ij} f_j\}\end{aligned}$$

$$\times \vdots \exp\{-f_i^\dagger(4UV+\mathbb{1})_{ij}^{-1}f_j + f_i^\dagger f_i\} \vdots$$
$$\times \exp\{f_i^\dagger[U(4UV+\mathbb{1})^{-1}]_{ij}f_j^\dagger\} \tag{12.25}$$

12.3　密度矩阵的 Weyl 编序展开[143]

在第 7 章中,我们介绍了 Weyl 对应规则(见式(7.6)),并求出了 Wigner 算符的正规乘积形式与明显的算符形式. Weyl 对应规则也可以说是算符的一种 Weyl 编序. 例如,经典函数 $q^m p^r$ 的 Weyl 对应算符是

$$q^m p^r \to \left(\frac{1}{2}\right)^m \sum_{l=0}^{m} \frac{m!}{l!(m-l)!} Q^{m-l} P^r Q^l \tag{12.26}$$

右边即是 Weyl 编序(Weyl ordring),它区别于其他编序,例如 $q^m p^r \to Q^m P^r$, $q^m p^r \to P^r Q^m$. 于是,自然产生一个有趣的问题:“什么是密度矩阵 ρ 的 Weyl 编序展开呢?”我们记 $\vdots\ \vdots$ 为 Weyl 编序乘积,则可以重写式(7.6)为

$$\vdots h(P,Q) \vdots = \iint_{-\infty}^{\infty} \mathrm{d}p\mathrm{d}q h(p,q)\Delta(p,q) \tag{12.27}$$

它表明一个 Weyl 编序算符 $\vdots h(P,Q) \vdots$ 的经典对应能够直接地由作替代 $Q \to q$, $P \to p$ 而得到. 例如,式(12.26)代表

$$\begin{aligned}
&\left(\frac{1}{2}\right)^m \sum_{l=0}^{m} \frac{m!}{l!(m-l)!} Q^{m-l} P^r Q^l \\
&= \left(\frac{1}{2}\right)^m \vdots \sum_{l=0}^{m} \frac{m!}{l!(m-l)!} Q^{m-l} P^r Q^l \vdots \\
&= \iint_{-\infty}^{\infty} \mathrm{d}p\mathrm{d}q \left(\frac{1}{2}\right)^m \sum_{l=0}^{m} \frac{m!}{l!(m-l)!} q^m p^r \Delta(p,q) \\
&= \iint_{-\infty}^{\infty} \mathrm{d}p\mathrm{d}q q^m p^r \Delta(p,q)
\end{aligned} \tag{12.28}$$

另一方面,用 $Q = \frac{1}{\sqrt{2}}(a + a^\dagger)$, $P = \frac{1}{\sqrt{2}i}(a - a^\dagger)$,可以将式(12.27)改造为

$$\begin{aligned}
&\vdots G(a, a^\dagger) \vdots = 2\int \mathrm{d}^2\alpha G(\alpha, \alpha^*)\Delta(\alpha, \alpha^*) \\
&\alpha = \frac{1}{\sqrt{2}}(q + \mathrm{i}p)
\end{aligned} \tag{12.29}$$

这里

$$G(\alpha,\alpha^*) = h(p,q) \tag{12.30}$$

$$\Delta(\alpha,\alpha^*) = \pi^{-1} : \exp[-2(a^\dagger - \alpha^*)(a - \alpha)] : \tag{12.31}$$

现在,我们列出 Weyl 编序算符的若干性质(称为 IWWP 技术)

(Ⅰ)玻色算符在 $\vdots\,\vdots$ 内部可以对易.

(Ⅱ)c 数可以任意移入或从 $\vdots\,\vdots$ 记号撤出.

(Ⅲ)$\vdots\,\vdots$ 记号内部的 $\vdots\,\vdots$ 记号可以取消.

(Ⅳ)可以对 $\vdots\,\vdots$ 内部的 c 数积分,只要该积分收敛.

由以上四条性质可概括出 Wigner 算符的 Weyl 编序形式为

$$\Delta(p,q) = \vdots\,\delta(p-P)\delta(q-Q)\,\vdots \tag{12.32}$$

或者

$$\Delta(\alpha,\alpha^*) = \frac{1}{2}\vdots\,\delta(\alpha-a)\delta(\alpha^*-a^\dagger)\,\vdots \tag{12.33}$$

于是,式(12.27)和(12.29)可分别改写为

$$\vdots\, h(P,Q)\,\vdots = \vdots\iint_{-\infty}^{\infty} \mathrm{d}p\mathrm{d}q h(p,q)\delta(p-P)\delta(q-Q)\,\vdots \tag{12.34}$$

$$\vdots\, G(a,a^\dagger)\,\vdots = \vdots\int \mathrm{d}^2\alpha G(\alpha,\alpha^*)\delta(\alpha-a)\delta(\alpha^*-a^\dagger)\,\vdots \tag{12.35}$$

例如

$$\iint_{-\infty}^{\infty} \mathrm{d}p\mathrm{d}q q^m p^r \,\vdots\,\delta(p-P)\delta(q-Q)\,\vdots = \vdots\, Q^m P^r\,\vdots \tag{12.36}$$

注意,欲将 $\vdots\, Q^m P^r\,\vdots$ 的 $\vdots\,\vdots$ 移去,必须先重排它为

$$\vdots\left(\frac{1}{2}\right)^m \sum_{l=0}^{m} \frac{m!}{l!(m-l)!} Q^{m-l} P^r Q^l\,\vdots \tag{12.37}$$

而后才能移去 $\vdots\,\vdots$.

现在设法将相干态的超完备性关系纳入 Weyl 编序形式.先求相干态投影算符 $|z\rangle\langle z|$ 的经典对应.由式(12.31)可得

$$\begin{aligned} 2\pi\mathrm{tr}[|z\rangle\langle z|\Delta(\alpha,\alpha^*)] &= 2\langle z|: \mathrm{e}^{-2(a^\dagger-\alpha^*)(a-\alpha)} :|z\rangle \\ &= 2\exp[-2(z^*-\alpha^*)(z-\alpha)] \end{aligned} \tag{12.38}$$

将它代入式(12.35),可以求出 $|z\rangle\langle z|$ 的 Weyl 编序式

$$|z\rangle\langle z| = 2\int d^2\alpha \exp[-2(z^* - \alpha^*)(z-\alpha)] \vdots \delta(a^\dagger - \alpha^*)\delta(a-\alpha) \vdots$$
$$= 2 \vdots \exp[-2(z^* - a^\dagger)(z-a)] \vdots \tag{12.39}$$

所以，$|z\rangle$的超完备性也可以纳入 Weyl 编序

$$\int \frac{d^2 z}{\pi} |z\rangle\langle z| = 2\int \frac{d^2 z}{\pi} \vdots \exp[-2(z^* - a^\dagger)(z-a)] \vdots = 1 \tag{12.40}$$

相应地，密度矩阵的 P 表示也可纳入 Weyl 编序形式

$$\rho = \int \frac{d^2 z}{\pi} P(z) |z\rangle\langle z| = 2\int \frac{d^2 z}{\pi} P(z) \vdots e^{-2(z^* - a^\dagger)(z-a)} \vdots \tag{12.41}$$

这个关系告诉我们，一旦某个给定算符的 P 表示已知，就可用式(12.41)及 IWOP 技术导出该算符的 Weyl 编序乘积. 例如，从式(12.9)我们已知 $e^{\lambda a^\dagger a}$ 的反正规乘积表式，代入式(12.41)得到它的 Weyl 编序形式

$$e^{\lambda a^\dagger a} = \int \frac{d^2 z}{\pi} e^{-\lambda} \exp[(1-e^{-\lambda})|z|^2] |z\rangle\langle z|$$
$$= 2e^{-\lambda}\int \frac{d^2 z}{\pi} \vdots \exp\{-(1+e^{-\lambda})|z|^2 + 2z^* a + 2za^\dagger - 2a^\dagger a\} \vdots$$
$$= \frac{2}{e^\lambda + 1} \vdots \exp\left[\frac{2(e^\lambda - 1)}{e^\lambda + 1} a^\dagger a\right] \vdots \tag{12.42}$$

又如在 Schwinger 玻色子表示下的转动算符 $e^{-iJ_y\theta}$ 已由式(12.15)给出，它的 Weyl 编序可通过将其 P 表示代入式(12.41)得到

$$e^{-iJ_y\theta} = \int \frac{d^2 z d^2 z'}{\pi^2} \exp\left[2\sin^2\frac{\theta}{4}(|z|^2 + |z'|^2) - \sin\frac{\theta}{2}(z^* z' - z'^* z)\right] |z,z'\rangle\langle z,z'|$$
$$= 4\int \frac{d^2 z d^2 z'}{\pi^2} \vdots \exp\left\{-2(|z|^2 + |z'|^2)\cos^2\frac{\theta}{4} + \sin\frac{\theta}{2}(z'^* z - z^* z') + 2(z^* a_1 + z a_1^\dagger + z'^* a_2 + a_2^\dagger z' - a_1^\dagger a_1 - a_2^\dagger a_2)\right\} \vdots$$
$$= \sec^2\frac{\theta}{4} \vdots \exp\left[-2(a_1^\dagger a_2 - a_2^\dagger a_1)\tan\frac{\theta}{4}\right] \vdots$$
$$= \sec^2\frac{\theta}{4} \vdots \exp\left[2i(Q_1 P_2 - Q_2 P_1)\tan\frac{\theta}{4}\right] \vdots \tag{12.43}$$

由方程(12.34)可立即得到 $e^{-iJ_y\theta}$ 的经典对应

$$\left.\begin{aligned}
\mathrm{e}^{-\mathrm{i}J_y\theta} &\to \sec^2\frac{\theta}{4}\exp\left[2\tan\frac{\theta}{2}(\alpha\beta^* - \beta\alpha^*)\right]\\
&= \sec^2\frac{\theta}{4}\exp\left[2\mathrm{i}(q'p - p'q)\tan\frac{\theta}{4}\right]\\
\beta &= \frac{1}{\sqrt{2}}(q' + ip')
\end{aligned}\right\} \tag{12.44}$$

可以验证上式的正确性,办法如下:

注意到,当某个算符已是 Weyl 编序时,由式(7.3)所描述的 Weyl 对应规则及式(12.27),可以导出

$$\langle q' \mid ⋮h(P,Q)⋮ \mid q\rangle = \int_{-\infty}^{\infty}\frac{\mathrm{d}p}{2\pi}\mathrm{e}^{\mathrm{i}p(q'-q)}h\left(p,\frac{q'+q}{2}\right) \tag{12.45}$$

现取 $\mathrm{e}^{-\mathrm{i}J_y\theta}$ 在双模坐标表象中的矩阵元作为验证的手段,用式(12.43)和(12.44)得到

$$\begin{aligned}
\langle q_1'', q_2'' \mid \mathrm{e}^{-\mathrm{i}J_y\theta} \mid q_1', q_2'\rangle &= \sec^2\frac{\theta}{4}\iint_{-\infty}^{\infty}\frac{\mathrm{d}p_1\mathrm{d}p_2}{4\pi^2}\exp\Big\{\mathrm{i}p_1(q_1'' - q_1') + \mathrm{i}p_2(q_2'' - q_2')\\
&\quad - \mathrm{i}[p_1(q_2' + q_2'') - p_2(q_1' + q_1'')]\tan\frac{\theta}{4}\Big\}\\
&= \delta\left[q_1'' - q_1' - \tan\frac{\theta}{4}(q_2' + q_2'')\right]\delta\Big[q_2'' - q_2'\\
&\quad + \tan\frac{\theta}{4}(q_1' + q_1'')\Big]\sec^2\frac{\theta}{4}
\end{aligned} \tag{12.46}$$

令

$$y_1 = q_1'' - q_1' - \tan\frac{\theta}{4}(q_2' + q_2''),\quad y_2 = q_2'' - q_2' - \tan\frac{\theta}{4}(q_1' + q_1'') \tag{10.47}$$

我们有

$$\begin{aligned}
\iint_{-\infty}^{\infty}\mathrm{d}q_1''\mathrm{d}q_2''\delta(y_1)\delta(y_2) &= \iint_{-\infty}^{\infty}\mathrm{d}y_1\mathrm{d}y_2\left|\frac{\partial(q_1'', q_2'')}{\partial(y_1, y_2)}\right|\delta(y_1)\delta(y_2)\\
&= \cos^2\frac{\theta}{4}
\end{aligned} \tag{12.48}$$

于是方程(12.46)变成

$$\begin{aligned}
&\langle q_1''q_2'' \mid \mathrm{e}^{-\mathrm{i}J_y\theta} \mid q_1'q_2'\rangle\\
&\quad = \delta\left(q_1'' - q_1'\cos\frac{\theta}{2} + q_2'\sin\frac{\theta}{2}\right)\delta\left(q_2'' - q_1'\sin\frac{\theta}{2} - q_2'\cos\frac{\theta}{2}\right)
\end{aligned} \tag{12.49}$$

这正是我们所预期的.因此用 $e^{-iJ_y\theta}$ 的 Weyl 编序式得到了正确结果.作为应用,现在我们用了 Weyl 编序算符(12.42)和式(12.45)计算单位质量谐振子的演化矩阵元(也会与预期的结果相同)

$$
\begin{aligned}
&\langle q' \mid \exp\left[-\mathrm{i}\omega\left(a^{\dagger}a+\frac{1}{2}\right)T\right]\mid q\rangle \\
&= 2\mathrm{e}^{-\mathrm{i}\omega T/2}(1+\mathrm{e}^{-\mathrm{i}\omega T})^{-1}\langle q' \mid \vdots\exp\left\{\frac{2(\mathrm{e}^{-\mathrm{i}\omega T}-1)}{\mathrm{e}^{\mathrm{i}\omega T}+1}a^{\dagger}a\right\}\vdots\mid q\rangle \\
&= \sec\frac{\omega T}{2}\langle q' \mid \vdots\exp\left\{-\frac{\mathrm{i}}{\omega}(P^2+\omega^2Q^2)\tan\frac{\omega T}{2}\right\}\vdots\mid q\rangle \\
&= \sec\frac{\omega T}{2}\int_{-\infty}^{\infty}\frac{\mathrm{d}p}{2\pi}\mathrm{e}^{\mathrm{i}p(q'-q)}\exp\left\{-\frac{\mathrm{i}}{\omega}\left[p^2+\omega^2\frac{(q+q')^2}{4}\right]\tan\frac{\omega T}{2}\right\} \\
&= \left(\frac{\omega}{2\pi\mathrm{i}\sin\omega T}\right)^{1/2}\exp\left\{\frac{\mathrm{i}\omega}{2\sin\omega T}[(q'^2+q^2)\cos\omega T-2q'q]\right\}
\end{aligned}
\tag{12.50}
$$

在本节最后,我们给出密度矩阵 ρ 的另一个 Weyl 编序展开形式,把式(12.4)代入式(12.41)得到

$$
\begin{aligned}
\rho &= 2\int\frac{\mathrm{d}^2z}{\pi}\mathrm{e}^{|z|^2}\;\vdots\int\frac{\mathrm{d}^2\beta}{\pi}\langle-\beta\mid\rho\mid\beta\rangle\exp[\,|\beta|^2+\beta^*z-\beta z^* \\
&\quad -2(z^*-a^{\dagger})(z-a)]\,\vdots \\
&= 2\int\frac{\mathrm{d}^2\beta}{\pi}\,\vdots\langle-\beta\mid\rho\mid\beta\rangle\exp[2(\beta^*a-a^{\dagger}\beta+a^{\dagger}a)]\,\vdots
\end{aligned}
\tag{12.51}
$$

特别,当 ρ 是单位矩阵时,式(12.51)化为

$$
1 = 2\int\frac{\mathrm{d}^2\beta}{\pi}\,\vdots\exp[-2(\beta^*+a^{\dagger})(\beta-a)]\,\vdots \tag{12.52}
$$

另一方面,由 Weyl 对应规则式(12.27)和式(7.14)可以把 Weyl 编序算符化为正规乘积形式,例如

$$
\begin{aligned}
&\vdots\exp[-(\beta^*+a^{\dagger})(\beta-a)]\,\vdots \\
&\quad = 2\int\mathrm{d}^2\alpha\exp[-(\beta^*+\alpha^*)(\beta-\alpha)]\Delta(\alpha,\alpha^*) \\
&\quad \equiv 2\int\mathrm{d}^2\alpha\,:\exp[-|\alpha|^2+\alpha(2a^{\dagger}+\beta^*) \\
&\qquad +\alpha^*(2a-\beta)-2a^{\dagger}a-|\beta|^2]: \\
&\quad = 2:\exp[-2(\beta^*+a^{\dagger})(\beta-a)]:
\end{aligned}
\tag{12.53}
$$

请比较式(12.52)右边与式(12.53)的异同.

12.4 Weyl 编序多项式的性质

本节,我们将充分利用 Weyl 编序记号 $\vdots\ \vdots$ 研究 Weyl 编序算符多项式[144]

$$\vdots P^m Q^n \vdots = 2^{-n}\sum_{i=0}^{n}\binom{n}{j}Q^j P^m Q^{n-j} \equiv W_{m,n} \tag{12.54}$$

的性质.首先我们证明

$$[\Delta(p,q),P] = -\mathrm{i}\frac{\partial}{\partial q}\vdots\delta(p-P)\delta(q-Q)\vdots \tag{12.55}$$

事实上,用式(7.4)及$[Q,P]=\mathrm{i}$可得

$$\begin{aligned}[\Delta(p,q),P] &= \frac{1}{4\pi^2}\iint \mathrm{d}u\mathrm{d}v v \mathrm{e}^{\mathrm{i}(p-P)u+\mathrm{i}(q-Q)v} \\ &= -\mathrm{i}\frac{\partial}{\partial q}\Delta(p,q) \\ &= -\mathrm{i}\frac{\partial}{\partial q}\vdots\delta(p-P)\delta(q-Q)\vdots \end{aligned}\tag{12.56}$$

类似地可证

$$[\Delta(p,q),Q] = \mathrm{i}\frac{\partial}{\partial p}\vdots\delta(p-P)\delta(q-Q)\vdots \tag{12.57}$$

由式(12.54)、(12.56)和(12.57),就可导出以下关系

$$\begin{aligned}[W_{m,n},P] &= \iint_{-\infty}^{+\infty}\mathrm{d}p\mathrm{d}q q^n p^m[\Delta(p,q),P] \\ &= \iint_{-\infty}^{+\infty}\mathrm{d}p\mathrm{d}q \vdots\delta(p-P)\delta(q-Q)\vdots p^m\left(\mathrm{i}\frac{\partial}{\partial q}\right)q^n \\ &= n\mathrm{i}\vdots P^m Q^{n-1}\vdots = n\mathrm{i}W_{m,n-1} \end{aligned}\tag{12.58}$$

以及

$$\begin{aligned}[W_{m,n},Q] &= \iint_{-\infty}^{+\infty}\mathrm{d}p\mathrm{d}q q^n p^m[\Delta(p,q),Q] = -m\mathrm{i}\vdots P^{m-1}Q^n\vdots \\ &= -m\mathrm{i}W_{m-1,n} \end{aligned}\tag{12.59}$$

从推导中可见,用了 $\vdots\ \vdots$ 内的积分技巧就可避免 $W_{m,n}$ 中的 Q^j、P^m 与 Q 或 P 的对

易关系的繁复计算.

不仅如此,我们还可以用 $\vdots\ \vdots$ 内的积分技术化两个 Weyl 编序算符多项式之乘积为 Weyl 编序的. 为此我们先将两个 Wigner 算符之积化为 Weyl 编序形式. 利用第 7 章 7.5 节的知识知道算符积 $\Delta(p_1,q_1)\Delta(p_2,q_2)$ 的经典 Weyl 对应是

$$
\begin{aligned}
&2\pi\mathrm{tr}[\Delta(p_1,q_1)\Delta(p_2,q_2)\Delta(p,q)] \\
&\quad=\pi^{-2}\exp\{-2\mathrm{i}[p_1(q_2-q)+p_2(q-q_1)+p(q_1-q_2)]\}
\end{aligned}\tag{12.60}
$$

由式(12.32)得到它的 Weyl 编序形式

$$
\begin{aligned}
&\Delta(p_1,q_1)\Delta(p_2,q_2) \\
&\quad=\iint\mathrm{d}p\mathrm{d}q\Delta(p,q)\pi^{-2}\exp\{-2\mathrm{i}[p_1(q_2-q)+p_2(q-q_1)+p(q_1-q_2)]\} \\
&\quad=\pi^{-2}\vdots\exp\{-2\mathrm{i}[p_1(q_2-Q)+p_2(Q-q_1)+P(q_1-q_2)]\}\vdots
\end{aligned}\tag{12.61}
$$

于是,可将 $W_{m,n}W_{r,s}$ 写成 Weyl 对应式

$$
\begin{aligned}
W_{m,n}W_{r,s}&=\iint\mathrm{d}p_1\mathrm{d}q_1\Delta(p_1,q_1)q_1^n p_1^m\iint\mathrm{d}p_2\mathrm{d}q_2\Delta(p_2,q_2)q_2^s p_2^r \\
&=\pi^{-2}\iiiint dp_1\mathrm{d}q_1dp_2\mathrm{d}q_2q_2^sq_1^np_2^rp_1^m\vdots\exp\{-2\mathrm{i}[p_1(q_2-Q) \\
&\quad+p_2(Q-q_1)+P(q_1-q_2)]\}\vdots
\end{aligned}\tag{12.62}
$$

用在 $\vdots\ \vdots$ 内的积分技术对 $\int\mathrm{d}p_1\mathrm{d}p_2$ 积分得到

$$
\begin{aligned}
W_{m,n}W_{r,s}&=\vdots\int\mathrm{d}q_2q_2^s\left[\frac{\mathrm{d}^m}{\mathrm{d}(2\mathrm{i}Q)^m}\delta(q_2-Q)\right]\mathrm{e}^{2\mathrm{i}Pq_2} \\
&\quad\times\int\mathrm{d}q_1q_1^n\left[\frac{\mathrm{d}^r}{\mathrm{d}(-2\mathrm{i}Q)^r}\delta(Q-q_1)\right]\mathrm{e}^{-2\mathrm{i}Pq_1}\vdots \\
&=2^{-(m+r)}\mathrm{i}^{r-m}\vdots\left[\frac{\mathrm{d}^m}{\mathrm{d}q_2^m}q_2^s\mathrm{e}^{2\mathrm{i}Pq_2}\right]\left[\frac{\mathrm{d}^r}{\mathrm{d}q_1^r}q_1^n\mathrm{e}^{-2\mathrm{i}Pq_1}\right]\bigg|_{\substack{q_1\to Q\\ q_2\to Q}}\vdots \\
&=\vdots\sum_{k=0}^{r}\sum_{j=0}^{m}\binom{r}{k}\binom{m}{j}\frac{n!}{(n-k)!}\frac{s!}{(s-j)!}\left(\frac{\mathrm{i}}{2}\right)^{j+k} \\
&\quad\times(-1)^jQ^{n-k+s-j}P^{r-k+m-j}\vdots \\
&=\sum_{j=0}^{\infty}\left(\frac{\mathrm{i}}{2}\right)^j\frac{1}{j!}\sum_{k=0}^{j}(-1)^{j-k}\frac{n!}{(n-k)!}\frac{m!}{(m+k-j)!}\binom{j}{k} \\
&\quad\times\frac{r!}{(r-k)!}\frac{s!}{(s+k-j)!}W_{m+r-j,n+s-j}
\end{aligned}\tag{12.63}
$$

可见引入 Weyl 编序记号及此编序下的积分理论是十分有用的.

12.5　球坐标系统中的 IWOP 技术[145]

在量子力学中我们经常遇到含径向坐标 r 的哈密顿量，r 由 $r=(x_1^2+x_2^2+x_3^2)^{1/2}$ 来定义，而 $1/r$ 则常出现于库仑位势中. 于是，自然产生这样的问题："既然直角坐标算符 x_i，$i=1,2,3$，都可以写成玻色产生算符与湮没算符的线性组合，那么矢径值算符 r 如何用产生、湮没算符来表示呢？

本节，我们通过将直角坐标中的 IWOP 技术推广到球坐标来解决此问题. 在直角坐标下写下三维坐标空间中的完备性

$$\int \mathrm{d}^3\boldsymbol{r} \mid \boldsymbol{r}\rangle\langle\boldsymbol{r}\mid = 1 \tag{12.64}$$

其中

$$\begin{aligned}\mid \boldsymbol{r}\rangle &= \mid x_1\rangle \mid x_2\rangle \mid x_3\rangle \\ &= \pi^{-3/4}\exp\left\{-\frac{1}{2}x_i^2+\sqrt{2}x_i a_i^{\dagger}-\frac{1}{2}a_i^{\dagger 2}\right\}\mid 000\rangle\end{aligned} \tag{12.65}$$

这里每一项中的重复指标表示从 1 到 3 求和.

换到球坐标，则(12.64)和式(12.65)分别变成

$$\int \mathrm{d}^3\boldsymbol{r} \mid \boldsymbol{r}\rangle\langle\boldsymbol{r}\mid = \int_0^{\infty}\mathrm{d}r r^2\rho_2,\quad \rho_2 \equiv \int_0^{\pi}\mathrm{d}\theta\sin\theta\,\rho_1$$

$$\rho_1 \equiv \int_0^{2\pi}\mathrm{d}\varphi \mid \boldsymbol{r}\rangle\langle\boldsymbol{r}\mid \tag{12.66}$$

$$\begin{aligned}\mid \boldsymbol{r}\rangle = \pi^{-3/4}\exp\Big\{&-\frac{r^2}{2}+\sqrt{2}r(\sin\theta\cos\varphi a_1^{\dagger}+\sin\theta\sin\varphi a_2^{\dagger} \\ &+\cos\theta\, a_3^{\dagger})-\frac{1}{2}a_i^{\dagger 2}\Big\}\mid 000\rangle\end{aligned} \tag{12.67}$$

引入算符

$$\hat{W}_{\pm} = \hat{x}_1 \pm i\hat{x}_2,\quad \hat{x}_i = \frac{1}{\sqrt{2}}(a_i + a_i^{\dagger}) \tag{12.68}$$

由 ρ_1 变成

$$\begin{aligned}\rho_1 = \pi^{-3/2}\int_0^{2\pi}\mathrm{d}\varphi{:}\exp[&-r^2+2r(\sin\theta\cos\varphi\,\hat{x}_1+\sin\theta\sin\varphi\hat{x}_2 \\ &+\cos\theta\hat{x}_3)-(\hat{x}_3^2+\hat{W}_+\,W_-)]{:}\end{aligned} \tag{12.69}$$

进一步令 $e^{i\varphi}=\alpha$ 以把 ρ_1 化为围道积分形式再积分之

$$\begin{aligned}\rho_1 &= \pi^{-3/2}e^{-r^2}\ :\exp(2r\cos\theta\hat{x}_3)\oint_{|\alpha|=1}\frac{d\alpha}{i\alpha}\exp[r\sin\theta(\alpha^{-1}\hat{W}_+\\&\quad+\alpha\hat{W}_-)-(\hat{x}_3^2+\hat{W}_+\hat{W}_-)]\\&=\frac{2}{\sqrt{\pi}}e^{-r^2}\ :\exp[2r\cos\theta\hat{x}_3]\sum_{n=0}^{\infty}\frac{r^{2n}\sin^{2n}\theta}{(n!)^2}(\hat{W}_+\hat{W}_-)^n\\&\quad\times\exp(-\hat{x}_3^2-\hat{W}_+\hat{W}_-):\end{aligned}\tag{12.70}$$

然后，我们计算 ρ_2，把式(12.70)代入式(12.66)对 θ 积分得到

$$\rho_2=\frac{4}{\sqrt{\pi}}e^{-r^2}\ :\sum_{n,m=0}^{\infty}\frac{(2r^2)^{n+m}(\hat{W}_+\hat{W}_-)^n\hat{x}_3^{2m}}{m!n!(2n+2m+1)!!}\exp(-\hat{x}_3^2-\hat{W}_+\hat{W}_-):\tag{12.71}$$

计算过程中我们用到了数学公式

$$\int_0^{\pi}d\theta\cos^{2m}\theta\sin^{2n+1}\theta=B(n+1,m+1)=\frac{2^{n+1}n!(2m-1)!!}{(2m+2n+1)!!}$$

其中 $B(n,m)$ 是贝塔函数.用二重求和换次序技术

$$\sum_{m=0}^{\infty}\sum_{n=0}^{\infty}A_nB_m=\sum_{l=0}^{\infty}\sum_{m=0}^{l}A_{l-m}B_m$$

就可以把(12.71)简化为

$$\rho_2=\frac{4}{\sqrt{\pi}}e^{-r^2}\sum_{l=0}^{\infty}\frac{[2r^2(\hat{W}_+\hat{W}_-+\hat{x}_3^2)]^l}{l!(2l+1)!!}\exp(-\hat{x}_3^2-W_+W_-):\tag{12.72}$$

进一步用于伽马函数的数学积分公式

$$\int_0^{\infty}drr^ke^{-r}=\Gamma(k+1),\quad \Gamma\left(k+\frac{1}{2}\right)=\frac{(2k-1)!!}{2^k}\sqrt{\pi}$$

就能验证式(12.71)中给出的 ρ_2 的正规乘积形式是正确的.事实上，把 ρ_2 代入 $\int_0^{\infty}drr^2\rho^2$ 积分，得

$$\int_0^{\infty}drr^2\rho_2=\sum_{l=0}^{\infty}:\frac{(\hat{W}_+\hat{W}_-+\hat{x}_3^2)^l}{l!}\exp(-\hat{x}_3^2-\hat{W}_+\hat{W}_-):=1\tag{12.73}$$

与式(12.64)一致.

作为球坐标系 IWOP 技术的应用，我们求 $\hat{r}^n$ 的正规乘积展开，$\hat{r}$ 由本征方程

$$\hat{r}\mid\boldsymbol{r}\rangle=r\mid\boldsymbol{r}\rangle,\quad r:0\to\infty\tag{12.74}$$

来定义.显然，当 n 是正整数时或零时，

$$\hat{r}^n=\int d^3\boldsymbol{r}r^n\mid\boldsymbol{r}\rangle\langle\boldsymbol{r}\mid$$

$$= \frac{4}{\sqrt{\pi}}\int_0^{\infty} \mathrm{d}r r^{n+2} \mathrm{e}^{-r^2} : \sum_{l=0}^{\infty} \frac{[2r^2(\hat{W}_+ \hat{W}_- + \hat{x}_3^2)]^l}{l!(2l+1)!}$$
$$\times \exp(-\hat{x}_3^2 - \hat{W}_+ \hat{W}_-):$$
$$= \frac{2}{\sqrt{\pi}} : \sum_{l=0}^{\infty} \frac{[2(\hat{W}_+ \hat{W}_- + \hat{x}_3^2)]^l}{l!(2l+1)!!}\Gamma\left(l + \frac{n}{2} + \frac{3}{2}\right)$$
$$\times \exp(-\hat{x}_3^2 - \hat{W}_+ \hat{W}_-): \tag{12.75}$$

这就是径向算符幂的正规乘积展开式,特别当 $n=2$ 时,

$$\hat{r}^2 = :(\hat{W}_+ \hat{W}_- + \hat{x}_3^2): + \frac{3}{2} \tag{12.76}$$

这正是所预期的结果.而当 n 是奇数,$\hat{r}^n$ 的正规乘积展开还没有在以往的量子力学书中讨论过.

有兴趣的读者还可以计算

$$\int \mathrm{d}^2 \boldsymbol{r} \frac{1}{r} | \boldsymbol{r}\rangle\langle \boldsymbol{r} |$$

的正规乘积形式,因为$\frac{1}{\hat{r}}$算符是库仑位势,研究它是十分有意义的.

现讨论向动量 P_r 的正规乘积.相应于径向坐标 r,狄拉克在文献[1]中引入了动量算符 P_r.虽然在经典力学中,径向动量就是动量的径向投影,定义为 $P_r = \frac{\boldsymbol{r}}{r}\cdot\boldsymbol{P}$ 或$\boldsymbol{P}\cdot\frac{\boldsymbol{r}}{r}$,但过渡到量子力学,力学量的厄米性要求使得径向动量算符 P_r 应该取为

$$P_r = \frac{1}{2}\left(\frac{\boldsymbol{r}}{r}\cdot\boldsymbol{P} + \boldsymbol{P}\cdot\frac{\boldsymbol{r}}{r}\right) = -\mathrm{i}\hbar\left(\frac{\partial}{\partial r} + \frac{1}{r}\right) \tag{12.77}$$

且满足$[r, P_r] = \mathrm{i}\hbar$.

于是自然产生一个问题,什么是 P_r 的正规乘积形式呢?考虑到矢径算符 r 的定义是如下的正平方根

$$r = (x_1^2 + x_2^2 + x_3^2)^{1/2}$$

所以没有理由排斥以下式来定义 P_r

$$P_r = (P_1^2 + P_2^2 + P_3^2)^{1/2}$$

利用三维动量本征态的完备性

$$\int \mathrm{d}^3 \boldsymbol{p} | \boldsymbol{p}\rangle\langle \boldsymbol{p} | = 1$$

和引入动量空间的“球动量”

$$P_1 = P_r \sin\theta\cos\varphi,\quad P_2 = P_r \sin\theta\sin\varphi,\quad P_3 = P_r\cos\theta$$

我们也可以定义 P_r 的本征矢方程

$$P_r \mid \boldsymbol{p}\rangle = p_r \mid \boldsymbol{p}\rangle \tag{12.78}$$

并用 IWOP 技术来求 P_r 的正规乘积展开.有人以为本征方程(12.78)与一般教科书(包括狄拉克的书)中的定义式(12.77)是自洽的,但实际上有待进一步分析.

12.6　泛函 IWOP 技术[146]

在量子力学的许多计算中,经常假定场被局限于一个光学腔内,场的量子化是用腔的完备的分立本征模来进行的.当腔壁的边界条件改变时,场的模可以以驻波或行波出现.然而计算的结果常与所置腔的大小和形状无关,以至于分立模的理论有时候也被用于解释实验上并没有用任何腔的情况.

但是有些非线性光学过程中,例如处理自相位调制、光检测、材料的光色散等问题时常用连续频率(模)的光场作为研究的出发点.即在一个自由空间中量子化光场.这时候玻色算符的对易关系从$[a_i, a_j^\dagger]=\delta_{ij}$变成了[147]

$$[a(\omega), a^\dagger(\omega')] = \delta(\omega - \omega') \tag{12.79}$$

相应地,连续模相干态定义为

$$|\{z(\omega)\}\rangle = \exp\left\{-\frac{1}{2}\int d\omega \mid z(\omega)\mid^2 + \int d\omega z(\omega) a^\dagger(\omega)\right\}|0\rangle \tag{12.80}$$

其中真空态$|0\rangle$满足 $a(\omega)|0\rangle = 0$.在连续模的情况下如何推广 IWOP 技术呢? 有序算符的积分也改为有序算符内的泛函积分.不难看出真空态投影算符的正规乘积形式是

$$|0\rangle\langle 0| = :\exp\left[-\int d\omega a^\dagger(\omega) a(\omega)\right]: \tag{12.81}$$

然后我们采用量子场论泛函积分的简化形式(用"·"表示泛函积分)

$$\int d\omega z(\omega) a^\dagger(\omega) = z\cdot a^\dagger,\quad \int d\omega a^\dagger(\omega) z(\omega) = a^\dagger\cdot z \tag{12.82}$$

连续模相干态的超完备性可以用 :: 内的泛函积分技术(简称泛函 IWOP 技术)来证明

$$\begin{aligned}&\int\left[\frac{d^2 z}{\pi}\right]|\{z(\omega)\}\rangle\langle\{z(\omega)\}| \\ &\quad = \int\left[\frac{d^2 z}{\pi}\right]:\exp[-z^*\cdot z + z\cdot a^\dagger + a\cdot z^* - a^\dagger\cdot a]:\end{aligned}$$

$$= : \exp(a^\dagger \cdot a - a^\dagger \cdot a) : = 1$$

$$\left[\frac{d^2 z}{\pi}\right] = d\left[\frac{z_1}{\sqrt{\pi}}\right]d\left[\frac{z_2}{\sqrt{\pi}}\right], \quad z = z_1 + iz_2 \tag{12.83}$$

其中我们用了泛函积分公式

$$\int \exp(-z^* \cdot z + x^* \cdot z + z^* \cdot x)\left[\frac{d^2 z}{\pi}\right] = e^{x^* \cdot x} \tag{12.84}$$

再用泛函 IWOP 技术求泛函数积分算符

$$\exp(O) \equiv \exp\left[\int d\omega g(\omega) a^\dagger(\omega) a(\omega)\right] \tag{12.85}$$

的正规乘积展开,由对易关系式(12.79)得

$$e^{-O} a(\omega) e^{O} = e^{g(\omega)} a(\omega)$$

又由 $\exp(O)|0\rangle = |0\rangle$,用式(12.83)得

$$\begin{aligned}
e^{O} &= e^{O}\int\left[\frac{d^2 z}{\pi}\right]|\{z(\omega)\}\rangle\langle\{z(\omega)\}| \\
&= \int\left[\frac{d^2 z}{\pi}\right]\exp\left(-\frac{1}{2}z^* \cdot z\right)e^{O}\exp(z \cdot a^\dagger)e^{-O}\,|0\rangle\langle\{z(\omega)\}| \\
&= \int\left[\frac{d^2 z}{\pi}\right]: \exp[-z^* \cdot z + z \cdot e^{g} a^\dagger + a \cdot z^* - a^\dagger \cdot a]: \\
&= : \exp\left[\int d\omega (e^{g(\omega)} - 1) a^\dagger(\omega) a(\omega)\right]:
\end{aligned} \tag{12.86}$$

用泛函 IWOP 技术可将以下泛函反正规乘积化为正规乘积

$$\begin{aligned}
W &\equiv \exp\left[\int d\omega \gamma(\omega) a(\omega)\right]\exp\left[\int d\omega \beta(\omega) a^\dagger(\omega)\right] \\
&= e^{\gamma \cdot a}\int\left[\frac{d^2 z}{\pi}\right]|\{z(\omega)\}\rangle\langle\{z(\omega)\}|\,e^{\beta \cdot a^\dagger} \\
&= \int\left[\frac{d^2 z}{\pi}\right]: \exp(-z^* \cdot z + z \cdot (a^\dagger + \gamma) + z^* \cdot (a + \beta))]e^{-a^\dagger \cdot a}: \\
&= \exp\left[\int d\omega a^\dagger(\omega)\beta(\omega)\right]\exp\left[\int d\omega \gamma(\omega) a(\omega)\right]\exp\left[\int d\omega \beta(\omega)\gamma(\omega)\right]
\end{aligned}$$

进一步,泛函 IWOP 技术可以借助于以下泛函积分公式得以发展. 注意到文献[148]中的公式

$$\int d\left[\frac{\tau}{\sqrt{2\pi}}\right]\exp\left(-\frac{1}{2}\tau \cdot f\tau\right) = \det(f^{-1/2}), \quad \tau \text{ 为实平方可积函数}$$

$$\int d\left[\frac{\tau}{\sqrt{2\pi}}\right]\exp\left(-\frac{1}{2}\tau \cdot \tau + i\gamma \cdot \tau\right) = \exp\left(-\frac{1}{2}\gamma \cdot \gamma\right) \tag{12.87}$$

其中 f 是某个实函数，$\tau \cdot f\tau \equiv \int dx\tau(x)f(x)\tau(x)$. 推广式(12.87) 我们可以得到泛函公式

$$\int d\left[\frac{\tau}{\sqrt{2\pi}}\right]\exp\left[-\frac{1}{2}\tau \cdot f\tau + i\gamma \cdot \tau\right] = \det(f^{-1/2})\exp\left[-\frac{1}{2}\gamma \cdot f^{-1}\gamma\right] \tag{12.88}$$

基于此，我们就能在复空间中做以下泛函积分

$$\begin{aligned}&\int\left[\frac{d^2 z}{\pi}\right]\exp(-z^* \cdot z + z \cdot gz + z^* \cdot hz^*] = \det[(1-4gh)^{-1/2}]\\&\int\left[\frac{d^2 z}{\pi}\right]\exp\left[-\frac{1}{2}(z, z^*) \cdot \begin{pmatrix}A_{11} & A_{12}\\ A_{21} & A_{22}\end{pmatrix}\begin{pmatrix}z\\ z^*\end{pmatrix}\right] = \left[\det\begin{pmatrix}A_{21} & A_{22}\\ A_{11} & A_{12}\end{pmatrix}\right]^{-1/2}\end{aligned} \tag{12.89}$$

其中 $A_{ik} = \widetilde{A}_{ki}$. 由此我们来研究连续模情况压缩真空态

$$|\eta\rangle \equiv S(\eta)|0\rangle$$

其中

$$\begin{aligned}S^{-1}(\eta) = \exp\Big(\iint d\omega' d\omega \frac{1}{2}[a^\dagger(\omega)'\eta^\dagger(\omega',\omega'')a^\dagger(\omega'')]\\ - a(\omega')\eta(\omega',\omega'')a(\omega'')]\Big)\end{aligned} \tag{12.90}$$

这里 $\eta(\omega',\omega'') = \eta(\omega'',\omega')$，简写上式为

$$S^{-1}(\eta) = \exp\left[\frac{1}{2}(a^\dagger \cdot \eta^\dagger \cdot a^\dagger - a \cdot \eta \cdot a)\right] \tag{12.91}$$

并用对易关系(12.79)得

$$\begin{aligned}&[a^\dagger \cdot \eta^\dagger \cdot a^\dagger, a] = -2\eta^\dagger \cdot a^\dagger, \quad [a \cdot \eta \cdot a, \eta^\dagger \cdot a^\dagger] = 2\eta^\dagger \cdot \eta \cdot a\\&[a^\dagger \cdot \eta^\dagger \cdot a^\dagger, \eta^\dagger \cdot \eta \cdot a] = -2\eta^\dagger \cdot \eta \cdot \eta^\dagger \cdot a^\dagger, \cdots\end{aligned} \tag{12.92}$$

我们导出连续模压缩变换的性质

$$\left.\begin{aligned}S^{-1}aS &= [\cosh(\eta^\dagger \cdot \eta)^{1/2}] \cdot a - [\sinh(\eta^\dagger \cdot \eta)^{1/2}](\eta^\dagger \cdot \eta)^{-1/2} \cdot \eta^\dagger \cdot a^\dagger\\ S^{-1}a^\dagger S &= [\cosh(\eta^\dagger \cdot \eta)^{1/2}] \cdot a^\dagger - \eta \cdot (\eta^\dagger \cdot \eta)^{-1/2}[\sinh(\eta^\dagger \cdot \eta)^{1/2}] \cdot a\end{aligned}\right\} \tag{12.93}$$

为求出连续模压缩真空态，将 $a(\omega)$ 作用于 $|\eta\rangle$ 上得

$$\begin{aligned}a|\eta\rangle &= SS^{-1}aS|0\rangle\\ &= -S[\sinh(\eta^\dagger \cdot \eta)^{1/2}](\eta^\dagger \cdot \eta)^{-1/2} \cdot \eta^\dagger \cdot a^\dagger S^{-1}S|0\rangle\\ &= -[\sinh(\eta^\dagger \cdot \eta)^{1/2}](\eta^\dagger \cdot \eta)^{-1/2} \cdot \eta^\dagger\end{aligned}$$

$$\times\{[\cosh(\eta\cdot\eta^{\dagger})^{1/2}]\}\cdot a^{\dagger}+\eta\cdot(\eta^{\dagger}\cdot\eta)^{-1/2}$$
$$\times[\sinh(\eta^{\dagger}\cdot\eta)^{1/2}]\cdot a\}\mid\eta\rangle \tag{12.94}$$

注意有

$$\eta^{\dagger}\cdot\cosh(\eta\cdot\eta^{\dagger})^{1/2}=[\cosh(\eta^{\dagger}\cdot\eta)^{1/2}]\cdot\eta^{\dagger} \tag{12.95}$$

所以式(12.94)变成

$$[1+\sinh^{2}(\eta^{\dagger}\cdot\eta)^{1/2}]\cdot a\mid\eta\rangle=-\sinh(\eta^{\dagger}\cdot\eta)^{1/2}\cdot[\cosh(\eta^{\dagger}\cdot\eta)^{1/2}]$$
$$\times(\eta^{\dagger}\cdot\eta)^{-1/2}\cdot\eta^{\dagger}\cdot a^{\dagger}\mid\eta\rangle \tag{12.96}$$

由于 $\eta\equiv\eta(\omega',\omega'')$是关于 ω 与ω'对称的,所以式(12.94)可写为

$$a\mid\eta\rangle=-\eta^{\dagger}\cdot(\eta\cdot\eta^{\dagger})^{-1/2}[\tanh(\eta\cdot\eta^{\dagger})^{1/2}\cdot a^{\dagger}]\mid\eta\rangle \tag{12.97}$$

这就是$|\eta\rangle$所应该满足的方程,它的解是

$$|\eta\rangle=c\exp\left\{-\frac{1}{2}a^{\dagger}\cdot\eta^{\dagger}\cdot(\eta\cdot\eta^{\dagger})^{-1/2}[\tanh(\eta\cdot\eta^{\dagger})^{1/2}]\cdot a^{\dagger}\right\}|0\rangle \tag{12.98}$$

其中 c 是待定的归一化常数. 由上式得

$$1=\langle\eta\mid\eta\rangle=|c|^{2}\langle 0\mid\exp\left\{-\frac{1}{2}a\cdot[\operatorname{th}(\eta\cdot\eta^{\dagger})^{1/2}]\right.$$
$$\left.\times(\eta\cdot\eta^{\dagger})^{-1/2}\cdot\eta\cdot a\right\}\exp\left\{-\frac{1}{2}a^{\dagger}\cdot\eta^{\dagger}\cdot(\eta\cdot\eta^{\dagger})^{-1/2}\right.$$
$$\left.\times[\operatorname{th}(\eta\cdot\eta^{\dagger})^{1/2}]\cdot a^{\dagger}\right\}|0\rangle \tag{12.99}$$

为了把其中的算符化为正规乘积,插入泛函相干态的完备性再用泛函 IWOP 技术

$$1=|c|^{2}\langle 0|\int\left[\frac{d^{2}z}{\pi}\right]:\exp\{-z^{*}\cdot z+z\cdot a^{\dagger}+a\cdot z^{*}$$
$$-\frac{1}{2}z\cdot\tanh(\eta\cdot\eta^{\dagger})^{1/2}(\eta\cdot\eta^{\dagger})^{-1/2}\cdot\eta\cdot z$$
$$\left.-\frac{1}{2}z^{*}\cdot\eta^{\dagger}\cdot(\eta\cdot\eta^{\dagger})^{-1/2}[\tanh(\eta\cdot\eta^{\dagger})^{1/2}]\cdot z^{*}-a^{\dagger}\cdot a\right\}|0\rangle$$
$$=|c|^{2}\int\left[\frac{d^{2}z}{\pi}\right]\exp\left\{-\frac{1}{2}(z\quad z^{*})\right.$$
$$\left.\times\begin{pmatrix}\tanh(\eta\cdot\eta^{\dagger})^{1/2}(\eta\cdot\eta^{\dagger})^{-1/2}\cdot\eta & 1\\ 1 & \eta^{\dagger}\cdot(\eta\cdot\eta^{\dagger})^{-1/2}\tanh(\eta\cdot\eta^{\dagger})^{1/2}\end{pmatrix}\begin{pmatrix}z\\ z^{*}\end{pmatrix}\right\}$$
$$=[\det\operatorname{sech}(\eta\cdot\eta^{\dagger})^{1/2}]^{-1}|c|^{2} \tag{12.100}$$

由此定出的 c 使归一化的$|\eta\rangle$态为

$$|\eta\rangle=[\det\operatorname{sech}(\eta\cdot\eta^{\dagger})^{1/2}]^{1/2}\exp\left\{-\frac{1}{2}a^{\dagger}\cdot\eta^{\dagger}\cdot(\eta\cdot\eta^{\dagger})^{-1/2}\right.$$

$$\times\left[\tanh(\eta\cdot\eta^{\dagger})^{1/2}\right]\cdot a^{\dagger}\Big\}|0\rangle \tag{12.101}$$

在第 19 章中我们要充分发挥泛函 IWOP 技术研究量子场论.

12.7　负度规玻色子的 IWOP 技术[149]

在理论物理的研究中,尤其是在相对论协变量子化电磁场理论中要处理标量光子,以 b 和 $b^{\dagger}$ 代表这类光子的湮没和产生算符,它们满足反常对易关系

$$[b,b^{\dagger}]=-1 \tag{12.102}$$

有时也称之为负度规下的对易关系.粒子数算符为 $N_b=-b^{\dagger}b$,令 $|n\rangle$ 是 $b^{\dagger}b$ 的本征态,则

$$-b^{\dagger}b\,|\,n\rangle=n\,|\,n\rangle \tag{12.103}$$

由 N_b 的厄米性容易看出 n 是实数.由反常对易关系可见

$$N_b b=b(N_b-1),\quad N_b b^{\dagger}=b^{\dagger}(N_b+1) \tag{12.104}$$

由此可推论 N_b 存在最小本征值的本征态,记为 $|0\rangle$

$$b\,|\,0\rangle=0,\quad \langle 0\,|\,0\rangle=1 \tag{12.105}$$

$|0\rangle$ 称为反常玻色子真空,从它出发定义状态序列

$$|\,n\rangle=\frac{b^{\dagger n}}{\sqrt{n!}}\,|\,0\rangle,\quad n=0,1,2,\cdots \tag{12.106}$$

则由式(12.102)可知

$$b\,|\,n\rangle=-\sqrt{n}\,|\,n-1\rangle,\quad b^{\dagger}\,|\,n\rangle=\sqrt{n+1}\,|\,n+1\rangle$$

$|n\rangle$ 所满足的正交归一条件是

$$\langle m\,|\,n\rangle=(-1)^{n}\delta_{nm} \tag{12.107}$$

完备性条件是

$$\sum_{n}|\,n\rangle\langle n\,|\,(-1)^{n}=1$$

或

$$\sum_{n}|\,n\rangle\langle n\,|=(-)^{N_b} \tag{12.108}$$

$(-)^{N_b}$ 称为度规算符.由上式可得

$$(-)^{N_b}=\sum_{n,n'=0}^{\infty}|\,n\rangle\langle n'\,|\,\frac{1}{\sqrt{n!n'!}}\left(\frac{\mathrm{d}}{\mathrm{d}\gamma^{*}}\right)^{n}(\gamma^{*})^{n'}\bigg|_{\gamma^{*}=0}$$

$$= \exp\left(b^{\dagger} \frac{\partial}{\partial \gamma^{*}}\right)|0\rangle\langle 0| \mathrm{e}^{\gamma^{*} b}\Big|_{\gamma^{*}=0} \tag{12.109}$$

对反常玻色子仍定义正规乘积是所有的产生算符在湮没算符的左边,则可引入有序算符内的积分技术

(Ⅰ) 在正规乘积 :: 内部,$b^{\dagger}$ 与 b 是可对易的.

(Ⅱ) 在 :: 内部的正规乘积记号,可以取消.

(Ⅲ) 可以对 :: 内部的 c 数积分,只要此积分是收敛的.

(Ⅳ) 反常玻色子真空投影算符 $|0\rangle\langle 0|$ 的正规乘积表达式是

$$|0\rangle\langle 0| = :\mathrm{e}^{b^{\dagger} b}: \tag{12.110}$$

其证明如下,首先由式(12.102)容易证明算符公式

$$\mathrm{e}^{-\lambda b^{\dagger} b} = \sum_{l=0}^{\infty} \frac{(1-\mathrm{e}^{\lambda})^{l} b^{\dagger l} b^{l}}{l!} = :\exp[(1-\mathrm{e}^{\lambda}) b^{\dagger} b]: \tag{12.111}$$

可以导出

$$(-)^{N_b} = \mathrm{e}^{\mathrm{i}\pi b^{\dagger} b} = :\mathrm{e}^{2b^{\dagger} b}: \tag{12.112}$$

代入式(12.108)就给出

$$(-)^{N_b} = :\mathrm{e}^{2b^{\dagger} b}: = \exp\left(b^{\dagger} \frac{\partial}{\partial \gamma^{*}}\right)|0\rangle\langle 0| \mathrm{e}^{b\gamma^{*}}\big|_{\gamma^{*}=0} = :\mathrm{e}^{b^{\dagger} b}|0\rangle\langle 0|:$$

于是式(12.110)得证.极易证明

$$b\mathrm{e}^{-b^{\dagger}\gamma}|0\rangle = \gamma \mathrm{e}^{-b^{\dagger}\gamma}|0\rangle$$

于是可定义相干态

$$|\gamma\rangle = \mathrm{e}^{-b^{\dagger}\gamma}|0\rangle \tag{12.113}$$

是反常玻色子的相干态,它满足如下的完备性

$$\begin{aligned}(-)^{N}\int \frac{\mathrm{d}^{2}\gamma}{\pi} \mathrm{e}^{-|\gamma|^{2}}|\gamma\rangle\langle\gamma| &= \int \frac{\mathrm{d}^{2}\gamma}{\pi} :\exp[-|\gamma|^{2} + \gamma b^{\dagger} - \gamma^{*} b + b^{\dagger} b]: \\ &= 1\end{aligned} \tag{12.114}$$

用反常玻色子相干态完备性可见 $x = \frac{1}{2}(\gamma + \gamma^{*})$, $y = \frac{1}{2\mathrm{i}}(\gamma - \gamma^{*})$ 分别对应于算符

$$\int \frac{\mathrm{d}^{2}\gamma}{\pi} \sqrt{2} x |\gamma\rangle\langle\gamma| \mathrm{e}^{-|\gamma|^{2}} (-)^{N_b} = \frac{b - b^{\dagger}}{\sqrt{2}}$$

$$\int \frac{\mathrm{d}^{2}\gamma}{\pi} \sqrt{2} y |\gamma\rangle\langle\gamma| \mathrm{e}^{-|\gamma|^{2}} (-)^{N_b} = \frac{b + b^{\dagger}}{\sqrt{2}\mathrm{i}}$$

令

$$Q_b = \frac{b - b^{\dagger}}{\sqrt{2}}, \quad P_b = \frac{b + b^{\dagger}}{\sqrt{2}\mathrm{i}},$$

则可知 Q_b 与 P_b 皆是反厄米的,这也是负度规系统的一个特点.

第 13 章　IWOP 技术与群表示论

群论是研究物理学对称性的一个重要工具,群表示论是量子论研究中不可分割的一部分.它被广泛应用于基本粒子物理、核物理、固体物理、分子光谱等领域,本章指出,IWOP 技术可以给出若干群的新的实现.

13.1　SU_n 群的正规乘积形式的玻色算符实现[150]

SU_n 群常被用于强相互作用下基本粒子的分类.本节叙述 SU_n 群的正规乘积形式的玻色子实现,考虑 SU_n 群的定义表示$[u_{ij}]$,$n\times n$ 矩阵是幺正幺模的,即

$$\sum_j u_{ij}u_{kj}^* = \delta_{ik}, \quad \det[u_{ij}] = 1 \tag{13.1}$$

用玻色子相干态,我们对每一个 u 定义一个算符

$$U = \int\prod_i \frac{d^2 z_i}{\pi} \mid uz\rangle\langle z \mid \tag{13.2}$$

这里$|z\rangle = |z_1,\cdots,z_n\rangle$是 n 模相干态.以下以重复指标表示求和,则$|uz\rangle$即为

$$\mid uz\rangle = \left| u\begin{pmatrix} z_1 \\ z_2 \\ \vdots \\ z_n \end{pmatrix}\right\rangle = \exp\left[-\frac{1}{2}\mid z_i\mid^2 + a_j^\dagger u_{ji}z_i\right]\mid \mathbf{0}\rangle \tag{13.3}$$

代入式(13.2)中,用 IWOP 技术积分得

$$\begin{aligned} U &= \int\prod_i\left[\frac{d^2 z_i}{\pi}\right]:\exp[-\mid z_i\mid^2 + a_j^\dagger u_{ji}z_i + z_i^* a_i - a_i^\dagger a_i]: \\ &= :\exp[a_i^\dagger(u_{ij} - \delta_{ij})a_j]: \end{aligned} \tag{13.4}$$

或写为

$$U = :\exp[\widetilde{\boldsymbol{a}}^\dagger(u-1)\boldsymbol{a}]:$$

其中 $\widetilde{\boldsymbol{a}}=(a_1,a_2,\cdots,a_n)$，$\mathbb{1}$ 是 $n\times n$ 维单位矩阵．显然，当 U'是另外一个 SU_n 群元素的映射时，有

$$U'U=:\exp[\widetilde{\boldsymbol{a}}^{\dagger}(u'-\mathbb{1})\boldsymbol{a}]::\exp[\widetilde{\boldsymbol{a}}^{\dagger}(u-\mathbb{1})\boldsymbol{a}]: \tag{13.5}$$

而另一方面，用式(13.2)及 IWOP 技术可得到 $U'U$ 的正规乘积展开，即

$$\begin{aligned}U'U&=\int\prod_i\left[\frac{\mathrm{d}^2z'_i}{\pi}\right]|u'z'\rangle\langle z'|\int\prod_i\left[\frac{\mathrm{d}^2z_i}{\pi}\right]|uz\rangle\langle z|\\&=\int\prod_i\left[\frac{\mathrm{d}^2z'_i\mathrm{d}^2z_i}{\pi^2}\right]|u'z'\rangle\langle z|\exp\left[-\frac{1}{2}(|z'_i|^2+|z_i|^2)+z'^{*}_iu_{ij}z_j\right]\\&=\int\prod_i\left[\frac{\mathrm{d}^2z'_i\mathrm{d}^2z_i}{\pi^2}\right]:\exp[-|z_i|^2-|z'_i|^2+a_j^{\dagger}u'_{ji}z'_i+z'^{*}_iu_{ij}z_j\\&\quad+z_i^{*}a_i-a_i^{\dagger}a_i]:\\&=\int\prod_i\left[\frac{\mathrm{d}^2z_i}{\pi}\right]:\exp[-z_i^{*}z_i+a_j^{\dagger}u'_{ji}u_{ik}z_k+z_i^{*}a_i-a_i^{\dagger}a_i]:\\&=:\exp[\widetilde{\boldsymbol{a}}^{\dagger}(u'u-\mathbb{1})\boldsymbol{a}]:\end{aligned} \tag{13.6}$$

对比式(13.5)和(13.6)，我们得到群表示的乘法

$$:\exp[\widetilde{\boldsymbol{a}}^{\dagger}(u'-\mathbb{1})\boldsymbol{a}]::\exp[\widetilde{\boldsymbol{a}}^{\dagger}(u-\mathbb{1})\boldsymbol{a}]:=:\exp[\widetilde{\boldsymbol{a}}^{\dagger}(u'u-\mathbb{1})\boldsymbol{a}]: \tag{13.7}$$

特别当 SU_n 群元 $u'=u^{\dagger}$ 时，上式导出

$$:\exp[\widetilde{\boldsymbol{a}}^{\dagger}(u^{-1}-\mathbb{1})\boldsymbol{a}]::\exp[\widetilde{\boldsymbol{a}}^{\dagger}(u-\mathbb{1})\boldsymbol{a}]:=1 \tag{13.8}$$

这表明 U^{-1}的正规乘积玻色子实现是

$$:\exp[\widetilde{\boldsymbol{a}}^{\dagger}(u^{-1}-\mathbb{1})\boldsymbol{a}]:=U^{-1} \tag{13.9}$$

综上所述，可得出结论，即 SU_n 群存在一个正规乘积的玻色子实现式(13.4)．

利用上一章化正规乘积为反正规乘积的方法[方程式(12.6)]，就可将 U 纳入反正规乘积(注意 $\det u=1$)

$$\begin{aligned}U&=\int\prod_i\left[\frac{\mathrm{d}^2\beta_i}{\pi}\right]\vdots\langle-\boldsymbol{\beta}|:\exp[\widetilde{\boldsymbol{a}}^{\dagger}(u-\mathbb{1})\boldsymbol{a}]:|\boldsymbol{\beta}\rangle\exp(-|\beta_i|^2\\&\quad+\beta_i^{*}a_i-\beta_ia_i^{\dagger}+a_i^{\dagger}a_i)\vdots\\&=\int\prod_i\left[\frac{\mathrm{d}^2\beta_i}{\pi}\right]\vdots\exp\{-\beta_i^{*}u_{ij}\beta_j+\beta_i^{*}a_i-\beta_ia_i^{\dagger}+a_i^{\dagger}a_i\}\vdots\\&=\ \vdots\exp[\widetilde{\boldsymbol{a}}^{\dagger}(\mathbb{1}-u^{-1})\boldsymbol{a}]\vdots\end{aligned} \tag{13.10}$$

而乘法规则式(13.7)则变成

$$\vdots\exp[\widetilde{\boldsymbol{a}}^{\dagger}(\mathbb{1}-u'^{-1})\boldsymbol{a}]\vdots\vdots\exp[\widetilde{\boldsymbol{a}}^{\dagger}(\mathbb{1}-u^{-1})\boldsymbol{a}]\vdots$$

$$= \vdots \exp[\tilde{\boldsymbol{a}}^{\dagger}(\mathbb{1} - u^{-1}u'^{-1})\boldsymbol{a}] \vdots \tag{13.11}$$

再利用化反正规乘积算符为 Weyl 编序的公式(12.41),我们可算出 U 的 Weyl 编序展开

$$\begin{aligned} U &= 2^n \int \prod_i \left[\frac{\mathrm{d}^2 z_i}{\pi}\right] \vdots \exp\{\tilde{z}^*(\mathbb{1} - u^{-1})z - 2(\tilde{z}^* - \tilde{\boldsymbol{a}}^{\dagger})(z - \boldsymbol{a})\} \vdots \\ &= 2^n \det\left(\frac{1}{1 + u^{-1}}\right) \vdots \exp\{2\tilde{\boldsymbol{a}}^{\dagger}[2(\mathbb{1} + u^{-1})^{-1} - \mathbb{1}]\boldsymbol{a}\} \vdots \end{aligned} \tag{13.12}$$

现在我们回过头来说明第 6 章的式(6.62).即使对 $n \times n$ 维的 Λ 矩阵不作 $\det \mathrm{e}^{\Lambda} = 1$的要求,用 IWOP 技术及

$$\exp(a_i^{\dagger}\Lambda_{ij}a_j) \mid \mathbf{0}\rangle = \mid \mathbf{0}\rangle$$

我们有

$$\begin{aligned} \exp(a_i^{\dagger}\Lambda_{ij}a_j) &= \int \prod_i \left[\frac{\mathrm{d}^2 z_i}{\pi}\right] \exp(a_i^{\dagger}\Lambda_{ij}a_j)\exp(a_i^{\dagger}z_i) \\ &\quad \times \exp(-a_i^{\dagger}\Lambda_{ij}a_j) \mid \mathbf{0}\rangle\langle z \mid \exp\left(-\frac{1}{2} \mid z_i \mid^2\right) \\ &= \int \prod_i \left[\frac{\mathrm{d}^2 z_i}{\pi}\right] : \exp[- \mid z_i \mid^2 + a_i^{\dagger}(\mathrm{e}^{\Lambda})_{il} z_l + z_i^* a_i - a_i^{\dagger}a_i] : \\ &= : \exp[a_i^{\dagger}(\mathrm{e}^{\Lambda} - \mathbb{1})_{ij}a_j] : \end{aligned} \tag{13.13}$$

由群论知道一个 $n \times n$ 矩阵 $\Lambda \epsilon GL(n)$,即一般线性群,所以上式表明可以存在 $GL(n)$的正规乘积玻色子实现,其推导与式(13.6)类似,就不再细述了.

13.2　SU_n 群陪集分解的正规乘积玻色实现

用 IWOP 技术,还可以研究 SU_n 群陪集分解的正规乘积玻色子实现,记 SU_n 群元素为 u,u 可以有以下陪集分解

$$u = \phi h, \phi = \exp\left[\mathrm{i}\begin{pmatrix} 0 & \gamma \\ \gamma^{\dagger} & 0 \end{pmatrix}\right], \quad h = \exp\left[\mathrm{i}\begin{pmatrix} \delta_1 & 0 \\ 0 & \delta_2 \end{pmatrix}\right] \tag{13.14}$$

其中 δ_1,δ_2 是两个厄米方阵,维数分别是 $n_1 \times n_1$ 与 $n_2 \times n_2$,γ 是 $n_1 \times n_2$ 的矩阵,ϕ 代表陪集,h 代表子群,用矩阵乘法可知

$$\phi = \begin{pmatrix} \cos\sqrt{\gamma\gamma^\dagger} & \mathrm{i}\dfrac{\sin\sqrt{\gamma\gamma^\dagger}}{\sqrt{\gamma\gamma^\dagger}}\gamma \\ \mathrm{i}\dfrac{\sin\sqrt{\gamma^\dagger\gamma}}{\sqrt{\gamma^\dagger\gamma}}\gamma^\dagger & \cos\sqrt{\gamma^\dagger\gamma} \end{pmatrix} \tag{13.15}$$

其中 $\gamma\gamma^\dagger$ 是 $n_1 \times n_1$ 的矩阵，而 $\gamma^\dagger\gamma$ 是 $n_2 \times n_2$ 的矩阵，令

$$\Omega = \mathrm{i}\gamma \frac{\tan\sqrt{\gamma^\dagger\gamma}}{\sqrt{\gamma^\dagger\gamma}}$$

$$\Omega\Omega^\dagger = \gamma \frac{\tan\sqrt{\gamma^\dagger\gamma}}{\sqrt{\gamma^\dagger\gamma}}\gamma^\dagger \frac{\tan\sqrt{\gamma\gamma^\dagger}}{\sqrt{\gamma\gamma^\dagger}} = \tan^2\sqrt{\gamma\gamma^\dagger} \tag{13.16}$$

则由于

$$\sec^2\sqrt{\gamma\gamma^\dagger} = 1 + \tan^2\sqrt{\gamma\gamma^\dagger}$$

可把式(13.15)改写为

$$\phi = \begin{pmatrix} \dfrac{1}{\sqrt{1+\Omega\Omega^\dagger}} & \Omega\dfrac{1}{\sqrt{1+\Omega^\dagger\Omega}} \\ -\Omega^\dagger\dfrac{1}{\sqrt{1+\Omega\Omega^\dagger}} & \dfrac{1}{\sqrt{1+\Omega^\dagger\Omega}} \end{pmatrix} \tag{13.17}$$

在相干态表象中构造态矢

$$|\phi z\rangle = \left|\begin{pmatrix} \dfrac{1}{\sqrt{1+\Omega\Omega^\dagger}} & \Omega\dfrac{1}{1+\Omega^\dagger\Omega} \\ -\Omega^\dagger\sqrt{1+\Omega\Omega^\dagger} & \dfrac{1}{1+\Omega^\dagger\Omega} \end{pmatrix}\begin{pmatrix} z^4 \\ z^B \end{pmatrix}\right\rangle \tag{13.18}$$

其中(z^A)，(z^B)，分别是 $n_1 \times 1$ 及 $n_2 \times 1$ 的列矢量

$$(z^A) = \begin{bmatrix} z_1 \\ z_2 \\ \vdots \\ z_{n1} \end{bmatrix}, \quad (z^B) = \begin{bmatrix} z_{n1+1} \\ z_{n1+2} \\ \vdots \\ z_{n1+n2} \end{bmatrix} \tag{13.19}$$

然后用 IWOP 技术积分以下算符(注意$|z|^2$ 是 SU_n 转动不变的)

$$\begin{aligned} \int\left[\frac{\mathrm{d}^2 z}{\pi}\right]|\phi z\rangle\langle z| = \int\left[\frac{\mathrm{d}^2 z^A}{\pi}\right]\left[\frac{\mathrm{d}^2 z^B}{\pi}\right] : \exp\Big\{ -|z_i|^2 + \Big(\frac{1}{1+\Omega\Omega^\dagger}z^A \\ + \Omega\frac{1}{\sqrt{1+\Omega^\dagger\Omega}}z^B\Big)_j a_j^\dagger + \Big(-\Omega^\dagger\frac{1}{1+\Omega\Omega^\dagger}z^A \\ + \frac{1}{\sqrt{1+\Omega^\dagger\Omega}}z^B\Big)_{n_1^j+k} a_{k+n_1^j}^\dagger + z_j^* a_j + z_{k+n_1^j}^* a_{k+n_1^j} - a_i^\dagger a_i \Big\} : \end{aligned} \tag{13.20}$$

这里的指标 i 取值从 $1\to n_1+n_2$，j 取值从 $1\to n_1$，k 取值从 $1\to n_2$，重复指标表示求和，因而积分结果为

$$\int\left[\frac{d^2 z}{\pi}\right]|\phi z\rangle\langle z| = :\exp\left\{(a_{j'}^\dagger, a_{k'+n_1'}^\dagger)\right.$$

$$\times\begin{pmatrix}\left(\frac{1}{\sqrt{1+\Omega\Omega^\dagger}}\right)_{j'j} & \left(\Omega\frac{1}{\sqrt{1+\Omega^\dagger\Omega}}\right)_{j',k+n_1} \\ \left(-\Omega^\dagger\frac{1}{\sqrt{1+\Omega\Omega^\dagger}}\right)_{k'+n_1',j} & \left(\frac{1}{\sqrt{1+\Omega^\dagger\Omega}}\right)_{k'+n_1',k+n_1}\end{pmatrix}$$

$$\left.\times\begin{pmatrix}a_j \\ a_{k+n_1}\end{pmatrix} - a_i^\dagger a_i\right\}:$$

$$= :\exp\left\{(a_{j'}^\dagger, a_{k'+n_1'}^\dagger)(\phi - \mathbb{1})\begin{pmatrix}a_j \\ a_{k+n_1}\end{pmatrix}\right\}: \tag{13.21}$$

这表明对于一个 SU_n 的陪集元素 ϕ，有一个正规乘积的玻色算符与之对应，另一方面，子群元素 h

$$h = \begin{pmatrix}e^{i\delta_1} & 0 \\ 0 & e^{i\delta_2}\end{pmatrix} \tag{13.22}$$

的正规乘积玻色子实现是

$$\int\left[\frac{d^2 z}{\pi}\right]|hz\rangle\langle z| = \int\left[\frac{d^2 z}{\pi}\right]\left|\begin{pmatrix}e^{i\delta_1} & 0 \\ 0 & e^{i\delta_2}\end{pmatrix}\begin{pmatrix}z^A \\ z^B\end{pmatrix}\right\rangle\left\langle\begin{matrix}z^A \\ z^B\end{matrix}\right|$$

$$= :\exp\left\{(a_{j'}^\dagger \quad a_{k'+n_1'}^\dagger)(h - \mathbb{1})\begin{pmatrix}a_j \\ a_{k+n_1}\end{pmatrix}\right\}:$$

则 $u=\phi h$ 陪集分解的正规乘积玻色子表示为

$$:\exp\left\{(a_{j'}^\dagger \quad a_{k'+n_1'}^\dagger)(u - \mathbb{1})\begin{pmatrix}a_j \\ a_{k+n_1}\end{pmatrix}\right\}:$$

$$= :\exp\left\{(a_{j'}^\dagger \quad a_{k'+n_1'}^\dagger)(\phi - \mathbb{1})\begin{pmatrix}a_j \\ a_{k+n_1}\end{pmatrix}\right\}:$$

$$\times :\exp\left\{(a_{j'}^\dagger, \quad a_{k'+n_1'}^\dagger)(h - \mathbb{1})\begin{pmatrix}a_j \\ a_{k+n_1}\end{pmatrix}\right\}: \tag{13.23}$$

作为一个练习，有兴趣的读者可以按第 6 章所述与原子相干态式(6.77)有关的 SU(2)陪集元素，而求出

$$\exp(\xi' J_+ - \xi'^* J_-)\exp(\xi J_+ - \xi^* J_-) = \exp(\xi'' J_+ - \xi''^* J_-)\exp(iJ_3\psi)$$

中 ξ'' 与 ψ 的值如何由与 ξ' 和 ξ 决定的关系来.

13.3　SU_n 群的正规乘积形式的费米算符实现[145]

类似于上节,利用费米相干态和费米系统的 IWOP 技术,可导出 SU_n 群的正规乘积形式的费米算符实现.建立算符

$$U = \int \prod_i d\bar{\alpha}_i d\alpha_i \mid u\boldsymbol{\alpha}\rangle\langle\boldsymbol{\alpha}\mid \tag{13.24}$$

其中

$$\mid u\boldsymbol{\alpha}\rangle = \exp\left[-\frac{1}{2}\bar{\alpha}_i\alpha_i + f_j^\dagger u_{ji}\alpha_i\right]\mid \mathbf{0}\rangle \tag{13.25}$$

这里 $|\mathbf{0}\rangle$ 是 n 模费米子真空,将式(13.25)代入式(13.24)积分得

$$\begin{aligned} U &= \int \prod_i d\bar{\alpha}_i d\alpha_i : \exp\{-\bar{\alpha}_i\alpha_i + f_j^\dagger u_{ji}\alpha_i + \bar{\alpha}_i f_i - f_i^\dagger f_i\} : \\ &= : \exp[\tilde{f}^\dagger(u - \mathbb{1})f] : \end{aligned} \tag{13.26}$$

其中

$$\tilde{f} = (f_1, f_2, \cdots, f_n).$$

再用费米子相干态的内积

$$\langle\boldsymbol{\alpha}'\mid u\boldsymbol{\alpha}\rangle = \exp\left[-\frac{1}{2}(\bar{\alpha}'_i\alpha'_i + \bar{\alpha}_i\alpha_i) + \bar{\alpha}'_i u_{ij}\alpha_j\right] \tag{13.27}$$

及 IWOP 技术计算两个群元实现的积

$$\begin{aligned} U'U &= \int \prod_i d\bar{\alpha}'_i d\alpha'_i d\bar{\alpha}_i d\alpha_i \mid u'\boldsymbol{\alpha}'\rangle\langle\boldsymbol{\alpha}\mid \exp\left[-\frac{1}{2}(\bar{\alpha}'_i\alpha'_i + \bar{\alpha}_i\alpha_i) + \bar{\alpha}'_i u_{ij}\alpha_j)\right] \\ &= \int \prod_i d\bar{\alpha}'_i d\alpha_i : \exp\{-\bar{\alpha}_i\alpha_i + f_j^\dagger u'_{ji}u_{ik}\alpha_k + \bar{\alpha}_i f_i - f_i^\dagger f_i\} : \\ &= : \exp[\tilde{f}^\dagger(u'u - \mathbb{1})f] : \end{aligned} \tag{13.28}$$

这表明群表示的乘法满足

$$: \exp[\tilde{f}^\dagger(u' - \mathbb{1})f] :: \exp[\tilde{f}^\dagger(u - \mathbb{1})f] : = : \exp[\tilde{f}^\dagger(u'u - \mathbb{1})f] : \tag{13.29}$$

容易证明

$$U^\dagger = \int \prod_i d\bar{\alpha}'_i d\alpha_i \mid \boldsymbol{\alpha}\rangle\langle u\boldsymbol{\alpha}\mid = \int \prod_i d\bar{\alpha}'_i d\alpha_i \mid u^{-1}\boldsymbol{\alpha}\rangle\langle\boldsymbol{\alpha}\mid = U^{-1} \tag{13.30}$$

由于每个 n 维幺正矩阵 U 都能写成

$$u = \mathrm{e}^{\mathrm{i}V}, \quad V^{\dagger} = V, \quad \mathrm{tr}V = 0 \tag{13.31}$$

则定义 $s = \exp(\mathrm{i}f_i^{\dagger}V_{ij}f_j)$就可导出

$$sf_i^{\dagger}s^{-1} = (\mathrm{e}^{\mathrm{i}V})_{ji}f_j^{\dagger} \tag{13.32}$$

注意到 $s|\mathbf{0}\rangle = |\mathbf{0}\rangle$,用费米子相干态完备性及 IWOP 技术可推导出

$$\begin{aligned}
s &= \int\prod_i \mathrm{d}\bar{\alpha}_i\mathrm{d}\alpha_i s\mid\boldsymbol{\alpha}\rangle\langle\boldsymbol{\alpha}\mid \\
&= \int\prod_i \mathrm{d}\bar{\alpha}_i\mathrm{d}\alpha_i s\exp(f_i^{\dagger}\alpha_i)s^{-1}\mid\mathbf{0}\rangle\langle\boldsymbol{\alpha}\mid\exp\left(-\frac{1}{2}\bar{\alpha}_i\alpha_i\right) \\
&= \int\prod_i \mathrm{d}\bar{\alpha}_i\mathrm{d}\alpha_i : \exp[-\bar{\alpha}_i\alpha_i + f_j^{\dagger}(\mathrm{e}^{\mathrm{i}V})_{ji}\alpha_i + \bar{\alpha}_i\mathrm{d}f_i - f_i^{\dagger}f_i] : \\
&= :\exp[f_i^{\dagger}(\mathrm{e}^{\mathrm{i}V} - \mathbb{1})_{ij}f_j]:
\end{aligned} \tag{13.33}$$

这就是关于费米算符恒等式.

由式(13.29)可知,当 $u' = u^{-1}$给出

$$:\exp[\tilde{f}^{\dagger}(u^{-1} - \mathbb{1})f]: = \{:\exp[\tilde{f}^{\dagger}(u - \mathbb{1})f]:\}^{-1}$$

例如,对应于 SU(2)泡利矩阵 $\sigma_2 = \begin{pmatrix} 0 & -\mathbb{1} \\ \mathbb{1} & 0 \end{pmatrix}$构造费米算符 $T_2 = \frac{1}{2}(f_1^{\dagger}f_2^{\dagger})\sigma_2\begin{pmatrix} f_1 \\ f_2 \end{pmatrix}$,则有

$$\mathrm{e}^{\mathrm{i}\psi T_2} = :\exp\left\{(f_1^{\dagger} \quad f_2^{\dagger})\left[\exp\left(\frac{\mathrm{i}}{2}\psi\sigma_2\right) - \mathbb{1}\right]\begin{pmatrix} f_1 \\ f_2 \end{pmatrix}\right\}:$$

由于在 : : 内部费米算符反对易,所以展开上式是方便的,得到

$$\mathrm{e}^{\mathrm{i}\psi T_2} = 1 + \mathrm{i}(f_1^{\dagger}f_2 + f_2^{\dagger}f_1)\sin\frac{\psi}{2} + (f_1^{\dagger}f_1f_2f_2^{\dagger} + f_2^{\dagger}f_2f_1f_1^{\dagger})\left[\cos\frac{\psi}{2} - 1\right]$$

13.4　超对称 SU(N/M)群的正规乘积形式的玻色-费米算符实现[151]

把 SU_n 群作超对称推广可以建立 SU(N/M)群. 近年来,超对称物理原理一直使物理学家感兴趣,尤其在核物理与粒子物理领域更甚. 超对称变换的生成元形成李超代数. 本节提出这样的问题:对于 SU(N/M)超群是否可以构造正规乘积形式的玻色-费米子实现? 答案是肯定的. 为此令超产生、湮没算符为

$$\zeta_A = \begin{pmatrix} a_j \\ f_\mu \end{pmatrix} \tag{13.34}$$

其中 $a_i(i=1,2,\cdots,N)$是玻色算符,$f_\mu(\mu=1,2,\cdots,M)$为费米算符,$\{f_\mu, f_\nu^\dagger\}=\delta_{\mu\nu}$,因此指标 A 取值人 1 到 $N+M$.

$$[\zeta_A, \zeta_B^\dagger\} = \delta_{AB} \tag{13.35}$$

其中括号[　}理解为当 ζ_A 与 $\zeta_B^\dagger$ 皆取费米分量时为反对易括号,在其他情况下为对易括号. SU(N/M)超集的元素取为

$$\begin{aligned} U(\mathscr{H}) &= \exp\{\mathrm{i}[a_i^\dagger H_{ij}^{(N)} a_j + f_\mu^\dagger H_{\mu\nu}^{(N)} f_\nu + f_\mu^\dagger \theta_{\mu i}^\dagger a_i + a_i^\dagger \theta_{i\mu} f_\mu]\} \\ &\equiv \exp[\mathrm{i}\zeta^\dagger \mathscr{H} \zeta] \end{aligned} \tag{13.36}$$

这里 $\mathscr{H}$ 是一个超零迹厄米矩阵

$$\mathscr{H} = \begin{pmatrix} H^{(N)} & \theta \\ \theta^\dagger & H^{(M)} \end{pmatrix}, \quad \mathrm{str}\,\mathscr{H} = \mathrm{tr}\,H^{(N)} - \mathrm{tr}\,H^{(M)} = 0 \tag{13.37}$$

其中 θ 是个 $M\times N$ 矩阵,它的实体是 Grassmann 数,$H^{(N)}$ 和 $H^{(M)}$ 分别是 N^2 维和 M^2 维的厄米玻色性矩阵(不排斥是 Grassmann 数的偶次乘积).

这里我们对超矩阵的求迹定义作一说明,让 M_i 为一个超矩阵,其分块形式为

$$M_i = \begin{pmatrix} A_i & \gamma_i \\ \alpha_i & B_i \end{pmatrix}, \quad i = 1,2 \tag{13.38}$$

其中 A 为 $n\times n$ 玻色性矩阵,B 为 $m\times m$ 玻色性矩阵,而 γ 为[152] $n\times m$ 费米性矩阵,α 为 $n\times m$ 费米性矩阵.超矩阵的迹定义为

$$\mathrm{str}\,M = \mathrm{tr}\,A - \mathrm{tr}\,B \tag{13.39}$$

这样做是为了保证两个超矩阵 M_1M_2 与 M_2M_1 的迹相等,而超矩阵的乘法与普通矩阵的乘法相同,则

$$\begin{aligned} \mathrm{str}\,M_1M_2 &= \mathrm{tr}\,A_1A_2 + \mathrm{str}\,\gamma_1\alpha_2 - \mathrm{str}\,\alpha_1\gamma_2 - \mathrm{tr}\,B_1B_2 \\ \mathrm{str}\,M_2M_1 &= \mathrm{tr}\,A_2A_1 + \mathrm{str}\,\gamma_2\alpha_1 - \mathrm{str}\,\alpha_2\gamma_1 - \mathrm{tr}\,B_2B_1 \end{aligned} \tag{13.40}$$

由于 $\gamma_1\alpha_2 = -\alpha_2\gamma_1$,易见 $\mathrm{str}\,(M_1M_2) = \mathrm{str}\,(M_2M_1)$.

超矩阵的行列式由下式定义

$$\det M = \exp(\mathrm{str}\ln M) \tag{13.41}$$

则由式(13.40)易证乘积 M_1M_2 与 M_1M_2 的行列式相同,即

$$\det M_1M_2 = \exp(\mathrm{str}\ln M_1M_2) = \exp(\mathrm{str}\ln M_2M_1) = \det M_2M_1$$

为求超矩阵的行列式,可以先求三角矩阵的行列式,由于三角矩阵的幂仍为三角矩阵,故有

$$\mathrm{str}\ln\begin{pmatrix} A & \gamma \\ 0 & B \end{pmatrix} = \mathrm{tr}\ln A - \mathrm{tr}\ln B \tag{13.42}$$

因此有

$$\det\begin{pmatrix}A & \gamma\\ 0 & B\end{pmatrix} = \exp\left[\operatorname{str}\ln\begin{pmatrix}A & \gamma\\ 0 & B\end{pmatrix}\right] = \exp(\operatorname{tr}\ln A - \operatorname{tr}\ln B)$$

$$= \det A\det B^{-1} \tag{13.43}$$

对一般超矩阵作三角分解

$$M = \begin{pmatrix}A & \gamma\\ \alpha & B\end{pmatrix} = \begin{pmatrix}A-\gamma B^{-1}\alpha & \gamma B^{-1}\\ 0 & 1\end{pmatrix}\begin{pmatrix}1 & 0\\ \alpha & B\end{pmatrix} \tag{13.44}$$

就可求得 μ 的行列式为

$$\det M = \det(A-\gamma B^{-1}\alpha)\det B^{-1} \tag{13.45}$$

这是与普通矩阵有明显区别之处，现在考虑一个混合集积分

$$\int\prod_i \mathrm{d}x_i\prod_\mu \mathrm{d}\xi_\mu \tag{13.46}$$

其中仅 ξ_μ 是 Grassmann 数，进行如下的积分变换

$$\begin{pmatrix}x\\ \xi\end{pmatrix} = \begin{pmatrix}A & \gamma\\ \alpha & B\end{pmatrix}\begin{pmatrix}y\\ \eta\end{pmatrix} = \begin{pmatrix}Ay+\gamma\eta\\ \alpha y+B\eta\end{pmatrix} \tag{13.47}$$

为求此积分变换的雅可比，先用 M 的三角分解式变换 $(x,\xi)\to(y,\xi)$，即

$$x = (A-\gamma B^{-1}\alpha)y+\gamma B^{-1}\xi \tag{13.48}$$

所以

$$\int\prod_i \mathrm{d}x_i = \prod_i \mathrm{d}y_i\det(A-\gamma B^{-1}\alpha) \tag{13.49}$$

再做变换 $(y,\xi)\to(y,\eta)$，$\xi=\alpha y+B\eta$，由于 ξ 与 η 都是反对易 c 数，所以为了保证 $\int\mathrm{d}\xi_\mu\xi_\mu = 1$ 仍然成立，必须是

$$\int\prod_\mu \mathrm{d}\xi_\mu = \int\prod_\mu \mathrm{d}\eta_\mu(\det B)^{-1} \tag{13.50}$$

联立式(13.49)和(13.50)，并注意 $\det M$ 的表达式，可见

$$\int\prod_i \mathrm{d}x_i\prod_\mu \mathrm{d}\xi_\mu = \int\prod_i \mathrm{d}y_i\prod_\mu \mathrm{d}\eta_\mu\det M \tag{13.51}$$

将玻色相干态和费米相干态的直积写成超对称相干态的形式

$$|z_1,z_2,\cdots,z_N\rangle\,|\alpha_1,\alpha_2,\cdots,\alpha_M\rangle$$

$$= \exp\left[-\frac{1}{2}\bar{\eta}_A\eta_A+\zeta_A^\dagger\eta_A\right]|\mathbf{0}\rangle_A = |\eta_A\rangle \tag{13.52}$$

其中，$|\mathbf{0}\rangle_A = |\mathbf{0}\rangle^{(N)}|\mathbf{0}\rangle^{(M)}$，　$a_i|\mathbf{0}\rangle^{(N)}=0$，　$f_\mu|\mathbf{0}\rangle^{(M)}=0$，

$$\eta_A = \begin{pmatrix}z_i\\ \alpha_\mu\end{pmatrix},\ \bar{\eta}_A = (z_i^*,\bar{\alpha}_\mu) \tag{13.53}$$

真空投影算子的正规乘积形式是

$$|\mathbf{0}\rangle_{AA}\langle\mathbf{0}| = :\exp[-a_i^\dagger a_i - f_\mu^\dagger f_\mu]: = :\exp[-\zeta_A^\dagger\zeta_A]: \tag{13.54}$$

显然,超对称相干态$|\eta_A\rangle$满足过完备性关系

$$\int\prod_A\left[\frac{\mathrm{d}\bar{\eta}_A\mathrm{d}\eta_A}{2\pi\mathrm{i}}\right]|\eta_A\rangle\langle\eta_A| = 1 \tag{13.55}$$

由此可将$U(\mathscr{H})$写成

$$U(\mathscr{H}) = \int\prod_A\left[\frac{\mathrm{d}\bar{\eta}_A\mathrm{d}\eta_A}{2\pi\mathrm{i}}\right]|\eta_A\rangle_A\langle\mathbf{0}|UU^\dagger\exp\left[-\frac{1}{2}\bar{\eta}_A\eta_A + \bar{\eta}_A\zeta_A\right]U \tag{13.56}$$

鉴于从式(13.35)看出(更详尽的推导可见下节,例如式(13.75))

$$U^\dagger(\mathscr{H})\zeta_A U(\mathscr{H}) = (\mathrm{e}^{\mathrm{i}\mathscr{H}})_{AB}\zeta_B \tag{13.57}$$

把此式写得更明显些就是

$$U^\dagger(\mathscr{H})\begin{pmatrix}a_i\\f_\mu\end{pmatrix}U(\mathscr{H}) = \sum_{n=0}^{\infty}\left[\frac{1}{n!}(\mathrm{i}\mathscr{H})^n\right]_{AB}\zeta_B = \begin{pmatrix}E & G\\C & D\end{pmatrix}\begin{pmatrix}a_i\\f_\mu\end{pmatrix} \tag{13.58}$$

这里E、D分别是N^2和M^2维的矩阵,呈玻色性,而G和C是奇子矩阵,呈费米性.将式(13.57)代入式(13.56),并用IWOP技术积分得$U(\mathscr{H})$的正规乘积表达式

$$\begin{aligned}U(\mathscr{H}) &= \int\prod_A\left[\frac{\mathrm{d}\bar{\eta}_A\mathrm{d}\eta_A}{2\pi\mathrm{i}}\right]:\exp[-\bar{\eta}_A\eta_A + \zeta_A^\dagger\eta_A + \eta_A^*(\mathrm{e}^{\mathrm{i}\mathscr{H}})_{AB}\zeta_B - \zeta_A^\dagger\zeta_A]:\\
&= \int\prod_i\left[\frac{\mathrm{d}z_i^*\mathrm{d}z_i}{2\pi\mathrm{i}}\right]\int\prod_\mu\mathrm{d}\bar{\alpha}_\mu\mathrm{d}\alpha_\mu:\exp[-z_i^*z_i - \bar{\alpha}_\mu\alpha_\mu + a^\dagger z_i\\
&\quad + f_\mu^\dagger\alpha_\mu + z_i^*(E_{ij}a_j + G_{i\nu}f_\nu) + \bar{\alpha}_\mu(C_{\mu j}a_j + D_{\mu\nu}f_\nu) - a_i^\dagger a_i - f_\mu^\dagger f_\mu]:\\
&= :\exp[a_i^\dagger(E_{ij}a_j + G_{i\nu}f_\nu) + f_\mu^\dagger(C_{\mu j}a_j + D_{\mu\nu}f_\nu) - a_i^\dagger a_i - f_\mu^\dagger f_\mu]:\\
&= :\exp[\zeta_A^\dagger(\mathrm{e}^{\mathrm{i}\mathscr{H}} - \mathbb{1})_{AB}\zeta_B]:\end{aligned} \tag{13.59}$$

这里的$\mathbb{1}$是$(N+M)\times(N+M)$维单位矩阵.容易进一步证明

$$U(\mathscr{H}) = \int\prod_A\left[\frac{\mathrm{d}\bar{\eta}_A\mathrm{d}\eta_A}{2\pi\mathrm{i}}\right]|(\mathrm{e}^{\mathrm{i}\mathscr{H}}\eta)_A\rangle\langle\eta_A| \tag{13.60}$$

取上式的厄米共轭式,并用

$$\det(\mathrm{e}^{\mathrm{i}\mathscr{H}}) = \exp[\mathrm{str}(\mathrm{i}\mathscr{H})] = 1 \tag{13.61}$$

得到

$$\begin{aligned}U^\dagger(\mathscr{H}) &= \int\prod_A\left[\frac{\mathrm{d}\bar{\eta}_A\mathrm{d}\eta_A}{2\pi\mathrm{i}}\right]|\eta_A\rangle\langle(\mathrm{e}^{\mathrm{i}\mathscr{H}}\eta)_A|\\
&= \int\prod_A\left[\frac{\mathrm{d}\bar{\eta}_A\mathrm{d}\eta_A}{2\pi\mathrm{i}}\right]|(\mathrm{e}^{-\mathrm{i}\mathscr{H}}\eta)_A\rangle\langle\eta_A| = U(-\mathscr{H})\end{aligned} \tag{13.62}$$

另一方面,类似于上节的证明我们可以导出乘法规则

$$U(\mathscr{H}')U(\mathscr{H}) = :\exp[\zeta_A^\dagger(e^{i\mathscr{H}'} - \mathbb{1})\zeta_B]::\exp[\zeta_A^\dagger(e^{i\mathscr{H}} - \mathbb{1})\zeta_B]:$$
$$= :\exp[\zeta_A^\dagger(e^{i\mathscr{H}'}e^{i\mathscr{H}} - \mathbb{1})\zeta_B]: \tag{13.63}$$

可见当 $-\mathscr{H}' = \mathscr{H}$ 时,上式导致

$$:\exp[\zeta_A^\dagger(e^{i\mathscr{H}} - \mathbb{1})_{AB}\zeta_B]: = U^{-1}(\mathscr{H}) = U(-\mathscr{H})$$

综上所述,可以得到结论:超对称 SU(N/M)群元 $\mathscr{H}$ 存在正规乘积形式的超对称玻色-费米实现.

把玻色和费米系统的密度矩阵的反正规乘积展开式(12.6)和(12.24)结合起来,并推广到超对称情形,我们应该有

$$\rho(a_i^\dagger, f_\mu) = \int\prod_A\left[\frac{d\bar{\eta}_A d\eta_A}{2\pi i}\right]\vdots\langle -\eta_A|\rho|\eta_A\rangle\exp[\bar{\eta}_A\eta_A + \zeta_A^\dagger\eta_A - \bar{\eta}_A\zeta_A + \zeta_A^\dagger\zeta_A]\vdots \tag{13.64}$$

依照此公式,可以将 $U(\mathscr{H})$ 化为反正规乘积形式

$$\begin{aligned}U(\mathscr{H}) &= \int\prod_A\left[\frac{d\bar{\eta}_A d\eta_A}{2\pi i}\right]\vdots\langle -\eta_A|:\exp[\zeta_A^\dagger(e^{i\mathscr{H}} - \mathbb{1})\zeta_B]:|\eta_A\rangle \\ &\quad\times\exp(\bar{\eta}_A\eta_A + \zeta_A^\dagger\eta_A - \bar{\eta}_A\zeta_A + \zeta_A^\dagger\zeta_A)\vdots \\ &= \int\prod_A\left[\frac{d\bar{\eta}_A d\eta_A}{2\pi i}\right]\vdots\exp\{-\bar{\eta}_A(e^{i\mathscr{H}})_{AB}\eta_B + \zeta_A^\dagger\eta_A - \bar{\eta}_A\zeta_A + \zeta_A^\dagger\zeta_A\}\vdots \\ &= \frac{1}{\det e^{i\mathscr{H}}}\vdots\exp[\zeta_A^\dagger(1 - e^{-i\mathscr{H}})_{AB}\zeta_B]\vdots\end{aligned} \tag{13.65}$$

这里用到了积分公式

$$\int\frac{d^2 z}{\pi}\int d\bar{\alpha}d\alpha\exp\left\{-(z^*,\bar{\alpha})\Lambda\begin{pmatrix}z\\ \alpha\end{pmatrix} + (z^*,\bar{\alpha})\begin{pmatrix}x\\ \xi\end{pmatrix} + (y\quad\eta)\begin{pmatrix}z\\ \alpha\end{pmatrix}\right\}$$
$$= (\det\Lambda)^{-1}\exp\left\{(y\quad\eta)\Lambda^{-1}\begin{pmatrix}x\\ \xi\end{pmatrix}\right\} \tag{13.66}$$

13.5　U(1/1)超群的正规乘积实现[153]

U(1/1)超群元与 SU(1/1)的区别是前者的超行列式不等于 1. 让 Λ 是U(1/1)的一个群元,并令

$$\zeta_A^\dagger = (a^\dagger, f^\dagger),\quad A = 1,2;\quad \zeta_1^\dagger = a^\dagger,\quad \zeta_2^\dagger = f^\dagger \tag{13.67}$$

当指标 $A=1$ 时

$$[\zeta^\dagger\Lambda\zeta,\zeta_1^\dagger]=(\zeta^\dagger\Lambda)_1$$

而当指标 $A=2$ 时

$$\begin{aligned}[\zeta^\dagger\Lambda\zeta,\zeta_2^\dagger]=&\ \zeta_1^\dagger[\Lambda_{1A}\zeta_A,\zeta_2^\dagger]+[\zeta_1^\dagger,\zeta^\dagger]\Lambda_{1A}\zeta_A\\&+\zeta_2^\dagger\{\Lambda_{2A}\zeta_A,\zeta_2^\dagger\}-\{\zeta_2^\dagger,\zeta_2^\dagger\}\Lambda_{2A}\zeta_A\\=&\ (\zeta^\dagger\Lambda)_2\end{aligned}$$

联立以上这两式,可见

$$[\zeta^\dagger\Lambda\zeta,\zeta_A^\dagger]=(\zeta^\dagger\Lambda)_A \tag{13.68}$$

根据算符恒等式(3.18),就易导出

$$\exp(\zeta^\dagger\Lambda\zeta)\zeta_A^\dagger\exp(-\zeta^\dagger\Lambda\zeta)=(\zeta^\dagger e^\Lambda)_A \tag{13.69}$$

进而用超相干态表象及 IWOP 技术可以导出

$$\exp(\zeta^\dagger\Lambda\zeta)=:\exp\{\zeta^\dagger(e^\Lambda-1)\zeta\}: \tag{13.70}$$

其推导与式(13.59)的推导类似,故具体过程不赘述. 以下需要计算指数函数 e^Λ.

不失一般,取 Λ 的形式为

$$\Lambda=\begin{pmatrix}\gamma & \mu\bar{\alpha}\\ \nu\alpha & \delta\end{pmatrix} \tag{13.71}$$

其中 γ,δ,μ 和 ν 为偶元素,$\alpha,\bar{\alpha}$ 为 Grassmann 数. 根据超矩阵指数函数定义

$$e^\Lambda=\sum_{n=0}^{\infty}\frac{\Lambda^n}{n!}$$

我们算得

$$\Lambda^2=\begin{pmatrix}\gamma^2+\mu\nu\bar{\alpha}\alpha & \mu(\gamma+\delta)\bar{\alpha}\\ \nu(\gamma+\delta)\alpha & \mu\nu\alpha\bar{\alpha}+\delta^2\end{pmatrix}$$

$$\Lambda^3=\begin{pmatrix}\gamma^3+\mu\nu(2\gamma+\delta)\bar{\alpha}\alpha & \mu(\gamma^2+\gamma\delta+\delta^2)\bar{\alpha}\\ \nu(\gamma^2+\gamma\delta+\delta^2)\alpha & \delta^3+\mu\nu(\gamma+2\delta)\alpha\bar{\alpha}\end{pmatrix}$$

$$\Lambda^4=\begin{pmatrix}\gamma^4+\mu\nu(3\gamma^2+2\gamma\delta+\delta^2)\bar{\alpha}\alpha & \mu(\gamma^3+\gamma^2\delta+\gamma\delta^2+\delta^3)\bar{\alpha}\\ \nu(\gamma^3+\gamma^2\delta+\gamma\delta^2+\delta^3)\alpha & \delta^4+\mu\nu(\gamma^2+2\delta\gamma+3\delta^2)\alpha\bar{\alpha}\end{pmatrix}$$

……

代入 e^Λ 就可知它的两个非对角元分别是

$$e_{21}^\Lambda=\frac{\nu\alpha}{\gamma-\delta}(e^\gamma-e^\delta),\quad e_{12}^\Lambda=\frac{\mu\bar{\alpha}}{\gamma-\delta}(e^\gamma-e^\delta) \tag{13.72}$$

考察$\frac{\Lambda^2}{2!},\frac{\Lambda^3}{3!},\frac{\Lambda^4}{4!},\cdots$各项对角元中 $\mu\nu\bar{\alpha}\alpha$ 的系数和,可化为

$$\frac{1}{2!}+\frac{1}{(\gamma-\delta)^2}\left[\frac{(2\gamma+\delta)(\gamma-\delta)^2}{3!}+\frac{1}{4!}(3\gamma^2+2\gamma\delta+\delta^2)(\gamma-\delta)^2+\cdots\right]$$

$$=\frac{1}{(\gamma-\delta)^2}\left[\frac{1}{2!}(\gamma^2-2\gamma\delta+\delta^2)+\frac{1}{3!}(2\gamma^3-3\gamma^2\delta+\delta^3)\right.$$

$$\left.+\frac{1}{4!}(3\gamma^4-4\delta\gamma^3+\delta^4)+\cdots\right]$$

$$=\frac{1}{(\gamma-\delta)^2}\left[\left(\frac{\gamma^2}{2!}+\frac{2\gamma^3}{3!}+\frac{3\gamma^4}{4!}+\cdots\right)\right.$$

$$\left.-\left(\gamma+\frac{\gamma^2}{2!}+\frac{\gamma^3}{3!}\right)\delta+\left(\frac{\delta^2}{2!}+\frac{\delta^3}{3!}+\frac{\delta^4}{4!}+\cdots\right)\right]$$

$$=\frac{1}{\gamma-\delta}\mathrm{e}^{\gamma}+\frac{\mathrm{e}^{\delta}-\mathrm{e}^{\gamma}}{(\gamma-\delta)^2} \tag{13.73}$$

类似地,$\frac{\Lambda^2}{2!},\frac{\Lambda^3}{3!},\frac{\Lambda^4}{4!},\cdots$各项右下对角元中 $\mu\nu\bar{\alpha}\alpha$ 的系数和也可以算出.最终得

$$\mathrm{e}^{\Lambda}=\begin{pmatrix}A & B\\ C & D'\end{pmatrix} \tag{13.74}$$

其中

$$A=\mathrm{e}^{\gamma}\left(1+\frac{\mu\nu\bar{\alpha}\alpha}{\gamma-\delta}\right)+(\mathrm{e}^{\delta}-\mathrm{e}^{\gamma})\frac{\mu\nu\bar{\alpha}\alpha}{(\gamma-\delta)^2};$$

$$B=(\mathrm{e}^{\gamma}-\mathrm{e}^{\delta})\frac{\mu\bar{\alpha}}{\gamma-\delta};\quad C=(\mathrm{e}^{\gamma}-\mathrm{e}^{\delta})\frac{\nu\alpha}{\gamma-\delta};$$

$$D'=\mathrm{e}^{\delta}\left(1+\frac{\mu\nu\bar{\alpha}\alpha}{\gamma-\delta}\right)-(\mathrm{e}^{\delta}-\mathrm{e}^{\gamma})\frac{\mu\nu\bar{\alpha}\alpha}{(\gamma-\delta)^2}$$

此式也可以用超对角化 Λ 矩阵的办法得到.不难看出 Λ 的本征矢方程

$$\Lambda\begin{pmatrix}1\\ \frac{\nu\alpha}{\gamma-\delta}\end{pmatrix}=\left(\gamma+\frac{\mu\nu\bar{\alpha}\alpha}{\gamma-\delta}\right)\begin{pmatrix}1\\ \frac{\nu\alpha}{\gamma-\delta}\end{pmatrix} \tag{13.75}$$

$$\Lambda\begin{pmatrix}\frac{\mu\bar{\alpha}}{\delta-\gamma}\\ 1\end{pmatrix}=\left(\delta+\frac{\mu\nu\bar{\alpha}\alpha}{\gamma-\delta}\right)\begin{pmatrix}\frac{\mu\bar{\alpha}}{\delta-\gamma}\\ 1\end{pmatrix} \tag{13.76}$$

由本征矢的显示表达式可以构造超矩阵

$$D\equiv\begin{pmatrix}1 & \frac{\mu\bar{\alpha}}{\delta-\gamma}\\ \frac{\nu\alpha}{\gamma-\delta} & 1\end{pmatrix} \tag{13.77}$$

将 Λ 超对角化,即

$$\Lambda = D\begin{pmatrix} \gamma + \dfrac{\mu\nu\bar{\alpha}\alpha}{\gamma - \delta} & 0 \\ 0 & \delta + \dfrac{\mu\nu\bar{\alpha}\alpha}{\gamma - \delta} \end{pmatrix} D^{-1} \tag{13.78}$$

其中

$$D^{-1} = \begin{pmatrix} 1 - \dfrac{\mu\nu\bar{\alpha}\alpha}{(\gamma - \delta)^2} & \dfrac{\mu\bar{\alpha}}{\gamma - \delta} \\ \dfrac{\nu\alpha}{\delta - \gamma} & 1 + \dfrac{\mu\nu\bar{\alpha}\alpha}{(\gamma - \delta)^2} \end{pmatrix} \tag{13.79}$$

用式(13.77)和(13.79)就得 e^{Λ} 为

$$\begin{aligned} e^{\Lambda} &= D\begin{pmatrix} \exp\left(\gamma + \dfrac{\mu\nu}{\gamma - \delta}\bar{\alpha}\alpha\right) & 0 \\ 0 & \exp\left(\delta + \dfrac{\mu\nu}{\gamma - \delta}\bar{\alpha}\alpha\right) \end{pmatrix} D^{-1} \\ &= \text{式}(13.74) \end{aligned}$$

13.6 超 J－C 模型的超配分函数

在第 8 章中,我们已简单地对描述光和原子的相互作用的 J－C 模型做了介绍并做了一类推广.在 J－C 模型中出现了代表光场的玻色算符,也包含了代表原子能级上升或下降的泡利矩阵.类比于 J－C 模型,以下提出如下形式的超J－C 模型哈密顿量

$$H = 2\omega_1 a^{\dagger}a + 2\omega_2 f^{\dagger}f + \lambda a f^{\dagger} + a^{\dagger}f\bar{\lambda} \tag{13.80}$$

其中 $\lambda,\bar{\lambda}$ 是 Grassmann 数,$\{\lambda,f\}=0$.把 H 写成超矩阵形式

$$H = \zeta^{\dagger}F\zeta,\quad F = \begin{pmatrix} 2\omega_1 & -\bar{\lambda} \\ -\lambda & 2\omega_2 \end{pmatrix} \tag{13.81}$$

用式(13.70)可以将 $e^{-\beta H}$ 展开为

$$e^{-\beta H} = \exp(-\beta\zeta^{\dagger}F\zeta) = :\exp\{\zeta^{\dagger}(e^{-\beta F} - \mathbb{1})\zeta\}: \tag{13.82}$$

以便求出这个系统的配分函数.用 $U(1/1)$ 矩阵的指数函数公式(13.74)可知

$$e^{-\beta F} = \begin{pmatrix} e^{-2\beta\omega_1} + (L + M_1\beta)\bar{\lambda}\lambda & (M_1 - M_2)\bar{\lambda} \\ (M_1 - M_2)\lambda & e^{-2\beta\omega_2} + (L + M_2\beta)\bar{\lambda}\lambda \end{pmatrix} \tag{13.83}$$

其中

$$L=\frac{(e^{-2\beta\omega_2}-e^{-2\beta\omega_1})}{4(\omega_2-\omega_1)^2},\quad M_i=\frac{e^{-2\beta\omega_i}}{2(\omega_2-\omega_1)},\quad i=1,2 \tag{13.84}$$

且具有性质

$$L(e^{-2\beta\omega_2}-e^{-2\beta\omega_1})=(M_1-M_2)^2,\quad M_1e^{-2\beta\omega_2}=M_2e^{-2\beta\omega_1} \tag{13.85}$$

引入超相干态$|z,\alpha\rangle$,我们把超配分函数表达为(注意$|\alpha\rangle$是偶态)

$$\mathrm{str}\, e^{-\beta H}=\int\frac{d^2z}{\pi}\int d\bar{\alpha}d\alpha\langle z,\alpha|e^{-\beta H}|z,\alpha\rangle \tag{13.86}$$

将式(13.82)代入立即导出

$$\begin{aligned}\mathrm{str}\, e^{-\beta H}&=\int\frac{d^2z}{\pi}\int d\bar{\alpha}d\alpha\exp\left\{-(z^*,\bar{\alpha})\left[\begin{pmatrix}1&0\\0&1\end{pmatrix}-e^{-\beta F}\right]\begin{pmatrix}z\\ \alpha\end{pmatrix}\right\}\\&=\left\{\det\left[\begin{pmatrix}1&0\\0&1\end{pmatrix}-e^{-\beta F}\right]\right\}^{-1}\end{aligned} \tag{13.87}$$

代入$e^{-\beta F}$的值并用式(13.45),经过计算求出超配函数为

$$\mathrm{str}\, e^{-\beta H}=\frac{1-e^{-2\beta\omega_2}}{1-e^{-2\beta\omega_1}}+\frac{\beta\bar{\lambda}\lambda(e^{-2\beta\omega_1}-e^{-2\beta\omega_2})}{2(\omega_2-\omega_1)(1-e^{-2\beta\omega_1})^2} \tag{13.88}$$

这个结果也可以用解哈密顿量的本征值而导出,有兴趣的读者不妨一试.

本节的计算给出了 U(1/1)超群的正规乘积玻色-费米算符的一种用途.

13.7　IWOP 技术对置换群的应用[154,155]:全同玻色子(费米子)置换

现在,我们研究在引言中曾提出的造成 n 体玻色算符的置换算符是什么.先考虑两体置换 $a_1\leftrightarrow a_2$,我们用双模坐标表象$|q_1q_2\rangle$构造如下的积分型算符

$$P_{21}=\iint_{-\infty}^{\infty}dq_1dq_2\,|q_2q_1\rangle\langle q_1q_2| \tag{13.89}$$

用式(2.18)和 IWOP 技术积分之,得

$$\begin{aligned}P_{21}=\pi^{-1}\iint_{-\infty}^{\infty}dq_1dq_2:\exp\Big[&-q_1^2-q_2^2+\sqrt{2}(q_2a_1^\dagger+q_1a_2^\dagger\\&+q_1a_1+q_2a_2)-\frac{1}{2}(a_1+a_1^\dagger)^2-\frac{1}{2}(a_2+a_2^\dagger)^2\Big]:\end{aligned}$$

$$=:\exp(a_2^\dagger a_1 + a_1^\dagger a_2 - a_1^\dagger a_1 - a_2^\dagger a_2):$$

$$=:\exp\left[(a_1^\dagger \quad a_2^\dagger)\begin{pmatrix}-1 & 1\\ 1 & -1\end{pmatrix}\begin{pmatrix}a_1\\ a_2\end{pmatrix}\right]: \tag{13.90}$$

利用算符恒等式(13.13)可知

$$P_{21} = \exp\left[-\frac{\mathrm{i}}{2}\pi(a_2^\dagger - a_1^\dagger)(a_1 - a_2)\right] \tag{13.91}$$

$$P_{21} = \exp\left(\frac{\mathrm{i}}{2}\pi J_y\right)(-1)^N\exp\left(-\frac{\mathrm{i}}{2}\pi J_y\right)$$

其中

$$J_y = \frac{1}{2\mathrm{i}}(a_1^\dagger a_2 - a_2^\dagger a_1).$$

极易证明

$$P_{21} a_1^\dagger P_{21}^{-1} = a_2^\dagger, \quad P_{21} a_2^\dagger P_{21}^{-1} = a_1^\dagger \tag{13.92}$$

其中 $P_{21}^2 = 1$,故有 $P_{21}^{-1} = P_{21}^\dagger$.这种算符也适用于量子场论子场论中的复标量场的电荷共轭操作.

对于三体置换算符的情形,我们利用三模坐标本征态$|q_1q_2q_3\rangle$构造的积分

$$P_{231} = \iiint_{-\infty}^{\infty}\mathrm{d}^3q \left|(2 \quad 3 \quad 1)\begin{pmatrix}q_1\\ q_2\\ q_3\end{pmatrix}\right\rangle\left\langle\begin{pmatrix}q_1\\ q_2\\ q_3\end{pmatrix}\right| = \iiint_{-\infty}^{\infty}\mathrm{d}^3q \left|\begin{pmatrix}q_2\\ q_3\\ q_1\end{pmatrix}\right\rangle\left\langle\begin{pmatrix}q_1\\ q_2\\ q_3\end{pmatrix}\right| \tag{13.93}$$

再用式(2.18)和 IWOP 技术积分之,得到

$$P_{231} = \pi^{-3/2}\iiint_{-\infty}^{\infty}\mathrm{d}^3q :\exp\Big[-(q_1^2 + q_2^2 + q_3^2) + \sqrt{2}(q_2 a_1^\dagger + q_3 a_2^\dagger$$

$$+ q_1 a_3^\dagger + q_1 a_1 + q_2 a_2 + q_3 a_3 - \frac{1}{2}\sum_{i=1}^{3}(a_i + a_i^\dagger)^2\Big]:$$

$$=:\exp\left\{(a_1^\dagger \quad a_2^\dagger \quad a_3^\dagger)\begin{pmatrix}-1 & 1 & 0\\ 0 & -1 & 1\\ 1 & 0 & -1\end{pmatrix}\begin{pmatrix}a_1\\ a_2\\ a_3\end{pmatrix}\right\}: \tag{13.94}$$

进一步由算符公式(13.13)可得

$$P_{231} = \exp\left[(a_1^\dagger \quad a_2^\dagger \quad a_3^\dagger)\ln\begin{pmatrix}0 & 1 & 0\\ 0 & 0 & 1\\ 1 & 0 & 0\end{pmatrix}\begin{pmatrix}a_1\\ a_2\\ a_3\end{pmatrix}\right] \tag{13.95}$$

容易由式(13.95)验证,同时有

$$P_{231} a_1^\dagger P_{231}^{-1} = a_2^\dagger, \quad P_{231} a_2^\dagger P_{231}^{-1} = a_3^\dagger, \quad P_{231} a_3^\dagger P_{231}^{-1} = a_1^\dagger \tag{13.96}$$

现在讨论 n 体玻色子算符的情形,让$(uv\cdots w)$代表一个 n 体置换矩阵

$$(uv\cdots w)=\begin{pmatrix}\delta u1 & \delta u2 & \cdots & \delta un\\ \delta v1 & \delta v2 & \cdots & \delta vn\\ \delta w1 & \delta w2 & \cdots & \delta wn\end{pmatrix}\tag{13.97}$$

$n!$ 个不同的置换矩阵组成了 n 阶置换群.要构造 n 体玻色子的置换算符,我们只需用狄拉克坐标本征态建立如下的积分型算符

$$P_{uv\cdots w}=\int_{-\infty}^{\infty}\mathrm{d}q_1\mathrm{d}q_2\cdots\mathrm{d}q_n\left|(uv\cdots w)\begin{pmatrix}q_1\\ q_2\\ \vdots\\ q_n\end{pmatrix}\right\rangle\left\langle\begin{pmatrix}q_1\\ q_2\\ \vdots\\ q_n\end{pmatrix}\right|\tag{13.98}$$

并用 IWOP 技术积分得

$$P_{uv\cdots w}=\exp\left[(a_1^\dagger a_2^\dagger\cdots a_n^\dagger)\ln(uv\cdots w)\begin{pmatrix}a_1\\ a_2\\ \vdots\\ a_n\end{pmatrix}\right]\tag{13.99}$$

则 $P_{uv\cdots w}$ 就是同时将算符 $a_1,a_2,\cdots,a_n$ 变换为 $a_u,a_v,\cdots,a_w$ 的幺正算符.而两次置换的乘积

$$P_{uv\cdots w}P_{u'v'\cdots w'}=\int_{-\infty}^{\infty}\mathrm{d}q_1\cdots\mathrm{d}q_n\left|(uv\cdots w)(u'v'\cdots w')\begin{pmatrix}q_1\\ q_2\\ \vdots\\ q_n\end{pmatrix}\right\rangle\left\langle\begin{pmatrix}q_1\\ q_2\\ \vdots\\ q_n\end{pmatrix}\right|$$

这表明存在如下乘法规则

$$\exp\left[(a_1^\dagger a_2^\dagger\cdots a_n^\dagger)\ln(uv\cdots w)\begin{pmatrix}a_1\\ a_2\\ \vdots\\ a_n\end{pmatrix}\right]\exp\left[(a_1^\dagger a_2^\dagger\cdots a_n^\dagger)\ln(u'v'\cdots w')\begin{pmatrix}a_1\\ a_2\\ \vdots\\ a_n\end{pmatrix}\right]$$

$$=\exp\left[(a_1^\dagger a_2^\dagger\cdots a_n^\dagger)\ln[(uv\cdots w)(u'v'\cdots w')]\begin{pmatrix}a_1\\ a_2\\ \vdots\\ a_n\end{pmatrix}\right]\tag{13.100}$$

以上讨论说明 IWOP 技术可以帮助我们找到置换群的新的玻色子表示.

费米子情况.对于 n 体费米子,如何找到一个幺正算符 U 使得 $Uf_1U^{-1}=f_u$, $Uf_2U^{-1}=f_v,\cdots,Uf_nU^{-1}=f_w$ 同时成立呢?费米体系所满足的是反对易关系,迥

然不同于玻色体系.但我们可以用费米体系的 IWOP 技术来找到 U.先考虑两体费米子交换情况,用双模费米相干态

$$|\alpha_1\alpha_2\rangle = \exp\left[-\frac{1}{2}(\bar{\alpha}_1\alpha_1+\bar{\alpha}_2\alpha_2)+f_1^\dagger\alpha_1+f_2^\dagger\alpha_2\right]|00\rangle$$

构造如下的积分型算符,并用 IWOP 技术积分之

$$\begin{aligned}P_{12} &\equiv \int d\bar{\alpha}_1 d\alpha_1\int d\bar{\alpha}_2 d\alpha_2\ |\alpha_2\alpha_1\rangle\langle\alpha_1\alpha_2| \\ &= \int d\bar{\alpha}_1 d\alpha_1\int d\bar{\alpha}_2 d\alpha_2 :\exp[-\bar{\alpha}_1\alpha_1-\bar{\alpha}_2\alpha_2+f_1^\dagger\alpha_2+f_2^\dagger\alpha_1 \\ &\quad +\bar{\alpha}_1 f_1+\bar{\alpha}_2 f_2-f_1^\dagger f_1-f_2^\dagger f_2]: \\ &= :\exp[f_2^\dagger f_1+f_1^\dagger f_2-f_1^\dagger f_1-f_2^\dagger f_2]:\end{aligned} \tag{13.101}$$

用比式(13.33)更一般的公式

$$\exp(f_i^\dagger\Lambda_{ij}f_j) = :\exp[f_i^\dagger(e^\Lambda-\mathbb{1})_{ij}f_j]:$$

可见,式(13.107)等价于

$$P_{12} = \exp\left[\frac{i\pi}{2}(f_1^\dagger-f_2^\dagger)(f_1-f_2)\right] \tag{13.102}$$

用费米子反对易关系可知

$$\left[\frac{1}{2}(f_1^\dagger-f_2^\dagger)(f_1-f_2)\right]^2 = \frac{1}{2}(f_1^\dagger-f_2^\dagger)(f_1-f_2)$$

所以式(13.102)的 P_{12} 可以展开为

$$\begin{aligned}P_{12} &= 1+\frac{1}{2}(e^{i\pi}-1)(f_1^\dagger-f_2^\dagger)(f_1-f_2) \\ &= 1-(f_1^\dagger-f_2^\dagger)(f_1-f_2) = P_{12}^\dagger = P_{12}^{-1}\end{aligned}$$

容易由此式验证

$$P_{12}f_1P_{12}^{-1} = f_2,\quad P_{12}f_2P_{12}^{-1} = f_1$$

这说明在费米相干态表象中两体置换幺正算符是 Grassmann 数 α_1 与 α_2 交换的量子映射.

把此原则推广到 n 体费米子置换的情况,我们在 n 模费米相干态表象中构造算符

$$P_{uv\cdots w} = \int\prod_{i=1}^{N} d\bar{\alpha}_i d\alpha_i\ \left|(uv\cdots w)\begin{pmatrix}\alpha_1\\ \alpha_2\\ \vdots\\ \alpha_N\end{pmatrix}\right\rangle\left\langle\begin{pmatrix}\alpha_1\\ \alpha_2\\ \vdots\\ \alpha_N\end{pmatrix}\right|$$

$$= \int \prod_{i=1}^{N} \mathrm{d}\bar{\alpha}_i \mathrm{d}\alpha_i \left| \begin{pmatrix} \alpha_u \\ \alpha_v \\ \vdots \\ \alpha_w \end{pmatrix} \right\rangle \left\langle \begin{pmatrix} \alpha_1 \\ \alpha_2 \\ \vdots \\ \alpha_N \end{pmatrix} \right|$$

$$= : \exp\left\{ (f_1^\dagger f_2^\dagger \cdots f_N^\dagger)[(uv\cdots w) - 1] \begin{pmatrix} f_1 \\ f_2 \\ \vdots \\ f_N \end{pmatrix} \right\}:$$

$$= \exp\left\{ (f_1^\dagger f_2^\dagger \cdots f_N^\dagger) \ln(uv\cdots w) \begin{pmatrix} f_1 \\ f_2 \\ \vdots \\ f_N \end{pmatrix} \right\} \tag{13.103}$$

可以证明 $P_{uv\cdots w}$ 是幺正的,为此考虑

$$P_{uv\cdots w} P^\dagger_{uv\cdots w} = \int \prod_{i=1}^{N} \mathrm{d}\bar{\alpha}_i \mathrm{d}\alpha_i \int \prod_{i=1}^{N} \mathrm{d}\bar{\alpha}'_i \mathrm{d}\alpha'_i \left| \begin{pmatrix} \alpha_u \\ \alpha_v \\ \vdots \\ \alpha_w \end{pmatrix} \right\rangle \left\langle \begin{pmatrix} \alpha'_u \\ \alpha'_v \\ \vdots \\ \alpha'_w \end{pmatrix} \right|$$

$$\times \exp\left\{ -\frac{1}{2}(\bar{\alpha}_i \alpha_i + \bar{\alpha}'_i \alpha'_i) + \bar{\alpha}_i \alpha'_i \right\} \tag{13.104}$$

推导中用了相干态内积公式.注意到(下式中重复指标不表示求和)

$$\exp\left(-\frac{1}{2}\bar{\alpha}_i \alpha_i\right) \int \mathrm{d}\bar{\alpha}'_i \alpha'_i \langle \alpha'_i | \exp\left(-\frac{1}{2}\bar{\alpha}'_i \alpha'_i + \bar{\alpha}_i \alpha'_i\right) = \langle \alpha_i |$$

及 $|\det(uv\cdots w)| = 1$,我们可以从式(13.104)给出

$$P_{uv\cdots w} P^\dagger_{uv\cdots w} = 1$$

因此幺正性得证.

在结束本节前,我们给出费米子宇称算符,它把 $f \to -f$.为求出它的具体形式,用费米子相干态式(11.11)构造

$$\int \mathrm{d}\bar{\alpha}_i \mathrm{d}\alpha_i \, |-\alpha_i\rangle\langle \alpha_i| = \int \mathrm{d}\bar{\alpha}_i \mathrm{d}\alpha_i : \exp\{-\bar{\alpha}_i \alpha_i - f_i^\dagger \alpha_i + \bar{\alpha}_i f_i - f_i^\dagger f_i\}:$$

$$= : \exp(-2 f_i^\dagger f_i):$$

再用式(11.21)把它化为

$$:\exp(-2f_i^{\dagger}f_i):=(-)^{N_i},\quad N_i=f_i^{\dagger}f_i$$

这就是费米子宇称算符,在它的作用下

$$(-)^{N_i}f_i(-)^{N_i}=-f_i,\quad (-)^{2N_i}=1$$

把它与玻色子的宇称算符比较可见形式类似.

作为费米子宇称算符的应用,我们来简化在固体物理理论中常用的 Wigner-Jordan 变换的推导,这种变换被用于解铁磁系统的伊辛(Ising)模型.此变换的本质是将既非玻色子又非费米子的泡利矩阵 $\sigma_{j,\pm}$ 变换为费米算符.$\sigma_{j,\pm}$ 满足

$$[\sigma_{j,\pm},\sigma_{l,\pm}]=0,\quad j\neq l \tag{13.105}$$

$$\{\sigma_{j,+},\sigma_{j,-}\}=1,\quad \sigma_{j,+}^2=\sigma_{j,-}^2=0 \tag{13.106}$$

Wigner-Jordan 变换在用了费米子宇称算符后可以写成

$$\sigma_{j,-}=\prod_{l=1}^{j-1}(-)^{N_l}f_j,\quad \sigma_{j,+}=\prod_{l=1}^{j-1}(-)^{N_l}f_j^{\dagger},\quad l<j \tag{13.107}$$

用费米子宇称算符的性质,很容易验证

$$\sigma_{j,+}\sigma_{j,-}=\prod_{l=1}^{j-1}(-)^{N_l}f_j^{\dagger}\prod_{l=1}^{j-1}(-)^{N_l}f_j=f_j^{\dagger}f_j$$

所以式(13.106)得以证实.而且当 $m>k$ 时,用式(13.107)得到

$$\begin{aligned}[\sigma_{m,-},\sigma_{k,-}]&=\left[\prod_{l=1}^{m-1}(-)^{N_l}f_m,\prod_{l=1}^{k-1}(-)^{N_l}f_k\right]\\&=\prod_{s=k}^{m-1}(-)^{N_s}f_mf_k-f_k\prod_{s=k}^{m-1}(-)^{N_s}f_m\end{aligned}$$

由于已设 $m>k$,在上式第二项中的 $\prod_{s=k}^{m-1}(-)^{N_s}$ 中,总存在 $(-)^{N_k}$,因此可把上式化为

$$[\sigma_{m,-},\sigma_{k,-}]=\prod_{s=k}^{m-1}(-)^{N_s}\{f_m,f_k\}=0$$

可是式(13.105)也得到证实.由式(13.107),我们立即看出它的反变换是

$$f_j=\prod_{l=1}^{j-1}(-)^{N_l}\sigma_{j,-}=\prod_{l=1}^{j-1}(-)^{\sigma_{l,+}\sigma_{l,-}}\sigma_{j,-}$$

$$f_j^{\dagger}=\prod_{l=1}^{j-1}(-)^{N_l}\sigma_{j,+}=\prod_{l=1}^{j-1}(-)^{\sigma_{l,+}\sigma_{l,-}}\sigma_{j,+}$$

13.8　转动反射群的玻色子实现

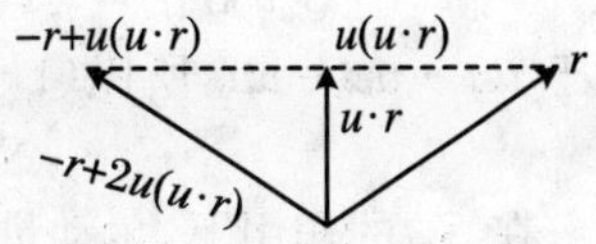

转动反射群使矢径 $\boldsymbol{r}$ 变成 $\boldsymbol{r}-2\boldsymbol{u}(\boldsymbol{u}\cdot\boldsymbol{r})$，$\boldsymbol{u}$ 是一个单位矢量，图 13.1 是其矢量示意图. 为寻找这种操作相应的量子力学算符，我们用 IWOP 技术积分以下由坐标态构成的算符

图 13.1

$$S_u \equiv \int \mathrm{d}^3\boldsymbol{r}\ |\ \boldsymbol{r}-2\boldsymbol{u}(\boldsymbol{u}\cdot\boldsymbol{r})\rangle\langle\boldsymbol{r}\ | \tag{13.108}$$

代入 $|\boldsymbol{r}\rangle$ 的 Fock 表象，并且注意(见图) $|\boldsymbol{r}-2\boldsymbol{u}(\boldsymbol{u}\cdot\boldsymbol{r})| = |\boldsymbol{r}|$，得

$$\begin{aligned}
S_u &= \pi^{-3/2}\int \mathrm{d}^3\boldsymbol{r}\exp\{-r^2+\sqrt{2}a_i^\dagger[x_i-2u_i(\boldsymbol{u}\cdot\boldsymbol{r})] \\
&\quad -\frac{1}{2}a_i^{\dagger 2}\}\,|\,000\rangle\langle 000\,|\exp\left\{\sqrt{2}a_ix_i-\frac{1}{2}a_i^2\right\} \\
&= \int\frac{\mathrm{d}^3\boldsymbol{r}}{\pi^{3/2}}:\exp\left\{-x_j^2+\sqrt{2}x_j[a_j^\dagger-2u_ia_i^\dagger u_j+a_j]-\frac{(a_j+a_j^\dagger)^2}{2}\right\}: \\
&= :\exp\{-2u_ia_i^\dagger u_j(a_j+a_j^\dagger)+2(u_ia_i^\dagger u_j)^2\}: \\
&= :\exp\left\{-2(a_1^\dagger a_2^\dagger a_3^\dagger)\begin{pmatrix} u_1^2 & u_1u_2 & u_1u_3 \\ u_1u_2 & u_2^2 & u_2u_3 \\ u_1u_3 & u_2u_3 & u_3^2\end{pmatrix}\begin{pmatrix}a_1\\a_2\\a_3\end{pmatrix}\right\}: \\
&= :\exp\left\{-2(a_1^\dagger a_2^\dagger a_3^\dagger)\boldsymbol{uu}\begin{pmatrix}a_1\\a_2\\a_3\end{pmatrix}\right\}:
\end{aligned}\tag{13.109}$$

其中 $\boldsymbol{uu}$ 是并矢. 我们从图中又可看出，从 $\boldsymbol{r}$ 变到 $-\boldsymbol{r}+2\boldsymbol{u}(\boldsymbol{u}\cdot\boldsymbol{r})$ 可以通过绕 $\boldsymbol{u}$ 轴转动 $\pm\pi$ 角来完成，所以我们又可以认定

$$\exp(-\mathrm{i}\pi\boldsymbol{u}\cdot\boldsymbol{J})\ |\ \boldsymbol{r}\rangle = |\ 2\boldsymbol{u}(\boldsymbol{u}\cdot\boldsymbol{r})-\boldsymbol{r}\rangle$$

其中 $\boldsymbol{J}$ 是轨道角动量算符，因此

$$\int\mathrm{d}^3\boldsymbol{r}\ |\ 2\boldsymbol{u}(\boldsymbol{u}\cdot\boldsymbol{r})-\boldsymbol{r}\rangle\langle\boldsymbol{r}\ | = \exp(-\mathrm{i}\pi\boldsymbol{u}\cdot\boldsymbol{J}) \tag{13.110}$$

比较式(13.108)和(13.110)看出

$$S_u = P_r\exp(-\mathrm{i}\pi\boldsymbol{u}\cdot\boldsymbol{J}) = \exp(-\mathrm{i}\pi\boldsymbol{u}\cdot\boldsymbol{J})P_r$$

其中 P_r 是宇称算符(见第10章),因此称 S_u 为转动反射变换.显然,$S_u^2=(-)^{2J}$.由算符恒等式

$$:\exp[a_i^\dagger(R-\mathbb{1})_{ij}a_j]:a_l^\dagger:\exp[a_i^\dagger(R^{-1}-\mathbb{1})_{ij}a_j]:=a_i^\dagger R_{il}$$

$$:\exp[a_i^\dagger(R-\mathbb{1})_{ij}a_j]:a_l:\exp[a_i^\dagger(R^{-1}-\mathbb{1})_{ij}a_j]:=(R^{-1})_{li}a_i$$

及 S_u 的正规乘积可知

$$S_u a_l S_u^{-1}=(1-2\boldsymbol{uu})_{li}^{-1}a_i,\quad S_u a_l^\dagger S_u^{-1}=a_i^\dagger(1-2\boldsymbol{uu})_{il} \tag{13.111}$$

由于 $\boldsymbol{uu}\cdot\boldsymbol{uu}=\boldsymbol{uu}$,所以 $(1-2\boldsymbol{uu})$ 之逆为其自身,于是有

$$S_u r_l S_u^{-1}=[\boldsymbol{r}-2\boldsymbol{u}(\boldsymbol{u}\cdot\boldsymbol{r})]_l \tag{13.112}$$

在 S_u 的作用下,角动量算符 $\boldsymbol{r}\times\boldsymbol{P}$ 的变换性质是

$$S_u\boldsymbol{r}\times\boldsymbol{P}S_u^{-1}=[\boldsymbol{r}-2\boldsymbol{u}(\boldsymbol{u}\cdot\boldsymbol{r})]\times[\boldsymbol{P}-2\boldsymbol{u}(\boldsymbol{u}\cdot\boldsymbol{P})] \tag{13.113}$$

其中

$$\begin{aligned}(\boldsymbol{u}\cdot\boldsymbol{r})(\boldsymbol{u}\times\boldsymbol{P})&=\boldsymbol{r}\times[(\boldsymbol{u}\times\boldsymbol{P})\times\boldsymbol{u}]-[\boldsymbol{r}\cdot(\boldsymbol{P}\times\boldsymbol{u})]\boldsymbol{u}\\&=\boldsymbol{r}\times[(\boldsymbol{u}\cdot\boldsymbol{u})\boldsymbol{P}-(\boldsymbol{P}\cdot\boldsymbol{u})\boldsymbol{u}]-[\boldsymbol{r}\cdot(\boldsymbol{P}\times\boldsymbol{u})]\boldsymbol{u}\\&=\boldsymbol{r}\times\boldsymbol{P}-(\boldsymbol{r}\times\boldsymbol{u})(\boldsymbol{P}\cdot\boldsymbol{u})-[\boldsymbol{r}\cdot(\boldsymbol{P}\times\boldsymbol{u})]\boldsymbol{u}\end{aligned}$$

代回式(13.113)给出

$$\begin{aligned}S_u\boldsymbol{r}\times\boldsymbol{P}S_u^{-1}&=-\boldsymbol{r}\times\boldsymbol{P}+2\boldsymbol{u}[\boldsymbol{r}\cdot(\boldsymbol{P}\times\boldsymbol{u})]\\&=-\boldsymbol{r}\times\boldsymbol{P}+2\boldsymbol{u}[\boldsymbol{u}\cdot(\boldsymbol{r}\times\boldsymbol{P})]\end{aligned} \tag{13.114}$$

可见角动量算符在 S_u 变换下与 $\boldsymbol{r}$ 的变换结果差一负号.

13.9　SU(1,1)李代数的新玻色子实现[156,157]

以上我们已看到单模压缩态与SU(1,1)代数的单模玻色子实现有关.而双模压缩态、有确定荷的相干态则与SU(1,1)代数的双模玻色算符实现相关.那么,SU(1,1)李代数是否存在多模玻色算符实现呢?在文献[156]中首先给出了用三模玻色算符表示SU(1,1)李代数

$$\begin{aligned}&K_-=\frac{1}{2}a_i\tau_{ij}a_j,\quad K_+=\frac{1}{2}a_i^\dagger\tau_{ij}a_j^\dagger\\&K_0=2a_i^\dagger G_{ij}a_j+\mathrm{tr}G\end{aligned} \tag{13.115}$$

其中

$$\tau=\frac{1}{3}\begin{pmatrix}2&-1&-1\\-1&2&-1\\-1&-1&2\end{pmatrix},\quad G=\frac{1}{12}\begin{pmatrix}2&-1&-1\\-1&2&-1\\-1&-1&2\end{pmatrix} \tag{13.116}$$

用玻色子对易关系$[a_i,a_j^\dagger]=\delta_{ij}$容易看出,它们之间确实满足

$$[K_0,K_+]=K_+,\quad [K_0,K_-]=-K_-,\quad [K_-,K_+]=2K_0$$

容易看出它们之间满足SU(1,1)实现是因为$\tau^2=\tau$,τ是对称的二次幂等矩阵,而且$G=\tau/4$.实际上,两个模的情况τ可以写为

$$\tau=\begin{pmatrix}x & z\\ z & y\end{pmatrix}\tag{13.117}$$

则由$\tau^2=\tau$,可得τ的一般形式(除了$\tau=0$及$\tau=1$)

$$\begin{pmatrix}x & z\\ z & y\end{pmatrix}=\begin{pmatrix}x^2+z^2 & xz+zy\\ xz+zy & y^2+z^2\end{pmatrix}$$

比较两边得

$$\tau=\begin{pmatrix}\dfrac{1+\sqrt{1-4z^2}}{2} & z\\ z & \dfrac{1-\sqrt{1-4z^2}}{2}\end{pmatrix},\quad |2z|<1\tag{13.118}$$

所以,存在更一般的双模玻色子实现

$$\left.\begin{aligned}&K_-=a_1a_2z+\frac{1}{4}a_1^2(1+\sqrt{1-4z^2})+\frac{1}{4}a_2^2(1-\sqrt{1-4z^2})\\&K^\dagger=K_+\\&K_0=\frac{1}{2}(a_1^\dagger a_2^\dagger)\begin{pmatrix}\dfrac{1+\sqrt{1-4z^2}}{2} & z\\ z & \dfrac{1-\sqrt{1-4z^2}}{2}\end{pmatrix}\begin{pmatrix}a_1\\ a_2\end{pmatrix}+1\end{aligned}\right\}\tag{13.119}$$

为求SU(1,1)李代数的n模玻色子实现,参照式(13.116)我们引入

$$\tau'=\frac{1}{n}\begin{pmatrix}n-1 & -1 & \cdots & -1\\ -1 & & & \vdots\\ \vdots & & & -1\\ -1 & \cdots & -1 & n-1\end{pmatrix}\tag{13.120}$$

容易验证它是一个二次幂等矩阵,即$\tau'^2=\tau'$.所以

$$K'_-=\frac{1}{2}a_i\tau'_{ij}a_j,\quad K'_+=\frac{1}{2}a_i^\dagger\tau'_{ij}a_j^\dagger,\quad K'_0=2a_i^\dagger G'_{ij}a_j+\mathrm{tr}G'\tag{13.121}$$

其中

$$G'=\frac{1}{4}\tau'.$$

满足SU(1,1)李代数.现在我们进一步对照第10章的式(10.45)问:什么样的经典

变换 $\boldsymbol{q}\to e^{\sigma}\boldsymbol{q}$ 可以映射成形为 $\exp\{r(K'_+-K'_-)\}$那样的幺正算符？答案是取

$$e^{\sigma}=A+\lambda\tau',\quad \lambda=e^{r} \tag{13.122}$$

其中

$$A=\frac{1}{n}\begin{pmatrix}1 & 1 & \cdots & 1\\ 1 & & & \vdots\\ \vdots & & & 1\\ 1 & 1 & \cdots & 1\end{pmatrix} \tag{13.123}$$

容易知道 $A^2=A$ 也是二次幂等矩阵，并且有

$$A\tau'=\tau'A=0,\quad \tau'=1-A \tag{13.124}$$

根据式(10.45)的要求，我们应该求 $\tanh\sigma$，因

$$\begin{aligned}e^{2\sigma}&=A^2+\tau'^2\lambda^2=1+(\lambda^2-1)\tau'\\ (e^{2\sigma}+1)\tau'&=(\lambda^2+1)\tau'\end{aligned} \tag{13.125}$$

由于 $\det\tau'=0$，τ'无逆，我们不能从上式中得出 $e^{2\sigma}+1$ 就是等于 λ^2+1 的结论. 而必须借助以下公式计算之，即

$$(1+x\tau')\left(1-\frac{x}{1+x}\tau'\right)=1 \tag{13.126}$$

其中 x 是一个普通数. 由此导出

$$(e^{2\sigma}+1)^{-1}=\left[2\left(1+\frac{\lambda^2-1}{2}\tau'\right)\right]^{-1}=\frac{1}{2}\left(1-\frac{\lambda^2-1}{\lambda^2+1}\tau'\right) \tag{13.127}$$

因此

$$\tanh\sigma=\frac{e^{2\sigma}-1}{e^{2\sigma}+1}=\frac{\lambda^2-1}{\lambda^2+1}\tau'=\tau'\tanh r,\quad \lambda=e^{r}$$

$$\operatorname{sech}\sigma-1=\tau'(\operatorname{sech}r-1),\quad \ln\operatorname{sech}\sigma=\tau'\ln\operatorname{sech}r$$

把这些关系代入第10章的式(10.45)，得到

$$\begin{aligned}&(\det e^{\sigma})^{1/2}\int d^n\boldsymbol{q}\mid e^{\sigma}\boldsymbol{q}\rangle\langle\boldsymbol{q}\mid\\ &=\exp[K'_+\tanh r]\exp[2G'\ln\operatorname{sech}r]\exp[-K'_-\tanh r]\\ &=\exp[r(K'_+-K'_-)]\end{aligned} \tag{13.128}$$

请读者再读式(10.45)下面一小段的文字说明.

第 14 章　相似变换与 IWOP 技术

我们知道，在量子力学中当表象的基矢经过一个幺正变换，则表象的完备性关系仍得以保持. 而且，通常讲的完备性总是由互为厄米共轭的右矢和左矢所张成. 本节我们将用 IWOP 技术显示量子力学中的完备性也可以由不互为厄米共轭的右矢和左矢张成，这种情况对玻色情形和费米情形都是存在的. 应该说，非幺正变换早已在量子力学的基本表象的讨论中用过了，只是以前被强调和被显示得不够. 实际上，从坐标(Q)和动量(P)算符过渡到玻色子的产生($a^\dagger$)和湮没(a)算符的变换就是一个非幺正变换. 这是因为 Q 和 P 都是厄米算符，但 a 与 $a^\dagger$ 皆非厄米算符；Q 与 P 都有连续谱，而 a 虽有连续谱(相干态本征值谱)，但相干态不正交，而且 $a^\dagger a$ 有分立谱. 事实上，说得更明确些，从(Q,P)到($a,a^\dagger$)的过渡是靠以下变换实现的. 让 w 是一个非幺正算符

$$w = \exp\left[-\frac{1}{2\hbar}(fP^2 - gQ^2)\right], \quad fg > 0$$

则由式(3.18)易证

$$wQw^{-1} = Q\cos\gamma - \mathrm{i}\left(\sqrt{\frac{f}{g}}\sin\gamma\right)P = Q', \quad \gamma \equiv \sqrt{fg}$$

$$wPw^{-1} = P\cos\gamma - \mathrm{i}\left(\sqrt{\frac{g}{f}}\sin\gamma\right)Q = P'$$

其逆变换为

$$\begin{pmatrix} Q \\ P \end{pmatrix} = \begin{pmatrix} \cos\gamma & \mathrm{i}\sqrt{\dfrac{f}{g}}\sin\gamma \\ \mathrm{i}\sqrt{\dfrac{g}{f}}\sin\gamma & \cos\gamma \end{pmatrix} \begin{pmatrix} Q' \\ P' \end{pmatrix}.$$

于是谐振子哈密顿量 $H = \dfrac{1}{2m}P^2 + \dfrac{m\omega^2}{2}Q^2$

$$H = \frac{1}{2}\left[\left(m\omega^2\cos^2\gamma - \frac{g}{fm}\sin^2\gamma\right)Q'^2 + \left(\frac{1}{m}\cos^2\gamma - \frac{f}{g}m\omega^2\sin^2\gamma\right)P'^2\right.$$

$$+\frac{\mathrm{i}}{2}(Q'P'+P'Q')\sin 2\gamma\left(m\omega^2\sqrt{\frac{f}{g}}+\frac{1}{m}\sqrt{\frac{g}{f}}\right)$$

若取参数 f 和 g 满足

$$m^2\omega^2\frac{f}{g}=\tan^2\gamma=1$$

即取 $\sqrt{\frac{g}{f}}=m\omega,\sin\gamma=\cos\gamma=\frac{1}{\sqrt{2}}$,则 H 中的第一项和第二项为零. 于是

$$H=\frac{\mathrm{i}}{2}\omega(P'Q'+Q'P')$$

而且

$$Q'=\frac{1}{\sqrt{2}}\left(Q-\frac{\mathrm{i}P}{m\omega}\right),\quad P'=\frac{1}{\sqrt{2}}(-\mathrm{i}m\omega Q+P).$$

定义

$$a=\frac{\mathrm{i}}{\sqrt{\hbar m\omega}}P'=\sqrt{\frac{1}{2}}\left(\sqrt{\frac{m\omega}{\hbar}}Q+\frac{\mathrm{i}}{\sqrt{m\omega\hbar}}P\right),$$

取其厄米共轭得到的算符

$$a^\dagger=\sqrt{\frac{1}{2}}\left(\sqrt{\frac{m\omega}{\hbar}}Q-\frac{\mathrm{i}}{\sqrt{m\omega\hbar}}P\right)=\sqrt{\frac{m\omega}{\hbar}}Q'$$

这样,尽管完成了从厄米算符 Q 与 P 向非厄米算符 a 与 $a^\dagger$ 的过渡,它不是一个幺正变换. 更具体地说,尽管 w 变换保持了对易关系不变,即仍有 $[Q',P']=[Q,P]=\mathrm{i}\hbar$,但是 Q' 与 P' 不再是厄米算符. 另一方面,将 Q' 与 P' 再变换到 a 与 $a^\dagger$ 也不是幺正的. 因此我们说,用专门的章节来讨论相似变换不应该被看做是突然的事. 除了研究相似变换对完备性的影响外,我们还将讨论算符的编序在作了相似变换后有什么变化,本章专门讨论 Weyl 编序是否受相似变换后有什么变化. 我们将充分利用相干态和 IWOP 技术来研究相似变换.

14.1　单模玻色子的相似变换[158]

让我们举例说明两个不互为共轭量的连续谱的 ket-bra 可以构成完备性. 设一个右矢为

$$|z,\mu,\nu\rangle=\mu^{-1/2}\exp\left[-\frac{\nu}{2\mu}(a^\dagger-z^*)^2+za^\dagger-\frac{1}{2}|z|^2\right]|0\rangle \quad (14.1)$$

它非常类似于一个压缩态,而一个左矢为

$$|z,\tau,\sigma\rangle = \langle 0|\tau^{-1/2}\exp\left[-\frac{\sigma}{2\tau}(a-z)^2 + z^*a - \frac{1}{2}|z|^2\right] \tag{14.2}$$

这里 μ、ν、τ、σ 为满足

$$\mu\tau - \sigma\nu = 1 \tag{14.3}$$

的四个复数，显然这两个态矢不互为厄米共轭. 用 IWOP 技术及第 5 章中的积分公式(5.14)得

$$\begin{aligned}
&\int \frac{d^2z}{\pi}|z,\mu,\nu\rangle\langle z,\tau,\sigma| \\
&= (\mu\tau)^{-1/2}\frac{d^2z}{\pi} : \exp\left\{-|z|^2 + z\left(a^\dagger + \frac{\sigma}{\tau}a\right) + z^*\left(a + \frac{\nu}{\mu}a^\dagger\right)\right. \\
&\quad \left. - \frac{\nu}{2\mu}(z^{*2} + a^{\dagger 2}) - \frac{\sigma}{2\tau}(z^2 + a^2) - a^\dagger a\right\} : \\
&= : \exp\left\{\left[\left(\frac{\sigma}{\tau}a + a^\dagger\right)\left(a + \frac{\nu}{\mu}a^\dagger\right) - \frac{\nu}{2\mu}\left(a^\dagger + \frac{\sigma}{\tau}a\right)^2\right.\right. \\
&\quad \left.\left. - \frac{\sigma}{2\tau}\left(a + \frac{\nu}{\mu}a^\dagger\right)^2\right]\mu\tau - a^\dagger a - \frac{\nu}{2\mu}a^{\dagger 2} - \frac{\sigma}{2\tau}a^2\right\} : = 1
\end{aligned} \tag{14.4}$$

说明两者仍可构成完备关系. 有趣的是 $|z,\mu,\nu\rangle$ 是 $\mu a + \nu a^\dagger$ 的本征右矢，而 $\langle z,\tau,\sigma|$ 是 $\sigma a + \tau a^\dagger$ 的本征左矢

$$(\mu a + \nu a^\dagger)|z,\mu,\nu\rangle = (\mu z + \nu z^*)|z,\mu,\nu\rangle \tag{14.5}$$

$$\langle z,\tau,\sigma|(\sigma a + \tau a^\dagger) = (\sigma z + \tau z^*)\langle z,\tau,\sigma| \tag{14.6}$$

而 $\mu a + \nu a^\dagger$ 与 $\sigma a + \tau a^\dagger$ 尽管满足

$$[\mu a + \nu a^\dagger, \sigma a + \tau a^\dagger] = \mu\tau - \nu\sigma = 1 \tag{14.7}$$

但它们却不是互为厄米共轭的算符. 下面我们将证明存在一个 W 算符(非幺正的)使得

$$WaW^{-1} = \mu a + \nu a^\dagger, \quad Wa^\dagger W^{-1} = \sigma a + \tau a^\dagger \tag{14.8}$$

即 W 是一个相似变换，$W^{-1} \neq W^\dagger$.

我们认为在正则相干态表象中，W 应该有表示

$$W = \tau^{1/2}\int\frac{d^2z}{\pi}\left|\begin{pmatrix}\tau & -\nu \\ -\sigma & \mu\end{pmatrix}\begin{pmatrix}z \\ z^*\end{pmatrix}\right\rangle\left\langle\begin{pmatrix}z \\ z^*\end{pmatrix}\right| \tag{14.9}$$

其中

$$\left\langle\begin{pmatrix}z \\ z^*\end{pmatrix}\right| = \langle z| = \langle 0|e^{z^*a - za^*} \tag{14.10}$$

因此式(14.9)中的右矢为

$$\left|\begin{pmatrix}\tau & -\nu\\ -\sigma & \mu\end{pmatrix}\begin{pmatrix}z\\ z^*\end{pmatrix}\right\rangle=\left|\begin{pmatrix}\tau z-\nu z^*\\ \mu z^*-\sigma z\end{pmatrix}\right\rangle$$

$$=\exp[(\tau z-\nu z^*)a^\dagger-(\mu z^*-\sigma z)a]\,|\,0\rangle \quad (14.11)$$

用式(14.11)及公式(5.14)和IWOP技术对式(14.9)积分,得

$$W=\tau^{1/2}\int\frac{\mathrm{d}^2z}{\pi}:\exp[-\mu\tau\,|\,z\,|^2+z\tau a^\dagger+z^*(a-\nu a^\dagger)$$

$$+\frac{1}{2}\mu\nu z^{*2}+\frac{\sigma\tau}{2}z^2-a^\dagger a]:$$

$$=\tau^{-1/2}\exp\left(-\frac{\nu}{2\mu}a^{\dagger 2}\right)\exp(-a^\dagger a\ln\mu)\exp\left(\frac{\sigma}{2\mu}a^2\right) \quad (14.12)$$

容易验证这个 W 确实引起相似变换(14.8).为说明 $W^{-1}\neq W^\dagger$,我们把 W^{-1}纳入正规乘积形式,用相干态完备性可导出

$$W^{-1}=\mu^{1/2}\exp\left(-\frac{\sigma}{2\mu}a^2\right)\int\frac{\mathrm{d}^2z}{\pi}\exp\left(-\frac{|\,z\,|^2}{2}+\mu za^\dagger\right)|\,0\rangle\langle z\,|\exp\left(\frac{\nu}{2\mu}z^{*2}\right)$$

$$=\mu^{1/2}\int\frac{\mathrm{d}^2z}{\pi}:\exp\left(-|\,z\,|^2+\mu za^\dagger-\frac{\sigma\mu}{2}z^2+z^*a+\frac{\nu}{2\mu}z^{*2}-a^\dagger a\right):$$

$$=\tau^{-1/2}\exp\left(\frac{\nu}{2\tau}a^{\dagger 2}\right)\exp(-a^\dagger a\ln\tau)\exp\left(-\frac{\sigma}{2\tau}a^2\right)$$

另一方面,取 W 的正规乘积形式的厄米共轭可见 $W^\dagger\neq W^{-1}$.让我们再举一个更为简洁的例子,取指数算符

$$T=\mathrm{e}^{\alpha a^\dagger-\beta^* a}$$

显然它不是幺正的,用 T 作相似变换

$$TaT^{-1}=a-\alpha\equiv d,\quad Ta^\dagger T^{-1}=a^\dagger-\beta^*\equiv g^\dagger \quad (14.13)$$

尽管仍有$[d,g^\dagger]=1$,但 d 与$g^\dagger$ 不互为厄米共轭.相应地,

$$T\,|\,0\rangle=\exp\left(-\frac{1}{2}\alpha\beta^*+\alpha a^\dagger\right)|\,0\rangle \quad (14.14)$$

和

$$\langle 0\,|\,T^{-1}=\langle 0\,|\exp\left(\beta^*a-\frac{1}{2}\alpha\beta^*\right) \quad (14.15)$$

也不是互为厄米共轭的态矢量.但是,我们仍可以以它们为基础构造完备关系.具体做法是,让 $D(z)=\mathrm{e}^{za^\dagger-z^*a}$作用于$T|0\rangle$,$D^\dagger(z)$从右边作用于$\langle 0|\,T^{-1}$,考察积分

$$\int\frac{\mathrm{d}^2z}{\pi}D(z)T\,|\,0\rangle\langle 0\,|\,T^{-1}D^\dagger(z)$$

$$=\int\frac{\mathrm{d}^2z}{\pi}\mathrm{e}^{-\alpha\beta^*}\mathrm{e}^{\alpha(a^\dagger-z^*)}\,|\,z\rangle\langle z\,|\,\mathrm{e}^{\beta^*(a-z)}$$

$$= e^{-\alpha\beta^*}\int\frac{d^2 z}{\pi}:\exp[-|z|^2 + z(a^\dagger-\beta^*) + z^*(a-\alpha) - a^\dagger a + \alpha a^\dagger + \beta^* a]: = 1 \tag{14.16}$$

再次说明不互为厄米共轭的态也能构成完备性.作为应用,求 $\exp(\lambda a^\dagger a+\sigma a^\dagger+\tau a)$ 的正规乘积分解,先写下 $e^{\lambda a^\dagger a}$ 的 P－表示

$$e^{\lambda a^\dagger a} = \int\frac{d^2 z}{\pi}e^{-\lambda}\exp[1-e^{-\lambda}|z|^2]|z\rangle\langle z|$$

两边作用相似变换 T 后,再用式(14.13)～(14.15),得

$$\begin{aligned}\exp[\lambda(a^\dagger-\beta^*)(a-\alpha)] &= e^{-\lambda}\int\frac{d^2 z}{\pi}\exp[(1-e^{-\lambda})|z|^2]T|z\rangle\langle z|T^{-1}\\ &= e^{-\lambda}\int\frac{d^2 z}{\pi}:\exp[e^{-\lambda}|z|^2 + z(a^\dagger-\beta^*)\\ &\quad + \alpha a^\dagger + z^*(a-\alpha) + \beta^* a - \alpha\beta^* - a^\dagger a]:\\ &= :\exp[(e^\lambda-1)(a^\dagger-\beta^*)(a-\alpha)]:\end{aligned}$$

在上式中令 $-\alpha\lambda=\sigma$, $-\lambda\beta^*=\tau$,即可求出 $\exp(\lambda a^\dagger a+\sigma a^\dagger+\tau a)$ 的分解.

14.2　双模玻色子的相似变换

把上述讨论推广到双模情形,我们构造引起双模相似变换的算符

$$v = \tau\int\frac{d^2 z_1 d^2 z_2}{\pi^2}\left|\begin{pmatrix}\tau & 0 & 0 & -\nu\\ 0 & \mu & -\sigma & 0\\ 0 & -\nu & \tau & 0\\ -\sigma & 0 & 0 & \mu\end{pmatrix}\begin{pmatrix}z_1\\ z_1^*\\ z_2\\ z_2^*\end{pmatrix}\right\rangle\left\langle\begin{pmatrix}z_1\\ z_1^*\\ z_2\\ z_2^*\end{pmatrix}\right| \tag{14.17}$$

其中的左矢即双模相干态,而右矢为

$$\exp\{(\tau z_1-\nu z_2^*)a_1^\dagger - (\mu z_1^*-\sigma z_2)a_1 + (\tau z_2-\nu z_1^*)a_2^\dagger - (\mu z_2^*-\sigma z_1)a_2\}|00\rangle \tag{14.18}$$

将(14.18)代入式(14.17)后用 IWOP 技术,可得

$$\begin{aligned}v &= \tau\int\frac{d^2 z_1 d^2 z_2}{\pi^2}\exp\Big\{-\frac{1}{2}(z_1\tau-z_2^*\nu)(z_1^*\mu-z_2\sigma)-\frac{1}{2}(z_2\tau-z_1^*\nu)\\ &\quad\times(z_2^*\mu-z_1\sigma)+(z_1\tau-z_2^*\nu)a_1^\dagger+(\tau z_2-\nu z_1^*)a_2^\dagger\Big\}|00\rangle\langle z_1 z_2|\\ &= \tau\int\frac{d^2 z_1 d^2 z_2}{\pi^2}:\exp[-\mu\tau(|z_1|^2+|z_2|^2)+z_1(a_1^\dagger+z_2\sigma)\tau\end{aligned}$$

$$+ z_1^*(-\nu a_2^\dagger + a_1 + z_2^*\mu\nu) + z_2\tau a_2^\dagger + z_2^*(a_2 - \nu a_1^\dagger) - a_1^\dagger a_1 - a_2^\dagger a_2]:$$

$$= \mu^{-1}\exp\left(-\frac{\nu}{\mu}a_1^\dagger a_2^\dagger\right)\exp[-(a_1^\dagger a_1 + a_2^\dagger a_2)\ln\mu]\exp\left(\frac{\sigma}{\mu}a_1 a_2\right) \tag{14.19}$$

由此导出

$$va_1 v^{-1} = \mu a_1 + \nu a_2^\dagger, \quad va_2 v^{-1} = \mu a_2 + \nu a_1^\dagger \tag{14.20}$$

但要注意

$$va_1^\dagger v^{-1} = \tau a_1^\dagger + \sigma a_2, \quad va_2^\dagger v^{-1} = \tau a_2^\dagger + \sigma a_1 \tag{14.21}$$

因此尽管有

$$[\mu a_1 + \nu a_2^\dagger, \tau a_1^\dagger + \sigma a_2] = 1, \quad [\mu a_2 + \nu a_1^\dagger, \tau a_2^\dagger + \sigma a_1] = 1 \tag{14.22}$$

但每个对易括号内的两个算符并不是互为厄米共轭的.也就是说 v 是一个相似变换.但是我们仍然能够由 v 构造出右矢

$$|z_1 z_2;\mu\nu\rangle = D(z_1)D(z_2)v|00\rangle$$

$$= \mu^{-1}\exp\left[-\frac{\nu}{\mu}(a_1^\dagger - z_1^*)(a_2^\dagger - z_2^*)\right]|z_1 z_2\rangle \tag{14.23}$$

其中 $D(z_i) = \exp(z_i a_i^\dagger - z_i^* a_i)$, $i = 1,2$;以及左矢

$$\langle z_1 z_2;\tau,\sigma| = \langle 00|v^{-1}D^\dagger(z_1)D^\dagger(z_2)$$

$$= \tau^{-1}\langle z_1 z_2|\exp\left[-\frac{\sigma}{\tau}(a_1 - z_1)(a_2 - z_2)\right] \tag{14.24}$$

其中$|z_1 z_2\rangle$是双模相干态.由它们可以张成完备态空间

$$\int \frac{d^2 z_1 d^2 z_2}{\pi^2}|z_1 z_2;\mu,\nu\rangle\langle z_1 z_2;\tau,\sigma|$$

$$= (\mu\tau)^{-1}\int \frac{d^2 z_1 d^2 z_2}{\pi^2}:\exp\left\{-|z_1|^2 - |z_2|^2 + z_1\left(a_1^\dagger + \frac{\sigma}{\tau}a_2\right)\right.$$

$$+ z_1^*\left(a_1 + \frac{\nu}{\mu}a_2^\dagger\right) + z_2\left(a_2^\dagger + \frac{\sigma}{\tau}a_1\right) + z_2^*\left(a_2 + \frac{\nu}{\mu}a_1^\dagger\right)$$

$$\left. - \frac{\nu}{\mu}(z_1^* z_2^* + a_1^\dagger a_2^\dagger) - \frac{\sigma}{\tau}(z_1 z_2 + a_1 a_2) - a_1^\dagger a_1 - a_2^\dagger a_2\right\}:$$

$$= 1 \tag{14.25}$$

其积分收敛条件是 $\mathrm{Re}(\mu\tau) > 0$.可以证明(作为练习)

$$v^{-1} = \tau^{-1}\exp\left(\frac{\nu}{\tau}a_1^\dagger a_2^\dagger\right)\exp[-(a_1^\dagger a_1 + a_2^\dagger a_1)\ln\tau]\exp\left(-\frac{\sigma}{\tau}a_1 a_2\right) \neq v^\dagger$$

由于相似变换比幺正变换更加广义些,所以也有其应用,我们可以把以下的算符用完备性式(14.4)展开,再用 IWOP 技术而求算符的正规乘积形式,例如

$$\exp[\lambda(\mu a + \nu a^\dagger)^2]$$

$$= \int \frac{d^2 z}{\pi} \exp[\lambda(\mu z + \nu z^*)^2] \mid z;\mu,\nu\rangle\langle z;\tau,\sigma \mid$$

$$= (\mu\tau)^{-1/2} \int \frac{d^2 z}{\pi} : \exp\left[-\mid z\mid^2 + z\left(a^\dagger + \frac{\sigma}{\tau}a\right) + z^*\left(a + \frac{\nu}{\mu}a^\dagger\right)\right.$$

$$\left. - \frac{\nu}{2\mu}(a^{\dagger 2} + z^{*2}) - \frac{\sigma}{2\tau}(z^2 + a^2) - \lambda(\mu z + \nu z^*)^2 - a^\dagger a\right]:$$

$$= (1 - 2\mu\nu\lambda)^{-1/2} \exp\left(\frac{\lambda\nu^2 a^{\dagger 2}}{1 - 2\lambda\mu\nu}\right) \exp[-a^\dagger a \ln(1 - 2\lambda\mu\nu)] \exp\left(\frac{\lambda\nu^2 a^{\dagger 2}}{1 - 2\lambda\mu\nu}\right)$$

另一个引入类似于压缩态的完备性途径是先以 $D(z)$作用于$|0\rangle$，再以 W 作用$|z\rangle$作为右矢，而左矢是$\langle z|W^{-1}$(不是$\langle z|W^\dagger$). 利用 W 与 W^{-1}的性质得到

$$W \mid z\rangle = \mu^{-1/2} \exp\left[-\frac{\mid z\mid^2}{2} + \frac{\sigma z^2}{2\mu} - \frac{\nu a^{\dagger 2}}{2\mu} + \frac{z a^\dagger}{\mu}\right] \mid 0\rangle$$

$$\equiv \mid z,\mu,\nu,\sigma\rangle$$

$$\langle z \mid W^{-1} = \tau^{-1/2}\langle 0 \mid \exp\left[-\frac{\mid z\mid^2}{2} + \frac{\nu z^{*2}}{2\tau} - \frac{\sigma a^2}{2\tau} + \frac{z^* a}{\tau}\right]$$

$$\equiv \langle z,\tau,\nu,\sigma \mid$$

显然

$$\int \frac{d^2 z}{\pi} \mid z,\mu,\nu,\sigma\rangle\langle z,\tau,\nu,\sigma \mid = 1.$$

作为其应用，我们求$(\mu a + \nu a^\dagger)^n$ 的正规乘积展开，由于

$$(\mu a + \nu a^\dagger) \mid z,\mu,\nu,\sigma\rangle = z \mid z,\mu,\nu,\sigma\rangle$$

故有

$$(\mu a + \nu a^\dagger)^n = \int \frac{d^2 z}{\pi} z^n \mid z,\mu,\nu,\sigma\rangle\langle z,\tau,\nu,\sigma \mid$$

$$= (\mu\tau)^{-1/2} \int \frac{d^2 z}{\pi} : \exp\left\{-\mid z\mid^2 + \frac{z a^\dagger}{\mu} + \frac{z^* a}{\tau} + z^2 \frac{\sigma}{2\mu} + z^{*2}\frac{\nu}{2\tau} - R\right\} z^n : \tag{14.26}$$

其中

$$R \equiv \frac{\nu}{2\mu}a^{\dagger 2} + \frac{\sigma}{2\tau}a^2 + a^\dagger a.$$

用 IWOP 技术积分式(14.26)，得到

$$(\mu a + \nu a^\dagger)^n = \mu^n : \left[\left(\frac{d}{da^\dagger}\right)^n e^R\right] e^{-R} :$$

$$= \left(-i\sqrt{\frac{\mu\nu}{2}}\right)^n : H_n\left(i\sqrt{\frac{\mu}{2\nu}}a + i\sqrt{\frac{\nu}{2\mu}}a^\dagger\right): \tag{14.27}$$

其中 H_n 是 n 阶厄米多项式.

14.3　Weyl 编序在相似变换下的不变性[159]

在第 12 章中,我们已给出了化算符为 Weyl 编序的一般方法(见式(12.41)).这里我们要问,如果算符函数 $\rho(a,a^\dagger)$ 的 Weyl 编序是 $\vdots f(a,a^\dagger)\vdots$,即 $\rho(a,a^\dagger)=\vdots f(a,a^\dagger)\vdots$,那么在相似变换 W 与 W^{-1}下,Weyl 编序是否受影响,换言之,下面这个方程是否成立

$$\begin{aligned}W\rho(a,a^\dagger)W^{-1} &= \rho(\mu a+\nu a^\dagger,\sigma a+\tau a^\dagger)\\ &= \vdots f(\mu a+\nu a^\dagger,\sigma a+\tau a^\dagger)\vdots \end{aligned}\tag{14.28}$$

如果此式成立,则我们说相似变换保持 Weyl 编序不变.注意相似变换肯定破坏算符的正规编序.例如,如有 $\rho(a,a^\dagger)=:k(a,a^\dagger):$ 成立,那么 $W:K:W^{-1}$显然不是正规乘积.所以,检验式(14.28)的真伪很有必要,也有应用价值.对式(12.1)两边作用 W 与 W^{-1}得

$$W\rho(a,a^\dagger)W^{-1}=\int\frac{d^2z}{\pi}P(z)W|z\rangle\langle z|W^{-1}\tag{14.29}$$

为了把方程右边用 IWOP 技术积分(即为了把 $W\rho W^{-1}$写成 Weyl ordering),我们必须计算 $W|z\rangle\langle z|W^{-1}$的 Weyl 对应经典函数,按照第 7 章的式(7.31),我们有

$$2\pi\mathrm{tr}[W|z\rangle\langle z|W^{-1}\Delta(\alpha,\alpha^*)]=2\pi\langle z|W^{-1}\Delta(\alpha,\alpha^*)W|z\rangle\tag{14.30}$$

用 $\Delta(\alpha,\alpha^*)$的积分形式代入

$$\Delta(\alpha,\alpha^*)=(2\pi^2)^{-1}\int d^2\beta\exp[\beta(a^\dagger-\alpha^*)-\beta^*(a-\alpha)]$$

并用式(14.8)和 IWOP 技术得到

$$\begin{aligned}&W^{-1}\Delta(\alpha,\alpha^*)W\\ &=(2\pi^2)^{-1}\int d^2\beta\exp\{\beta(\mu a^\dagger-\sigma a-\alpha^*)-\beta^*(\tau a-\nu a^\dagger-\alpha)\}\\ &=\pi^{-1}:\exp\{-2[a^\dagger-(\sigma\alpha+\tau\alpha^*)][a-(\alpha\mu+\alpha^*\nu)]\}:\end{aligned}\tag{14.31}$$

将它与 Wigner 算符的显示正规形式式(7.14)比较,得

$$W^{-1}\Delta(\alpha,\alpha^*)W=\Delta(\mu\alpha+\nu\alpha^*,\sigma\alpha+\tau\alpha^*)\tag{14.32}$$

即在相似变换下,Wigner 算符仍为 Wigner 算符,但宗量变了,进一变把式(14.31)代入式(14.30)给出

$$2\pi\mathrm{tr}[W|z\rangle\langle z|W^{-1}\Delta(\alpha,\alpha^*)]$$

$$= 2\exp\{-2[z^* - (\sigma\alpha + \tau\alpha^*)][z - (\mu\alpha + \nu\alpha^*)]\} \tag{14.33}$$

所以 $W|z\rangle\langle z|W^{-1}$的 Weyl 编序形式按照式(12.35)应该是

$$\begin{aligned} &W \mid z\rangle\langle z \mid W^{-1} \\ &= 2\int d^2\alpha\, \exp\{-2[z^* - (\sigma\alpha + \tau\alpha^*)][z - (\mu\alpha + \nu\alpha^*)]\vdots \\ &\quad \times \vdots\delta(a^\dagger - \alpha^*)\delta(a - \alpha)\vdots \\ &= 2\vdots\exp\{-2[z^* - (\sigma a + \tau a^\dagger)][z - (\mu a + \nu a^\dagger)]\}\vdots \end{aligned} \tag{14.34}$$

结果导致

$$\begin{aligned} &W\rho(a, a^\dagger)W^{-1} \\ &= 2\int \frac{d^2 z}{\pi} P(z) \vdots\exp\{-2[z^* - (\sigma a + \tau a^\dagger)][z - (\mu a + \nu a^\dagger)]\}\vdots \\ &= \vdots f(\mu a + \nu a^\dagger, \sigma a + \tau a^\dagger)\vdots \end{aligned} \tag{14.35}$$

在写第二个等式时用到式(12.41)参见 Fan H Y, *et al*. Mod. Phys. Lett. A, 1997, 12:2325.

14.4　费米子相似变换[160]

对于费米系统,我们要指出在二次量子化的框架中态矢的完备性关系也可以由不互为厄米共轭的边续右矢和左矢构成.在双模费米相干态表象中构造如下积分型算符

$$Y \equiv -\frac{1}{\tau}\int d\bar{\alpha}_2 d\alpha_2 d\bar{\alpha}_1 d\alpha_1 \times \left| \begin{pmatrix} -\tau & 0 & 0 & -\nu \\ 0 & -\mu & -\sigma & 0 \\ 0 & \nu & -\tau & 0 \\ \sigma & 0 & 0 & -\mu \end{pmatrix} \begin{pmatrix} \alpha_1 \\ \bar{\alpha}_1 \\ \alpha_2 \\ \bar{\alpha}_2 \end{pmatrix} \right\rangle \left\langle \begin{pmatrix} \alpha_1 \\ \bar{\alpha}_1 \\ \alpha_2 \\ \bar{\alpha}_2 \end{pmatrix} \right| \tag{14.36}$$

但这里的 μ,τ,σ 和 ν 满足的约束条件是

$$\mu\tau + \sigma\nu = 1 \tag{14.37}$$

其中的左矢即双模费米相干态(式(11.18)),而右矢为

$$\exp\left\{-\frac{1}{2}(\mu\bar{\alpha}_1 + \sigma\alpha_2)(\tau\alpha_1 + \nu\bar{\alpha}_2) - \frac{1}{2}(\sigma\alpha_1 - \mu\bar{\alpha}_2)(\nu\bar{\alpha}_1 - \tau\alpha_2)\right.$$

$$- f_1^\dagger(\tau\alpha_1 + \nu\bar{\alpha}_2) + f_2^\dagger(\nu\bar{\alpha}_1 - \tau\alpha_2)\} \mid 00\rangle$$

代入式(14.36)用IWOP技术积分,得

$$\begin{aligned}
Y = &- \frac{1}{\tau}\int d\bar{\alpha}_2 d\alpha_2 d\bar{\alpha}_1 d\alpha_1 : \exp\Big(- \frac{1}{2}(\mu\tau + 1)\bar{\alpha}_1\alpha_1 \\
&- \frac{1}{2}(1 - \sigma\nu)\bar{\alpha}_2\alpha_2 - \frac{1}{2}(\mu\tau\bar{\alpha}_2\alpha_2 - \sigma\nu\bar{\alpha}_1\alpha_1) \\
&+ \mu\nu\bar{\alpha}_2\bar{\alpha}_1 + \sigma\tau\alpha_1\alpha_2 + \bar{\alpha}_1(f_1 - \nu f_2^\dagger) \\
&+ \bar{\alpha}_2(f_2 + \nu f_1^\dagger) - \tau(f_1^\dagger\alpha_1 + f_2^\dagger\alpha_2) - f_1^\dagger f_1 - f_2^\dagger f_2\Big\} : \\
= &- \mu\exp\left(\frac{\nu}{\mu}f_1^\dagger f_2^\dagger\right)\exp\left[\ln\left(- \frac{1}{\mu}\right)(f_1^\dagger f_1 + f_2^\dagger f_2)\right]\exp\left(\frac{\sigma}{\mu}f_1 f_2\right)
\end{aligned} \tag{14.38}$$

在 Y 变换下

$$Yf_1 Y^{-1} = \nu f_2^\dagger - \mu f_1 \equiv F_1, \quad Yf_2 Y^{-1} = - \mu f_2 - \nu f_1^\dagger \equiv F_2 \tag{14.39}$$

$$Yf_1^\dagger Y^{-1} = \sigma f_2 - \tau f_1^\dagger \equiv G_1^\dagger, \quad Yf_2^\dagger Y^{-1} = - \sigma f_1 - \tau f_2^\dagger \equiv G_2^\dagger \tag{14.40}$$

容易算出如下的反对易子

$$\{F_1, G_1^\dagger\} = 1, \quad \{F_2, G_2^\dagger\} = 1$$

但 F_1 与 $G_1^\dagger$ 不是互为厄米共轭的,表明 $Y^\dagger \neq Y^{-1}$.可以用IWOP技术证明 Y^{-1}的正规乘积式是

$$\begin{aligned}
Y^{-1} = &- \tau\exp\left(- \frac{\nu}{\tau}f_1^\dagger f_2^\dagger\right)\exp\left[\ln\left(- \frac{1}{\tau}\right)(f_1^\dagger f_1 + f_2^\dagger f_2)\right] \\
&\times \exp\left(- \frac{\sigma}{\tau}f_1 f_2\right) \neq Y^\dagger
\end{aligned} \tag{14.41}$$

值得注意的是,尽管 Y 非幺正,但是右矢

$$\begin{aligned}
\mid \alpha_1, \alpha_2; \mu, \nu\rangle &\equiv D(\alpha_1)D(\alpha_2)Y \mid 00\rangle \\
&= - \mu\exp\left[\frac{\nu}{\mu}(f_1^\dagger - \bar{\alpha}_1)(f_2^\dagger - \bar{\alpha}_2)\right] \mid \alpha_1\alpha_2\rangle
\end{aligned} \tag{14.42}$$

和由 Y^{-1}组成如下的左矢(它不是该右矢的厄米共轭)

$$\begin{aligned}
\langle \alpha_1, \alpha_2, \sigma, \tau \mid &\equiv \langle 00 \mid Y^{-1}D^\dagger(\alpha_1)D^\dagger(\alpha_2) \\
&= - \tau\langle \alpha_1\alpha_2 \mid \exp\left[- \frac{\sigma}{\tau}(f_1 - \alpha_1)(f_2 - \alpha_2)\right]
\end{aligned} \tag{14.43}$$

张成一个完备的空间,即

$$\begin{aligned}
&\int d\bar{\alpha}_2 d\alpha_2 d\bar{\alpha}_1 d\alpha_1 \mid \alpha_1, \alpha_2, \mu, \nu\rangle\langle \alpha_1, \alpha_2, \sigma, \tau \mid \\
&= \mu\tau\int d\bar{\alpha}_2 d\alpha_2 d\bar{\alpha}_1 d\alpha_1 : \exp\Big\{- \bar{\alpha}_1\alpha_1 - \bar{\alpha}_2\alpha_2 + \left(f_1^\dagger - \frac{\sigma}{\tau}f_2\right)\alpha_1
\end{aligned}$$

$$+\bar{\alpha}_1\left(-\frac{\nu}{\mu}f_2^\dagger+f_1\right)+\left(\frac{\sigma}{\tau}f_1+f_2^\dagger\right)\alpha_2+\bar{\alpha}_2\left(\frac{\nu}{\mu}f_1^\dagger+f_2\right)$$

$$+\frac{\nu}{\mu}(\bar{\alpha}_1\bar{\alpha}_2+f_1^\dagger f_2^\dagger)-\frac{\sigma}{\tau}(\alpha_1\alpha_2+f_1f_2)-f_1^\dagger f_1-f_2^\dagger f_2\Big\}:=1 \quad (14.44)$$

作为费米子相似变换的应用,我们考虑分解指数算符

$$F\equiv\exp[Af_1^\dagger f_2^\dagger+Bf_1f_2+C(f_1^\dagger f_1+f_2^\dagger f_2)] \quad (14.45)$$

其中 A,B 和 C 是常数,用式(14.39)和(14.40)对 F 作相似变换

$$YFY^{-1}=\exp\{f_1^\dagger f_2^\dagger(A\tau^2+B\nu^2-2C\tau\nu)+f_1f_2(A\sigma^2+B\mu^2+2C\sigma\mu)$$
$$+(f_1^\dagger f_1+f_2^\dagger f_2)[C(\tau\mu-\nu\sigma)+A\tau\sigma-B\mu\nu]+2C\sigma\nu+B\mu\nu-A\sigma\tau\}$$

选择 μ,ν,σ 以使 $f_1^\dagger f_2^\dagger$ 与 f_1f_2 项的系数为零,也就是让

$$1-2\sigma\nu=\frac{2C\mu\nu}{A},\quad A\sigma\tau+B\mu\nu=0,\quad \mu\tau+\sigma\nu=1$$

得到

$$YFY^{-1}=\exp[(C-2D\mu\nu)+2D\mu\nu(f_1^\dagger f_1+f_2^\dagger f_2)]$$
$$D\equiv\frac{C^2-AB}{A}$$

这表明

$$F=\exp(C-2D\mu\nu)\int d\bar{\alpha}_1d\alpha_1\int d\bar{\alpha}_2d\alpha_2$$
$$\times Y^{-1}\exp[2D\mu\nu(f_1^\dagger f_1+f_2^\dagger f_2)]\,|\,\alpha_1\alpha_2\rangle\langle\alpha_1\alpha_2\,|\,Y$$

用式(14.38)和(14.41)和 IWOP 技术积分之,最后可得 F 的正规乘积分解形式

$$F=Je^{C-2D\mu\nu}\exp[f_1^\dagger f_2^\dagger\mu\nu(e^{4D\mu\nu}-1)J^{-1}]$$
$$\times:\exp[(f_1^\dagger f_1+f_2^\dagger f_2)(e^{2D\mu\nu}J^{-1}-1)]:$$
$$\times\exp[f_2f_1\tau\sigma(e^{4D\mu\nu}-1)J^{-1}] \quad (14.46)$$

其中

$$J=\mu\tau+\sigma\nu e^{4D\mu\nu}.$$

近来,非幺正的量子算符变换理论也被重视起来[161],用来求解某些势的薛定谔方程.

第 15 章　量子力学中的微分型完备性关系

在量子力学中,通常的连续性态矢完备性关系总是以积分形式出现的.本章我们给出若干微分形式的完备性关系,并以此来研究一些非线性算符和非线性变换.

15.1　正则相干态表象的微分型完备性关系[162]

如第 3、4 章所知,用有序算符内的积分技术对于证明各种态矢的完备性提供了方便.引入有序算符的微分技术可以证明若干新的微分型完备性关系.先以正则相干态 $|p,q\rangle$ 为例(注意与式(2.42)之区别)

$$
\begin{aligned}
|p,q\rangle &= \exp[\sqrt{2}\mathrm{i}(pQ-qP)]|0\rangle \\
&= \exp\left[-\frac{1}{2}(p^2+q^2)+(q+\mathrm{i}p)a^\dagger\right]|0\rangle
\end{aligned}
\tag{15.1}
$$

我们欲证明

$$
2\left|p=-\mathrm{i}\frac{\partial}{\partial q},\quad q=\mathrm{i}\frac{\partial}{\partial p}\right\rangle\langle p,q|\Big|_{\substack{p=0\\q=0}}=1 \tag{15.2}
$$

其中右矢是让 $|p,q\rangle$ 中的 p 取 $\left(-\mathrm{i}\dfrac{\partial}{\partial q}\right)$,$q$ 取 $\left(\mathrm{i}\dfrac{\partial}{\partial p}\right)$.事实上,用式(15.1)和式(3.1)及有序算符的微分技术(即允许在正规乘积内对 c 数微分)可将式(15.2)的左边写成

$$
\begin{aligned}
\text{式(15.2) 的左边} &= 2\exp\left[-\left(-\frac{\mathrm{i}}{\sqrt{2}}\frac{\partial}{\partial q}\right)^2+2\left(-\frac{\mathrm{i}}{\sqrt{2}}\frac{\partial}{\partial q}\right)\frac{\mathrm{i}a^\dagger}{\sqrt{2}}\right. \\
&\qquad \left.-\left(\frac{\mathrm{i}}{\sqrt{2}}\frac{\partial}{\partial p}\right)^2+2\left(\frac{\mathrm{i}}{\sqrt{2}}\frac{\partial}{\partial p}\right)\frac{a^\dagger}{\sqrt{2}}\right]|0\rangle\langle p,q|\Big|_{\substack{p=0\\q=0}} \\
&= \sum_{m=0}^{\infty}\frac{1}{m!}\mathrm{H}_m\left(\frac{\mathrm{i}a^\dagger}{\sqrt{2}}\right)\left(-\frac{\mathrm{i}}{\sqrt{2}}\frac{\partial}{\partial q}\right)^m
\end{aligned}
$$

$$\times\sum_{l=0}^{\infty}\frac{1}{l!}\mathrm{H}_l\left(\frac{a^\dagger}{\sqrt{2}}\right)\left(\frac{\mathrm{i}}{\sqrt{2}}\frac{\partial}{\partial p}\right)^l|0\rangle\langle p,q|\Big|_{\substack{q=0\\p=0}}$$

$$=2:\sum_{l,m=0}^{\infty}\frac{1}{l!m!}\mathrm{H}_l\left(\frac{a^\dagger}{\sqrt{2}}\right)\mathrm{H}_m\left(\frac{\mathrm{i}a^\dagger}{\sqrt{2}}\right)\left(-\frac{\mathrm{i}}{\sqrt{2}}\frac{\partial}{\partial q}\right)^m$$

$$\times\left(\frac{\mathrm{i}}{\sqrt{2}}\frac{\partial}{\partial p}\right)^l\exp\left[-\frac{1}{2}(q^2+p^2)+(q-\mathrm{i}p)a-a^\dagger a\right]:\Big|_{\substack{p=0\\q=0}}\tag{15.3}$$

其中用到了厄米多项式的母函数公式

$$\exp(-t^2+2t\xi)=\sum_{n=0}^{\infty}\frac{\mathrm{H}_n(\xi)}{n!}t^n\tag{15.4}$$

然后用

$$\mathrm{H}_n(\xi)=\frac{\mathrm{d}^n}{\mathrm{d}t^n}\mathrm{e}^{2\xi t-t^2}\big|_{t=0}\tag{15.5}$$

在式(15.3)内微分得

$$\left|p=-\mathrm{i}\frac{\partial}{\partial q},q=\mathrm{i}\frac{\partial}{\partial p}\right\rangle\langle p,q|\Big|_{\substack{p=0\\q=0}}$$

$$=\sum_{n=0}^{\infty}:\frac{\mathrm{H}_n\left(\frac{\mathrm{i}a^\dagger}{\sqrt{2}}\right)\mathrm{H}_n\left(\frac{a}{\sqrt{2}}\right)}{n!(2\mathrm{i})^n}\sum_{l=0}^{\infty}\frac{\mathrm{H}_l\left(\frac{a^\dagger}{\sqrt{2}}\right)\mathrm{H}_l\left(\frac{-\mathrm{i}a}{\sqrt{2}}\right)}{l!(-2\mathrm{i})^l}\mathrm{e}^{-a^\dagger a}:\tag{15.6}$$

由于在 :: 内部 $a^\dagger$ 与 a 对易,故可用关于同阶厄米多项式的积的母函数公式

$$(1-s^2)^{-1/2}\exp\left(y^2-\frac{(y-sx)^2}{1-s^2}\right)=\sum_{n=0}^{\infty}\frac{\mathrm{H}_n(x)\mathrm{H}_n(y)}{n!2^n}s^n\tag{15.7}$$

而将式(15.6)化为

$$\left|p=-\mathrm{i}\frac{\partial}{\partial q},q=\mathrm{i}\frac{\partial}{\partial p}\right\rangle\langle p,q|\Big|_{\substack{p=0\\q=0}}=\frac{1}{2}:\mathrm{e}^{a^\dagger a-a^\dagger a}:=\frac{1}{2}\tag{15.8}$$

15.2　与坐标、动量表象关联的微分型完备性关系

在量子力学中,还存在一种与坐标表象、动量表象关联的微分型完备性关系,受式(15.2)启发,我们提出

$$(2\pi)^{1/2}\left|p=-\mathrm{i}\frac{\partial}{\partial q}\right\rangle\langle q|_{q=0}=1\tag{15.9}$$

这里$\langle q|$是坐标本征左矢,$\left|p=-\mathrm{i}\frac{\partial}{\partial q}\right\rangle$属于动量本征态的集合,而让其本征值取

$p=-\mathrm{i}\dfrac{\partial}{\partial q}$.

证明:用第2章的式(2.18)和(2.21),我们可将式(15.9)的左边展开为

$$
\begin{aligned}
&(2\pi)^{1/2}\left|p=-\mathrm{i}\frac{\partial}{\partial q}\right\rangle\langle q||_{q=0}\\
&=\sqrt{2}\pi^{1/4}\exp\left[-\left(-\frac{\mathrm{i}}{\sqrt{2}}\frac{\partial}{\partial q}\right)^2+2\left(-\frac{\mathrm{i}}{\sqrt{2}}\frac{\partial}{\partial q}\right)\mathrm{i}a^\dagger+\frac{a^{\dagger 2}}{2}\right|0\rangle\langle q||_{q=0}\\
&=\sqrt{2}:\sum_{m=0}^{\infty}:\frac{\mathrm{H}_m(\mathrm{i}a^\dagger)}{m!\sqrt{2}^m}(-\mathrm{i})^m\left(\frac{\partial}{\partial q}\right)^m\\
&\quad\times\exp\left[-\frac{1}{2}q^2+\sqrt{2}qa+\frac{1}{2}a^{\dagger 2}-\frac{1}{2}a^2-a^\dagger a\right]:\Big|_{q=0}
\end{aligned}\tag{15.10}
$$

按照公式(15.7)实施正规乘积内的微分,得到

$$
\begin{aligned}
&(2\pi)^{1/2}\left|p=-\mathrm{i}\frac{\partial}{\partial q}\right\rangle\langle q||_{q=0}\\
&=\sqrt{2}:\sum_{n=0}^{\infty}\frac{\mathrm{H}_n(\mathrm{i}a^\dagger)\mathrm{H}_n(a)}{n!(2\mathrm{i})^n}\exp\left[\frac{1}{2}(a^{\dagger 2}-a^2)-a^\dagger a\right]:=1
\end{aligned}\tag{15.11}
$$

于是,关系式(15.9)得证.

类似地还可证明

$$
(2\pi)^{1/2}|p\rangle\left\langle q=-\mathrm{i}\frac{\overleftarrow{\partial}}{\partial p}\right||_{p=0}=1\tag{15.12}
$$

$$
(2\pi)^{1/2}\left|q=\mathrm{i}\frac{\partial}{\partial p}\right\rangle\langle p||_{p=0}=1\tag{15.13}
$$

这里$\left\langle q=-\mathrm{i}\dfrac{\overleftarrow{\partial}}{\partial p}\right|$属于坐标本征态的集合,相应的本征值取为$q=-\mathrm{i}\dfrac{\overleftarrow{\partial}}{\partial p}$,箭头"←"表示向其左边的函数微商.

作为应用,我们用正规乘积内的微分技术计算

$$
\begin{aligned}
&\sqrt{2\pi\mu}\left|q=-\mathrm{i}\frac{\partial}{\partial q}\right\rangle\langle\mu q||_{q=0}\\
&=\sqrt{2\mu}:\sum_{n=0}^{\infty}\frac{\mathrm{H}_n(\mathrm{i}a^\dagger)\mathrm{H}_n(a)}{n!(2\mathrm{i})^n}\mu^n\exp\left[\frac{1}{2}(a^{\dagger 2}-a^2)-a^\dagger a\right]:
\end{aligned}\tag{15.14}
$$

再用式(15.7)求和得

$$\text{式}(15.14)=\sqrt{\frac{2\mu}{1+\mu^2}}:\exp\left[\frac{(\mu^2-1)(a^2-a^{\dagger 2})+4\mu a^\dagger a}{2(\mu^2+1)}-a^\dagger a\right]:$$

上式中令 $\mu=e^{\lambda}$，即为正规乘积的单模压缩算符．说明微分型完备性关系的正确与有效．

15.3　用微分型完备性关系研究非线性算符[163]

微分型完备性关系为研究非线性算符和非线性变换提供了一条新途径．例如，欲求算符 $e^{\lambda Q^3}$ 的相干态矩阵元，须要把它展开为正规乘积．由于$\langle q|e^{\lambda Q^3}=\langle q|e^{\lambda q^3}$，故用式(15.9)得

$$\begin{aligned}e^{\lambda Q^3}&=\sqrt{2\pi}\left|p=-\mathrm{i}\frac{\partial}{\partial q}\right\rangle\langle q\mid e^{\lambda q^3}\ \Big|_{q=0}\\&=\sqrt{2}:\sum_{n,m,k=0}^{\infty}\frac{\mathrm{H}_n(\mathrm{i}a^\dagger)\mathrm{H}_m(a)}{n!m!k!}\left(-\frac{\mathrm{i}}{\sqrt{2}}\right)^n\\&\quad\times\frac{\lambda^k}{(\sqrt{2})^m}\left(\frac{\partial}{\partial q}\right)^n q^{m+3k}\exp\left[\frac{1}{2}(a^{\dagger 2}-a^2)-a^\dagger a\right]:\Big|_{q=0}\end{aligned}$$

其中 n 应该等于 $m+3k$，因此上式在微分后，得

$$\begin{aligned}e^{\lambda Q^3}&=\sqrt{2}:\sum_{m,k=0}^{\infty}\left(-\frac{\mathrm{i}}{\sqrt{2}}\right)^{m+3k}\frac{1}{(\sqrt{2})^m}\\&\quad\times\frac{\mathrm{H}_{m+3k}(\mathrm{i}a^\dagger)\mathrm{H}_m(a)}{m!k!}\lambda^x\exp\left[\frac{1}{2}(a^{\dagger 2}-a^2)-a^\dagger a\right]:\end{aligned}\tag{15.15}$$

这就 $e^{\lambda Q^3}$ 的正规乘积展开式．

再考虑一个非线性算符(也代表一个非线性变换)

$$w=\int_{-\infty}^{\infty}\mathrm{d}q\mid q\rangle\langle q^\lambda\mid\tag{15.16}$$

这里 λ 的值取为保证 q^λ 仍是实数，用 IWOP 技术积分式(15.16)是困难的．这是由于在 :: 内部这个数学积分至今无解析表达式．但是，$\langle q|w=\langle q^\lambda|$，利用微分型完备性关系，我们得到

$$\begin{aligned}W&=\sqrt{2\pi}\left|p=-\mathrm{i}\frac{\partial}{\partial q}\right\rangle\langle q^\lambda\mid\Big|_{q=0}\\&=\sqrt{2}:\sum_{m,k=0}^{\infty}\frac{\mathrm{H}_m(\mathrm{i}a^\dagger)\mathrm{H}_k(a)}{k!m!}\left(-\frac{\mathrm{i}}{\sqrt{2}}\right)^m\left(\frac{1}{\sqrt{2}}\right)^k\left(\frac{\partial}{\partial q}\right)^m q^{\lambda k}\end{aligned}$$

$$\times \exp\left[\frac{1}{2}(a^{\dagger 2}-a^2)-a^\dagger a\right]\Bigg|_{q=0}$$

可见 λ 应是一个正整数，$m=\lambda k$，微分操作后得

$$W=\sqrt{2}:\sum_{m=0}^{\infty}\left(-\frac{\mathrm{i}}{\sqrt{2}}\right)^{\lambda m}\left(\frac{1}{\sqrt{2}}\right)^{m}\frac{1}{m!}\mathrm{H}_{\lambda m}(\mathrm{i}a^\dagger)\mathrm{H}_m(a)$$
$$\times \exp\left[\frac{1}{2}(a^{\dagger 2}-a^2)-a^\dagger a\right]: \tag{15.17}$$

15.4　$|\zeta\rangle-|\eta\rangle$表象内的微分型完备性关系

在第 4 章中，我们曾导出了两粒子系统总动量和相对坐标的共同本征态$|\eta\rangle$，令 $\eta=\eta_1+\mathrm{i}\eta_2$，它可写为式(4.10)之形式

$$|\eta\rangle=|\eta_1,\eta_2\rangle$$
$$=\exp\left\{-\frac{1}{2}(\eta_1^2+\eta_2^2)+\eta_1(a_1^\dagger-a_2^\dagger)\right.$$
$$\left.+\mathrm{i}\eta_2(a_1^\dagger+a_2^\dagger)+a_1^\dagger a_2^\dagger\right\}|00\rangle \tag{4.10}$$

以及两粒子系统的坐标和 Q_1+Q_2 和动量差 P_1-P_2 的共同本征态(见式(4.17))

$$\langle\zeta|=\langle\zeta_1,\zeta_2|$$
$$=\langle 00|\exp\left[-\frac{1}{2}(\zeta_1^2+\zeta_2^2)+\zeta_1(a_1+a_2)\right.$$
$$\left.-\mathrm{i}\zeta_2(a_1-a_2)-a_1a_2\right] \tag{15.18}$$

利用$|\eta\rangle-|\zeta\rangle$表象，我们也能构造微分型完备性关系. 在定义式(4.10)中让 $\eta_1\to\mathrm{i}\frac{\partial}{\partial\eta_2}$，$\eta_2\to-\mathrm{i}\frac{\partial}{\partial\eta_1}$作为右矢，而在式(15.18)中取 $\zeta_1=\eta_1$，$\zeta_2=\eta_2$ 作为左矢，构造以下的微分型投影算符

$$\left|\mathrm{i}\frac{\partial}{\partial\eta_2},-\mathrm{i}\frac{\partial}{\partial\eta_1}\right\rangle\langle\eta_1,\eta_2|\Bigg|_{\substack{\eta_1=0\\ \eta_2=0}}$$
$$=\exp\left[\frac{1}{2}\frac{\partial^2}{\partial\eta_1^2}+\frac{\partial}{\partial\eta_1}(a_1^\dagger+a_2^\dagger)+\frac{1}{2}\frac{\partial^2}{\partial\eta_2^2}\right.$$
$$\left.+\mathrm{i}\frac{\partial}{\partial\eta_2}(a_1^\dagger-a_2^\dagger)+a_1^\dagger a_2^\dagger\right]:\exp(-a_1^\dagger a_1-a_2^\dagger a_2):$$

$$\times \exp\left[-\frac{\eta_1^2}{2}+\eta_1(a_1+a_2)-\frac{\eta_2^2}{2}-\mathrm{i}\eta_2(a_1-a_2)-a_1a_2\right]\Bigg|_{\substack{\eta_1=0\\ \eta_2=0}}$$

$$=:\exp\left[\frac{1}{2}\frac{\partial^2}{\partial\eta_1^2}+\frac{\partial}{\partial\eta_1}(a_1^\dagger+a_2^\dagger)\right]\exp\left[-\frac{\eta_1^2}{2}+\eta_1(a_1+a_2)\right]$$

$$\times \exp\left[\frac{1}{2}\frac{\partial^2}{\partial\eta_2^2}+\mathrm{i}\frac{\partial}{\partial\eta_2}(a_1^\dagger-a_2^\dagger)\right]\exp\left[-\frac{\eta_2^2}{2}+\mathrm{i}\eta_2(a_1-a_2)\right]$$

$$\times \exp[a_1^\dagger a_2^\dagger-a_1a_2-a_2^\dagger a_2-a_1^\dagger a_1]:\Bigg|_{\substack{\eta_1=0\\ \eta_2=0}}$$

用厄米多项式的展开式(15.4),上式变为

$$\left|\mathrm{i}\frac{\partial}{\partial\eta_2},-\mathrm{i}\frac{\partial}{\partial\eta_1}\right\rangle\langle\eta_1,\eta_2|\Bigg|_{\substack{\eta_1=0\\ \eta_2=0}}$$

$$=:\sum_{n,m=0}^{\infty}\frac{1}{n!m!}\mathrm{H}_n\left(\frac{a_1^\dagger+a_2^\dagger}{\sqrt{2}\mathrm{i}}\right)\mathrm{H}_m\left(\frac{a_1+a_2}{\sqrt{2}}\right)$$

$$\times\left(\frac{\mathrm{i}}{\sqrt{2}}\frac{\partial}{\partial\eta_1}\right)^n\left(\frac{\eta_1}{\sqrt{2}}\right)^m\sum_{l,k=0}^{\infty}\frac{1}{l!k!}$$

$$\times\mathrm{H}_l\left(\frac{a_1^\dagger-a_2^\dagger}{\sqrt{2}}\right)\mathrm{H}_k\left(\frac{a_1-a_2}{\sqrt{2}\mathrm{i}}\right)\left(\frac{\mathrm{i}}{\sqrt{2}}\frac{\partial}{\partial\eta_2}\right)^l$$

$$\times\left(\frac{\eta_2}{\sqrt{2}}\right)^k\Bigg|_{\eta_1=\eta_2=0}\exp(a_1^\dagger a_2^\dagger-a_2a_1-a_1^\dagger a_1-a_2^\dagger a_2):\tag{15.19}$$

可见应取 $n=m,l=k$,微分后得

$$\left|\mathrm{i}\frac{\partial}{\partial\eta_2},-\mathrm{i}\frac{\partial}{\partial\eta_1}\right\rangle\langle\eta_1,\eta_2|\Bigg|_{\substack{\eta_1=0\\ \eta_2=0}}$$

$$=:\sum_{n=0}^{\infty}\frac{1}{n!}\mathrm{H}_n\left(\frac{a_1^\dagger+a_2^\dagger}{\sqrt{2}\mathrm{i}}\right)\mathrm{H}_n\left(\frac{a_1+a_2}{\sqrt{2}}\right)\left(\frac{\mathrm{i}}{2}\right)^n$$

$$\times\sum_{l=0}^{\infty}\frac{1}{l!}\mathrm{H}_l\left(\frac{a_1^\dagger-a_2^\dagger}{\sqrt{2}}\right)\mathrm{H}_l\left(\frac{a_1-a_2}{\sqrt{2}\mathrm{i}}\right)\left(\frac{\mathrm{i}}{2}\right)^l$$

$$\times\exp(a_1^\dagger a_2^\dagger-a_1a_2-a_1^\dagger a_1-a_2^\dagger a_2):\tag{15.20}$$

再用式(15.7)就可最终得到

$$\left|\mathrm{i}\frac{\partial}{\partial\eta_2},-\mathrm{i}\frac{\partial}{\partial\eta_1}\right\rangle\langle\eta_1,\eta_2|\Bigg|_{\substack{\eta_1=0\\ \eta_2=0}}$$

$$=:\frac{1}{2}\exp[2a_1a_2+(a_1^\dagger-a_2)(a_1-a_2^\dagger)$$

$$+ a_1^\dagger a_2^\dagger - a_1 a_2 - a_1^\dagger a_1 - a_2^\dagger a_2 \Big]: = \frac{1}{2} \tag{15.21}$$

因此，在$|\eta\rangle$－$|\zeta\rangle$表象中的完备性是

$$2\left| \mathrm{i}\frac{\partial}{\partial \eta_2}, -\mathrm{i}\frac{\partial}{\partial \eta_1} \right\rangle \langle \zeta_1 = \eta_1, \zeta_2 = \eta_2 | \Big|_{\substack{\eta_1=0\\ \eta_2=0}} = 1 \tag{15.22}$$

类似地，取右矢为$|\zeta\rangle$态，取左矢为$\langle\eta|$态，也可构造微分型完备性关系，这留给读者作为练习.

15.5　相干态基下的密度矩阵及其 P 表示间的微分型关系[164]

密度矩阵 ρ 及其同 P 表示的关系式(2.104)是积分形式的.这里我们导出微分型的关系.由 IWOP 技术可以把相干态投影算符$|z\rangle\langle z|$写为

$$|z\rangle\langle z| = \int \frac{\mathrm{d}^2\beta}{\pi} : \exp[-|\beta|^2 + \mathrm{i}\beta(a^\dagger - z^*) + \mathrm{i}\beta^*(a - z)] : \tag{15.23}$$

又因为$\partial z/\partial z^* = 0$，所以

$$\exp(-|\beta|^2 - \mathrm{i}\beta z^* - \mathrm{i}\beta^* z) = \exp\left(\frac{\partial^2}{\partial z \partial z^*}\right)\exp(-\mathrm{i}\beta^* z - \mathrm{i}\beta z^*) \tag{15.24}$$

故而可将式(15.23)改写为

$$\begin{aligned} |z\rangle\langle z| &= \exp\left(\frac{\partial^2}{\partial z \partial z^*}\right)\int \frac{\mathrm{d}^2\beta}{\pi} : \exp[\mathrm{i}\beta(a^\dagger - z^*) + \mathrm{i}\beta^*(a - z)] : \\ &= \pi \exp\left(\frac{\partial^2}{\partial z \partial z^*}\right) : \delta(z^* - a^\dagger)\delta(z - a) : \end{aligned} \tag{15.25}$$

将它代入下式

$$\rho = \int \frac{\mathrm{d}^2 z}{\pi} P(z, z^*) \, |z\rangle\langle z|$$

并积分得 ρ 与$P(z,z^*)$之间的微分型关系

$$\rho = : \exp\left(\frac{\partial^2}{\partial z \partial z^*}\right) P(z, z^*) \Big|_{\substack{z^* \to a^\dagger \\ z \to a}} : \tag{15.26}$$

例如，当 P 表示为

$$P_1(z, z^*) = z^n z^{*m}$$

则由式(15.26)可导出相应的正规乘积形式的密度矩阵为

$$\rho =: \exp\left(\frac{\partial^2}{\partial z \partial z^*}\right) z^n z^{*m} \Big|_{\substack{z^* \to a^\dagger \\ z \to a}} :$$

$$=: \sum_{l=0}^{\min[m,n]} \frac{1}{l!}\left(\frac{\partial^2}{\partial z \partial z^*}\right)^l z^n z^{*m} \Big|_{\substack{z^* \to a^\dagger \\ z \to a}} :$$

$$= \sum_{l=0}^{\min[m,n]} \frac{m!n!a^{\dagger m-l}a^{n-l}}{l!(m-l)!(n-l)!}$$

又如当 P 表示取

$$P_1'(z,z^*) = \mathrm{e}^{\lambda z^2}\mathrm{e}^{\sigma z^{*2}}$$

则由式(15.26)得相应的密度矩阵的正规乘积形式

$$\rho_1' =: \exp\left(\frac{\partial^2}{\partial z \partial z^*}\right)\mathrm{e}^{\lambda z^2}\mathrm{e}^{\sigma z^{*2}} \Big|_{\substack{z^* \to a^\dagger \\ z \to a}} :$$

$$=: \sum_{l=0}^{\infty} \frac{1}{l!}\left(\frac{\partial^2}{\partial z \partial z^*}\right)^l \mathrm{e}^{\lambda z^2}\mathrm{e}^{\sigma z^{*2}} \Big|_{\substack{z^* \to a^\dagger \\ z \to a}} :$$

利用厄米多项式的微分表达式

$$\mathrm{H}_n(x) = (-)^n \mathrm{e}^{x^2}\left(\frac{\mathrm{d}}{\mathrm{d}x}\right)^n \mathrm{e}^{-x^2}$$

以及厄米多项式积的求和公式(15.7),可见

$$\rho_1' =: \sum_{l=0}^{\infty} \frac{(-\lambda\sigma)^{l/2}}{l!}\mathrm{H}_l(\mathrm{i}\sqrt{\lambda}z)\mathrm{H}_l(\mathrm{i}\sqrt{\sigma}z^*)\mathrm{e}^{\lambda z^2}\mathrm{e}^{\sigma z^{*2}} \Big|_{\substack{z^* \to a^\dagger \\ z \to a}}$$

$$= (1-4\lambda\sigma)^{-1/2} : \exp\left\{\frac{1}{1-4\lambda\sigma}(\lambda z^2 + \sigma z^{*2} - 4\lambda\sigma \mid z \mid^2)\right\} \Big|_{\substack{z^* \to a^\dagger \\ z \to a}} :$$

$$= (1-4\lambda\sigma)^{-1/2}\exp\left(\frac{\sigma a^{\dagger 2}}{1-4\lambda\sigma}\right) : \exp\left\{\left(\frac{1}{1-4\lambda\sigma} - 1\right)a^\dagger a\right\}:$$

$$\times \exp\left(\frac{\lambda a^2}{1-4\lambda\sigma}\right) = \mathrm{e}^{\lambda a^2}\mathrm{e}^{\sigma a^{\dagger 2}}$$

此关系式同式(5.17)一致.另举一个两模的例子.设 ρ_2' 为

$$\rho_2' = \exp(\lambda a_1 a_2)\exp(\sigma a_1^\dagger a_2^\dagger)$$

它的 P 表示为 $\exp(\lambda z_1 z_2 + \sigma z_1^* z_2^*)$,代入式(15.26)得

$$\rho_2' =: \exp\left[\frac{\partial^2}{\partial z_1 \partial z_1^*} + \frac{\partial^2}{\partial z_2 \partial z_2^*}\right]\exp(\lambda z_1 z_2 + \sigma z_1^* z_2^*) \Big|_{\substack{z_i \to a_i \\ z_i^* \to a_i^\dagger}} :$$

$$=: \sum_{l,k=0}^{\infty} \frac{1}{l!k!}\left(\frac{\partial^2}{\partial z_1 \partial z_1^*}\right)^l \left(\frac{\partial^2}{\partial z_2 \partial z_2^*}\right)^k \exp(\lambda z_1 z_2 + \sigma z_1^* z_2^*) \Big|_{\substack{z_i^* \to a_i^\dagger \\ z_i \to a_i}} :$$

再用双变数的厄米多项式表达式

$$\mathrm{H}_{l,k}(x,y)=(-1)^{l+k}\mathrm{e}^{xy}\frac{\partial^{l+k}}{\partial x^l\partial y^k}\mathrm{e}^{-xy}$$

可得

$$\rho_2' = :\sum_{l,k=0}^{\infty}\frac{1}{l!k!}(-\sqrt{\lambda\sigma})^{l+k}\exp(\lambda z_1 z_2+\sigma z_1^* z_2^*)$$
$$\times \mathrm{H}_{l,k}(\mathrm{i}\sqrt{\lambda}z_1,\mathrm{i}\sqrt{\lambda}z_2)\mathrm{H}_{l,k}(\mathrm{i}\sqrt{\sigma}z_1^*,\mathrm{i}\sqrt{\sigma}z_2^*)\Big|_{\substack{z_i^*\to a_i^\dagger\\ z_i\to a_i}}: \quad (15.27)$$

注意到双变数厄米多项式的积的母函数为式(8.22),就可以把式(15.27)改写为

$$\rho_2'=\frac{1}{1-\lambda\sigma}\exp\left(\frac{\sigma a_1^\dagger a_2^\dagger}{1-\lambda\sigma}\right):\exp\left[(a_1^\dagger a_1+a_2^\dagger a_2)\right.$$
$$\left.\times\left(\frac{1}{1-\lambda\sigma}-1\right)\right]:\exp\left(\frac{\lambda a_1 a_2}{1-\lambda\sigma}\right)$$

这正是所预期的.

最后指出,密度矩阵的 Weyl 编序展开式(12.41)也可以表达为微分形式.因为由式(12.39)及 Weyl 编序下的积分技术知道

$$|z\rangle\langle z|=\int\frac{\mathrm{d}^2\beta}{\pi}\vdots\exp\left[-\frac{1}{2}|\beta|^2+\mathrm{i}\beta(a^\dagger-z^*)+\mathrm{i}\beta^*(a-z)\right]\vdots \quad (15.28)$$

所以,类似于式(15.25)的推导可知

$$|z\rangle\langle z|=\exp\left(\frac{1}{2}\frac{\partial^2}{\partial z\partial z^*}\right)\int\frac{\mathrm{d}^2\beta}{\pi}\vdots\exp[\mathrm{i}\beta(a^\dagger-z^*)+\mathrm{i}\beta^*(a-z)]\vdots$$
$$=\pi\exp\left(\frac{1}{2}\frac{\partial^2}{\partial z\partial z^*}\right)\vdots\delta(z^*-a^\dagger)\delta(z-a)\vdots \quad (15.29)$$

因此式(12.41)也可表示为

$$\rho=\vdots\exp\left(\frac{1}{2}\frac{\partial^2}{\partial z\partial z^*}\right)P(z,z^*)\Big|_{\substack{z^*\to a^\dagger\\ z\to a}}\vdots \quad (15.30)$$

第 16 章　IWOP 技术在分子振动理论中的应用

本章介绍如何将 IWOP 技术应用于分子振动的 Franck-Condon 跃迁的计算，又如何可用来解若干线性分子的振动的动力学模型，我们还要讨论谐振子频率与质量改变引起的压缩．通过这些讨论，我们指出压缩态不但是近代量子光学的一个重要概念，它也必然存在于分子振动理论中，例如一对耦合振子的基态就是一个压缩态．

16.1　Franck - Condon 跃迁算符

在分子光谱的研究中，Franck - Condon 认为，电子态之间的偶极跃迁比分子的振动运动快得多，以至于在电子态跃变的过程中，原子核几乎维持原状，核间距来不及变化．两个分子态之间的跃迁矩阵元决定于两个振动波函数重叠得多或少（称为重叠积分）．为了描述 Franck - Condon 跃迁，电子初态和终态（对应于两个势能曲线上的两点）分别由两个相互位移的谐振子的能态代表．记一个谐振子的哈密顿量是

$$H = \frac{p^2}{2m} + \frac{1}{2}m\omega^2 x^2 = \omega\left(a_{m\omega}^{\dagger}a_{m\omega} + \frac{1}{2}\right), \quad \hbar = 1 \tag{16.1}$$

其中下标 $m\omega$ 标志着质量为 m，频率为 ω 的振子所对应的 Fock 空间（包括算符和态矢）．另一个振动中心偏移 l 的谐振子由 H' 描写

$$H' = \frac{1}{2m'}p^2 + \frac{1}{2}m'\omega'^2(x-l)^2 = \left(a'^{\dagger}_{m'\omega'}a'_{m'\omega'} + \frac{1}{2}\right)\omega', \quad \hbar = 1 \tag{16.2}$$

$a_{m\omega}$ 与 $a'_{m'\omega'}$ 分别由下式决定（为书写方便，以下略去 $a_{m\omega}$ 和 $a_{m'\omega'}$ 的下标）

$$a=\frac{1}{\sqrt{2}}\left(\sqrt{m\omega}x+\frac{\mathrm{i}}{\sqrt{m\omega}}p\right)$$

$$a'=\frac{1}{\sqrt{2}}\left(\sqrt{m'\omega'}(x-l)+\frac{\mathrm{i}}{\sqrt{m'\omega'}}p\right) \tag{16.3}$$

两个振子的真空态分别满足

$$a\mid 0\rangle_{m\omega}=0,\quad a'\mid 0\rangle_{m'\omega'}=0 \tag{16.4}$$

这里下标 $m\omega$ 与 $m'\omega'$ 分别标志 H 与 H' 所对应的 Fock 空间. 以 $m\omega$ 标志的 Fock 空间中的坐标基矢表达为

$$\mid x\rangle_{m\omega}=\left(\frac{m\omega}{\pi}\right)^{1/4}\exp\left[-\frac{m\omega}{2}x^2+\sqrt{2m\omega}xa^\dagger-\frac{a^{\dagger 2}}{2}\right]\mid 0\rangle_{m\omega} \tag{16.5}$$

它满足

$$x\mid x\rangle_{m\omega}=x\mid x\rangle_{m\omega} \tag{16.6}$$

在方程(16.5)中将 $m\omega$ 用 $m'\omega'$ 代替,而保持 $|0\rangle_{m\omega}$ 与 $a^\dagger$ 不变,得到

$$\mid x\rangle_{m'\omega'}=\left(\frac{m'\omega'}{\pi}\right)^{1/4}\exp\left[-\frac{m'\omega'}{2}x^2+\sqrt{2m'\omega'}xa^\dagger-\frac{a^{\dagger 2}}{2}\right]\mid 0\rangle_{m\omega} \tag{16.7}$$

现在构造如下的积分型算符(我们称为 Franck-Condon 算符)[155]

$$\begin{aligned}s=&\int_{-\infty}^{\infty}\mathrm{d}x\mid x-l\rangle_{m'\omega'm\omega}\langle x\mid\\=&\left(\frac{m\omega m'\omega'}{\pi^2}\right)^{1/4}\int_{-\infty}^{\infty}\mathrm{d}x\exp\left[-\frac{m'\omega'}{2}(x-l)^2\right.\\&\left.+\sqrt{2m'\omega'}(x-l)a^\dagger-\frac{1}{2}a^{\dagger 2}\right]\mid 0\rangle_{m\omega}\\&\times{}_{m\omega}\langle 0\mid\exp\left[-\frac{m\omega}{2}x^2+\sqrt{2m\omega}xa-\frac{a^2}{2}\right]\end{aligned} \tag{16.8}$$

用 IWOP 技术积分之,得到

$$\begin{aligned}s=&\exp\left[-\frac{\gamma^2\gamma'^2}{2(\gamma^2+\gamma'^2)}\right]\exp\left[-\frac{a^{\dagger 2}}{2}\tanh\mu-\frac{\gamma}{\sqrt{2}}a^\dagger\operatorname{sech}\mu\right]\\&\times\exp\left[\left(a^\dagger a+\frac{1}{2}\right)\ln\operatorname{sech}\mu\right]\exp\left[\frac{a^2}{2}\tanh\mu+\frac{\gamma'}{\sqrt{2}}a\operatorname{sech}\mu\right]\end{aligned} \tag{16.9}$$

其中

$$\left.\begin{aligned}&\gamma=\sqrt{m\omega}l,\quad\gamma'=\sqrt{m'\omega'}l,\quad\mathrm{e}^\mu=\sqrt{\frac{m\omega}{m'\omega'}}\\&\tanh\mu=\frac{m\omega-m'\omega'}{m\omega+m'\omega'},\quad\operatorname{sech}\mu=\frac{2\sqrt{m\omega m'\omega'}}{m\omega+m'\omega'}\end{aligned}\right\} \tag{16.10}$$

用 Franck - Condon 算符的正规乘积形式,可以方便地计算 Franck - Condon 因子(重叠积分).事实上,Franck - Condon(有时简写为 F - C 和 FC)因子通常定义为

$$F_{nn'} \equiv \int_{-\infty}^{\infty} \mathrm{d}x \psi^*_{n(m'\omega')}(x-l)\psi_{n'(m\omega)}(x) \tag{16.11}$$

用狄拉克的括号将它写为

$$F_{nn'} \equiv \int_{-\infty}^{\infty} \mathrm{d}x_{m\omega}\langle n \mid x-l\rangle_{m'\omega'm\omega}\langle x \mid n'\rangle_{m\omega} \tag{16.12}$$

由式(16.8)就可看出

$$F_{nn'} = {}_{m\omega}\langle n \mid s \mid n'\rangle_{m\omega}, \quad F^*_{nn'} = {}_{m\omega}\langle n' \mid s^{-1} \mid n\rangle_{m\omega} \tag{16.13}$$

用 s 的正规乘积形式和相干态可以方便地计算 $F^*_{nn'}$,引入相干态

$$\mid z\rangle = \mathrm{e}^{za^\dagger} \mid 0\rangle_{m\omega}$$

则 s^{-1} 的相干态矩阵元为

$$\langle z \mid s^{-1} \mid \tau\rangle = A\exp\left[\frac{1}{2}(z^{*2}-\tau^2)\tanh\mu + z^*\tau\operatorname{sech}\mu + \frac{1}{\sqrt{2}}(\gamma' z^* - \gamma\tau)\operatorname{sech}\mu\right] \tag{16.14}$$

这里

$$A \equiv {}_{m\omega}\langle 0 \mid s^{-1} \mid 0\rangle_{m\omega} = \operatorname{sech}^{1/2}\mu\exp\left(-\frac{\gamma^2\gamma'^2}{2(\gamma^2+\gamma'^2)}\right) \tag{16.15}$$

由粒子态与相干态的关系

$$\mid n\rangle_{m\omega} = \frac{1}{\sqrt{n!}}\left(\frac{\mathrm{d}}{\mathrm{d}z}\right)^n \mathrm{e}^{za^\dagger} \mid 0\rangle_{m\omega}\Big|_{z=0} = \frac{1}{\sqrt{n!}}\left(\frac{\mathrm{d}}{\mathrm{d}z}\right)^n \mid z\rangle_{m\omega}\Big|_{z=0} \tag{16.16}$$

我们导出 FC 因子

$$\begin{aligned}
F^*_{nn'} &= (n!n'!)^{-1/2}\left(\frac{\mathrm{d}}{\mathrm{d}z^*}\right)^{n'}\left(\frac{\mathrm{d}}{\mathrm{d}\tau}\right)^n\langle z \mid s^{-1} \mid \tau\rangle\Big|_{\substack{z^*=0\\ \tau=0}} \\
&= A(n!n'!)^{-1/2}\left(\frac{\mathrm{d}}{\mathrm{d}z^*}\right)^{n'}\left(\frac{\mathrm{d}}{\mathrm{d}\tau}\right)^n\exp\left[-\frac{\tau^2}{2}\tanh\mu + \frac{z^{*2}}{2}\tanh\mu - \frac{\tau\gamma}{\sqrt{2}}\operatorname{sech}\mu + \frac{z^*\gamma'}{\sqrt{2}}\operatorname{sech}\mu + z^*\tau\operatorname{sech}\mu\right]\Big|_{\substack{z^*=0\\ \tau=0}} \\
&= A(n!n'!)^{1/2}\left[\frac{1-\beta^2}{2(1+\beta^2)}\right]^{(n+n')/2}\sum_{k=0}\left(\frac{4\beta}{1-\beta^2}\right)^k\frac{(-\mathrm{i})^{n'-k}}{k!(n'-k)!(n-k)!} \\
&\quad\times \mathrm{H}_{n'-k}\left(\frac{\mathrm{i}\beta^2\gamma}{(1-\beta^4)^{1/2}}\right)\mathrm{H}_{n-k}\left(-\frac{\beta\gamma}{(1-\beta^4)^{1/2}}\right)
\end{aligned} \tag{16.17}$$

其中用厄米多项式 $\mathrm{H}_n(x)$ 的微分形式 $\frac{\mathrm{d}^n}{\mathrm{d}t^n}\mathrm{e}^{2xt-t^2}\big|_{t=0}$,$\beta \equiv \mathrm{e}^{-\mu}$.

从以上讨论看出,FC 跃迁与压缩算符明显相关,在式(16.9)中取 $l=0$,s 成为单模压缩算符,其压缩参数 $e^{\mu}=\sqrt{\frac{m\omega}{m'\omega'}}$,与振子的质量、频率密切相关.但是要注意 $s^{-1}Hs\neq H'$.

16.2 谐振子质量改变引起的压缩[166]

在式(16.9)中取 $l=0,\omega'=\omega$,则它变为

$$S_1=\int_{-\infty}^{\infty}\mathrm{d}x\mid x\rangle_{m'm}\langle x\mid$$

$$=\exp\left(-\frac{a^{\dagger 2}}{2}\tanh\mu\right)\exp\left[\left(a^{\dagger}a+\frac{1}{2}\right)\ln\operatorname{sech}\mu\right]\exp\left(\frac{a^2}{2}\tanh\mu\right)\quad(16.18)$$

其中

$$e^{\mu}=\sqrt{\frac{m}{m'}}.$$

易证:

$$S_1^{-1}xS_1=xe^{-\mu},\quad S_1^{-1}PS_1=e^{\mu}P$$

$$S_1^{-1}\mathrm{H}_mS_1=\frac{P^2}{2m'}+\frac{1}{2}m'\omega^2x^2\quad(16.19)$$

进一步设质量是时间的函数 $m(t)$,则 S 写成 $S(t,0)$ 也是一个时间演化算符,对式(16.18)作时间微商,得到

$$\mathrm{i}\frac{\partial}{\partial t}S(t,0)=\frac{\mathrm{i}}{4m(t)}\frac{\mathrm{d}m(t)}{\mathrm{d}t}(a^{\dagger 2}-a^2)S(t,0)\quad(16.20)$$

读者可以进一步证明以下的哈密顿量

$$H=\omega\left(a^{\dagger}a+\frac{1}{2}\right)+\frac{\mathrm{i}}{4m(t)}\frac{\mathrm{d}m(t)}{\mathrm{d}t}(e^{-2\mathrm{i}\omega t}a^{\dagger 2}-e^{\mathrm{i}2\omega t}a^2)\quad(16.21)$$

具有连续地产生压缩的机制.

另一方面,在式(16.9)中取 $l=0,m'=m$,则它变为

$$S_2=\int_{-\infty}^{\infty}\mathrm{d}x\mid x\rangle_{\omega'\omega}\langle x\mid$$

$$=\exp\left[-\frac{a^{\dagger 2}}{2}\tanh\mu\right]\exp\left[\left(a^{\dagger}a+\frac{1}{2}\right)\ln\operatorname{sech}\mu\right]\exp\left(\frac{a^2}{2}\tanh\mu\right)$$

其中

$$e^{\mu} = \sqrt{\frac{\omega}{\omega'}} \tag{16.22}$$

由此导出

$$S_2^{-1} a S_2 = a \cosh \mu - a^{\dagger} \sinh \mu = \frac{1}{\sqrt{2}}\left(\sqrt{\omega'} x + \frac{\mathrm{i}}{\sqrt{\omega'}} P\right) = a_{\omega'} \tag{16.23}$$

值得注意，试图把 $a_{\omega'}$ 看做是一个被压缩的谐振子的湮没算符的看法是不对的，因为

$$S_2^{-1} H_{\omega} S_2 = \omega\left(a_{\omega'}^{\dagger} a_{\omega'} + \frac{1}{2}\right) \tag{16.24}$$

右式不代表一个频率为 ω' 的谐振子. 所以笼统地说一个谐振子的频率 ω 变为另一个频率为 ω' 的谐振子而引起 Franck-Condon 跃迁是不严格的[9].

16.3　两个耦合振子系统的压缩态[167~169]

耦合振子哈密顿量常被用于描述束缚的多原子分子. 以最简单的两个耦合振子为例，其哈密顿量为

$$H = \frac{1}{2m}(p_1^2 + p_2^2) + \frac{1}{2} m\omega^2 (x_1^2 + x_2^2) - \lambda x_1 x_2 \tag{16.25}$$

在一般量子力学书中介绍求 H 的本征能量的办法[55]. 我们的讨论超越这些，旨在指出 H 的本征态是与频率跃迁有关的压缩态，而且使 H 对角化的幺正算符不但包括坐标的转动而且包含压缩变换. 此幺正算符的正规乘积可以用 IWOP 技术，从而耦合振子基态在未耦合振子的 Fock 空间中的表达式也可以求出.

我们要证明可以使 H 写成如下对角形式

$$H = U\left[\frac{\omega_1}{\omega}\left(\frac{p_1^2}{2m} + \frac{1}{2} m\omega^2 x_1^2\right) + \frac{\omega_2}{\omega}\left(\frac{p_2^2}{2m} + \frac{1}{2} m\omega^2 x_2^2\right)\right] U^{-1} \tag{16.26}$$

其中，

$$\omega_1^2 = \omega^2 - \frac{\lambda}{m},\quad \omega_2^2 = \omega^2 + \frac{\lambda}{m}.$$

其幺正算符 U 具有以下的形式

$$U = \left(\frac{\omega^2}{\omega_1 \omega_2}\right)^{1/4} \iint_{-\infty}^{\infty} \mathrm{d}x_1 \mathrm{d}x_2 \left| u \begin{pmatrix} x_1 \\ x_2 \end{pmatrix} \right\rangle \left\langle \begin{pmatrix} x_1 \\ x_2 \end{pmatrix} \right| \tag{16.27}$$

这里 u 是 2×2 矩阵

$$u=\begin{pmatrix}\sqrt{\dfrac{\omega}{2\omega_1}} & \sqrt{\dfrac{\omega}{2\omega_2}}\\ \sqrt{\dfrac{\omega}{2\omega_1}} & -\sqrt{\dfrac{\omega}{2\omega_2}}\end{pmatrix},\quad \det u=\frac{\omega}{\sqrt{\omega_1\omega_2}} \tag{16.28}$$

首先验证 U 是幺正的,根据

$$\begin{aligned}UU^{\dagger}&=\left(\frac{\omega^2}{\omega_1\omega_2}\right)^{1/2}\iint_{-\infty}^{\infty}\mathrm{d}x_1\mathrm{d}x_2\left|u\begin{pmatrix}x_1\\x_2\end{pmatrix}\right\rangle\left\langle\begin{pmatrix}x_1\\x_2\end{pmatrix}\right|\\&\quad\times\iint_{-\infty}^{\infty}\mathrm{d}x_1'\mathrm{d}x_2'\left|\begin{pmatrix}x_1'\\x_2'\end{pmatrix}\right\rangle\left\langle u\begin{pmatrix}x_1'\\x_2'\end{pmatrix}\right|\\&=|\det u|\iint_{-\infty}^{\infty}\mathrm{d}x_1\mathrm{d}x_2\left|u\begin{pmatrix}x_1\\x_2\end{pmatrix}\right\rangle\left\langle u\begin{pmatrix}x_1\\x_2\end{pmatrix}\right|\\&=1=U^{\dagger}U\end{aligned}$$

从而 $U^{\dagger}=U^{-1}$,于是有

$$\begin{aligned}Ux_1U^{-1}&=\left(\frac{\omega^2}{\omega_1\omega_2}\right)^{1/2}\iint_{-\infty}^{\infty}\mathrm{d}x_1\mathrm{d}x_2\left|u\begin{pmatrix}x_1\\x_2\end{pmatrix}\right\rangle\left\langle u\begin{pmatrix}x_1\\x_2\end{pmatrix}\right|x_1\\&=\iint_{-\infty}^{\infty}\mathrm{d}x_1\mathrm{d}x_2\mid x_1,x_2\rangle\langle x_1x_2\mid\sqrt{\frac{\omega_1}{2\omega}}(x_1+x_2)\\&=\sqrt{\frac{\omega_1}{2\omega}}(x_1+x_2)\end{aligned} \tag{16.29}$$

由式(16.27)知 U 的动量表象是

$$U=\left(\frac{\omega^2}{\omega_1\omega_2}\right)^{1/4}\iint_{-\infty}^{\infty}\mathrm{d}p_1\mathrm{d}p_2\left|\begin{pmatrix}p_1\\p_2\end{pmatrix}\right\rangle\left\langle\tilde{u}\begin{pmatrix}p_1\\p_2\end{pmatrix}\right| \tag{16.30}$$

因为在 U 变换下 p_1 按下式变

$$\begin{aligned}Up_1U^{-1}&=\left(\frac{\omega^2}{\omega_1\omega_2}\right)^{1/2}\iint_{-\infty}^{\infty}\mathrm{d}p_1\mathrm{d}p_2\left|\begin{pmatrix}p_1\\p_2\end{pmatrix}\right\rangle\left\langle\tilde{u}\begin{pmatrix}p_1\\p_2\end{pmatrix}\right|p_1\\&\quad\times\iint_{-\infty}^{\infty}\mathrm{d}p_1'\mathrm{d}p_2'\left|\tilde{u}\begin{pmatrix}p_1'\\p_2'\end{pmatrix}\right\rangle\left\langle\begin{pmatrix}p_1'\\p_2'\end{pmatrix}\right|\\&=\sqrt{\frac{\omega}{2\omega_1}}(p_1+p_2)\end{aligned} \tag{16.31}$$

类似地,有

$$Ux_2U^{-1} = \sqrt{\frac{\omega_2}{2\omega_1}}(x_1 - x_2), \quad Up_2U^{-1} = \sqrt{\frac{\omega}{2\omega_2}}(p_1 - p_2) \tag{16.32}$$

利用式(16.29)~(16.32)可见

$$\text{式(16.26) 的右边} = \frac{1}{2m}(p_1^2 + p_2^2) + \frac{m}{4}\left[\omega_1^2(x_1 + x_2)^2 + \omega_2^2(x_1 - x_2)^2\right] = H$$

值得指出 U 变换不但包含坐标的转动(这一点在以前的文献中已阐明),而且还包括压缩变换,例如当 $x_1 \to \sqrt{\frac{\omega_1}{\omega}}\frac{x_1 + x_2}{\sqrt{2}}$ 时,$p_1 \to \sqrt{\frac{\omega}{\omega_1}}\frac{p_1 + p_2}{\sqrt{2}}$.

把式(16.26)改写为

$$U\left[\hbar\omega_1\left(a_1^\dagger a_1 + \frac{1}{2}\right) + \hbar\omega_2\left(a_2^\dagger a_2 + \frac{1}{2}\right)\right]U^{-1} = H$$

可见耦合振子的能级是 $\hbar\omega_1\left(n_1 + \frac{1}{2}\right) + \hbar\omega_2\left(n_1 + \frac{1}{2}\right)$,相应的能量本征态 $U|n_1 n_2\rangle$,用IWOP技术可得 U 的正规乘积形式

$$\begin{aligned}
U = & \left(\frac{\omega^2}{\omega_1\omega_2}\right)^{1/4}\iint \mathrm{d}x_1\mathrm{d}x_2\, \frac{m\omega}{\pi\hbar} \\
& \times : \exp\left\{-\frac{m\omega^2}{4\hbar}\left[\left(\frac{x_1}{\sqrt{\omega_1}} + \frac{x_2}{\sqrt{\omega_2}}\right)^2 + \left(\frac{x_1}{\sqrt{\omega_1}} - \frac{x_2}{\sqrt{\omega_2}}\right)^2\right]\right. \\
& + \sqrt{\frac{m}{\hbar}}\omega\left[\left(\frac{x_1}{\sqrt{\omega_1}} + \frac{x_2}{\sqrt{\omega_2}}\right)a_1^\dagger + \left(\frac{x_1}{\sqrt{\omega_1}} - \frac{x_2}{\sqrt{\omega_2}}\right)a_2^\dagger\right] \\
& - \frac{m\omega}{2\hbar}(x_1^2 + x_2^2) + \sqrt{\frac{2m\omega}{\hbar}}(x_1 a_1 + x_2 a_2) \\
& \left. - \frac{1}{2}(a_1 + a_1^\dagger)^2 - \frac{1}{2}(a_2 + a_2^\dagger)^2\right\} : \\
= & (\operatorname{sech} r_1 \operatorname{sech} r_2)^{1/2}\exp\left[\frac{1}{4}(a_1^\dagger + a_2^\dagger)^2\tanh r_1\right. \\
& \left. + \frac{1}{4}(a_1^\dagger - a_2^\dagger)^2\tanh r_2\right] : \exp\left[\left(\frac{1}{\sqrt{2}}\operatorname{sech} r_1 - 1\right)a_1^\dagger a_1\right. \\
& - \left(\frac{1}{\sqrt{2}}\operatorname{sech} r_2 + 1\right)a_2^\dagger a_2 + \frac{1}{\sqrt{2}}a_2^\dagger a_1 \operatorname{sech} r_1 \\
& \left. + \frac{1}{\sqrt{2}}a_1^\dagger a_2 \operatorname{sech} r_2\right] : \exp\left[-\frac{a_1^2}{2}\tanh r_1 - \frac{a_2^2}{2}\tanh r_2\right]
\end{aligned} \tag{16.33}$$

其中 $\tanh r_i = \frac{\omega - \omega_i}{\omega + \omega_i}, \quad \operatorname{sech} r_i = \frac{2\sqrt{\omega\omega_i}}{\omega + \omega_i}, \quad i = 1,2.$

把 U 作用于 $|00\rangle$ 态得到耦合振子的基态，它是一个压缩态

$$U\mid 00\rangle = \mathrm{e}^{-\mathrm{i}\pi J_y/2}(\operatorname{sech} r_1 \operatorname{sech} r_2)^{1/2}\exp\left[\frac{1}{2}(a_1^{\dagger 2}\tanh r_1 + a_2^{\dagger 2}\tanh r_2)\right]\mid 00\rangle \tag{16.34}$$

其压缩参数由耦合强度决定，这是以前教材未提到过的.

16.4　两个耦合振子的密度矩阵[167]

幺正算符 U 的显示形式除了能帮助发现两个耦合振子的基态（当然也包括激发态）是压缩态外，还能被用来求此系统的密度矩阵 $\rho(x_1,x_2,x_1',x_2',\beta)$，其中 $\beta=\frac{1}{kT}$，k 是玻尔兹曼常数，从而进一步求出平均耦合能.

对于一个哈密顿量系统 H，密度矩阵定义为 $\rho=\mathrm{e}^{-\beta H}$，在坐标表象中 $\rho(\boldsymbol{x},\boldsymbol{x}';\beta)$ 满足下列方程（称为布洛赫方程）

$$-\frac{\partial}{\partial\beta}\rho(\boldsymbol{x},\boldsymbol{x}';\beta) = H\rho(\boldsymbol{x},\boldsymbol{x}';\beta) \tag{16.35}$$

对于简谐振子，这个方程如何解可以在 Feynman 的《统计力学》一书中找到[170]. 对于两个耦合振子，我们不求解相应的布洛赫方程，而用幺正变换的方法来求. 由(16.27)知

$$\begin{aligned}\rho(x_1,x_2;x_1',x_2',\beta) &= \langle x_1,x_2\mid \mathrm{e}^{-\beta H}\mid x_1',x_2'\rangle\\ &= \frac{\sqrt{\omega_1\omega_2}}{\omega}\left\langle\sqrt{\frac{\omega_1}{2\omega}}(x_1+x_2),\sqrt{\frac{\omega_2}{2\omega}}(x_1-x_2)\right|\\ &\quad\times\exp\left\{-\hbar\beta\sum_i\left[\omega_i a_i^\dagger a_i+\frac{1}{2}\right]\right\}\\ &\quad\times\left|\sqrt{\frac{\omega_1}{2\omega}}(x_1'+x_2'),\sqrt{\frac{\omega_2}{2\omega}}(x_1'-x_2')\right\rangle\\ &\equiv \rho_{\omega 1}\rho_{\omega 2}\end{aligned} \tag{16.36}$$

这个方程表明关于耦合振子的密度矩阵的计算已被简化为计算两个独立耦合振子（频率分别为 ω_1 和 ω_2）的密度矩阵. 鉴于单个简谐振子的密度矩阵是早就已知的

$$\begin{aligned}&\langle x_1\mid\exp\left[-\hbar\beta\omega\left(a_1^\dagger a_1+\frac{1}{2}\right)\right]\mid x_1'\rangle\\ &= \left(\frac{m\omega}{2\pi\hbar\sinh(2f)}\right)^{1/2}\exp\left\{-\frac{m\omega}{2\hbar\sinh(2f)}\left[(x_1^2+x_1'^2)\cosh 2f-2x_1x_1'\right]\right\}\end{aligned}$$

$$f = \frac{\hbar\omega}{2}\beta \tag{16.37}$$

从式(16.36)我们就可直接写出(令 $\beta_i = \beta\omega_i/\omega$)

$$\begin{aligned}
\rho_{\omega_1} &\equiv \left\langle \sqrt{\frac{\omega_1}{2\omega}}(x_1 + x_2) \right| \exp\left[-\beta_1 \hbar\omega\left(a_1^\dagger a_1 + \frac{1}{2}\right)\right] \\
&\quad \times \left| \sqrt{\frac{\omega_1}{2\omega}}(x_1' + x_2') \right\rangle \sqrt{\frac{\omega_1}{\omega}} \\
&= \left(\frac{m\omega_1}{2\pi\hbar\sinh(2f_1)}\right)^{1/2} \exp\left\{-\frac{m\omega_1}{4\hbar\sinh(2f_1)}\right. \\
&\quad \times [\cosh(2f_1)((x_1 + x_2)^2 + (x_1' + x_2')^2) \\
&\quad \left. -2(x_1 + x_2)(x_1' + x_2')]\right\}, \quad f_1 \equiv \frac{\hbar\omega}{2}\beta_1
\end{aligned} \tag{16.38}$$

$$\begin{aligned}
\rho_{\omega_2} &\equiv \left\langle \sqrt{\frac{\omega_2}{2\omega}}(x_1 - x_2) \right| \exp\left[-\beta_2 \hbar\omega\left(a_2^\dagger a_2 + \frac{1}{2}\right)\right] \\
&\quad \times \left| \sqrt{\frac{\omega_2}{2\omega}}(x_1' - x_2') \right\rangle \sqrt{\frac{\omega_2}{\omega}} \\
&= \left(\frac{m\omega_2}{2\pi\hbar\sinh(2f_2)}\right)^{1/2} \exp\left\{-\frac{m\omega_2}{4\hbar\sinh(2f_2)}\right. \\
&\quad \times [\cosh(2f_2)((x_1 - x_2)^2 + (x_1' - x_2')^2) \\
&\quad \left. -2(x_1 - x_2)(x_1' - x_2')]\right\}, \quad f_2 \equiv \frac{\hbar\omega}{2}\beta_2
\end{aligned} \tag{16.39}$$

特别当 $x_1 = x_1'$, $x_2 = x_2'$时,给出发现两个振子分别在 x_1 和 x_2 的几率为

$$\begin{aligned}
\rho(x_1, x_2; x_1, x_2, \beta) = &\frac{m\sqrt{\omega_1\omega_2}}{2\pi\hbar}[\sinh(2f_1)\sinh(2f_2)]^{-1/2} \\
&\times \exp\left\{-\frac{m}{2\hbar}[(x_1 + x_2)^2\omega_1 \tanh f_1\right. \\
&\left. + (x_1 - x_2)^2\omega_2 \tanh f_2]\right\}
\end{aligned} \tag{16.40}$$

从而可用来计算平均势能

$$\begin{aligned}
\frac{1}{2}m\omega^2\langle x_1^2\rangle_e &= \frac{1}{2}m\omega^2 \frac{\iint x_1^2 \rho(x_1, x_2; x_1, x_2, \beta)\mathrm{d}x_1\mathrm{d}x_2}{\iint \rho(x_1, x_2; x_1, x_2, \beta)\mathrm{d}x_1\mathrm{d}x_2} \\
&= \frac{\hbar\omega^2}{8}\left(\frac{\coth f_2}{\omega_2} + \frac{\coth f_1}{\omega_1}\right) = \frac{1}{2}m\omega^2\langle x_2^2\rangle_e
\end{aligned} \tag{16.41}$$

其中$\langle\ \ \rangle_e$表示对系综求平均,而平均耦合能为

$$-\lambda\langle x_1x_2\rangle_e=\frac{\hbar\lambda}{4m}(\omega_2^{-1}\coth f_2-\omega_1^{-1}\coth f_1)\tag{16.42}$$

把势能全加在一起,并注意$\omega_1^2=\omega^2-\frac{\lambda}{m}$,$\omega_2^2=\omega^2+\frac{\lambda}{m}$,有

$$\left\langle\left[\frac{1}{2}m\omega^2(x_1^2+x_2^2)-\lambda x_1x_2\right]\right\rangle_e=\frac{\hbar}{4}(\omega_1\coth f_1+\omega_2\coth f_2)\tag{16.43}$$

另一方面,由密度矩阵可以计算出平均能量,得到

$$\frac{1}{2m}\langle p_1^2\rangle_e=\frac{1}{2m}\langle p_2^2\rangle_e=\frac{\hbar}{8}(\omega_1\coth f_1+\omega_2\coth f_2)=\frac{1}{2}\langle\text{势能}\rangle_e$$

值得注意的是对这两个耦合振子系统,我们仍有

$$\langle\text{势能}\rangle_e=\langle\text{动能}\rangle_e,\quad\langle\text{总能}\rangle_e=2\langle\text{动能}\rangle_e\tag{16.44}$$

16.5　系综平均意义下的 Feynman - Hellmann 定理

在式(16.42)中,计算平均耦合能$-\lambda\langle x_1x_2\rangle_e$是用积分的方法,本节我们改用广义的 Feynman - Hellmann(F - H)定理来计算,"广义"是指系综平均意义下的 F - H 定理.在本世纪 30 年代后期[171,172]提出的 F - H 定理来说:设E_n与ψ_n分别是体系哈密顿$H(\lambda)$的束缚态能级与归一化本征矢,λ是某个参数,则

$$\frac{\partial E_n}{\partial\lambda}=\left\langle\psi_n\left|\frac{\partial H}{\partial\lambda}\right|\psi_n\right\rangle\tag{16.45}$$

其证明较容易,而 F - H 定理本身应用却极为广泛.它既可用来具体计算某些期望值,又可对某些复杂的能级问题作定性的理论分析,避免作繁复的计算也能得出若干结论.但是式(16.45)中的平均是对纯态平均,以前的文献中并未报道过系综平均意义下的 F - H 定理是什么.所以,我们来推导它,并希望通过它进一步推导系综平均意义下的维里定理[173].

让ρ代表处于热平衡的混合态

$$\rho=\sum_j\mathrm{e}^{-\beta E_j}\,|\,j\rangle\langle j\,|=\mathrm{e}^{-\beta H},\quad\beta=(kT)^{-1}\tag{16.46}$$

在这种情形下,平均能量为(以下标 e 表示系综平均)

$$\langle H(\lambda)\rangle_e=\frac{1}{z(\lambda)}\mathrm{tr}(\rho H(\lambda))=\frac{1}{z(\lambda)}\sum_j\mathrm{e}^{-\beta E_j(\lambda)}E_j(\lambda)\equiv\bar{E}(\lambda)\tag{16.47}$$

其中$z(\lambda)=\mathrm{tr}(\rho)$是配分函数,上式两边对$\lambda$微商,得到

$$\frac{\partial}{\partial\lambda}\bar{E}(\lambda)=\frac{1}{z^2(\lambda)}\left\{z(\lambda)\sum_j \mathrm{e}^{-\beta E_j(\lambda)}(1-\beta E_j(\lambda))\frac{\partial E_j(\lambda)}{\partial\lambda}\right.$$
$$\left.-\left[\sum_j \mathrm{e}^{-\beta E_j(\lambda)}E_j(\lambda)\right]\left[\sum_j \mathrm{e}^{-\beta E_j(\lambda)}\frac{\partial}{\partial\lambda}E_j(\lambda)\times(-\beta)\right]\right\}$$
$$=\frac{1}{z(\lambda)}\left\{\sum_j \mathrm{e}^{-\beta E_j(\lambda)}\left[-\beta E_j(\lambda)+\beta\bar{E}(\lambda)+1\right]\frac{\partial E_j(\lambda)}{\partial\lambda}\right\} \tag{16.48}$$

把(16.45)代入式(16.48)得到

$$\frac{\partial}{\partial\lambda}\left\langle H(\lambda)\right\rangle_{\mathrm{e}}=\frac{\partial\bar{E}(\lambda)}{\partial\lambda}=\left\langle\left[1+\beta\bar{E}(\lambda)-\beta H(\lambda)\right]\frac{\partial H}{\partial\lambda}\right\rangle_{\mathrm{e}} \tag{16.49}$$

这就是对于混合态的F-H定理.显然,当ρ是纯态$|j\rangle\langle j|$时,由于$H(\lambda)|j\rangle=E_j(\lambda)|j\rangle$,我们重新得到式(16.45).值得强调的是式(16.49)的两边都是系综平均值.

另一方面,注意到

$$\langle HA\rangle_{\mathrm{e}}=-\frac{\partial}{\partial\beta}\frac{\mathrm{tr}\,(\rho A)}{\mathrm{tr}\,(\rho)}$$
$$=-\frac{\partial}{\partial\beta}\frac{\mathrm{tr}\,(\rho A)}{\mathrm{tr}\,(\rho)}-\frac{\mathrm{tr}\,(\rho A)}{\mathrm{tr}\,(\rho)}\frac{\partial}{\partial\beta}\ln\mathrm{tr}\rho$$
$$=-\frac{\partial}{\partial\beta}\langle A\rangle_{\mathrm{e}}+\langle A\rangle_{\mathrm{e}}\bar{E} \tag{16.50}$$

所以当哈密顿H与β无关时,式(16.49)可以简化为

$$\frac{\partial}{\partial\lambda}\bar{E}(\lambda)=(1+\beta\bar{E}(\lambda))\left\langle\frac{\partial H}{\partial\lambda}\right\rangle_{\mathrm{e}}-\beta\left\{-\frac{\partial}{\partial\beta}\left\langle\frac{\partial H}{\partial\lambda}\right\rangle_{\mathrm{e}}+\left\langle\frac{\partial H}{\partial\lambda}\right\rangle_{\mathrm{e}}\bar{E}\right\}$$
$$=\left(1+\beta\frac{\partial}{\partial\beta}\right)\left\langle\frac{\partial H}{\partial\lambda}\right\rangle_{\mathrm{e}}$$
$$=\frac{\partial}{\partial\beta}\left[\beta\left\langle\frac{\partial H}{\partial\lambda}\right\rangle_{\mathrm{e}}\right] \tag{16.51}$$

现在我们利用它计算上节讨论的$\lambda\langle x_1x_2\rangle_{\mathrm{e}}$的值,由$\bar{E}(\lambda)$的表达式(16.44)和$\frac{\partial H}{\partial\lambda}=-x_1x_2$及广义的F-H定理得到

$$-\beta\langle x_1x_2\rangle_{\mathrm{e}}=\int\mathrm{d}\beta\frac{\partial}{\partial\lambda}\bar{E}(\lambda)+c$$
$$=\frac{\partial}{\partial\lambda}\int\mathrm{d}\beta\left[\frac{\hbar\omega_1}{2}\coth\frac{\hbar\omega_1\beta}{2}+\frac{\hbar\omega_2}{2}\coth\frac{\hbar\omega_2\beta}{2}\right]+c \tag{16.52}$$

其中c是与β无关的积分常数,继续运算并用

$$\frac{\partial\omega_1}{\partial\lambda}=-\frac{1}{2m\omega_1},\quad \frac{\partial\omega_2}{\partial\lambda}=\frac{1}{2m\omega_2}$$

$$-\beta\langle x_1x_2\rangle_e=\frac{1}{2}\frac{\partial}{\partial\lambda}\left\{\ln\left[\mathrm{ch}^2\frac{\hbar\omega_1\beta}{2}-1\right]\left[\mathrm{ch}^2\frac{\hbar\omega_2\beta}{2}-1\right]\right\}+c$$

$$=-\frac{\hbar\beta}{4m}\left[\omega_1^{-1}\coth\frac{\hbar\omega_1\beta}{2}-\omega_2^{-1}\coth\frac{\hbar\omega_2\beta}{2}\right]+c \tag{16.53}$$

当 $\lambda\to0$，$\langle x_1x_2\rangle_e$ 退化为两个独立振子系统的坐标期望之积，应该为零.从右边看，$\lambda\to0$，$\omega_1\to\omega_2$，所以可得 $c=0$.因而我们也要以得到式(16.42).

为表明广义 F－H 定理的用途我们再举一个例子.考虑一个在电场之中的带电荷 q 的谐振子的系综平均值，哈密顿量是

$$H=\frac{1}{2m}p^2+\frac{1}{2}m\omega^2x^2-q\varepsilon x \tag{16.54}$$

设 $|n\rangle$ 是 H 的束缚本征态，取 ε 为参数，显然有

$$\left\langle\frac{\partial H}{\partial\varepsilon}\right\rangle_e=\langle -qx\rangle_e \tag{16.55}$$

由

$$0=\left\langle n\left|\frac{1}{\mathrm{i}\hbar}[p,H]\right|n\right\rangle=\langle n|(q\varepsilon-m\omega^2x)|n\rangle,$$

我们得到

$$\langle n\mid x\mid n\rangle=\frac{q\varepsilon}{m\omega^2} \tag{16.56}$$

它与 n 无关，所以系综平均为 $\langle x\rangle_e=\langle n|x|n\rangle$，以及

$$\left\langle\frac{\partial H}{\partial\varepsilon}\right\rangle_e=-\frac{q^2\varepsilon}{m\omega^2} \tag{16.57}$$

当 $\varepsilon=0$ 时，H 退化为一个简谐振子，其系综平均能为 $\bar{E}(0)=\frac{\hbar\omega}{2}\coth\frac{\hbar\omega\beta}{2}$，所以把式(16.51)积分并用式(16.57)，得

$$\bar{E}(\varepsilon)=\int_0^\varepsilon\left(1+\beta\frac{\partial}{\partial\beta}\right)\left\langle\frac{\partial H}{\partial\varepsilon}\right\rangle_e\mathrm{d}\varepsilon+\bar{E}(0)=\frac{\hbar\omega}{2}\coth\frac{\hbar\beta\omega}{2}-\frac{q^2\varepsilon^2}{2m\omega^2} \tag{16.58}$$

因此，广义 F－H 定理为计算力学量的系综平均值提供了新的途径.

以下我们再用广义的 F－H 定理推导广义的维里定理.我们来考察在系综平均意义下的动能与势能值之间的关系.让哈密量为

$$H=-\sum_{i=1}^N\frac{\hbar^2}{2m_i}\nabla_{x_i}^2+V(\boldsymbol{x}_1,\boldsymbol{x}_2,\cdots,\boldsymbol{x}_N)\equiv T+V \tag{16.59}$$

引进实参数 λ 来构造与 λ 有关的哈密顿

$$H(\lambda) = -\sum_{i=1}^{N} \frac{\hbar^2}{2m_i} \nabla_{x_i}^2 + V(\lambda \boldsymbol{x}_1, \cdots, \lambda \boldsymbol{x}_N) \tag{16.60}$$

由广义 F－H 定理知道

$$\begin{aligned} \lambda \frac{\partial}{\partial \lambda} \bar{E}(\lambda) &= \lambda \langle [1 + \beta \bar{E}(\lambda) - \beta H(\lambda)] \frac{\partial}{\partial \lambda} V(\lambda \boldsymbol{x}_1, \cdots, \lambda \boldsymbol{x}_N) \rangle_{\mathrm{e}} \\ &= \langle [1 + \beta \bar{E}(\lambda) - \beta H(\lambda)] \lambda \sum_{i=1}^{N} \sum_{j=1}^{3} x_{ij} \frac{\partial}{\partial (\lambda x_{ij})} V \rangle_{\mathrm{e}} \end{aligned} \tag{16.61}$$

另一方面，作变数变换 $\boldsymbol{y}_i = \lambda \boldsymbol{x}_i$，可将式(16.60)表达为

$$H(\lambda) = -\sum_{i=1}^{N} \frac{\hbar^2}{2m_i} \lambda^2 \nabla_{y_i}^2 + V(\boldsymbol{y}_1, \cdots, \boldsymbol{y}_N) \equiv H_y(\lambda) \tag{16.62}$$

再一次再广义 F－H 定理，得

$$\frac{\partial}{\partial \lambda} \bar{E}(\lambda) = \left\langle [1 + \beta \bar{E}(\lambda) - \beta H_y(\lambda)] \left(-2 \sum_{i=1}^{N} \frac{\hbar^2}{2m_i} \lambda \nabla_{y_i}^2 \right\rangle \right. \tag{16.63}$$

现令 $\lambda = 1, \bar{E}(\lambda) = E, H(\lambda) = H, \boldsymbol{y}_i = \boldsymbol{x}_i$，由式(16.61)和式(16.63)我们得出

$$(1 + \beta \bar{E}) \left\langle 2T - \sum_{j=1}^{3} \sum_{i=1}^{N} x_{ij} \frac{\partial}{\partial x_{ij}} V \right\rangle_{\mathrm{e}} = \beta \left\langle H \left(2T - \sum_{j=1}^{3} \sum_{i=1}^{N} x_{ij} \frac{\partial}{\partial x_{ij}} V \right)_{\mathrm{e}} \right\rangle \tag{16.64}$$

上式右边利用式(16.50)的结果使上式变为

$$\left\langle 2T - \sum_{j=1}^{3} \sum_{i=1}^{N} x_{ij} \frac{\partial}{\partial x_{ij}} V \right\rangle_{\mathrm{e}} = -\beta \frac{\partial}{\partial \beta} \left\langle 2T - \sum_{j=1}^{3} \sum_{i=1}^{N} x_{ij} \frac{\partial}{\partial x_{ij}} V \right\rangle_{\mathrm{e}} \tag{16.65}$$

此方程的解是

$$\left\langle 2T - \sum_{j=1}^{3} \sum_{i=1}^{N} x_{ij} \frac{\partial}{\partial x_{ij}} V \right\rangle_{\mathrm{e}} = \frac{c}{\beta} \tag{16.66}$$

其中 c 是积分常数，这就是系综平均意义下的广义维里定理，特别地，设给定系统的势能是坐标 $\boldsymbol{x}_i$ 的齐次函数：$V(\lambda \boldsymbol{x}_i) = \lambda^n V(\boldsymbol{x}_i)$，则式(16.61)变成

$$\lambda \frac{\partial}{\partial \lambda} \bar{E}(\lambda) = \lambda^n \langle [1 + \beta \bar{E}(\lambda) - \beta H(\lambda)] \rangle n V(\boldsymbol{x}_1, \cdots, \boldsymbol{x}_N) \rangle_{\mathrm{e}} \tag{16.67}$$

用式(16.50)、(16.63)和(16.67)并令 $\lambda = 1$，给出

$$\langle 2T \rangle_{\mathrm{e}} - n \langle V \rangle_{\mathrm{c}} = \frac{c}{\beta} \tag{16.68}$$

显然，当温度 $T \to 0$ 时，$\beta = \dfrac{1}{kT} \to \infty$，我们看出 $\langle 2T \rangle_{\mathrm{e}} = n \langle V \rangle_{\mathrm{e}}$ 这与纯态的维里定理一致. 注意式(16.68)中的积分常数 c 随系统的不同而不同，以一对耦合谐振子为例，其势能是坐标的二次齐次函数，从我们已经计算过的结论知道〈势能〉=〈动

能〉,故对于此系统积分常数为 $c=0$.

16.6　d 个全同耦合的振子系统的幺正变换算符[174]

现在考虑 d 个全同耦合振子的哈密顿量,以 k 为耦合常数,

$$H=\sum_{i=1}^{d}\left[\frac{p_i^2}{2m}+\frac{1}{2}m\omega^2x_i^2\right]+\frac{k}{4}\sum_{i,j=1}^{d}(x_i-x_j)^2 \tag{16.69}$$

我们认为如下的幺正算符可以使之对角化

$$U=\frac{\omega}{\bar{\omega}}^{(d-1)/4}\int_{-\infty}^{\infty}\mathrm{d}^d\boldsymbol{x}\,|\,u\boldsymbol{x}\rangle\langle\boldsymbol{x}\,| \tag{16.70}$$

其中$\frac{\omega}{\bar{\omega}}^{(d-1)/4}$是为了让 U 幺正而引入的,$|\boldsymbol{x}\rangle$是 d 维坐标本征态

$$|\,\boldsymbol{x}\rangle=\left|\begin{pmatrix}x_1\\x_2\\\vdots\\x_\mathrm{d}\end{pmatrix}\right\rangle=|\,x_1\rangle\,|\,x_2\rangle\cdots|\,x_\mathrm{d}\rangle \tag{16.71}$$

u 是 $d\times d$ 维矩阵,表示如下

$$u=\begin{pmatrix}
d^{-1/2} & -\sqrt{\frac{1}{2}}\gamma & -\sqrt{\frac{1}{6}}\gamma & -\sqrt{\frac{1}{12}}\gamma & \cdots & -\left(\frac{1}{(d-1)(d-2)}\right)^{1/2}\gamma & -\left(\frac{1}{d(d-1)}\right)^{1/2}\gamma\\
d^{-1/2} & \sqrt{\frac{1}{2}}\gamma & -\sqrt{\frac{1}{6}}\gamma & -\sqrt{\frac{1}{12}}\gamma & \cdots & -\left(\frac{1}{(d-1)(d-2)}\right)^{1/2}\gamma & -\left(\frac{1}{d(d-1)}\right)^{1/2}\gamma\\
d^{-1/2} & 0 & \sqrt{\frac{2}{3}}\gamma & -\sqrt{\frac{1}{12}}\gamma & \cdots & X & \Delta\\
d^{-1/2} & 0 & 0 & \sqrt{\frac{3}{4}}\gamma & \cdots & X & \Delta\\
\vdots & \vdots & & & & \vdots & \vdots\\
 & & & & & X & \Delta\\
d^{-1/2} & 0 & & & & \left(\frac{d-2}{d-1}\right)^{1/2}\gamma & -\left(\frac{1}{d(d-1)}\right)^{1/2}\gamma\\
d^{-1/2} & 0 & 0 & 0 & & 0 & \left(\frac{d-1}{d}\right)^{1/2}\gamma
\end{pmatrix}$$

$$\gamma\equiv\left(\frac{\omega}{\bar{\omega}}\right)^{1/2} \tag{16.72}$$

其中的记号 X 与 Δ 分别代表

$$X = -[(d-1)(d-2)]^{-1/2}\gamma$$

$$\Delta = -[d(d-1)]^{-1/2}\gamma, \quad \bar{\omega}^2 = \omega^2 + \frac{kd}{m} \tag{16.73}$$

u 的行列式是

$$\det u = \left(\frac{\omega}{\bar{\omega}}\right)^{(d-1)/2}$$

用 IWOP 技术对式(16.70)积分得

$$\begin{aligned}
U = &\left(\frac{\omega}{\bar{\omega}}\right)^{(d-1)/4} : \int_{-\infty}^{\infty} \mathrm{d}x_1 \frac{1}{\sqrt{\pi}} \exp\left\{-x_1^2 + \sqrt{2}x_1\left[d^{-1/2}\sum_{i=1}^{d} a_i^{\dagger} + a_1\right]\right. \\
&\times \int_{-\infty}^{\infty} \mathrm{d}x_2 \frac{1}{\sqrt{\pi}} \exp\left\{-\frac{x_2^2}{2}\left(1+\frac{\omega}{\bar{\omega}}\right) + \sqrt{2}x_2\left[\sqrt{\frac{\omega}{2\bar{\omega}}}(a_2^{\dagger} - a_1^{\dagger}) + a_2\right]\right\} \\
&\times \int_{-\infty}^{\infty} \mathrm{d}x_3 \frac{1}{\sqrt{\pi}} \exp\left\{-\frac{x_3^2}{2}\left(1+\frac{\omega}{\bar{\omega}}\right) + \sqrt{2}x_3\left[\sqrt{\frac{2\omega}{3\bar{\omega}}}\left(a_3^{\dagger} - \frac{a_1^{\dagger}+a_2^{\dagger}}{2}\right) + a_3\right]\right\}\cdots \\
&\times \int_{-\infty}^{\infty} \mathrm{d}x_d \frac{1}{\sqrt{\pi}} \exp\left\{-\frac{x_d^2}{2}\left(1+\frac{\omega}{\bar{\omega}}\right) + \sqrt{2}x_d\left[\sqrt{\frac{(d-1)\omega}{\bar{\omega}d}}\right.\right. \\
&\left.\left.\times \left(a_d^{\dagger} - \frac{1}{d-1}\sum_{i=1}^{d-1} a_i^{\dagger}\right) + a_d\right] - \frac{1}{2}\sum_{i=1}^{d}(a_i + a_i^{\dagger})^2\right\}: \\
= &\left(\frac{4\bar{\omega}\omega}{(\bar{\omega}+\omega)^2}\right)^{(d-1)/4} \exp\left\{\frac{\omega-\bar{\omega}}{(\omega+\bar{\omega})d}\left[\frac{d-1}{2}\sum_{i=1}^{d} a_i^{\dagger 2} - \sum_{i,j=1}^{d}{}' a_i^{\dagger}a_j^{\dagger}\right]\right\} \\
&\times : \exp[(a_1^{\dagger}a_2^{\dagger}\cdots a_d^{\dagger})(F - \mathbb{1})\widetilde{(a_1 a_2 \cdots a_d)}] : \exp\left[\frac{\bar{\omega}-\omega}{2(\bar{\omega}+\omega)}\sum_{i=2}^{d} a_i^2\right]
\end{aligned} \tag{16.74}$$

式(16.74)中$\sum'$表示求和限制于$i<j$ 的情况，而式中的 F 也是个 $d\times d$ 矩阵

$$F = \begin{pmatrix}
d^{-1/2} & -\sqrt{\frac{1}{2}}\lambda & -\sqrt{\frac{1}{6}}\lambda & \cdots & -\left(\frac{1}{d(d-1)}\right)^{1/2}\lambda \\
d^{-1/2} & \sqrt{\frac{1}{2}}\lambda & -\sqrt{\frac{1}{6}}\lambda & \cdots & -\left(\frac{1}{d(d-1)}\right)^{1/2}\lambda \\
d^{-1/2} & 0 & \sqrt{\frac{2}{3}}\lambda & \cdots & \vdots \\
\vdots & & 0 & & \\
d^{-1/2} & & \cdots & & \left(\frac{(d-1)}{d}\right)^{1/2}\lambda
\end{pmatrix}$$

$$\frac{2\sqrt{\bar{\omega}\omega}}{\bar{\omega}+\omega}=\lambda \tag{16.75}$$

利用算符恒等式

$$:\exp\Big[\sum_{i,j}a_i^\dagger(\mathrm{e}^{\Lambda}-\mathbb{1})_{ij}a_j\Big]:\begin{Bmatrix}a_l^\dagger\\ a_l\end{Bmatrix}:\exp\Big[\sum_{i,j}a_i^\dagger(\mathrm{e}^{\Lambda}-\mathbb{1})_{ij}a_j\Big]:$$

$$=\sum_i\begin{Bmatrix}a_i^\dagger(\mathrm{e}^{\Lambda})_{il}\\ (\mathrm{e}^{-\Lambda})_{li}a_i\end{Bmatrix} \tag{16.76}$$

可以从式(16.74)和(16.75)看出，在 U 变换下

$$\begin{aligned}b_{r-1}^\dagger&\equiv Ua_r^\dagger U^{-1}\\ &=\frac{\bar{\omega}+\omega}{2\sqrt{\bar{\omega}\omega}}\sqrt{\frac{r-1}{r}}\left(a_r^\dagger-\frac{1}{r-1}\sum_{i=1}^{r-1}a_i^\dagger\right)\\ &\quad+\frac{\bar{\omega}-\omega}{2\sqrt{\bar{\omega}\omega}}\sqrt{\frac{r-1}{r}}\left(a_r-\frac{1}{r-1}\sum_{i=1}^{r-1}a_i\right),\quad 1\leqslant r\leqslant d\end{aligned} \tag{16.77}$$

$$b_d^\dagger\equiv Ua_1^\dagger U^{-1}=d^{-1/2}\sum_{i=1}^{d}a_i^\dagger$$

由此定出雅可比坐标

$$\begin{aligned}x_{r-1}&=\sqrt{\frac{\hbar}{2m\bar{\omega}}}(b_{r-1}+b_{r-1}^\dagger)\\ &=\sqrt{\frac{\hbar}{2m\bar{\omega}}}\sqrt{\frac{\bar{\omega}}{\omega}}\sqrt{\frac{r-1}{r}}\left(a_r+a_r^\dagger-\frac{1}{r-1}\sum_{i=1}^{r-1}(a_i+a_i^\dagger)\right)\\ &=\sqrt{\frac{r-1}{r}}x_r-\frac{1}{\sqrt{r(r-1)}}\sum_{i=1}^{r-1}x_i,\\ x_d&=\sqrt{\frac{\hbar}{2m\omega}}(b_d+b_d^\dagger)=d^{-1/2}\sum_{i=1}^{d}x_i\end{aligned} \tag{16.78}$$

而使 $\mathscr{H}$ 可以对角化为

$$\mathscr{H}=\left[\omega\left(a_1^\dagger a_1+\frac{1}{2}\right)+\bar{\omega}\left(\sum_{r=2}^{d}{}'a_r^\dagger a_r+\frac{d-1}{2}\right)\right]\hbar \tag{16.79}$$

值得指出的是 U 包括了频率跃迁有关的压缩变换.注意在式(16.74)的第一个指数函数中出现了(当 $d=4$)

$$\frac{2}{3}\sum_{i=1}^{4}a_i^{\dagger 2}-\sum_{i,j=1}^{4}{}'a_i^\dagger a_j^\dagger\equiv R^\dagger \tag{16.80}$$

用对易关系$[a_i^\dagger,a_j^\dagger]=\delta_{ij}$，可证

$$\left[\frac{R}{4},\frac{R^\dagger}{4}\right]=\frac{1}{4}\Big[3\sum_{i=1}^{4}a_i^\dagger a_i-(a_2^\dagger+a_3^\dagger+a_4^\dagger)a_1$$
$$-(a_1^\dagger+a_3^\dagger+a_4^\dagger)a_2-(a_1^\dagger+a_2^\dagger+a_4^\dagger)a_2$$
$$-(a_1^\dagger+a_2^\dagger+a_3^\dagger)a_4+6\Big]\equiv 2J$$

于是有
$$\left[\frac{R}{4},J\right]=\frac{R}{4},\left[\frac{R^\dagger}{4},J\right]=-\frac{R^\dagger}{4},J^\dagger=J.$$

这表明$\frac{R}{4},\frac{R^\dagger}{4}$与 J 形成一个封闭的 SU(1,1)李代数,它们是 SU(1,1)的多模玻色子实现,参见 13.9 节.

值得指出,在文献[175]中 Michelot 考虑了耦合振子与非耦合振子真空态之间的变换.

16.7　解三原子线性分子动力学中的压缩变换[176]

一个三原子线性分子的动力学由如下哈密顿量描述

$$\mathscr{H}=\sum_{i=1}^{3}\frac{1}{2m_i}p_i^2+\frac{k}{2}[(x_2-x_1-d)^2+(x_3-x_2-d)^2] \tag{16.81}$$

其中 d 是两个邻近原子之间距.用平移算符 $\mathrm{e}^{\mathrm{i}p_jd}$ 可知:$\mathrm{e}^{-\mathrm{i}p_jd}x_j\mathrm{e}^{\mathrm{i}p_jd}=x_j-d$,因此我们只须讨论如下的哈密顿量

$$H=H_0+H'$$
$$H_0=\sum_{i=1}^{3}\frac{p_i^2}{2m_i}+\frac{k}{2}(x_1^2+x_3^2)+kx_2^2$$
$$H'=-k(x_1x_2+x_2x_3) \tag{16.82}$$

我们要指出对角化 H 的幺正变换 U 中包含着压缩变换.我们先给出 U,然后证明它可使 H 对角化.U 在坐标表象中的形式是

$$U=\left(\frac{2m_2m_3}{AB}\right)^{1/8}\int\mathrm{d}^2\boldsymbol{x}\left|u\begin{pmatrix}x_1\\x_2\\x_3\end{pmatrix}\right\rangle\left\langle\begin{pmatrix}x_1\\x_2\\x_3\end{pmatrix}\right| \tag{16.83}$$

这里

$$u = \begin{pmatrix} 1 & -\frac{1}{M}\left(\frac{2m_2}{A}\right)^{1/4}[(m_2+m_3)\cos\alpha - m_3\sin\alpha] & \frac{1}{M}\left(\frac{m_3}{B}\right)^{1/4}[(m_2+m_3)\sin\alpha - m_3\cos\alpha] \\ 1 & \frac{1}{M}\left(\frac{2m_2}{A}\right)^{1/4}(m_1\cos\alpha - m_3\sin\alpha) & -\frac{1}{M}\left(\frac{m_3}{B}\right)^{1/4}(m_1\sin\alpha + m_3\cos\alpha) \\ 1 & \frac{1}{M}\left(\frac{2m_2}{A}\right)^{1/4}[(m_1+m_2)\sin\alpha + m_1\cos\alpha] & \frac{1}{M}\left(\frac{m_3}{B}\right)^{1/4}[(m_1+m_2)\cos\alpha - m_1\sin\alpha] \end{pmatrix} \tag{16.84}$$

其中 $M = m_1 + m_2 + m_3$ 是分子的总质量，α 角满足以下的方程

$$(m_3^{-1} - m_1^{-1})\sin 2\alpha = 2m_2^{-1}\cos 2\alpha \tag{16.85}$$

而

$$A^{-1} = \mu_1^{-1}\cos^2\alpha + \mu_2^{-1}\sin^2\alpha - m_2^{-1}\sin 2\alpha$$

$$B^{-1} = \mu_1^{-1}\sin^2\alpha + \mu_2^{-1}\cos^2\alpha + m_2^{-1}\sin 2\alpha \tag{16.86}$$

$$\mu_1 = \frac{m_1 m_2}{(m_1+m_2)},\quad \mu_2 = \frac{m_2 m_3}{(m_2+m_3)}$$

由 $\det u = (2m_2m_3/AB)^{1/4}$ 可知式(16.83)确实是幺正算符. 在动量表象下，易证 U 具有形式

$$U = \left(\frac{2m_2m_3}{AB}\right)^{1/8}\int \mathrm{d}^3\boldsymbol{p} \left| \begin{pmatrix} p_1 \\ p_2 \\ p_3 \end{pmatrix} \right\rangle \left\langle \tilde{u} \begin{pmatrix} p_1 \\ p_2 \\ p_3 \end{pmatrix} \right| \tag{16.87}$$

在 U 变换下，动量算符按下式变换

$$Up_iU^{-1} = \det u \int \mathrm{d}^3\boldsymbol{p} \left| \begin{pmatrix} p_1 \\ p_2 \\ p_3 \end{pmatrix} \right\rangle \left\langle \tilde{u} \begin{pmatrix} p_1 \\ p_2 \\ p_3 \end{pmatrix} \right| p_i \int \mathrm{d}^3 p' \left| \tilde{u} \begin{pmatrix} p_1' \\ p_2' \\ p_3' \end{pmatrix} \right\rangle \left\langle \begin{pmatrix} p_1' \\ p_2' \\ p_3' \end{pmatrix} \right|$$

$$= \sum_{j=1}^{3} \tilde{u}_{ij} p_j \tag{16.88}$$

而用式(16.83)可证

$$Ux_iU^{-1} = \sum_{j=1}^{3} (u^{-1})_{ij} x_j \tag{16.89}$$

这里

$$u^{-1}=\begin{pmatrix} \dfrac{m_1}{M} & \dfrac{m_2}{M} & \dfrac{m_3}{M} \\ -\left(\dfrac{A}{2m_2}\right)^{1/4}\cos\alpha & \left(\dfrac{A}{2m_2}\right)^{1/4}(\cos\alpha-\sin\alpha) & \left(\dfrac{A}{2m_2}\right)^{1/4}\sin\alpha \\ \left(\dfrac{B}{m_3}\right)^{1/4}\sin\alpha & -\left(\dfrac{B}{m_3}\right)^{1/4}(\sin\alpha+\cos\alpha) & \left(\dfrac{B}{m_3}\right)^{1/4}\cos\alpha \end{pmatrix} \tag{16.90}$$

比较方程(16.89)、(16.90)和(16.88)，我们看到 U 算符不仅引起转动变换，而且包括了压缩变换. 例如当因子$\left(\dfrac{B}{m_3}\right)^{1/4}$出现在 Ux_3U^{-1}中，那么其逆$\left(\dfrac{m_3}{B}\right)^{1/4}$则出现在 Up_3U^{-1}之中，这表明坐标及其正则共轭动量的变换互逆，因而体现了压缩变换.

进一步我们证明 H 对角化为

$$\begin{aligned} H &= U\left[\frac{\omega_A}{\omega_2}\left(\frac{p_2^2}{2m_2}+kx_2^2\right)+\frac{\omega_B}{\omega_3}\left(\frac{p_3^2}{2m_3}+\frac{k}{2}x_3^2\right)+\frac{p_1^2}{2M}\right]U^{-1} \\ &= U\left\{\left[\omega_A\left(a_2^\dagger a_2+\frac{1}{2}\right)+\omega_B\left(a_3^\dagger a_3+\frac{1}{2}\right)\right]\hbar+\frac{p_1^2}{2M}\right\}U^{-1} \end{aligned} \tag{16.91}$$

其中

$$\omega_2=\sqrt{\frac{2k}{m_2}},\quad \omega_3=\sqrt{\frac{k}{m_3}},\quad \omega_A=\sqrt{\frac{k}{A}},\quad \omega_B=\sqrt{\frac{k}{B}} \tag{16.92}$$

为了证明式(16.91)，只要用式(16.83)、(16.84)和(16.88)以及关系式

$$\left.\begin{aligned} \frac{1}{A}\cos^2\alpha+\frac{1}{B}\sin^2\alpha &= \frac{1}{\mu_1} \\ \frac{1}{A}\sin^2\alpha+\frac{1}{B}\cos^2\alpha &= \frac{1}{\mu_2} \\ \sin\left(\frac{1}{A}-\frac{1}{B}\right)\sin 2\alpha &= -\frac{2}{m_2} \end{aligned}\right\} \tag{16.93}$$

再经过一番较长的但是直截了当的计算，我们得到

$$U\left(\frac{\omega_A}{\omega_2}\frac{p_2^2}{2m_2}+\frac{\omega_B}{\omega_3}\frac{p_3^2}{2m_3}+\frac{p_1^2}{2M}\right)U^{-1}=\sum_{i=1}^{3}\frac{p_i^2}{2m_i} \tag{16.94}$$

另外用式(16.89)和(16.92)算出

$$U\left(\frac{\omega_A}{\omega_2}x_2^2+\frac{\omega_B}{\omega_3}\frac{x_3^2}{2}\right)U^{-1}=(x_1-x_2)^2+(x_3-x_2)^2 \tag{16.95}$$

于是，式(16.91)得证. 在以往的教科书或文献中，尽管也求出了三原子线性分子的能级，但并未给出过 u 和 U 的具体形式，因此也未指出 U 中包括了压缩变换.

16.8　三原子线性分子的密度矩阵

我们用幺正变换途径来求三原子线性分子的密度矩阵,进而求原子之间的平均耦合能.由 U 的坐标表象式(16.83),看出

$$\left\langle\begin{pmatrix}x_1\\x_2\\x_3\end{pmatrix}\right| U=\left(\frac{2m_2m_3}{AB}\right)^{1/8}\int \mathrm{d}^3x'\delta\left[\begin{pmatrix}x_1\\x_2\\x_3\end{pmatrix}-u\begin{pmatrix}x_1'\\x_2'\\x_3'\end{pmatrix}\right]\left\langle\begin{pmatrix}x_1'\\x_2'\\x_3'\end{pmatrix}\right|$$

$$=\left(\frac{AB}{2m_2m_3}\right)^{1/8}\langle y_1,y_2,y_3| \tag{16.96}$$

这里 y_i 定义为

$$y_i=\sum_{j=1}^{3}(u^{-1})_{ij}x_j \tag{16.97}$$

因此,三原子线性分子的密度矩阵为

$$\begin{aligned}\rho(\boldsymbol{x},\boldsymbol{x}';\beta)&=\langle x_1x_2x_3|\mathrm{e}^{-\beta H}|x_1'x_2'x_3'\rangle\\&=\left(\frac{AB}{2m_2m_3}\right)^{1/4}\langle y_1y_2y_3|\exp\left\{-\beta\left[\hbar\omega_A\left(a_2^\dagger a_2+\frac{1}{2}\right)\right.\right.\\&\qquad\left.\left.+\hbar\omega_B\left(a_3^\dagger a_3+\frac{1}{2}\right)+\frac{p_1^2}{2M}\right]\right\}|y_1'y_2'y_3'\rangle\\&\equiv\rho(\boldsymbol{y},\boldsymbol{y}';\beta)=\rho_1\rho_2\rho_3\end{aligned} \tag{16.98}$$

这表明计算三个以不全同耦合方式组合的系统的密度矩阵已简化为两个独立简谐振子的密度矩阵和一个自由粒子(质量为 M)的密度矩阵.参考式(16.37)和 Feynman 的关于自由粒子的密度矩阵式:

$$\langle x_1|\exp\left(-\beta\frac{p_1^2}{2M}\right)|x_1'\rangle=\left(\frac{M}{2\pi\hbar^2\beta}\right)^{1/2}\exp\left[-\left(\frac{M}{2\hbar^2\beta}\right)(x_1-x_1')^2\right] \tag{16.99}$$

可以立即导出

$$\rho_1=\langle y_1|\exp\left(-\beta\frac{p_1^2}{2M}\right)|y_1'\rangle=\left(\frac{M}{2\pi\hbar^2\beta}\right)^{1/2}\exp\left[-\frac{M}{2\hbar^2\beta}(y_1-y_1')^2\right]$$

$$\rho_2=\langle y_2|\exp\left[-\beta\hbar\omega_A\left(a_2^\dagger a_2+\frac{1}{2}\right)\right]|y_2'\rangle\left(\frac{A}{2m_2}\right)^{1/4}$$

$$=\left(\frac{A\omega_A}{2\pi\hbar\sinh(2f_2)}\right)^{1/2}\exp\left\{-\frac{A\omega_A}{2\hbar\sinh(2f_2)}\right.$$

$$\times\left[(\bar{y}_2^2+\bar{y}_2'^2)\cosh(2f_2)-2\bar{y}_2\bar{y}_2'\right]\Big\} \tag{16.100}$$

其中
$$f_2=\frac{\hbar\omega_A}{2}\beta_2,\quad \bar{y}_2=\left(\frac{2m_2}{A}\right)^{1/4}y_2,\quad \beta_2=\beta\frac{\omega_A}{\omega_2}.$$

以及

$$\begin{aligned}\rho_3&=\langle y_3\mid\exp\left[-\beta\hbar\omega_B\left(a_3^\dagger a_3+\frac{1}{2}\right)\right]\mid y_3'\rangle\left(\frac{\beta}{m_3}\right)^{1/4}\\&=\left(\frac{B\omega_B}{2\pi\hbar\sinh(2f_3)}\right)^{1/2}\exp\Big\{-\frac{B\omega_B}{2\hbar\sinh(2f_3)}\\&\quad\times\left[(\bar{y}_3^2+\bar{y}_3'^2)\cosh(2f_3)-2\bar{y}_3\bar{y}_3'\right]\Big\}\end{aligned} \tag{16.101}$$

其中
$$f_3=\frac{\hbar\omega_B}{2}\beta_3,\quad \bar{y}_3=\left(\frac{m_3}{B}\right)^{1/4}y_3,\quad \beta_3=\beta\frac{\omega_B}{\omega_3}.$$

现在我们可以分析此分子的平均势能与动能，用式(16.97)和(16.98)首先计算 $\langle x_i^2\rangle$

$$\langle x_i^2\rangle=\frac{\int\mathrm{d}^3\boldsymbol{x}x_i^2\rho(\boldsymbol{x},\boldsymbol{x},\beta)}{\mathrm{d}^3\boldsymbol{x}\rho(\boldsymbol{x},\boldsymbol{x},\beta)}=\frac{\int\mathrm{d}^3\boldsymbol{y}\left(\sum_{j=1}^3u_{ij}y_j\right)^2\rho(\boldsymbol{y},\boldsymbol{y},\beta)}{\int\mathrm{d}^3\boldsymbol{y}\rho(\boldsymbol{y},\boldsymbol{y},\beta)} \tag{16.102}$$

由于 $\rho_i(i=1,2,3)$是 y_i 的偶函数，故有

$$\int\mathrm{d}^3\boldsymbol{y}y_iy_i\rho(\boldsymbol{y},\boldsymbol{y},\beta)=0\quad(当\ i\neq j) \tag{16.103}$$

因此式(16.102)变为

$$\langle x_i^2\rangle=\sum_{j=1}^3u_{ij}^2g_j \tag{16.104}$$

其中

$$\left.\begin{aligned}g_j&\equiv\frac{\int\mathrm{d}y_i\rho_j(y_i,y_j,\beta)y_j^2}{\int\mathrm{d}y_j\rho_j(y_j,y_j,\beta)}\\g_2&\equiv\frac{\hbar}{2m_2\omega_2\tanh f_2}\\g_3&\equiv\frac{\hbar}{2m_3\omega_3\tanh f_3}\end{aligned}\right\} \tag{16.105}$$

下一步我们计算耦合算符的平均值，用式(16.97)得

$$\langle x_ix_j\rangle=\sum_{k=1}^3u_{ik}u_{jk}g_k \tag{16.106}$$

于是势能的平均值为

$$\langle V\rangle \equiv \frac{1}{2}k\langle (x_1 - x_2)^2 + (x_2 - x_3)^2\rangle$$
$$= \frac{1}{2}k\{[(u_{12} - u_{22})^2 + (u_{22} - u_{32})^2]g_2 + [(u_{13} - u_{23})^2 + (u_{23} - u_{33})^2]g_3\} \tag{16.107}$$

将式(16.105)和(16.84)代入式(16.107),得到

$$\langle V\rangle = \frac{1}{4}(\omega_A \coth f_2 + \omega_B \coth f_3)\hbar \tag{16.108}$$

类似地我们可以算出(步骤略)动能的平均值

$$\left\langle \sum_{i=1}^{3} \frac{p_i^2}{2m_i} \right\rangle = \frac{1}{2\beta} + \frac{\hbar}{4}(\omega_A \coth f_2 + \omega_B \coth f_3) \tag{16.109}$$

比较式(16.107)和(16.109)导出势能平均与动能平均的关系

$$\langle 势能\rangle = \langle 动能\rangle - \frac{1}{2\beta} \tag{16.110}$$

这一结果与方程(16.91)一致,因为后者表明三原子线性分子的哈密顿量幺正等价于两个独立谐振子和一个自由粒子的哈密顿.

将式(16.110)与叙述广义维里定理的式(16.68)相比较,可知式(16.68)中的积分常数 c 对三原子线性分子系统应取值 1.所以不同的系统,广义维里定理公式的 c 值也不同.

第 17 章 IWOP 技术固体理论中的一些应用

17.1 $|kq\rangle$表象中的压缩算符

除了常见的坐标、动量、相干态、压缩态表象外，我们已经在第 4 章中引入了若干新的连续表象. 值得指出的是相干态表象$|z\rangle$，$z=\frac{1}{\sqrt{2}}(q+\mathrm{i}p)$，若写成$|p,q\rangle$的正则形式，其宗量可以适当反映 q-p 相空间的一个相点. 现在要问是否存在一种表象，它把相点限制在一定大小的范围内？

在固体物理中，Zak 曾引入了 kq 表象[177,178]. kq 波函数既区别于周期晶格中常用的布洛赫波函数，又和瓦尼尔波函数不同. 为使电子的坐标能够确定到一个原子晶胞的范围内，而同时使其动量限制为第一布里渊区范围中的波矢，Zak 引入了一对可对易的完备算符

$$T(\boldsymbol{c}_i)=\mathrm{e}^{\mathrm{i}\boldsymbol{P}\cdot\boldsymbol{c}_i},\quad T(\boldsymbol{b}_j)=\mathrm{e}^{\mathrm{i}\boldsymbol{Q}\cdot\boldsymbol{b}_j}$$

其中 $\boldsymbol{c}_i$ 和 $\boldsymbol{b}_j$ 分别是晶格矢量和倒格子矢量，而 $\boldsymbol{P}$ 与 $\boldsymbol{Q}$ 是动量和位置坐标. 按固体物理，$\boldsymbol{b}_j\cdot\boldsymbol{c}_j$ 等于 2π 的整数倍(对所有的 i 和 j 成立). 在一维情况

$$T(c)=\mathrm{e}^{\mathrm{i}Pc},\quad T(b)=\mathrm{e}^{\mathrm{i}Qb},\quad bc=2\pi \tag{17.1}$$

尽管$[Q,P]=\mathrm{i}$，但

$$[\mathrm{e}^{\mathrm{i}Pc},\mathrm{e}^{\mathrm{i}Qb}]=0 \tag{17.2}$$

因而它们有共同本征矢量，它的波函数为

$$\psi_{kq}(q')=b^{-1/2}\sum_n\delta(q'-q-nc)\mathrm{e}^{\mathrm{i}knc} \tag{17.3}$$

这里 k 标志着平移算符 $T(c)$的本征值，取值为 $-\pi/c$ 到 π/c，即在第一布里渊区

中变化，而 q 在一个原胞中取值，$-\pi/b \leqslant q \leqslant \pi/b$. 记 kq 表象为 $|kq\rangle_c$，因为它与晶格常数有关的. 我们将用 IWOP 技术来研究 kq 表象的若干性质，并着重讨论此表象内的压缩算符，以便与量子光学压缩态相联系[179].

$|kq\rangle_c$ 的坐标表象展开. 用坐标本征态 $|q\rangle$，可以证明 $|kq\rangle_c$ 的展开式是

$$|kq\rangle_c = b^{-1/2}\sum_{n=-\infty}^{\infty}|q+nc\rangle \mathrm{e}^{iknc} \tag{17.4}$$

事实上，利用 $Q|q\rangle = q|q\rangle$ 和 $P|q\rangle = \mathrm{i}\frac{\mathrm{d}}{\mathrm{d}q}|q\rangle$ 可证本征值方程

$$\mathrm{e}^{\mathrm{i}Qb}|kq\rangle_c = \mathrm{e}^{\mathrm{i}qb}|kq\rangle_c \tag{17.5}$$

$$\mathrm{e}^{\mathrm{i}Pc}|kq\rangle_c = b^{-1/2}\sum_{n=-\infty}^{\infty}|q+nc-c\rangle \mathrm{e}^{iknc} = \mathrm{e}^{ikc}|kq\rangle_c \tag{17.6}$$

用式(17.4)可导出正交性

$$\begin{aligned}
{}_c\langle k'q'|kq\rangle_c &= b^{-1}\sum_{n,n'=-\infty}^{\infty}\delta(q'+n'c-q-nc)\mathrm{e}^{\mathrm{i}(kn-k'n')c} \\
&= b^{-1}\delta(q'-q)\sum_{n=-\infty}^{\infty}\mathrm{e}^{\mathrm{i}nc(k-k')} \\
&= \delta(q'-q)\delta(k'-k)
\end{aligned} \tag{17.7}$$

进一步用 $|q\rangle$ 的 Fock 表象展开式(2.18)及 IWOP 技术，可得

$$\begin{aligned}
&\int_{-\pi/c}^{\pi/c}\mathrm{d}k\int_{-\pi/b}^{\pi/b}\mathrm{d}q\,|kq\rangle_{cc}\langle kq| \\
&= (b\sqrt{\pi})^{-1} :\sum_{n,n'=-\infty}^{\infty}\int_{-\pi/c}^{\pi/c}\mathrm{e}^{\mathrm{i}kc(n-n')}\mathrm{d}k \\
&\quad\times\int_{-\pi/b}^{\pi/b}\mathrm{d}q\exp\left\{-\frac{1}{2}(q+nc)^2-\frac{1}{2}(q+n'c)^2+\sqrt{2}(q+nc)a^\dagger\right. \\
&\quad\left.+\sqrt{2}(q+nc')a-\frac{1}{2}(a+a^\dagger)^2\right\}: \\
&= 2\pi(bc\sqrt{\pi})^{-1} :\sum_{n=-\infty}^{\infty}\int_{-\pi/b}^{\pi/b}\mathrm{d}q\exp\{-(q+nc)^2 \\
&\quad\left.+\sqrt{2}(q+nc)(a+a^\dagger)-\frac{1}{2}(a+a^\dagger)^2\right\}: \\
&= \pi^{-1/2} :\sum_{n=-\infty}^{\infty}\int_{\pi(2n-1)/b}^{\pi(2n+1)/b}\mathrm{d}x\exp\left\{-x^2+\sqrt{2}x(a+a^\dagger)-\frac{1}{2}(a+a^\dagger)^2\right\}: \\
&= \pi^{-1/2} :\int_{-\infty}^{\infty}\mathrm{d}x\exp\left[-\left(x-\frac{a+a^\dagger}{\sqrt{2}}\right)^2\right]: = 1
\end{aligned} \tag{17.8}$$

表明$|kq\rangle_c$表象是完备的.注意上面积分是对晶格和倒格子矢量进行的.

$|kq\rangle_c$的动量表象展开.在准确到一个相因子e^{ikq}的范围内,可以将$|kq\rangle_c$展开为有不同位相的动量本征矢$|p\rangle$的叠加

$$|kq\rangle_c = c^{-1/2}\sum_{n=-\infty}^{\infty}|p+nb\rangle\mathrm{e}^{-\mathrm{i}qnb}\big|_{p=k} \tag{17.9}$$

由于$P|p\rangle = p|p\rangle$及$Q|p\rangle = -\mathrm{i}\dfrac{\mathrm{d}}{\mathrm{d}q}|p\rangle$,也可证本征值方程

$$\begin{aligned}\mathrm{e}^{\mathrm{i}Pc}|kq\rangle_c &= c^{-1/2}\sum_{n=-\infty}^{\infty}|p+nb\rangle\exp[\mathrm{i}c(p+nb)-\mathrm{i}qnb]\big|_{p=k}\\ &= \mathrm{e}^{\mathrm{i}kc}|kq\rangle_c\end{aligned} \tag{17.10}$$

$$\mathrm{e}^{\mathrm{i}Qb}|kq\rangle_c = c^{-1/2}\sum_{n=-\infty}^{\infty}|p+nb+b\rangle\mathrm{e}^{-\mathrm{i}qnb}\big|_{p=k} = \mathrm{e}^{\mathrm{i}qb}|kq\rangle_c \tag{17.11}$$

显然有

$$\begin{aligned}{}_c\langle kq|P &= c^{-1/2}\sum_{n=-\infty}^{\infty}\langle p+nb|(p+nb)\mathrm{e}^{-\mathrm{i}qnb}\big|_{p=k}\\ &= \left(\mathrm{i}\frac{\partial}{\partial q}+k\right)_c\langle kq|\end{aligned} \tag{17.12}$$

用$|p\rangle$的 Fock 表象式(2.21)和式(17.9)以及 IWOP 技术也可证明$|kq\rangle_c$的完备性

$$\begin{aligned}&\int_{-\pi/c}^{\pi/c}\mathrm{d}k\int_{-\pi/b}^{\pi/b}\mathrm{d}q\,|kq\rangle_{cc}\langle kq|\\ &= 2\pi(bc\sqrt{\pi})^{-1}\sum_{n=-\infty}^{\infty}\int_{-\pi/c}^{\pi/c}\mathrm{d}k\,|p+nb\rangle\langle p+nb|\big|_{p=k}\\ &= \pi^{-1/2}:\int_{-\infty}^{\infty}\mathrm{d}p\,\mathrm{e}^{-(p-P)^2}:=1\end{aligned} \tag{17.13}$$

$|kq\rangle_c$表象中的压缩.我们考虑从$|kq\rangle_c$到$|k\mu q/\mu\rangle_{c/\mu}$的跃变,它反映了晶格常数$c$被压缩(或伸长)了$\mu$倍,于是$k$和$q$也作相应地改变,于是,可以建立积分型算符

$$\frac{1}{\sqrt{\mu}}\int_{-\pi/c}^{\pi/c}\mathrm{d}k\int_{-\pi/b}^{\pi/b}\mathrm{d}q\,|\mu kq/\mu\rangle_{c'c}\langle kq|\equiv U,\quad c'=\frac{c}{\mu} \tag{17.14}$$

其中$\dfrac{1}{\sqrt{\mu}}$是为了使U幺正而引入的.按照式(17.4)明显写出$|\mu kq/\mu\rangle_{c'}$为

$$|\mu k,q/\mu\rangle_{c'} = b^{-1/2}\sum_{n=-\infty}^{\infty}\left|\frac{q}{\mu}+nc'\right\rangle\mathrm{e}^{\mathrm{i}k\mu nc'}$$

$$= b^{-1/2}\sum_{n=-\infty}^{\infty}\left|\frac{q+nc}{\mu}\right\rangle e^{iknc} \tag{17.15}$$

把式(17.15)代入式(17.14)用 IWOP 技术积分,得

$$\begin{aligned}U &= b^{-1}\mu^{-1/2}\sum_{n,n'=-\infty}^{\infty}\int_{-\pi/c}^{\pi/c}\mathrm{d}k e^{ik(n-n')c}\int_{-\pi/b}^{\pi/b}\mathrm{d}q\left|\frac{q+nc}{\mu}\right\rangle\langle q+n'c| \\ &= \mu^{-1/2}\sum_{n=-\infty}^{\infty}\int_{-\pi/b}^{\pi/b}\mathrm{d}q\left|\frac{q+nc}{\mu}\right\rangle\langle q+nc| \\ &= \mu^{-1/2}:\sum_{n=-\infty}^{\infty}\int_{\pi(2n-1)/b}^{\pi(2n+1)/b}\mathrm{d}x\exp\left\{-\frac{1}{2}x^2\left(1+\frac{1}{\mu^2}\right)\right. \\ &\quad\left.+\sqrt{2}x\left(\frac{a^\dagger}{\mu}+a\right)-\frac{(a+a^\dagger)^2}{2}\right\}: \\ &= \operatorname{sech}^{1/2}\lambda\exp\left(-\frac{a^{\dagger 2}}{2}\tanh\lambda\right):\exp[a^\dagger a(\operatorname{sech}\lambda-1)]: \\ &\quad\times\exp\left(\frac{a^2}{2}\tanh\lambda\right)\end{aligned} \tag{17.16}$$

其中

$$\mu = e^{\lambda}.$$

这恰是前述的量子光学中常见的压缩算符,可见从态矢 $|kq\rangle_c$ 到 $|\mu k, q/\mu\rangle_{c'}$ 的跃变也是由压缩算符生成,换言之,式(17.14)是压缩算符的 kq 表示.

晶格常数的压缩与晶格弛豫和多声子产生机制密切相关,简单的解释如下:

在标准的晶格振动的量子化理论中某个原子的位置是 $R_i'(t)=R_i+\sigma_i(t)$,其中 $\sigma_i(t)$代表对平衡位置的偏离.令

$$\sqrt{m_i}\sigma_i = \sum_j \alpha_{ij}\bar{Q}_j$$

而引入简正坐标,就可以同时对角化势能和动能

$$T = \frac{1}{2}\sum_i \dot{\bar{Q}}_i^2,\quad V = \frac{1}{2}\sum_i \omega_i^2\bar{Q}_i^2 \tag{17.17}$$

由此可见简正频率 ω_i 通过展开系数 α_{ij} 而与 σ_i 发生关联.另一方面,电子的跃迁使晶格位形要发生一定的变换(晶格弛豫)[180],使原子的平衡位置移动,这种移动可以由 $\sum_i v_i(r)\bar{Q}_i$ 描述,其中 r 是电子的坐标,所以晶格振动和弛豫的哈密顿量是

$$H(\bar{Q}) = \sum_i \frac{1}{2}\left(-\frac{\partial^2}{\partial Q_i^2}+\omega_i^2\bar{Q}_i^2\right)+v_i(r)\bar{Q}_i \tag{17.18}$$

现在,如果晶格常数 c 受到压缩 $c\to c/\mu(t)$,则会导致频率 $\omega_i\to\omega_i'(t)$的变化,而根据 5.5 节的讨论,我们知道这会引起声子压缩态的产生从而改变声子的数目.

所以晶格常数的压缩可以产生声子压缩态,这与量子光学中光场压缩态有类

同之处.

17.2　双模 Fock 空间中的一个 $|\eta,kq\rangle$ 表象[181]

在第 4 章中,我们曾导出了两粒子相对坐标和总动量的共同本征态 $|\eta\rangle\equiv|\eta_1,\eta_2\rangle$(见式(4.10)),把它与 kq 表象描述周期性的正格子、倒格子的思想相结合,我们来建立一个新的表象 $|\eta,kq\rangle$,定义为

$$|\eta,kq\rangle=(2\pi)^{-1/2}\sum_{m,n=-\infty}^{\infty}|\eta_1+nc,\eta_2+md\rangle e^{iknc}e^{-iqmd} \tag{17.19}$$

其中参数 $cd=2\pi$,m 和 n 都是整数,

$$-\frac{\pi}{d}\leqslant\eta_1\leqslant\frac{\pi}{d}$$

$$-\frac{\pi}{c}\leqslant\eta_2\leqslant\frac{\pi}{c}$$

从式(4.10)先导出

$$\begin{aligned}-i\frac{\partial}{\partial\eta_2}|\eta\rangle&=(a_1^\dagger+a_2^\dagger+i\eta_2)|\eta\rangle\\&=\left[a_1^\dagger+a_2^\dagger+\frac{1}{2}(a_1-a_1^\dagger+a_2-a_2^\dagger)\right]|\eta\rangle\\&=\frac{1}{\sqrt{2}}(Q_1+Q_2)|\eta\rangle\end{aligned} \tag{17.20}$$

所以有

$$\begin{aligned}e^{i(Q_1+Q_2)d/\sqrt{2}}|\eta,kd\rangle&=\sum_{m,n=-\infty}^{\infty}|\eta_1+nc,\eta_2+(m+1)d\rangle e^{iknc}e^{-iqmd}\\&=e^{iqd}|\eta,kq\rangle\end{aligned} \tag{17.21}$$

另一方面,$|\eta_1,\eta_2\rangle$是总动量 P_1+P_2 的本征态,故有

$$e^{i(P_1+P_2)c/\sqrt{2}}|\eta,kq\rangle=e^{i\eta_2 c}|\eta,kq\rangle \tag{17.22}$$

由于

$$\left[e^{i(Q_1+Q_2)d/\sqrt{2}},e^{i(P_1+P_2)c/\sqrt{2}}\right]=0 \tag{17.23}$$

所以,$|\eta,kq\rangle$是它们的共同本征态,这是合理的.另一方面由式(4.10)又可导出

$$i\frac{\partial}{\partial\eta_1}|\eta\rangle=i(a_1^\dagger-a_2^\dagger-\eta_1)|\eta\rangle=\frac{1}{\sqrt{2}}(P_1-P_2)|\eta\rangle \tag{17.24}$$

类似于式(17.21)和(17.22),我们得到

$$e^{i(P_1-P_2)c/\sqrt{2}} \mid \eta, kq\rangle = e^{ikc} \mid \eta, kq\rangle \tag{17.25}$$

$$e^{i(Q_1-Q_2)d/\sqrt{2}} \mid \eta, kq\rangle = e^{i\eta_1 d} \mid \eta, kq\rangle \tag{17.26}$$

注意这两个指数算符与式(17.23)中的两个指数算符都是相互对易的,因此四者有共同的本征态.

容易证明,$|\eta, kq\rangle$有以下的性质,其一是正交性

$$\begin{aligned}&\langle \eta', kq \mid \eta, kq\rangle \\ &= (2\pi)^{-1}\pi\delta(\eta_1' - \eta_1)\delta(\eta_2' - \eta_2) \sum_{m,n=-\infty}^{\infty} \exp\{i(k-k')nc - i(q-q')md\} \\ &= \pi\delta^{(2)}(\eta' - \eta)\delta(k-k')\delta(q-q')\end{aligned} \tag{17.27}$$

其二是完备性

$$\begin{aligned}&\pi^{-1}\iint_{-\pi/d}^{\pi/d} d\eta_1 dq \iint_{-\pi/c}^{\pi/c} d\eta_2 dk \mid \eta, kq\rangle\langle \eta, kq \mid \\ &= \pi^{-1}\int_{-\pi/d}^{\pi/d} d\eta_1 \int_{-\pi/c}^{\pi/c} d\eta_2 \sum_{n,m=-\infty}^{\infty} \mid \eta_1 + nc, \eta_2 + md\rangle \\ &\quad \times \langle \eta_1 + nc, \eta_2 + md \mid \\ &= 1\end{aligned} \tag{17.28}$$

这样的表象也许可以描述当晶胞中含有两个原子的情况,这两个原子有一定的相互作用,显然对它们定义总动量与相对坐标是可以的.

17.3　二项式态和SU(2)相干态的关系

在第2章,我们曾介绍光场的二项式态,它具有介于相干态与粒子数态之间的性质.本节利用 Holstein－Primakoff[182](简写 H－P)变换来说明二项式态是一种特殊的SU(2)相干态,以期把这两者统一起来研究.为此先用容易接受的办法介绍 H－P 变换,这处变换在固体理论中常被用于解铁磁系统模型.

(Ⅰ) H－P 变换及其在氢原子对应的经典开普勒问题中的应用

H－P 变换的目的是将角动量算符用一种模式玻色算符来表示(注意与第6章所讲的 Schwinger 表示的区别,那里是用两种模式的玻色算符来表示).由角动量 $J_\pm$ 作用于 J^2, J_z 的本征态$|j,m\rangle$的性质

$$J_{\pm}|j,m\rangle = [j(j+1)-m(m\pm1)]^{1/2}|j,m\pm1\rangle$$

可知,或简写$|j,m\rangle$为$|m\rangle$,则有

$$J_{+}|m\rangle = (j+m+1)^{1/2}(j-m)^{1/2}|m+1\rangle$$
$$=\sqrt{2}j\left(1-\frac{j-m-1}{2j}\right)^{1/2}(j-m)^{1/2}|m+1\rangle$$

令 $n=j-m$ 来标记态,则 J_+ 作用于$|m\rangle$态产生$|m+1\rangle$态意味着数 n 变到$n-1$,即将此事实与 Fock 空间粒子态性质 $a|n\rangle=\sqrt{n}|n-1\rangle$比较

$$J_{+}|n\rangle = (2j)^{1/2}\left(1-\frac{n-1}{2j}\right)^{1/2}a|n\rangle$$

由此可将 J_+ 表示为

$$J_{+} = \sqrt{2j-a^{\dagger}a}\,a \tag{17.29}$$

类似地有

$$J_{-} = a^{\dagger}\sqrt{2j-a^{\dagger}a},\quad J_z = j-a^{\dagger}a \tag{17.30}$$

这就是 H－P 变换,注意根号中的值应为正.

H－P 变换的应用较为广泛,例如可以用来研究氢原子的能级及其所对应的经典开普勒问题[183].众所周知,对于三维类氢原子常用以下的哈密顿算符描述

$$H=-\frac{\hbar^2}{2\mu}\nabla^2-\frac{Ze^2}{r} \tag{17.31}$$

此系统存在着一个称为 Runge－Lenz 守恒矢量 $\boldsymbol{M}$[63]

$$\boldsymbol{M}=-\frac{\hbar}{2\mu\mathrm{i}}(\nabla\times\boldsymbol{L}-\boldsymbol{L}\times\nabla)-Ze^2\frac{\boldsymbol{r}}{r} \tag{17.32}$$

这里 $\boldsymbol{L}$ 是轨道角动量,而且 $\boldsymbol{M}$ 与 $\boldsymbol{L}$ 满足以下关系

$$\boldsymbol{L}\cdot\boldsymbol{M}=\boldsymbol{M}\cdot\boldsymbol{L}=0 \tag{17.33}$$

$$\boldsymbol{M}^2-(Ze^2)^2=\frac{2}{\mu}H(\boldsymbol{L}^2+\hbar^2) \tag{17.34}$$

注意如果限制于讨论给定能量为 E 的本征矢子空间时,H 可以由 E 来代替.现在引入矢量算符

$$\boldsymbol{A}=\left(-\frac{\mu}{2E}\right)^{1/2}\boldsymbol{M},\quad \boldsymbol{K}_1=\frac{1}{2}(\boldsymbol{L}+\boldsymbol{A}),\quad \boldsymbol{K}_2=\frac{1}{2}(\boldsymbol{L}-\boldsymbol{A}) \tag{17.35}$$

则可检验以下代数关系成立

$$[K_{1l},K_{2m}]=0,\quad [K_{jl},K_{jm}]=\mathrm{i}\,\varepsilon_{lmn}K_n\hbar\quad (j=1,2)$$

其中 ε_{lmn} 是 Levi－Civita 张量.现在用角动量算符的 H－P 实现将 $\boldsymbol{K}_1$ 与 $\boldsymbol{K}_2$ 写成

$$\left.\begin{aligned} K_i^\dagger &= \hbar\sqrt{2j_i - a_i^\dagger a_i}\,a_i \\ K_i^- &= \hbar a_i^\dagger\sqrt{2j_i - a_i^\dagger a_i} \\ K_i^z &= \hbar(j_i - a_i^\dagger a_i) \quad (i = 1,2) \end{aligned}\right\} \tag{17.36}$$

这样一来,K_i^2 就等于

$$\begin{aligned} K_i^2 = K_i^\dagger K_i^- + (K_i^z)^2 - \hbar K_i^z &= \hbar^z[a_i a_i^\dagger(2j_i - a_i^\dagger a_i) \\ &\quad + (j_i - a_i^\dagger a_i)^2 - j_i + a_i^\dagger a_i] \\ &= \hbar^2 j_i(j_i + 1) \end{aligned} \tag{17.37}$$

同时,方程(17.33)和(17.34)就变为

$$\boldsymbol{K}_1^2 - \boldsymbol{K}_2^2 = 0 \tag{17.38}$$

$$-\frac{\mu(Ze^2)^2}{2E} = \boldsymbol{A}^2 + \boldsymbol{L}^2 + \hbar^2 = 4\boldsymbol{K}_1^2 + \hbar^2 \tag{17.39}$$

把式(17.37)和(17.38)代入方程(17.39),我们得到

$$E = -\frac{2\pi^2\mu(Ze^2)^2}{J_i(J_i + h) + h^2} \equiv E_J \tag{17.40}$$

其中 $J_i = hj_i$, $h = 2\pi\hbar$.由于角动量的量纲与作用量变量的量纲相同,我们可以把上式分母中的 J_i 看做是一个经典作用量,按照作用量-角变量的哈密顿原理,我们可导出频率为

$$\nu_{\mathrm{cl}} = \frac{\partial E_J}{\partial J_i} = \frac{\partial H_{\mathrm{cl}}}{\partial J_i} = 2\pi^2\mu(Ze^2)^2\frac{2J_i + h}{[J_i(J_i + h) + h^2]^2} \tag{17.41}$$

当 $J_i \gg h$,亦即 $j_i \gg 1$ 时,方程(17.41)变成

$$\begin{aligned} \nu_{\mathrm{cl}}\big|_{J_i \gg h} &\approx 4\pi^2\mu(Ze^2)^2/J_i^3 \\ &\approx 4\pi^2\mu k^2\left(-\frac{E_J}{2\pi^2 k^2\mu}\right)^{3/2} \\ &= \frac{1}{2\pi}\sqrt{\frac{k}{\mu}}\left(-\frac{2E}{k}\right)^{3/2} \end{aligned} \tag{17.42}$$

其中 $k = Ze^2$,取 $-\dfrac{k}{2E} = \bar{a}$ 为椭圆的半长轴,由式(17.42),我们看出

$$\tau = \frac{1}{\nu_{\mathrm{cl}}} = 2\pi a^{-3/2}\sqrt{\frac{\mu}{k}} \tag{17.43}$$

正好是开普勒轨道的周期.另一个值得指出的是当 $j_i \gg 1$ 时,方程(17.40)中仅包含着作用量,正好是经典力学著作中常见的开普勒问题的经典哈密顿量.

(Ⅱ)SU(2)相干态的 H-P 变换、与二项式态的关系[184]

注意到 $|j,j\rangle$ 态现改写为单模 Fock 空间中的 $|0\rangle$ 态,用

$$a^\dagger \mid n\rangle = \sqrt{n+1} \mid n+1\rangle$$

算出

$$J_-^m \mid j\rangle = (a^\dagger \sqrt{2j - a^\dagger a})^m \mid 0\rangle$$

$$= \binom{2j}{m}^{1/2} m! \mid m\rangle$$

$$\mid m\rangle = \frac{a^{\dagger m}}{\sqrt{m!}} \mid 0\rangle$$

由此可把 SU_2 相干态$|\tau\rangle$表达为

$$\mid \tau\rangle = (1 + \mid \tau \mid^2)^{-j} \sum_{m=0}^{\infty} \frac{1}{m!} J_-^m (-\tau^*)^m \mid j, j\rangle$$

$$= (1 + \mid \tau \mid^2)^{-j} \sum_{m=0}^{2j} \binom{2j}{m}^{1/2} (-\tau^*)^m \mid m\rangle \tag{17.44}$$

另一方面，让方程(2.122)所定义的二项式态的 $M = 2j$，就可将二项式态写成

$$\mid \sigma, 2j\rangle = \sum_{m=0}^{2j} \left[\binom{2j}{m} \sigma^m (1-\sigma)^{2j-m}\right]^{1/2} \mid m\rangle$$

$$= (1-\sigma)^j \sum_{m=0}^{2j} \frac{1}{m!} (a^\dagger \sqrt{2j - a^\dagger a})^m \mid 0\rangle \left(\frac{\sigma}{1-\sigma}\right)^{m/2}$$

$$= \left(\frac{\sigma}{1-\sigma}\right)^{-j} \sum_{m=0}^{\infty} \frac{J_-^m}{m!} \left(\frac{\sigma}{1-\sigma}\right)^{m/2} \mid j, j\rangle$$

$$= \mid \tau\rangle \mid_{\tau^* = -(\frac{\sigma}{1-\sigma})^{1/2}} \tag{17.45}$$

可见，二项式在用了 Holstein - Frimakoff 实现后能表示为一个特殊的 SU_2 相干态，由于 $0<\sigma<1$，$\tau^* = -[\sigma/(1-\sigma)]^{1/2}$ 是实数，这时 $\sigma = \tau^2/(1+\tau^2)$，故而可把方程(17.45)视为

$$\mid \sigma, M\rangle = (1+\tau^2)^{-M/2} \sum_{n=0}^{M} \sqrt{\binom{M}{n}} (-\tau)^n \mid n\rangle \tag{17.46}$$

等价性方程(17.45)使得我们可以简化有关 SU_2 相干态的计算，例如由两个二项式态的内积

$$\langle \sigma', M \mid \sigma, M\rangle = [(1+\tau^2)(1+\tau'^2)]^{-M/2} (1+\tau'\tau)^M \tag{17.47}$$

可立即得出两个 SU_2 相干态的内积

$$\langle \tau' \mid \tau\rangle = [(1+\tau^2)(1+\tau'^{*2})]^{-j} (1+\tau\tau'^*)^{2j} \tag{17.48}$$

又譬如，从粒子数算符在下列二项式态的期望值

$$\langle \sigma, M \mid a^\dagger a \mid \sigma, M\rangle = M\sigma$$

和方程(17.30),我们可直接得到

$$\langle \tau \mid J_z \mid \tau \rangle = \langle \sigma, M \mid (j - a^\dagger a) \mid \sigma, M \rangle \Big|_{\substack{M=2j \\ \sigma=\frac{\tau^2}{1+\tau^2}}}$$

$$= j\frac{1-\tau^2}{1+\tau^2} \tag{17.49}$$

二项式态用于计算角动量耦合的 Clebsch - Gordon 系数. 作为式(17.45)所代表的二项式态可视同为一个 SU(2)相干态的应用,我们可用之计算动量耦合的若干耦合系数,例如从

$$\left(\frac{\mathrm{d}}{\mathrm{d}\tau^*}\right)^m (1+|\tau|^2)^j \mid \tau \rangle \big|_{\tau^*=0} = (-1)^m \binom{2j}{m}^{1/2} m! \mid j, j-m \rangle \tag{17.50}$$

及式(17.46)得到的

$$\left(\frac{\mathrm{d}}{\mathrm{d}\tau^*}\right)^m (1+|\tau|^2)^j \mid \sigma, 2j \rangle \big|_{\tau^*=-\left(\frac{\sigma}{1-\sigma}\right)^{1/2}} \Big] \Big|_{\tau^*=0}$$

$$= (-1)^m \binom{2j}{m}^{1/2} m! \mid m \rangle \tag{17.51}$$

可知,粒子态$|m\rangle$与角动量态$|j, j-m\rangle$对应(这也是 H-P 变换的出发点之一). 所以从最高权态$|J,J\rangle = |j_1, j_1\rangle|j_2, j_2\rangle$及下列关系

$$|\tau\rangle_J = |\tau\rangle_{j_1} |\tau\rangle_{j_2}, \quad J = j_1 + j_2, \quad J_\pm = J_{1\pm} + J_{2\pm} \tag{17.52}$$

出发,利用关系式(17.51),可得出

$$\left(\frac{\mathrm{d}}{\mathrm{d}\tau^*}\right)^M (1+|\tau|^2)^{j_1+j_2} \mid \sigma, 2j_1 + 2j_2 \rangle \big|_{\tau^*=0}$$

$$= \sum_{n=0}^{M} \left[\left(\frac{\mathrm{d}}{\mathrm{d}\tau^*}\right)^n (1+|\tau|^2)^{j_1} \mid \sigma, 2j_1 \rangle_{\tau^*=0} \right]$$

$$\times \left[\left(\frac{\mathrm{d}}{\mathrm{d}\tau^*}\right)^{M-n} (1+|\tau|^2)^{j_2} \mid \sigma, 2j_2 \rangle \big|_{\tau^*=0} \right] \binom{M}{n} \tag{17.53}$$

由此导出

$$|M\rangle = \sum_{n=0}^{M} \binom{2j_1}{n}^{1/2} \binom{2j_2}{M-n}^{1/2} \binom{2j_1+2j_2}{M}^{-1/2} |n\rangle |M-n\rangle \tag{17.54}$$

鉴于$|M\rangle$对应角动量态$|j_1+j_2, j_1+j_2-M\rangle$,$|n\rangle$对应角动量态$|j_1, j_1-n\rangle$,而$|M-n\rangle$ 对应角动量态$|j_2, j_2-M+n\rangle$,因而可以得到

$$\langle j_1, j_1-n; j_2, j_2-m \mid j_1+j_2, j_1+j_2-M \rangle$$

$$= \delta_{n+m,M} \binom{2j_1}{n}^{1/2} \binom{2j_2}{m}^{1/2} \binom{2(j_1+j_2)}{M}^{-1/2}$$

再做替换

$$j_1 - n \to n,\quad j_2 - m \to m,\quad j_1 + j_2 - M \to M$$

这就给出一个 Clebsch - Gordon 系数

$$\langle j_1, n; j_2, m \mid j_1 + j_2, M\rangle = \delta_{n+m,M}\left[\binom{2j_1}{j_1 - n}\binom{2j_2}{j_2 - m}\right]^{-1/2}\binom{2(j_1 + j_2)}{j_1 + j_2 - M}^{-1/2} \tag{17.55}$$

(Ⅲ) 关联双模二项式态

把单模二项式态的概念推广到双模情形,我们构造如下的关联双模二项式态(它可用来描述三能级原子布居数的某种分布)

$$\mid \eta, \sigma, 2s\rangle = \sum_{n=0}^{2s}\sum_{m=0}^{n}\binom{2s}{n}^{1/2}\binom{n}{m}^{1/2} \times\left[\eta^n(1 - \eta)^{2s-n}\sigma^m(1 - \sigma)^{n-m}\right]^{1/2} \mid n, m\rangle \tag{17.56}$$

其中

$$0 < \eta < 1,\quad 0 < \sigma < 1$$

$$\mid n, m\rangle = \frac{a_1^{\dagger n} a_2^{\dagger n}}{\sqrt{n!m!}} \mid 00\rangle$$

由式(17.56)可见,$m \leqslant n$,所以$\mid \eta, \sigma, 2s\rangle$不是两个单模二项式态的直积态,它的两个模式是关联的.不难看出,$\mid \eta, \sigma, 2s\rangle$是归一化的

$$\langle \eta, \sigma, 2s \mid \eta, \sigma, 2s\rangle = \sum_{n=0}^{2s}\binom{2s}{n}\eta^n(1 - \eta)^{2s-n}(1 - \sigma + \sigma)^n = 1 \tag{17.57}$$

可以算出粒子数期望值

$$\left.\begin{aligned}\langle N_1\rangle &= 2s\eta \\ \langle N_2\rangle &= 2s\eta\sigma \\ \langle N_1^2\rangle &= (2s\eta)^2 + 2s\eta(1 - \eta) \\ \langle N_2^2\rangle &= (2s\eta\sigma)^2 + 2\eta\sigma(1 - \eta\sigma)s\end{aligned}\right\} \tag{17.58}$$

由此给出均方差与平均值的比率

$$\frac{(\Delta N_1)^2}{\langle N_1\rangle} = 1 - \eta,\quad \frac{(\Delta N_2)^2}{\langle N_2\rangle} = 1 - \eta\sigma \tag{17.59}$$

表明了双模关联二项式态具有亚泊松分布性质.

(Ⅳ) 奇、偶二项式态[185]

由 2.11 节我们知道,光场的二项式是内插于粒子数态和相干态的,这里我们构造奇、偶二项式态以内插于奇、偶相干态和奇偶粒子数态中,定义偶二项式态为

$$|\eta,\theta,M\rangle_c=\sqrt{\frac{2}{1+(1-2\eta)^M}}\sum_{n=0}^{\left[\frac{M}{2}\right]}e^{2in\theta}\times\sqrt{\binom{M}{2n}\eta^{2n}(1-\eta)^{M-2n}}\,|2n\rangle \tag{17.60}$$

而奇二项式态为(记$[M/2]$为$\leqslant M/2$的最大整数)

$$|\eta,\theta,M\rangle_0=\sqrt{\frac{2}{1-(1-2\eta)^M}}\sum_{n=0}^{\left[\frac{M-1}{2}\right]}e^{i(2n+1)\theta}\times\sqrt{\binom{M}{2n+1}\eta^{2n+1}(1-\eta)^{M-2n-1}}\,|2n+1\rangle \tag{17.61}$$

易证它们是归一化的.事实上,考虑如下表达式

$$\mathscr{Q}\equiv(x+y)^M+(y-x)^M \tag{17.62}$$

当 M 为偶数时,可展开为

$$\mathscr{Q}=\sum_{n=0}^{M}\left[1+(-1)^{M-n}\right]\binom{M}{n}x^n y^{M-n} \tag{17.63}$$

而当 M 是奇数时,展开式为

$$\mathscr{Q}=\sum_{n=0}^{M}\left[1-(-)^{M-n}\right]\binom{M}{n}x^n y^{M-n} \tag{17.64}$$

所以,不论 M 是奇还是偶,只有 n 为偶的项在式(17.63)和(17.64)中留下来,即

$$\mathscr{Q}=2\sum_{n=0}^{[M/2]}\binom{M}{2n}x^{2n}y^{M-2n} \tag{17.65}$$

把 $x=\eta,y=1-\eta$ 代入上式并用式(17.62),得到

$$\begin{aligned}\frac{1}{2}\left[1+(1-2\eta)^M\right]&=\frac{1}{2}\left[(\eta+1-\eta)^M+(1-\eta-\eta)^M\right]\\&=\sum_{n=0}^{[M/2]}\binom{M}{2n}\eta^{2n}(1-\eta)^{M-2n}\end{aligned} \tag{17.66}$$

类似地,从考虑$(x+y)^M-(y-x)^M$ 入手,采用上述步骤,我们又能导出

$$\begin{aligned}\frac{1}{2}\left[1-(1-2\eta)^M\right]&=\frac{1}{2}\left[(\eta+1-\eta)^M-(1-\eta-\eta)^M\right]\\&=\sum_{n=0}^{(M-1)/2}\binom{M}{2n+1}\eta^{2n+1}(1-\eta)^{M-2n-1}\end{aligned} \tag{17.67}$$

式(17.66)和(17.67)分别说明了偶、奇二项式态是确实归一化的.式(17.60)和(17.61)中的 θ 的指数函数,是为了方便地看出偶、奇二项态在 $M\to\infty$,$\eta\to0$,而

$\eta M = r^2$ 保持不变的极限下,分别趋于偶、奇相干态而引入的.即

$$|\eta,\theta,M\rangle_e \to \frac{1}{\sqrt{\cosh r^2}}\sum_{n=0}^{\infty}\frac{(re^{i\theta})^{2n}}{\sqrt{(2n)!}}|2n\rangle = |re^{i\theta}\rangle_e \tag{17.68}$$

$$|\eta,\theta,M\rangle_o \to \frac{1}{\sqrt{\sinh r^2}}\sum_{n=0}^{\infty}\frac{(re^{i\theta})^{2n+1}}{\sqrt{(2n+1)!}}|2n+1\rangle = |re^{i\theta}\rangle_o \tag{17.69}$$

让我们证明式(17.68).记

$$b(2n;M,\eta) = \binom{M}{2n}\eta^{2n}(1-\eta)^{M-2n} \tag{17.70}$$

则当 $M\to\infty,\eta\to 0,\eta M = r^2$ 时,有 $b(0;M,\eta)=(1-\eta)^M\to e^{-r^2}$,而且

$$\frac{b(2n;M,\eta)}{b(2n-2;M,\eta)} = \frac{b(2n;M,\eta)}{b(2n-1;M,\eta)}\frac{b(2n-1;M,\eta)}{b(2n-2;M,\eta)}$$
$$\times\frac{M\to\infty}{\eta M = r^2}\to\frac{r^4}{2n(2n-1)} \tag{17.71}$$

联合式(17.70)和(17.71),我们得出

$$b(2n;M,\eta)\to\frac{r^4}{2n(2n-1)}\frac{r^4}{(2n-2)(2n-3)}\cdots\frac{r^4}{2\times 1}e^{-r^2}$$
$$= \frac{r^{4n}}{(2n)!}e^{-r^2} \tag{17.72}$$

于是式(17.68)得证.

可进一步研究奇偶二项式态的某些性质,利用

$$a\,|\eta,\theta,M\rangle_e = \sqrt{\eta M}\left[\frac{1+(1-2\eta)^{M-1}}{1+(1-2\eta)^M}\right]^{1/2}e^{i\theta}\,|\eta,\theta,M-1\rangle_o$$

$$a^2\,|\eta,\theta,M\rangle_e = \eta\sqrt{M(M-1)}\left[\frac{1+(1-2\eta)^{M-2}}{1+(1-2\eta)^M}\right]^{1/2}$$
$$\times e^{i2\theta}\,|\eta,\theta,M-2\rangle_e \tag{17.73}$$

$$a\,|\eta,\theta,M\rangle_o = \sqrt{\eta M}\left[\frac{1+(1-2\eta)^{M-1}}{1-(1-2\eta)^M}\right]^{1/2}e^{i\theta}\,|\eta,\theta,M-1\rangle_e$$

$$a^2\,|\eta,\theta,M\rangle_o = \eta\sqrt{M(M-1)}\left[\frac{1-(1-2\eta)^{M-2}}{1-(1-2\eta)^M}\right]^{1/2}$$
$$\times e^{i2\theta}\,|\eta,\theta,M-2\rangle_o \tag{17.74}$$

可知对偶二项式态

$$g_e^{(2)}(0) = \frac{\langle a^{\dagger 2}a^2\rangle}{\langle a^\dagger a\rangle^2} = \frac{M-1}{M}\frac{[1+(1-2\eta)^M][1+(1-2\eta)^{M-2}]}{[1-(1-2\eta)^{M-1}]^2} \tag{17.75}$$

故当

$$-2(1-2\eta)^{M-1} > (1-2\eta)^M + (1-2\eta)^{M-2} \tag{17.76}$$

成立时，$g_e^{(2)}(0)<1$，表明偶二项式态有反聚束性. 当 $\eta>\frac{1}{2}$，M 为奇数，式(17.76)恒成立. 而当 $\eta<\frac{1}{2}$，它恒不成立，即无反聚束. 对奇二项式态

$$g_0^{(2)} = \frac{M-1}{M}\frac{[1-(1-2\eta)^M][1-(1-2\eta)^{M-2}]}{[1+(1-2\eta)^{M-2}]^2} \tag{17.77}$$

这表明当参数 η 满足以下不等式

$$2(1-2\eta)^{M-1} > -(1-2\eta)^M - (1-2\eta)^{M-2} \tag{17.78}$$

奇二项式呈现出反聚束特性. 当 $\eta<\frac{1}{2}$，不等式(17.78)恒成立，有反聚束，这与偶二项式的情况不同. 另一方面，当 $\eta>\frac{1}{2}$时，只要 M 是偶数，式(17.78)也成立，存在反聚束. 有兴趣的读者还可讨论奇、偶二项式的压缩性质，并与偶相干态(总是聚束、有压缩)及奇相干态(总是反聚束、无压缩)的行为作比较. 由于奇、偶相干态是实验上可以制备的态，所以讨论作为它们的某种极限的奇、偶二项式的性质是有意义的.

17.4　负二项式态与 SU(1,1)相干态的关系[185]：关联负二项式态

受上节的启发，本节试图将第 2 章介绍的负二项分布态纳入 SU(1,1)相干态的形式. 为此，选如下的 SU(,1,)生成元的玻色子实现

$$\left.\begin{aligned} R_- &= a\sqrt{2\lambda-1+N} \\ R_+ &= \sqrt{2\lambda-1+N}a^\dagger \\ R_3 &= N+\lambda \\ N &= a^\dagger a \end{aligned}\right\} \tag{17.79}$$

由$[a,a^\dagger]=1$ 易验证 R_+，R_-和 R_3 满足 SU(1,1)李代数

$$[R_-,R_+] = 2R_3,\quad [R_3,R_+] = R_+,\quad [R_3,R_-] = -R_- \tag{17.80}$$

相应的 Carimir 算符是

$$c = R_3^2 - \frac{1}{2}[R_+R_- + R_-R_+] = \lambda(\lambda-1) \tag{17.81}$$

注意到存在下列的关系

$$\binom{2\lambda-1+n}{n}^{1/2} n!\mid n\rangle=[2\lambda(2\lambda+1)\cdots(2\lambda+n-1)]^{1/2}\sqrt{n!}\mid n\rangle$$
$$=(\sqrt{2\lambda-1+N}a^{\dagger})^{n}\mid 0\rangle=R_{+}^{n}\mid 0\rangle \tag{17.82}$$

我们就可把以下的负二项式态写成

$$\sum_{n=0}^{\infty}(\tanh^{2}r)^{n/2}(\operatorname{sech}^{2}r)^{\lambda}\binom{2\lambda-1+n}{n}^{1/2}\mid n\rangle$$
$$=(\operatorname{sech}^{2}r)^{\lambda}\sum_{n=0}^{\infty}\frac{R_{+}^{n}}{n!}(\tanh r)^{n}\mid 0\rangle$$
$$=(\operatorname{sech}r)^{2\lambda}\exp(R_{+}\tanh r)\mid 0\rangle \tag{17.83}$$

比较式(17.83)的左这与负二项式态的标准形式

$$\mid\beta,s\rangle=\sum_{n=0}^{\infty}\left[\binom{n+s}{n}\beta^{s+1}(1-\beta)^{n}\right]^{1/2}\mid n\rangle \tag{17.84}$$

可见

$$\mid\beta=\operatorname{sech}^{2}r,s=2\lambda-1\rangle=(\operatorname{sech}r)^{2\lambda}\exp(R_{+}\tanh r)\mid 0\rangle \tag{17.85}$$

即在 SU(1,1)生成元的玻色实现[式(17.79)]下,负二项式态可视为 SU(1,1)相干态.注意到 SU(1,1)代数,有

$$\exp[r(R_{+}-R_{-})]=\exp(R_{+}\tanh r)(\operatorname{sech}r)^{2(N+\lambda)}\exp(-R_{-}\tanh r) \tag{17.86}$$

所以,可以进一步把式(17.85)写成

$$\mid\beta=\operatorname{sech}^{2}r,\quad s=2\lambda-1\rangle=\exp[r(R_{+}-R_{-})]\mid 0\rangle\equiv U(r)\mid 0\rangle \tag{17.87}$$

作为应用,我们可以用

$$U^{-1}(r)(N+\lambda)U(r)=(N+\lambda)\cosh 2r+\frac{1}{2}(R_{+}+R_{-})\sinh 2r \tag{17.88}$$

及式(17.85)计算

$$\langle\beta,s\mid N\mid\beta,s\rangle=\langle 0\mid U^{-1}(\operatorname{sech}^{-1}\sqrt{\beta})(R_{3}-\lambda)U(\operatorname{sech}^{-1}\sqrt{\beta})\mid 0\rangle\mid_{2\lambda=1+s}$$
$$=-\frac{s+1}{2}+\langle 0\mid\left\{R_{3}\cosh 2r+\frac{1}{2}(R_{+}+R_{-})\sinh 2r\right\}\mid 0\rangle$$
$$=2\lambda\sinh^{2}r$$
$$=(s+1)\left(\frac{1}{\beta}-1\right) \tag{17.89}$$

双参数关联负二项式态.类比于关联二项式态,我们定义双参数负二项式态为

$$|\alpha,\beta,s\rangle = \sum_{n=0}^{\infty}\sum_{m=0}^{\infty}\left[\binom{n+s}{n}\alpha^{s+1}(1-\alpha)^{n}\binom{m+n}{m}\beta^{n+1}(1-\beta)^{m}\right]^{1/2}|n,m\rangle \tag{17.90}$$

其中 $0<\alpha<1, 0<\beta<1, |n,m\rangle$ 是双模粒子数态.应用

$$(1+x)^{-(s+1)} = \sum_{n=0}^{\infty}\binom{n+s}{n}(-1)^{n}x^{n} \tag{17.91}$$

容易导出

$$\begin{aligned}\langle\alpha,\beta,s|\alpha,\beta,s\rangle &= \sum_{n=0}^{\infty}\sum_{m=0}^{\infty}\binom{n+s}{n}\alpha^{s+1}(1-\alpha)^{n}\binom{m+n}{m}\beta^{n+1}(1-\beta)^{m} \\ &= \sum_{n=0}^{\infty}\binom{n+s}{n}\alpha^{s+1}(1-\alpha)^{n}\beta^{n+1}[1-(1-\beta)]^{-(n+1)} \\ &= \alpha^{s+1}[1-(1-\alpha)]^{-(s+1)} = 1\end{aligned} \tag{17.92}$$

即 $|\alpha,\beta,s\rangle$ 是归一化的.由式(17.90)可以直接给出双模粒子数期望值

$$\left.\begin{aligned}\langle N_1\rangle &= \frac{(s+1)(1-\alpha)}{\alpha} \\ \langle N_2\rangle &= \left[1+\frac{1-\alpha}{\alpha}(s+1)\right]\frac{1-\beta}{\beta} \\ \langle N_1^2\rangle &= \frac{1-\alpha}{\alpha}(s+1)\left[1+\frac{1-\alpha}{\alpha}(s+2)\right] \\ \langle N_2^2\rangle &= \left(\frac{1-\alpha}{\alpha}\right)^{2}\left(\frac{1-\beta}{\beta}\right)^{2}(s+1)(s+2)+\left[1+4\frac{1-\beta}{\beta}\right] \\ &\quad\times\frac{1-\alpha}{\alpha}\frac{1-\beta}{\beta}(s+1)+\frac{1-\beta}{\beta}+2\frac{(1-\beta)^2}{\beta^2}\end{aligned}\right\} \tag{17.94}$$

因而在关联负二项式的粒子数涨落为

$$\left.\begin{aligned}(\Delta N_1)^2 &= \frac{1-\alpha}{\alpha^2}(s+1) \\ (\Delta N_2)^2 &= (s+1)\frac{1-\alpha}{\alpha^2}\frac{1-\beta}{\beta^2}(1-\beta+\alpha)+\frac{1-\beta}{\beta^2}\end{aligned}\right\} \tag{17.95}$$

对照2.12节,我们估计在多模热光子注中的吸收机制中有这样的关联负二项式出现.

17.5　环链型哈密顿量的对角化

本节我们讨论如何对角化下列环链型的哈密顿量

$$H = \frac{1}{2m}\sum_{l=1}^{N}\hat{P}_l^2 + \frac{\beta}{2}\sum_{l=1}^{N-1}(\hat{q}_l - \hat{q}_{l+1})^2 + \frac{\beta}{2}(\hat{q}_N - \hat{q}_1)^2 \tag{17.96}$$

它表示一个首尾衔接的环链.这样的哈密顿量可以用来描述一维格点链,最后一项反映了最末一个原子与第一个原子相连而形成一个原子环.由于成环,也就可以认为这个链是无止境的以至于每个原子各拥有一个全同的环境.从而可以避免一个长链的边界效应的影响.我们将指出,可以对角化 H 的幺正算符 U 中包括压缩变换.

我们预先写下 U 在坐标表象中的形式

$$U = \prod_{l=2}^{N}\left(\frac{\omega}{\Omega_l}\right)^{1/4}\int_{-\infty}^{\infty}\mathrm{d}^N\boldsymbol{q}\mid u\boldsymbol{q}\rangle\langle\boldsymbol{q}\mid \tag{17.97}$$

其中

$$\left.\begin{aligned}\omega &= \sqrt{\frac{2\beta}{m}},\Omega_l = \left[\frac{2\beta}{m}(1-\cos\theta_l)\right]^{1/2}\\ \theta_l &= \frac{2(l-1)}{N}\pi,\quad l = 2,3,\cdots,N\end{aligned}\right\} \tag{17.98}$$

$\prod_l\left(\frac{\omega}{\Omega_l}\right)^{1/4}$ 是为了使 U 为幺正算符而引入的,$|\boldsymbol{q}\rangle$ 是坐标本征态 $\langle\boldsymbol{q}| = \langle q_1,q_2,\cdots,q_N|$,$u$ 是一个 $N\times N$ 矩阵.当 N 是偶数时,我们取 u 为

$$u = R_e\mathscr{S}$$

$$R_e = \sqrt{\frac{2}{N}}\begin{pmatrix}\frac{1}{\sqrt{2}} & \cos\theta_2 & \cdots & \cos\theta_{\frac{N}{2}}\\ \frac{1}{\sqrt{2}} & \cos 2\theta_2 & \cdots & \cos 2\theta_{\frac{N}{2}}\\ \vdots & & & \vdots\\ \frac{1}{\sqrt{2}} & \cos(N-1)\theta_2 & \cdots & \cos(N-1)\theta_{\frac{N}{2}}\\ \frac{1}{\sqrt{2}} & \cos N\theta_2 & \cdots & \cos N\theta_{\frac{N}{2}}\end{pmatrix}$$

$$
\begin{array}{cccc}
-\frac{1}{\sqrt{2}} & \sin\theta_{\frac{N}{2}} & \cdots & \sin\theta_2 \\
\frac{1}{\sqrt{2}} & \sin 2\theta_{\frac{N}{2}} & \cdots & \sin 2\theta_2 \\
\vdots & & & \vdots \\
-\frac{1}{\sqrt{2}} & \sin(N-1)\theta_{\frac{N}{2}} & \cdots & \sin(N-1)\theta_2 \\
\frac{1}{\sqrt{2}} & \sin N\theta_{\frac{N}{2}} & \cdots & \sin N\theta_2
\end{array}
\left.\vphantom{\begin{array}{c}1\\1\\1\\1\\1\end{array}}\right)
$$

$$
\mathscr{S} = \begin{pmatrix} 1 & & & & \\ & \sqrt{\frac{\omega}{\Omega_2}} & & & \\ & & \sqrt{\frac{\omega}{\Omega_3}} & & \\ & & & \ddots & \\ & & & & \sqrt{\frac{\omega}{\Omega_N}} \end{pmatrix} \tag{17.99}
$$

而当 N 为奇数，取 $u = R_0\mathscr{S}$

$$
R_{\mathrm{o}} = \sqrt{\frac{2}{N}} \times \begin{pmatrix} \frac{1}{\sqrt{2}} & \cos\theta_2 & \cdots & \cos\theta_{\frac{N+1}{2}} & \sin\theta_{\frac{N+1}{2}} & \cdots & \sin\theta_2 \\ \frac{1}{\sqrt{2}} & \cos 2\theta_2 & \cdots & \cos 2\theta_{\frac{N+1}{2}} & \sin 2\theta_{\frac{N+1}{2}} & \cdots & \sin 2\theta_2 \\ \vdots & \vdots & & \vdots & \vdots & & \vdots \\ \frac{1}{\sqrt{2}} & \cos N\theta_2 & \cdots & \cos N\theta_{\frac{N+1}{2}} & \sin N\theta_{\frac{N+1}{2}} & \cdots & \sin N\theta_2 \end{pmatrix} \tag{17.100}
$$

注意 R_{e} 和 R_{o} 都是正交矩阵，$\det R_{\mathrm{e}} = \det R_{\mathrm{O}} = 1$，而且

$$
\left.\begin{array}{l}
\sum_{n=1}^{N} \cos n\theta_l \cos n\theta_{l'} = \frac{N}{2}\delta_{ll'}, \quad \sum_{n=1}^{N} \cos n\theta_l = \sum_{n=1}^{N} \sin n\theta_l = 0 \\
\sum_{n=1}^{N} \sin n\theta_l \cos n\theta_{l'} = 0, \quad \sum_{n=1}^{N} \sin n\theta_l \sin n\theta_{l'} = \frac{N}{2}\delta_{ll'}
\end{array}\right\} \tag{17.101}
$$

以及当 N 为偶数时，有

$$\sum_{n=1}^{N}(-)^n\cos n\theta_l = \sum_{n=1}^{N}(-)^n\sin n\theta_l = 0$$

用坐标本征态的正交性 $\langle \boldsymbol{q}' | \boldsymbol{q}\rangle = \delta(\boldsymbol{q}'-\boldsymbol{q})$，我们分解 U 为

$$U = \int_{-\infty}^{\infty}\mathrm{d}^N\boldsymbol{q}\ |\ R\boldsymbol{q}\rangle\langle\boldsymbol{q}\ |\int_{-\infty}^{\infty}\mathrm{d}^N\boldsymbol{q}'\prod_l\left(\frac{\Omega_l}{\omega}\right)^{-1/4}\ |\ \mathscr{S}\boldsymbol{q}\rangle\langle\boldsymbol{q}\ | \tag{17.102}$$

其中当 N 为偶(奇)时，R 代表 $R_{\mathrm{e}}(R_{\mathrm{O}})$，第一个积分型算符代表 N 维空间中的转动，第二个则代表则代表压缩变换，利用

$$|\ \boldsymbol{q}\rangle = \left(\frac{m\omega}{\pi\hbar}\right)^{1/4}\exp\left\{-\frac{m\omega}{2\hbar}\boldsymbol{q}^2+\sqrt{\frac{2m\omega}{2\hbar}}\boldsymbol{q}\boldsymbol{a}^{\dagger}-\frac{1}{2}\boldsymbol{a}^{\dagger 2}\right\}|\ \boldsymbol{0}\rangle$$

得到

$$\int_{-\infty}^{\infty}\mathrm{d}^N\boldsymbol{q}\ |\ R\boldsymbol{q}\rangle\langle\boldsymbol{q}\ | = :\exp\left\{\sum_{ij}a_i^{\dagger}(R_{ij}-\delta_{ij})a_j\right\}:\equiv D(R) \tag{17.103}$$

$$\begin{aligned}\int_{-\infty}^{\infty}\mathrm{d}^N\boldsymbol{q}\prod_l\left(\frac{\Omega_l}{\omega}\right)^{-1/4}\ |\ \mathscr{S}\boldsymbol{q}\rangle\langle\boldsymbol{q}\ | &= \prod_{l=2}^{N}\exp\left\{-\frac{1}{2}a_l^{\dagger}\tanh\lambda_l\right\}\\ &\times\exp\left\{\left(a_l^{\dagger}a_l+\frac{1}{2}\right)\ln\operatorname{sech}\lambda_l\right\}\exp\left\{\frac{1}{2}a_l^2\tanh\lambda_l\right\}\equiv S\end{aligned} \tag{17.104}$$

这里　$\mathrm{e}^{\lambda l} = \sqrt{\dfrac{\Omega_l}{\omega}}$，　$\operatorname{sech}\lambda_l = \dfrac{2\sqrt{\Omega_l\omega}}{\Omega_l+\omega}$，　$\sinh\lambda_l = \dfrac{\Omega_l-\omega}{2\sqrt{\Omega_l\omega}}$.

$a_l^{\dagger}$ 与 $\hat{q}_l$ 及 $\hat{P}_l$ 的关系是

$$\hat{q}_l = \sqrt{\frac{\hbar}{2m\omega}}(a_l+a_l^{\dagger}),\quad \hat{P}_l = \sqrt{\frac{m\omega\hbar}{2}}\frac{a_l-a_l^{\dagger}}{i}$$

现在证明用式(17.97)表示的 U 确实把环链哈密顿量(17.96)对角化了.先注意到在压缩变换下

$$\begin{aligned}Sa_lS^{-1} &= a_l\cosh\lambda_l + a_l^{\dagger}\sinh\lambda_l\\ &= \frac{1}{2}\left[\sqrt{\frac{\Omega_l}{\omega}}(a_l+a_l^{\dagger})+\sqrt{\frac{\omega}{\Omega_l}}(a_l-a_l^{\dagger})\right]\end{aligned} \tag{17.105}$$

其中，$l=2,3,\cdots,N$.而在转动变换下

$$\left.\begin{aligned}D(R)a_l^{\dagger}D^{-1}(R) &= \sum_i a_i^{\dagger}R_{il}\\ D(R)a_lD^{-1}(R) &= \sum_i(R^{-1})_{li}a_i\end{aligned}\right\} \tag{17.106}$$

综合这两种变换并注意 $\tilde{R}=R^{-1}$，我们看到

$$U_{a_l}U^{-1} = \sum_j \left(\sqrt{\frac{m\Omega_l}{2\hbar}}R_{lj}^{-1}\hat{q}_j + \mathrm{i}\sqrt{\frac{1}{2m\Omega_l\hbar}}R_{li}^{-1}\hat{P}_j\right), \quad l = 2,3,\cdots,N \tag{17.107}$$

$$Ua_1U^{-1} = \sum_j R_{1i}^{-1}a_i \tag{17.108}$$

由式(17.107)和(17.108)可知,在 U 变换下

$$\left.\begin{aligned} U\hat{q}_lU^{-1} &= \sum_j \sqrt{\frac{\Omega_l}{\omega}}R_{lj}^{-1}q_j, \quad U\hat{P}_lU^{-1} = \sum_j R_{lj}^{-1}\sqrt{\frac{\omega}{\Omega_l}}\hat{P}_j \\ U\hat{q}_lU^{-1} &= \sum_j R_{1j}^{-1}\hat{q}_j, \quad U\hat{P}_1U^{-1} = \sum_j R_{1j}^{-1}\hat{P}_j \end{aligned}\right\} \tag{17.109}$$

由此说明由(17.96)描述的环链哈密顿量 H 确实可以被对角化,事实上,用式(17.108)可导出

$$\begin{aligned} U\hat{P}_1^2U^{-1} + \sum_{l=2}^N U\hat{P}_l^2U^{-1}\frac{\Omega_l}{\omega} &= \sum_{l=1}^N \hat{P}_l^2 \\ \sum_{l=2}^N U\hat{q}_l^2U^{-1}\frac{\Omega_l}{\omega} &= \sum_{l=2}^N\sum_{k,j}\hat{q}_kR_{kl}\Omega_l^2R_{lj}^{-1}\hat{q}_j\omega^{-2} \end{aligned} \tag{17.110}$$

这样就有

$$\begin{aligned} &U\left[\frac{1}{2m}\hat{P}_l^2 + \sum_{l=2}^N\left(\frac{\hat{P}_l^2}{2m} + \frac{1}{2}m\omega^2\hat{q}_l^2\right)\frac{\Omega_l}{\omega}\right]U^{-1} \\ &= \frac{1}{2m}\sum_{l=1}^N\hat{P}_l^2 + \frac{1}{2}\sum_{l=2}^N\sum_{k,j}\beta\hat{q}_kR_{lk}[2(1-\cos\theta_l)]R_{lj}^{-1}\hat{q}_j \end{aligned} \tag{17.111}$$

其中第二项包括了三个矩阵的乘积,当中的是$(N-1)\times(N-1)$阶的对角的矩阵

$$2[(1-\cos\theta_l)] = 2\begin{pmatrix} 1-\cos\theta_2 & & & \\ & 1-\cos\theta_3 & & \\ & & \ddots & \\ & & & 1-\cos\theta_N \end{pmatrix}$$

将它扩展为 $N\times N$ 矩阵 Λ,Λ 也是对角的

$$\Lambda_N = \left(\begin{array}{c|c} 0 & \\ \hline & 2(1-\cos\theta_l) \end{array}\right)$$

并直接做矩阵乘法,得到(详见本节附录)

$$\sum_{l=2}^N R_{kl}[2(1-\cos\theta_l)]R_{lj}^{-1}$$

$$= (R\Lambda_N R^{-1})_{kj} = \begin{pmatrix} 2 & -1 & 0 & \cdots & 0 & -1 \\ -1 & 2 & -1 & & & 0 \\ 0 & -1 & 2 & -1 & & \\ & & & & & \vdots \\ \vdots & \vdots & & & & \\ -1 & 0 & \cdots & & -1 & 2 \end{pmatrix}_{kj}$$

$$\equiv W_{kj} \tag{17.112}$$

(请注意左边第一式是$[N\times(N-1)]\times[(N-1)\times(N-1)]\times[(N-1)\times N]$型的矩阵乘法)根据矩阵理论,其乘积是一个 $N\times N$ 矩阵,与右边一致.把式(17.112)代入式(17.111)可看出

$$U\left[\frac{1}{2m}\hat{P}_1^2+\sum_{l=2}^{N}\left(a_l^\dagger a_l+\frac{1}{2}\hbar\Omega_l\right)\right]U^{-1}$$

$$=\frac{1}{2m}\sum_{l=1}^{N}\hat{P}_1^2+\frac{\beta}{2}(\hat{q}_1\,\hat{q}_2\cdots\hat{q}_N)\,W\begin{pmatrix}\hat{q}_1\\ \hat{q}_2\\ \vdots\\ \hat{q}_N\end{pmatrix}$$

$$= H \tag{17.113}$$

可见 U 确实能把环链型哈密顿量对角化,值得指出的是 U 中包含了压缩变换.

现在来分析这种环链型哈密顿量代表的物理系统及对角化以后频率 Ω_l 的物理意义.我们认为 H 可以代表一种单原子格点模型(即可描述在元胞中有一个原子的晶体),而其中的最后一项(首尾相互作用)代表着玻恩-玻・卡门边界条件.H 的对角化后出现的 Ω_l 为

$$\Omega_l=\sqrt{\frac{2\beta}{m}(1-\cos\theta_l)},\quad l>1 \tag{17.114}$$

它可代表格点量子化后的声子频率(简正模,因为当 $\beta=1,m=1,\Omega_l$ 约化为一维格点链量子化后的声子频率:$[2(1-\cos\theta_l)]^{1/2}$.

附　录

这里,我们证明式(17.112).已知 Λ_N 为对角矩阵

$$(\Lambda_N)_{ii}=2(1-\cos\theta_l)_{ii}$$

$$\theta_l=\frac{2(l-1)\pi}{N},\quad i=2,3,\cdots,N$$

$$(\Lambda_N)_{ii} = 0$$

并让 $K = R\Lambda_N\widetilde{R}$，则当 N 为偶数时

$$\begin{aligned}
K_{mn} &= \sum_{i=1}^{N}(R_e)_{mi}(\Lambda_N)_{ii}(\widetilde{R}_e)_{in} \\
&= \frac{4}{N}\Big\{\sum_{l=2}^{N/2}(1-\cos\theta_l)(\cos m\theta_l\cos n\theta_l + \sin m\theta_l\sin n\theta_l) \\
&\quad + (-1)^{m-n}\Big\} \\
&= \frac{2}{N}\{2(-1)^{m-n} + \sum_{l=2}^{N/2}[2\cos(m-n)\theta_l - \cos(m-n+1)\theta_l \\
&\quad - \cos(m-n-1)\theta_l]\} \\
&= \frac{2}{N}\{2(-1)^{m-n} + 2f(m-n+1) - f(m-n-1)\}
\end{aligned} \tag{17.115}$$

其中

$$f(n) = \sum_{l=2}^{N/2}\cos n\theta_l = \sum_{l=2}^{N/2}\cos(l-1)\frac{2\pi n}{N} \tag{17.116}$$

它具有以下性质

$$f(0) = f(N) = f(-N) = \frac{N}{2} - 1 \tag{17.117}$$

当 $n \neq 0, N, -N$ 时

$$\begin{aligned}
f(n) &= \frac{\sin\left[n\pi\left(1-\frac{2}{N}\right)\right]}{2\sin\frac{2n\pi}{N}} - \frac{1}{2} = -\frac{1}{2}[(-1)^n + 1] \\
&= \begin{cases} 0, & n\ \text{为奇} \\ -1, & n\ \text{为偶} \end{cases}
\end{aligned} \tag{17.118}$$

由式(17.115)～(17.118)可知

$$K_{mn} = \begin{cases} 2, & m = n \\ -1, & m = n \pm 1 \\ -1, & m = 1, n = N\ \text{或}\ m = N, n = 1 \\ 0, & \text{其他} \end{cases}$$

即 $K = W_0$ 当 N 为奇数时，可作类似讨论，不赘述.

作为环链形哈密顿量对角化的一个具体例子，我们讨论三个质量为 m 的粒子的一维运动，粒子间的力是谐和力

$$V = \frac{\beta}{2}[(\hat{q}_1 - \hat{q}_2)^2 + (\hat{q}_2 - \hat{q}_3)^2 + (\hat{q}_3 - \hat{q}_1)^2]$$

相当于在式(17.96)中取 $N = 3$. 根据(17.98)式知

$$\Omega_2 = \left[\frac{2\beta}{m}\left(1-\cos\frac{2\pi}{3}\right)\right]^{1/2} = \sqrt{\frac{2\beta}{m}}\sqrt{\frac{3}{2}} = \omega\sqrt{\frac{3}{2}} = \Omega_3$$

接着由式(17.100)得

$$R_{\circ} = \sqrt{\frac{2}{3}}\begin{pmatrix} \frac{1}{\sqrt{2}} & -\frac{1}{2} & \sqrt{\frac{3}{2}} \\ \frac{1}{\sqrt{2}} & -\frac{1}{2} & -\sqrt{\frac{3}{2}} \\ \frac{1}{\sqrt{2}} & 1 & 0 \end{pmatrix}$$

$$\det R_{\circ} = 1, \quad \widetilde{R}_{\circ} = R_{\circ}^{-1}$$

而压缩矩阵为

$$\mathscr{S} = \begin{pmatrix} 1 & 0 & 0 \\ 0 & \left(\frac{2}{3}\right)^{1/4} & 0 \\ 0 & 0 & \left(\frac{2}{3}\right)^{1/4} \end{pmatrix}$$

相应地，式(17.113)变成

$$H = U\left[\frac{1}{2m}\hat{P}_1^2 + \hbar\sqrt{\frac{3\beta}{m}}(a_2^\dagger a_2 + a_3^\dagger a_3 + 1)\right]U^{-1}$$

可见两个内部振动模的频率是$\sqrt{\frac{3\beta}{m}}$.

为了验证上述做法的正确性，也可以引入雅可比坐标

$$Y_1 = q_1 - q_2$$

$$Y_2 = \frac{q_1 + q_2}{2} - q_3$$

$$Y_3 = \frac{1}{3}(q_1 + q_2 + q_3)$$

把位势表达为

$$V = \frac{\beta}{2}\left(\frac{3}{2}Y_1^2 + 2Y_2^2\right)$$

三粒子的动能表达为

$$\sum_{i=1}^{3}\frac{p_i^2}{2m} = -\frac{\hbar^2}{2m}\left(\frac{1}{3}\frac{\partial^2}{\partial Y_3^2} + 2\frac{\partial^2}{\partial Y_1^2} + \frac{3}{2}\frac{\partial^2}{\partial Y_2^2}\right)$$

所以，定态薛定谔方程是

$$H\psi = -\frac{\hbar^2}{6m}\frac{\partial^2\psi}{\partial Y_3^2} - \frac{\hbar^2}{2m}\left(2\frac{\partial^2}{\partial Y_1^2} + \frac{3}{2}\frac{\partial^2}{\partial Y_2^2}\right)\psi + \frac{\beta}{2}\left(\frac{3}{2}Y_1^2 + 2Y_2^2\right)\psi$$

可见内部振动模的频率确实是$\sqrt{\frac{3\beta}{m}}$.

上述例子说明本节介绍的包括压缩变换的幺正算符来对角化环链形哈密顿量是行之有效的，特别当粒子数 N 不大时，我们的方法比采用雅可比坐标还方便，更何况后者不能立即给出幺正算符来.而通常所用的格点链量子化方案只适用于大 N 的情况.

思考题：当这三个粒子为自旋$\frac{1}{2}$的费米子时，基态能量是多少？

另外，当 $N=2$ 时，式(17.96)变成

$$H=\frac{1}{2m}(\hat{P}_1^2+\hat{P}_2^2)+\beta(q_1-q_2)^2$$

根据式(17.98)和(17.99)看出(注意 R_e 中，当 $N=2,\theta_{N/2}=\theta_1$ 比 θ_2 的下标小)，应该取

$$R_e=\begin{pmatrix}\frac{1}{\sqrt{2}} & -\frac{1}{\sqrt{2}}\\ \frac{1}{\sqrt{2}} & \frac{1}{\sqrt{2}}\end{pmatrix}$$

$$\mathscr{S}=\begin{pmatrix}1 & 0\\ 0 & \sqrt{\frac{\omega}{\Omega_2}}\end{pmatrix}$$

$$\Omega_2=\sqrt{2}\omega$$

17.6　环链型哈密顿量的对角化
——计及第 p 近邻作用

上节考虑的单原子一维环链中，相互作用是最近邻的.如果放弃这一限制而计入第 p 近邻作用，相应的力常数是 β_p，β_p 显然应该是 p 的函数.这时的环链的简谐势为

$$V=\frac{1}{2}\sum_{l=1}^{N}\sum_{p>0}\beta_p(q_l-q_{l+p})^2,\quad q_{N+p}=q_p \tag{17.119}$$

条件 $q_{N+p}=q_p$ 保证了首尾之间也有第 p 近邻作用.现在来分析这种模型的内部振动模式，记

$$V'=\sum_{p>0}V_p$$

则

$$V_p = \frac{1}{2}\sum_{l=1}^{N}\beta_p(q_l - q_{l+p})^2 = \frac{1}{2}(q_1, q_2, \cdots, q_N)K_p\begin{pmatrix}q_1\\q_2\\\vdots\\q_N\end{pmatrix} \tag{17.120}$$

显然当 $p=1$, V_1 为上节所述的最近邻作用, K_1 可表达为

$$K_1 = \beta_1(2 - M - M^{-1}) \tag{17.121}$$

其中

$$M = \begin{pmatrix}0 & 0 & \cdots & 0 & 1\\1 & 0 & & & \\ & 1 & \ddots & & \vdots\\ & \mathbf{0} & \ddots & & 0\\ & & & 1 & 0\end{pmatrix},\quad M^{-1} = \widetilde{M} \tag{17.122}$$

是循环矩阵.有趣的是,当 $p=2$, K_2 可以表达为

$$K_2 = \beta_2(2 - M^2 - M^{-2})$$

就可以保证 V_2 只包含近邻作用.依次归纳得到

$$K_3 = \beta_3(2 - M^3 - M^{-3})$$

$$K_p = \beta_p(2 - M^p - M^{-p}) \tag{17.123}$$

因此,位势的矩阵形式是

$$V' = \frac{1}{2}(q_1, q_2, \cdots, q_N)\sum_{p>0}\beta_p(2 - M^p - M^{-p})\begin{pmatrix}q_1\\q_2\\\vdots\\q_N\end{pmatrix}$$

由于循环矩阵的线性运算及乘积也是循环矩阵,其逆也是循环阵,所以求 $\sum\limits_{p>0}\beta_p(2 - M^p - M^{-p})$ 本征值的问题可转化为求 M 的本征值,它们有相同的本征矢量.鉴于 $M^N = I$ 是单位矩阵,所以 M 的本征值是

$$\lambda_l = \mathrm{e}^{\mathrm{i}\theta_l},\quad \theta_l = \frac{2(l-1)\pi}{N},\qquad l = 1,2,\cdots,N$$

$M^p + M^{-p}$ 的本征值是 $2\cos p\theta_l$,对角化后位势的形式是

$$\frac{1}{2}(q_1 q_2, \cdots, q_N)\sum_p 4\beta_p\sin^2\left(\frac{1}{2}p\theta_l\right)\begin{pmatrix}q_1\\q_2\\\vdots\\q_N\end{pmatrix}$$

由此可知计及第 p 近邻作用的环链原子的振动模式为

$$\Omega'_l = 2\left[\sum_{p>0} \beta_p \frac{1}{m} \sin^2\left(\frac{1}{2} p\theta_l\right)\right]^{1/2} \tag{17.124}$$

对照上节的讨论,不难导出使

$$H' = \frac{1}{2m}\sum_{l=1}^{N} \hat{P}_l^2 + \sum_{p>0} V_p$$

对角化的幺正算符,这留给读者作为练习.

第 18 章　q 变形玻色算符的 IWOP 技术

18.1　引　　言

把以上各章所讨论玻色子产生算符与湮没算符的对易关系作 q 变形推广[188,189]

$$[a,a^\dagger]_q \equiv aa^\dagger - qa^\dagger a = 1, \quad q \text{ 为实数} \tag{18.1}$$

这是近来物理学家的热门话题,这种 q 变形代数与近代多种统计力学模型和近代场论密切相关.在这种情况下,可引入粒子数算符 N 使其满足

$$[a,N] = a, \quad [a^\dagger,N] = -a^\dagger \tag{18.2}$$

(这两个对易子对二次量子化场论是必需有的,因为它们反映了粒子产生、湮没).方程(18.2)的解是

$$N = \sum_{n=1}^{\infty} \frac{(1-q)^n}{1-q^n} a^{\dagger n} a^n, \quad 0 < q \leqslant 1 \tag{18.3}$$

这用基本对易子式(18.1)是容易验证的. N 的归一化的本征态是

$$|n\rangle = \frac{a^{\dagger n}}{\sqrt{[n]_q!}}|0\rangle \tag{18.4}$$

其中$|0\rangle$是基态,q 阶乘理解为

$$[n]_q! = [n]_q[n-1]_q \cdots [2]_q[1]_q, \quad [0]_q! = 1 \tag{18.5}$$

而$[x]_q$ 的定义和$\binom{n}{k}_q$ 的定义分别是

$$[x]_q = \frac{q^x - 1}{q-1}, \quad \binom{n}{k}_q = \frac{[n]_q!}{[k]_q![n-k]_q!} \tag{18.6}$$

显然

$$[x]_q = [x]_{q^{-1}} q^{x-1} \tag{18.7}$$

a 与 $a^\dagger$ 对 $|n\rangle$ 的作用分别是

$$a\,|\,n\rangle = \sqrt{[n]_q}\,|\,n-1\rangle,\quad a^\dagger\,|\,n\rangle = \sqrt{[n+1]_q}\,|\,n+1\rangle \tag{18.8}$$

由此给出

$$a^\dagger a\,|\,n\rangle = [n]_q\,|\,n\rangle \tag{18.9}$$

对照式(18.6)可见

$$a^\dagger a = \frac{q^N - 1}{q - 1} = [N]_q \tag{18.10}$$

从而可把式(18.1)改写为

$$[a, a^\dagger] = q^N = [N+1]_q - [N]_q$$

q 变形的玻色子相干态定义为

$$|\,z\rangle_q = (\mathrm{e}_q^{|z|^2})^{-1/2}\mathrm{e}_q^{za^\dagger}\,|\,0\rangle = (\mathrm{e}_q^{|z|^2})^{-1/2}\sum_{n=0}^{\infty}\frac{z^n}{\sqrt{[n]_q!}}\,|\,n\rangle \tag{18.11}$$

其中 q 指数定义为

$$\mathrm{e}_q^x = \sum_{n=0}^{\infty}\frac{x^n}{[n]_q!} \tag{18.12}$$

q 二项式定义是

$$\begin{aligned}(x+y)_q^n &= (x+y)(x+qy)\cdots(x+q^{n-1}y)\\ &= \sum_{n=0}^{\infty}\binom{n}{k}_q q^{k(k-1)/2}x^{n-k}y^k\end{aligned} \tag{18.13}$$

18.2 q 微分和 q 积分简介

与 q 玻色子系统相联系的数学工具是 q 微分和 q 积分，本世纪初，Jackson 等人就较详细地研究了它们. 作为自洽的 q 微分与 q 积分分别定义为[190]

$$\frac{\mathrm{d}}{\mathrm{d}_q x}f(x) = \frac{f(x) - f(qx)}{(1-q)x} \tag{18.14}$$

$$\int \mathrm{d}_q x f(x) = (1-q)x\sum_{n=0}^{\infty} q^n f(q^n x) + c,\quad c\ \text{是积分常数}$$

复合函数的微分定义为

$$\frac{\mathrm{d}[f(x)g(x)]}{\mathrm{d}_q x} = \frac{\mathrm{d}f(x)}{\mathrm{d}_q x}g(x) + f(qx)\frac{\mathrm{d}g(x)}{\mathrm{d}_q x}$$
$$= f(x)\frac{\mathrm{d}g(x)}{\mathrm{d}_q x} + \frac{\mathrm{d}f(x)}{\mathrm{d}_q x}g(qx) \tag{18.15}$$

由式(18.14)及(18.7)，可导出

$$\frac{\mathrm{d}}{\mathrm{d}_q x}\mathrm{e}_q^{\lambda x} = \lambda \mathrm{e}_q^{\lambda x}$$

$$\frac{\mathrm{d}}{\mathrm{d}_q x}\mathrm{e}_{q^{-1}}^{\lambda x} = \frac{\mathrm{e}_{q^{-1}}^{\lambda x} - \mathrm{e}_{q^{-1}}^{\lambda q x}}{(1-q)x}$$
$$= \sum_{n=1}^{\infty}\frac{(\lambda x)^n(1-q^n)}{[n]_{q^{-1}}!}\frac{1}{(1-q)x} = \lambda \mathrm{e}_{q^{-1}}^{\lambda q x} \tag{18.16}$$

q 分部积分定义是

$$\int_0^y \mathrm{d}_q x f(x)\frac{\mathrm{d}g(x)}{\mathrm{d}_q x} = f(x)g(x)\Big|_0^y - \int_0^y \mathrm{d}_q x\frac{\mathrm{d}f(x)}{\mathrm{d}_q x}g(qx) \tag{18.17}$$

由式(18.14)可得

$$\mathrm{e}_q^x = \frac{\mathrm{d}}{\mathrm{d}_q x}\mathrm{e}_q^x = \frac{\mathrm{e}_q^{qx} - \mathrm{e}_q^x}{(q-1)x} = [1-(1-q)x]^{-1}\mathrm{e}_q^{qx}$$
$$= \prod_{k=1}^{n}[1-(1-q)q^{k-1}x]^{-1}\mathrm{e}_q^{q^k x} \tag{18.18}$$

当 $q<1$ 时，上式等于

$$(\mathrm{e}_q^x)^{-1} = \prod_{n=0}^{\infty}[1+(q-1)q^n x],\quad q<1 \tag{18.19}$$

下面我们证明一个重要公式

$$(\mathrm{e}_q^x)^{-1} = \sum_{n=0}^{\infty}\frac{(-x)^n q^{n(n-1)/2}}{[n]_q!} = \sum_{n=0}^{\infty}\frac{(-x)^n}{[n]_{q^{-1}}!} = \mathrm{e}_{q^{-1}}^{-x} \tag{18.20}$$

尽管它可以用式(18.19)及 $\mathrm{e}_{q^{-1}}^{-x} = (1-(1-q)x)\mathrm{e}_{q^{-1}}^{-qx}$ 导出，我们仍以下法证之.

证明：在式(18.19)中令 $(q-1)x = y$，有

$$\prod_{n=0}^{\infty}(1+q^n y) = 1 + \sum_{n=1}^{\infty}\Big(\sum_{0\leqslant k_0<k_1<k_2<\cdots<k_{n-1}} q^{k_0+k_1+\cdots+k_{n-1}}\Big)y^n \tag{18.21}$$

例如当 $n=2$，y^2 的系数是

$$\sum_{k_0=0}^{\infty}\sum_{k_1>k_0}^{\infty} q^{k_0+k_1} = \frac{q}{1-q}\frac{1}{1-q^2}$$

考虑式(18.21)中对 k_{n-1} 求和

$$\sum_{k_{n-1}=k_{n-2}+1}^{\infty} q^{k_{n-1}} = q^{k_{n-2}+1}\frac{1}{1-q}$$

并将它代入式(18.21)中对 k_i 逐个求和

$$\sum_{k_0=0}^{\infty}\cdots\sum_{k_{n-3}>k_{n-4}}^{\infty} q^{k_0+k_1+\cdots+k_{n-3}}\sum_{k_{n-2}=k_{n-3}+1}^{\infty} q^{2k_{n-2}}\frac{q}{1-q}$$

$$=\frac{q^{n(n-1)/2}}{(1-q)(1-q^2)\cdots(1-q^n)} \tag{18.22}$$

于是,方程(18.19)变成

$$(\mathrm{e}_q^x)^{-1} = 1+\sum_{n=1}^{\infty} = \frac{q^{n(n-1)/2}}{(1-q)(1-q^2)\cdots(1-q^n)}(q-1)^n x^n$$

利用$[n]_q$ 的表达式(18.6)与(18.7),可见上式即为式(18.20),即

$$(\mathrm{e}_q^x)^{-1} = \sum_{n=0}^{\infty}\frac{(-x)^n q^{n(n-1)/2}}{[n]_q!} = \mathrm{e}_{q^{-1}}^{-x}$$

由式(18.19)知,$(\mathrm{e}_q^x)^{-1}$在 $q<1$ 时具有零点 $\xi=\dfrac{1}{1-q}$,于是可作以下的 q 定积分

$$\begin{aligned}\int_0^{\xi}\mathrm{d}_q x(\mathrm{e}_q^{qx})^{-1}x^n &= -\int_0^{\xi}\mathrm{d}_q x x^n\frac{\mathrm{d}\mathrm{e}_{q^{-1}}^{-x}}{\mathrm{d}_q x}\\ &= -x^n\mathrm{e}_{q^{-1}}^{-x}\Big|_0^{\xi}+[n]\int_0^{\xi}\mathrm{d}_q x x^{n-1}\mathrm{e}_{q^{-1}}^{-qx}\\ &= \cdots = [n]_q!\int_0^{\xi}\mathrm{d}_q x\mathrm{e}_{q^{-1}}^{-qx}\\ &= -[n]_q!\mathrm{e}_{q^{-1}}^{-x}\Big|_0^{\xi} = [n]_q!\end{aligned} \tag{18.23}$$

因此可将上式改写为

$$\int\mathrm{d}\mu(x)(\mathrm{e}_q^x)^{-1}x^n = [n]_q! \tag{18.24}$$

其中

$$\mathrm{d}\mu(x) = \mathrm{d}_q x\mathrm{e}_q^x(\mathrm{e}_q^{qx})^{-1} \tag{18.25}$$

以下为书写方便有时略去$[n]_q$ 中的下标 q.

18.3 q 变形 IWOP$_q$ 技术[191]

由于 q 变形玻色子满足的对易关系较复杂(见式(18.1)、(18.2)),所以能否将

通常玻色算符的 IWOP 技术推广到 q 变形情形并不是显然的. 尽管如此,我们可对它们引入正规乘积概念,例如: $a^{\dagger n}a^m$ 是正规乘积,因为所有的 q 变形产生算符都在湮没算符的左边,仍给 $a^{\dagger n}a^m$ 以正规乘积的记号 $::$,于是 $a^{\dagger n}a^m = :a^{\dagger n}a^m:$. 另一方面, $:a^m a^{\dagger n}:$ 也是正规乘积,这表明 $:a^m a^{\dagger n}: = a^{\dagger n}a^m$,所以可列出 q 变形算符正规乘积的若干性质.

（Ⅰ）在正规乘积记号 $::$ 内部, q 变形玻色子算符对易.

（Ⅱ）c 数可以自由出入 $::$ 记号.

（Ⅲ）可以对 $::$ 内部的 c 数做积分(或 q 积分),只要积分是收敛的.

（Ⅳ）在 $::$ 内部的 $::$ 记号可以撤消.

（Ⅴ）q 变形玻色子的真空投影算符 $|0\rangle\langle 0|$ 的正规乘积形式是

$$|0\rangle\langle 0| = :(\mathrm{e}_q^{a^\dagger a})^{-1}: \tag{18.26}$$

证明如下

由文献[175]已知, q 变形相干态也具有过完备性

$$\int \mathrm{d}\mu(z)\,|z\rangle_{qq}\langle z| = 1,\quad q<1 \tag{18.27}$$

其中测度为

$$\mathrm{d}\mu(z) = \mathrm{d}_q^2 z\,\mathrm{e}_q^{|z|^2}\mathrm{e}_{q^{-1}}^{-q|z|^2},\quad \mathrm{d}_q^2 z \equiv \mathrm{d}_q|z|^2\frac{\mathrm{d}\theta}{2\pi},\quad |z| \leqslant \sqrt{\xi'} \tag{18.28}$$

其中 $-\xi'$ 是 $\mathrm{e}_{q^{-1}}^{|z|^2}$ 的最大零点(参见式(18.23))代入 $|z\rangle_q$ 的具体表达式于式(18.27)之中,设 $|0\rangle\langle 0|$ 的正规乘积形式是

$$|0\rangle\langle 0| = :X:$$

X 待求,并用性质(Ⅰ)～(Ⅲ)得到

$$1 = \int \mathrm{d}_q^2 z\,\mathrm{e}_{q^{-1}}^{-q|z|^2}\mathrm{e}_q^{za^\dagger}\,|0\rangle\langle 0|\,\mathrm{e}_q^{z^* a} = \int \mathrm{d}_q^2 z :\mathrm{e}_{q^{-1}}^{-q|z|^2}\mathrm{e}_q^{za^\dagger}\mathrm{e}_q^{z^* a}X: \tag{18.29}$$

按下面的积分公式

$$\int \mathrm{d}_q^2 z\,\mathrm{e}_{q^{-1}}^{-q|z|^2}\mathrm{e}_q^{\lambda z}\mathrm{e}_q^{\sigma z} = \mathrm{e}_q^{\lambda\sigma} \tag{18.30}$$

和 IWOP_q 技术积分之,得

$$1 = :\mathrm{e}_q^{q+a}X: = :\mathrm{e}_q^{a^\dagger a}:X:: \tag{18.31}$$

于是

$$:X: = :(\mathrm{e}_q^{a^\dagger a})^{-1}: = |0\rangle\langle 0| \tag{18.32}$$

作为 IWOP_q 技术的应用,我们将 $a^n a^{\dagger m}$ 化为正规乘积,由式(18.27)和(18.29)得到

$$
\begin{aligned}
a^n a^{\dagger m} &= \int \mathrm{d}\mu(z) z^n \mid z\rangle_{qq}\langle z \mid z^{*m} \\
&= \int \mathrm{d}_q^2 z z^n z^{*m} : \mathrm{e}_{q^{-1}}^{-q|z|^2} \mathrm{e}_q^{za^\dagger} \mathrm{e}_q^{z^* a} (\mathrm{e}_q^{a^\dagger a})^{-1} : \\
&= [m]![n]! \sum_{k=0}^{\min(n,m)} \frac{q^{(n-k)(m-k)}}{[k]![n-k]![m-k]!} a^{\dagger m-k} a^{n-k}
\end{aligned} \tag{18.33}
$$

18.4　q 变形玻色子的混沌态及其 P 表示[192]

在第 3 章曾求出热光场的密度矩阵 ρ,它也可写作式(3.98),这是一个混合态.现在有必要将密度矩阵推广到 q 变形情况.对于 q 变形玻色子的混沌场,对照非变形情况我们考虑混合态

$$
\rho_q = \sum_{n=0}^{\infty} (1-u) u^n \mid n\rangle\langle n \mid, \quad 0 < u < 1 \tag{18.34}
$$

这样定义的 ρ_q 是归一化的,因为

$$
\mathrm{tr}\,\rho_q = (1-u) \sum_{n=0}^{\infty} u^n \langle n \mid n\rangle = \frac{1-u}{1-u} = 1 \tag{18.35}
$$

而

$$
\begin{aligned}
\mathrm{tr}\,\rho_q^2 &= \mathrm{tr} \sum_{n=0}^{\infty} (1-u)^2 u^{2n} \mid n\rangle\langle n \mid \\
&= (1-u)^2 \sum_{n=0}^{\infty} u^{2n} = \frac{(1-u)^2}{1-u^2} < 1
\end{aligned} \tag{18.36}
$$

在混沌场中,q 玻色子的平均数目为(注意 $a^\dagger a = [N]_q$)

$$
\begin{aligned}
\langle [N]_q \rangle &= \mathrm{tr}(\rho_q [N]_q) = (1-u) \sum_{n=0}^{\infty} u^n [n]_q \\
&= \frac{1-u}{1-q} \sum_{n=0}^{\infty} u^n (1-q^n) = \frac{u}{1-qu}
\end{aligned} \tag{18.37}
$$

二阶矩为

$$
\begin{aligned}
\langle [N]_q^2 \rangle &= \mathrm{tr}\,\rho_q [N_q]^2 = (1-u) \sum_{n=0}^{\infty} u^n [n]_q^2 \\
&= \frac{u(1+qu)}{(1-qu)(1-q^2 u)}
\end{aligned} \tag{18.38}
$$

因此差分为

$$\langle([N]_q-\langle[N]_q\rangle)^2\rangle=\frac{u(1-u)}{(1-qu)^2(1-q^2u)} \tag{18.39}$$

用$|0\rangle\langle0|$的正规乘积式,可将 ρ_q 纳入正规乘积形式

$$\rho_q=(1-u):\sum_{n=0}^{\infty}\frac{(ua^\dagger a)^n}{[n]_q!}\mathrm{e}_{q^{-1}}^{-a^\dagger a}:=(1-u):E_q^{(u-1)a^\dagger a}: \tag{18.40}$$

对 q 变形玻色子,对照完备性关系(18.29),我们将证明 q 变形混沌场在 q 变形相干态基上的 P 表示为

$$\rho_q=\frac{1-u}{u}\int_0^{u/(1-q)}\int_0^{2x}\mathrm{d}\mu_q(z)E_q^{q(1-u^{-1})|z|^2}\mid z\rangle_{qq}\langle z\mid \tag{18.41}$$

这里 $0<u<1$,函数 E_q^{x+y} 定义与 q 二项式(18.13)有关

$$E_q^{x+y}=\sum_{n=0}^{\infty}\frac{(x+y)_q^n}{[n]_q!} \tag{18.42}$$

$E_q^{(x+y)}$ 与 E_q^x 的关系是

$$\begin{aligned}\mathrm{e}_q^{xt}\mathrm{e}_{q^{-1}}^{yt}&=\sum_{n=0}^{\infty}\frac{x^nt^n}{[n]_q!}\sum_{m=0}^{\infty}\frac{q^{m(m-1)/2}}{[m]_q!}y^mt^m\\&=\sum_{n=0}^{\infty}t^n\sum_{k=0}^{\infty}\frac{q^{k(k-1)/2}}{[n-k]_q![k]_q!}x^{n-k}y^k\\&=\sum_{n=0}^{\infty}\frac{(x+y)_q^n}{[n]_q!}t^n\end{aligned}$$

特别地令 $t=1$,给出

$$\mathrm{e}_q^x\mathrm{e}_{q^{-1}}^y=E_q^{x+y}\quad(E_q^{x+y}\neq E_q^{y+x}) \tag{18.43}$$

了解了 E_q 的定义,用 IWOP_q 技术和 q-欧拉积分公式就可以对式(18.41)右边积分

$$\begin{aligned}&\frac{1-u}{u}\int_0^{u/(1-q)}\mathrm{d}_q\mid z\mid^2\int_0^{2\pi}\frac{\mathrm{d}\theta}{2\pi}(\mathrm{e}_q^{qu^{-1}|z|^2})^{-1}\sum_{n,m=0}^{\infty}\frac{z^nz^{*m}}{[n]_q![m]_q!}:a^{\dagger n}a^m(\mathrm{e}_q^{a^\dagger a})^{-1}:\\&=\frac{1-u}{u}\sum_{n=0}^{\infty}\int_0^{u/(1-q)}\mathrm{d}_q\mid z\mid^2(\mathrm{e}_q^{qu^{-1}|z|^2})^{-1}\frac{\mid z\mid^{2n}}{([n]_q!)^2}:(a^\dagger a)^n\mathrm{e}_{q^{-1}}^{-a^\dagger a}:\\&=\frac{1-u}{u}:\sum_{n=0}^{\infty}u^{n+1}\frac{(a^\dagger a)^n}{[n]_q!}\mathrm{e}_{q^{-1}}^{-a^\dagger a}:\\&=(1-u):E_q^{(u-1)a^\dagger a}:\end{aligned} \tag{18.44}$$

于是,我们得到结论:ρ_q 在 q 相干态上的 P -表示为

$$P(z)=\frac{1-u}{u}E_q^{q(1-u^{-1})|z|^2} \tag{18.45}$$

为了用此表示计算各种期望值，我们研究一个关于 E_q^x 的积分公式，先由 q 微分法则从式(18.14)看出

$$\frac{\mathrm{d}}{\mathrm{d}_q x}E_q^{-tx(f+g)}=-t(f+g)E_q^{-tx(f+gq)} \tag{18.46}$$

进一步，由 q 分部积分规则式(18.17)做以下 q 积分

$$\begin{aligned}
&\int_0^{1/(1-q)}\mathrm{d}_q x E_q^{-x(\lambda+q)}x^n\\
&=-\frac{1}{\lambda+1}\int_0^{1/(1-q)}\mathrm{d}_q x x^n\frac{\mathrm{d}}{\mathrm{d}_q x}E_q^{-x(\lambda+1)}\\
&=-\frac{1}{\lambda+1}x^n E_q^{-x(\lambda+1)}\Big|_0^{1/(1-q)}+\frac{[n]_q}{\lambda+1}\int_0^{1/(1-q)}\mathrm{d}_q x x^{n-1}E_q^{-qx(\lambda+1)}
\end{aligned} \tag{18.47}$$

由于$\frac{1}{1-q}$是 $\mathrm{e}_{q^{-1}}^{-x}$ 的零点，但它又不使 $\mathrm{e}_q^{-\lambda x}\to\infty$，故有

$$E_q^{-x(\lambda+1)}\Big|_{x=\frac{1}{1-q}}=\mathrm{e}_q^{-\lambda x}\mathrm{e}_{q^{-1}}^{-x}\Big|_{x=\frac{1}{1-q}}=0 \tag{18.48}$$

$$E_q^{-q(\lambda+1)x}=-\frac{1}{q(\lambda+q^{-1})}\frac{\mathrm{d}}{\mathrm{d}_q x}E_q^{-qx(\lambda+q^{-1})} \tag{18.49}$$

将式(18.48)和(18.49)代入式(18.47)，并用式(18.13)得重要积分公式

$$\begin{aligned}
&\int_0^{1/(1-q)}\mathrm{d}_q x E_q^{-x(\lambda+q)}x^n\\
&=\frac{[n]_q[n-1]_q}{(\lambda+1)(q\lambda+1)}\int_0^{1/(1-q)}\mathrm{d}_q x x^{n-2}E_q^{-q^2x(\lambda+q^{-1})}\\
&=\cdots\\
&=\frac{[n]_q!}{(1+\lambda)_q^n}\int_0^{1/(1-q)}\mathrm{d}_q x E_q^{-q^n x(\lambda+q^{1-n})}\\
&=\frac{[n]_q!}{(1+\lambda)_q^{n+1}}
\end{aligned} \tag{18.50}$$

用 P 表示式(18.45)及式(18.50)也可以计算出式(18.37)与(18.38)的结果.

18.5　q 变形 Fock 空间中的逆算符及若干新的完备性[193]

q 变形玻色子的逆算符有特殊的应用，本节将给予介绍. 首先将粒子态 $|n\rangle_q \equiv |n\rangle$ 纳入围道积分形式(本节把 $[n]_q!$ 简写为 $[n]!$)

$$
\begin{aligned}
|n\rangle &= \frac{\sqrt{[n]!}}{2\pi}\sum_{m=0}^{\infty}\int_0^{2\pi}\mathrm{d}\varphi\mathrm{e}^{\mathrm{i}(m-n)\varphi}\frac{1}{\sqrt{[m]!}}|m\rangle \\
&= \frac{\sqrt{[n]!}}{2\pi\mathrm{i}}\oint_c \mathrm{d}z\frac{1}{z^{n+1}}|z\rangle_q, \quad z=\mathrm{e}^{\mathrm{i}\varphi}
\end{aligned} \tag{18.51}
$$

其中 $|z\rangle_q$ 是未归一化的 q 相干态，在围道积分意义下，$a^{-1}|z\rangle_q = z^{-1}|z\rangle_q$，故有

$$
a^{-1}|n\rangle = \frac{\sqrt{[n]!}}{2\pi\mathrm{i}}\oint_c \mathrm{d}z\frac{1}{z^{n+2}}\mathrm{e}_q^{za^\dagger}|0\rangle = \frac{1}{\sqrt{[n+1]}}|n+1\rangle \tag{18.52}
$$

这意味着

$$
a^{-1} = \sum_{n=0}^{\infty}\frac{1}{\sqrt{[n+1]}}|n+1\rangle\langle n| \tag{18.53}
$$

$$
aa^{-1} = 1 = (a^\dagger)^{-1}a^\dagger, \quad a^{-1}a = 1-|0\rangle\langle 0| = a^\dagger(a^\dagger)^{-1} \tag{18.54}
$$

用 a^{-1} 与粒子数算符 N 我们构造

$$
A^\dagger = Na^{-1} \tag{18.55}
$$

由 $aN=(N+1)a$，立即得到对易子

$$
[a, A^\dagger] = (N+1)aa^{-1} - N(1-|0\rangle\langle 0|) = 1 \tag{18.56}
$$

现在，我们证明一个新的有用的关系

$$
\frac{1}{n!}A^{\dagger n}|0\rangle = \frac{a^{\dagger n}}{[n]!}|0\rangle = \frac{1}{\sqrt{[n]!}}|n\rangle \tag{18.57}
$$

事实上，用式(18.55)，得到

$$
\begin{aligned}
\frac{1}{n!}A^{\dagger n}|0\rangle &= \frac{1}{n!}(Na^{-1})^n|0\rangle \\
&= \frac{1}{n!}(Na^{-1})^{n-1}\frac{1}{\sqrt{[1]}}|1\rangle \\
&= \frac{1}{n!}(Na^{-1})^{n-2}\frac{2\times 1}{\sqrt{[2][1]}}|2\rangle
\end{aligned}
$$

$$= \cdots$$

$$= \frac{1}{\sqrt{[n]!}} | n\rangle$$

鉴于$[a, A^\dagger] = 1$，$a|0\rangle = 0$ 和$\langle 0|A^\dagger = 0$，我们可以对算符 a 和 $A^\dagger$（注意不是 $a^\dagger$）引入正规乘积的概念，并引入正规乘积记号，用⁘表示（空心的⁘以区分实心的∷），如 $A^\dagger$ 的函数全部处在 a 的左边，则称为正规乘积，也具有以下性质：

（Ⅰ）在⁘内部 a 与 $A^\dagger$ 对易；

（Ⅱ）在⁘内部的⁘可以取消；

（Ⅲ）可以对⁘内部的 c 数作微分与积分运算，只要此积分是收敛的；

（Ⅳ）$|0\rangle\langle 0|$的正规乘积形式是$|0\rangle\langle 0| = ⁘ \mathrm{e}^{-A^\dagger a} ⁘$.

所以，这里的有序算符内的积分技术是针对 $A^\dagger$ 与 a 的次序而言的，这与以前的不同，引入右、左矢

$$\| z\rangle = \exp\left(-\frac{1}{2}|z|^2 + zA^\dagger\right)|0\rangle \tag{18.58}$$

$$\langle\langle z| = \langle 0|\exp\left(-\frac{1}{2}|z|^2 + z^* a\right) \tag{18.59}$$

（注意这里的指数不是 e_q^x 型的），这样就可用 IWOP 技术证明过完备性

$$\int \frac{\mathrm{d}^2 z}{\pi} \| z\rangle\langle\langle z| = \int \frac{\mathrm{d}^2 z}{\pi} ⁘ \mathrm{e}^{-(z^* - A^\dagger)(z-a)} ⁘ = 1 \tag{18.60}$$

尽管$\| z\rangle$与$\langle\langle z|$并不互为厄米共轭，但它们仍能构成完备性，请与第 14 章的结论比较.

18.6　q 变形二项式态[194]

如何从第 2 章所叙的二项式态推广到 q 变形情况呢？一个数学准备是先要有一个 q 变形的二项式定理，已定义的$(x+y)_q^n$ 为式(18.13)

$$(x+y)_q^n = \prod_{k=0}^{n-1}(x + q^k y) \tag{18.61}$$

$$(x+y)_q^0 = 1 \tag{18.62}$$

则 q 变形二项式定理为

$$(x+y)_q^n = \sum_{k=0}^{n}\binom{n}{k}_q q^{k(k-1)/2} x^{n-k} y^k \tag{18.63}$$

其中

$$\binom{n}{k}_q = \frac{[n]!}{[k]![n-k]!} \tag{18.64}$$

式(18.63)的证明可用归纳法. 设式(18.63)成立, 考虑

$$\begin{aligned}(x+y)_q^{n+1} &= \sum_{k=0}^{n}\binom{n}{k}_q q^{k(k-1)/2}x^{n-k}y^k(x+q^n y)\\ &= x^{n+1}+\sum_{k=1}^{n}\left\{\binom{n}{k}_q q^{k(k-1)/2}+\binom{n}{k-1}_q q^{n+(k-1)(k-2)/2}\right\}x^{n+1-k}y^k+q^{n(n+1)/2}y^{n+1}\end{aligned} \tag{18.65}$$

注意到

$$[n+1-k]+q^{n+1-k}[k]=[n+1] \tag{18.66}$$

则式(18.65)变成

$$\begin{aligned}&x^{n+1}+\sum_{k=1}^{n}\binom{n+1}{k}_q q^{k(k-1)/2}x^{n+1-k}y^k+q^{n(n+1)/2}y^{n+1}\\ &=\sum_{k=0}^{n+1}\binom{n+1}{k}_q q^{k(k-1)/2}x^{n+1-k}y^k, \quad \text{证毕}\end{aligned} \tag{18.67}$$

现在, 我们能够对 $0<q<1$ 定义 q 变形二项式态

$$|\tau,m\rangle=\sum_{n=0}^{n}\sqrt{g_q(n,m,\tau)}\,|n\rangle,\quad 0<\tau<1 \tag{18.68}$$

其中 $|n\rangle\equiv|n\rangle_q$,

$$g_q(n;m,\tau)=\binom{m}{n}_q\tau^n(1-\tau)_q^{m-n} \tag{18.69}$$

是 q 变形二项式分布. 这样定义的 $|\tau,m\rangle$ 是归一化的, 由式(18.68)和(18.63)得

$$\begin{aligned}\langle\tau,m\mid\tau,m\rangle &= \sum_{n=0}^{m}\sum_{k=0}^{m-n}\binom{m}{n}_q\binom{m-n}{k}_q q^{k(k-1)/2}(-1)^k\tau^{n+k}\\ &=\sum_{l=0}^{m}\sum_{k=0}^{l}\frac{(-1)^k[m]!}{[m-l]![k]![l-k]!}q^{k(k-1)/2}\tau^l\\ &=\sum_{l=0}^{m}\binom{m}{l}_q\tau^l\sum_{k=0}^{l}\binom{l}{k}_q(-1)^k q^{k(k-1)/2}\\ &=\sum_{l=0}^{m}\binom{m}{l}_q\tau^l(1-1)_q^l\\ &=\binom{m}{0}_q=1\end{aligned} \tag{18.70}$$

其次,我们要说明式(18.68)定义的 q 变形二项式确实是内插在 q 变形相干态和 q 变形粒子态之间,在 $\tau=0$ 和 $\tau=1$ 时,$|\tau,m\rangle$ 分别退化为 $|n=0\rangle$ 和 $|n=m\rangle$ 态,另一方面,在 $m\to\infty$ 极限须证明 $|\tau,m\rangle$ 趋于 q 变形相干态.用极限式

$$\lim_{n\to\infty}[n]=\frac{1}{1-q} \tag{18.71}$$

可证

$$\begin{aligned}\lim_{n\to\infty}\left\{1+\frac{x}{[n]}\right\}_q^n&=\lim_{n\to\infty}\prod_{k=0}^{n-1}\left\{1+q^k\frac{x}{[n]}\right\}\\&=\prod_{k=0}^{\infty}\{1+(1-q)q^kx\}\\&=(\mathrm{e}_q^{-x})^{-1}=\mathrm{e}_{q^{-1}}^{x}\end{aligned} \tag{18.72}$$

进一步,引入参数 λ 使之满足

$$\lambda=\lim_{n\to\infty}\tau[m]=\frac{\tau}{1-q} \tag{18.73}$$

并用方程(18.69)和(18.72)得到

$$\begin{aligned}\lim_{n\to\infty}g_q(0;m,\tau)&=\lim_{n\to\infty}(1-\tau)_q^m\\&=\prod_{k=0}^{\infty}\{1-(1-q)q^k\lambda\}=(\mathrm{e}_q^{\lambda})^{-1}\end{aligned} \tag{18.74}$$

另外,由方程(18.69)和(18.6)可知

$$\begin{aligned}\lim_{n\to\infty}\frac{g_q(n;m,\tau)}{g_q(n-1;m,\tau)}&=\lim_{m\to\infty}\frac{[m-n+1]\tau}{[n](1-q^{m-n}\tau)}\\&=\lim_{m\to\infty}\frac{\tau-\tau q^{m-n+1}}{[n](1-q)(1-q^{m-n}\tau)}\\&=\frac{\tau}{[n](1-q)}\\&=\frac{\lambda}{[n]}\end{aligned} \tag{18.75}$$

联立方程(18.74)和(18.75),我们看到 g_q 在 $m\to\infty$ 时趋向 q 泊松分布,在数学上也称为欧拉分布.

$$\lim_{n\to\infty}g_q(n;m,\tau)=\frac{\lambda^n}{[n]!}(\mathrm{e}_q^{\lambda})^{-1} \tag{18.76}$$

它是第 2 章 2.11 节所述泊松分布的 q 推广,从方程(18.68)和(18.75)我们还有

$$\lim_{m\to\infty}|\tau,m\rangle=(\mathrm{e}_q^{\lambda})^{-1/2}\sum_{n=0}^{\infty}\frac{\lambda^{n/2}}{\sqrt{[n]!}}|n\rangle,\quad \lambda=\frac{\tau}{1-q} \tag{18.77}$$

这表明在 $m\to\infty$ 时,二项式态 $|\tau,m\rangle$ 趋于 q 相干态 $|z=\sqrt{\lambda}\rangle_q$.

类比于光子统计性质,我们来研究 q 玻色子处于 q 二项式态的统计性质,特别是考察是否存在反聚束和亚泊松分布的性质,将 a 作用于 $|\tau,m\rangle$,并用下列恒等式

$$[n]g_q(n;m,\tau)=[m]\tau g_q(n-1;m-1,\tau) \tag{18.78}$$

我们导出

$$\begin{aligned}a|\tau,m\rangle&=\sum_{n=1}^{m}\sqrt{[n]g_q(n;m,\tau)}\,|n-1\rangle\\&=\sqrt{[m]\tau}\sum_{n=0}^{m-1}\sqrt{g_q(n;m-1,\tau)}\,|n\rangle\\&=\sqrt{[m]\tau}\,|\tau,m-1\rangle\end{aligned} \tag{18.79}$$

可见,a 起了某种下降算符的作用,而 $a^\dagger|\tau,m\rangle$ 为

$$a^\dagger|\tau,m\rangle=\frac{1}{\sqrt{[m+1]\tau}}[N]|\tau,m+1\rangle \tag{18.80}$$

从而有

$$a^n|\tau,m\rangle=\left(\frac{\tau^n[m]!}{[m-n]!}\right)^{1/2}|\tau,m-n\rangle \tag{18.81}$$

$$\begin{aligned}a^{\dagger n}|\tau,m\rangle&=\left(\frac{\tau^{-n}[m]!}{[m+n]!}\right)^{1/2}[N][N-1]\cdots\\&\quad\times[N-n+1]|\tau,m+n\rangle\\&=\left(\frac{\tau^{-n}[m]!}{[m+n]!}\right)^{1/2}a^{\dagger n}a^n|\tau,m+n\rangle\end{aligned} \tag{18.82}$$

用 q 二项式态定义式(18.68),又得

$$\begin{aligned}\langle[N]\rangle&=\sum_{n=0}^{m}[n]g_q(n;m,\tau)\\&=\sum_{n=1}^{m}\frac{[m]!}{[n-1]![m-n]!}\tau^n(1-\tau)_q^{m-n}\\&=[m]\tau\end{aligned} \tag{18.83}$$

$$\langle[N]^2\rangle=[m]\tau+q[m][m-1]\tau^2 \tag{18.84}$$

所以,均方差值为

$$\frac{\langle([N]-\langle[N]\rangle)^2\rangle}{\langle[N]\rangle}=1-\tau<1 \tag{18.85}$$

说明 q 二项式态显示出亚泊松分布.再计算二阶关联函数

$$G^{(2)}=\frac{\langle a^{\dagger 2}a^2\rangle}{\langle a^\dagger a\rangle^2}=\frac{[m-1]}{[m]}=q^{-1}\left(1-\frac{1}{[m]}\right)<1 \tag{18.86}$$

其中,$0<q<1$.结论是二项式态是反聚束的.

q 变形二项式态(续)[171].上节讨论的 q 变形二项式态$|\tau,m\rangle$,在 $m\to\infty$时,它趋向欧拉分布,这只是 q 变形泊松分布的一种.在数学上,存在着另一种泊松分布的 q 变形——Heine 分布.因此有必要引入相应的 q 变形二项式态

$$|\eta,M\rangle_q=\sum_{n=0}^{M}(p_B(n;M,\eta,q))^{-1/2}\,|n\rangle,\quad 0<q<1,\quad \eta>0 \tag{18.87}$$

其中

$$p_B(n;M,\eta,q)=\frac{1}{(1+\eta)_q^M}\binom{M}{n}_q q^{n(n-1)/2}\eta^n \tag{18.88}$$

称为概率质量函数.当 $q=1,\eta=\tan^2\theta$,它约化为通常的二项分布,即

$$p_B(n;M,\tan^2\theta,1)=\binom{M}{n}(\sin^2\theta)^n(\cos^2\theta)^{M-n} \tag{18.89}$$

另一方面,由 q 二项式定理式(18.63)看出,$|\eta,M\rangle_q$ 是归一化的

$$\sum_{n=0}^{M}p_B(n;M,\eta,q)=\frac{1}{(1+\eta)_q^M}\sum_{n=0}^{M}\binom{M}{n}_q q^{n(n-1)/2}\eta^n=1$$

$${}_q\langle\eta,M\,|\,\eta,M\rangle_q=1 \tag{18.90}$$

而且可计算出期望值

$$\begin{aligned}{}_q\langle\eta,M\,|\,a^\dagger a\,|\,\eta,M\rangle_q&=\sum_{n=0}^{M}\frac{1}{(1+\eta)_q^M}\binom{M}{n}_q q^{n(n-1)/2}\eta^n[n]_q\\&=\eta\frac{[M]_q}{\eta+1}\end{aligned} \tag{18.91}$$

当 $M\to\infty$时,由于

$$\lim_{M\to\infty}(1+\eta)_q^M=\mathrm{e}_{q^{-1}}^{\eta/(1-q)} \tag{18.92}$$

$p_B(n;M,\eta,q)$趋向于 Heine 分布 p_H

$$p_H(n;\eta,q)=\left(\frac{\eta}{1-q}\right)^n\frac{1}{[n]_{q^{-1}}!}\left(\mathrm{e}_{q^{-1}}^{\eta/(1-q)}\right)^{-1} \tag{18.93}$$

将它与式(18.69)比较,看出两者显然不同.将 a 作用于$|\eta,M\rangle_q$,得到

$$a\,|\,\eta,M\rangle_q=\sum_{n=1}^{M}\sqrt{p_B(n;M,\eta,q)[n]_q}\,|\,n-1\rangle$$

$$
\begin{aligned}
&= \left(\frac{\eta[M]_q}{1+\eta}\right)^{1/2} \sum_{n=1}^{M} \left\{ \frac{1}{(1+q\eta)_q^{M-1}} \right. \\
&\quad \left. \times \frac{[M-1]_q!}{[n-1]_q![M-n]_q!} q^{n(n-1)/2} \eta^{n-1} \right\} | n-1 \rangle \\
&= \left(\frac{\eta[M]_q}{1+\eta}\right)^{1/2} \sum_{n=0}^{M-1} \left\{ \frac{1}{(1+q\eta)_q^{M-1}} \right. \\
&\quad \left. \times \binom{M-1}{n}_q q^{n(n-1)/2} (q\eta)^n \right\} | n \rangle \\
&= \left(\frac{\eta[M]_q}{1+\eta}\right)^{1/2} \sum_{n=0}^{M-1} \sqrt{p_B(n; M-1, q\eta, q)} \mid n \rangle \\
&= \left(\frac{\eta[M]_q}{1+\eta}\right)^{1/2} \mid q\eta, M-1 \rangle_q
\end{aligned} \tag{18.94}
$$

可见对 $|\eta, M\rangle_q$，湮没算符也起了阶梯下降的作用.

由上式可计算平均值

$$
\begin{aligned}
{}_q\langle \eta, M \mid [N] \mid \eta, M \rangle_q &= \sum_{n=1}^{M} p_B(n; M, \eta, q)[n]_q \\
&= \frac{\eta[M]_q}{1+\eta} \sum_{n=0}^{M-1} p_B(n; M-1, q\eta, q) \\
&= \frac{\eta[M]_q}{\eta+1}
\end{aligned} \tag{18.95}
$$

以及

$$
\begin{aligned}
&{}_q\langle \eta, M \mid [N]^2 \mid \eta, M \rangle_q \\
&= \sum_{n=1}^{M} p_B(n; M, \eta, q)[n]_q^2 \\
&= \frac{\eta[M]_q}{1+\eta} \sum_{n=0}^{M-1} p_B(n; M-1, q\eta, q)[n+1]_q \\
&= \frac{\eta[M]_q}{1+\eta} + \frac{\eta^2 q^2 [M]_q [M-1]_q}{(1+\eta)(1+q\eta)} \sum_{n=0}^{m-2} p_B(n; M-2, q^2\eta, q) \\
&= \frac{\eta[M]_q}{1+\eta} + \frac{\eta^2 q^2 [M]_q [M-1]_q}{(1+\eta)(1+q\eta)}
\end{aligned} \tag{18.96}
$$

因此方均差对平均值的比率为

$$
\frac{{}_q\langle \eta, M \mid ([N] - {}_q\langle n, M \mid [N] \mid \eta, M \rangle_q)^2 \mid \eta, M \rangle_q}{{}_q\langle \eta, M \mid [N] \mid \eta, M \rangle_q}
$$

$$= \frac{(1+q^M\eta)}{(1+\eta)(1+q\eta)} > 0 \tag{18.97}$$

这表明 q 二项式态具有亚泊松分布特性.为计算二阶关联函数,先求

$$\begin{aligned}
&{}_q\langle \eta, M \mid a_q^{\dagger 2} a_q^2 \mid \eta, M\rangle_q \\
&= {}_q\langle \eta, M \mid [N][N-1] \mid \eta, M\rangle_q \\
&= \sum_{n=2}^{M} p_B(n; M, \eta, q)[n]_q[n-1]_q \\
&= \frac{\eta^2[M]_q[M-1]_q}{(1+\eta)(1+q\eta)} \sum_{n=2}^{M} \frac{1}{(1+q^2\eta)_q^{M-2}} \\
&\quad \times \frac{[M-2]_q!}{[n-2]_q![M-n]_q!} q^{n(n-1)/2}\eta^{n-2} \\
&= \frac{q\eta^2[M]_q[M-1]_q}{(1+\eta)(1+q\eta)}
\end{aligned} \tag{18.98}$$

所以二阶关系函数是

$$\begin{aligned}
G^{(2)} &\equiv \frac{{}_q\langle n, M \mid a_q^{\dagger 2} a_q^2 \mid \eta, M\rangle_q}{{}_q\langle \eta, M \mid a_q^{\dagger} a_q \mid \eta, M\rangle_q^2} \\
&= \frac{q(1+\eta)[M-1]_q}{(1+q\eta)[M]_q} < 1
\end{aligned} \tag{18.99}$$

由此表明 q 二项式态 $|\eta, M\rangle_q$ 是反聚束的.

18.7　q 变形二项式态与 $SU(2)_q$ 相干态的关系[194]

第 17 章介绍了用 Holstein - Primakoff(简写为 H - P)变换可将二项式态与 SU(2)相干态联系起来.这里,我们先引入 $SU(2)_q$ 代数与 $SU(2)_q$ 相干态,然后定义 q 变形的 H - P 实现,看看 $SU(2)_q$ 相干态与 q 变形二项式态 $|\eta, M\rangle_q$ 是否有联系. $SU(2)_q$ 代数定义为

$$[S_3', S_\pm'] = \pm S_\pm' \tag{18.100}$$

$$[S_+', S_-']_{q^{-1}} = S_+' S_-' - q^{-1} S_-' S_+' = \frac{1-q^{2S_3'}}{1-q} = [2S_3']_q \tag{18.101}$$

再引入 $SU(2)_q$ 生成元的 H - P 实现

$$S_+' = q^{-N_q/2}\sqrt{[2S-N_q]_q}\,a_q$$

$$S'_- = a_q^\dagger \sqrt{[2S - N_q]_q} q^{-N_q/2}$$

$$S'_3 = S - N_q, \quad N_q \equiv N \tag{18.102}$$

记$|S,S_3\rangle_q$ 是S'_3 的本征态,$S_3=-S,S+1,\cdots,S-1,S$.由于 $N_q=S-S'_3$,故 S'_3 的本征态能够被表示为 q-粒子数态

$$| n = S - S_3\rangle_q \equiv | n\rangle_q \tag{18.103}$$

利用式(18.8),可以导出

$$\begin{aligned} S'_+ | \eta\rangle_q &= q^{-N_q/2} \sqrt{[2S - N_q]_q} a_q | n\rangle_q \\ &= q^{-(n-1)/2} \sqrt{[n]_q[2S - n + 1]_q} | n - 1\rangle_q \\ &= \sqrt{[S - S_3]_{q^{-1}}[S + S_3 + 1]_q} | S, S_3 + 1\rangle_q \end{aligned} \tag{18.104}$$

$$\begin{aligned} S'_- | n\rangle_q &= q^{-n/2} \sqrt{[n + 1]_q[2S - n]_q} | n + 1\rangle_q \\ &= \sqrt{[S + S_3]_q[S - S_3 + 1]_{q^{-1}}} | S, S_3 - 1\rangle_q \end{aligned} \tag{18.105}$$

注意到最高权态$|S,S\rangle_q$ 现在被表示为$|n=0\rangle_q$,由此可见

$$\begin{aligned} S'^m_- | S,S\rangle_q &= (a_q^\dagger \sqrt{[2S - N_q]_q} q^{-N_q/2})^m | 0\rangle_q \\ &= q^{-m(m-1)/4} \left(\binom{2S}{m}_q\right)^{1/2} [m]_q! | m\rangle_q \end{aligned} \tag{18.106}$$

另一方面,SU(2)$_q$ 相干态定义为

$$\begin{aligned} | z\rangle_q^s &= \{(1 + | z |^2)_q^{2s}\}^{-1/2} \mathrm{e}_{q^{-1}}^{-z^* S'_-} | S, S'\rangle_q \\ &= \{(1 + | z |^2)_q^{2s}\}^{-1/2} \sum_{m=0}^{\infty} \left\{\frac{(-z^*)^m}{[m]_q!}\right\} S'^m_- | 0\rangle_q q^{m(m-1)/2} \end{aligned} \tag{18.107}$$

这个态是归一化的,因为

$${}_q^s\langle z | z\rangle_q^s = \frac{1}{(1 + | z |^2)_q^{2s}} \sum_{m=0}^{2s} \binom{2s}{m}_q q^{m(m-1)/2} | z |^{2m} = 1$$

比较式(18.87)和(18.107),我们可以认同 q 变形二项式态$|\eta, M = 2s\rangle_q$ 为 SU(2)$_q$相干态,即

$$\begin{aligned} | \eta, 2S\rangle_q &= \sum_{m=0}^{2s} \left[\frac{1}{(1 + \eta)_q^{2s}} \binom{2s}{m}_q q^{m(m-1)/2} \eta^m\right]^{1/2} | m\rangle_q \\ &= | z\rangle_q^s |_{z^* = -\sqrt{\eta}} \end{aligned} \tag{18.108}$$

这里须强调一下,只是当 $M\to\infty$ 时的极限分布趋于 Heine 分布的二项式态才能被认为同$|z\rangle_q^s$.

18.8　q 变形负二项式态与 $SU(1,1)_q$ 相干态的关系[195,196]

在上一章曾用SU(1,1)生成元的玻色子实现式(17.79)将负二项式态纳入了SU(1,1)相干态.这里我们研究其 q 变形情况的推广.先定义 q 变形负二项式态

$$|\beta,S\rangle_q=\sum_{n=0}^{\infty}\left\{\binom{n+s}{n}_q(1-\beta)_q^{s+1}\beta^n\right\}^{1/2}|n\rangle,\quad |n\rangle\equiv|n\rangle_q \tag{18.109}$$

其中 $(1-\beta)_q^{s+1}$ 的定义见式(18.63).容易证明 $|\beta,S\rangle_q$ 是归一化的.然后我们将SU(1,1)李代数的双模玻色子实现作 q 变形推广,引入 $SU(1,1)_q$ 生成元的实现

$$K_+=a_1^\dagger a_2^\dagger,\quad K_-=a_1a_2,\quad K_0=\frac{1}{2}(N_1+N_2+1) \tag{18.110}$$

则由 $[a_i,a_i^\dagger]_q=1$ 可证

$$\begin{aligned}&[K_0,K_\pm]=\pm K_\pm\\&[K_-,K_+]_q=K_-K_+-qK_+K_-=[2K_0]\end{aligned} \tag{18.111}$$

K_0 的本征矢可以在双模 q 变形Fock空间中建立

$$\begin{aligned}|k,r\rangle_q\equiv|k,r\rangle&=|k+r-1\rangle_1\otimes|r-k\rangle_2\\&=\frac{1}{\sqrt{[k+r-1]_q![r-k]_q!}}a_1^{\dagger k+r-1}a_2^{\dagger r-k}|00\rangle\end{aligned} \tag{18.112}$$

这里 $r\geqslant k,k=1,\frac{3}{2},2,\frac{5}{2},\cdots$,显然有

$$\left.\begin{aligned}K_+|k,r\rangle&=\sqrt{[k+r]_q[r-k+1]_q}\,|k,r+1\rangle\\K_-|k,r\rangle&=\sqrt{[k+r-1]_q[r-k]_q}\,|k,r-1\rangle\end{aligned}\right\} \tag{18.113}$$

$$K_0|k,r\rangle=r|k,r\rangle \tag{18.114}$$

由此可见, $SU(1,1)_q$ 相干态为

$$\begin{aligned}|\xi\rangle_q^k&=\sqrt{(1-|\xi|^2)_q^{2k}}\,e_q^{\xi K_+}|k,k\rangle\\&=\sqrt{(1-|\xi|^2)_q^{2k}}\sum_{m=0}^{\infty}\sqrt{\frac{[2k+m-1]!}{[m]![2k-1]!}}\xi^m|k,m+k\rangle\end{aligned} \tag{18.115}$$

它是归一化的,原因是

$$\langle k,k\mid \mathrm{e}_q^{\xi^* K_-}\mathrm{e}_q^{\xi K_+}\mid k,k\rangle=\sum_{m=0}^{\infty}\binom{2k+m-1}{m}_q\mid\xi\mid^{2m}$$
$$=\frac{1}{(1-\mid\xi\mid^2)_q^{2k}},\ \mid\xi\mid^2<1 \tag{18.116}$$

显然几率

$$\mid\langle k,k+n\mid\xi\rangle_q^k\mid^2=\binom{2k+n-1}{n}_q\mid\xi\mid^{2n}(1-\mid\xi\mid^2)_q^{2k} \tag{18.117}$$

是负二项分布式(2.129)的 q 变形推广.

以下我们试图把 q 变形负二项式态式(18.109)和$|\xi\rangle_q^k$ 通过一种$K_\pm,K_0$ 的单模非线性玻色子实现相联系,让 $a_q\equiv a$,

$$K_+\to R_+=a_q^\dagger\sqrt{[N_q+2\lambda]},\quad K_-\to R_-=\sqrt{[N_q+2\lambda]}a_q$$
$$K_0\to R_0=N_q+\lambda,\quad N_q\equiv N \tag{18.118}$$

相应的与 $R_\pm$、R_0 都对易的算符(一般称为 Casimir 算符)是

$$C_q=q^{\lambda-R_0}([R_0]_q[R_0-1]_q-R_+R_-)=[\lambda]_q[\lambda-1]_q \tag{18.119}$$

在这种实现下,

$$\mid k,k\rangle_q\equiv\mid 0\rangle_q,\quad R_0\mid 0\rangle_q=\lambda\mid 0\rangle_q \tag{18.120}$$

所以,用式(18.118)及式(18.8)可以证得

$$R_+^n\mid 0\rangle_q=\sqrt{\binom{2\lambda-1+n}{n}_q[n]_q!}\mid n\rangle_q \tag{18.121}$$

由此可见

$$\sqrt{(1-\tanh^2 r)_q^{2\lambda}}\sum_{n=0}^{\infty}(\tanh^2 r)^{n/2}\binom{2\lambda-1+n}{n}_q^{1/2}\mid n\rangle_q$$
$$=\sqrt{(1-\tanh^2 r)_q^{2\lambda}}\mathrm{e}_q^{R_+\tanh r}\mid 0\rangle_q \tag{18.122}$$

于是,就把 $\mathrm{SU}(1,1)_q$ 相干态与 q 变形负二项式态联系了起来

$$\mid\beta,s\rangle_q\mid_{\substack{\beta=\tanh r\\ s=2\lambda-1}}=\sqrt{(1-\tanh^2 r)_q^{2\lambda}}\mathrm{e}_q^{R_+\tanh r}\mid 0\rangle_q \tag{18.123}$$

注意$(1-\tanh^2 r)_q$ 并不能写成$(\mathrm{sech}^2 r)_q$,这是因为前者遵守定义式(18.13).

通过本章的讨论我们看到 IWOP 技术是可以被应用到 q 变形玻色系统的.

习题(第 11～18 章)

1. 求费米产生算符的本征态,并讨论其性质.
2. 求证式(11.43).
3. 用一般线性群 GL(n)的正规乘积玻色算符实现求在坐标表象中的转换矩阵元$\langle q'|\exp(a_i^{\dagger}\Lambda_{ij}a_j)|q\rangle$.
4. 求能够交换两个泡利矩阵 σ_1 与 σ_2 的算符.
5. 求径向动量算符 P_r 的正规乘积形式.
6. 除了第 14 章所举的不互为厄米共轭的态可以构成完备性关系的例子外,请您举出一至两个其他的例子.
7. 试用微分型完备性关系式(15.2)计算算符

$$\left| p = -\mathrm{i}\frac{\partial}{\partial q},\quad q = \mathrm{i}\frac{\partial}{\partial q}\right\rangle\langle \mu p, q/\mu \left|\right|_{p=q=0}$$

8. 把式(16.69)所描述的哈密顿量分解为

$$H_0 + H',\quad H' = \frac{K}{4}\sum_{i,j=1}^{d}(Q_i - Q_j)^2$$

验证自由能不等式 $F \leqslant F_0 + \langle H'\rangle_0$,$\langle H'\rangle_0$ 表示 H'对由 H_0 描写的系综平均.

9. 对于 q 变形双模玻色算符,由$[N_1 - N_2, a_1 a_2] = 0$ 构造 q 变形的带"荷"相干态.
10. 用 q 变形玻色子混沌场的 P -表示求出式(18.37)和(18.38)的结果.
11. 求 q 变形玻色子混沌场的极大熵,其定义是

$$S_{\max} = -k\,\mathrm{tr}(\rho_q \ln \rho_q)$$

k 是玻尔兹曼常数.

12. 证明 q 二项式不遵守如通常二项式的乘法规则,即

$$(x+y)_q^{n+m} = (x+y)_q^m (x+q^m y)_q^n = (x+y)_q^n (x+q^n y)_q^m$$

13. 一原子初始位于晶格常数为 d 的一维晶格的某一特定位置.每隔 τ 秒,它跃迁到最近邻位置,其向右向和向左的几率分别为 q 与 $1-q$,求
    (1) 计算在 $t = N\tau$ 时刻,$N \gg 1$,原子的平均位置;
    (2) 该时刻关于平均位置的均方偏差;
    (3) 将上述计算结果与第 2 章有关二项式态的(2.126)和(2.127)作一比较.
14. 由 N 个粒子($N \gg 1$)组成的一维点阵,在计及 λ 次近邻作用后,计算低温下此点阵的定"长"比热.
15. 设有一个一维系统电子态,其模型哈密顿量是

$$H=\sum_{n=1}^{N}E_0\mid n\rangle\langle n\mid+\sum_{n=1}^{N}W\{\mid n\rangle\langle n+1\mid+\mid n+1\rangle\langle n\mid\}$$
$$+\sum_{n=1}^{N}W'\{\mid n\rangle\langle n+2\mid+\mid n+2\rangle\langle n\mid\}$$

其中$|n\rangle$是正交基$\langle n|n'\rangle=\delta_{n,n'}$，$E_0$、$W$ 和 W'是参数.并有周期性边界条件$|N+j\rangle=|j\rangle$成立，求此系统的能级.

第 19 章　IWOP 技术在量子场论中的应用

量子场论是研究粒子物理及其相互作用的重要工具，其不少方法也被固体物理学的研究所借鉴.量子场论最早是作为辐射场的相对论性量子力学，后来发展为能描述电磁相互作用，强、弱相互作用的系统理论.那么 IWOP 技术可用在量子场论中吗？本章我们对此作一初步探讨，发现它有助于深入研究场的本征态.

19.1　实际量场量子化简介[148]

相对论性场的最简单情形是实际量场，一个场可以认为是一个具有无穷多自由度的力学系统.实标量场的拉格朗日密度是

$$\mathscr{L} = -\frac{1}{2}(\partial_\mu\phi)^2 - \frac{\mu}{2}\phi^2 \tag{19.1}$$

$\phi(x)=\phi(\boldsymbol{x},t)$.定义场的正则共轭量

$$\Pi(x) = \frac{\partial\mathscr{L}}{\partial\dot{\phi}(x)} = \dot{\phi}(x) \tag{19.2}$$

哈密顿量是

$$\begin{aligned} H(t) &= \int_V [\Pi(x)\dot{\phi}(x) - \mathscr{L}(x)]\mathrm{d}^3x \\ &= \frac{1}{2}\int_V [\Pi^2 + (\boldsymbol{\nabla}\phi)^2 + \mu^2\phi^2]\mathrm{d}^3x \end{aligned} \tag{19.3}$$

力学系统的正则方程是

$$\frac{\delta H}{\delta\phi(x)} = -\Pi(x),\quad \frac{\delta H}{\delta\Pi(x)} = \phi(x) \tag{19.4}$$

相应地,场量的泊松括号是

$$[\phi(\boldsymbol{x},t),\Pi(\boldsymbol{x}',t)]_{pB}=\delta^3(\boldsymbol{x}-\boldsymbol{x}') \tag{19.5}$$

$$[\phi(\boldsymbol{x},t),\phi(\boldsymbol{x}',t)]_{pB}=[\Pi(\boldsymbol{x},t),\Pi(\boldsymbol{x},t)]_{pB}=0 \tag{19.6}$$

场的量子化使得场被重新解释为量子,而不再是只看作为无穷多自由度的力学系统.实际量场的量子化可仿照非相对论力学量子化的方案,即把泊松括号过渡为正则等时对易关系.即

$$[\phi(\boldsymbol{x},t),\Pi(\boldsymbol{x},t)]=\mathrm{i}\delta^{(3)}(\boldsymbol{x}-\boldsymbol{x}') \tag{19.7}$$

$$[\phi(\boldsymbol{x},t),\phi(\boldsymbol{x}',t)]=[\Pi(\boldsymbol{x},t),\Pi(\boldsymbol{x}',t)]=0$$

场的运动方程

$$\dot{\phi}(\boldsymbol{x},t)=-\mathrm{i}[\phi(\boldsymbol{x},t),H(t)]=\Pi(\boldsymbol{x},t) \tag{19.8}$$

$$\dot{\Pi}(\boldsymbol{x},t)=(\nabla^2-\mu^2)\phi(\boldsymbol{x},t) \tag{19.9}$$

联立此两式得到场量的克莱因-戈登方程,与经典运动方程相同,即

$$\ddot{\phi}=(\nabla^2-\mu^2)\phi \tag{19.10}$$

把场 $\phi(\boldsymbol{x})$展开为平面波

$$\begin{aligned}\phi(\boldsymbol{x},t)=&\sum_k\frac{1}{\sqrt{2\omega_kV}}(a_k\exp[\mathrm{i}(\boldsymbol{kx}-\omega_kt)]\\&+a_k^\dagger\exp[-\mathrm{i}(\boldsymbol{kx}-\omega_kt)])\\\equiv&\sum_k(f_ka_k+f_k^*a_k^\dagger)\end{aligned} \tag{19.11}$$

其中 V 是归一化体积,

$$\omega_k=\sqrt{\boldsymbol{k}^2+\mu^2}$$

$$f_k(\boldsymbol{x},t)=\frac{1}{\sqrt{2V\omega_k}}\exp[\mathrm{i}(\boldsymbol{k}\cdot\boldsymbol{x}-\omega_kt)] \tag{19.12}$$

则由场的对易关系式(10.7)易证

$$[a_k,a_{k'}]=0,\quad[a_k,a_{k'}^\dagger]=\delta_{k,k'} \tag{19.13}$$

而正则共轭场的平面波展开是

$$\Pi(\boldsymbol{x},t)=\dot{\phi}(\boldsymbol{x},t)=-\mathrm{i}\sum_k\sqrt{\frac{\omega_k}{V}}(a_kf_k-a_k^\dagger f_k^*) \tag{19.14}$$

由式(19.11)定义正、负频率的场 $\phi^{(+)}$ 与 $\phi^{(-)}$ 为

$$\phi(x)=\phi^{(+)}(x)+\phi^{(-)}(x),\quad\Pi(x)=\Pi^{(+)}(x)+\Pi^{(-)}(x) \tag{19.15}$$

$$\Pi^{(+)}(x)=-\mathrm{i}\sum_k\omega_ka_kf_k(x),\quad\Pi^{(-)}(x)=-\mathrm{i}\sum_k\omega_ka_k^\dagger f_k^*(x) \tag{19.16}$$

$$\phi^{(+)}(x) = \sum_k a_k f_k(x), \quad \phi^{(-)}(x) = \sum_k a_k^\dagger f_k^*(x) \tag{19.17}$$

$a_k^\dagger$ 与 a_k 分别是产生算子与湮没算子.显然,存在场的真空态 $\|0\rangle$

$$a_k \|0\rangle = 0, \quad \|0\rangle = \prod_k |0\rangle_k \tag{19.18}$$

第 k 个模式的粒子数算符是 $N_k = a_k^\dagger a_k$.鉴于对易关系式(19.13)我们可以认为场的真空投影算符的正规乘积形式是

$$\|0\rangle\langle 0\| = :\exp[-\sum_k a_k^\dagger a_k]: \tag{19.19}$$

19.2　场的真空投影算符的两种表述形式[197]

我们要用场的正、负频部分来表示场的真空投影算符.由式(19.11)和(19.15)看出

$$[\phi^{(-)}(x), \phi^{(+)}(x')]_{t=t'} = -\sum_k \frac{e^{-ik\cdot(x-x')}}{2\omega_k V}$$

$$\equiv -\frac{1}{2}G(\boldsymbol{x}-\boldsymbol{x}') \tag{19.20}$$

显然

$$G(\boldsymbol{x}'-\boldsymbol{x}) = G(\boldsymbol{x}-\boldsymbol{x}').$$

G 之逆为

$$G^{-1}(\boldsymbol{x}-\boldsymbol{x}') = \sum_k \omega_k \frac{e^{ik\cdot(x-x')}}{V} \tag{19.21}$$

这是因为

$$\int d^3 y G(\boldsymbol{x}-\boldsymbol{y}) G^{-1}(\boldsymbol{y}-\boldsymbol{x}') = \delta(\boldsymbol{x}-\boldsymbol{x}') \tag{19.22}$$

由式(19.17)、(19.21)可以证明

$$\sum_k a_k^\dagger a_k = 2\int d^3 x d^3 x' \phi^{(-)}(x) G^{-1}(\boldsymbol{x}-\boldsymbol{x}') \phi^{(+)}(x') \tag{19.23}$$

其中,

$$x = (\boldsymbol{x}, t), \quad x' = (\boldsymbol{x}', t).$$

代入式(19.19)得场的真空投影算符的一种新表达式

$$\|0\rangle\langle 0\| = :\exp\left\{-2\int d^3 x d^3 x' \phi^{(-)}(x) G^{-1}(\boldsymbol{x}-\boldsymbol{x}') \phi^{(+)}(x')\right\}: \tag{19.24}$$

其中 $\phi^{(+)}(x)$ 与 $\phi^{(-)}(x')$ 所含的时间因子是等时的.另一方面,由正则共轭场的正、负频分量的对易子

$$[\Pi^{(-)}(x),\Pi^{(+)}(x')]_{t'=t} = -\sum_k \omega \frac{e^{-ik\cdot(x-x')}}{2V} = -\frac{1}{2}G^{-1}(\boldsymbol{x}-\boldsymbol{x}') \tag{19.25}$$

我们又可导出 $\| 0\rangle\langle 0 \|$ 的另一表达式

$$\| 0\rangle\langle 0 \| = :\exp\left\{-2\int d^3x d^3x' \Pi^{(-)}(x)G(\boldsymbol{x}-\boldsymbol{x}')\Pi^{(+)}(x')\right\}: \tag{19.26}$$

这里 $\Pi^{(-)}(x)$与 $\Pi^{(+)}(x')$中时间分量相同.事实上,由如下关系式

$$\left.\begin{aligned}\phi^{(-)}(x) &= -i\int d^3x' G(\boldsymbol{x}-\boldsymbol{x}')\Pi^{(-)}(x') \\ \Pi^{(-)}(x) &= i\int d^3x' G^{-1}(\boldsymbol{x}-\boldsymbol{x}')\phi^{(-)}(x')\end{aligned}\right\} \tag{19.27}$$

也可以看出式(19.24)和(19.27)是等同的.值得指出 19.1 节与 19.2 节的讨论对于自由实际量场(例如对海森堡 in 场,见 19.8 节)都适用.

19.3　场 $\phi(x)$的本征态及用 IWOP 技术证明其完备性

为使求场量本征态更方便些,我们在薛定谔绘景中考虑问题,可令 $t=0$ 达到这一目的.设 $\phi(x)$有本征态$|\varphi\rangle$

$$\phi(x)\mid\varphi\rangle = \varphi(x)\mid\varphi\rangle \tag{19.28}$$

要求它满足正交性

$$\langle\varphi\mid\varphi'\rangle = \delta(\varphi-\varphi'),\quad \varphi^* = \varphi \tag{19.29}$$

注意 $\boldsymbol{x}$ 在这里代表自由度.现在我们如量子力学的坐标 δ 函数$\delta(q-Q)$那样来构造场量的 δ 泛函

$$\delta(\varphi-\phi) = \prod_x \delta(\varphi(x)-\phi(x)) \tag{19.30}$$

它可以用泛函积分表示成

$$\delta(\varphi-\phi) = \int\left[\frac{d\tau}{2\pi}\right]\exp\left[i\int d^3x\tau(\boldsymbol{x})(\varphi(x)-\phi(x))\right] \tag{19.31}$$

其中积分测度

$$\left[\frac{d\tau}{2\pi}\right] = \prod_x \frac{d\tau(\boldsymbol{x})}{2\pi} \tag{19.32}$$

关于泛函积分技术和泛函数的性质,例如

$$\int F[\varphi]\delta(\varphi-\varphi')\mathrm{d}[\varphi]=F(\varphi')$$

可参见文献[139].回忆起在量子力学中坐标本征态$|q\rangle$满足

$$\int_{-\infty}^{\infty}\mathrm{d}q\,|q\rangle\langle q|=1$$

所以

$$\delta(q-Q)=\int_{-\infty}^{\infty}|q'\rangle\langle q'|\delta(q-q')\mathrm{d}q'=|q\rangle\langle q|.$$

又由式(3.26)可知

$$\delta(q-Q)=\frac{1}{\sqrt{\pi}}:\mathrm{e}^{-(q-Q)^2}:,\quad Q=\frac{1}{\sqrt{2}}(a+a^\dagger)\tag{19.33}$$

故而我们设法把δ泛函$\delta(\varphi-\phi)$也写成正规乘积形式.在式(19.31)中将$\phi(x)=\phi^{(+)}(x)+\phi^{(-)}(x)$并用 Baker - Hausdorff 公式以及式(19.20)可把(19.31)写成

$$\begin{aligned}\delta(\varphi-\phi)=&\int\left[\frac{\mathrm{d}\tau}{2\pi}\right]:\exp\left[\mathrm{i}\int\mathrm{d}^3x\tau(\boldsymbol{x})[(\varphi(\boldsymbol{x})-\phi(x)]\right]:\\&\times\exp\left\{\frac{1}{2}\int\mathrm{d}^3x\mathrm{d}^3x'\tau(\boldsymbol{x})\tau(\boldsymbol{x}')[\phi^{(-)}(x),\phi^{(+)}(x')]\right\}\end{aligned}\tag{19.34}$$

利用式(12.88)积分后变为

$$\begin{aligned}\delta(\varphi-\phi)=&[\det(\pi G)]^{-1/2}:\exp\left\{-\int\mathrm{d}^3x\mathrm{d}^3x'[\varphi(x)-\phi(x)]\right.\\&\left.G^{-1}(\boldsymbol{x}-\boldsymbol{x}')[\varphi(\boldsymbol{x}')-\phi(x')]\right\}:\end{aligned}\tag{19.35}$$

把上式中的ϕ写成$\phi^{(+)}+\phi^{(-)}$,并注意在正规乘积内部$\phi^{(+)}$与$\phi^{(-)}$是对易的,我们有

$$\begin{aligned}\delta(\varphi-\phi)=&[\det(\pi G)]^{-1/2}:\exp\Big(-\int\mathrm{d}^3x\mathrm{d}^3x'G^{-1}(\boldsymbol{x}-\boldsymbol{x}')\\&\times\{\varphi(x)\varphi(x')-2\varphi(x)[\phi^{(+)}(x')+\phi^{(-)}(x')]\\&+\phi^{(+)}(x)\phi^{(+)}(x')+\phi^{(-)}(x)\phi^{(-)}(x')\\&+2\phi^{(-)}(x)\phi^{(+)}(x')\}\Big):\end{aligned}\tag{19.36}$$

注意到负频场含产生算符、正频场含湮没算符,再利用式(19.24),我们可以把$\delta(\varphi-\phi)$写成投影算符形式

$$\delta(\varphi-\phi)=|\varphi\rangle\langle\varphi|\tag{19.37}$$

其中态矢$|\varphi\rangle$为

$$|\varphi\rangle=[\det(\pi G)]^{-1/4}\exp\left\{\int\mathrm{d}^3x\mathrm{d}^3x'G^{-1}(\boldsymbol{x}-\boldsymbol{x}')\right.$$

$$\times\left[-\frac{1}{2}\varphi(x)\varphi(x')+2\varphi(x)\phi^{(-)}(x')-\phi^{(-)}(x)\phi^{(-)}(x')\right]\Big\}$$
$$\times\,\|0\rangle \tag{19.38}$$

读者试比较它与量子力学坐标本征态$|q\rangle$的Fock表象式(2.18)，就可知道式(19.38)是$|\varphi\rangle$的Fock表象，用泛函IWOP技术极易证得

$$\int[\mathrm{d}\varphi]\mid\varphi\rangle\langle\varphi\mid=\int[\mathrm{d}\varphi]\frac{1}{[\det\pi G]^{1/2}}:\exp\Big\{-\int\mathrm{d}^3x\mathrm{d}^3x'[\varphi(x)-\phi(x)]$$
$$\times G^{-1}(\boldsymbol{x}-\boldsymbol{x}')[\varphi(x')-\phi(x')]\Big\}:=1 \tag{19.39}$$

另外，用$\phi^{(+)}$作用于$|\varphi\rangle$，并用式(19.22)和(19.20)以及

$$\phi^{(+)}(x)\,\|0\rangle=0 \tag{19.40}$$

我们有

$$\phi^{(+)}(x)\mid\varphi\rangle=\Big\{\phi^{(+)}(x),\exp\Big[-\int\mathrm{d}^3x'\mathrm{d}^3x''G^{-1}(\boldsymbol{x}'-\boldsymbol{x}'')$$
$$\times[\phi^{(-)}(x')\phi^{(-)}(x'')+2\varphi(x')\phi^{(-)}(x'')]\Big]\Big\}$$
$$\times\,\|0\rangle[\det(\pi G)]^{-1/4}$$
$$\times\exp\Big[-\frac{1}{2}\int\mathrm{d}^3x'\mathrm{d}^3x''\varphi(x')\varphi(x'')G^{-1}(\boldsymbol{x}'-\boldsymbol{x}'')\Big]$$
$$=\{-\phi^{(-)}(x)+\varphi(x)\}\mid\varphi\rangle$$

与(19.28)一致.这样，用IWOP技术我们就找到了场$\phi(x)$的本征态$|\varphi\rangle$的Fock表象，在推导过程中，式(19.24)起了关键的作用.

19.4　正则共轭场的本征态

让正则共轭场$\Pi(x)$的本征态为$|\pi\rangle$

$$\Pi(x)\mid\pi\rangle=\pi(x)\mid\pi\rangle \tag{19.41}$$

我们仍在薛定谔绘景中讨论问题.要求场的本征态满足正交性条件

$$\langle\pi\mid\pi'\rangle=\delta(\pi-\pi')=\prod_x\delta(\pi(x)-\pi'(x)) \tag{19.42}$$

仿照推导上节的$|\varphi\rangle$的步骤，并且用对易关系

$$[\Pi^{(-)}(x),\Pi^{(+)}(x')]=-\frac{1}{2}G^{-1}(\boldsymbol{x}-\boldsymbol{x}') \tag{19.43}$$

我们可以把场算符 δ 泛函 $\delta(\pi-\Pi)$ 写成

$$\delta(\pi-\Pi)=\int\left[\frac{\mathrm{d}\tau}{2\pi}\right]:\exp\left\{\mathrm{i}\int\mathrm{d}^3x\tau(x)[\pi(x)-\Pi(x)]\right.$$

$$\left.+\frac{1}{2}\int\mathrm{d}^3x\mathrm{d}^3x'\tau(\boldsymbol{x})\tau(\boldsymbol{x}')[\Pi^{(-)}(x),\Pi^{(+)}(x')]\right\}:$$

$$=\sqrt{\det\left(\frac{G}{\pi}\right)}:\exp\left\{-\int\mathrm{d}^3x\mathrm{d}^3x'[\pi(x)-\Pi(x)]\right.$$

$$\left.\times G(\boldsymbol{x}-\boldsymbol{x}')[\pi(x')-\Pi(x')]\right\}: \tag{19.44}$$

把 $\Pi(x)$ 分成正频和负频部分并注意到 $\|0\rangle\langle 0\|$ 的另一表达式(19.26),我们可以把上式分拆为投影算符

$$\delta(\pi-\Pi)=|\pi\rangle\langle\pi| \tag{19.45}$$

由此得到 $|\pi\rangle$ 的 Fock 表象

$$|\pi\rangle=\left[\det\frac{G}{\pi}\right]^{1/4}\exp\left\{\int\mathrm{d}^3x\mathrm{d}^3x'G(\boldsymbol{x}-\boldsymbol{x}')\right.$$

$$\times\left[-\frac{1}{2}\pi(x)\pi(x')+2\pi(x)\Pi^{(-)}(x')\right.$$

$$\left.\left.-\Pi^{(-)}(x)\Pi^{(-)}(x')\right]\right\}\|0\rangle \tag{19.46}$$

用 IWOP 技术易证

$$\int\mathrm{d}[\pi]|\pi\rangle\langle\pi|=1 \tag{19.47}$$

19.5　实标量场论中的压缩算符

在量子力学中单模压缩算符可以用IWOP技术积分坐标表象中的 $\int_{-\infty}^{\infty}\frac{\mathrm{d}q}{\sqrt{\mu}}\left|\frac{\varphi}{\mu}\right\rangle\langle q|$ 而得到.于是,我们很自然地在 $|\varphi\rangle$ 表象中构造算符

$$U\equiv\int\left[\frac{\mathrm{d}\varphi}{\sqrt{\mu}}\right]\left|\frac{\varphi}{\mu}\right\rangle\langle\varphi| \tag{19.48}$$

其中 μ 是个正数,即对所有的本征值 $\varphi(x)$,μ 是相同的.用式(19.38)和(19.24)和 IWOP 技术积分之

$$U = \int \left[\frac{\mathrm{d}\varphi}{\sqrt{\mu}}\middle| \frac{\varphi}{\mu}\right\rangle \langle \varphi |$$

$$= [\det(\pi G)]^{-1/2} \int \left[\frac{\mathrm{d}\varphi}{\sqrt{\mu}}\right] : \exp\{ \mathrm{d}^3 x \mathrm{d}^3 x' G^{-1}(\boldsymbol{x} - \boldsymbol{x}')$$

$$\times \left[-\frac{1}{2}\left(1 + \frac{1}{\mu^2}\right)\varphi(x)\varphi(x') \right.$$

$$\left. + 2\varphi(x)\left(\frac{1}{\mu}\phi^{(-)}(x') + \phi^{(+)}(x')\right) - \phi(x)\phi(x')\right]\Big\}:$$

$$= [\operatorname{sech}^{1/2}\lambda] : \exp\left\{\int \mathrm{d}^3 x \mathrm{d}^3 x' G^{-1}(\boldsymbol{x} - \boldsymbol{x}')\right.$$

$$\times [\tanh\lambda(\phi^{(+)}(x)\phi^{(+)}(x') - \phi^{(-)}(x)\phi^{(-)}(x'))$$

$$\left. + 2(\operatorname{sech}\lambda - 1)\phi^{(-)}(x)\phi^{(+)}(x')]\right\}: \tag{19.49}$$

其中

$$\mathrm{e}^{\lambda} = \mu, \quad \operatorname{sech}\lambda = \frac{2\mu}{\mu^2 + 1}.$$

对照式(3.11),可看出式(19.49)确实是量子力学中正规乘积单模压缩算符在量子场论中的推广.相应的量子场的压缩真空态是

$$U \| 0\rangle = [\operatorname{sech}^{1/2}\lambda]\exp\left[-\int \mathrm{d}^3 x \mathrm{d}^3 x' G^{-1}(\boldsymbol{x} - \boldsymbol{x}')\phi^{(-)}(x)\right.$$

$$\left. \times \phi^{(-)}(x')\tanh\lambda\right] \| 0\rangle \tag{19.50}$$

19.6　外源存在时的实标量场的演化算符[198]

在第 2 章中曾谈及产生相干态的条件是存在外源.现在,我们考察外源对实标量场的影响.在这种情形下,拉格朗日密度是

$$\mathscr{L} = -\frac{1}{2}(\partial_\mu \phi)^2 - \frac{\mu^2}{2}\phi^2 + J\phi \tag{19.51}$$

这里 $J = J(x)$是经典外源,$x = (\boldsymbol{x}, t)$.作用量是

$$A[\phi, J] = \int \mathrm{d}^4 x \left[-\frac{1}{2}(\partial_\mu \phi)^2 - \frac{\mu^2}{2}\phi^2 + J\phi\right] \tag{19.52}$$

从哈密顿作用量原理 $\delta A/\delta\phi = 0$ 导出拉格朗日方程

$$(\Box - \mu^2)\phi = -J \tag{19.53}$$

场的正则共轭量仍是 $\Pi=\dfrac{\delta A}{\delta\dot{\phi}}=\dot{\phi}$,再作勒让德变换得到哈密顿密度

$$\mathscr{H}=\Pi\dot{\phi}-\mathscr{L}=\frac{1}{2}\Pi^2+\frac{1}{2}(\nabla\phi)^2+\frac{\mu^2}{2}\phi^2-J\phi \tag{19.54}$$

仍像式(19.7)那样,引入正则对易关系使场量子化,则由海森的运动方程得

$$\begin{aligned}\dot{\phi}&=\mathrm{i}[H,\phi]=H\\ \dot{\Pi}&=\mathrm{i}[H,\Pi]=(\nabla^2-\mu^2)\phi+J\end{aligned} \tag{19.55}$$

以下我们寻找一个幺正的演化算符 $U(t,t_0)$,它把 $\phi(x)$ 变为

$$\left.\begin{aligned}\phi'(x)&=U(t,t_0)\phi(x)U^{-1}(t,t_0),\quad U(t_0,t_0)=1\\ \Pi'(x)&=U(t,t_0)\Pi(x)U^{-1}(t,t_0)\end{aligned}\right\} \tag{19.56}$$

而 $\phi'(x)$ 与 $\Pi'(x)$ 满足自由场方程.在幺正变换下,正则等时对易关系与海森伯场方程都保持形式不变,即

$$\begin{aligned}\dot{\phi}'(x)&=\mathrm{i}[H'(t),\phi'(x)]\\ \dot{\Pi}'(x)&=\mathrm{i}[H'(t),\Pi'(x)]\end{aligned} \tag{19.57}$$

$$[\phi'(x),\Pi'(x')]\delta(t-t')=\mathrm{i}\delta(\boldsymbol{x}-\boldsymbol{x}') \tag{19.58}$$

注意这里的 $H'(t)$ 是

$$\begin{aligned}H'(t)&=U(t,t_0)H(t)U^{-1}(t,t_0)-\mathrm{i}\dot{U}(t,t_0)U^{-1}(t,t_0)\\ &=\int\mathrm{d}^3x\left[\frac{1}{2}\Pi'^2+\frac{1}{2}(\nabla\phi')^2+\frac{\mu^2}{2}\phi'^2-J\phi'\right]\\ &\quad-\mathrm{i}\dot{U}(t,t_0)U^{-1}(t,t_0)\end{aligned} \tag{19.59}$$

如果我们选取的 $U(t,t_0)$ 能够满足

$$\frac{\partial}{\partial t}U(t,t_0)=\mathrm{i}\int\mathrm{d}^3xJ(x)\phi'(x)U(t,t_0) \tag{19.60}$$

则从式(19.59)可知

$$H'(t)=\int\mathrm{d}^3x\left[\frac{1}{2}\Pi'^2+\frac{1}{2}(\nabla\phi')^2+\frac{\mu^2}{2}\phi'^2\right] \tag{19.61}$$

再从方程(19.57)可看出

$$\dot{\phi}'(x)=\Pi'(x),\quad \dot{\Pi}'(x)=(\nabla^2-\mu^2)\phi'(x) \tag{19.62}$$

形式与式(19.8)和(19.9)相同.这说明可以把 ϕ' 与 Π' 看做自由场.它们可以按自由场平面波展开,而基本的对易关系

$$[\phi'(x),\phi'(x')]=\mathrm{i}\Delta(x-x') \tag{19.63}$$

这里 $\Delta(x)$ 是 Pauli - Jordan 函数

$$\Delta(x)=\frac{1}{(2\pi)^3}\int\frac{\mathrm{d}^3 k}{\omega_k}\sin k\cdot x \tag{19.64}$$

其中 $k\cdot x=\boldsymbol{k}\cdot\boldsymbol{x}-\omega_k t$. 为了明显求出 $U(t,t_0)$, 解微分方程式(19.60), 得

$$U(t,t_0)=T\exp\left[\mathrm{i}\int_{t_0}^{t}\mathrm{d}^4 x J(x)\phi'(x)\right] \tag{19.65}$$

这里记号 T 表示编时, 其明确的意义可以通过以下步骤说明. 把时间间隔 $t-t_0$ 分成 $n+1$ 个等分, 则有

$$U(t,t_0)=U(t,t_n)U(t_n,t_{n-1})\cdots U(t_2,t_1)U(t_1,t_0) \tag{19.66}$$

其中 $t_{j+1}-t_j$ 是一级无穷小时间差. 用 Baker - Hausdorff 公式, 我们导出

$$\left.\begin{aligned}
U(t_2,t_1)U(t_1,t_0)&=\exp\left\{\mathrm{i}\int_{t_0}^{t_2}\mathrm{d}^4 x J(x)\phi'(x)\right.\\
&\quad\left.-\frac{\mathrm{i}}{2}\int_{t_1}^{t_2}\mathrm{d}^4 x\int_{t_0}^{t_1}\mathrm{d}^4 x'\Delta(x-x')J(x)J(x')\right\}\\
U(t_3,t_2)U(t_2,t_1)U(t_1,t_0)&=\exp\left\{\mathrm{i}\int_{t_0}^{t_3}\mathrm{d}^4 x J(x)\phi'(x)\right.\\
&\quad-\frac{\mathrm{i}}{2}\int_{t_2}^{t_3}\mathrm{d}^4 x\int_{t_0}^{t_2}\mathrm{d}^4 x'\Delta(x-x')J(x)J(x')\\
&\quad\left.-\frac{\mathrm{i}}{2}\int_{t_1}^{t_2}\mathrm{d}^4 x\int_{t_0}^{t_1}\mathrm{d}^4 x'\Delta(x-x')J(x)J(x')\right\}
\end{aligned}\right\} \tag{19.67}$$

重复以上递推步骤, 得到

$$\begin{aligned}
U(t,t_0)=\exp&\left\{\mathrm{i}\int_{t_0}^{t}\mathrm{d}^4 x J(x)\phi'(x)\right.\\
&\left.-\frac{\mathrm{i}}{2}\sum_{j=1}^{n}\int_{t_j}^{t_{j+1}}\mathrm{d}^4 x\int_{t_0}^{t_j}\mathrm{d}^4 x'\Delta(x-x')J(x)J(x')\right\}
\end{aligned} \tag{19.68}$$

上式第二项可写为

$$\begin{aligned}
&\sum_{j=1}^{n}\int_{t_j}^{t_{j+1}}\mathrm{d}^4 x\int_{t_0}^{t_j}\mathrm{d}^4 x'\Delta(x-x')J(x)J(x')\\
&=\sum_{j=1}^{n}\int_{t_j}^{t_{j+1}}\mathrm{d}^4 x\left(\int_{t_0}^{t}\mathrm{d}^4 x'-\int_{t_j}^{t}\mathrm{d}^4 x'\right)\Delta(x-x')J(x)J(x')\\
&=\int_{t_0}^{t}\mathrm{d}^4 x\int_{t_0}^{t}\mathrm{d}^4 x'\Delta(x-x')J(x)J(x')\\
&\quad-\sum_{j=1}^{n}\int_{t_j}^{t_{j+1}}\mathrm{d}^4 x\int_{t_j}^{t}\mathrm{d}^4 x'\Delta(x-x')J(x)J(x')
\end{aligned} \tag{19.69}$$

由于 $\Delta(x-x')$是反对称的,所以上式右边第一项为零,这就导致

$$\sum_{j=1}^{n}\int_{t_j}^{t_{j+1}} \mathrm{d}^4 x\int_{t_j}^{t} \mathrm{d}^4 x'\Delta(x-x')J(x)J(x')$$

$$= \frac{1}{2}\sum_{j=1}^{n}\int_{t_j}^{t_{j+1}} \mathrm{d}^4 x\left(\int_{t_0}^{t_j} \mathrm{d}^4 x' - \int_{t_j}^{t} \mathrm{d}^4 x'\right)\Delta(x-x')J(x)J(x')$$

$$= \frac{1}{2}\int_{t_0}^{t} \mathrm{d}^4 x\int_{t_0}^{t} \mathrm{d}^4 x'\varepsilon(x_0-x_0')\Delta(x-x')J(x)J(x') \tag{19.70}$$

其中 $\varepsilon(x_0-x_0')$是阶跃函数,其意义是

$$\varepsilon(x_0-x_0') = \theta(t-t')-\theta(t'-t),\quad x_0 = t$$

$$\theta(t) = \begin{cases}1, & 对\ t>0\\ 0, & 对\ t<0\end{cases} \tag{19.71}$$

把式(19.70)代入式(19.68)中,我们得到

$$U(t,t_0) = \exp\left\{\mathrm{i}\int_{t_0}^{t} \mathrm{d}^4 xJ(x)\phi'(x) - \frac{\mathrm{i}}{4}\int_{t_0}^{t} \mathrm{d}^4(xx')\varepsilon(x_0-x_0')\Delta(x-x')J(x)J(x')\right\} \tag{19.72}$$

由此结果及式(19.56)可以导出

$$\phi(x) = U^{-1}(t,t_0)\phi'(x)U(t,t_0)$$

$$= \phi'(x) - \left[\mathrm{i}\int_{t_0}^{t} \mathrm{d}^4 x'J(x')\phi'(x'),\phi'(x)\right]$$

$$= \phi'(x) - \int_{t_0}^{t} \mathrm{d}^4 x'\Delta(x-x')J(x') \tag{19.73}$$

说明两种算符之间只差一个函数. 所以,与方程(19.57)和(19.58)自洽. 由式(19.73)易证明

$$\int_{t_0}^{t} \mathrm{d}^4 xJ(x)\phi'(x) = \int_{t_0}^{t} \mathrm{d}^4 xJ(x)\left[\phi(x) + \int_{t_0}^{x_0} \mathrm{d}^4 x'\Delta(x-x')J(x')\right] \tag{19.74}$$

注意 x_0 标志的是作为被积函数的场量 $\phi(x)$中 x 的时间分量,所以上式可以化作

$$\int_{t_0}^{t} \mathrm{d}^4 xJ(x)\phi'(x)$$

$$= \int_{t_0}^{t} \mathrm{d}^4 xJ(x)\phi(x) + \int_{t_0}^{t} \mathrm{d}^4(xx')\theta(t-t')\Delta(x-x')J(x)J(x')$$

$$= \int_{t_0}^{t} \mathrm{d}^4 xJ(x)\phi(x) + \frac{1}{2}\int_{t_0}^{t} \mathrm{d}^4(xx')\varepsilon(x_0-x_0')\Delta(x-x')J(x)J(x') \tag{19.75}$$

把它代入式(19.72)给出演化算符的表达式

$$U(t,t_0)=\exp\left\{\mathrm{i}\int_{t_0}^{t}\mathrm{d}^4xJ(x)\phi(x)+\frac{\mathrm{i}}{4}\int_{t_0}^{t}\mathrm{d}^4(xx')\varepsilon(x_0-x'_0)\Delta(x-x')J(x)J(x')\right\}\tag{19.76}$$

19.7　外源存在时实标量场的相干态——$|0\rangle_{\text{out}}$态

本节我们指出外场 $J(x)$ 的存在使得实标量场理论中存在相干态. 在式(19.76)中让 $t_0\to-\infty,t\to\infty$,得到所谓的 S 矩阵

$$S\equiv U(\infty,-\infty)=\exp\left\{\mathrm{i}\int_{t_0}^{t}\mathrm{d}^4xJ(x)\phi(x)+\frac{\mathrm{i}}{4}\int_{-\infty}^{\infty}\mathrm{d}^4(xx')\varepsilon(x_0-x'_0)\Delta(x-x')J(x)J(x')\right\}\tag{19.77}$$

相应地,式(19.56)在 $t_0\to\pm\infty$ 时给出所谓的入射场与出射场算符

$$\begin{aligned}U(t,-\infty)\phi(x)U^{-1}(t,-\infty)&\equiv\phi_{\text{in}}(x)\\U(t,\infty)\phi(x)U^{-1}(t,\infty)&\equiv\phi_{\text{out}}(x)\end{aligned}\tag{19.78}$$

于是,式(19.73)变为 Yang - Feldman 类型的方程[186]

$$\begin{aligned}\phi(x)&=\phi_{\text{in}}(x)+\int_{-\infty}^{\infty}\mathrm{d}^4x'\Delta_{\mathrm{R}}(x-x')J(x')\\\phi(x)&=\phi_{\text{out}}(x)+\int_{-\infty}^{\infty}\mathrm{d}^4x'\Delta_{\mathrm{A}}(x-x')J(x')\end{aligned}\tag{19.79}$$

其中 Δ_{R} 与 Δ_{A} 分别称为推迟和超前函数

$$\Delta_{\mathrm{R}}(x)=-\theta(x_0)\Delta(x),\quad\Delta_{\mathrm{A}}(x)=\theta(-x_0)\Delta(x)\tag{19.80}$$

鉴于　$\Delta_{\mathrm{A}}(x)-\Delta_{\mathrm{R}}(x)=[\theta(-x_0)+\theta(x_0)]\Delta(x)=\Delta(x)$,

我们导出 in 场与 out 场之间的联系

$$\phi_{\text{out}}=\phi_{\text{in}}-\int_{-\infty}^{\infty}\mathrm{d}^4x'\Delta(x-x')J(x')\tag{19.81}$$

由于 $\phi_{\text{in}}(x)$只是 $\phi'(x)$在 $x_0\to-\infty$时的特殊情况,所以它与 $\phi'(x)$一样都满足自由场方程及相应的傅里叶展开,类似于式(19.11)及(19.12)有

$$\phi_{\substack{\text{in}\\\text{out}}}(x)=\sum_k a_{k\substack{\text{in}\\\text{out}}}f_k(x)+a^{\dagger}_{k\substack{\text{in}\\\text{out}}}f^*_k(x)\tag{19.82}$$

其反展开是

$$\begin{aligned} a_{k\,{\rm in \atop out}} &= \mathrm{i}\int_V \mathrm{d}^3 x f_k^*(x)\,\overleftrightarrow{\frac{\partial}{\partial t}}\phi_{\rm in \atop out}(x,t) \\ &= \int_V \mathrm{d}^3 x f_k^*(x)(\omega_k \phi_{\rm in \atop out}(x) + \mathrm{i}\Pi_{\rm in \atop out}(x)) \end{aligned} \tag{19.83}$$

其中符号$\overleftrightarrow{\partial}_t$由下式定义

$$k\overleftrightarrow{\partial}_t g = k\partial_t g - (\partial_t k)g \tag{19.84}$$

这表明从式(19.79)可以导出

$$\begin{aligned} a_k(t) &= U(-\infty,t)a_{k\mathrm{in}}U(t,-\infty) \\ &= a_{k\mathrm{in}} + \mathrm{i}\int_{-\infty}^{t} \mathrm{d}^4 x f_k^*(x)J(x) \\ a_k(t) &= U(\infty,t)a_{k\mathrm{out}}U(t,\infty) \\ &= a_{k\mathrm{out}} - \mathrm{i}\int_{t}^{\infty} \mathrm{d}^4 x f_k^*(x)J(x) \end{aligned} \tag{19.85}$$

当 t 分别趋于 $\pm\infty$ 时，我们由 $U(-\infty,-\infty)=U(\infty,\infty)=1$ 及 $U(-\infty,\infty)=S$ 得到

$$\left.\begin{aligned} \lim_{t\to-\infty} a_k(t) &= a_{k\mathrm{in}} = Sa_{k\mathrm{out}}S^{-1} = a_{k\mathrm{out}} - \mathrm{i}\int_{-\infty}^{\infty}\mathrm{d}^4 x f_k^*(x)J(x) \\ \lim_{t\to\infty} a_k(t) &= a_{k\mathrm{out}} = S^{-1}a_{k\mathrm{in}}S = a_{k\mathrm{in}} + \mathrm{i}\int_{-\infty}^{\infty}\mathrm{d}^4 x f_k^*(x)J(x) \end{aligned}\right\} \tag{19.86}$$

可见 S 矩阵是联系着 in 场和 out 场的. 显然，$a_{k\mathrm{in}}$ 的真空记为$|0\rangle_{\mathrm{in}}$，它不同于无相互作用时的裸真空$|0\rangle$，$|0\rangle_{\mathrm{in}} = U(0,-\infty)|0\rangle$且满足

$$a_{k\mathrm{in}}\,|\,0\rangle_{\mathrm{in}} = 0 \tag{19.87}$$

故由式(19.86)看出，$S^{-1}|0\rangle_{\mathrm{in}}$被 $a_{k\mathrm{out}}$湮没，即

$$a_{k\mathrm{out}}S^{-1}\,|\,0\rangle_{\mathrm{in}} = 0 \tag{19.88}$$

换言之

$$|\,0\rangle_{\mathrm{out}} = S^{-1}\,|\,0\rangle_{\mathrm{in}} \tag{19.89}$$

其中 S^{-1}的形式根据式(19.77)、(19.78)和(19.72)应该是

$$\begin{aligned} S^{-1} = \exp\Big\{&-\mathrm{i}\int_{-\infty}^{\infty}\mathrm{d}^4 x J(x)\phi_{\mathrm{in}}(x) \\ &+ \frac{\mathrm{i}}{4}\int \mathrm{d}^4(xx')\varepsilon(x_0 - x_0')\Delta(x-x')J(x)J(x')\Big\} \end{aligned} \tag{19.90}$$

代入式(19.89)并略去相因子不写，而得到

$$|\,0\rangle_{\mathrm{out}} = \exp\left[-\mathrm{i}\int_{-\infty}^{\infty}\mathrm{d}^4 x J(x)\phi_{\mathrm{in}}(x)\right]|\,0\rangle_{\mathrm{in}} \tag{19.91}$$

由式(19.89)和上式可见

$$a_{k\mathrm{in}}\mid 0\rangle_{\mathrm{out}}=-\mathrm{i}\int\mathrm{d}^4 x f_k^*(x)J(x)\mid 0\rangle_{\mathrm{out}}=Z_k\mid 0\rangle_{\mathrm{out}} \tag{19.92}$$

$$Z_k\equiv-\mathrm{i}\int\mathrm{d}^4 x f_k^*(x)J(x) \tag{19.93}$$

是一个本征矢方程,本征值与外源有关.所以 out 真空态是 in 场湮没算符的本征态,即相干态.可以对$|0\rangle_{\mathrm{out}}$(相干态)作进一步的分析以纳入正则形式.注意到式(19.82)和(19.83),我们可把 $\phi_{\mathrm{in}}(x)$写成

$$\begin{aligned}\phi_{\mathrm{in}}(x)&=\int\mathrm{d}^3 x'\phi_{\mathrm{in}}(x')\sum_k(f_k(x)f_k^*(x')+f_k^*(x)f_k(x'))\omega_k\\&\quad+\mathrm{i}\int\mathrm{d}^3 x'\Pi_{\mathrm{in}}(x')\sum_k(f_k(x)f_k^*(x')-f_k^*(x)f_k(x'))\\&=\int\mathrm{d}^3 x'\left[\phi_{\mathrm{in}}(x')\sum_k\frac{\cos k(x-x')}{V}-\Pi_{\mathrm{in}}(x')\sum_k\frac{\sin k(x-x')}{\omega_k V}\right]\\&=-\int\mathrm{d}^3 x'[\phi_{\mathrm{in}}(x')\dot{\Delta}(x-x')+\Pi_{\mathrm{in}}(x')\Delta(x-x')]\end{aligned} \tag{19.94}$$

上式最后一步等号证明时用了 Pauli - Jordan 函数的显式式(19.64) 以及 $(2\pi)^{-3}\int\mathrm{d}^3 k$ 与 $V^{-1}\sum_k$ 的替代等价性,式(19.94) 中

$$\dot{\Delta}(x)=-\sum_k\frac{\cos kx}{V},\quad\Delta(x)=-\sum_k\frac{\sin kx}{\omega_k V} \tag{19.95}$$

于是有

$$-\mathrm{i}\int\mathrm{d}^4 x\phi_{\mathrm{in}}(x)J(x)=2\mathrm{i}\int\mathrm{d}^3 x[\phi_{\mathrm{in}}(x)\dot{K}(x)-\Pi_{\mathrm{in}}(x)K(x)] \tag{19.96}$$

其中的场量 $\phi_{\mathrm{in}}(x)$与 $\Pi_{\mathrm{in}}(x)$是等时的,而

$$\left.\begin{aligned}K(x)&=\frac{1}{2}\int\mathrm{d}^4 x'\Delta(x-x')J(x')\\\dot{K}(x)&=\frac{1}{2}\int\mathrm{d}^4 x'\dot{\Delta}(x-x')J(x')\end{aligned}\right\} \tag{19.97}$$

所以,$|0\rangle_{\mathrm{out}}$(相干态)可以写成“正则相干态”的形式.从式(19.91)得

$$\mid 0\rangle_{\mathrm{out}}=\exp\left\{2\mathrm{i}\int\mathrm{d}^3 x(\phi_{\mathrm{in}}(x)\dot{K}(x)-\Pi_{\mathrm{in}}(x)K(x)]\right\}\mid 0\rangle_{\mathrm{in}} \tag{19.98}$$

这里指数因子中同时出现了场及其正则共轭场,与第 2 章的单模正则相干态类似,所以我们称式(19.98)为实标量场相干态的正则形式,注意它的指数上产生算符与湮没算符兼有之,有必要对其做更深入的分析.

把 ϕ_{in}与 Π_{in}也如式(19.15)那样分解成正频与负频部分,再用 Baker - Hausdorff 公式从式(19.18)推导出

$$
\begin{aligned}
|0\rangle_{out} = &\exp\left[2i\int d^3x(\phi_{in}^{(-)}\dot{K} - \Pi_{in}^{(-)}K)\right]|0\rangle_{in} \\
&\times \exp\left\{2\int d^3(xx')([\phi_{in}^{(-)}(x),\phi_{in}^{(+)}(x')]\dot{K}(x)\dot{K}(x') \right.\\
&+ [\Pi_{in}^{(-)}(x),\Pi_{in}^{(+)}(x')]K(x)K(x') \\
&- [\phi_{in}^{(-)}(x),\Pi_{in}^{(+)}(x')]\dot{K}(x)K(x') \\
&\left. - [\Pi_{in}^{(-)}(x),\phi_{in}^{(+)}(x')]K(x)\dot{K}(x'))\right\}
\end{aligned}
\tag{19.99}
$$

其中等时对易子分别为(参照式(19.20)至式(19.22),以及式(19.25))

$$
\begin{aligned}
&[\phi_{in}^{(-)}(x),\phi_{in}^{(+)}(x')] = -\frac{1}{2}G(\boldsymbol{x}-\boldsymbol{x}') \\
&[\Pi_{in}^{(-)}(x),\Pi_{in}^{(+)}(x')] = -\frac{1}{2}G^{-1}(\boldsymbol{x}-\boldsymbol{x}') \\
&[\Pi_{in}^{(-)}(x),\phi_{in}^{(+)}(x')] = -\frac{i}{2}\sum_k \frac{e^{i\boldsymbol{k}\cdot(\boldsymbol{x}-\boldsymbol{x}')}}{V} = -\frac{i}{2}\delta(\boldsymbol{x}-\boldsymbol{x}')
\end{aligned}
\tag{19.100}
$$

代入式(19.99)得

$$
\begin{aligned}
&|0\rangle_{out} \\
&= \exp\left\{-\int d^3(xx')[G(\boldsymbol{x}-\boldsymbol{x}')\dot{K}(x)\dot{K}(x') + G^{-1}(\boldsymbol{x}-\boldsymbol{x}')K(x)K(x')]\right\} \\
&\quad \times \exp\left[2i\int d^3x(\phi_{in}^{(-)}\dot{K} - \Pi_{in}^{(-)}K)\right]|0\rangle_{in}
\end{aligned}
\tag{19.101}
$$

利用式(19.101)这个形式也可以验证式(19.92)与(19.93)的正确性.既然$|0\rangle_{out}$这个相干态作为a_{in}的本征态.其本征值随不同的外源$J(x)$而不同,所以有必要考虑不同外源的相干态之间的交叠是多少,为此计算${}_{out}\langle 0|0\rangle'_{out}$,这里带撇的 out 态对应的外源是$J'(x)$.相应地,根据式(19.97),$K'(x)$与$\dot{K}'(x)$应该出现在下式中

$$
\begin{aligned}
|0\rangle'_{out} = \exp&\left\{-\int d^3(xx')[G(\boldsymbol{x}-\boldsymbol{x}')\dot{K}'(x)\dot{K}'(x') \right.\\
&\left. + G^{-1}(\boldsymbol{x}-\boldsymbol{x}')K'(x)K'(x')]\right\} \\
&\times \exp\left[2i\int d^3x(\phi_{in}^{(-)}\dot{K}' - \Pi_{in}^{(-)}K')\right]|0\rangle_{in}
\end{aligned}
$$

由 Baker-Hausdorff 公式及式(19.100)可得

$$
{}_{in}\langle 0|\exp\left[-2i\int d^3x(\phi_{in}^{(+)}\dot{K} - \Pi_{in}^{(+)}K)\right]
$$

$$\times \exp\left[2\mathrm{i}\int \mathrm{d}^3 x(\phi_{\mathrm{in}}^{(-)}\dot{K}' - \Pi_{\mathrm{in}}^{(-)}K')\right]|0\rangle_{\mathrm{in}}$$

$$= \exp\left\{4\int \mathrm{d}^3(xx')[\phi_{\mathrm{in}}^{(+)}(x)\dot{K}(x) - \Pi_{\mathrm{in}}^{(+)}(x)K(x)\right.$$

$$\times \phi_{\mathrm{in}}^{(-)}(x')\dot{K}'(x') - \Pi_{\mathrm{in}}^{(-)}(x')K'(x')]$$

$$= \exp\left\{2\int \mathrm{d}^3(xx')[G(\boldsymbol{x}-\boldsymbol{x}')\dot{K}(x)\dot{K}'(x')\right.$$

$$\left.+ G^{-1}(\boldsymbol{x}-\boldsymbol{x}')K(x)K'(x')] + 2\mathrm{i}\int \mathrm{d}^3 x(K\dot{K}' - K'\dot{K})\right\} \tag{19.102}$$

于是,可得相干态的内积(比较第2章式(2.36))

$$_{\mathrm{out}}\langle 0 \mid 0\rangle'_{\mathrm{out}} = \exp\left\{-\int \mathrm{d}^3(xx')G(\boldsymbol{x}-\boldsymbol{x}')(\dot{K}(x) - \dot{K}'(x))\right.$$

$$\times(\dot{K}(x') - \dot{K}'(x'))$$

$$-\int \mathrm{d}^3(xx')G^{-1}(\boldsymbol{x}-\boldsymbol{x}')(K(x) - K'(x))$$

$$\left.\times(K(x') - K'(x')) + 2\mathrm{i}\int \mathrm{d}^3 x(K\dot{K}' - K'\dot{K})\right\} \tag{19.103}$$

19.8　$|0\rangle_{\mathrm{out}}$态到场的本征态的过渡

在3.7节,我们讨论过单模相干态到坐标本征态、动量本征态的过渡,本节我们讨论场论中是否有类似的关系.

鉴于相干态$|0\rangle_{\mathrm{out}}$是函数$K(x)$和$\dot{K}(x)$的泛函,由式(19.97)和(19.95)可见K与$\dot{K}$分别相关于余弦和正弦函数.我们对$|0\rangle_{\mathrm{out}}$可以分别就$K(x)$与$\dot{K}(x)$做泛函积分,例如把定义函数$\dot{K}(x)$的空间分成分立的元格子,其体积为ε^3,ε为无穷小量,但满足$\varepsilon\delta(0)=1$,把每个元格子i中$\dot{K}(x)$的平均值视为独立变量$\dot{K}_i$,这样一来,$|0\rangle_{\mathrm{out}}$便可化为一组分立的变量$\dot{K}_i$的普通函数.于是,以下的泛函积分就可以定义为对普通的多元变量$\dot{K}_i$多重积分的极限,即$\varepsilon\to 0$的极限.例如积分

$$\lim_{\substack{\varepsilon\to 0\\ i\to 0}}\int\prod_i\left[\frac{\varepsilon^3 \mathrm{d}\dot{K}_i}{\pi}\right]\exp(-\varepsilon^6\sum_{j,k}G_{jk}\dot{K}_j\dot{K}_k)$$

$$\equiv \int \left[\frac{\mathrm{d}\dot{K}}{\pi}\right] \exp\left[-\int \mathrm{d}^3(xx') G(\boldsymbol{x}-\boldsymbol{x}') \dot{K}(x) \dot{K}(x')\right]$$

$$= \int \prod_i \frac{\mathrm{d}y_i}{\pi} \exp\left(-\sum_{j,k} G_{jk} y_j y_k\right)$$

$$= \prod_i \int_{-\infty}^{\infty} \frac{\mathrm{d}y'}{\pi} \mathrm{e}^{-\lambda_i y'^2} = \frac{1}{\prod_i \sqrt{\pi \lambda_i}} \equiv \frac{1}{\sqrt{\det(\pi G)}} \tag{19.104}$$

其中 λ_i 是矩阵 G_{jk} 的本征值.利用这个结果对 $|0\rangle_{\text{out}}$ 做泛函积分

$$\int \left[\frac{\mathrm{d}\dot{K}}{\pi}\right] |0\rangle_{\text{out}} = \frac{1}{\sqrt{\det(\pi G)}}$$
$$\times \exp\left[-\int \mathrm{d}^3(xx') G^{-1}(\boldsymbol{x}-\boldsymbol{x}') K(x) K(x') - 2\mathrm{i}\int \mathrm{d}^3 x \Pi_{\text{in}}^{(-)} K\right]$$
$$\times \exp\left[-\int \mathrm{d}^3(xx') G^{-1}(\boldsymbol{x}-\boldsymbol{x}') \phi_{\text{in}}^{(-)}(x) \phi_{\text{in}}^{(-)}(x')\right] |0\rangle_{\text{in}} \tag{19.105}$$

为了使这个态归一化,再对 ${}_{\text{out}}\langle 0|0\rangle'_{\text{out}}$ 做以下泛函积分,作平移 $\dot{K}-\dot{K}'\Rightarrow\dot{K}$,并用平移不变的性质得

$$\int \left[\frac{\mathrm{d}\dot{K}\mathrm{d}\dot{K}'}{\pi^2}\right] {}_{\text{out}}\langle 0 \mid 0\rangle'_{\text{out}}$$
$$= A\int \left[\frac{\mathrm{d}\dot{K}\mathrm{d}\dot{K}'}{\pi^2}\right] \exp\left[-\int \mathrm{d}^3(xx') G(\boldsymbol{x}-\boldsymbol{x}') \dot{K}(x) \dot{K}(x')\right.$$
$$\left. - 2\mathrm{i}\int \mathrm{d}^3 x K' \dot{K} + 2\mathrm{i}\int \mathrm{d}^3 x (K-K') \dot{K}'\right]$$
$$= A\delta(K-K') \int \left[\frac{\mathrm{d}\dot{K}}{\pi}\right]$$
$$\times \exp\left[-\int \mathrm{d}^3(xx') G(\boldsymbol{x}-\boldsymbol{x}') \dot{K}(x) \dot{K}(x') - 2\mathrm{i}\int \mathrm{d}^3 x K\dot{K}\right] \tag{19.106}$$

其中
$$\delta(K-K') = \prod_x \delta(K(x) - K'(x)).$$
$$A \equiv \exp\left[-\int \mathrm{d}^3(xx') G^{-1}(\boldsymbol{x}-\boldsymbol{x}')(K(x) - K'(x))(K(x') - K'(x)')\right)\Big]$$

继续对式(19.106)做泛函积分,并注意 $f(x)\delta(x) = f(0)\delta(x)$,我们得到

$$\int \left[\frac{\mathrm{d}\dot{K}\mathrm{d}\dot{K}'}{\pi^2}\right] {}_{\text{out}}\langle 0 \mid 0\rangle'_{\text{out}}$$

$$= \delta(K - K')\exp\left[-\int d^3(xx')G^{-1}(\boldsymbol{x} - \boldsymbol{x}')K(x)K(x')\right]$$
$$\times [\det(\pi G)]^{-1/2} \tag{19.107}$$

联立式(19.105)和(19.107)我们定义下列归一化的态矢

$$| K\rangle = \sqrt[4]{\det(\pi G)}\exp\left[\frac{1}{2}\int d^3(xx')G^{-1}(\boldsymbol{x} - \boldsymbol{x}')K(x)K(x')\right]$$
$$\times \int\left[\frac{d\dot{K}}{\pi}\right]| 0\rangle_{\text{out}} \tag{19.108}$$

满足正交归一为 δ 泛函

$$\langle K | K'\rangle = \delta(K - K')$$

利用式(19.105)我们把式(19.108)表达成

$$| K\rangle = [\det(\pi G)]^{-1/4}\exp\left\{\int d^3 x d^3 x' G^{-1}(\boldsymbol{x} - \boldsymbol{x}')\right.$$
$$\times \left[-\frac{1}{2}K(x)K(x') - \phi_{\text{in}}^{(-)}(x)\phi_{\text{in}}^{(-)}(x')\right]$$
$$\left. - 2i\int d^3 x \Pi_{\text{in}}^{(-)} K\right\}| 0\rangle_{\text{in}} \tag{19.109A}$$

或用式(19.27)表达为

$$| K\rangle = [\det(\pi G)]^{-1/4}\exp\left\{\int d^3(xx')G^{-1}(\boldsymbol{x} - \boldsymbol{x}')\right.$$
$$\times \left[-\frac{1}{2}K(x)K(x') - \phi_{\text{in}}^{(-)}(x)\phi_{\text{in}}^{(-)}(x')\right.$$
$$\left.\left. + 2K(x)\phi_{\text{in}}^{(-)}(x')\right]\right\}| 0\rangle_{\text{in}} \tag{19.109B}$$

对照用 IWOP 技术导出的场量的本征态式(19.38)可以知道,只要认同 $K(x)\to\varphi(x)$,$\phi_{\text{in}}^{(-)}\to\phi^{(-)}$,则式(19.109)与(19.38)形式相同,这表明$|K\rangle$是场量 $\phi_{\text{in}}(x)$的本征态,当实标量场引入外源后,ϕ_{in}场的本征态与外源有关了,这是可以理解的,因为 in 场本身是由于计入了相互作用从 $t = -\infty$时的自由场演化到初始时刻的算符.

令

$$| K = 0\rangle = [\det(\pi G)]^{-1/4}$$
$$\times \exp\left[-\int d^3(xx')G^{-1}(\boldsymbol{x} - \boldsymbol{x}')\phi_{\text{in}}^{(-)}(x)\phi_{\text{in}}^{(-)}(x')\right]| 0\rangle_{\text{in}} \tag{19.110}$$

由式(19.100)可知,此态具有性质

$$\phi_{\text{in}}^{(+)}(x) | K = 0\rangle = -\phi_{\text{in}}^{(-)}(x) | K = 0\rangle$$

也即　　$\phi_{\text{in}}(x)|K=0\rangle=0.$

又由式(19.100)可以导出

$$\begin{aligned}&\exp\left[\int d^3(xx')G^{-1}(\boldsymbol{x}-\boldsymbol{x}')\phi_{\text{in}}^{(-)}(x)\phi_{\text{in}}^{(-)}(x')\right]\Pi_{\text{in}}^{(+)}(x)\\&\quad\times\exp\left[-\int d^3(xx')G^{-1}(\boldsymbol{x}-\boldsymbol{x}')\phi_{\text{in}}^{(-)}(x)\phi_{\text{in}}^{(-)}(x')\right]\\&=\Pi_{\text{in}}^{(+)}(x)+\Pi_{\text{in}}^{(-)}(x)=\Pi_{\text{in}}(x)\end{aligned}\tag{19.111}$$

所以有

$$\begin{aligned}&\exp\left[\int d^3(xx')G^{-1}(\boldsymbol{x}-\boldsymbol{x}')\phi_{\text{in}}^{(-)}(x)\phi_{\text{in}}^{(-)}(x')\right]\exp\left(-i\int d^3x\Pi_{\text{in}}^{(+)}K\right)\\&\quad\times\exp\left[-\int d^3(xx')G^{-1}(\boldsymbol{x}-\boldsymbol{x}')\phi_{\text{in}}^{(-)}(x)\phi_{\text{in}}^{(-)}(x')\right]\\&=\exp\left(-i\int d^3x\Pi_{\text{in}}K\right)\\&=\exp\left(-i\int d^3x\Pi_{\text{in}}^{(-)}K\right)\exp\left(-i\int d^3x\Pi_{\text{in}}^{(+)}K\right)\\&\quad\times\exp\left[-\frac{1}{4}\int d^3(xx')G^{-1}(\boldsymbol{x}-\boldsymbol{x})K(x)K(x')\right]\end{aligned}\tag{19.112}$$

利用式(19.112),可以计算出

$$\begin{aligned}&\exp\left(-i\int d^3x\Pi_{\text{in}}^{(+)}K\right)|K=0\rangle\\&=[\det(\pi G)]^{-1/4}\exp\left[-\int d^3(xx')G^{-1}(\boldsymbol{x}-\boldsymbol{x}')\right.\\&\quad\left.\times\phi_{\text{in}}^{(-)}(x)\phi_{\text{in}}^{(-)}(x')\right]\exp\left(-i\int d^3x\Pi_{\text{in}}K\right)|0\rangle_{\text{in}}\\&=\exp\left[-i\int d^3x\Pi_{\text{in}}^{(-)}K\right.\\&\quad\left.-\frac{1}{4}\int d^3(xx')G^{-1}(\boldsymbol{x}-\boldsymbol{x}')K(x)K(x')\right]|K=0\rangle\end{aligned}$$

因此我们有

$$\begin{aligned}&\exp\left(-2i\int d^3x\Pi_{\text{in}}^{(-)}K\right)|K=0\rangle\\&\quad=\exp\left[\frac{1}{2}\int d^3(xx')G^{-1}(\boldsymbol{x}-\boldsymbol{x}')K(x')K(x)\right]\\&\qquad\times\exp\left(-i\int d^3x\Pi_{\text{in}}K\right)|K=0\rangle\end{aligned}\tag{19.113}$$

把它代入式(19.109A),我们看到本征态$|K\rangle$可以看做是用Π_{in}场平移$|K=0\rangle$

生成

$$|K\rangle = \exp\left[-\mathrm{i}\int \mathrm{d}^3 x \Pi_{\text{in}}(x) K(x)\right] | K = 0\rangle \tag{19.114}$$

$|0\rangle_{\text{out}}$态向 $\Pi_{\text{in}}(x)$本征态的过渡.由于相干态$|0\rangle_{\text{out}}$中也含有函数 $K(x)$,因此也可以对此作泛函积分,用式(19.101)得

$$\int\left[\frac{\mathrm{d}K}{\pi}\right]|0\rangle_{\text{out}} = \exp\left[-\int \mathrm{d}^3(xx')G(\boldsymbol{x}-\boldsymbol{x}')\dot{K}(x)\dot{K}(x') + 2\mathrm{i}\int \mathrm{d}^3 x \phi_{\text{in}}^{(-)}\dot{K}\right]\left[\det\left(\frac{G}{\pi}\right)\right]^{1/2}$$
$$\times \exp\left[-\int \mathrm{d}^3(xx')G(\boldsymbol{x}-\boldsymbol{x}')\Pi_{\text{in}}^{(-)}(x)\Pi_{\text{in}}^{(-)}(x')\right]|0\rangle_{\text{in}} \tag{19.115}$$

为了求其归一化系数,类似于式(19.106),再计算泛函积分

$$\int\left[\frac{\mathrm{d}K\mathrm{d}K'}{\pi^2}\right]_{\text{out}}\langle 0 | 0\rangle'_{\text{out}}$$
$$= \delta(\dot{K}-\dot{K}')\left[\det\frac{G}{\pi}\right]^{1/2}$$
$$\times \exp\left[-\int \mathrm{d}^3(xx')\dot{K}(x)G(\boldsymbol{x}-\boldsymbol{x}')\dot{K}(x')\right] \tag{19.116}$$

所以,归一化后的式(19.116)在用了式(19.27)以后变成

$$|\dot{K}\rangle = \left(\det\frac{G}{\pi}\right)^{-1/4}\exp\left\{\frac{1}{2}\int \mathrm{d}^3(xx')\dot{K}(x)G(\boldsymbol{x}-\boldsymbol{x}')\dot{K}(x')\int\left[\frac{\mathrm{d}K}{\pi}\right]|0\rangle_{\text{out}}\right.$$
$$= \left[\det\frac{G}{\pi}\right]^{1/4}\exp\left\{\int \mathrm{d}^3 x \mathrm{d}^3 x' G(\boldsymbol{x}-\boldsymbol{x}')\right.$$
$$\times\left[-\frac{1}{2}\dot{K}(x)\dot{K}(x') + 2\dot{K}(x)\Pi_{\text{in}}^{(-)}(x')\right.$$
$$\left.\left. - \Pi_{\text{in}}^{(-)}(x)\Pi_{\text{in}}^{(-)}(x')\right]\right\}|0\rangle_{\text{in}} \tag{19.118}$$

对照式(19.46)可见$|\dot{K}\rangle$是共轭场量 $\Pi_{\text{in}}(x)$的本征态

$$\Pi_{\text{in}}(x) | \dot{K}\rangle = \dot{K}(x) | \dot{K}\rangle$$
$$\langle \dot{K}' | \dot{K}\rangle = \delta(\dot{K}'-\dot{K}) \tag{19.119}$$

共轭场 Π_{in}的本征值 $\dot{K}(x)$与外源 $J(x)$有关,见式(19.97).作为练习,读者可以计算$\langle K'|$与$|0\rangle_{\text{out}}$的内积.

19.9 用 IWOP 技术证明相干态 $|0\rangle_{\text{out}}$ 的完备性

从式(19.101)出发，我们用泛函积分 IWOP 技术来证明相干态 $|0\rangle_{\text{out}}$ 的完备性

$$\begin{aligned}
&\int\left[\frac{\mathrm{d}K\mathrm{d}\dot{K}}{\pi}\right]|0\rangle_{\text{out out}}\langle 0| \\
&\quad=\int\left[\frac{\mathrm{d}K\mathrm{d}\dot{K}}{\pi}\right]\exp\left[-\int\mathrm{d}^3(xx')2[G(\boldsymbol{x}-\boldsymbol{x}')\right. \\
&\quad\quad\left.\times\dot{K}(x)\dot{K}(x')+G^{-1}(\boldsymbol{x}-\boldsymbol{x}')K(x)K(x')\right] \\
&\quad\quad\times\exp\left[2\mathrm{i}\int\mathrm{d}^3x(\phi_{\text{in}}^{(-)}\dot{K}-\Pi_{\text{in}}^{(-)}K)\right]|0\rangle_{\text{in in}}\langle 0| \\
&\quad\quad\times\exp\left[-2\mathrm{i}\int\mathrm{d}^3x(\phi_{\text{in}}^{(+)}\dot{K}-\Pi_{\text{in}}^{(+)}K)\right]
\end{aligned}\tag{19.120}$$

其中投影算符的正规乘积形式是将式(19.24)或式(19.26)中的场量加上下标“in”，利用它以及由式(19.27)可得到的

$$\begin{aligned}
&\int\mathrm{d}^3(xx')\phi^{(-)}(x)G^{-1}(\boldsymbol{x}-\boldsymbol{x}')\phi^{(+)}(x') \\
&\quad=\int\mathrm{d}^3(xx')\Pi^{(-)}(x)G(\boldsymbol{x}-\boldsymbol{x}')\Pi^{(+)}(x')
\end{aligned}\tag{19.121}$$

以及

$$\begin{aligned}
&\int\mathrm{d}^3(xx')\Pi_{\text{in}}^{(-)}(x)G(\boldsymbol{x}-\boldsymbol{x}')\Pi_{\text{in}}^{(-)}(x') \\
&\quad=\mathrm{i}\int\mathrm{d}^3x\Pi_{\text{in}}^{(-)}\phi_{\text{in}}^{(-)}(x) \\
&\quad=-\int\mathrm{d}^3(xx')\phi_{\text{in}}^{(-)}(x)G^{-1}(\boldsymbol{x}-\boldsymbol{x}')\phi_{\text{in}}^{(-)}(x')
\end{aligned}\tag{19.122}$$

就可将式(19.120)继续在正规乘积内积分

$$\begin{aligned}
&\int\left[\frac{\mathrm{d}K\mathrm{d}\dot{K}}{\pi/2}\right]|0\rangle_{\text{out out}}\langle 0| \\
&\quad=\int\left[\frac{\mathrm{d}K\mathrm{d}\dot{K}}{\pi/2}\right]:\exp\left[-2\int\mathrm{d}^3(xx')[G(\boldsymbol{x}-\boldsymbol{x}')\dot{K}(x)\dot{K}(x')\right.
\end{aligned}$$

$$
\begin{aligned}
&+G^{-1}(\boldsymbol{x}-\boldsymbol{x}')K(x)K(x')]\\
&+2\mathrm{i}\int \mathrm{d}^3x[(\phi_{\text{in}}^{(-)}-\phi_{\text{in}}^{(+)})\dot{K}+(\Pi_{\text{in}}^{(+)}-\Pi_{\text{in}}^{(-)})K]\\
&-2\int \mathrm{d}^3(xx')\phi_{\text{in}}^{(-)}(x)G^{-1}(\boldsymbol{x}-\boldsymbol{x}')\phi_{\text{in}}^{(+)}(x')\Big\}:\\
=&:\exp\Big\{\frac{-1}{2}\int \mathrm{d}^3(xx')[\phi_{\text{in}}^{(-)}(x)-\phi_{\text{in}}^{(+)}(x)]G^{-1}(\boldsymbol{x}-\boldsymbol{x}')\\
&\times[\phi_{\text{in}}^{(-)}(x')-\phi_{\text{in}}^{(+)}(x')]\\
&-\frac{1}{2}\int \mathrm{d}^3(xx')[\Pi_{\text{in}}^{(+)}(x)-\Pi_{\text{in}}^{(-)}(x)]G(\boldsymbol{x}-\boldsymbol{x}')\\
&\times[\Pi_{\text{in}}^{(+)}(x')-\Pi_{\text{in}}^{(+)}(x')]\\
&-2\int \mathrm{d}^3(xx')\phi^{(-)}(x)G^{-1}(\boldsymbol{x}-\boldsymbol{x}')\phi^{(+)}(x')\Big\}\\
=&:\exp\Big\{\int \mathrm{d}^3(xx')[\Pi_{\text{in}}^{(-)}(x)G(\boldsymbol{x}-\boldsymbol{x}')\Pi_{\text{in}}^{(+)}(x')\\
&-\phi_{\text{in}}^{(-)}(x)G^{-1}(\boldsymbol{x}-\boldsymbol{x}')\phi_{\text{in}}^{(+)}(x')]\Big\}:=1
\end{aligned}
\tag{19.123}
$$

以下我们计算 $\phi_{\text{in}}(x)$在相干态$|0\rangle_{\text{out}}$中的期望值,由

$$
\phi_{\text{in}}^{(+)}(x)=\sum_k a_{k\text{in}}f_k(x)
$$

及式(19.92)可知

$$
\begin{aligned}
&{}_{\text{out}}\langle 0\mid\phi_{\text{in}}(x)\mid 0\rangle_{\text{out}}\\
&={}_{\text{out}}\langle 0\mid[\phi_{\text{in}}^{(+)}(x)+\phi_{\text{in}}^{(-)}(x)]\mid 0\rangle_{\text{out}}\\
&=\sum_k(Z_kf_k(x)+Z_k^*f_k^*(x))\\
&=-\mathrm{i}\int \mathrm{d}^4x'\sum_k(f_k^*(x')f_k(x)-f_k(x')f_k^*(x))J(x')\\
&=\int \mathrm{d}^4x'\Delta(x-x')J(x')=2K(x)
\end{aligned}
\tag{19.124}
$$

另一方面,又由

$$
\Pi_{\text{in}}^{(+)}(x)=-\mathrm{i}\sum_k\omega_ka_{k\text{in}}f_k(x)
$$

及式(11.92)计算

$$
{}_{\text{out}}\langle 0\mid\Pi_{\text{in}}(x)\mid 0\rangle_{\text{out}}=\int \mathrm{d}^4x'\dot{\Delta}(x-x')J(x')=2\dot{K}(x)
\tag{19.125}
$$

比较式(19.124)和(19.125)和单模正则相干态的性质式(2.44),可见$|0\rangle_{\text{out}}$确实是场论中的正则相干态.所以,我们也可以用

$$|K,\dot{K}\rangle \equiv |0\rangle_{\text{out}} \tag{19.126}$$

来表示有外源时标量场的相干态.

作为练习与IWOP技术在场论中的应用,有兴趣的读者可以计算

$$\int\left[\frac{\mathrm{d}\dot{K}}{\sqrt{2\pi}}\right]|K,\dot{K}\rangle\langle\dot{K},K|$$

$$\int\left[\frac{\mathrm{d}K}{\sqrt{2\pi}}\right]|K,\dot{K}\rangle\langle\dot{K},K|$$

19.10 场的本征态与共轭场的本征态的内积

计算 $\phi_{\text{in}}(x)$的本征态$|K\rangle$与 $\Pi_{\text{in}}(x)$的本征态$|\dot{K}\rangle$的内积是很有必要的,因为这意味着表象的转换.先用式(19.108)与(19.112)写出

$$\begin{aligned}\langle\dot{K}\mid K'\rangle =& \left(\prod_x\sqrt{\pi}\right)\exp\left[\frac{1}{2}\int\mathrm{d}^3(xx')[G^{-1}(\boldsymbol{x}-\boldsymbol{x}')K(x)K(x')+G(\boldsymbol{x}-\boldsymbol{x}')\dot{K}(x)\dot{K}(x')]\right.\\&\times\int\left(\frac{\mathrm{d}K\mathrm{d}\dot{K}'}{\pi^2}\right){}_{\text{out}}\langle 0\mid 0\rangle'_{\text{out}}\end{aligned} \tag{19.127}$$

代入相干态的内积表达式(19.103)并作积分变数平移 $K-K'\to K,\dot{K}-\dot{K}'\to\dot{K}'$ 后,我们得到

$$\begin{aligned}&\int\left[\frac{\mathrm{d}K\mathrm{d}\dot{K}'}{\pi^2}\right]{}_{\text{out}}\langle 0\mid 0\rangle'_{\text{out}}\\&=\int\left[\frac{\mathrm{d}K\mathrm{d}\dot{K}'}{\pi^2}\right]\exp\left[-\int\mathrm{d}^3(xx')[G(\boldsymbol{x}-\boldsymbol{x}')\dot{K}'(x)\dot{K}'(x')\right.\\&\quad\left.+G^{-1}(\boldsymbol{x}-\boldsymbol{x}')K(x)K(x')]\right]\\&\quad\times\exp\left\{2\mathrm{i}\int\mathrm{d}^3x[(K(x)+K'(x))(\dot{K}'(x)+\dot{K}(x))\right.\\&\quad\left.-K'(x)\dot{K}(x)]\right\}\end{aligned} \tag{19.128}$$

先对$[\mathrm{d}\dot{K}/\pi]$作泛函积分得

$$\int\left[\frac{\mathrm{d}\dot{K}'}{\pi}\right]\exp\left[-\int\mathrm{d}^3(xx')G(\boldsymbol{x}-\boldsymbol{x}')\dot{K}'(x)\dot{K}'(x')\right.$$

$$+2\mathrm{i}\int \mathrm{d}^3x(K+K')\dot{K}'\Big]$$

$$=[\det(\pi G)]^{-1/2}\exp\Big\{-\int \mathrm{d}^3(xx')[K(x)+K'(x)]$$

$$\times G^{-1}(\boldsymbol{x}-\boldsymbol{x}')[K(x')+K'(x')]\Big\}$$

将此结果代入式(19.128)继续泛函积分得

$$\begin{aligned}
\text{式}(19.128)=&[\det(\pi G)]^{-1/2}\\
&\times\exp\Big[-\int \mathrm{d}^3(xx')K'(x)G^{-1}(\boldsymbol{x}-\boldsymbol{x}')K'(x')\Big]\\
&\times\int\Big[\frac{\mathrm{d}K}{\pi}\Big]\exp\Big\{-2\int \mathrm{d}^3(xx')G^{-1}(x-\boldsymbol{x}')K(x)K(x')\\
&+2\mathrm{i}\int \mathrm{d}^3xK(x)\Big[\dot{K}(x)+\mathrm{i}\int G^{-1}(\boldsymbol{x}-\boldsymbol{x}'')K'(x'')\mathrm{d}^3x''\Big]\Big\}\\
=&\prod_x\Big(\frac{1}{\sqrt{2\pi}}\Big)\exp\Big[-\int \mathrm{d}^3(xx')K'(x)G^{-1}(\boldsymbol{x}-\boldsymbol{x}')K'(x')\Big]\\
&\times\exp\Big\{-\frac{1}{2}\int \mathrm{d}^3(xx')G(\boldsymbol{x}-\boldsymbol{x}')\\
&\times\Big[\dot{K}(x)+\mathrm{i}\int G^{-1}(\boldsymbol{x}-\boldsymbol{x}'')K'(x'')\mathrm{d}^3x''\Big]\\
&\times\Big[\dot{K}(x')+\mathrm{i}\int G^{-1}(\boldsymbol{x}'-\boldsymbol{x}'')K'(x'')\mathrm{d}^3x''\Big]\Big\}
\end{aligned}$$

把此结果代入式(19.127)中,并利用式(19.22),得到

$$\langle\dot{K}\mid K'\rangle=\Big(\prod_x\sqrt{\frac{1}{2\pi}}\Big)\exp\Big[-\mathrm{i}\int \mathrm{d}^3xK'(x)\dot{K}(x)\Big] \tag{19.129}$$

为了检验这一结论的正确性,考虑到泛函导数的性质

$$\frac{\delta}{\delta K(\boldsymbol{x},t)}K(\boldsymbol{x}',t)=\delta(\boldsymbol{x}-\boldsymbol{x}')=\Big[\frac{\delta}{\delta K(\boldsymbol{x},t)},K(\boldsymbol{x}',t)\Big] \tag{19.130}$$

比较

$$[\Pi_{\mathrm{in}}(x),\phi_{\mathrm{in}}(x')]_{t=t'}=-\mathrm{i}\delta(\boldsymbol{x}-\boldsymbol{x}')$$

可见在场的本征态$\langle K|$表象中

$$\Pi_{\mathrm{in}}(\boldsymbol{x},t)=-\mathrm{i}\frac{\delta}{\delta K(\boldsymbol{x},t)} \tag{19.131}$$

根据本征方程(19.119),我们有

$$\langle\dot{K}\mid\Pi_{\mathrm{in}}(x)\mid K'\rangle=\dot{K}\langle\dot{K}\mid K'\rangle=\mathrm{i}\frac{\delta}{\delta K'(\boldsymbol{x},t)}\langle\dot{K}\mid K'\rangle \tag{19.132}$$

此泛函微分方程的解是

$$\langle \dot{K} \mid K' \rangle = c \exp\left[-\mathrm{i}\int \mathrm{d}^3 x K'(x)\dot{K}(x)\right] \tag{19.133}$$

其中 c 是常数因子,式(19.133)和(19.129)是自洽的.

在结束关于外源标量场论的讨论前,我们指出,尽管我们找到的是 in 场算符的本征态,实际上海森堡场 $\phi(x)$ 和 $\Pi(x)$ 的本征态可以由前者推出.例如

$$\phi(x) \| K\rangle = K(x) \| K\rangle \tag{19.134}$$

其中 $\phi(x) = U(-\infty, t)\phi_{\text{in}}(x)U(t, -\infty)$,所以根据式(19.114)有

$$\| K\rangle = U(-\infty, t) \mid K\rangle = \exp\left[-\mathrm{i}\int \mathrm{d}^3 x \Pi(x)K(x)\right] \| K = 0\rangle$$

$$\begin{aligned} \| K = 0\rangle = {} & [\det(\pi G)]^{-1/4} \\ & \times \exp\left[-\int \mathrm{d}^3(xx')G^{-1}(\boldsymbol{x} - \boldsymbol{x}')\phi_-(x)\phi_-(x')\right] \\ & \times U(-\infty, t) \mid 0\rangle_{\text{in}} \end{aligned}$$

$$\phi_-(x) \equiv U(-\infty, t)\phi_{\text{in}}^{(-)}(x)U(t, -\infty)$$

至此,我们已用泛函 IWOP 技术导出了作为外源标量场论中相干态 $|0\rangle_{\text{out}}$ 场的本征态的具体形式.

19.11　外源为 Grassmann 数的狄拉克场的相干态与场的本征态

以上我们注意到了由于外源的引入,实标量场的 $|0\rangle_{\text{out}}$ 是一个相干态.本节我们简要地讨论有 Grassmann 数外源的狄拉克场的情况,关于狄拉克方程相关的知识在一般的量子力学教科书中都有较详细的介绍,这里不再赘述.

外源存在时的旋量场的拉格朗日密度是

$$\mathscr{L} = -\bar{\psi}\left(\gamma \cdot \frac{\partial}{\partial x} + m\right)\psi + \bar{\eta}\psi + \bar{\psi}\eta, \bar{\psi}\eta = \bar{\psi}_\alpha \eta_\alpha \tag{19.135}$$

这里 $\gamma \cdot \frac{\partial}{\partial x}$ 指 $\gamma_\mu \frac{\partial}{\partial x_\mu} = \gamma \cdot \nabla - i\gamma_4 \frac{\partial}{\partial t}$,$\gamma_\mu$ 是 4×4 狄拉克矩阵

$$\bar{\psi} = \psi^\dagger \gamma_4, \quad \bar{\eta} = \eta^\dagger(x)\gamma_4$$

η 和 $\eta^\dagger$ 是 Grassmann 数,它们与 ψ、$\psi^\dagger$ 分别反对易.作用量定义为

$$A[\psi, \eta] = \int \mathrm{d}^4 x\left[-\bar{\psi}\left(\gamma \cdot \frac{\partial}{\partial x} + m\right)\psi + \bar{\eta}\psi + \bar{\psi}\eta\right] \tag{19.136}$$

其中 m 是电子的质量.由式(19.135)导出运动方程

$$\left(\gamma\cdot\frac{\partial}{\partial x}+m\right)\psi=\eta$$

$$\bar{\psi}\left(\gamma\cdot\frac{\overleftarrow{\partial}}{\partial x}-m\right)=-\bar{\eta} \tag{19.137}$$

定义正则共轭场

$$\Pi_D=\frac{\delta A}{\delta\dot{\psi}}=\mathrm{i}\psi^{\dagger} \tag{19.138}$$

并作勒让德变换得到哈密顿密度

$$\mathscr{H}=\Pi_0\dot{\psi}-\mathscr{L}=\psi^{\dagger}(-\mathrm{i}\boldsymbol{\alpha}\cdot\nabla+\beta m)\psi-\bar{\eta}\psi-\bar{\psi}\eta \tag{19.139}$$

其中

$$\boldsymbol{\alpha}=\mathrm{i}\gamma_4\boldsymbol{\gamma},\boldsymbol{\gamma}=(\gamma_1,\gamma_2,\gamma_3),\quad\beta\equiv\gamma_4 \tag{19.140}$$

对全空间积分,得到哈密顿量

$$H=\int\mathrm{d}^3x[\psi^{\dagger}(-\mathrm{i}\boldsymbol{\alpha}\cdot\nabla+\beta m)\psi-\bar{\eta}\psi-\bar{\psi}\eta] \tag{19.141}$$

引入以下反对易关系实行量子化

$$\begin{gathered}\{\psi(x),\psi^{\dagger}(x')\}_{t'=t}=\delta(\boldsymbol{x}-\boldsymbol{x}')\\\{\psi(x),\psi(x')\}_{t'=t}=0\\\{\psi^{\dagger}(x),\psi^{\dagger}(x')\}_{t'=t}=0\end{gathered} \tag{19.142}$$

可以得到海森堡方程

$$\left.\begin{aligned}\mathrm{i}\partial_t\psi(x)&=[\psi(x),H(t)]=(-\mathrm{i}\boldsymbol{\alpha}\cdot\nabla+\beta m)\psi(x)-\beta\eta(x)\\\mathrm{i}\partial_t\psi^{\dagger}(x)&=[\psi^{\dagger}(x),H(t)]=\psi^{\dagger}(x)(-\mathrm{i}\boldsymbol{\alpha}\cdot\overleftarrow{\nabla}-\beta m)+\bar{\eta}(x)\end{aligned}\right\} \tag{19.143}$$

以下我们寻求一个幺正的演化算符 $\mathbb{V}(t,t_0)$.它把 $\psi(x)$变为

$$\left.\begin{aligned}\psi'(x)&=\mathbb{V}(t,t_0)\psi(x)\mathbb{V}^{-1}(t,t_0)\\\psi'^{\dagger}(x)&=\mathbb{V}(t,t_0)\psi^{\dagger}(x)\mathbb{V}^{-1}(t,t_0)\end{aligned}\right\} \tag{19.144}$$

而且 ψ 与 ψ' 在 $t=t_0$ 时刻重合,即 $\mathbb{V}(t_0,t_0)=1$,能使 得 $\psi'(x)$与 $\psi'^{\dagger}(x)$满足自由场方程.在幺正变换下,正则等时对易关系不变,

$$\left.\begin{aligned}&\{\psi'(x),\psi'^{\dagger}(x')\}_{t'=t}=\delta(\boldsymbol{x}-\boldsymbol{x}')\\&\{\psi'(x),\psi'(x')\}_{t'=t}=0\\&\{\psi'^{\dagger}(x),\psi'^{\dagger}(x')\}_{t'=t}=0\end{aligned}\right\} \tag{19.145}$$

以及海森堡方程形式不变

$$\begin{aligned} \mathrm{i}\partial_t \psi'(x) &= [\psi'(x), H'(t)] \\ \mathrm{i}\partial_t \psi'^{\dagger}(x) &= [\psi'^{\dagger}(x), H'(t)] \end{aligned} \tag{19.146}$$

其中 $H'(t)$ 按照下式变

$$\begin{aligned} H'(t) &= \mathbb{V}(t,t_0)H(t)\mathbb{V}(t,t_0) - \mathrm{i}\dot{\mathbb{V}}(t,t_0)\mathbb{V}^{-1}(t,t_0) \\ &= \int \mathrm{d}^3 x[\psi'^{\dagger}(-\mathrm{i}\boldsymbol{\alpha}\cdot\nabla + \beta m)\psi' - \bar{\eta}\psi' - \bar{\psi}'\eta] \\ &\quad - \mathrm{i}\dot{\mathbb{V}}(t,t_0)\mathbb{V}^{-1}(t,t_0) \end{aligned} \tag{19.147}$$

这里 $\mathbb{V}(t,t_0)$ 满足以下方程

$$\frac{\partial}{\partial t}\mathbb{V}(t,t_0) = \mathrm{i}\int \mathrm{d}^3 x(\bar{\eta}\psi' + \bar{\psi}'\eta)\mathbb{V}(t,t_0) \tag{19.148}$$

则式(19.141)变成

$$H'(t) = \int \mathrm{d}^3 x \psi'^{\dagger}(-\mathrm{i}\boldsymbol{\alpha}\cdot\nabla + \beta m)\psi \tag{19.149}$$

因此由式(19.146)和(19.149)得 ψ' 与 $\psi'^{\dagger}$ 满足的运动方程

$$\left.\begin{aligned} \mathrm{i}\frac{\partial}{\partial t}\psi'(x) &= (-\mathrm{i}\boldsymbol{\alpha}\cdot\nabla + \beta m)\psi'(x) \\ \mathrm{i}\frac{\partial}{\partial t}\psi'^{\dagger}(x) &= \psi'^{\dagger}(x)(-\mathrm{i}\boldsymbol{\alpha}\cdot\overleftarrow{\nabla} - \beta m) \end{aligned}\right\} \tag{19.150}$$

这表明 ψ' 是自由场,在通常的量子场论教科书中都给出了自由狄拉克场$\left(\text{或自旋为}\frac{1}{2}\text{的旋量场}\right)$的反对易关系[138]为

$$\{\psi'_{\alpha}(x), \bar{\psi}'_{\beta}(x')\} = -\mathrm{i}S_{\alpha\beta}(x-x') \tag{19.151}$$

其中 α,β 表示旋量的分量指标,而

$$S_{\alpha\beta}(x-x') = \left(\gamma\cdot\frac{\partial}{\partial x} - m\right)_{\alpha\beta}\Delta(x-x') \tag{19.152}$$

另外两个反对易关系是

$$\{\psi'(x), \psi'(x')\} = 0, \quad \{\psi'^{\dagger}(x), \psi'^{\dagger}(x')\} = 0$$

从方程(19.148)中解出

$$\mathbb{V}(t,t_0) = T\exp\left[\mathrm{i}\int_{t_0}^{t}\mathrm{d}^4 x(\bar{\eta}\psi' + \bar{\psi}'\eta)\right] \tag{19.153}$$

其中 T 是编时记号.把时间间隔 $t_0 \rightarrow t$ 分成 $n+1$ 段,每段趋于无穷小,则

$$\mathbb{V}(t,t_0) = \mathbb{V}(t,t_n)\mathbb{V}(t_n,t_{n-1})\cdots\mathbb{V}(t_1,t_0) \tag{19.154}$$

其中相继两个 $\mathbb{V}$ 算符的乘积用 Baker - Hausdorff 公式可写成

$$\mathbb{V}(t_2,t_1)\mathbb{V}(t_1,t_0) = \mathbb{V}(t_2,t_0)$$

$$= \exp\left[\mathrm{i}\int_{t_1}^{t_2} \mathrm{d}^4 x(\bar{\eta}\psi' + \bar{\psi}'\eta)\right]\exp\left[\mathrm{i}\int_{t_0}^{t_1} \mathrm{d}^4 x(\bar{\eta}\psi' + \bar{\psi}'\eta)\right]$$

$$= \exp\left[\mathrm{i}\int_{t_0}^{t_2} \mathrm{d}^4 x(\bar{\eta}\psi' + \bar{\psi}'\eta)\exp\left\{\frac{\mathrm{i}}{2}\int_{t_1}^{t_2} \mathrm{d}^4 x\int_{t_0}^{t_1} \mathrm{d}^4 x'\right.\right.$$

$$\left.\times[\bar{\eta}(x)S(x-x')\eta(x') - \bar{\eta}(x')S(x'-x)\eta(x)\right\} \tag{19.155}$$

这里我们为了书写方便起见，没有把旋量的分量下标明显写出.继续上述步骤

$$\mathbb{V}(t_3,t_0) = \mathbb{V}(t_3,t_2)\mathbb{V}(t_2,t_0)$$

$$= \exp\left[\mathrm{i}\int_{t_0}^{t} \mathrm{d}^4 x(\bar{\eta}\psi' + \bar{\psi}'\eta)\right]\exp\left\{\frac{\mathrm{i}}{2}\left(\int_{t_2}^{t_3} \mathrm{d}^4 x\int_{t_0}^{t_2} \mathrm{d}^4 x'\right.\right.$$

$$\left.+\int_{t_1}^{t_2} \mathrm{d}^4 x\int_{t_0}^{t_1} \mathrm{d}^4 x'\right)[\bar{\eta}(x)S(x-x')\eta(x')$$

$$\left.-\bar{\eta}(x')S(x'-x)\eta(x)]\right\} \tag{19.156}$$

……

最终得到

$$\mathbb{V}(t,t_0) = \exp\left[\mathrm{i}\int_{t_0}^{t_j} \mathrm{d}^4 x(\bar{\eta}\psi' + \bar{\psi}'\eta)\right.$$

$$\times\exp\left\{\frac{\mathrm{i}}{2}\sum_{j=1}^{n+1}\int_{t_j}^{t_{j+1}} \mathrm{d}^4 x\int_{t_0}^{t_j} \mathrm{d}^4 x'\right.$$

$$\times[\bar{\eta}(x)S(x-x')\eta(x') - \bar{\eta}(x')S(x'-x)\eta(x)] \tag{19.157}$$

令

$$B(x,x') = \bar{\eta}(x)S(x-x')\eta(x') - \bar{\eta}(x')S(x'-x)\eta(x) \tag{19.158}$$

显然，$B(x,x') = -B(x',x)$，所以以下的对 x 与 x' 为对称的积分为零，即

$$\int_{t_0}^{t} \mathrm{d}^4 x\int_{t_0}^{t} \mathrm{d}^4 x' B(x,x') = 0 \tag{19.159}$$

据此，我们将式(19.157)中的第二个指数肩膀上的量改写为

$$\sum_{j=1}^{n}\int_{t_j}^{t_{j+1}} \mathrm{d}^4 x\int_{t_0}^{t_j} \mathrm{d}^4 x' B(x-x')$$

$$= \sum_{j=1}^{n}\int_{t_j}^{t_{j+1}} \mathrm{d}^4 x\left(\int_{t_0}^{t} - \int_{t_j}^{t}\right)\mathrm{d}^4 x' B(x-x')$$

$$= -\sum_{j=1}^{n}\int_{t_j}^{t_{j+1}} \mathrm{d}^4 x\int_{t_j}^{t} \mathrm{d}^4 x' B(x-x')$$

$$= \frac{1}{2}\sum_{j=1}^{n}\int_{t_j}^{t_{j+1}} \mathrm{d}^4 x \int_{t_0}^{t} \mathrm{d}^4 x' [\theta(x_0 - x'_0) - \theta(x'_0 - x_0)] B(x, x')$$

$$= \frac{1}{2}\int_{t_0}^{t} \mathrm{d}^4 x \int_{t_0}^{t} \mathrm{d}^4 x' \varepsilon(x_0 - x'_0) B(x, x')$$

$$= \int_{t_0}^{t} \mathrm{d}^4 x \int_{t_0}^{t} \mathrm{d}^4 x' \bar{\eta}(x) S(x - x') \eta(x') \varepsilon(x_0 - x'_0)$$

其中 $\varepsilon(x_0 - x'_0)$也是对 x_0 与 x'_0为反对称的.把上式代入式(19.157)中给出演化算符的显式

$$\mathbb{V}(t, t_0) = \exp\left\{\mathrm{i}\int_{t_0}^{t} \mathrm{d}^4 x (\bar{\eta}\psi' + \bar{\psi}'\eta) + \frac{\mathrm{i}}{2}\int_{t_0}^{t} \mathrm{d}^4 x \int_{t_0}^{t} \mathrm{d}^4 x' \varepsilon(x_0 - x'_0) \bar{\eta}(x) S(x - x') \eta(x') \right\} \tag{19.160}$$

显然,它满足$\mathbb{V}(t, t_0) = 1$.根据(19.144),海森堡场为

$$\begin{aligned}
\psi(x) &= \mathbb{V}^{-1}(t, t_0)\psi'(x)\, \mathbb{V}(t, t_0) \\
&= \exp\left[-\mathrm{i}\int_{t_0}^{t} \mathrm{d}^4 x (\bar{\eta}\psi' + \bar{\psi}'\eta)\right]\psi'(x) \\
&\quad \times \exp\left[\mathrm{i}\int_{t_0}^{t} \mathrm{d}^4 x (\bar{\eta}\psi' + \bar{\psi}'\eta)\right] \\
&= \psi'(x) - \mathrm{i}\int_{t_0}^{t} \mathrm{d}^4 x' [\bar{\psi}'(x)'\eta(x'), \psi'(x)] \\
&= \psi'(x) + \mathrm{i}\int_{t_0}^{t} \mathrm{d}^4 x \{\psi'(x), \bar{\psi}'(x')\}\eta(x') \\
&= \psi'(x) + \int_{t_0}^{t} \mathrm{d}^4 x' S(x - x')\eta(x')
\end{aligned} \tag{19.161}$$

类似地,共轭场为

$$\bar{\psi}(x) = \bar{\psi}'(x) - \int_{t_0}^{t} \mathrm{d}^4 x' \bar{\eta}(x') S(x' - x) \tag{19.162}$$

注意式(19.161)和(19.162)中没有把旋量下标明显写出.把它们代入下式

$$\begin{aligned}
&\int_{t_0}^{t} \mathrm{d}^4 x (\bar{\eta}\psi' + \bar{\psi}'\eta) \\
&= \int_{t_0}^{t} \mathrm{d}^4 x (\bar{\eta}\psi + \bar{\psi}\eta) \\
&\quad + \int_{t_0}^{t} \mathrm{d}^4 x \int_{t_0}^{x_0} \mathrm{d}^4 x' (\bar{\eta}(x') S(x' - x)\eta(x) - \bar{\eta}(x) S(x - x')\eta(x'))
\end{aligned}$$

$$
\begin{aligned}
&= \int_{t_0}^{t} \mathrm{d}^4 x(\bar{\eta}\psi + \bar{\psi}\eta) \\
&\quad + \int_{t_0}^{t} \mathrm{d}^4(xx')[\theta(x_0 - x_0') - \theta(x_0' - x_0)]\bar{\eta}(x')S(x' - x)\eta(x) \\
&= \int_{t_0}^{t} \mathrm{d}^4 x(\bar{\eta}\psi + \bar{\psi}\eta) - \int_{t_0}^{t} \mathrm{d}^4(xx')\varepsilon(x_0 - x_0')\bar{\eta}(x)S(x - x')\eta(x')
\end{aligned} \tag{19.163}
$$

因此式(19.160)最终化为

$$
\begin{aligned}
\mathbb{V}(t, t_0) = \exp\Big\{ & \mathrm{i}\int_{t_0}^{t} \mathrm{d}^4 x(\bar{\eta}\psi + \bar{\psi}\eta) \\
& - \frac{\mathrm{i}}{2}\int_{t_0}^{t} \mathrm{d}^4(xx')\varepsilon(x_0 - x_0')\bar{\eta}(x)S(x - x')\eta(x')\Big\}
\end{aligned} \tag{19.164}
$$

当 $t \to \infty, t_0 \to -\infty$,上式过渡为 S 矩阵

$$
\begin{aligned}
S &= \mathbb{V}(\infty, -\infty) \\
&= \exp\left\{\mathrm{i}\int \mathrm{d}^4 x(\bar{\eta}\psi + \bar{\psi}\eta) - \frac{\mathrm{i}}{2}\int \mathrm{d}^4(xx')\varepsilon(x_0 - x_0')\bar{\eta}(x)S(x - x')\eta(x')\right\}
\end{aligned} \tag{19.165}
$$

相应地,式(19.144)在 $t_0 \to \pm\infty$ 时分别给出入射场和出射场

$$
\left.\begin{aligned}
\mathbb{V}(t, -\infty)\psi(x)\mathbb{V}^{-1}(t, -\infty) &\equiv \psi_{\mathrm{in}}(x) \\
\mathbb{V}(t, \infty)\psi(x)\mathbb{V}^{-1}(t, \infty) &\equiv \psi_{\mathrm{out}}(x)
\end{aligned}\right\} \tag{19.166}
$$

所以,式(19.164)给出

$$
\left.\begin{aligned}
\psi(x) &= \mathbb{V}(-\infty, t)\psi_{\mathrm{in}}(x)\mathbb{V}(t, -\infty) \\
&= \psi_{\mathrm{in}}(x) + \int \mathrm{d}^4 x' S_R(x - x')\eta(x') \\
\psi(x) &= \mathbb{V}(\infty, t)\psi_{\mathrm{out}}(x)\mathbb{V}(t, \infty) \\
&= \psi_{\mathrm{out}}(x) + \int \mathrm{d}^4 x S_A(x - x')\eta(x')
\end{aligned}\right\} \tag{19.167}
$$

其中 S_{R}、S_{A} 分别是推迟和超前格林函数

$$
S_{\mathrm{R}}(x) = -\theta(x_0)S(x), \quad S_{\mathrm{A}}(x) = \theta(-x_0)S(x)
$$

鉴于 in 场与 out 场都可以作为自由场那样作傅里叶变换

$$
\psi_{\substack{\mathrm{in}\\ \mathrm{out}}}(x) = \frac{1}{\sqrt{V}}\sum_{p\sigma} f_{p\sigma\substack{\mathrm{in}\\ \mathrm{out}}} u_\sigma(\boldsymbol{p})\mathrm{e}^{\mathrm{i}px} + d^\dagger_{p\sigma\substack{\mathrm{in}\\ \mathrm{out}}} v_\sigma(\boldsymbol{p})\mathrm{e}^{-\mathrm{i}px} \tag{19.168}
$$

其中,σ 是旋量指标,σ 取 1,2;f 是正粒子二次量子化算符;$d^\dagger$ 是反粒子二次量子

化算符，它们都是费米子；$u_\sigma(\boldsymbol{p})$是能量为E，动量为$\boldsymbol{p}$，自旋为σ的波函数；$v_\sigma(\boldsymbol{p})$是能量为$-E$，动量为$-\boldsymbol{p}$，自旋为σ的波函数.它们是按下式归一化的

$$\bar{u}_\sigma^\dagger(\boldsymbol{p})u_{\sigma'}(\boldsymbol{p}) = v_\sigma^\dagger(\boldsymbol{p})v_{\sigma'}(\boldsymbol{p}) = \delta_{\sigma\sigma'}, \quad \bar{u} = u^\dagger\gamma_4 \tag{19.169}$$

$$\sum_\sigma u_\sigma(\boldsymbol{p})\bar{u}_\sigma(\boldsymbol{p}) = \frac{m - \mathrm{i}\hat{p}}{2E_p}$$

$$\hat{p} = \gamma_\mu p_\mu = \boldsymbol{p}\cdot\boldsymbol{\gamma} + \mathrm{i}E_p\gamma_4 \tag{19.170}$$

$$\sum_\sigma u_\sigma(\boldsymbol{p})\bar{v}_\sigma(\boldsymbol{p}) = -\frac{m + \mathrm{i}\hat{p}}{2E_p}, \quad u_\sigma^\dagger(\boldsymbol{p})v_{\sigma'}(-\boldsymbol{p}) = 0 \tag{19.171}$$

式(19.168)的反展开是

$$f_{p\sigma\mathrm{in}} = \frac{1}{\sqrt{V}}\int \mathrm{e}^{-\mathrm{i}px}u_\sigma^\dagger(\boldsymbol{p})\psi_{\mathrm{in}}(x)\mathrm{d}^3x \tag{19.172}$$

$$d_{p\sigma\mathrm{in}}^\dagger = \frac{1}{\sqrt{V}}\int \mathrm{e}^{\mathrm{i}px}v_\sigma^\dagger(\boldsymbol{p})\psi_{\mathrm{in}}(x)\mathrm{d}^3x \tag{19.173}$$

另一方面，把$\psi(x)$展开为

$$\psi(x) = \frac{1}{\sqrt{V}}\sum_{p\sigma} f_{p\sigma}(t)u_\sigma(\boldsymbol{p})\mathrm{e}^{\mathrm{i}px} + \mathrm{d}_{p\sigma}^\dagger(t)v_\sigma(\boldsymbol{p})\mathrm{e}^{-\mathrm{i}px} \tag{19.174}$$

以后，用式(19.166)、(19.168)和(19.172)、(19.173)可以导出

$$\left.\begin{aligned}
f_{p\sigma}(t) &= \mathbb{V}(-\infty, t)f_{p\sigma\mathrm{in}}\,\mathbb{V}(t, -\infty) \\
&= f_{p\sigma\mathrm{in}} + \frac{\mathrm{i}}{\sqrt{V}}\bar{u}_\sigma(\boldsymbol{p})\int_{-\infty}^t \mathrm{d}^4x\mathrm{e}^{-\mathrm{i}px}\eta(x) \\
f_{p\sigma}(t) &= \mathbb{V}(\infty, t)f_{p\sigma\mathrm{out}}\,\mathbb{V}(t, \infty) \\
&= f_{p\sigma\mathrm{out}} - \frac{\mathrm{i}}{\sqrt{V}}\bar{u}_\sigma(\boldsymbol{p})\int_t^\infty \mathrm{d}^4x\mathrm{e}^{-\mathrm{i}px}\eta(x) \\
d_{p\sigma}(t) &= \mathbb{V}(-\infty, t)d_{p\sigma\mathrm{in}}\,\mathbb{V}(t, -\infty) \\
&= \mathrm{d}_{p\mathrm{in}} - \frac{\mathrm{i}}{\sqrt{V}}\int_{-\infty}^t \mathrm{d}^4x\mathrm{e}^{-\mathrm{i}px}\bar{\eta}(x)v_\sigma(\boldsymbol{p}) \\
d_{p\sigma}(t) &= \mathbb{V}(\infty, t)d_{p\sigma\mathrm{out}}\,\mathbb{V}(t, \infty) \\
&= d_{p\mathrm{out}} + \frac{\mathrm{i}}{\sqrt{V}}\int_t^\infty \mathrm{d}^4x\mathrm{e}^{-\mathrm{i}px}\bar{\eta}(x)v_\sigma(\boldsymbol{p})
\end{aligned}\right\} \tag{19.175}$$

当$t\to\pm\infty$时，无相互作用介入，由式(19.175)可以导出

$$\left.\begin{aligned}\lim_{t\to-\infty}f_{p\sigma}(t)&=f_{p\sigma\mathrm{in}}=Sf_{p\sigma\mathrm{out}}S^{-1}\\&=f_{p\sigma\mathrm{out}}-\frac{\mathrm{i}}{\sqrt{V}}\bar{u}_\sigma(\boldsymbol{p})\int\mathrm{d}^4x\mathrm{e}^{-\mathrm{i}px}\eta(x)\\\lim_{t\to\infty}f_{p\sigma}(t)&=f_{p\sigma\mathrm{out}}=S^{-1}f_{p\sigma\mathrm{in}}S\\&=f_{p\sigma\mathrm{in}}+\frac{\mathrm{i}}{\sqrt{V}}\bar{u}_\sigma(\boldsymbol{p})\int\mathrm{d}^4x\mathrm{e}^{-\mathrm{i}px}\eta(x)\end{aligned}\right\}\tag{19.176}$$

对反粒子可以导出类似的关系式，不再明显写出. 定义费米系统物理真空$|0\rangle_{\mathrm{in}}$满足

$$f_{p\sigma\mathrm{in}}\,|\,0\rangle_{\mathrm{in}}=0=d_{p\sigma\mathrm{in}}\,|\,0\rangle_{\mathrm{in}}\tag{19.177}$$

则由式(19.176)可知，$S^{-1}|0\rangle_{\mathrm{in}}$被$f_{p\sigma\mathrm{out}}$湮没，即

$$f_{p\sigma\mathrm{out}}S^{-1}\,|\,0\rangle_{\mathrm{in}}=0\tag{19.178}$$

同样有

$$d_{p\sigma\mathrm{out}}S^{-1}\,|\,0\rangle_{\mathrm{in}}=0\tag{19.179}$$

换言之

$$|\,0\rangle_{\mathrm{out}}=S^{-1}\,|\,0\rangle_{\mathrm{in}}\tag{19.180}$$

其中 S^{-1}根据式(19.165)、(19.166)和(19.164)的结果应该是

$$\begin{aligned}S^{-1}=\exp\Big\{&-\mathrm{i}\int\mathrm{d}^4x(\bar{\eta}\psi_{\mathrm{in}}+\bar{\psi}_{\mathrm{in}}\eta)\\&-\frac{\mathrm{i}}{2}\int\mathrm{d}^4(xx')\varepsilon(x_0-x_0')\bar{\eta}(x)S(x-x')\eta(x')\Big\}\end{aligned}\tag{19.181}$$

如果略去相因子，则

$$|\,0\rangle_{\mathrm{out}}=\exp\left[-\mathrm{i}\int\mathrm{d}^4x(\bar{\eta}\psi_{\mathrm{in}}+\bar{\psi}_{\mathrm{in}}\eta)\right]|\,0\rangle_{\mathrm{in}}\tag{19.182}$$

于是，从式(19.180)得以下的本征值方程

$$f_{p\sigma\mathrm{in}}\,|\,0\rangle_{\mathrm{out}}=\eta_{p\sigma}\,|\,0\rangle_{\mathrm{out}}\tag{19.183}$$

$$d_{p\sigma\mathrm{in}}\,|\,0\rangle_{\mathrm{out}}=\xi_{p\sigma}\,|\,0\rangle_{\mathrm{out}}\tag{19.184}$$

其中本征值包含 Grassmann 数

$$\eta_{p\sigma}\equiv-\mathrm{i}\int\mathrm{d}^4x\bar{u}_\sigma(\boldsymbol{p})\frac{\mathrm{e}^{-\mathrm{i}px}}{\sqrt{V}}\eta(x)\tag{19.185}$$

$$\xi_{p\sigma}\equiv\mathrm{i}\int\mathrm{d}^4x\bar{\eta}(x)\frac{\mathrm{e}^{-\mathrm{i}px}}{\sqrt{V}}v_\sigma(\boldsymbol{p})\tag{19.186}$$

因此$|0\rangle_{\mathrm{out}}$是一种费米相干态. 所以，当狄拉克引入外源后，入场算符的本征值与外源有关了.

为了进一步把相干态$|0\rangle_{\mathrm{out}}$的形式(19.180)与标准的费米相干态形式(例如，

见第 11 章式(11.9))相比较.我们用式(19.168)、(19.172)和(19.173)将$\psi_{\text{in}}(x)$改写为

$$\begin{aligned}\psi_{\text{in}}(x) &= \frac{1}{V}\int \mathrm{d}^3 x' \sum_{p,\sigma} (\mathrm{e}^{\mathrm{i}p(x-x')} u_\sigma(\boldsymbol{p}) \bar{u}_\sigma(\boldsymbol{p}) + \mathrm{e}^{-\mathrm{i}p(x-x')} \\ &\quad \times v_\sigma(\boldsymbol{p}) \bar{v}_\sigma(\boldsymbol{p})) \gamma_4 \psi_{\text{in}}(x') \\ &= \frac{1}{V}\int \mathrm{d}^3 x' \sum_{p} \left\{ \frac{\mathrm{e}^{\mathrm{i}p(x-x')}}{2E_p}(m - i\hat{p}) \right. \\ &\quad \left. - \frac{\mathrm{e}^{-\mathrm{i}p(x-x')}}{2E_p}(m + i\hat{p}) \right\} \gamma_4 \psi_{\text{in}}(x') \\ &= \int \mathrm{d}^3 x' \left(m - \gamma \cdot \frac{\partial}{\partial x} \right) \sum_k \frac{\mathrm{e}^{-\mathrm{i}k(x-x')} - \mathrm{e}^{-\mathrm{i}k(x-x')}}{2\omega_k V} \gamma_4 \psi_{\text{in}}(x') \\ &= -\mathrm{i}\int \mathrm{d}^3 x' \left(\gamma \cdot \frac{\partial}{\partial x} - m \right) \Delta(x - x') \gamma_4 \psi_{\text{in}}(x') \\ &= -\mathrm{i}\int \mathrm{d}^3 x' S(x - x') \gamma_4 \psi_{\text{in}}(x') \end{aligned} \tag{19.187}$$

其中格林函数 $S(x)$满足性质

$$\begin{aligned}\gamma_4 S^\dagger(x) \gamma_4 &= \gamma_4 \left(\gamma \cdot \frac{\partial}{\partial x^*} - m \right) \gamma^4 \Delta(x) \\ &= \left(-\gamma \cdot \frac{\partial}{\partial x} - m \right) \Delta(x) = -S(-x) \end{aligned} \tag{19.188}$$

推导中用了以下关系及定义

$$\Delta(-x) = -\Delta(x), \quad \partial_\mu^* = \frac{\partial}{\partial x_\mu^*} = \left(\boldsymbol{\nabla}, \mathrm{i}\frac{\partial}{\partial t} \right), \quad \gamma_\mu^\dagger = \gamma_\mu$$

$$\gamma_\mu \partial_\mu^* \gamma_4 = \gamma_4 \left(-\boldsymbol{\gamma} \cdot \boldsymbol{\nabla} + \mathrm{i}\gamma_4 \frac{\partial}{\partial t} \right) = -\gamma_4 \gamma_\mu \partial_\mu \tag{19.189}$$

由式(19.188)和(19.187)给出

$$\psi_{\text{in}}^\dagger(x) = -\mathrm{i}\int \mathrm{d}^3 x' \psi_{\text{in}}^\dagger(x') S(x' - x) \gamma_4 \tag{19.190}$$

由上式和式(19.187)导致

$$\begin{aligned} & -\mathrm{i}\int \mathrm{d}^4 x' (\bar{\eta}(x') \psi_{\text{in}}(x') + \bar{\psi}_{\text{in}}(x') \eta(x')) \\ & \quad = -\int \mathrm{d}^3 x \mathrm{d}^4 x' [\bar{\eta}(x') S(x' - x) \gamma_4 \psi_{\text{in}}(x) \\ & \qquad + \psi_{\text{in}}^\dagger(x) S(x - x') \eta(x')] \\ & \quad \equiv 2\int \mathrm{d}^3 x [\psi_{\text{in}}^\dagger(x) \tau(x) - \tau^\dagger(x) \psi_{\text{in}}(x)] \end{aligned} \tag{19.191}$$

其中已经定义了新的 Grassmann 函数,而

$$\tau(x)=-\frac{1}{2}\int \mathrm{d}^4 x' S(x-x')\eta(x')$$

则

$$\begin{aligned}\tau^\dagger(x)&=-\frac{1}{2}\int \mathrm{d}^4 x'\bar{\eta}(x')\gamma_4 S^\dagger(x-x')\\&=\frac{1}{2}\int \mathrm{d}^4 x'\bar{\eta}(x')S(x'-x)\gamma_4\end{aligned}\tag{19.192}$$

于是,可以把相干态 $|0\rangle_{\text{out}}$ 写成标准的费米相干态形式

$$|0\rangle_{\text{out}}=\exp\left[2\int \mathrm{d}^3 x(\psi_{\text{in}}^\dagger\tau-\tau^\dagger\psi_{\text{in}})\right]|0\rangle_{\text{in}}\tag{19.193}$$

利用 Baker - Hausdorff 公式,上式中指数可分解为

$$\begin{aligned}|0\rangle_{\text{out}}&=\exp\left[2\int \mathrm{d}^3 x\psi_{\text{in}}^\dagger\tau\right]\exp\left[-2\int \mathrm{d}^3 x\tau^\dagger\psi_{\text{in}}\right]\\&\quad\times\exp\left\{-2\int \mathrm{d}^3(xx')\tau^\dagger(x)\{\psi_{\text{in}}(x),\psi_{\text{in}}^\dagger(x')\}_{t=t'}\tau(x')\right\}|0\rangle_{\text{in}}\\&=\exp\left[2\int \mathrm{d}^3 x\psi_{\text{in}}^\dagger\tau\right]\exp\left[-2\int \mathrm{d}^3 x\tau^\dagger(\psi_{\text{in}}+\tau)\right]|0\rangle_{\text{in}}\end{aligned}\tag{19.194}$$

用 Grassmann 数的性质,对上式的 Grassmann 泛函积分

$$\begin{aligned}|\tau(x)\rangle&\equiv\int[\mathrm{d}\tau^\dagger]|0\rangle_{\text{out}}\\&\equiv\int\prod_x\frac{\mathrm{d}\tau^\dagger(x)}{-2\varepsilon^3}\exp\left[2\int \mathrm{d}^3 x\psi_{\text{in}}^\dagger\tau\right]\exp\left[-2\varepsilon^3\sum_j\tau^\dagger(\psi_{\text{in}}+\tau)_j\right]|0\rangle_{\text{in}}\\&=\exp\left[2\int \mathrm{d}^3 x\psi_{\text{in}}^\dagger(x)\tau(x)\right]\prod_x(\psi_{\text{in}}(x)+\tau(x))|0\rangle_{\text{in}}\end{aligned}\tag{19.195}$$

由于

$$\exp\left[-2\int \mathrm{d}^3 x\psi_{\text{in}}^\dagger\tau\right]\psi_{\text{in}}(x)\exp\left[2\int \mathrm{d}^3 x\psi_{\text{in}}^\dagger\tau\right]=\psi_{\text{in}}+2\tau(x)\tag{19.196}$$

以及　　$\{\psi_{\text{in}}(x)+\tau(x),\quad\psi_{\text{in}}(x')+\tau(x')\}|_{t=t'}=0$,

将 $\psi_{\text{in}}(x)$ 作用 $|\tau(x)\rangle$ 得

$$\begin{aligned}&\psi_{\text{in}}(x)|\tau(x)\rangle\\&=\exp\left[2\int \mathrm{d}^3 x\psi_{\text{in}}^\dagger(x)\tau(x)\right][\psi_{\text{in}}(x)+2\tau(x)]\prod_x(\psi_{\text{in}}(x)+\tau(x))|0\rangle_{\text{in}}\\&=\exp\left[2\int \mathrm{d}^3 x\psi^\dagger\tau\right](\psi_{\text{in}}(x)+\tau(x))\prod_x(\psi_{\text{in}}(x)+\tau(x))|0\rangle_{\text{in}}+\tau(x)|\tau(x)\rangle\\&=\tau(x)|\tau(x)\rangle\end{aligned}\tag{19.197}$$

所以，$|\tau(x)\rangle$是 $\psi_{\mathrm{in}}(x)$的本征态，本征值是与外源有关的，由式(19.192)给出，读者试比较实标量 $\phi(x)$的本征值式(19.97).

为求共轭场 $\psi_{\mathrm{in}}^{\dagger}(x)$的本征态与本征值，用 Baker-Hausdorff 公式也可以将$|0\rangle_{\mathrm{out}}$写为

$$|0\rangle_{\mathrm{out}}=\exp\left[-2\int\mathrm{d}^3x\tau^{\dagger}\psi_{\mathrm{in}}\right]\exp\left[2\int\mathrm{d}^3x(\psi_{\mathrm{in}}^{\dagger}+\tau^{\dagger})\tau\right]|0\rangle_{\mathrm{in}}\quad(19.198)$$

类似于式(19.195)对$[\mathrm{d}\tau]$作泛函积分

$$\begin{aligned}|\tau^{\dagger}(x)\rangle&\equiv\int[\mathrm{d}\tau]\,|0\rangle_{\mathrm{out}}\\&\equiv\int\prod_x\frac{\mathrm{d}\tau(x)}{-2\varepsilon^3}\exp\left[-2\int\mathrm{d}^3x\tau^{\dagger}\psi_{\mathrm{in}}\right]\exp\left[2\varepsilon^3\sum_j(\psi_{\mathrm{in}}^{\dagger}+\tau^{\dagger})_j\tau_j\right]|0\rangle_{\mathrm{in}}\\&=\exp\left[-2\int\mathrm{d}^3x\tau^{\dagger}\psi_{\mathrm{in}}\right]\prod_x(\psi_{\mathrm{in}}^{\dagger}+\tau^{\dagger}(x))\,|0\rangle_{\mathrm{in}}\end{aligned}\quad(19.199)$$

考虑到

$$\exp\left[2\int\mathrm{d}^3x\tau^{\dagger}\psi_{\mathrm{in}}\right]\psi_{\mathrm{in}}^{\dagger}(x)\exp\left[-2\int\mathrm{d}^3x\tau^{\dagger}\psi_{\mathrm{in}}\right]=\psi_{\mathrm{in}}^{\dagger}(x)+2\tau^{\dagger}(x)$$

$$\{\psi_{\mathrm{in}}^{\dagger}(x)+\tau^{\dagger}(x),\quad\psi_{\mathrm{in}}^{\dagger}(x')+\tau^{\dagger}(x')\}_{t=t'}=0\quad(19.200)$$

从式(19.199)可得出 $\psi_{\mathrm{in}}^{\dagger}(x)$的本征态是

$$\psi_{\mathrm{in}}^{\dagger}(x)\,|\,\tau^{\dagger}(x)\rangle=\tau^{\dagger}(x)\,|\,\tau^{\dagger}(x)\rangle\quad(19.201)$$

本征值与外源有关.

由单模正则相干态的理论，我们已经知道$\langle p,q|Q|p,q\rangle=q$，$\langle p,q|P|p,q\rangle=p$，分别对应于 $Q|q\rangle=q|q\rangle$，$P|p\rangle=p|p\rangle$. 所以我们来计算 $\psi_{\mathrm{in}}(x)$的相干态期望值，看看是否与场的本征方程(19.197)的本征值(函数)自洽. 由 $\psi_{\mathrm{in}}(x)$的傅氏展开式(19.168)与式(19.183)～(19.186)，得到

$$\begin{aligned}{}_{\mathrm{out}}\langle0\,|\,\psi_{\mathrm{in}}(x)\,|\,0\rangle_{\mathrm{out}}&={}_{\mathrm{out}}\langle0\,|\,\psi_{\mathrm{in}}^{(-)}(x)+\psi_{\mathrm{in}}^{(+)}(x)\,|\,0\rangle_{\mathrm{out}}\\&=\frac{-\mathrm{i}}{V}\sum_{p\sigma}\left\{u_{\sigma}(\boldsymbol{p})\mathrm{e}^{\mathrm{i}px}\bar{u}_{\sigma}(\boldsymbol{p})\int\mathrm{d}^4x'\mathrm{e}^{-\mathrm{i}px}\eta(x')\right.\\&\qquad\left.+v_{\sigma}(\boldsymbol{p})\mathrm{e}^{-\mathrm{i}px}\int\mathrm{d}^4x'\mathrm{e}^{\mathrm{i}px'}v_{\sigma}^{\dagger}(\boldsymbol{p})\bar{\eta}^{\dagger}(x')\right\}\\&=-\mathrm{i}\int\mathrm{d}^4x'\sum_p\left\{\frac{\mathrm{e}^{\mathrm{i}p(x-x')}}{2E_pV}(m-i\hat{p})\right.\\&\qquad\left.-\frac{\mathrm{e}^{-\mathrm{i}p(x-x')}}{2E_pV}(m+i\hat{p})\right\}\eta(x)\\&=-\int\mathrm{d}^4x'\left(\gamma\cdot\frac{\partial}{\partial x}-m\right)\Delta(x-x')\eta(x)\end{aligned}$$

$$= -\int d^4 x' S(x - x')\eta(x') = 2\tau(x)$$

这正是所预期的.

19.12　复标量场 $\phi_1(x) - \phi_2(x)$ 与 $\Pi_1(x) + \Pi_2(x)$ 的共同本征矢

对复标量场 $\phi(x)$ 可以引入两个独立的实标量场

$$\phi_1 = \frac{1}{\sqrt{2}}(\phi + \phi^\dagger),\quad \phi_2 = \frac{1}{\sqrt{2}\mathrm{i}}(\phi - \phi^\dagger)$$

相应的正则共轭场记为 $\Pi_1(x)$ 与 $\Pi_2(x)$,显然,量子化规则为

$$[\phi_i(\boldsymbol{x},t),\Pi_j(\boldsymbol{x}',t)] = \mathrm{i}\delta_{ij}\delta^{(3)}(\boldsymbol{x} - \boldsymbol{x}'),\quad i,j = 1,2 \tag{19.202}$$

ϕ_i 与 Π_i 也可分为正频与负频部分

$$\phi_i = \phi_i^{(-)} + \phi_i^{(+)},\quad \Pi_i = \Pi_i^{(-)} + \Pi_i^{(+)}$$

回忆在第 4 章中我们已找到了两个粒子相对坐标与总动量的共同本征态,于是自然就产生这样一个问题,既然有

$$[\phi_1(x) - \phi_2(x),\Pi_1(x') + \Pi_2(x')]|_{t'=t} = 0 \tag{19.203}$$

那么这两个场算符的共同本征矢是什么呢?下面我们给出这个态矢的 Fock 空间中的显示形式,记为 $|\eta(x)\rangle$,然后再推导其性质.

$$\begin{aligned}
&|\eta(x)\rangle \\
&= \exp\Big\{-\frac{1}{2}\int d^3(xx')[\eta_1(x)G^{-1}(\boldsymbol{x} - \boldsymbol{x}')\eta_1(x')] + \eta_2(x)G(\boldsymbol{x} - \boldsymbol{x}')\eta_2(x')] \\
&\quad + \sqrt{2}\mathrm{i}\int d^3x(\eta_2(x)[\phi_1^{(-)}(x) + \phi_2^{(-)}(x)] + \eta_1(x)[\Pi_1^{(-)}(x) - \Pi_2^{(-)}(x)]) \\
&\quad + 2\int d^3(xx')\phi_1^{(-)}(x)G^{-1}(\boldsymbol{x} - \boldsymbol{x}')\phi_2^{(-)}(x')\Big\}\|00\rangle
\end{aligned} \tag{19.204}$$

其中 $G(\boldsymbol{x}-\boldsymbol{x}')$ 的定义见 19.2 节,$\|00\rangle$ 代表复标量场真空态

$$\eta(x) = \eta_1(x) + \mathrm{i}\eta_2(x)\quad(\text{这里 }\eta(x)\text{ 是复量})$$

利用 $[\phi_i^{(+)}(x),\Pi_j^{(-)}(x')|_{t=t'} = \frac{\mathrm{i}}{2}\delta_{ij}\delta(\boldsymbol{x}-\boldsymbol{x}')$ 以及式(19.27),可以导出

$$\phi_1^{(+)}(x')|\eta(x)\rangle = \left\{\frac{1}{\sqrt{2}}\left[-\eta_1(x') + \mathrm{i}\int d^3x\eta_2(x)G(\boldsymbol{x} - \boldsymbol{x}')\right] + \phi_2^{(-)}(x')\right\}|\eta(x)\rangle \tag{19.205}$$

$$\phi_2^{(+)}(x') \mid \eta(x)\rangle = \left\{\frac{1}{\sqrt{2}}\left[\eta_1(x') + \mathrm{i}\int \mathrm{d}^3 x \eta_2(x) G(\boldsymbol{x}-\boldsymbol{x}')\right] + \phi_1^{(-)}(x')\right\} \mid \eta(x)\rangle \tag{19.206}$$

两者相减得到

$$[\phi_1(x') - \phi_2(x')] \mid \eta(x)\rangle = -\sqrt{2}\,\eta_1(x') \mid \eta(x)\rangle \tag{19.207}$$

另一方面给出

$$\begin{aligned}&\Pi_1^{(+)}(x') \mid \eta(x)\rangle \\ &\quad = \left[\frac{1}{\sqrt{2}}\eta_2(x') + \frac{\mathrm{i}}{\sqrt{2}}\int \mathrm{d}^3 x G^{-1}(\boldsymbol{x}-\boldsymbol{x}')\eta_1(x) - \Pi_2^{(-)}(x')\right] \mid \eta(x)\rangle\end{aligned} \tag{19.208}$$

$$\begin{aligned}&\Pi_2^{(+)}(x') \mid \eta(x)\rangle \\ &\quad = \left[\frac{1}{\sqrt{2}}\eta_2(x') - \frac{\mathrm{i}}{\sqrt{2}}\int \mathrm{d}^3 x G^{-1}(\boldsymbol{x}-\boldsymbol{x}')\eta_1(x) - \Pi_1^{(-)}(x')\right] \mid \eta(x)\rangle\end{aligned} \tag{19.209}$$

两者相加得

$$[\Pi_1(x') + \Pi_2(x')] \mid \eta(x)\rangle = \sqrt{2}\,\eta_2(x') \mid \eta(x)\rangle \tag{19.210}$$

从式(19.207)和(19.210)看出，用式(19.204)表示的$|\eta(x)\rangle$确实是所求的态矢. 这个态矢是否完备呢？用IWOP技术和式(19.24)、(19.26)可见以下的泛函积分成立

$$\begin{aligned}&\int \mathrm{d}\left[\frac{\eta(x)}{\pi}\right] \mid \eta(x)\rangle\langle\eta(x) \mid \\ &\quad = \int \mathrm{d}\left[\frac{\eta_1(x)}{\sqrt{\pi}}\right]\mathrm{d}\left[\frac{\eta_2(x)}{\sqrt{\pi}}\right] \\ &\quad\quad \times : \exp\Big(-\int \mathrm{d}^3(xx')[\eta_1(x)G^{-1}(\boldsymbol{x}-\boldsymbol{x}')\eta_1(x') + \eta_2(x)G(\boldsymbol{x}-\boldsymbol{x}')\eta_2(x')] \\ &\quad\quad + \sqrt{2}\mathrm{i}\int \mathrm{d}^3 x(\eta_2(x)[\phi_1^{(-)}(x) + \phi_2^{(-)}(x) - \phi_1^{(+)}(x) - \phi_2^{(+)}(x)] \\ &\quad\quad + \eta_1(x)[\Pi_1^{(-)}(x) - \Pi_2^{(-)}(x) - \Pi_1^{(+)}(x) + \Pi_2^{(+)}(x)] \\ &\quad\quad + \int \mathrm{d}^3(xx')\Big\{[2\phi_1^{(-)}(x)G^{-1}(\boldsymbol{x}-\boldsymbol{x}')\phi_2^{(-)}(x')] + 2\phi_1^{(+)}(x)G^{-1}(\boldsymbol{x}-\boldsymbol{x}')\phi_2^{(+)}(x')] \\ &\quad\quad - \sum_{i=1}^{2}[\phi_i^{(-)}(x)G^{-1}(\boldsymbol{x}-\boldsymbol{x}')\phi_i^{(+)}(x') + \Pi_i^{(-)}(x)G(\boldsymbol{x}-\boldsymbol{x}')\Pi_i^{(+)}(x')]\Big\}\Big) : \\ &\quad = 1\end{aligned} \tag{19.211}$$

这就表明这种场的本征态是完备的.关于其正交性的证明留作练习.

本章的讨论说明 IWOP 技术是可以应用于量子场论的表象研究的,外源的引进对于场的本征态有影响.有不少文献与教科书都介绍了外源的引进可以研究场方程、Feynman 图、微扰论等,而本章着重讨论场的本征态,相信它可以进一步用于场论的路径积分理论.

习题(第 19 章)

1. 求证式(19.23).
2. 求证式(19.27).
3. 求内积$\langle K|0\rangle_{\text{out}}$的值,$|K\rangle$和$|0\rangle_{\text{out}}$分别是实标量场 $\phi_{\text{in}}(x)$与 a_{in}的本征态矢.
4. 记式(19.101)的$|0\rangle_{\text{out}}$态为$|\dot{K},K\rangle$,计算
$$\int \frac{\mathrm{d}\dot{K}\mathrm{d}K}{2\pi}\left|\mu\dot{K},\frac{K}{\mu}\right\rangle\langle\dot{K},K|$$
5. 考虑麦克斯韦场的量子化,当有外源项 $J_\mu A_\mu$ 存在时,求与外源有关的相干态,并讨论入射场算符的本征态.您可以选择洛伦兹规范量子化(参见文献[200]).
6. 验证式(19.175)中的第一个式子.

参 考 文 献

第1章

[1] Dirac P A M. The Principles of Quantum Mechanics[M]. Oxford: Clarendon Press, 1930.

[2] Dirac P A M. Recollections of an exciting area, History of 20th Century Physics[M]. New York: Academic Press, 1977:109.

[3] Dirac P A M. Directions in Physics[M]. New York: John Wiley, 1978.

[4] Dirac P A M. The Physicist's conception of Nature[M]. New York: Mehra, 1973.

[5] Heisenberg W. Die Physikalishen Prinzipen Der Quantentheorie[M]. Berlin: Springer, 1944.

[6] 吴大猷.量子力学.甲部[M].北京:科学出版社,1984.

[7] Fan H Y. Recent development of Dirac's representation theory[M]// Feng D H, Klauder J R, Strayer M R. Coherent states. New York: Academic Press, 1994:153.

[8] Fan H Y, Zaidi H R, Klauder J R. Phys. Rev. D, 1987, 35(6):1831.

[9] Fan H Y, Zaidi H R. Rhys. Rev. A, 1988, 37(8):2985.

[10] Fan H Y, Vanderlinde J. Phys. Rev. A, 1989, 39(6):2987.

[11] Fan H Y, Vanderlinde J. Phys. Rev. A, 1989,40(8):4785.

[12] Fan H Y, Vanderlinde J. Phys. Rev. A, 1989,39(3):1552.

[13] Fan H Y, Fan Yue. Phys. Rev. A, 1996, 54(1):958.

[14] Fan H Y, Phys. Rev. A, 1990, 41(3):1526.

[15a] Fan H Y, Ruan T N. Sci. Sin. A, 1984, 27:392.

[15b] Commun. Theor. Phys., 1983, 2(4):1289.

[16] Fan H Y, Xu Z H. Phys. Rev. A, 1994, 50(4):2921.

[17] Fan H Y, Phys. Rev. A, 1994, 47(5):4521.

[18] Fan H Y, Vanderlinde J. J. Phys. A, 1990, 23:1113.

[19] Fan H Y, Klauder J R. Phys. Rev. A, 1994, 49(2):704.

[20] Fan H Y, Ye Xiong. Phys. Rev. A, 1995, 51(4):3343.

[21] 杨振宁.几位物理学家的故事[M]//杨振宁演讲集.天津:南开大学出版社,1989.

第2章

[22] Fock V Zeits für. Phys.,1923,49:339.
[23] Klauder J R，Skagerstam B S. Coherent States[M]. Singapore：World Scientific Publishing Co.，1985.
[24] Glauber R J. Phys. Rev.,1963，130:2529；1963,131:2766.
[25] Perelomov A M. Generalized Coherent States and Their Applications[M]. Berlin：Springer-Verlag. 1986.
[26] Walls D F. Nature，1983，306:141.
[27] Loudon R，Knight，P L. J Mod Opt，1987，34:709.
[28] Bargmann V. Commun. Pure. and Appl. Math.，1961，14:187.
[29] Merzbacher E. Quantum Mechanics[M]. New York：John Wiley & Sons，1970.
[30] Wehrl A. Rev. Mod. Phys.，1978，50:221.
[31] Carruthers P，Nieto M M. Rev. Mod. Phys.，1968，40:411.
[32] Carruthers P，Nieto M M. Phys. Rev. Lett.，1965，14:387.
[33] Klauder J R，Sudarshan. Fundamentals of Quantun Optics[M]. New York：W. A. Benjamin，1968.
[34] Berry M V. Proc. R. Soc. A，1984，392:45.
[35] Chaturvedi S，et al. J. Phys. A：Math. Gen.，1987，20:L1071.
[36] Stoler D，et al. Opt. Acta.，1985，32:345.
[37] Agawal G S. Phys. Rev. A，1992，45:1787.
[38] Zhang W M，Feng D H. Gilmore R. Rev. Mod. Phys.，1990，62:867.
[39] Fan H Y，Zaidi H R. Can. J. Phys.，1988，66:978.
[40] Lewis Jr H P，Riesenfeld W B. J. Math. Phys.，1969，10:1458.

第3章

[41] Wick G. Phys. Rev.，1950，80:268.
[42] Bogolyubov N N. Lectures on Quantum Statistics[C]. 1. New York：Gordon and Breach，1987.
[43] Fan H Y，Klauder J R. J. Phys. A，1988，21(13):L725.
[44] Fan H Y，Zaidi H R. Optics. Commun.，1988，68(2):143.
[45] Fan H Y，Ruan T N. Commun. Theor. Phys.，1984，3(4):443.
[46] Fan H Y，Ruan T N. Commun. Theor. Phys.，1985，4(4):483.
[47] Sudarshan E C G. Phys. Rev. Lett.，1963，10(1):277.

[48] Fan H Y, Fan Yue. 量子光学学报, 1995, 1(1):85.
[49] Louisell W H. Quantum Statistical Properties of Radiation[M]. New York: John Wiley, 1973.

第4章

[50] Einstein A, Podolsky B, Rosen N. Phys. Rev., 1935, 47:777.
[51] Fan H Y, Phys. Lett. A, 1987, 126(3):145.
[52] Landau L D. Z. Phys., 1930, 64:629.
[53] Johnson M H, Lippmann. Phys. Rev., 1946, 76:828.
[54] Lee T D. Particle Physics and Introduction to field Theory[M]. Harwood: Academic Press, 1981.
[55] Fan H Y, Chen B. Z. Phys. Rev. A, 1996, 53(5):2948.
[56] Morse P M. Phys. Rev., 1929, 34:57.
[57] Fan H Y, Chen B Z, Fan Yue. Phys. Lett. A, 213(5,6):226.
[58] Flügge S. Practical Quantum Mechanics[M]. Berlin: Springer-Verlag, 1974.
[59] Fan H Y. Commun. Theor. Phys., 1994, 22(2):253.

第5章

[60] Fan H Y. Commun. Theor. Phys., 1989, 12(2):219.
Fan H Y, Ruan T N. Commun, Theor Phys, 1985, 4(2):181.
[61] Fan H Y. Jou. r Phys. A, 1990, 23:1838.
[62] Berezin F A. The Method of Second Quantization [M]. New York: Academic Press, 1966.
[63] Gradshteyn I S, Ryzhik L M. Tables of Integratrals, Series and Products[M]. New York: Academic Press, 1980.
[64] Fan H Y. Europhys. Lett, 1993, 23(1):1.
[65] Fan H Y. Jing S C. Jour of China Univ. of Sci. & Tech., 1986, 16:344.
[66] Fan H Y. Jing S C. Commun. Theor. Phys., 1988, 10(3):363.

第6章

[67] Schiff L I. Quantum Mechanics[M]. New York: McGraw-Hill, 1968.
[68] Fan H Y. Commun. Theor. Phys., 1986, 6(3):269.
[69] Fan H Y. Commun. Theor. Phys., 1985, 4(2):181.

[70] Fan H Y, Liu F X. Commun. Theor. Phys., 1991, 15(3):369.
[71] Schwinger J. Quantum Theory of Angular Momentum[M]. New York: Academic Press, 1965.
[72] Fan H Y. Commun. Theor. Phys., 1987, 7(2):125.
[73] 陈金全.群表示论的新途径[M]. 上海:上海科学技术出版社,1984.
[74] Fan H Y, Ren Y. J. Phys. A, 1988, 21:1971.
[75] Backhouse N B. J. Phys. A, 1988, 21:L1115.
[76] Orlowski A, Strasburger A. J. Phys. A, 1994, 27:167.
[77] Fan H Y, Ruan T N. 科学通报, 1985, 14(14):1063.
[78] Fan H Y. Chin. Phys., 1987, 7:136.
[79] Arrechi F T, Courtens E, Gilmore R, et al. Phys. Rev. A, 1972, 6:2211.
[80] Fan H Y. Commun. Theor. Phys., 1987, 4(4):427.
[81] Fan H Y, Li Y P. Commun. Theor. Phys., 1988, 9(3):341.
[82] Li Y P, Fan H Y. J. Univ of Sci. & Tech. Chin., 1988, 18(4):474.
[83] Fan H Y. Commun. Theor. Phys., 1992, 17(2):253.

第7章

[84] Weyl H. Z. Phys., 1927, 46:1.
[85] Wigner E. Phys. Rev., 1932, 40:749
[86] Feynman R P, Hibbs A R. Quantun Mechanics and Path Integrals[M]. New York: McGraw-Hill, 1965.
[87] Fan H Y, Ruan T N. Commun. Theor. Phys., 1984, 3(3):345.
[88] Fan H Y, Ruan T N. Commun. Theor. Phys.,1983, 2(5):1563.
[89] Fan H Y, Xiao M. Mod. Phys. Lett. A, 1997, 12:2325.
[90] Fan H Y, Zaidi H R. Phys Lett. A, 1987, 124:303.
[91] Fan H Y. Commun. Theor. Phys., 1992, 18(3):343.
[92] Fan H Y, Xia Y J. 量子电子学,1987, 4(2):122.
[93] Fan H Y. Commun. Theor. Phys., 1991, 16(1):123.
[94] Takahashi Y, Umezawa H. Collective Phenomena, 1975 2:55.

第8章

[95] Dirac P A M. Lectures on Quantum Field Theory[M]. New York: Academic Press, 1966.
[96] Fan H Y. Phys. Rev. A, 1993, 47:4521.

[97] Jaynes E T, Cunnings F W. Proc. IEEE, 1963, 51:89.
[98] Fan H Y, Fan J F. Commun. Theor. Phys., 1994, 22(4):495.
[99] Huang H B. Fan H Y. Phys. Lett., 1991, 159(6,7):323.
[100] Huang H B. Fan H Y. Phys. Lett., 1992, 166(5-6)308.
[101] Fan H Y. Commun. Theor. Phys., 1989, 11(6):509.
[102] Cooper F, Khare A, Sukhatme U. Phys. Rep., 1995, 251(5-6):267.
[103] Carbonaro P, Compagno G, Persico F. Phys. Lett. A, 1979, 73:97.
[104] Fan H Y, Li L S. Commun. Theor. Phys., 1996, 25(1):105.
[105] Davydov A S. Quantum Mechanics[M]. 2nd ed. Oxford: Pergamon Press, 1976.
[106] Fan H Y, Liu Z W, Ruan T N. Commun. Theor. Phys, 1984 3(1):175.
[107] Heitler W. The Quantum Theory of Radiation[M]. 3rd ed. London: Oxford Claredon Press, 1954.
[108] Dirac P A M. Commun. Dublin. Inst. Adv. Studies A, 1943, 1:45.
[109] Bhaumik D, et al. J. Phys. A, 1976, 9:1507.
[110] Fan H Y, Klauder J R. Mod. Phys. Lett. A, 1994, 9(14):1291.
[111] Fan H Y, Ruan T N. Commun. Theor. Phys., 1983, 2(5):1405.
[112] Fan H Y, Xiao M. Phys. Lett. A, 1966, 219(2):175.

第9章

[113] Hong C K, Mandel L. Phys. Rev. A, 1985, 32(2):974.
[114] Zhang Z X, Fan H Y. Quantum. Optics., 1993, 5:149.
[115] Fan H Y, Weng H G. Quantum. Optics., 1992, 4:265.
[116] Zhang Z X, Fan H Y. Phys. Lett. A, 1992, 165(1):14.
[117] Fan H Y, Zhang Z X. Commun. Theor. Phys., 1996, 25(4):509.
[118] Zhang Z X, Fan H Y. Phys. Lett. A, 1993, 174(3):206.
[119] Magnus W, et al. Formulas and Theorems for The Special Functions of Mathematical Physics[M]. Berlin: Springer, 1996.
[120] Bergou A, Hillery M, Daoqi Y. Phys. Rev. A, 1991,43(1):515.
[121] Fen H Y, Ye. X. Phys. Lett. A, 1993,175(6):387.
[122] Fen H Y, Ye. X, Xu Z H. Phys. Lett. A, 1995, 199(1):131.
[123] Sukumar C V. J. Phys. A, 1988, 21:L1065.
[124] Hillery M. Phys. Rev. A, 1987, 36(6):3796.
[125] Fan H Y, Zhang Z X. Phys. Letts. A, 1993, 179(3):175.
[126] Fan H Y, Fan J F. Commun. Theor. Phys., 1993, 20(4):495.
[127] Fan H Y, Zhang Z X. Commun. Theor. Phys., 1994, 22(1):105.

第10章

[128] Fan H Y. Commun. Theor. Phys., 1992, 17(3):355.
[129] Fan H Y. EuroPhys. Lett., 1992, 19(6):443.
[130] Fan H Y. J. Phys. A., 1991, 24(14):3437.
[131] Fan H Y, Li L S. Phys. Lett., 1996, 221:188.
[132] Fan H Y, Vanderlinde. Phys. Rev. A, 1991, 43(3):1604.

第11章

[133] Ohnuki Y, Kashiwa T. Prog. Theor. Phys., 1978, 60:548.
[134] Fan H Y. Phys. Rev. A, 1989, 40(8):4237.
[135] Fan H Y. Zou H. Mod. Phys. Lett. A,1999, 14:2471.
[136] Fan H Y. Commun. Theor. Phys., 1995, 23(3):383.
[137] Fan H Y. Ruan T N. Commun. Theor. Phys., 1984, 3(1):45.
[138] Fan H Y. J. Phys. A, 1990, 23:259.

第12章

[139] Fan H Y. Phys. Lett. A, 1991, 161(1):1; 1988 131(3):145.
[140] Fan H Y, Weng H G, Chin. J. Quan. Electro., 1992 9(3):213.
[141] Mehta C L. Phys. Rev. Lett., 1967, 18:752.
[142] Fan H Y. J. Phys. A, 1992, 25(4):1013.
[143] Fan H Y. J. Phys. A, 1992, 25(11):3443.
[144] Fan H Y. Ann. Phys., 2008, 323:500.
[145] Fan H Y. Phys. Lett. A, 1988 127(8,9):403.
[146] Fan H Y. Phys. Rev. A, 1992 45(9):6928.
[147] Blow K J, Loudon R, et al. Phys. Rev. A, 1990, 42(6):4102.
[148] Lurié D. Particles and Fields[M]. New York: John Wiley, 1968.
[149] Fan H Y, Ruan T N. Sci. Sin. A, 1985, 28(3):252.

第13章

[150] Fan H Y. J. Math. Phys., 1990, 31(2):257; Fan H Y. Commun. Theor. Phys., 1986, 6(4):377.

[151] Fan H Y, Weng H G. J. Math. Phys., 1991, 32(3):584.
[152] Dewitt B. Supermanifolds[M]. Cambridge: Cambridge University Press, 1984.
[153] Fan H Y, Lee Qun. Commun. Theor. Phys., 1995, 24(2):221.
[154] Fan H Y. Jour. Phys. A, 1989, 22(8):1193.
[155] Fan H Y. Jour. Phys. A, 1989, 22(16):3423.
[156] Fan H Y. Nuovo. Cimento. B, 1992, 107(1):1.
[157] Fan H Y, Fan Y. Commun. Theor. Phys., 1997, 28:489.

第14章

[158] Fan H Y, Vander Linde J. J. Phys. A, 1991, 24:2529.
[159] Fan H Y. Annals of physics, 2008, 323:1502.
[160] Fan H Y. J. Phys. A, 1992, 25(15):4269.
[161] Anderson A. Ann. of Phys., 1994, 232:292.

第15章

[162] Fan H Y. Phys. Lett. A, 1988, 129(5,6):273.
[163] Fan H Y, Yu S X. Phys. Lett. A, 1994, 186(1,2):74.
[164] Fan H Y, Zhang Z X. Commun. Theor. Phys., 1996, 25(3):373.

第17章

[165] Fan H Y, Zaidi H R. Inter. J. Quan. Chem., 1989, 35:277.
[166] Fan H Y, Zaidi H R. Can. J. Phys. 1989, 67:152.
[167] Fan H Y. Europhys. Lett., 1992, 19(6):443.
[168] Fan H Y. J. Math. Phys. A, 1989, 30:1273.
[169] Fan H Y. Inter. J. Quan. Chem., 1990, 38:435.
[170] Feynman R P. Ststistical Physics. Mass: W. A. Benjamin, 1972.
[171] Feynman R P. Phys. Rev., 1939, 56:340.
[172] Hellmann H. Acta Physicochimica URSS, 1935, 6:913.
[173] Fan H Y, Chen B Z. Phys. Lett. A, 1995, 203(2):95.
[174] Fan H Y. Phys. Rev. A, 1993, 47(3):2379; 1990, 42(7):4377.
[175] Michelot F. Phys. Rev. A, 1992, 45(7):4271.
[176] Fan H Y, Chen B Z. Phys. Rev. A, 1994, 50(5):3754.

第17章

[177] Zak J. Phys. Rev., 1968, 168:686.

[178] Phys. Rev. Lett., 1967, 19:1385.

[179] Fan H Y. Phys. Rev. A, 1994, 50(6):5342.

[180] Huang K. Sci. Sin., 1981, 11:27.

[181] Fan H Y. Commun .Theor. Phys., 1996, 26(4):253.

[182] Holstein T, Primakoff H. Phys. Rev., 1940, 58(2):1098.

[183] Fan H Y, Zhang Z X. Commun. Theor. Phys., 1994, 22(3):373.

[184] Fan H Y, Jing S C. Phys. Rev. A, 1994, 50(2):1909.

[185] Fan H Y, Jing S C. Commun. Theor. Phys., 1995, 24(1):125.

[186] Fan H Y, Jing S C. Commun. Theor. Phys., 1995, 24(3):377.

[187] Fan H Y, Sun Z H. Mod. Phys. Lett. B, 2000, 14:157.

第18章

[188] Arik M, Coon D D. J. Math. Phys., 1996, 17(1):4.

[189] Chaturvedi S, Srinivasan. Phys. Rev. A, 1991, 44(12):8020.

[190] Andrews G E. q - series: their development and application [M]. Providence: AMS, 1986.

[191] Fan H Y, Jing S C. Phys. Lett. A, 1993, 179(6):379.

[192] Fan H Y, Jing S C. Phys. Lett. A, 1994, 189(1):52.

[193] Fan H Y. Phys. Lett. A, 1994, 191(5,6):347.

[194] Jing S C, Fan H Y. Phys. Rev. A, 1994, 49(4):2277.

[195] Jing S C, Fan H Y. Mod. Phys. Lett. A, 1995, 10(8):687.

[196] Fan H Y, Jing S C. Commun. Theor. Phys., 1995, 24(3):377.

第19章

[197] Fan H Y, et al. J. Phys. A. 2000, 33:2145.

[198] Fan H Y, Ruan T N. Commun. Theor. Phys., 1985, 4(3):309.

[199] Yang C N, Feldman D. Phys. Rev., 1950, 79:972.

[200] Bi Y Y, Fan H Y. Commun. Theor. Phys., 1989, 11(4):467.